电子科技大学“十二五”规划研究生教材

优化试验设计方法及数据分析

何　为　薛卫东　唐　斌　主编

化学工业出版社

·北京·

内容提要

本书介绍了目前在国内外最常用、最有效的几种优化试验设计方法与数据分析的基本原理及其在化学、材料、机械、电子、质量管理等众多领域中的应用。内容包括正交试验法、优选法基础、因子设计法、一元和回归分析方法、正交多项式回归、均匀设计法、单纯形优化法、三次设计、稳定性设计、响应曲面试验设计及应用分析软件在数据分析中的应用等。着重介绍方法的原理、应用范围、优缺点以及如何将这些方法应用到科研和生产实际中，如何运用优化试验设计方法设计解决科研和生产实际问题的试验方案、如何设置试验参数，如何分析试验数据、如何估计试验误差、如何对试验的结果进行评价。

本书可作为高等院校高年级学生及研究生的教材，对从事科研和生产的科研人员及工程技术人员也是一部好的参考书。

图书在版编目（CIP）数据

优化试验设计方法及数据分析/何为，薛卫东，唐斌主编．—北京：化学工业出版社，2012.2（2024.7重印）
电子科技大学“十二五”规划研究生教材
ISBN 978-7-122-13177-5

Ⅰ.优…　Ⅱ.①何…②薛…③唐…　Ⅲ.①试验设计-教材②统计分析-教材　Ⅳ.O212

中国版本图书馆CIP数据核字（2011）第280537号

责任编辑：吴　刚　　　文字编辑：孙凤英
责任校对：蒋　宇　　　装帧设计：张　辉

出版发行：化学工业出版社（北京市东城区青年湖南街13号　邮政编码100011）
印　　装：北京盛通数码印刷有限公司
787mm×1092mm　1/16　印张23　字数617千字　2024年7月北京第1版第13次印刷

购书咨询：010-64518888　　　售后服务：010-64518899
网　　址：http://www.cip.com.cn
凡购买本书，如有缺损质量问题，本社销售中心负责调换。

定　　价：69.00元

前　言

优化试验设计方法是自然科学研究方法论领域中的一个分支学科，它是一项通用技术，主要应用于提高试验效率、优化产品设计、改进工艺技术、强化质量管理等方面，是国内外许多重点大学的化学、化工、电子、机械、材料、生物、医学、农学及管理等类专业的专业技术基础课程，是当代科学技术和工程技术人员必须掌握的技术方法。

试验设计技术最早是由英国人费歇尔（R. A. Fisher）等人带头发展起来的，并首先应用在农业田间试验中。第二次世界大战后，其基本技术被引进到日本，发展为质量管理的主要方法之一。以田口玄一教授为首的一批研究工作者，开发了各种正交表的应用技巧和分析方法，使费歇尔用于农业试验的方法获得了改造和刷新。新的正交试验设计技术由于具有试验结果重复性好、可靠性高、适用面宽、试验次数少、配置容易、分析简便等优点而得到普及，成为质量管理的重要工具。

我国在此领域起步较晚，由我国著名数学家华罗庚教授于20世纪70年代初，向全国推广应用优化试验设计方法的一个分支——优选法。在此之前，此方法虽然也在生产上应用，但并没有引起广泛的重视。到了20世纪70年代中期，优选法已在全国各行各业取得了巨大的成果，效果十分显著，多用在化工、电子、材料、建工、建材、石油、冶金、机械、交通、电力、水利、纺织、医疗卫生、轻工、食品等方面。不仅如此，问题的类型也在逐渐增多，有配方配比的选择，生产工艺条件的选择，工程设计参数的确定，仪器、仪表的调试以及近似计算等。

随着优选法的应用范围不断扩大，优选法的理论及方法必将日趋完善。而近期发展起来的优化试验设计方法如正交试验法、回归分析法、正交多项式回归法、均匀设计法、单纯形法等，应用范围更加广泛，更为有效，本书对这些方法都将做详尽的论述。

本书作者从1989年起编写了《优化试验设计方法》（约30万字）讲义，用于大学化学及材料专业高年级学生及研究生的教材；1994年，由何为主编，电子科技大学出版社出版了《优化实验设计法及其在化学中的应用》（32万字）一书；2004年，何为教授再版了《优化实验设计法及其在化学中的应用》（共62万字），第二版中补充了已在发达国家成功使用的新的试验设计方法——因子设计方法、三次设计法、稳定性设计和可靠性设计法等内容。

本教材编写的宗旨是保持并发扬原有特色，面向21世纪写出具有改革创新、贴近科研和生产实际的、有实用价值的教材。全书共分14章，即在原教材《优化试验设计法及其在化学中的应用》第二版的基础上，增加了“响应曲面试验设计”和“试验设计与数据分析中的软件应用”两章，删除了“鲍威尔优化法及应用”一章，并对全书内容进行了修改与更新，补充编者在科学研究中，应用优化试验设计方法取得科研成果的成功案例，力求保持教材的科学性、先进性和实用性。为了便于教学，每章增加了内容提要和习题，还提供了与本书配套的多媒体教学课件，从客观上保证了教学质量。

本书第1、2、3、9、10章由何为教授编写，第6、7、8章由薛卫东教授编写，第4、5、11、14章由唐斌副教授编写，第12、13章及附录由周国云博士编写。全书由何为教授、薛卫东教授修改、整理定稿。重庆大学张胜涛教授对全书进行了审定，在此深表谢意。

在编写本书的过程中，参考了国内外的书籍和资料（主要书目列于书末的参考文献），引用了其中的一些内容和实例，在此对所有的作者表示诚挚的感谢。

对于书中存在的错误和不妥之处，恳请读者提出宝贵意见。

编　者

目　录

第1章　正交试验基本方法

正交试验法是利用数理统计学与正交性原理进行合理安排试验的一种科学方法。本章主要介绍了正交试验设计的基本思想、对多因素试验问题如何用正交表安排试验、如何用极差分析法对试验数据进行比较分析，以及有交互作用的正交试验的表头设计和结果分析，并通过实例说明了引入正交试验方法的必要性和重要性。

1.1　问题的提出——多因素的试验问题

在生产和科研实践中，为了改革旧工艺或试制新产品，经常要做许多多因素试验，如何安排多因素试验，是一个很值得研究的问题。试验安排得好，既可减少试验次数、缩短时间和避免盲目性，又能得到好的结果。试验安排得不好，试验次数增多，结果还不一定满意。“正交试验法”是研究与处理多因素试验的一种科学方法。它是在实际经验与理论认识的基础上，利用一种排列整齐的规格化表——“正交表”来安排试验。由于正交表具有“均衡分散，整齐可比”的特点，能在考察的范围内，选出代表性强的少数试验条件做到均衡抽样。由于是均衡抽样，能够通过少数的试验次数，找到最好的生产和科研条件，即最优的方案。

为什么正交试验可用较少的试验次数获得最优方案呢？下面以一个三因素三水平试验为例来加以说明。

【例 1-1】 为提高某化工产品的转化率，选择了三个有关的因素进行条件试验、反应温度（A），反应时间（B），用碱量（C），并确定了它们的试验范围。

A：80～90℃

B：90～150min

C：5%～7%

试验的目的是搞清楚因素 A、B、C 对转化率有什么影响，哪些是主要的因素，哪些是次要的因素，从而确定最优生产条件，即温度、时间及用碱量各为多少才能获得高转化率，试制定试验方案。

这里，对因素 A，在试验范围内选了三个水平；因素 B 和因素 C 也都取了三个水平。

A：$A_1=80$℃、$A_2=85$℃、$A_3=90$℃

B：$B_1=90$min、$B_2=120$min、$B_3=150$min

C：$C_1=5\%$、$C_2=6\%$、$C_3=7\%$

当然，在正交试验设计中，因素可以是定量的，也可以是定性的。而定量因素各水平间的距离可以相等，也可以不相等。

（1）全面试验法　取三因素三水平之间的条件试验，通常有两种试验进行的方法。

$A_1B_1C_1$　　$A_2B_1C_1$　　$A_3B_1C_1$

$A_1B_1C_2$　　$A_2B_1C_2$　　$A_3B_1C_2$

$A_1B_1C_3$　　$A_2B_1C_3$　　$A_3B_1C_3$

$A_1B_2C_1$　　$A_2B_2C_1$　　$A_3B_2C_1$

$A_1B_2C_2$　　$A_2B_2C_2$　　$A_3B_2C_2$

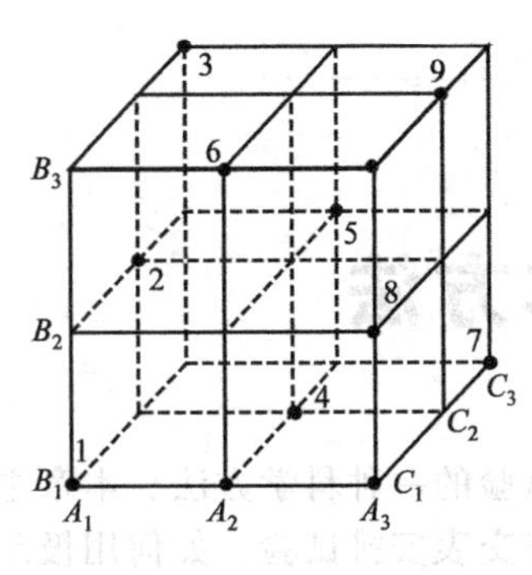

图 1-1 三种试验安排方法

$A_1B_2C_3$ $A_2B_2C_3$ $A_3B_2C_3$

$A_1B_3C_1$ $A_2B_3C_1$ $A_3B_3C_1$

$A_1B_3C_2$ $A_2B_3C_2$ $A_3B_3C_2$

$A_1B_3C_3$ $A_2B_3C_3$ $A_3B_3C_3$

共有 $3^3=27$ 次试验。

用图 1-1 立方体 27 个节点表示该 27 次试验，这种试验法叫全面试验法。图中 27 个交叉点为全面试验时试验的分布位置；其中，每一条线上交点"•"为简单比较法安排试验点的分布位置；"•"点为正交试验法安排试验时试验点的分布位置。

全面试验法对各因素与试验指标之间的关系剖析得比较清楚，但试验次数太多，费时、费事。例如，我们还需要对试验的重现性，对试验的误差大小做出估计，则每一个试验至少要重复一次，即应做 54 次试验。特别是当因素多，每个因素的水平数目也多时，试验量大得惊人。如选六个因素，每个因素取五个水平时，则全面试验的数目是 $5^6=15625$ 次，这里还未包括为了给出误差估计所需重复的试验次数，显然这实际上是不可能实现的。如果应用正交试验法，只做 25 次试验就行了。而且从某种意义上讲，这 25 次试验就代表了 15625 次试验。

(2) 简单比较法 即变化一个因素而固定其他因素，如首先固定 B、C 于 B_1、C_1，使 A 变化，则：

$$B_1C_1 - \begin{cases} A_1 \\ A_2 \\ \boxed{A_3}\text{（好结果）} \end{cases}$$

如得出结果 A_3 最好，则固定 A 于 A_3，C 还是 C_1，使 B 变化，则：

$$A_3C_1 - \begin{cases} B_1 \\ \boxed{B_2}\text{（好结果）} \\ B_3 \end{cases}$$

得出结果 B_2 最好，则固定 B 于 B_2，A 于 A_3，使 C 变化，则：

$$A_3B_2 - \begin{cases} C_1 \\ \boxed{C_2}\text{（好结果）} \\ C_3 \end{cases}$$

试验结果以 C_2 最好。于是就认为最好的工艺条件是 $A_3B_2C_2$。

这种方法一般也很有效果，但缺点很多，首先这种方法的选点代表性很差，如按上法进行试验，试验点完全分布在一个角上（如图 1-1 所示），而在一个很大的范围内没有选点。因此，这种试验方法不全面，所选的工艺条件 $A_3B_2C_2$ 不一定是组合中最好的。而且当各因素之间存在交互作用时，采用不同的因素轮换方式，最后的结论是不同的。

用简单比较法的缺点如下。

第一，无法考察因素间的交互作用，而事实上这种效应却是经常存在的。

第二，如果不进行重复试验，试验误差就估计不出来。

第三，用这种方法安排试验，同样的试验次数，提供的信息不够丰富。

简单比较法的最大优点就是试验次数少。例如，对六个因素五水平试验，在不重复时，

只做 $5+(6-1)\times(5-1)=5+5\times4=25$ 次试验就可以了。

考虑兼顾这两种方法的优点，全面试验点在试验范围内分布得很均匀，能反映全面试验的情况。但我们又希望试验点尽量得少，为此还要具体考虑一些问题。

如上例中，对应于 A 有 A_1、A_2、A_3三个平面，对应于 B、C 也各有三个平面，共九个平面。则这九个平面上的试验点都应当一样多，即对每个因素的每个水平都要等同看待。具体来说，每个平面上都有三行、三列，要求在每行、每列上的点一样多。这样做出如图 1-1 所示的设计，试验点用“0”表示。我们看到，在 9 个平面中每个平面上都恰好有三个点，而每个平面的每行、每列都有一个点，而且只有一个点，总共九个点。这样的试验方案，试验点分布很均匀，试验次数也不多。

当因素数和水平数都不太多时，尚可通过做图的办法来选择分布很均匀的试验点，但是因素数和水平数多了，做图的方法就不行了。

试验工作者在长期的工作中总结出一套办法，创造出所谓的正交表。按照正交表来安排试验，既能使试验点分布得很均匀，又能减少试验次数，而且计算分析简单，能够清晰地阐明试验条件与试验指标之间的关系。该方法对于全体因素来说是一种部分试验（即做了全面试验中的一部分），但对其中任何两个因素却是具有等量重复的全面试验。

这种用正交表来安排试验及分析试验结果的方法叫做正交试验法。它是利用数理统计学和正交性原理，从大量试验点中选取适量的具有代表性的试验点，应用正交表合理安排试验的科学方法。经验表明，试验中的最好点，虽然不一定是全面试验中的最好点，但也往往是相当好的点。特别是如果其中只有一两个因素起主要作用，而试验之前又不确切知道是哪一两个因素起主要作用，用正交试验法能保证主要因素的各种可能搭配都不会漏掉。试验点在优选区的均衡分布，在数学上叫正交，这就是正交试验法中“正交”两字的由来。

1.2　用正交表安排试验

1.2.1　指标、因素和水平

试验需要考虑的结果称为试验指标（简称指标），如产品的性能、质量、成本、产量等均可作为衡量试验效果的指标。在【例 1-1】中的转化率即为该试验的试验指标，可以直接用数量表示的叫定量指标，不能用数量表示的指标叫定性指标。对于定性指标，可以按评定结果打出分或评出等级，就可以用数量表示了。这便是定性指标的定量化。在正交试验法中，为了便于分析试验结果，凡遇到定性指标总是把它加以定量化处理。因此，以后我们对两者就不再加以区别了。

把在试验中要考虑的对试验指标可能有影响的变量简称为因素，用大写字母 A、B、C、…表示，它是对试验指标可能有影响的对比条件。每个因素可能处的状态称为因素的水平（简称水平），某个因素在试验中需要考虑它的几种状态或几个具体条件，就是几水平的因素。在【例 1-1】中，因素为温度（A）、时间（B）、碱用量（C）。$A_1=80$℃，$A_2=85$℃，$A_3=90$℃为因素（A）所取的水平，对（B）、（C）也同样。这里应该明确，正交试验法仅适用于试验中能人为地加以控制的调节因素——可控因素。

1.2.2　正交表符号的意义

每张正交表通常都有各自的记号，$L_8(2^7)$、$L_{16}(2^{15})$、$L_9(3^4)$、$L_{16}(4^2\times2^9)$、$L_{18}(6^1\times3^6)$ 等。符号 L 代表正交表，L 右下角的数字 8、16、9、18 等表示需做的试验次数；括号内的指数的数字 7、15、4 等表示最多允许安排的条件因素的个数，括号内的数字 2、3、4 等表示因素的水平数。如 $L_8(2^7)$ 表示要做 8 个试验，每个因素取两个水平，最多允许安排

7 个因素；$L_{16}(4^2\times2^9)$ 表示做 16 个试验，其中最多允许安排两个四水平的因素和 9 个二水平的因素。

正交表的记号所表示的意义可归纳如下：

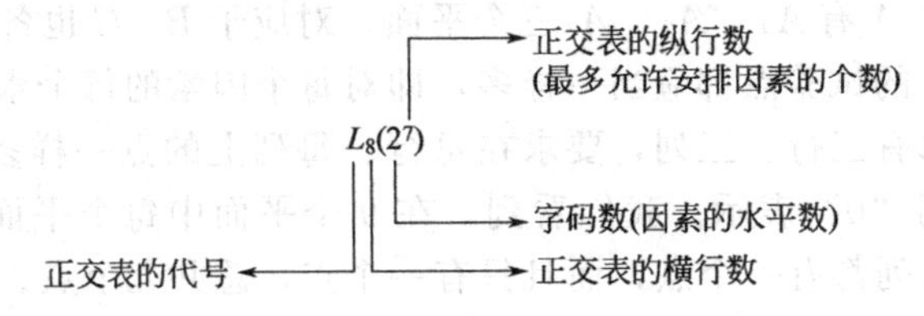

1.2.3 正交表的正交性

下面以两张最简单的正交表 L_8（2^7）、L_9（3^4）（如表 1-1、表 1-2 所示）介绍正交表的正交性。

表 1-1 L_8（2^7）正交表

试验号 \ 列号	1	2	3	4	5	6	7
1	1	1	1	1	1	1	1
2	1	1	1	2	2	2	2
3	1	2	2	1	1	2	2
4	1	2	2	2	2	1	1
5	2	1	2	1	2	1	2
6	2	1	2	2	1	2	1
7	2	2	1	1	2	2	1
8	2	2	1	2	1	1	2

表 1-2 L_9（3^4）正交表

试验号 \ 列号	1	2	3	4
1	1	1	1	1
2	1	2	2	2
3	1	3	3	3
4	2	1	2	3
5	2	2	3	1
6	2	3	1	2
7	3	1	3	2
8	3	2	1	3
9	3	3	2	1

正交表 $L_8(2^7)$ 有 8 个横行，7 个直列，由字码“1”和“2”组成，它有两个特点。

(1) 每个直列恰好有四个“1”和四个“2”。

(2) 任意两个直列，其横方向形成的八个数字对中，恰好（1，1）、（1，2）、（2，1）和（2，2）各出现两次。就是说对于任意两个直列，字码“1”和“2”间的搭配是均衡的。

正交表 $L_9(3^4)$ 有 9 个横行，4 个直列，由字码“1”、“2”和“3”组成，它有两个特点。

(1) 每个直列中，“1”、“2”和“3”出现的次数相同，都是三次。

(2) 任意两个直列，其横方向形成的九个数字对中，（1，1）、（1，2）、（1，3）、（2，1）、（2，2）、（2，3）、（3，1）、（3，2）、（3，3）出现的次数相同，都是一次；即任意两列字码“1”、“2”和“3”间的搭配是均衡的。

这两个特点称为正交性。每张正交表都具有正交性。因此用正交表安排试验，具有均衡分散、整齐可比的特征，代表性强，效率高，这是因为正交试验法对全体因素来说是部分试验，但对其中任意两个因素来说是具有相同重复次数的全面的试验。

现在简单说明一下正交表的整齐可比性。

若用 $L_9(3^4)$ 安排试验，从表 1-2 知，各因素水平的变化很有规律，按一定规律变化，各因素出现的次数相同。因此，其他各因素对试验结果的影响基本相同或相近，最大限度地排除了其他因素的干扰，突出了主要因素的效应，这样便于比较因素各水平的效应。由于因素之间搭配均衡，使得由于非均衡分散性而可能形成的误差从平均值中消除了。因此，只要简单地比较因素各水平试验指标的平均值，就可估计各因素效应的大小。因此各水平在试验中变化有规律，试验结果用平均值就能方便地进行比较的特性称为整齐可比性，它是正交试验结果分析的基础，以后还会详细地加以说明。

1.2.4 用正交表安排试验

下面以【例 1-1】为例来说明具体做法。

首先应明确试验的目的，确定试验指标。在【例 1-1】中，试验目的是搞清因素 A、B、C 对转化率有何影响，试验指标为转化率。

其次确定因素-水平表，通过矛盾分析及生产经验，决定本试验需考察反应温度（A）、反应时间（B）、用碱量（C）三种因素，并确定了试验范围，对因素 A、B、C 分别在试验范围内各选了三个水平，因素-水平表见表 1-3。

表 1-3　因素-水平表

因素 水平	A 温度/℃	B 时间/min	C 用碱量/%	因素 水平	A	B	C
1	80	90	5	1	A_1	B_1	C_1
2	85	120	6	2	A_2	B_2	C_2
3	90	150	7	3	A_3	B_3	C_3

然后确定试验方案，选用合适正交表 $L_9(3^4)$ 可安排 4 因素 3 水平试验，本试验可选用之。

按照因素顺序上列，水平对号入座，确定试验方案。本试验仅三个因素可排在 $L_9(3^4)$ 表的 1、2、3 列，在三种因素排好后，按因素水平所确定的关系对号入座。试验方案如表 1-4 所示。

表 1-4　试验方案及试验结果表

列号 试验号	A 温度/℃ 1	B 时间/min 2	C 用碱量/% 3	4	试验指标 转化率/%
1	1(80℃)	1(90min)	1(5%)	1	31
2	1(80℃)	2(120min)	2(6%)	2	54
3	1(80℃)	3(150min)	3(7%)	3	38
4	2(85℃)	1	2	3	53
5	2(85℃)	2	3	1	49
6	2(85℃)	3	1	2	42
7	3(90℃)	1	3	2	57
8	3(90℃)	2	1	3	62
9	3(90℃)	3	2	1	64

在实施试验时，“横着做”。

具体 9 次试验如下：

$A_1B_1C_1$　　$A_1B_2C_2$　　$A_1B_3C_3$

$A_2B_1C_2$　　$A_2B_2C_3$　　$A_2B_3C_1$

$A_3B_1C_3$　　$A_3B_2C_1$　　$A_3B_3C_2$

最后进行结果分析（后面会讲到，具体可见 1.3 正交试验的结果分析——极差分析法和 1.4.3 有交互作用的正交试验及结果分析内容）。

由上例可得出用正交表安排试验步骤如下。

(1) 明确试验目的，确定考察指标。

(2) 挑因素、选水平，制定因素-水平表，选择合适的正交表，确定试验方案。试验目的就是通过这些正交试验要想解决什么问题。

下面对正交表的使用再做几点说明。

(1) 试验设计　上面【例 1-1】中试验设计未考虑因素之间的交互作用，故选用 $L_9(3^4)$ 表较为合适，三因素所处的列可任意选择，而且也可将因素的次序交换。如在 1、2、3 列可依次排列 A、B、C 三因素，也可排 A、C、B 三因素。再把需要试验的各因素的各水平安排入正交表内一定列后便得到一张试验设计表，此过程叫做表头设计。

(2) 试验顺序　$L_9(3^4)$ 表说明了应做试验的次序，但进行试验时不一定按表上的号码排列，而是用抽签等办法来决定。这样做的目的是减少试验中由于先后不均匀带来的误差干扰。但对有些试验，其次序却不宜随便变更。

(3) 因素水平随机化　每个因素的水平并不一定总是由小到大（或由大到小）顺序排列。按正交表安排试验，必有一次所有的“1”水平相碰在一起，而这种极端的情况有时是不希望出现的，或者说有时它没有多大的实际意义。那么究竟如何安排水平才更为妥当呢，常用的一种方法叫随机化，即对部分因素水平做随机化排列。如果我们希望某一特殊水平的组合出现时，水平的排列不随机化也是可以的。

(4) 根据试验要求选用 L 表　选择正交表除考虑因素水平外，还与试验对精度的要求有关。若试验精度要求高，可取试验次数多的 L 表；试验精度要求不高的，可取试验次数少的 L 表；当分析的交互作用多，宜选用大的 L 表，以避免出现混杂；已知交互作用少的，则选小的 L 表。

【例 1-2】 在化学分析中，要考虑发色温度、试剂甲的用量、萃取溶剂体积、发色时间和试剂乙的用量这五个因素对试验指标 y 的影响，y 越大越好，希望找到最适合工艺条件。

根据专业知识选择如下因素水平。

在不考虑因素间交互作用时，将这五个因素任意地安排在 $L_8(2^7)$ 的五列上，然后将表中的数字翻译成该列因素的具体水平就构成了试验方案。因素-水平表如表 1-5 所示，试验方案表如表 1-6 所示。

表 1-5　$L_8(2^7)$ 因素-水平表

水平＼因素	A	B	C	D	E
1	5	2	25	2	0.5
2	8	3	15	1	1

表 1-6　试验方案表

试验号＼因素	A 萃取溶剂体积 /mL	B 试剂甲用量 /mL	C 发色温度 /℃	D 试剂乙用量 /mL	E 发色时间 /h
1	1(5)	1(2)	1(25)	1(2)	1(0.5)
2	1	1	2(15)	2(1)	2(1)
3	1	2(3)	1	1	2
4	1	2	2	2	1
5	2(8)	1	1	2	1
6	2	1	2	1	2
7	2	2	1	2	2
8	2	2	2	1	1

1.3　正交试验的结果分析——极差分析法

上节介绍了如何用正交表安排试验，在试验完成后，如何对得到的试验数据（指标）进行科学的分析，从而得出正确的结论，这是试验设计的重要步骤。下面便以【例 1-1】为例介绍一种直观分析法——极差分析法。

我们对表 1-4 的试验结果进行综合比较，在比较中要鉴别的内容如下。

① 在 3 个因素中，哪些因素对收率影响大，哪些因素影响小。

② 如果某个因素对试验数据的影响大，那么它取哪个水平对提高收率最有利？

第一个问题要在比较 3 个因素中获得解决，第二个问题要在比较每个因素的三个水平中获得解决。要解决第二个问题，即怎样对每个因素的每个水平进行比较，比如，对因素 A（反应温度），怎样比较它的三个水平 $A_1=80℃$、$A_2=85℃$、$A_3=90℃$对收率的影响呢？这里共做了 9 次试验，直接从这 9 个数据两两比较是不行的，因为这 9 次试验的条件没有两个是相同的，也就是说没有比较的基础。但是如果我们把这 9 个试验数据适当组合起来，便会发现某种可比性，这就是前面曾提到过的正交设计的整齐可比性。

首先分析因素 A。因素 A 排在第 1 列，所以要从第 1 列来分析。如果把包含 A 因素“1”水平的每次试验（第 1、2、3 号试验）算做第一组，同样，把包含 A 因素“2”水平、“3”水平的各三次试验（第 4、5、6 号及第 7、8、9 号试验）分别算第二组、第三组。那么，九次试验就分成了三组。在这三组试验中，各因素的水平出现的情况如表 1-7 所示。

表 1-7　试验安排表

试验号＼列号	A	B	C
1、2、3	全是 A_1	B_1 一次 B_2 一次 B_3 一次	C_1 一次 C_2 一次 C_3 一次
4、5、6	全是 A_2	B_1 一次 B_2 一次 B_3 一次	C_1 一次 C_2 一次 C_3 一次
7、8、9	全是 A_3	B_1 一次 B_2 一次 B_3 一次	C_1 一次 C_2 一次 C_3 一次

由表 1-7 可看出，A_1、A_2、A_3各自所在的那组试验中，其他因素（B、C）的 1、2、3 水平都分别出现了一次。

把第一组试验得到的试验数据相加后，取平均值，即将第 1 列 1 水平对应的第 1、2、3 号试验数据相加后取平均值，其和记为 K_i，平均值 $k_i = K_i/3$ 。

$$K_1^A = x_1 + x_2 + x_3 = 31 + 54 + 38 = 123$$

$$k_1^A = \frac{K_1^A}{3} = \frac{123}{3} = 41$$

同理：把第二组试验得到的数据相加后取平均值，即将第 1 列 2 水平所对应的 4、5、6 号试验数据相加得：

$$K_2^A = x_4 + x_5 + x_6 = 53 + 49 + 42 = 144$$

$$k_2^A = \frac{K_2^A}{3} = \frac{144}{3} = 48$$

同样，将第 1 列 3 水平所对应的第 7、8、9 号试验数据相加得：

$$K_3^A = x_7 + x_8 + x_9 = 57 + 62 + 64 = 183$$

$$k_3^A = \frac{K_3^A}{3} = \frac{183}{3} = 61$$

于是，我们可以将 K_1^A看作是这三次试验的数据和，即在这三次试验中，只有 A_1水平出现三次，而 B、C 两个因素的 1、2、3 水平各出现一次（如表 1-7 所示），数据和 K_1^A反映了三次 A_1水平的影响和 B、C 每个因素的 1、2、3 水平各一次的影响。同样 K_2^A(K_3^A) 反映了三次 A_2(A_3) 水平及 B、C 每个因素的三个水平各一次的影响。

当我们比较 K_1^A、K_2^A、K_3^A的大小时，可以认为 B、C 对 K_1^A、K_2^A、K_3^A的影响是大体相同的。因此，可以把 k_1^A、k_2^A、k_3^A之间的差异看作是由于 A 取了三个不同的水平引起的。这也即是前面所讲的正交设计的整齐可比性。

用同样的方法分析 B 因素。因素排在第 2 列，所以要从第 2 列来分析。把包含 B_1水平的第 1、4、7 号试验数据相加记作 K_1^B，把包含 B_2水平的第 2、5、8 号试验数据相加记作 K_2^B。把包含 B_3水平的第 3、6、9 号试验数据之和相加记作 K_3^B。

即：

$$K_1^B = x_1 + x_4 + x_7 = 31 + 53 + 57 = 141$$

$$k_1^B = \frac{K_1^B}{3} = \frac{141}{3} = 47$$

$$K_2^B = x_2 + x_5 + x_8 = 54 + 49 + 62 = 165$$

$$k_2^B = \frac{K_2^B}{3} = \frac{165}{3} = 55$$

$$K_3^B = x_3 + x_6 + x_9 = 38 + 42 + 64 = 144$$

$$k_3^B = \frac{K_3^B}{3} = \frac{144}{3} = 48$$

从表 1-8 可看出，在 B 因素取某一水平的三次试验中，其他 A、C 的三个水平也是各出现一次。所以，按第二列计算的 k_1^B、k_2^B、k_3^B之间的差异同样是由于 B 取了三个不同的水平而引起的。

表1-8　试验安排表

试验号＼列号	A	B	C
1、4、7	A_1一次 A_2一次 A_3一次	全是B_1	C_1一次 C_2一次 C_3一次
2、5、8	A_1一次 A_2一次 A_3一次	全是B_2	C_1一次 C_2一次 C_3一次
3、6、9	A_1一次 A_2一次 A_3一次	全是B_3	C_1一次 C_2一次 C_3一次

按照这个方法同样可以计算出因素C的k_1^C、k_2^C、k_3^C。总之，按正交表各列计算的K_1、K_2、K_3的数值差异，就反映了各列所排因素取了不同水平对指标的影响。

将第一列的k_1、k_2、k_3中最大值与最小值之差算出来，我们把这个差值叫做极差。

即：第一列(A因素)$=k_3^A-k_1^A=61-41=20$

第二列(B因素)$=k_2^B-k_1^B=55-47=8$

第三列(C因素)$=k_2^C-k_1^C=57-45=12$

第一列算出的极差的大小，反映了该列所排因素选取的水平变动对指标影响的大小。

为此，我们计算了各列的K_1、K_2、K_3、k_1、k_2、k_3和R，并把它列成表1-9。这样就完成了试验数据的计算这一步。今后，就用这种表格化的办法进行计算。

表1-9　试验数据与计算分析表

试验号＼列号	A 温度/℃ 1	B 时间/min 2	C 用碱量/% 3	试验指标 转化率/%
1	1(80℃)	1(90分)	1(5%)	31
2	1(80℃)	2(120分)	2(6%)	54
3	1(80℃)	3(150分)	3(7%)	38
4	2(85℃)	1	2	53
5	2(85℃)	2	3	49
6	2(85℃)	3	1	42
7	3(90℃)	1	3	57
8	3(90℃)	2	1	62
9	3(90℃)	3	2	64
K_1	123	141	135	
K_2	144	165	171	
K_3	183	144	144	
k_1	41	47	45	
k_2	48	55	57	
k_3	61	48	48	
R	20	8	12	

根据这些计算结果，就可以回答这一节开始提出的问题了。

(1) 各因素对指标的影响谁主、谁次呢？　直观容易看出，一个因素对试验结果的影响大，就是主要的。所谓影响大，就是该因素的不同水平对应的平均收率之间的差异大。相反，一个因素对试验结果的影响小，就是次要的，也就是说，该因素的不同水平所对应的平均收率之间的差异小。所以根据极差 R 可定出因素的主次。极差大，对指标的影响大，为主要因素；极差小，对指标的影响小，为次要因素。

本例中，依极差定出因素的主次为：

$$A—C—B$$

主⟶次

为了更直观起见，可用因素的水平作横坐标，平均收率作纵坐标，做出指标-因素关系图。对定量的因素，按照因素数据的大小顺序用折线把各点联系起来。对定性因素，例如催化剂等，则仅用虚竖直线表示每种水平的平均收率。

本例指标-因素图如图 1-2 所示。

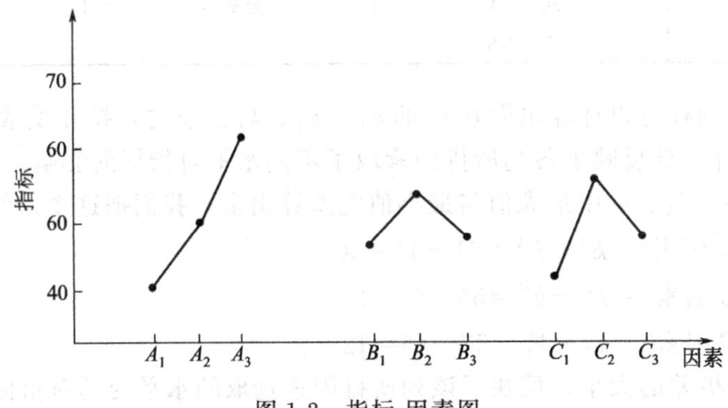

图 1-2 指标-因素图

(2) 各因素取什么水平好呢？ 选取因素的水平是与要求的指标有关的。要求的指标越大越好，则应该取使指标增大的水平，即各因素 k_1、k_2、k_3 中最大的那个水平。反之，如要求的指标越小越好，则取其中最小的那个水平。本例中，试验目的是提高转化率，所以应该挑选每个因素 k_1、k_2、k_3 最大的那个水平，即：

$$A_3B_2C_2$$

这也可以从图 1-2 上选出各因素图形中最高点的水平得到。

(3) 什么是最优的生产条件？ 各因素的水平加在一起，是否为最优生产条件呢？从 k_1、k_2、k_3 的计算可看出，各因素选取的水平变动，指标波动的大小，实际上是不受其他因素的水平变动的影响的。所以把各因素的好水平简单地组合起来就是最优生产条件。

但是，实际上选取最优生产条件时，还要考虑因素的主次，以便在同样满足指标要求的情况下，对一些比较次要的因素按照优质、高产、低消耗的原则选取水平，得到更为结合生产实际要求的较好生产条件。

本例中，由于 B 为次要因素，为节省时间起见，也可取 B_1，即：$A_3B_1C_2$。

需要指出的是：本例中得到的最优生产条件，$A_3B_2C_2$ 或 $A_3B_1C_2$，但我们还未弄清楚 $A_3B_2C_2$、$A_3B_1C_2$ 中哪个更好，而且这两个最优生产条件在已做的九次试验中未出现过，还必须经试验加以验证。为此，我们用 $A_3B_2C_2$、$A_3B_1C_2$ 各做一次验证试验，结果见表 1-10。

表 1-10 验证试验结果

试验号	试验条件	收率/%
1	$A_3B_2C_2$	74
2	$A_3B_1C_2$	75

最后确定最优生产条件为 $A_3B_1C_2$。

下面再通过一个实例，归纳运用正交试验法，解决实际问题的一般步骤。

【例 1-3】 2,4-二硝基苯肼的工艺改革试验目的：2,4-二硝基苯肼是一种试剂产品。过去的工艺过程长、工作量大且产品经常不合格。北京化工厂改革了工艺，采用 2,4-二硝基氯化苯（以下简称氯化苯）与水合肼在乙醇作溶剂的条件下合成的新工艺。小的试验已初步成功，但收率只有 45％，希望用正交试验法找出好的生产条件，达到提高生产效率的目的。

试验指标：产率（％）与外观颜色。

(1) 制定因素水平表　影响试验结果的因素是多样的。通过分析矛盾，确定本试验需考虑乙醇用量、水合肼用量、反应温度、反应时间、水合肼纯度和搅拌速度六种因素。对这六个要考虑的因素，现分别按具体情况选出要考虑比较的水平。

因素 A：乙醇用量

A_1＝200mL，A_2＝0mL（即中途不再加乙醇）。挑选这个因素与相应的水平，是为了考虑一下能否砍掉中途加乙醇这道工序？从而节约一些乙醇。

因素 B：水合肼用量

B_1＝理论量的两倍，B_2＝理论量的 1.2 倍。

水合肼的用量应超过理论量，但应超过多少，心中无数。经过讨论，选用了两倍和 1.2 倍两个水平来试一试。

因素 C：反应温度

C_1＝回流温度，C_2＝60℃（回流温度容易掌握，便于操作，但对反应是否有利呢？现于 60℃跟它比较）。

因素 D：反应时间

D_1＝4h，D_2＝2h。

因素 E：水合肼纯度

E_1＝精品（浓度为 50％），E_2＝粗品（浓度为 20％）。

考察这个因素是为了看能否用粗品取代精品，以降低成本与保障原料的供应。

因素 F：搅拌速度

$$F_1＝中快速，F_2＝快速。$$

考虑本因素及反应时间 D，是为了看看不同操作方法对于产率和质量的影响。

现将以上的讨论，综合成因素-水平表，如表 1-11 所示。

表 1-11　因素-水平表

水平 \ 因素	A 乙醇用量 /mL	B 水合肼用量 /mL	C 反应温度 /℃	D 反应时间 /h	E 水合肼纯度	F 搅拌速度
1	200	两倍	回流	4	精品	中速
2	0	1.2 倍	60	2	粗品	快速

(2) 选取合适的正交表　本试验若采用全面试验法需做 $2^6=64$ 次试验，而采用正交试验法仅做 8 次试验，即可代表这 64 次试验。

由于本试验为六因素二水平试验，故可选用 $L_8(2^7)$ 正交表。

(3) 确定试验方案　将本试验的 6 个因素及相应水平按因素顺序上列、水平对号入座原则，排入 $L_8(2^7)$ 表中前 6 个直列。试验方案如表 1-12 所示。

第 7 列没有排因素，那么，它在安排试验条件时不起作用，可抹去它。

根据试验方案表看出，表 1-12 中的每一横行代表要试验的一种条件。每种条件试验一次，该表共 8 个横行，因素要做 8 次试验。8 次试验的具体条件如下。

第一号试验：$A_1B_1C_1D_2E_2F_1$具体内容如下。

乙醇用量：200mL；

表 1-12　试验方案及结果计算表①

试验号＼因素	A 乙醇用量 /mL	B 水合肼用量 /mL	C 反应温度 /℃	D 反应时间 /h	E 水合肼纯度	F 搅拌速度	实际试验顺序	试验指标	
								产率/%	颜色
1	1(200 mL)	1(两倍)	1(回流)	2(2h)	2(粗品)	1(中速)	7	56	橘黄
2	2(0 mL)	1	2(60℃)	2	1(精品)	1	4	65	紫色
3	1	2(1.2倍)	2	2	2	2(快速)	1	54	紫色
4	2	2	1	2	1	2	2	43	紫色
5	1	1	2	1(4h)	1	2	8	63	紫色
6	2	1	1	1	2	2	6	60	紫色
7	1	2	1	1	1	1	3	42	紫色
8	2	2	2	1	2	1	5	42	橘黄
K_1	215	244	201	207	213	205			
K_2	210	181	224	218	212	220			
k_1	53.75	61	50.25	51.75	53.25	51.25			
k_2	52.25	45.25	56	54.50	53	55			
R	1.50	15.75	5.75	2.75	0.25	3.75			

① 根据正交表各行、各列之间可置换的性质可以证明该 $L_8(2^7)$ 与附录中的 $L_8(2^7)$ 正交表等价。

水合肼用量：理论量的两倍；

反应温度：回流温度；

反应时间：2h；

水合肼纯度：粗品；

搅拌速度：中快。

第三号：$A_1B_2C_2D_2E_2F_2$具体内容如下。

乙醇用量：200mL；

水合肼用量：理论量的 1.2 倍；

反应温度：60℃；

反应时间：2h；

水合肼纯度：粗品；

搅拌速度：快速。

同样可写出另外六个试验条件。

方案排好后，按照方案中规定的每号条件严格操作。8 次试验按随机化顺序（实际顺序）进行。这是因为有时试验的顺序对试验结果无影响，这时按什么顺序进行皆可。有时则不能这样。例如，做一号试验正好需要一个班的时间，有甲、乙两班轮流上班，若按试验mL 号的顺序进行的话，第 1、3、5、7 四个试验都是甲班，第 2、4、6、8 四个试验都是乙班，而第 1、3、5、7 号的乙醇用量都为 200mL，第 2、4、6、8 号的乙醇用量为 0mL。如果分析数据的结论是第 1 列极差很大，那么这个差别是甲、乙班的差别造成的呢？还是乙醇用量差别造成的呢？就无法做出判断。这时最好把班作为一个因素，它有两个水平，一个水平是甲班，第二个水平是乙班，把这个因素也排列 $L_8(2^7)$ 表上，就可避免上述弊病。如果认为班组可能有影响又不能把它作为一个因素来单独考察，那么按抽签的办法将试验顺序打乱，使之随机化，避免第 1、3、5、7 都是甲班，第 2、4、6、8 都是乙班。

(4) 试验结果的分析　本例考察的指标是产品的产率和颜色。八个试验的结果如表 1-12 所示。

① 直接看，可靠又方便　第二号试验的产率为 65%，最高；其次是第 5 号试验，为 63% 。这些好效果，是通过试验的实践直接得到的，比较可靠。

对另一项指标——外观颜色。第 2、5 号试验是紫色，颜色不合格；而第 2 号的产率还是最高。为了弄清出现紫色的原因，对这两号条件又各重复做一次试验。结果，产率差别不大，奇怪的是，其颜色却得到橘黄色的合格品。这表明，对产率试验是比较准确的；对于颜色，还有重要因素没有考察又没有固定在某个状态。对这两号试验的前后两种情况进行具体分析推测，影响颜色的重要因素可能是加料的速度，决定在下批试验中进一步考察。

② 算一算，重要又简单　对于正交试验的数量结果，通过简单的计算，往往能由此找出更好的条件，能估计哪些因素比较重要，以及各因素的好水平的数值。

计算方法与前面介绍的相同。

即：
$$K_1^A = x_1 + x_3 + x_5 + x_7 = 56 + 54 + 63 + 42 = 215$$
$$k_1^A = \frac{K_1^A}{4} = 53.75$$

同样，$k_2^A = \frac{K_2^A}{4} = 52.25$

则：
$$R = 53.75 - 52.25 = 1.50$$

同理可求出其他的 K、k、R 等，结果计算如表 1-12 所示。

极差大的因素，意味着它的两个水平对产率所造成的差别比较大，通常是重要因素。而极差小的因素往往是不重要的因素。

本试验因素主次为：

$$B—C—F—D—A—E$$
$$主 \longrightarrow 次$$

其中 $R_B = 15.75$ 比其他各列的极差大得多，这说明水合肼的用量是主要因素。$R_C = 4.74$、$R_F = 3.75$、$R_D = 2.75$ 居中，而 $R_A = 1.50$、$R_E = 0.25$ 极差很小，为次要因素。

③ 可能好配合　对重要因素及居中因素，生产中可采用它们的好水平。由可依次取 $B_1C_2F_2D_2$。

对次要因素，本着减少工作、节约原料、降低成本原则，选用 A_2（即不加乙醇）、E_2（用粗品水合肼）。具体说明：对于次要因素，选用哪个水平都可以，应根据节约、方便的原则选用。所以最后选出的可能好的配合为：$A_2B_1C_2D_2E_2F_2$。

④ 直接看与算一算的关系　直接看，第 2 号试验的产率 65% 和第 5 号的产率 63% 比做正交试验前 45%提高了很多。但我们毕竟只做了八次试验，仅占六因素二水平搭配完全的 $2^6 = 64$ 个条件的八分之一，即使不改进水平，也还有可能继续提高产率。“算一算”的目的，就是为了展望一下更好的条件。对大多数项目“算一算”的好条件（当它不在已做过的 8 个条件中时），将会超过“直接看”的好条件。不过，对于少部分项目，“算一算”的好条件都比不上“直接看”的。由此可见，“算一算”的好条件（本例中为 $A_2B_1C_2D_2E_2F_2$），还只是一种可能好的配合。

如果真有提高，就将它们付诸生产上使用。倘若验证后效果比不上“直接看”的好条件，就说明该试验的现象比较复杂。还有一种情况，由于试验的时间长，等不到验证试验的结果。对于这种问题，生产上可先使用“直接看”的好条件。也可结合具体情况做些修改；而与此同时，另行安排试验，寻找更好的条件。

(5) 第二批撒小网　在第一批试验的基础上，为弄清产生不同颜色的原因及进一步如何提高产率，决定再撒个小网，做第二批正交试验。

① 制定因素-水平表　对最重要的因素 B，应详加考察，从趋势上看，随水合肼用量的增加产率提高。现决定在好用量两倍的周围，再取 1.7 倍与 2.3 倍两个新用量继续试验——这即是有苗头处着重加密原则。另外，在追查出现紫色原因的试验后，猜想加料速度

可能是影响颜色的重要原因，因此在这批试验中要着重考察这个猜想。关于反应时间，因为第一线的同志对于用 2h 代替 4h 特别重视，这可大大提高经济效益，所以再比较一次。

对于上批试验的其他因素，为了节约与方便，这一批决定砍掉中途加“乙醇”这道工序；用“快速搅拌”；“反应温度 60℃”虽比回流好，但 60℃难以控制，决定用 60～70℃之间。另外一律采用水合肼粗品。因素-水平表如表 1-13 所示。

表 1-13 因素-水平表

水平＼因素	A 水合肼用量	B 反应时间	C 加料速度
1	1.7 倍	2h	快
2	2.3 倍	4h	慢

② 利用正交表确定试验方案 $L_4(2^3)$ 是二水平的表，最多可能安排 3 个二水平的因素，本批试验用它来安排是合适的。

然后，根据前面介绍的“因素顺序上列，水平对号入座”及列出试验条件的原则，列出试验方案表。最后根据排出的试验条件完成试验。试验方案及结果如表 1-14 所示。

表 1-14 试验方案及结果计算表

水平＼因素	A 水合肼用量	B 反应时间	C 加料速度	试验指标	
				产率/%	颜色
1	1	1	1	62	紫色
2	2	1	2	86	橘黄
3	1	2	2	70	橘黄
4	2	2	1	70	紫色
K_1	132	148	132		
K_2	156	140	156		
k_1	66	74	66		
k_2	78	70	78		
R	12	4	12		

③ 试验结果的分析 关于颜色，“快速加料”的第 1、4 号试验都出现紫色不合格品，而“慢速加料”的 2、3 号试验都出现橘黄色的合格品。另外两个因素的各个水平，紫色和橘黄色各出现一次，说明它们对于颜色不起决定性的影响。由此看出，加料速度是影响颜色的重要因素，应该慢速加料。

关于产率，直接看，第 2 号试验的 86％ 最高（比第一批的好产率 65％ 又提高了不少），试验条件是：

水合肼用量为理论量的 2.3 倍；

反应时间为 2h；

慢速加料。

算一算：得到的好条件和直接看的好条件是一致的。

最后顺便提一下投产效果。通过正交试验法，决定用下列工艺投产。用工业原料 2,4-二硝基氯化苯与粗品水合肼在乙醇溶剂中合成；水合肼用量为理论量的 2.3 倍，反应时间为 2h，温度掌握在 60～70℃之间，采用慢速加料与快速搅拌。投产效果是：平均产率超过 80％，从未出现过紫色外形，质量达到出口标准。总之，这是一个最优方案，达到了优质、高产、低消耗的目的。

下面将正交试验法的一般步骤小结如下。

第一步：明确试验目的，确定试验指标。

第二步：确定因素-水平表后，选择合适的正交表，进而确定试验方案。

第三步：对试验结果进行分析，其中有以下几项。

(1) 直接看。

(2) 算一算

① 各列的K、k和R计算 K_i(第j列)=第j列中数字"i"对应指标之和。

$$k_i(\text{第}j\text{列})=\frac{K(\text{第}j\text{列})}{\text{第}j\text{列中“}i\text{”的重复数}}$$

R(第j列)=第j列中的k_1、k_2…中最大的减去最小的差

② 画趋势图（指标-因素图） 对于多于两个水平的因素画指标-因素图。

③ 比较各因素的极差R，排出因素的主次。

(3) 选取可能好的配合 综合直接看与算一算这两步的结果，并参照实际经验与理论上的认识选取可能好的配合。

若所选取的可能好的配合在正交试验中没有出现过，则需做验证试验。

【例 1-4】 机械应用一例

北京广播器材厂生产的6GC数字微波中继机，是上海至山东的数字微波通信工程的主要设备。要求性能可靠、使用安全、方便且寿命长。因此，对该机采用的元器件的各项指标要求高。尤其是本振源中的稳频腔更为突出。稳频腔的性能取决于腔体的尺寸精度、表面光洁度等质量要求。例如耦合孔壁厚要求为0.2～0.1（即壁厚为0.1～0.2mm之间为合格）；内孔光洁度要求为∇_9（即10级以上）。根据性能要求，原材料采用低膨胀系数合金$4J_{32}$，该材料给切削加工带来很大困难。为此，该厂研究了以下三个课题：

(1) 合理选择刀具材料，提高刀具耐用度；

(2) 对切削三要素找好合理搭配，使得0.2～0.1壁厚达到要求；

(3) 采用滚压方式，选择合理参数，使内孔光洁度达到∇_9。

针对以上课题，在机械加工过程中运用正交法，取得了明显效果。现在把0.2～0.1壁厚变形问题的正交试验叙述如下。

本试验将刀具牌号选成要考察的一个因素，将切削三要素中的主轴转数和切削深度也选为考察的因素，而将进给量固定，取做0.1mm/r。因素-水平表如表1-15。

采用正交表$L_4(2^3)$安排试验。本批试验固定的因素还有：刀具的几何参数$V_0=25°$，$T_0=12°$，$T'_0=8°$等及冷却润滑液（混合油）。

试验计划、试验结果及结果的分析，如表1-16所示。

表 1-15 因素-水平表

水平＼因素	刀具牌号	主轴转数/(次/min)	切削深度/mm
1	YG_8	300	0.1
2	YT_{15}	235	0.06

表 1-16 试验方案及结果计算表

水平＼因素	刀具牌号	主轴转数/(次/min)	切削深度/mm	合格件数
1	1	1	1	2
2	2	1	2	1
3	1	2	2	5
4	2	2	1	1
K_1	7	3	3	
K_2	2	6	6	
R	5	3	3	

作为试验结果的合格件数指的是在该条件下，一个刀具能加工合格的件数，当然是愈大愈好。由表1-16看出：直接看的好条件为第3号条件，即刀具牌号为YG_8（钨钴类），主轴转数为235次/min，切削深度为0.06mm。在该条件下，生产出五件合格品才换刀具，比其他三个条件的产率高很多。由结果之和K_1、K_2及极差R的计算看出：刀具牌号为较重要的因素，应取YG_8；其他因素——主轴转数和切削深度应取235次/min和0.06mm。因此，算一算的好条件仍为第3号条件。用该条件投产，基本上解决了0.2～0.1壁厚变形问题。接着用正交表$L_4(2^3)$做了后道工序中滚压的试验，又解决了光洁度问题，即在∇_9以上。用好条件投产，合格率由原来的50%提高到98.8%，工时减少到原来的2/3，经济效益近四千万元，并且保证了长期稳定生产的水平，彻底解决了该厂的老大难问题，确保了国家重点工程的质量，获得电子工业部二等奖。

【例1-5】 市场试销一例

随着人们生活水平的提高，购买商品的选择标准也有变化。如何扩大销售量，稳步占据市场来增加利润，是企业领导要解决的课题。下面介绍一项调查某种卷发器销售量的正交表计划。

关于因素A：国外资料介绍的最高温度为130℃。但是，不同民族对卷发温度的要求有所不同。据统计，我国中青年妇女要求温度在170℃左右。对于表面涂覆因素C、包装因素E和插头导线F等因素，是C_2（镀铬）、E_1（纸盒）和F_1（手感好）的成本略高一些。关于售价因素D，安排两个水平是想看看消费者对于二者之间差价敏感的程度。

用正交表$L_8(2^7)$安排这六因素二水平的计划（表1-17），八种卷发器各做100把。在同一地区、同样的时间间隔来销售，调查计划及对销售量的分析如表1-18所示。

表1-17 因素位级表

因素 （列号）	可达最高温度 A	温度分挡 B	表面涂覆 C	出厂价 D	包装 E	插头导线 F
位级1	130℃	两挡	涂漆	71.8元/把	纸盒	手感好
位级2	170℃	一挡	镀铬	55.8元/把	塑料袋	手感差

表1-18 试验方案及结果计算表

因素 试验号	最高温度A 1	温度分挡B 2	表面涂覆C 3	出厂价D 4	包装E 5	插头导线F 6	销售量
1	1(130℃)	1(两挡)	1(涂漆)	2(55.8元/把)	2（纸盒）	1(手感好)	49
2	2(170℃)	1	2(镀铬)	2	1(塑料袋)	1	91
3	1	2(一挡)	2	2	2	2(手感差)	48
4	2	2	1	2	1	2	56
5	1	1	2	1(71.8元/把)	1	2	55
6	2	1	1	1	2	2	31
7	1	2	1	1	1	1	23
8	2	2	2	1	2	1	50
K_1	175	226	169	159	235	213	
K_2	268	187	244	254	178	200	413
R	63	39	75	95	57	13	

直接看，第2号的销售量大，第4号为第二名，第5号是第三名。这三号的共同点是用纸盒包装，由于纸盒上写了使用说明，给使用者带来方便，看来用纸盒E_1有利一些。从极差的计算看出：因素D为最重要的因素，便宜的D_2比贵的D_1销售量大很多，可见人们对于这种差价是敏感的。极差第二和第三的因素为C和A，是C_2和A_2较好，即要求表面美观和能达到的温度要高一些。

上述四个好位级 $D_2C_2A_2E_1$ 均在销售量最高的第 2 号条件中出现，能否断定是第 2 号条件最好呢？实际上，第 2 号条件的成本较高，售价 D_2 较低，属于薄利多销的性质。权衡条件的好坏，应该把成本、售价和销售量结合在一起考虑（参看 3.1 的综合评分）。

1.4　有交互作用的正交试验

1.4.1　交互作用

上节介绍了如何分析因素水平的变动对试验指标的影响。讨论因素 A 时，不管其他因素处于什么水平，只从 A 的极差就可判断它所起做的大小。对其他因素也做同样的分析，在此基础上选取诸因素的最优水平。

实践中发现，有时不仅因素的水平变化对指标有影响，而且，有些因素间各水平的联合搭配对指标也产生影响，这种联合作用称为交互作用。

例：考虑氮肥（N）和磷肥（P）对豆类增产的效果，可在四块情况大体相同的土地上做 4 个试验，施肥情况和产量情况如表 1-19 所示。

表 1-19　因素各水平表联合作用表

N \ P	$P_1=0$	$P_2=4$
$N_1=0$	400	450
$N_2=6$	430	560

从表 1-19 可看出，只加 4 斤（1 斤＝500g，下同）磷肥，亩产增加 50 斤；只加 6 斤氮肥，亩产增加 30 斤；而氮肥、磷肥都加，亩产增加 160 斤。这说明，增产的 160 斤除氮肥的单独效果 30 斤和磷肥的单独效果 50 斤外，还有它的联合起来发生的影响。这种联合作用叫交互作用，记作 $N\times P$，这里 $N\times P$ 是起加强作用，其大小是：

$$(560-400)-(430-400)-(450-400)=160-30-50=80(\text{斤})$$

又如：铝合金瓷质阳极化试验中，单加硫酸（记作 A）1.2g/L，能使击穿电压提高 80V；单加草酸（记作 B）8g/L，能提高 98V。若同时加 1.2g/L 硫酸和 8g/L 草酸，似乎应提高 80＋98＝178V，但实际上只提高了 22V，因此，反映在上述水平搭配的交互作用（记作 $A\times B$）是：

$$22-(80+98)=-156\text{V}$$

负号表示这种联合作用不是加强的，而是起减弱作用。

使用正交表安排试验，除了能对因素的作用（主效应）进行考察外，有时还能方便地考察各因素之间的交互作用，并给出效应的大小估计。

许多正交表都附有相应的交互作用表，利用它可以找出正交表中任意两列的交互作用列。例如表 1-20 就是 $L_8(2^7)$ 的“两列间的交互作用表”。表上所有的数字，都是列号，如需查第 1 列和第 2 列的变互作用列，就从（1）横着向右看，从（2）竖着向上看，它们的交叉点为 3。则第 3 列就是第 1 列与第 2 列的交互作用列。如第一列排 A 因素，第二列排 B 因素，则第 3 列将反映它们的交互作用 $A\times B$。在安排试验时，如需考虑 $A\times B$，那么第 3 列就不能再排其他因素了，这称为不能混杂。在试验分析时可把 $A\times B$ 看作一个单独的因素，同样地计算它的极差，极差的大小反映 A 和 B 交互作用的大小。

1.4.2　关于自由度和正交表的选用原则

从前面的介绍可知，正交试验设计在制定试验计划时，首先必须根据实际情况，确定因

表 1-20 L_8 (2^7) 的交互作用表

列号	1	2	3	4	5	6	7
1	(1)	3	2	5	4	7	6
2		(2)	1	6	7	4	5
3			(3)	7	8	5	4
4				(4)	1	2	3
5					(5)	3	2
6						(6)	1
7							(7)

素、因素的水平以及需要考察的交互作用，然后选取一张合适的正交表，把因素和需要考察的交互作用合理地安排在正交表的表头上。表头上每列至多只能安排一个内容，不允许出现同一列包含两个或两个以上内容的混乱现象。表头设计确定后，所占的列就组成了试验计划。因此，一个试验方案的确定，最终都归结为选表和表头设计。表选得合适，表头设计得好，就可用比较经济的人力、物力和时间完成试验任务，得到满意的结果。显然，选用正交表是个重要问题。表选得太小，要考察的因素及交互作用就可能放不下。表选得太大，试验次数就多，这往往是实际条件所不允许的，也不符合经济节约的原则。但是正交表的选用又是很灵活的，没有严格的规则，必须具体情况具体分析。一般来说，可以遵循一条原则：要考察的因素及交互作用的自由度总和必须不大于所选正交表的总自由度。

至于什么是自由度以及自由度为什么是这样计算的，我们将在后面章、节里做些说明，这里仅就自由度的计算给出两条规定，以便使用。

(1) 正交表的总自由度 $f_{总}$ =试验次数－1；正交表每列的自由度 $f_{列}$ =此列水平数－1。

(2) 因素 A 的自由度 f_A =因素 A 的水平数－ 1；因此 A、B 间的交互作用的自由度 $f_{A\times B}$ =因素 A 的自由度×因素 B 的自由度= $f_A\times f_B$。

根据这两条规定，对一个四因素二水平的试验，采用 L_8 (2^7) 表时，共做 8 次试验，$f_{总}=8-1=7$；各列均有两个水平，所以各列的自由度 $f_1=f_2=f_3=f_4=f_5=f_6=f_7=1$。很显然，$f_{总}=f_1+f_2+f_3+f_4+f_5+f_6+f_7$。因此 A、B、C、D 均为二水平的，$f_A=f_B=f_C=f_D=2-1=1$，而交互作用的自由度 $f_{A\times B}=f_A\times f_B=1\times1=f_{B\times C}=f_{A\times C}$。

由此可见，二水平正交表中每列的自由度总是 1，而二水平因素的自由度也总是 1，所以二水平因素在二水平正交表中正好占一列；而两个二水平因素的交互作用的自由度也总是 1，故也只占一列。

需要指出的是，根据上述原则所选的正交表并不一定能得到要考察的因素及交互作用。也就是说，上述原则只给我们提供了选取合适正交表的可能性，至于如何选到合适的正交表，还必须通过我们具体的实践尝试。

一般表头设计可按以下步骤进行。

(1) 首先考察交互作用不可忽略（包括一时不知能否忽略）的因素，按不可混杂的原则，将这些因素及交互作用在表头上排妥。

(2) 再将其余可忽略交互作用的那些因素任意安排在剩下的各列上。

1.4.3 有交互作用的正交试验及结果分析

(1) 2^n 因素的正交试验设计及结果分析　这时常用的表有 L_4、L_8、L_{16}、L_{32} 等。要注意 L_{12} 不能考虑交互作用，对要考虑交互作用的试验，就不用 L_{12} 这张表。L_4、L_8、L_{16}、L_{32} 都明确地告诉我们，每两列的交互作用是第几列，L_4 表任何两列的交互作用是剩下的一列，L_8、L_{16}、L_{32} 等可查附录中对应的交互作用表。

下面通过两个实例来介绍要考察交互作用时排表和结果分析的方法。

【例 1-6】 乙酰胺苯磺化反应试验

试验目的：希望提高乙酰胺苯的产率。

因素-水平表如表 1-21 所示。

表 1-21　因素-水平表

水平＼因素	A 反应温度/℃	B 反应时间/h	C 硫酸浓度 x/%	D 操作方法
1	50	1	17	搅拌
2	70	2	27	不搅拌

考虑到反应温度与反应时间可能会有交互作用，另外，反应温度与硫酸浓度也可能会有交互作用，即考虑 $A\times B$，$A\times C$。

下面根据前面讲到的通过自由度的计算来选取适当的正交表，根据前面讲的表头设计步骤来进行表头设计。

在考察 4 个因素 A、B、C、D 及交互作用 $A\times B$、$A\times C$ 的条件下，总的自由度数 $=4\times1+2\times1=6$。而 $L_8(2^7)$ 总共有 $8-1=7$ 个自由度，所以可选用 $L_8(2^7)$ 表来安排试验计划。

① 首先考虑要考察交互作用的因素 A 和 B，将 A 放在第 1 列，B 放在第 2 列，由 $L_8(2^7)$交互作用表查得 $A\times B$ 在第 3 列。

② 再考虑要照顾到有交互作用的因素 C，我们将 C 放在第 4 列，这时 $A\times C$ 占第 5 列，第 6、7 列空着，且 D 可任排在其中一列，我们将其排在第 7 列。得到表头设计如表 1-22 所示。

表 1-22　表头设计

表头设计	A	B	A×B	C	A×C		D
列号	1	2	3	4	5	6	7

如果在【例 1-6】中交互作用 $A\times B$、$A\times C$、$A\times D$、$B\times C$、$B\times D$、$C\times D$ 都要通过试验考察，我们仍选用 $L_8(2^7)$，并将 A 放在第 1 列，B 放在第 2 列，C 放在第 4 列，D 放在第 7 列，那么表头设计将是如表 1-23 所示。

表 1-23　L_8 表头设计

表头设计	A	B	C×D A×B	C	B×D A×C	A×D B×C	D
列号	1	2	3	4	5	6	7

这样，交互作用间产生了混杂，这种表头是不合理的。能不能在 $L_8(2^7)$ 上重新设计以避免这种混杂现象呢？计算一下自由度可知：$L_8(2^7)$ 共有 $8-1=7$ 个自由度，现在我们要考察 4 个因素和 6 个交互作用，故自由度的总和是 $4\times1+6\times1=10$，可见只有 7 个自由度的 $L_8(2^7)$ 容纳不了这个多因素试验问题。我们只能选用更大的正交表 $L_{16}(2^{15})$ 所做的表头设计如表 1-24 所示。

表 1-24　表头设计

表头设计	A	B	A×B	C	A×C	B×C		D	A×D	B×D		C×D
列号	1	2	3	4	5	6	7	8	9	10	11	12

显然，我们避免混杂是用增加试验次数为代价的，选用 L_{16}（2^{15}）要做 16 次试验，比原试验次数 8 次增加了一倍。可见，凡是可以忽略的交互作用要尽量剔除，以便选用较小的正交表来制定试验计划，减少试验次数，这是表头设计的一个重要原则。必须注意，对一时还不知道能否忽略的交互作用，在不增加试验次数的情况下，应尽量照顾不要混杂。

上面所说的交互作用，是两个因素之间的交互作用，在某些特殊情况下，存在着三个或三个以上因素的交互作用，称为高级交互作用，相对地，把两个因素间的交互作用称为一级交互作用。高级交互作用以因素连乘的记号来表示，例如 $A\times B\times C$ 就是两级交互作用。这样的交互作用也可以用正交表的某一列来计划。例如，在【例 1-6】中的 $A\times B\times C$ 可用 L_8（2^7）的第 7 列计划，因为 $A\times B$ 是第 3 列，再查第 3 列与因素 C 所占的第 4 列的交互作用，就是第 7 列。

一般来说，大部分一级交互作用和绝大部分两级和两级以上的交互作用都是可以忽略的。这样可在设计中采用较小的正交表，减少试验次数。例如在一个 2^{10} 因素试验（即 10 个二水平因素试验）中：

1 个因素有 $C_{10}^{1}=10$ 个

2 个因素间的交互作用有 $C_{10}^{2}=45$ 个

3 个因素间的交互作用有 $C_{10}^{3}=120$ 个

4 个因素间的交互作用有 $C_{10}^{4}=210$ 个

5 个因素间的交互作用有 $C_{10}^{5}=252$ 个

6 个因素间的交互作用有 $C_{10}^{6}=210$ 个

7 个因素间的交互作用有 $C_{10}^{7}=120$ 个

8 个因素间的交互作用有 $C_{10}^{8}=45$ 个

9 个因素间的交互作用有 $C_{10}^{9}=10$ 个

10 个因素间的交互作用有 $C_{10}^{10}=1$ 个

总计共有 1023 个。

如果这 1023 个因素和交互作用都要在表头上加以安排而避免混杂，势必选用 L_{1024}（2^{1023}）进行设计，即做 1024 次试验。这是无法办到的。而实际工作中也不需要估计这一切因素对指标的影响。一般只要估计这 10 个因素及一部分重要的一级交互作用就够了。如在 2^{10} 因素试验中，若只对 10 个因素及一部分重要的一级交互作用就够了。如在 2^{10} 因素试验中，若只对 10 个因素、45 个一级交互作用共 55 个因素加以安排，则一般选用 L_{64}（2^{63}）就行了。假如其中一部分一级交互作用还可以忽略，那么就可选用自由度更少的正交表如 L_{32}（2^{31}）、L_{16}（2^{15}）等。这样，试验次数就从 1024 次降到 64 次或 32 次、16 次即减少了几十倍。由此可见，利用交互作用忽略这一点来减少试验次数的潜力是很大的。而哪些交互作用可以忽略，必须依赖研究者的实践经验和专业知识来判断。正是由于忽略了可以忽略的交互作用，才使正交试验设计法具备了减少试验次数这一优点。

试验方案及结果分析：列试验方案的方法与前面介绍的方法相同，不必管交互作用，只要把因素所占列中相应的数字代以实际水平，就得到所要试验方案。【例 1-6】的试验方案及试验结果计算如表 1-25 所示。

结果分析：计算的方法同无交互作用的试验；只是把交互作用所列的相应的 K_1、K_2 平均值和极差也算出，写在表内，以便分析比较。

表 1-25　试验方案及结果计算表

试验号＼因素	A 反应温度 1	B 反应时间 2	A×B 3	C 硫酸浓度 4	A×C 5	6	D 操作方法 7	产率/%
1	1(50℃)	1(1h)	1	1(17%)	1	1	1(搅拌)	65
2	1	1	1	2(27%)	2	2	2(不搅拌)	74
3	1	2(2h)	2	1	1	2	2	71
4	1	2	2	2	2	1	1	73
5	2(170℃)	1	2	1	2	1	2	70
6	2	1	2	2	1	2	1	73
7	2	2	1	1	2	2	1	62
8	2	2	1	2	1	1	2	67
K_1	283	282	268	268	276		273	
K_2	272	273	287	287	279		282	
k_1	70.75	70.50	67.00	67.00	69.00		68.25	
k_2	68.00	68.25	71.75	71.75	69.75		70.50	
R	2.75	2.25	4.75	4.75	0.75		2.25	

从极差可以看出，各因素和交互作用的主次顺序为：

$$A\times B\text{、}C-A-B\text{、}D-A\times C$$

（主————————→次）

由极差知，$A\times C$ 是次要因素，可不必考虑。而 $A\times B$、C 是重要因素，A 是较重要因素，B、D 是次重要因素，它们对指标的影响较大，对其水平的选取按下列原则。①不涉及交互作用的因素（或交互作用不考虑的因素）它的水平的选取还和以前一样，选平均值中指标较好的水平。②有交互作用的因素，它的水平的选取无法单独考虑，应画出二元表和二元图，进行比较后再选择对指标较优的水平。

所以对 C、D 两因素不涉及交互作用，它们选平均产率高的水平即 C_2D_2。而 A 与 B 间有交互作用，画出二元表和相应的二元图（表 1-26、图 1-3）。

表 1-26　A 与 B 间有交互作用的二元效应表

B＼A	A_1	A_2
B_1	$\frac{65+74}{2}=69.5$	$\frac{70+73}{2}=71.5$
B_2	$\frac{71+73}{2}=72.0$	$\frac{62+67}{2}=64.5$

可以看出 A_1B_2（50℃，2h）平均产率较高，与 A_2B_1（70℃，1h）产率差不多，A_1B_1、A_2B_2 都不好，从提高工效来看，用 A_2B_1（70℃，1h）比用 A_1B_2（50℃，2h）好，因为时间可减少一半，使单位时间的产率要高一些，于是得到好的条件为：

$$A_2B_1C_2D_2$$

经验证，用这个条件进行生产，产率确有提高。

讨论：从这个例子的安排和分析来看，有两点值得我们注意。

① 在安排表头时，应使要考虑的交互作用和因素不致发生混杂。

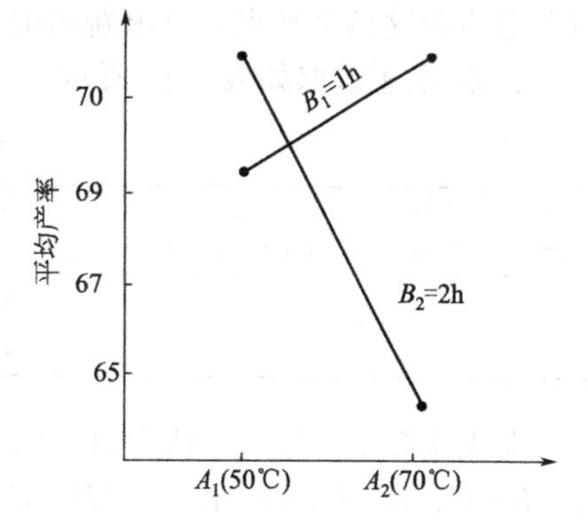

图 1-3　A 与 B 间有交互作用的二元效应图

② 对试验结果的数据进行计算后，在优选各个因素的水平时，有交互作用的因素，它们的水平不能单独考虑，必须用二元表和二元图综合考虑。

这里对①再做一点说明，我们还是以L_8为对象来进行讨论。如果有5个因素A、B、C、D、E且考虑交互作用$A\times B$和$A\times C$，在安排表头时，应先安排涉及交互作用多的因素，然后再安排涉及交互作用少一些的，最后再安排不涉及交互作用的，现在要考虑的因素是：

A、B、C、D、E、$A\times B$、$A\times C$

排表顺序为：

$A\rightarrow B$、$C\rightarrow D$、E

将A排1列，B放2列，于是查表知交互作用$A\times B$占第3列（表1-27），即：

表1-27　表头设计（一）

列号	1	2	3
因素	A	B	$A\times B$

将C放在第4列，$A\times C$占据第5列，则表头（表1-28）可为：

表1-28　表头设计（二）

列号	1	2	3	4	5
因素	A	B	$A\times B$	C	$A\times C$

再将D放在第6列，E放在第7列，则表头（表1-29）可安排为：

表1-29　表头设计（三）

列号	1	2	3	4	5	6	7
因素	A	B	$A\times B$	C	$A\times C$	D	E

这就完成了表头设计。

这种表头设计的方法，不限于L_8，对L_{16}或L_{32}，对于多水平的情形，同样适用。

【例1-7】 提高镀黄铜质量试验

试验目的：原有镀黄铜工艺主要有两个缺点。一个是槽液不稳定，镀层色泽不好。另一个是加入新药或停顿一段时间不用后，需进行长时间的导电处理，影响生产效率。试验的目的是想克服这两个缺点，寻求新的配方和工艺参数。

因素-水平选取如表1-30所示。

表1-30　因素-水平表

水平＼因素	A NaCN/(g/L)	B ZnO/(g/L)	C CuCN/(g/L)	D $NH_3\cdot H_2O$/(mL/L)	E 电流密度/(A/dm²)
1	16	6	18	0.3	0.8
2	7	9	24	2	0.3

根据实际生产经验，认为A、B、C、D、E之间的交互作用$A\times B$、$A\times C$、$A\times D$、$A\times E$、$B\times C$、$B\times D$、$B\times E$、$C\times D$、$C\times E$、$D\times E$都有考虑的必要，即每个因素之间的交互作用都要留有位置，以便考察它们的影响。

选择正交表：需要考察5个因素，10个交互作用，故自由度总和$=5+10\times1=15$，故

可选用 $L_{16}(2^{15})$ 表，其自由度=16−1=15。

依前面表头设计方法得表头设计见表 1-31。

表 1-31　表头设计

列号	1	2	3	4	5	6	7	8	9	10	11	12	13	14	15
表头设计	A	B	$A\times B$	C	$A\times C$	$B\times C$	$D\times E$	D	$A\times D$	$B\times D$	$C\times E$	$C\times D$	$B\times E$	$A\times E$	E

试验结果分析：按上述表头设计所确定的 15 个试验条件进行小生产，每批取两个试片，看镀层色泽的好坏给以评分，得分越高越好。

试验方案及结果计算表如表 1-32 所示。

表 1-32　试验方案及结果分析表

因素 / 试验号	1	2	3	4	5	6	7	8	9	10	11	12	13	14	15	得分		
	A	B	$A\times B$	C	$A\times C$	$B\times C$	$D\times E$	D	$A\times D$	$B\times D$	$C\times E$	$C\times D$	$B\times E$	$A\times E$	E	1	2	平均
1																2	2	2
2																9	7	8
3																10	10	10
4																4	4	4
5																3	3	3
6																3	3	3
7																9	9	9
8								L_{16}								7	7	7
9																6	6	6
10																5	5	5
11																2	2	2
12																8	8	8
13																6	6	6
14																9	9	9
15																6	6	6
16																6	6	6
K_1	46	45	51	42	38	49	51	44	52	45	47	42	38	47	37	94		
K_2	48	49	43	52	56	45	43	50	42	49	47	52	56	47	57			
k_1	5.75	5.625	6.375	5.23	4.75	6.125	6.375	5.5	6.5	5.6225	5.875	5.25	4.75	5.875	4.625			
k_2	6	6.125	5.375	6.5	7	5.625	5.375	6.25	5.25	6.125	5.875	6.5	7.0	5.875	7.125			
极差	0.25	0.5	1.0	1.25	2.25	0.5	1.0	0.75	1.25	0.5	0	1.25	2.25	0	2.5			

由极差 R 可排出因素的主次；

E — $A\times C$、$B\times E$ — C、$C\times D$、$A\times D$ — $A\times B$、$D\times E$ — D — B、$B\times C$、$B\times D$ — A — $C\times E$、$A\times E$

主 ————————→ 次

可见，E 和 $A\times C$、$B\times E$ 确实比较重要，E 取 E_2 为好；即电流密度应选小些 0.3A/dm² 为好；A、B 本身都不重要，但它们的交互作用 $A\times C$、$B\times E$ 很重要，因此，A、B 的水平不能随便选取，需列出二元表（表 1-33），画出二元图（图 1-4）来分析。

注意：图上自变量的顺序总是由小到大，这一点在画图和看图时都应当注意，以后就不再声明了。

表 1-33 有交互作用的二元效应表

E \ B	B_1	B_2	C \ A	A_1	A_2
E_1	3.25	6	C_1	4	6.5
E_2	8	6.25	C_2	7.5	5.5

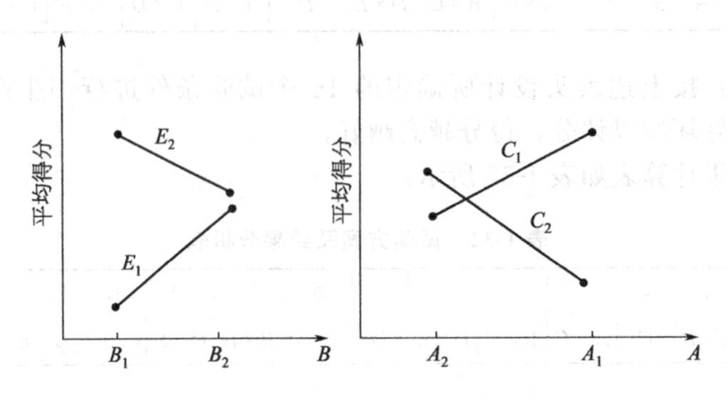

图 1-4 有交互作用的二元效应图

从上面二元表和二元图可看出：$B_1E_2A_1C_2$ 是好的条件，因此应选 $B_1E_2A_1C_2$。

从 C 占的第 4 列来看，它的平均得分较高，所以单就 C 来看，也是选 2 水平好。因素 D 不重要，但 $C\times D$ 还是比较重要的，因此从 $C\times D$ 的二元表及二元图上来看。可见，C 用 C_2 时，D 用 D_1、D_2 都可，D_1 略好些，这样就确定了较好的生产条件是 $A_1B_1C_2D_1E_2$ 或 $A_1B_1C_2D_2E_2$。

即：NaCN　　16g/L

ZnO　　6g/L

CuCN　　24g/L

$NH_3 \cdot H_2O$　　0.3mL/L 或 0.2mL/L

电流密度　　0.3A/dm^2

实践证明，按选出条件进行生产，镀层外观质量合格，槽液稳定，不用导电处理就可直接生产，确实达到了试验目的。

(2) 3^n因子试验设计及结果分析　三水平的表 $L_9(3^4)$、$L_{27}(3^{13})$ 等可以安排有交互作用的试验，$L_{18}(2^1\times3^7)$ 不能安排有交互作用的试验。

三水平正交表与二水平正交表最重要的区别是：它的每两列的交互作用列是另外两列，而不是一列。这是因为，三水平正交表每列的自由度为 2，而两列交互作用的自由度等于两列自由度相乘$=2\times2=4$，所以要占两个三水平列。例如在 $L_9(3^4)$ 中，第 1、2 列的交互作用是 3、4 列，第 1、4 列的交互作用列是 2、3 列……。而 $L_{27}(3^{13})$ 的交互作用有表可查（见附录）。

【例 1-8】 接线板塑压工艺试验

试验目的：变压器上的接线板是用酚醛塑料塑压而成的，毛病是容易断裂，想通过试验找出较好的塑压规范，提高抗断强度。考虑温度与时间这两个因素间很可能有交互作用，所以考虑 $A\times B$。因素-水平表如表 1-34 所示。

选用 $L_9(3^4)$ 正交表。

试验方案及结果分析如表 1-35 所示。

从极差大小可知，因素的主次为：

$$A \rightarrow A\times B \rightarrow B$$

表 1-34　因素-水平表

水平 \ 因素	A 温度/℃	B 时间/min
1	140	8
2	160	6
3	180	5

表 1-35　试验方案及结果分析

试验号 \ 因素(列号)	A 温度/℃ 1	B 时间/min 2	$A\times B$ 3	$A\times B$ 4	试验指标 (得分)
1					−5.1
2					−2.2
3					−5.1
4					0.3
5			$L_9(3^4)$		0
6					−0.1
7					1.7
8					0.2
9					0.4
K_1	−12.4	−3.1	−5.0	−4.7	
K_2	0.2	−2.0	−1.5	−0.6	
K_3	2.3	−4.8	−3.4	−4.6	
k_1	−4.1	1.0	−1.7	−1.6	
k_2	0.1	−0.7	−0.5	−0.2	
K_3	0.8	−1.6	−1.1	−1.5	
R	4.9	0.9	1.2	1.4	

画出相应的二元表（表 1-36）和二元图（图 1-5）

表 1-36　有交互作用的二元表

B \ A	A_1	A_2	A_3
B_1	−5.1	0.3	1.7
B_2	−2.2	0	0.2
B_3	−5.1	−0.1	0.4

从图表中可知，不论 B 取什么水平，总是 A_3 好（这是因为因素 A 对指标的影响远超过了交互作用 $A\times B$ 的影响）。A 选定 A_3 后，B 取 B_1 最好，但考虑到 B_3 的时间短，可以提高单位时间产量，因此用 B_3。

经生产试验发现 A_3B_3 的条件确实不错，于是就采用了 A_3B_3 的新工艺。

本例可说明，有时虽有交互作用存在，但经过试验后可以断定，它对指标的影响大，而因素的水平变化对指标的影响更大。

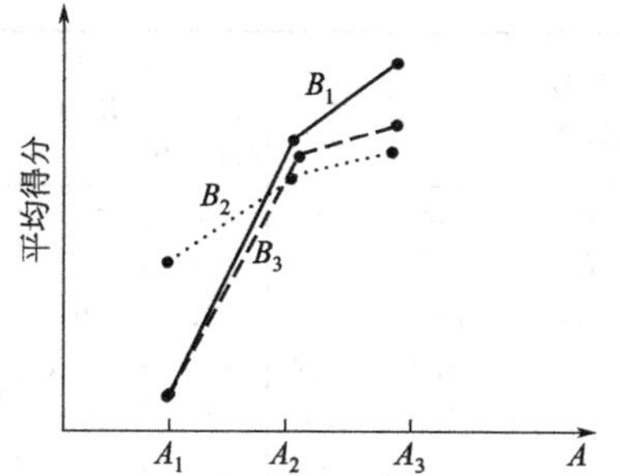

图 1-5　有交互作用的二元效应图

【例 1-9】 抗氧剂“303”的合成试验

试验目的：抗氧剂“303”是一种高分子量多元阻碍酚，用作橡胶、高熔点润滑油和聚烯烃等的抗氧剂。试验目的是寻求较好的反应条件以提高反应收率。

选因素-水平如表1-37所示。

表 1-37 因素-水平表

因素 水平	A 原料配比	B 催化剂量	C 加酸温度/℃	D 反应温度/℃	E①	反应时间 0℃	 20℃	 30℃
1	1∶3	1∶0.8	−5	0	短	1.5	1.0	0.5
2	1∶4	1∶1	0	20	中	3.0	2.0	1.0
3	1∶5	1∶1.2	10	40	长	4.5	3.0	1.5

① E 为活动水平。

反应时间考虑活动水平，它随温度而改变，目的是为了减弱它们之间的交互作用。要考虑的因素有 A、B、C、D、E，以及交互作用 $B\times C$、$B\times D$，另外 $D\times E$ 也可以再考虑一下，记为 $(D\times E)$。

试验安排：用表 $L_{27}(3^{13})$，按因素、复杂的程度排出次序是：

$$B \rightarrow D \rightarrow C \rightarrow E \rightarrow A$$

表头设计见表1-38。

表 1-38 表头设计

列号	1	2	3	4	5	6	7	8	9	10	11	12	13
表头设计	B	C	$B\times C$ $(D\times E)$		D	$B\times D$		A	E				$(D\times E)$

这时一定会出现混杂，于是尽量让交互作用发生混杂，因此把 E 放在第9列，$(D\times E)$ 只在第3列上与 $B\times C$ 混杂，其余都不混杂。按照这个设计就可以列出试验计划表。

试验结果分析：第1至27号试验结果的收率如表1-39。为了方便，将收率各减去60%作为计算时用的指标。

表 1-39 试验结果表

试验号	1	2	3	4	5	6	7	8	9	10	11	12	13	14
收率	−14	−11	3	4	1	−29	17	−22	9	−30	0	1	4	33
试验号	15	16	17	18	19	20	21	22	23	24	25	26	27	
收率	−22	18	−20	5	−10	7	5	16	28	−19	0	0	−9	

各列的 K_1、K_2、K_3、平均值及极差均按一般 L_{27} 的算法计算，所得数据如表1-40所示。

表 1-40 计算结果表

列号 (因素)	1 B	2 C	3 $B\times C$ $(D\times E)$	4 $B\times C$	5 D	6 $B\times D$	7 $B\times D$	8 A	9 E	10	11	12	13 $(D\times E)$
K_1	−42	−49	6	−16	5	26	−3	−166	1	−23	13	31	13
K_2	−11	16	−62	−19	16	−63	−42	25	−37	25	−39	6	−29
K_3	18	−2	21	0	−56	2	10	106	1	−37	−9	−10	−18
k_1	−4.7	−5.4	0.7	−1.8	0.6	2.9	−0.3	−18.4	0.1	−2.6	1.4	−3.4	1.4
k_2	−1.2	1.8	−6.9	2.1	1.8	−7.0	−4.7	2.8	−4.1	2.8	−4.3	0.7	−3.4
k_3	2.0	−0.2	2.3	0	−6.2	0.2	1.1	11.8	0.1	−4.1	−1.0	−1.1	−2.1
R	6.7	7.2	9.2	2.1	8.1	9.9	5.8	30.2	4.2	6.9	5.7	4.1	4.6

从极差大小排出因素的主次顺序是：

$$
\begin{array}{c}
B\times D \\
A- \quad B\times C \quad -D-C-B-E \\
(D\times E) \\
\text{主} \longrightarrow \text{次}
\end{array}
$$

可见，因素 A 最重要，它的三个不同水平对产率影响最大，以 A_3 最好。它与别的因素又没有交互作用，因此决定取 A_3；因素 B 与 C、D 这两个因素的交互作用比较重要，因此要列出 $B\times C$、$B\times D$ 的二元表，画出相应的二元图，然后再决定选什么水平；就 E 占的列来看，E 的三个水平似乎可以随便选取，但 $D\times E$ 的影响较大，所以也要列出二元表，画出二元图来考虑。见表 1-41、图 1-6。

表 1-41 有交互作用的二元表

B \ D	D_1	D_2	D_3	B \ C	C_1	C_2	C_3	E \ D	D_1	D_2	D_3
B_1	2.3	−10.7	−5.7	B_1	−7.3	−0.8	1.3	E_1	6.7	6.0	−12.3
B_2	−2.7	4.3	−5.3	B_2	−9.7	5.0	1.0	E_2	−8.7	−1.0	2.7
B_3	2.0	11.7	−7.7	B_3	0.7	8.3	−3.0	E_3	3.7	0.3	−3.7

从 $B\times D$ 表上看，应选 B_3D_2；从 $B\times C$ 表上看应选 B_3C_2；从 $D\times E$ 来看应选 D_1E_1 或 D_2E_1；综合上述三张二元表，就知道好的条件是 $A_3B_3C_2D_2E_1$。L_{27} 表上的第 23 号试验是 $A_3B_3C_2D_2E_2$，它的收率是 88%；第 14 号试验是 $A_3B_2C_2D_2E_1$，收率是 93%；这两号试验与选出的好条件比较接近。对 $A_3B_3C_2D_2E_1$ 进行验证试验，收率达 93%，证明了上述分析所得结果是可靠的。

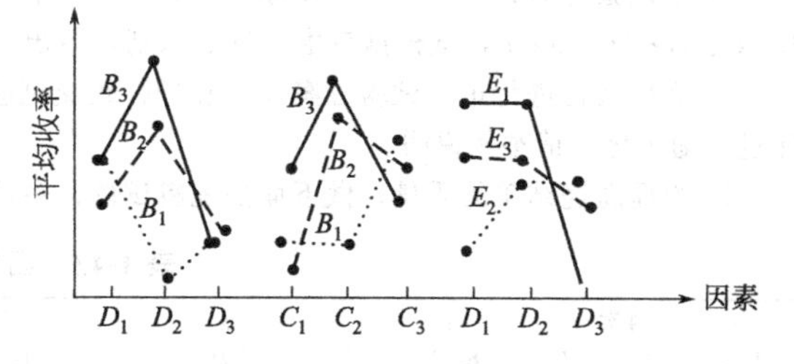

图 1-6 有交互作用的二元效应图

综上所述，对有交互作用的试验，结果分析方法与无交互作用的基本相同，所不同的是以下各点。

① 把交互列与安排有因素的列一样计算出 K、k 和极差 R。

② 比较极差 R，排出因素的单独作用和交互作用对试验指标影响的主次顺序。当交互作用占有两列以上时，以极差 R 最大的 1 列为准。

③ 对交互作用较重要的因素，应计算二元表并做出二元图。

④ 选取最好的水平组合。对于复杂的试验，这一步往往比较困难。

a. 如果对于较重要的因素和交互作用涉及的那几个因素来说，所做的试验已是全面试验了，则可不必做任何计算分析，直接用试验方案中指标最好的几个试验条件做验证即可。

b. 如果某因素只有一个交互作用是重要的，则不管这个因素本身的极差大小，都应按因素搭配的二元表和二元图来选取它的水平。因为在因素搭配下的平均指标是各因素单独作用和它们的交互作用的共同结果。

c. 如果分别按几个重要的因素和交互作用选择好的水平组合有矛盾时，可优先照顾更主要一些的因素和交互作用，选取尽可能好的水平组合，在验证试验中再加以比较。

还应该说明一点，交互作用与因素的变化范围有很大关系。例如：在某个范围内，两个因素的交互作用比较大，但是，在另一个范围内，这两个因素的交互作用却可以忽略。这是在实际安排中应该注意的。

(3) 交互作用在试验中的地位　前面讲了，某两个因素的交互作用存在时，当这两个因素在正交表上的位置确定以后，这两个因素的交互作用列的位置也就随着确定，假如交互作用列被第三个因素或另外一些因素的交互作用占据时，那么在结果分析时，这一列的 K、R 值既不反映这两个因素的交互作用，也不反映第三个因素的单独作用或另外一些因素的交互作用，而是这些作用的代数和，我们把这种现象叫混杂。混杂会给结果分析带来干扰，有时分析出来的规律与实际不符。为了避免产生混杂，常常要增加试验工作量（即选更大容量的 L 表）。目前从大量的实际例子说明，当因素实际上存在交互作用，而没有在试验中考察，造成了混杂时，虽然结果分析的结论可能不准确，但试验效果仍然可以是较好的。因此，我们认为，初试工作中，可不必太看重交互作用，特别在探索较好试验条件时，可以不管交互作用；用少量的试验，以达到好的效果为目的。只有在一些科研项目中，需要弄清因素的一些规律时，才去安排交互作用的试验。这时因素水平也不要分得太细，二或三水平较为合适。

习　题

1. 多因素试验设计常采用的全面设计法、简单比较法和正交试验法各有何优缺点？

2. 正交表有何特点？均衡分散性的含义是什么？极差分析法和方差分析法使用了正交法的哪一个特点？

3. 用正交表安排试验的基本步骤是什么？什么叫做交互作用？有交互作用的正交试验应如何安排，试验结果又如何分析？有交互作用的正交试验和无交互作用的正交试验的结果分析有何共同点和不同点？

4. 什么叫做自由度选表原则？正交表的自由度、因素的自由度和交互作用的自由度如何确定？

5. 某试验有 A、B、C、D、E 等 5 个 2 水平因素，要考虑的交互作用有 $A\times B$、$A\times C$、$A\times D$、$A\times E$、$B\times C$、$B\times D$、$D\times E$，试根据自由度选表原则，做出正交设计试验方案。

6. 为什么在进行正交试验方案设计和进行正交试验时，有时，有必要对因素水平表中的因素和试验顺序进行随机化，请举例说明。

7. 为提高烧结矿的质量，做下面的配料试验。各因素及其水平如表 1-42（单位：t）。

表 1-42　因素-水平表

因素 水平	A 精矿	B 生矿	C 焦粉	D 石灰	E 白云石	F 铁屑
1	8.0	5.0	0.8	2.0	1.0	0.5
2	9.5	4.0	0.9	3.0	0.5	1.0

反映质量好坏的试验指标为含铁量，越高越好。用正交表 $L_8(2^7)$ 安排试验。各因素依次放在正交表的 1 至 6 列上，8 次试验所得含铁量（%）依次为 50.9，47.1，51.4，51.8，54.3，49.8，51.5，51.3。试对结果进行分析，找出最优配料方案。

8. 在梳棉机上纺黏棉混纱，为了提高质量，选了 3 个因素，每个因素有两个水平，3 因素之间有一级交互作用。因素水平如表 1-43。

表 1-43　因素-水平表

因素 水平	A 金属针布	B 产量水平	C 速度
1	甲地产品	6kg	238r/min
2	乙地产品	10kg	320r/min

试验指标为棉结粒数，越小越好。用正交表 $L_8(2^7)$ 安排试验，8 次试验所得试验指标的结果依次为 0.30，0.35，0.20，0.30，0.15，0.40，0.50，0.15。试用极差分析法对结果进行分析。

9. 扬州轴承厂为了提高轴承圈退火的质量，制定因素水平表如表 1-44。

表 1-44　因素-水平表

因素	上升温度 A	保温时间 B	出炉温度 C
水平 1	800℃	6h	400℃
水平 2	820℃	8h	500℃

其试验指标为硬度合格率，采用正交表 $L_4(2^3)$ 其结果依次为 100，45，85，70。试用极差分析法分析试验结果，并给出相应的结论。

第2章　正交试验结果的统计分析法——方差分析法

本章首先介绍试验数据构造模型，通过单因素方差分析的实例说明方差分析的必要性（2.2.1）和解决问题的思路（2.2.2），在此基础上阐明多因素方差分析的主要思想及具体步骤，并给出一般情况下的计算公式，最后介绍缺失数据的补偿。

2.1　试验数据构造模型

2.1.1　单因素试验方差分析的数学模型

（1）数学模型　数据构造模型是在分析数据时提出的一种数学模型。由于有了这个数学模型才可能应用数理统计的方法。通过数学模型的建立，我们可看到方差分析是更深刻、更正确、更完全地反映着自然的。

设因素 A 取了 p 个水平，每个水平重复了 r 次试验，在试验中，由于存在试验误差，在 A_i 水平进行的 r 次试验所得 r 个数据不一定是相等的。所以在水平 A_i 下 j 次试验结果 X_{ij} 可分解为

$$x_{ij}=\mu_i+\varepsilon_{ij} \tag{2-1}$$

式中　μ_i——A_i 水平真值；

ε_{ij}——数据中包含的误差值。

试验误差对每一次试验来说是一个不确定的量（数学上称为随机变量），但在多次试验中它的取值是有一定规律的，表现在：

① ε_{ij} 正的和负的个数差不多，多个 ε_{ij} 的平均值趋近于零；

② 误差小的比误差大的多；

③ 不同试验之间，误差的大小是不相关的，即 ε_{ij} 之间彼此是独立的。

用一句话来说，ε_{ij} 是相互独立的随机变量，遵从正态分布 $N(0,\sigma^2)$。

式(2-1) 中 μ_{ij} 和 ε_{ij} 均是未知的。而真值 μ_i 可表达为

$$\mu_i=\mu+(\mu_i-\mu)=\mu+a_i \tag{2-2}$$

式中

$$\mu=\frac{1}{p}\sum_{i=1}^{p}\mu_i$$

$$a_i=\mu_i-\mu(i=1,2,\cdots,p)$$

这里 μ 称为一般平均。a_i 是 μ_i 对于 μ 的偏移，为 A_i 的水平效应或 A_i 的主效应。所以把 μ_i 理解为：

（一般平均）+（A_i 水平效应）

所以

$$x_{ij}=\mu+a_i+\varepsilon_{ij}\ (i=1,2,\cdots,p) \tag{2-3}$$

即：x_{ij} =（一般平均）+（A_i 水平效应）+（误差）

显然 $\{a_i\}$ 之间有关系：

$$\sum_{i=1}^{p}a_i=0 \tag{2-4}$$

a_i 表示水平 A_i 对试验结果产生的影响。

式(2-4) 的证明如下：

$$\sum_{i=1}^{p} a_i = \sum_{i=1}^{p}(\mu_i - \mu) = p \times \frac{1}{p}\sum_{i=1}^{p}\mu_i - p\mu = p\mu - p\mu = 0$$

方差分析的数学模型就是建立在这么几条假定的基础上的。

① $x_{ij} = \mu + a_i + \varepsilon_{ij} \ (i=1,2,\cdots,p; j=1,2,\cdots,p)$；

② $\sum_{i=1}^{p} a_i = 0$；

③ ε_{ij} 是相互独立并且遵从正态分布 $(0, \sigma^2)$。

由这三条建立的模型叫做线性模型。

建立了数学模型后，统计分析需解决以下两个问题：

① 参数估计；

② 统计检验。

(2) 参数估计　参数估计即通过子样（样本，一组试验数据）算出统计量 μ 和 $\{a_i\}$，并用 $\hat{\mu}$ 和 $\hat{a}_i$ 表示。

根据子样平均值的定义：

$$\bar{x}_i = \frac{1}{r}\sum_{j=1}^{r} x_{ij} = \frac{1}{r}\sum_{j=1}^{r}(\mu + a_i + \varepsilon_{ij}) = \mu + a_i + \bar{\varepsilon}_i \tag{2-5}$$

$$\bar{x} = \frac{1}{pr}\sum_{i=1}^{p}\sum_{j=1}^{r} x_{ij} = \frac{1}{pr}\sum_{i=1}^{p}\sum_{j=1}^{r}(\mu + a_i + \varepsilon_{ij}) = \mu + \bar{\varepsilon} \tag{2-6}$$

式中，$\bar{\varepsilon}_i = \frac{1}{r}\sum_{j=1}^{r}\varepsilon_{ij}$，$\bar{\varepsilon} = \frac{1}{pr}\sum_{i=1}^{p}\sum_{j=1}^{r}\varepsilon_{ij}$

证明式(2-5)：

$$\begin{aligned}
\bar{x}_i &= \frac{1}{r}\sum_{j=1}^{r} x_{ij} = \frac{1}{r}\sum_{j=1}^{r}(\mu + a_i + \varepsilon_{ij}) \\
&= \frac{1}{r}\sum_{j=1}^{r}\mu + \frac{1}{r}\sum_{j=1}^{r} a_i + \frac{1}{r}\sum_{j=1}^{r}\varepsilon_{ij} \\
&= \frac{1}{r} r\mu + \frac{1}{r} r a_i + \bar{\varepsilon}_i \\
&= \mu + a_i + \bar{\varepsilon}_i
\end{aligned} \tag{2-7}$$

因为 $\bar{\varepsilon}_i$、$\bar{\varepsilon}$ 是若干误差平均，由假定等于零。

因此，由式(2-6) 有：

$$\bar{x} \approx \mu$$

$$E(\bar{x}) = \mu$$

用数学表示即为 $E(\bar{x})$——表示 $\bar{x}$ 的数学期望。

即，$\bar{x}$ 是 μ 的一个无偏估计量。

记作

$$\hat{\mu} = \bar{x} \tag{2-8}$$

类似地，由式(2-5) 减去式(2-6) 得

$$\begin{aligned}
\bar{x}_i - \bar{x} &= \mu + a_i + \bar{\varepsilon}_i - \mu - \bar{\varepsilon} \\
&= a_i + \bar{\varepsilon}_i - \bar{\varepsilon}
\end{aligned}$$

因为 $\bar{\varepsilon}_i - \bar{\varepsilon}$ 近似为零

所以 $\bar{x}_i-\bar{x}=a_i$

推出 a_i 的无偏估计是 $\bar{x}_i-\bar{x}$，即：

$$\hat{a}_i=\bar{x}_i-\bar{x} \tag{2-9}$$

于是式(2-3) 可改写为

$$x_{ij}=\hat{\mu}+\hat{a}_i+l_{ij} \tag{2-10}$$

$i=1, 2, \cdots, p$；$j=1, 2, \cdots, r$。

式中，l_{ij} 反映了误差。

可根据式(2-10) 对试验数据进行分解，通过数据的分解可看出因素的水平效应和误差大小。下面举例说明。

【例 2-1】 考察温度对某一化工产品得率的影响，选了五种不同的温度，同一温度做了三次试验，测得结果如表 2-1 所示。

表 2-1　不同温度化工产品得率测定结果

A 温度/℃	A_1 60℃	A_2 65℃	A_3 70℃	A_4 75℃	A_5 80℃
得率/%	90	97	96	84	84
	92	93	96	83	86
	88	92	93	88	82
平均得率/%	90	94	95	85	84

总平均 $\bar{x}=89.6$

$$\hat{\mu}=\bar{x}=89.6$$

$$\hat{a}_1=\bar{x}_1-\bar{x}=90-89.6=0.4$$

$$\hat{a}_2=\bar{x}_2-\bar{x}=94-89.6=4.4$$

$$\hat{a}_3=\bar{x}_3-\bar{x}=95-89.6=5.4$$

$$\hat{a}_4=\bar{x}_4-\bar{x}=85-89.6=-4.6$$

$$\hat{a}_5=\bar{x}_5-\bar{x}=84-89.6=-5.6$$

依式(2-10) 有：

$$l_{11}=x_{11}-\hat{\mu}-\hat{a}_1=90-89.6-0.4=0$$

$$l_{12}=x_{12}-\hat{\mu}-\hat{a}_1=92-89.6-0.4=2$$

$$l_{13}=x_{13}-\hat{\mu}-\hat{a}_1=88-89.6-0.4=-2$$

这样 x_{ij} 就可以分解成三个数之和：

$$x_{11}=89.6+0.4+0$$

$$x_{12}=89.6+0.4+2$$

$$x_{13}=89.6+0.4-2$$

对其他数据也进行类似的分解，如表 2-2 所示。

表 2-2　不同温度水平数据的分解

90=89.6 +0.4 +0	97=89.6 +4.4 +3	96=89.6 +5.4 +1	84=89.6 −4.6 −1	84=89.6 −5.6 +0
92=89.6 +0.4 +2	93=89.6 +4.4 −1	96=89.6 +5.4 +1	83=89.6 −4.6 −2	86=89.6 −5.6 +2
88=89.6 +0.4 −2	92=89.6 +4.4 −2	93=89.6 +5.4 −2	88=89.6 −4.6 +3	82=89.6 −5.6 −2

可见：通过试验数据的分解，可以看到分组因素（温度）影响的大小和试验误差的大小。

因 $$x_{ij}=\hat{\mu}+\hat{a}_i+l_{ij}$$

即 $$x_{ij}=\bar{x}+(\bar{x}_1-\bar{x})+(x_{ij}-\bar{x}_i)$$

移项 $$(x_{ij}-\bar{x})=(\bar{x}_i-\bar{x})+(x_{ij}-\bar{x}_i) \tag{2-11}$$

式(2-11)说明，测量值与总平均的变差是，组平均值与总平均值之变差以及测量值与组平均值之变差的和。

为了对全部实值进行分解，这些变差必须累加起来。然而，我们知道，变差的加和是零。为此，应取变差的平方和进行加和，即差方和，这就是方差分析的基本方程式（即方差和的加和性原理）：

$$(x_{ij}-\bar{x})^2\text{ 的加和}=(\bar{x}_i-\bar{x})^2\text{ 的加和}+(x_{ij}-\bar{x}_i)^2\text{ 的加和} \tag{2-12}$$

总差方和＝组间差方和＋组内差方和

式中，组间差方和表征分组因素效应的大小；组内差方和表征试验误差的大小。

(3) 统计检验　如果统计假设是对的，即因素 A 对测量指标没有影响，则效应 $\{a_i\}$ 全为零。因此要检验因素 A 对指标影响是否显著，就是检验统计假设 H_0：

$$a_1=a_2=\cdots=a_p=0$$

为检验这个假设，需要选择一个适当的统计量。

① 组内变差平方和的平均值

$$S_e=\sum_{i=1}^{p}\sum_{j=1}^{r}(x_{ij}-\bar{x}_i)^2 \tag{2-13}$$

S_e——组内差方和。

组内差方和的平均值 $$\bar{S}_e=S_e/p(r-1) \tag{2-14}$$

$\bar{S}_e$——又称为组内均方，可用 $\bar{S}_e$ 估计由试验误差效应引起的方差 σ_e^2，亦即 σ_e^2 是 $\bar{S}_e$ 的数学期望值或期望方差。

即 $$E(\bar{S}_e)=\sigma_e^2 \tag{2-15}$$

② 组间变差平方和的平均值

$$S_A=\sum_{i=1}^{p}\sum_{j=1}^{r}(\bar{x}_i-\bar{x})^2=r\sum_{i=1}^{p}(\bar{x}_i-\bar{x})^2 \tag{2-16}$$

S_A——组间差方和。

组间差方和平均值（又称为组间均方）：

$$\bar{S}_A=\frac{\sum_{i=1}^{p}\sum_{j=1}^{r}(\bar{x}_i-\bar{x})^2}{p-1}=\frac{r\sum_{i=1}^{p}(\bar{x}_i-\bar{x})^2}{p-1} \tag{2-17}$$

$$E(\bar{S}_A)=r\sigma_A^2+\sigma_e^2 \tag{2-18}$$

$r\sigma_A^2+\sigma_e^2$ 是 $\bar{S}_A$ 的数学期望或期望方差。

如果统计假设 H_0 成立。

组间均方 $\bar{S}_A$ 和组内均方 $\bar{S}_e$ 这两个统计量应该没有显著差别，可做 F 检验。F 检验时，统计量 F 计算值：

$$F=\frac{S_A/f_A}{S_e/f_e}=\frac{\bar{S}_A}{\bar{S}_e}=\frac{r\sigma_A^2+\sigma_e^2}{\sigma_e^2} \tag{2-19}$$

如果统计假设成立，即分组因素 A 对测定值没有影响，因此 A 的效应为零，亦即组间方 $\sigma_A^2=0$，则式(2-19)中：

$$F=\frac{\bar{S}_A}{\bar{S}_e}$$

应是与 1 相近的一个数。所以 F 近于 1，表示 H_0 成立。

如果因素 A 对指标有显著的影响，$\sigma_A^2>0$。则：$\frac{\bar{S}_A}{\bar{S}_e}$的值显著地大于 1，这就是为什么可用统计量 F 来检验因素 A 是否显著的道理。

为了使读者对有关的统计检验一目了然，列出了像表 2-3 这样形式的表。在今后的有关章节里。我们针对不同的场合也给出类似的表，一般就不再加以说明了。

表 2-3　单因素多水平等重复试验的方差分析表

方差来源	差方和(平方和)	自由度	均方(方差估计值)	均方期望值	F
组间(A)	$S_A=r\sum_{i=1}^{p}(\bar{x}_i-\bar{x})^2$	$p-1$	$\bar{S}_A=\frac{S_A}{p-1}$	$r\sigma_A^2+\sigma_e^2$	
组内(试验误差 σ)	$S_e=\sum_{i=1}^{p}\sum_{j=1}^{r}(x_{ij}-\bar{x}_i)^2$	$p(r-1)$	$\bar{S}_e=\frac{S_e}{p(r-1)}$	σ_e^2	$\frac{\bar{S}_A}{\bar{S}_e}$
总和	$S_T=\sum_{i=1}^{p}\sum_{j=1}^{r}(x_{ij}-\bar{x})^2$	$pr-1$			

可以证明：

$$S_T=S_A+S_e \tag{2-20}$$

$$f_T=f_A+f_e \tag{2-21}$$

式(2-20) 叫变差平方和分解公式。

式(2-21) 叫总自由度分解公式。

式(2-20) 的证明：

$$\begin{aligned}S_T&=\sum_{i=1}^{p}\sum_{j=1}^{r}(x_{ij}-\bar{x})^2\\&=\sum_{i=1}^{p}\sum_{j=1}^{r}[(\bar{x}_i-\bar{x})+(x_{ij}-\bar{x}_i)]^2\\&=\sum_{i=1}^{p}\sum_{j=1}^{r}(\bar{x}_i-\bar{x})^2+2\sum_{i=1}^{p}\sum_{j=1}^{r}(\bar{x}_i-\bar{x})(x_{ij}-\bar{x}_i)+\sum_{i=1}^{p}\sum_{j=1}^{r}(x_{ij}-\bar{x}_i)^2\end{aligned}$$

上式第二项：

$$\begin{aligned}&2\sum_{i=1}^{p}\sum_{j=1}^{r}(\bar{x}_i-\bar{x})(x_{ij}-\bar{x}_i)\\&=2\sum_{i=1}^{p}\left[(\bar{x}_i-\bar{x})\sum_{j=1}^{r}(x_{ij}-\bar{x}_i)\right]\\&=2\sum_{i=1}^{p}\left[(\bar{x}_i-\bar{x})\left(\sum_{j=1}^{r}x_{ij}-r\bar{x}_i\right)\right]\\&=0\end{aligned}$$

因为

$$\bar{x}_i=\frac{1}{r}\sum_{j=1}^{r}x_{ij}$$

所以
$$S_T = S_A + S_e$$

要想知道方差理论的严格推导，读者可参见文献 Scheff. H. The Analysis of Variance. New York：John Wiley，1959。这些内容已超出本书的范围。

2.1.2 正交试验方差分析的数学模型

（1）数学模型　根据一般线性模型的假定，若 9 次试验结果（如【例 1-1】中的转化率）以 x_1、x_2，...，x_9 表示，我们首先假定以下各点。

① 三个因素间没有交互作用。

② 9 个数据可分解为：

$$\begin{cases} x_1 = \mu + a_1 + b_1 + c_1 + \varepsilon_1 \\ x_2 = \mu + a_1 + b_2 + c_2 + \varepsilon_2 \\ x_3 = \mu + a_1 + b_3 + c_3 + \varepsilon_3 \\ x_4 = \mu + a_2 + b_1 + c_2 + \varepsilon_4 \\ x_5 = \mu + a_2 + b_2 + c_3 + \varepsilon_5 \\ x_6 = \mu + a_2 + b_3 + c_1 + \varepsilon_6 \\ x_7 = \mu + a_3 + b_1 + c_3 + \varepsilon_7 \\ x_8 = \mu + a_3 + b_2 + c_1 + \varepsilon_8 \\ x_9 = \mu + a_3 + b_3 + c_2 + \varepsilon_9 \end{cases} \tag{2-22}$$

其中，μ 表示一般平均，估计 $\hat{\mu} = \frac{1}{9}\sum_{i=1}^{9} x_i$ 又叫全部数据的总体平均值。

a_1、a_2、a_3 表示 A 在不同水平时的效应。

b_1、b_2、b_3 表示 B 在不同水平时的效应。

c_1、c_2、c_3 表示 C 在不同水平时的效应。

③ 各因素的效应为零，或者，各因素的效应的加和为零。

$$\begin{cases} \sum_{i=1}^{3} a_i = a_1 + a_2 + a_3 = 0 \\ \sum_{i=1}^{3} b_i = b_1 + b_2 + b_3 = 0 \\ \sum_{i=1}^{3} c_i = c_1 + c_2 + c_3 = 0 \end{cases} \tag{2-23}$$

④ $\{\varepsilon_i\}$ 是试验误差，它们相互独立，且遵从正态分布 $N(0, \sigma^2)$，所以多个试验误差的平均值近似等于零。

$$\frac{1}{pr}\sum_{i=1}^{p}\sum_{j=1}^{r}\varepsilon_{ij} \approx 0$$

$$\frac{1}{r}\sum_{j=1}^{r}\varepsilon_{ij} \approx 0$$

（2）参数估计　有了数学模型，还应通过子样的实测值，对以上的各个参数做出估计。由概率统计知识

$$E(\bar{x}) = \mu$$

所以　$\bar{x}$ 是 μ 的无偏估计量。

记为
$$\bar{x} = \hat{\mu}$$

$$\hat{\mu}=\bar{x}=\frac{1}{9}\sum_{i=1}^{9}x_i=\frac{1}{9}(x_1+x_2+\cdots+x_9) \tag{2-24}$$

又由 K_1^A 的计算

$$\begin{aligned}K_1^A&=x_1+x_2+x_3\\&=3\mu+3a_1(b_1+b_2+b_3)+(c_1+c_2+c_3)+(\varepsilon_1+\varepsilon_2+\varepsilon_3)\end{aligned} \tag{2-25}$$

将式(2-23)代入上式，得：

$$K_1^A=3\mu+3a_1+(\varepsilon_1+\varepsilon_2+\varepsilon_3)$$

所以

$$k_1^A=K_1^A/3=\mu+a_1+\frac{1}{3}(\varepsilon_1+\varepsilon_2+\varepsilon_3) \tag{2-26}$$

同理可得

$$k_2^A=K_2^A/3=\mu+a_2+\frac{1}{3}(\varepsilon_4+\varepsilon_5+\varepsilon_6) \tag{2-27}$$

$$k_3^A=K_3^A/3=\mu+a_3+\frac{1}{3}(\varepsilon_7+\varepsilon_8+\varepsilon_9) \tag{2-28}$$

在式(2-26)～式(2-28)中，最后一项是三个误差的平均，可以认为近似为零。因此 A 效应的估计值为

$$\begin{cases}\hat{a}_1=k_1^A-\mu\\\hat{a}_2=k_2^A-\mu\\\hat{a}_3=k_3^A-\mu\end{cases} \tag{2-29}$$

这说明要比较 A 在几个不同水平时的效应的大小，通过比较 k_1^A、k_2^A、k_3^A 就可以了，而 k_1^A、k_2^A、k_3^A 的相对大小与 B 和 C 无关（读者不要误认为 k_1^A、k_2^A、k_3^A 的绝对大小也与 B 和 C 无关，因为 μ 的大小与 A、B、C 都有关）。这也就从定量的角度说明了正交表的整齐可比性。

与此类似可得到

$$\begin{cases}k_1^B=\mu+b_1+\frac{1}{3}(\varepsilon_1+\varepsilon_4+\varepsilon_7)\\k_2^B=\mu+b_2+\frac{1}{3}(\varepsilon_2+\varepsilon_5+\varepsilon_8)\\k_3^B=\mu+b_3+\frac{1}{3}(\varepsilon_3+\varepsilon_6+\varepsilon_9)\end{cases}$$

即只与 B 的效应和试验误差有关，与 A、C 的效应无关。对 k_1^C、k_2^C、k_3^C 也有类似的性质。

尽管 9 次试验条件各不相同，由于用正交表安排试验的巧妙，使得三个因素的作用可以清楚地分开，它们的效应都能估计出来，从而就能找出比较好的试验条件。这也就是均衡分散、整齐可比的正交性，使得 9 次试验能代表并反映 27 次全面试验效果的原因所在。至于正交试验的统计检验（方差分析）在后面会详细讨论。

2.2　正交试验的方差分析法

2.2.1　方差分析的必要性

前面介绍了正交试验设计的极差分析法，这个方法比较简便易懂，只要对试验结果做少量计算，通过综合比较，便可得出最优条件。但极差分析不能估计试验过程中以及试验结果测定中必然存在的误差大小。也就是说，不能区分某因素各水平所对应的试验结果间的差异

究竟真正是由因素水平不同所引起的，还是由试验的误差所引起的，因此不能知道分析的精度。为了弥补极差分析法的这个缺点，可采用方差分析的方法。方差分析法正是将因素水平（或交互作用）的变化所引起的试验结果间的差异与误差的波动区分开来的一种数学方法。

如果因素水平的变化所引起的试验结果的变动落在误差范围内，或者与误差相差不大，我们就可以判断这个因素水平的变化并不引起试验结果的显著变动，也就是处于相对的静止状态。相反，如果因素水平的变化所引起的试验结果的变动超过误差的范围，我们就可以判断这个因素水平的变动会引起试验结果的显著变动，根据这一点，我们来介绍方差分析的基本思想方法。

2.2.2　单因素方差分析法

所谓方差分析，就是按给出离散度的各种因素将总变差平方和进行分解，然后进行统计检验的一种数学方法。

下面将通过一个单因素试验【例 2-1】为例介绍方差分析的基本原理和具体做法。

从**【例 2-1】**的全部 15 个数据知，它们参差不齐，它们与总体平均值的差的平方和叫总变差平方和，产生总变差的原因一是组内变差平方和（试验误差），一是组间变差平方和（因素水平变化引起的变差平方和），方差分析解决这类问题的基本理想如下。

① 由数据中的总变差平方和中分出组内变差平方和和组间变差平方和，并赋予它们数量的表示。

② 将组间变差平方和与组内变差平方和在一定意义下进行比较，如两者相差不大，说明因素水平的变化对指标影响不大；如两者相差较大，组间变差平方和比组内变差平方和大得多，说明因素水平的变化影响是很大的，不可忽视。

③ 选择较好的工艺条件或进一步的试验方向。

(1) 变差平方和的分解

① 总变差平方和　由前面知道

$$S_{总} = S_T = \sum_{i=1}^{p}\sum_{j=1}^{r}(x_{ij}-\bar{x})^2$$
$$=(90-89.6)^2+(92-86.6)^2+(88-89.6)^2+\cdots+(86-89.6)^2+(82-89.6)^2$$
$$=353.6$$

② 组间变差平方和　五种温度的平均得率（%）为 90、94、95、85、84。

$$S_A = \sum_{i=1}^{p}\sum_{j=1}^{r}(\bar{x}_i-\bar{x})^2$$
$$=r\sum_{i=1}^{p}(\bar{x}_i-\bar{x})^2 \tag{2-30}$$
$$=3\times[(90-89.6)^2+(94-89.6)^2+(95-89.6)^2+(85-89.6)^2+(84-89.6)^2]$$
$$=303.6$$

③ 组内变差平方和

$$S_e = \sum_{i=1}^{p}\sum_{j=1}^{r}(x_{ij}-\bar{x}_i)$$
$$=S_e(60℃)+S_e(65℃)+S_e(70℃)+S_e(75℃)+S_e(80℃) \tag{2-31}$$

式中：

$$S_e(60℃)=(90-90)^2+(92-90)^2+(88-90)^2=8$$
$$S_e(65℃)=(97-94)^2+(93-94)^2+(92-94)^2=14$$
$$S_e(70℃)=(96-95)^2+(96-95)^2+(93-95)^2=6$$

$$S_e(75℃)=(84-85)^2+(83-85)^2+(88-85)^2=14$$

$$S_e(80℃)=(84-84)^2+(86-84)^2+(82-84)^2=8$$

$$S_e=S_e(60℃)+S_e(65℃)+S_e(70℃)+S_e(75℃)+S_e(80℃)$$
$$=8+14+6+14+8=50$$

我们发现有：

$$S_T=S_A+S_e$$

这就验证了前面所讲的变差平方和的分解公式(2-20) 成立。

(2) 自由度　数理统计中 χ^2 分布的模数是自由度。自由度不同，χ^2 分布的关系也不同。可以证明，平方和乘以某数将服从 χ^2 分布，或者在某条件下服从 χ^2 分布。方差分析中的自由度这时就是 χ^2 分布的自由度。

而实际上自由度与独立成分的个数相一致，自由度 r 说明平方和由 r 个独立成分构成。首先看一下：

$$S_A = r\sum_{i=1}^{p}(\bar{x}_i-\bar{x})^2$$

它是 $(\bar{x}_1-\bar{x})$，$(\bar{x}_2-\bar{x})$，…，$(\bar{x}_p-\bar{x})$ 这 p 个成分的平方和。这 p 个成分都是对总平均值的偏差，而全部相加为零。所以 p 个成分约束的个数为 1，独立成分的个数则为 $(p-1)$。

其次看一下

$$S_e = \sum_{i=1}^{p}\sum_{j=1}^{r}(x_{ij}-\bar{x}_i)^2$$

它是$(x_{11}-\bar{x}_1)$，$(x_{21}-\bar{x}_2)$，$(x_{p1}-\bar{x}_p)$

$(x_{12}-\bar{x}_1)$，$(x_{22}-\bar{x}_2)$，$(x_{p2}-\bar{x}_p)$

…，　…，　…，

$(x_{1r}-\bar{x}_1)$，$(x_{2r}-\bar{x}_2)$，$(x_{pr}-\bar{x}_p)$

这 pr 个成分的平方和。由于各列 r 个成分之和为零，所以独立成分是 $pr-p=p(r-1)$ 个，则误差平方和自由度是 $p(r-1)$。

最后看一下

$$S_T = \sum_{i=1}^{p}\sum_{j=1}^{r}(x_{ij}-\bar{x})^2$$

它是$(x_{11}-\bar{x})$，$(x_{21}-\bar{x})$，$(x_{p1}-\bar{x})$

$(x_{12}-\bar{x})$，$(x_{22}-\bar{x})$，$(x_{p2}-\bar{x})$

…，　…，　…，

$(x_{1r}-\bar{x})$，$(x_{2r}-\bar{x})$，$(x_{pr}-\bar{x})$

这 pr 个成分的平方和。而所有这些成分之和为零，独立成分是 $pr-1$。所以总平方和 ST 的自由度是 $pr-1$。

用记号 f 表示自由度，f_T、f_A、f_e 分别表示 S_T、S_A、S_e 的自由度。

对于平方和分解公式

$$f_T=f_A+f_e$$

成立。

实际求自由度的方法是

总平方和自由度=(所有数据的个数)-1

A 间平方和自由度=(因素 A 的水平数)-1

这样误差平方和的自由度为

$$f_e=f_T-f_A$$

本例中

$$f_T=15-1=14, f_A=5-1=4, f_e=14-4=10$$

(3) 平均平方（均方）与均方期望值　平方和除以自由度称为平均平方（简称为均方），记为：$\bar{S}$。

则：A 间均方 $\bar{S}_A=\dfrac{S_A}{p-1}$

误差均方 $\bar{S}_e=\dfrac{S_e}{p\ (r-1)}$

它们期望值为

$$E(\bar{S}_A)=r\sigma_A^2+\sigma_e^2$$

$$E(\bar{S}_e)=\sigma_e^2$$

(4) 显著性检验　前面已讲到从此值

$$F_A=\frac{S_A/f_A}{S_e/f_e}=\frac{\bar{S}_A}{S_e}$$

可检验因素 A 的影响是否显著，但要求 F_A 多大，才能认为因素的影响显著地超过误差的影响呢？这就必须确定 F_A 比值及 F 的一个临界值 F_α。对于因素 A，只有当比值 $F_A=\bar{S}_A/\bar{S}_e$ 大于这个临界值 F_α 时，才能说因素的影响是显著的。这种临界值已由数理统计原理根据不同的自由度和显著性水平的要求制定成表，这种表叫做 F 临界值表。在本书附录中列有不同显著性水平 $\alpha=0.2$，$\alpha=0.1$，$\alpha=0.05$，$\alpha=0.01$ 等 F 表。不同的显著水平，表示使用相应的临界值表所做出的判断，具有不同程度的把握。例如当 $F_A>F_\alpha$ 时，若 $\alpha=0.05$，就有 $(1-\alpha)\times100\%$的把握，即 95%的把握说因素 A 是显著的。也就是说，经过对试验结果的计算和分析，做出“因素是显著的”这个判断，是一种统计性判断，会犯一定的错误，显著性水平 α 就表示犯这种错误的概率，即上述判断错误的概率为 5%，反之，若 $F_A<F_\alpha$，则在 α 水平下不能认为因素 A 是显著的，这时一般就说 A 不显著。显著水平 α 取多少，一般根据具体情况而定。通常是当试验精度很差时，α 可取大一些，反之可取小一些。

F 表的查法是：表上方横行的数字对应 F_A 的自由度；表左侧竖列的数字对应着 F_A 分母的自由度。当 F_A 中分子的自由度为 f_1，分母的自由度为 f_2 时，则表上 f_1 所在竖列与 f_2 所在横列的交叉点上的数字，就是 F_A 的临界值。利用 F 表做显著性检验，简称 F 检验。其步骤如下：

① 计算 $F_A=\bar{S}_A/\bar{S}_e$。

② 根据自由度 f_A、f_e 及指定的显著性水平 α 查 F 表，得临界值 $F_\alpha\ (f_A,\ f_e)$。

③ 比较 F_A 与 F_α，做出显著性判断。

通常，a. 若 $F_A>F_{0.01}$，说明因素 A 高度显著，记为**；

b. 若 $F_{0.01}>F_A>F_{0.05}$，说明因素 A 显著，记为*；

c. 若 $F_{0.05}\geqslant F>F_{0.1}$，说明因素 A 有影响，记为⊙；

d. 若 $F_{0.1}\geqslant F\geqslant F_{0.2}$，说明因素 A 有一定影响，记为△；

e. 若 $F_{0.2}\geqslant F$，说明因素 A 无影响。

现在就以上述的 F 检验【例 2-1】中因素 A 的显著性。

① 计算
$$F_A=\frac{S_A/f_A}{S_e/f_e}=\frac{303.6/4}{50.0/10}=15.18$$

② 查 F 表

对 $\alpha=0.05$ 及 $\alpha=0.01$ 分别有：

$$F_{0.05}(4,10)=3.5$$
$$F_{0.01}(4,10)=6.0$$

③ 比较 F_A 与 F_α

$$F_A>F_{0.05},F_{0.01}$$

故因素 A 是高度显著的。方差分析表如表 2-4 所示。

表 2-4　单因素方差分析表

方差来源	变差平方和	自由度	均方	F 比	显著性
A	$S_A=303.6$	4	75.9	15.18	* *
e	$S_e=50.0$	10	5.0		
总和	353.6	14			

(5) 小结　以上就单因素试验的情况，对方差分析做了简单的介绍，其基本点就是：把总的变差平方和分解为因素的变差平方和与误差平方和两部分，并计算出因素及误差的平均平方和，然后，用 F 检验法对因素进行显著性检验。

需指出的是，用公式(2-20)、式(2-30)、式(2-31) 计算 S_T、S_A、S_e 往往是不方便的，而且计算累积的误差也较大。但经过数学推导，便可得到以下较实用的公式。

$$S_T=\text{各(数据)}^2\text{之和}-\frac{(\text{数据总和})^2}{\text{数据总个数}}$$

$$S_A=\text{各}\left(\frac{\text{同水平数据和的平方}}{\text{水平重复数}}\right)\text{之和}-\frac{(\text{数据总和})^2}{\text{数据总个数}}$$

$$S_e=\text{各(数据)}^2\text{之和}-\text{各}\left(\frac{\text{同水平数据和的平方}}{\text{水平重复数}}\right)\text{之和}$$

若水平数为 p，各水平重复次数为 q，则上面三式可表为：

$$S_T=\sum_{i=1}^{p}\sum_{j=1}^{q}x_{ij}^2-\frac{K^2}{pq} \tag{2-32}$$

$$S_A=\frac{\sum_{i=1}^{p}\left(\sum_{j=1}^{q}x_{ij}\right)^2}{q}-\frac{K^2}{pq} \tag{2-33}$$

$$S_e=\sum_{i=1}^{p}\sum_{j=1}^{q}x_{ij}^2-\frac{\sum_{i=1}^{p}\left(\sum_{j=1}^{q}x_{ij}\right)^2}{q} \tag{2-34}$$

式中

$$K=\sum_{i=1}^{p}\sum_{j=1}^{q}x_{ij}$$

为书写简便，令

$$K_i=\sum_{j=1}^{q}x_{ij},K=\sum_{i=1}^{p}\sum_{j=1}^{q}x_{ij}$$

$$\bar{x}_i=\frac{1}{q}K_i,P=\frac{1}{pq}K^2=\frac{1}{pq}\left(\sum_{i=1}^{p}\sum_{j=1}^{q}x_{ij}\right)^2$$

$$Q=\frac{1}{q}\sum_{i=1}^{p}K_i^2=\frac{1}{q}\sum_{i=1}^{p}\left(\sum_{j=1}^{q}x_{ij}\right)^2$$

$$W=\sum_{i=1}^{p}\sum_{j=1}^{q}x_{ij}^2$$

再令 $\bar{x}$ 表总平均

$$\bar{x}=\frac{1}{pq}K$$

所以上面三式可简化为

$$S_T=W-P \tag{2-35}$$

$$S_A=Q-P \tag{2-36}$$

$$S_e=W-Q \tag{2-37}$$

与它们相应的自由度为：

$$f_T=pq-1$$

$$f_A=p-1$$

$$f_e=p(q-1)$$

下面我们证明上面公式成立。

对式(2-32)：

$$\begin{aligned}
左边=S_T&=\sum_{i=1}^{p}\sum_{j=1}^{q}(x_{ij}-\bar{x})^2\\
&=\sum_{i=1}^{p}\sum_{j=1}^{q}x_{ij}^2-2\bar{x}\sum_{i=1}^{p}\sum_{j=1}^{q}x_{ij}+pr\left(\frac{1}{pr}\sum_{i=1}^{p}\sum_{j=1}^{q}x_{ij}\right)^2\\
&=\sum_{i=1}^{p}\sum_{j=1}^{q}x_{ij}^2-2\frac{1}{pr}(\sum_{i=1}^{p}\sum_{j=1}^{q}x_{ij})^2+\frac{1}{pr}(\sum_{i=1}^{p}\sum_{j=1}^{q}x_{ij})^2\\
&=\sum_{i=1}^{p}\sum_{j=1}^{q}x_{ij}^2-\frac{1}{pr}(\sum_{i=1}^{p}\sum_{j=1}^{q}x_{ij})^2\\
&=W-P=右边
\end{aligned}$$

读者可自行证明式(2-33)、式(2-34) 亦然成立。

说明：有了上述计算公式后，但计算工作量还太大，为此常采用如下办法简化计算。

① 每个数据减（加）去同一个数 a，平方和 S 仍不变。

② 每个数据乘（除）同一个数 b，相应的平方和增大（缩小）b^2 倍。

即：使用线性变换

$$u_{ij}=(x_{ij}-a)b \tag{2-38}$$

将原数据 $\{x_{ij}\}$ 变换成简单数据 $\{u_{ij}\}$。先计算出它们的平方和 S'_A、S'_e、S'_T。在计算平方和时使用其定义式的变形公式：

$$\begin{cases}
S'_T=\sum_{i=1}^{p}\sum_{j=1}^{q}u_{ij}^2-\frac{K'^2}{pq}\\
S'_A=\frac{1}{q}\sum_{i=1}^{p}(\sum_{j=1}^{q}u_{ij})^2-\frac{K'^2}{pq}\\
S'_e=\sum_{i=1}^{p}\sum_{j=1}^{q}(u_{ij})^2-\frac{1}{q}\sum_{i=1}^{p}(\sum_{j=1}^{q}u_{ij})^2
\end{cases} \tag{2-39}$$

其中

$$\frac{K'^2}{pq}=\frac{(所有变换数据之和)^2}{所有数据个数}$$

再变换得

$$\begin{cases}
S_T=\frac{1}{b^2}S'_T\\
S_A=\frac{1}{b^2}S'_A\\
S_e=\frac{1}{b^2}S'_e
\end{cases} \tag{2-40}$$

算得原数据平方和。这种方法可使计算量大大减少，请读者注意掌握之。

2.2.3　正交试验的方差分析

下面将把方差分析法应用到正交试验的数据分析中，后面可看到其分析计算可方便地在正交表上进行。

（1）无交互作用情况　由前面讲到的正交试验的数据构造（以【例 1-1】为例）如

$$\begin{cases} x_1=\mu+a_1+b_1+c_1+\varepsilon_1 \\ x_2=\mu+a_1+b_2+c_2+\varepsilon_2 \\ x_3=\mu+a_1+b_3+c_3+\varepsilon_3 \\ x_4=\mu+a_2+b_1+c_2+\varepsilon_4 \\ x_5=\mu+a_2+b_2+c_3+\varepsilon_5 \\ x_6=\mu+a_2+b_3+c_1+\varepsilon_6 \\ x_7=\mu+a_3+b_1+c_3+\varepsilon_7 \\ x_8=\mu+a_3+b_2+c_1+\varepsilon_8 \\ x_9=\mu+a_3+b_3+c_2+\varepsilon_9 \\ \sum_{i=1}^{3}a_i=0,\sum_{i=1}^{3}b_i=0,\sum_{i=1}^{3}c_i=0 \end{cases}$$

从数据构造模型出发，可将总变差平方和 S_T 分解为各因素的变差平方和 S_i 与误差平方和 S_e。

即

$$S_T=S_A+S_B+S_C+S_e \tag{2-41}$$

$$f_{总}=f_A+f_B+f_C+f_e \tag{2-42}$$

自由度计算规则为：

$$\begin{cases} f_{总}=\text{数据总数}-1 \\ f_{因}=\text{因素水平数}-1 \\ f_{误}=f_{总}-f_{因}=f_{总}-f_A-f_B-f_C \end{cases}$$

对【例 1-1】正交试验进行方差分析。

令，$\bar{x}$ 是 9 次试验的平均

$$\bar{x}=\frac{1}{9}\sum_{i=1}^{9}x_i$$

由 2.1 所讲的可知，A 的平方和 S_A，应等于它的三个水平的均值 k_1^A、k_2^A、k_3^A 之间的变差平方和乘以每个水平的试验次数。

即

$$S_A=3[(k_1^A-\bar{x})^2+(k_2^A-\bar{x})^2+(k_3^A-\bar{x})^2] \tag{2-43}$$

同理

$$S_B=3[(k_1^B-\bar{x})^2+(k_2^B-\bar{x})^2+(k_3^B-\bar{x})^2] \tag{2-44}$$

$$S_C=3[(k_1^C-\bar{x})^2+(k_2^C-\bar{x})^2+(k_3^C-\bar{x})^2] \tag{2-45}$$

总变差平方和

$$S_T=\sum_{i=1}^{9}(x_i-\bar{x})^2 \tag{2-46}$$

与前面讲过的一样，用公式(2-43)～式(2-46) 计算是不方便的，实际计算时采用如下公式：

$$\begin{cases} K=x_1+x_2+\cdots+x_9 \\ P=\dfrac{1}{9}K^2 \\ W=\sum\limits_{i=1}^{9}x_i^2 \\ Q_A=\dfrac{1}{3}\sum\limits_{i=1}^{3}(K_i^A)^2 \\ Q_B=\dfrac{1}{3}\sum\limits_{i=1}^{3}(K_i^B)^2 \\ Q_C=\dfrac{1}{3}\sum\limits_{i=1}^{3}(K_i^C)^2 \end{cases} \tag{2-47}$$

$$\begin{cases} S_A=Q_A-P \\ S_B=Q_B-P \\ S_C=Q_C-P \\ S_T=W-P \\ S_e=S_T-S_A-S_B-S_C \end{cases} \tag{2-48}$$

利用这些公式计算【例 1-1】，为对照起来方便，未将数据简化。

计算结果得：

$$K=31+54+\cdots+64=450$$

$$P=\frac{1}{9}\times 450^2=22500$$

$$Q_A=\frac{1}{3}\times(123^2+144^2+183^2)=23118$$

$$Q_B=\frac{1}{3}\times(141^2+165^2+144^2)=22614$$

$$Q_C=\frac{1}{3}\times(135^2+171^2+144^2)=22734$$

$$W=31^2+54^2+\cdots+64^2=23484$$

由此

$$S_A=Q_A-P=618$$
$$S_B=Q_B-P=114$$
$$S_C=Q_C-P=984$$
$$S_T=W-P=984$$
$$S_e=S_T-S_A-S_B-S_C=18$$

每个因素的自由度等于其水平数减 1，故

$$f_A=f_B=f_C=3-1=2$$

总自由度 f_T 是等于试验次数减 1。

故

$$f_T=9-1=8$$

$$f_e=f_T-f_A-f_B-f_C=2$$

将以上的计算过程及方差分析列成表 2-5、表 2-6。其中表 2-5 中第 4 列的计算下面另有说明。

由于在正交试验中误差的自由度 f_e 经常比较小，由数理统计知，F 检验只有当 f_e 较大时检验的灵敏度才较高。因此，在正交试验中，如果 $f_e \leqslant 5$，我们增加一级，即计算的 F 值介于表上 $F_{0.10}$ 与 $F_{0.20}$ 之间的，我们讲因素对指标有一定的影响，标以“△”。

表 2-5　无交互作用正交试验结果计算表

试验号＼因素	A 1	B 2	C 3	D 4	试验指标 转化率/%
1	1	1	1	1	31
2	1	2	2	2	54
3	1	3	3	3	38
4	2	1	2	3	53
5	2	2	3	1	49
6	2	3	1	2	42
7	3	1	3	2	57
8	3	2	1	3	62
9	3	3	2	1	64
K_1	123	141	135	144	
K_2	144	165	171	153	$K=\sum_{i=1}^{9}x_i=450$
K_3	183	144	144	153	
Q	23118	22614	22734	22518	$P=\frac{1}{9}K^2=\frac{1}{9}\times450^2=22500$
S	618	114	234	18	

表 2-6　无交互作用方差分析表

方差来源	平方和	自由度	均方	F	F_α	显著性
A	618	2	309	34.33	$F_{0.05}(2,2)=19$	*
B	114	2	57	6.33	$F_{0.01}(2,2)=99$	△
C	234	2	117	13.00	$F_{0.1}(2,2)=9$	⊙
e	18	2	9		$F_{0.2}(2,2)=4$	
总和	984	8				

正交表的方差分析的特点如下。

① 总平方和等于各列的平方和　在上例中，第 4 列没有安排因素，如果我们按每个因素的平方和计算第 4 列的 K 值

$$K_1^{(4)}=144, K_2^{(4)}=153, K_3^{(4)}=153$$

$$Q_4=\frac{1}{3}\times(144^2+153^2+153^2)=22518$$

$$S_4=Q_4-P=22518-22500=18=S_e$$

即正好等于 S_e。所以 $L^9(3^4)$ 的第 4 列平方和加在一起正好等于总平方和即

$$S_{总}=S_A+S_B+S_C+S_4 \tag{2-49}$$

$$S_4=S_e$$

我们多次说过，方差分析的优点在于能使总平方和分解成因素与误差平方和，而正交表将这种分解已固定到每一列上，某一列在安排试验时没赋予它什么内容，该列的平方和就反映试验误差。因此，S_e 不一定通过 $S_T-S_A-S_B-S_C$ 来计算，而可以通过没有安排因素的列直接计算。表 2-5 给出了直接计算的内容。

② 计算规格化　在正交设计中每个因素的计算步骤完全一样，而且每一个因素都和某一列相对应。如果某一列表现为误差，相应平方和的计算和因素的完全一样。这样既便于计算，又便于编制计算机程序。

由于上面两个性质，方差分析的基本计算可以化到每一列上。设某一列有 p 个水平，每个水平有 q 次试验。K_1，K_2，…，K_p 表示 p 个水平的 q 个数据之和。

则

$$\begin{cases} K=K_1+K_2+\cdots+K_p \\ P=\dfrac{1}{pq}K^2 \\ Q=\dfrac{1}{q}\sum\limits_{i=1}^{p}K_i^2 \end{cases} \tag{2-50}$$

该列平方和 $$S=Q-P \tag{2-51}$$

相应自由度 $$f=p-1 \tag{2-52}$$

其他列也按此法进行计算。

③ 便于分析因素的主次　前已述得，极差大的是重要因素；极差小的是次要因素。在方差分析表中，判断因素影响的主次，是根据其均方的大小，均方大的是主要因素；均方小的是次要因素，同时方差分析还能指出试验误差的大小。所以方差分析法更优于极差分析法。

(2) 有交互作用正交试验的方差分析　当任意两因素之间（如 A 与 B）存在交互作用而且显著时，则不论因素 A、B 本身的影响是否显著，A 和 B 的最佳条件都应从 A 与 B 的搭配中去选择。如果交互作用 $A\times B$ 的均方（或极差）比 A、B 的均方（或极差）都小时，交互作用可以忽略。

【例 2-2】 某分析试验，其测定值受 A、B、C 三因素的影响，每因素取两个水平，由于三因素间存在交互作用，在设计试验方案时，可选用 $L^8(2^7)$ 表，试验安排及结果归入表 2-7（试验指标要求越小越好）。

对正交表做方差分析时，总平方和等于各列平方和的加和，故可用正交表空着的第 7 列来估计试验误差。

计算平方和的公式与前面所讲的相同。

$$S_A=\frac{1}{4}\sum_{i=1}^{2}K_i^2-\frac{1}{8}K^2=Q_A-P$$

$$=\frac{K_1^2+K_2^2}{4}-\frac{K^2}{8}=6.25-3.125=3.125$$

表 2-7　有交互作用正交试验方案及结果计算表

试验号＼因素	A 1	B 2	$A\times B$ 3	C 4	$A\times C$ 5	$B\times C$ 6	误差 7	试验指标（经简化后）
1	1	1	1	1	1	1	1	0
2	1	1	1	2	2	2	2	5
3	1	2	2	1	1	2	2	−10
4	1	2	2	2	2	1	1	0
5	2	1	2	1	2	1	2	−15
6	2	1	2	2	1	2	1	20
7	2	2	1	1	2	2	1	−15
8	2	2	1	2	1	1	2	10
K_1	−5	+10	0	−40	20	−5	5	
K_2	0	−15	−5	35	−25	0	−10	$K=-5$
Q	6.25	81.25	6.25	706.25	256.25	6.25	31.25	$P=\frac{1}{8}\times5^2$ $=3.125$
S	3.125	78.125	3.125	703.125	253.15	3.125	28.125	

同理：

$$S_B = 78.125$$
$$S_{A\times B} = S_3 = 3.125$$
$$S_C = 703.125$$
$$S_{A\times C} = S_5 = 253.15$$
$$S_{B\times C} = S_6 = 3.125$$
$$S_e = S_7 = 28.125$$

可以证明

$$S_T = S_A + S_B + S_{A\times B} + S_C + S_{A\times C} + S_{B\times C} + S_7$$
$$= \sum_{i=1}^{8} x_i^2 - \frac{1}{8}K^2 = 1071.875 \tag{2-53}$$

显然，对自由度来说

$$f_T = 8-1 = 7$$
$$f_{总} = f_A + f_B + f_{A\times B} + f_C + f_{A\times C} + f_{B\times C} + f_7 = 7$$

式(2-53) 可用来检验各列平方和的计算是否有错。

按前面所讲的进行统计检验，得方差分析结果如表 2-8 所示。

表 2-8　有交互作用方差分析表

方差来源	平方和	自由度	均方	F	F_α	显著性
B	78.125	1	78.125	8.3	$F_{0.05}(1,4)=7.1$	*
C	703.125	1	703.125	75		* *
$A\times C$	253.125	1	253.125	27	$F_{0.01}(1,4)=21.2$	* *
A	3.125	1				
$A\times B$	3.125	1				
$B\times C$	3.125	1				
误差	28.125	1				
总和	1071.875	7				

因 A、$A\times B$、$B\times C$ 三列的平方和很小，可将它们合并到试验误差中去，即平方和的合并、自由度的合并，这样再重新计算均方：

$$\frac{3.125+3.125+3.125+28.125}{1+1+1+1} = 9.375$$

查表时，$f_e = 1+1+1+1 = 4$，将 B、C、$A\times C$ 各列的均方与合并后的试验误差均方做比较，进行 F 检验。结果表明 B、C 和 $A\times C$ 对试验影响最大，B 可取 B_2，而 A 与 C 间有显著的交互作用存在，可通过做二元表（表 2-9）和二元图（图 2-1）以确定最优水平。

表 2-9　A、C 交互作用二元表

C \ A	A_1	A_2
C_1	−10	−30
C_2	5	30

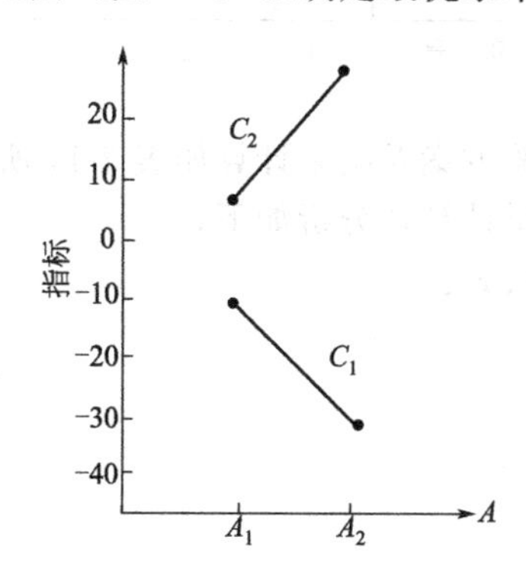

图 2-1　A、C 交互作用二元图

由二元表和二元图知，A_2C_1 最好，故试验最佳条件为 $A_2B_2C_1$，这正好是第 7 号试验。事实上从试验结果看，它的效果也最好。

说明：对二水平因素，平方和的计算有一个简单的公式。

例：用前面介绍的公式

$$P=\frac{1}{8}K^2=\frac{1}{8}\times(-5)^2=3.125$$

$$Q_A=\frac{1}{4}[(K_1^A)^2+(K_2^A)^2]=6.25$$

$$S_A=Q_A-P=3.125$$

简化公式是

$$S_A=\frac{1}{8}(K_1^A+K_2^A)^2=\frac{1}{8}\times(-5-0)^2=3.125$$

该计算方法对任何二水平的因素都是适用的，设共做了 n 次试验，某一列是二水平，相应的 K 值是 K_1 和 K_2，则该列的平方和为

$$S=\frac{1}{n}(K_1-K_2)^2 \tag{2-54}$$

此公式的证明极为简单，这里就不叙述了。

【例 2-3】 某一种抗生素的发酵培养基由黄豆饼粉、蛋白胨、葡萄糖、碳源 1 号、KH_2PO_4、$CaCO_3$、无机盐 1 号等组成。现打算对其中五个成分的最适配比，以及最适装量，按三种水平进行试验，并将其两个成分（黄豆饼粉与蛋白胨）合并为一个因素，这样构成一个五因素三水平试验。需考虑的交互作用有 $A\times B$、$A\times C$、$A\times E$。因素-水平表如表 2-10 所示。

表 2-10 抗生素因素-水平表

水平 \ 因素	黄豆饼粉+蛋白胨 $A/\%$	葡萄糖 $B/\%$	KH_2PO_4 $C/\%$	碳源 1 号 D	量装 E(250mL 三角瓶)/mL
1	0.5+0.5	4.5	0	0.5	30
2	1+1	6.5	0.01	1.5	60
3	1.5+1.5	8.5	0.03	2.5	90

表头设计：从需考虑的因素及交互作用知，总自由度有 $5\times(3-1)+3\times(3-1)\times(3-1)=22$ 个。故可选用 L_{27}（3^{13}）正交表。依第 1 章讲的表头设计原则，表头设计如下：

表头设计	A	B	$A\times B$	C	$A\times C$	E	$A\times E$	D		
列 号	1	2	3 4	5	6 7	8	9 10	11	12	13

试验方案及结果计算如表 2-11 所示。

结果计算及分析如下。

依公式：

$$Q_i=\frac{1}{9}\sum_{i=1}^{9}(K_i)^2$$

$$P=\frac{1}{27}K^2$$

$$K=K_1+K_2+K_3$$

$$S_i=Q_i-p$$

表 2-11　抗生素试验方案及结果计算表

因素(列号) 试验号	A	B	$A\times B$		C	$A\times C$		E	$A\times E$		D			试验结果①/%
	1	2	3	4	5	6	7	8	9	10	11	12	13	
1														0.69
2														0.54
3														0.37
4														0.66
5														0.75
6														0.48
7														0.81
8														0.68
9														0.39
10														0.93
11														1.15
12														0.90
13														0.86
14														0.97
15														1.17
16														0.99
17														1.13
18														0.80
19														0.69
20							$L_{27}(3^{13})$							1.10
21														0.91
22														0.86
23														1.16
24														1.30
25														0.66
26														0.38
27														0.73
K_1	5.37	7.28	7.84	7.37	7.15	8.67	8.35	8.45	7.40	7.39	7.11	7.78	8.29	
K_2	8.90	8.21	7.64	7.51	8.86	7.69	7.05	7.09	7.55	7.82	8.20	7.68	7.30	
K_3	8.79	7.57	7.58	8.18	7.05	6.70	7.66	7.52	8.11	7.85	7.75	7.60	7.47	$P=\frac{K^2}{27}=19.69$
Q	20.59	19.74	19.6	19.74	19.92	19.91	19.97	19.80	19.73	19.71	19.76	19.70	19.76	
S	0.9	0.05	0.01	0.05	0.23	0.22	0.10	0.11	0.04	0.02	0.07	0.01	0.07	

① 此处指抗生素的产量百分比，按对照为 100 计。

算得各列平方的如下：

$$S_A=\frac{1}{9}[(K_1^A)^2+(K_2^A)^2+(K_3^A)^2]-\frac{1}{27}K^2$$
$$=20.59-19.69$$
$$=0.9$$

同理可得出

$$S_B=\frac{1}{9}[(K_1^B)^2+(K_2^B)^2+(K_3^B)^2]-\frac{1}{27}K^2=0.05$$

$$S_C=0.23$$
$$S_D=0.07$$
$$S_E=0.11$$

自由度：

$$f_A=f_B=f_C=f_D=f_E=3-1=2$$

由于三水平因素的交互作用占正交表中两列，所以因素间交互作用的平方和为两列的平方和相加：

$$S_{A\times B}=S_3+S_4=0.001+0.05=0.06$$

自由度

$$f_{A\times B}=(3-1)\times(3-1)=4$$

同理

$$S_{A\times C}=S_6+S_7=0.22+0.10=0.32$$
$$f_{A\times C}=4$$
$$S_{A\times E}=S_9+S_{10}=0.04+0.02=0.06$$
$$f_{A\times E}=2\times2=4$$

若12，13列没有安排因素，则它们的平方和中不包含因素水平间的差异，而仅反映试验误差的大小。此外，如果其他列的平方与空白列的平方和相近，也可合并起来作为误差估计，这样可使估计更为精确。

所以

$$S_e=S_{12}+S_{13}+S_3+S_4+S_9+S_{10}$$
$$=0.01+0.07+0.01+0.05+0.04+0.02$$
$$=0.2$$
$$f=2+2+2+2+2=12$$

同样可验证

$$S_{总}=S_1+S_2+\cdots+S_{13}$$
$$=S_A+S_B+S_C+S_D+S_E+S_{A\times C}+S_e$$

方差分析结果如表2-12所示。

表2-12 抗生素方差分析表

方差来源	平方和	自由度	均方	$F_{比}$	$F_{临}$	显著性
A	$S_A=S_1=0.9$	2	0.45	26.47	$F_{0.01}(2,12)=6.93$	**
B	$S_B=S_2=0.05$	2	0.025	1.47	$F_{0.05}(2,12)=3.89$	
C	$S_C=S_5=0.23$	2	0.115	6.76	$F_{0.1}(2,12)=2.81$	*
D	$S_E=S_8=0.11$	2	0.055	3.24		⊙
E	$S_D=S_{11}=0.07$	2	0.035	2.06	$F_{0.01}(4,12)=5.4$	
$A\times C$	$S_{A\times C}=S_6+S_7=0.32$	4	0.08	4.71	$F_{0.05}(4,12)=3.26$	*
误差	$S_e=0.2$	12	0.017		$F_{0.1}(4,12)=2.48$	
$S_{总}$	1.88	26				

结论：本例通过方差分析表明，因素A影响高度显著，C、$A\times C$显著，因素E有一定影响，B、D不显著。

① B、D为次要因素，从简单、方便、节约入手选取B_2D_2。

② E有一定影响，取指标高的水平，故取E_1。

③ $A\times C$有交互作用，通过二元表（表2-13）和二元图（图2-2）选取A_3C_2。

所选出的最优条件为：

$$A_3B_2C_2D_2E_1$$

说明：从上面检验可知，要区分因素对指标影响是否显著，必须首先求出误差的估计S_e，而S_e是通过正交表的空白列获得的。所以我们在今后的表头设计中需要注意，必须留出一些空白列，供方差分析用。

表 2-13　抗生素发酵培养方案 A、C 交互作用表

C \ A	A_1	A_2	A_3
C_1	2.149	2.773	2.203
C_2	1.974	3.251	3.630
C_3	1.232	2.86	2.940

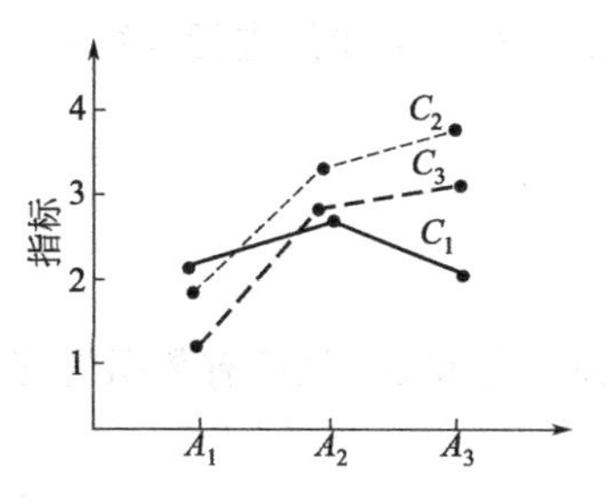

图 2-2　抗生素发酵培养方案 A、C 交互作用图

如果正交表中所有的列都被因素或交互作用占据了，没有空白列，从而无法得到误差的估计值。对此种情形，若根据以往的试验资料，知道误差的估计值，比如 e_2，则同样可以做方差分析。只需把 e_2 的自由度看成∞，然后认为所做的 $F_{比}=S/f/\sigma$ 的衡量标准为 $F_\alpha(f, \infty)$ 就行了。如果没有历史资料，无法得到误差的估计值，那么或者选用更大的正交表，或者进行重复试验，否则只能取各列平方和中最小的近似看作误差的估计，这是不值得提倡的。

2.3　有重复试验的方差分析

当用正交表安排试验时，如果各列已被因素及所要考察的交互作用所占满，要想估计试验误差，必须做重复试验。所谓重复试验是真正把每号试验重复做几次，不是重复测量。

在分析有重复试验的数据时，不是将同一试验号的重复试验数据取平均值后再做方差分析，虽然这样处理非常简便，但不能充分利用重复试验所提供的信息。

正交试验中有重复试验的方差分析问题与前面讲的单因素有重复试验的方差分析方法基本相同。应该注意的是：在无重复的试验中，我们把空列的平方和作为误差的平方和，其中既包括有试验误差，也包含有模型误差（如高阶相互作用等）。称为第一类误差平方和，记为 S_{e1}。在重复试验中还有第二类误差平方和，记为 S_{e2}，定义为：

$$S_{e2}=\sum_{i=1}^{n}\sum_{j=1}^{r}(x_{ij}-\bar{x})^2 \tag{2-55}$$

其自由度为

$$f_{e2}=n(r-1)$$

式中，x_{ij} 表示第 i 个试验号的第 j 次试验，同一号试验重复 r 次。设正交表某一列有 p 个水平，每个水平有 q 个试验号。

令

$$X_i=\sum_{j=1}^{r}x_{ij}$$

则 $\bar{x}_i=\frac{1}{r}X_i$，共有 n 个试验号，$n=pq$。

式(2-55) 的意义是：整个试验组内的变差平方和，真正反映试验误差的大小。重复试验中往往同时存在两种误差平方和，若 S_{e1} 与 S_{e2} 相比不显著，则认为 S_{e1} 只有试验误差而无模型误差，这时可将 S_{e1} 与 S_{e2} 合并作为误差项。即

$$S_e=S_{e1}+S_{e2} \tag{2-56}$$

$$f_e=f_{e1}+f_{e2}$$

再把 S_e/f_e 作为误差的估计。

下面再看一下如何进行计算呢。

定义：

$$\overline{X}=\frac{1}{nr}\sum_{i=1}^{n}\sum_{j=1}^{r}x_{ij} \tag{2-57}$$

则总平方和 S_T 是所有数据的变差平方和。

$$S_T=\sum_{i=1}^{n}\sum_{j=1}^{r}(x_{ij}-\overline{X}) \tag{2-58}$$

设正交表某一列有 p 个水平，每个水平有 q 个试验号（显然 $pq=n$），这一列 p 个水平的均值是 k_1、k_2、…、k_p，则该列的平方和为：

$$S=qr\sum_{i=1}^{p}(k_i-\overline{X})^2 \tag{2-59}$$

以上几个公式计算是不方便的，实际计算时采用如下公式：

$$K=\sum_{i=1}^{n}\sum_{j=1}^{r}x_{ij} \tag{2-60}$$

$$P=\frac{1}{nr}K^2 \tag{2-61}$$

$$W=\sum_{i=1}^{n}\sum_{j=1}^{r}x_{ij}^2 \tag{2-62}$$

$$R=\frac{1}{r}\sum_{i=1}^{n}X_i^2 \tag{2-63}$$

则

$$S_{e2}=W-R \tag{2-64}$$

$$S_T=W-P \tag{2-65}$$

设某一列有 p 个水平，每个水平有 q 个试验号，同水平试验数据之和分别是 K_1，K_2，…，K_p，则该列平方和：

$$S=Q-P \tag{2-66}$$

其中

$$Q=\frac{1}{gr}\sum_{i=1}^{p}(K_i)^2 \tag{2-67}$$

所以，实用计算公式为：

$$\begin{cases}S_{e2}=W-R\\ S_T=W-P\\ S=Q-P\end{cases}$$

而 S_{e1} 由 S_T 的空白列确定。

【例 2-4】 某厂进行硅橡胶工艺参数试验，指标为老化前的抗拉强度，因素水平如表 2-14所示。

表 2-14　硅橡胶工艺参数试验因素-水平表

因素＼水平	A 第一阶段硫化温度	B 第一阶段硫化时间	C 硫化压力	D 第二阶段保温温度
1	130℃	20min	按压强计算表压	150℃保温 1h 升至 250℃保温 4h
2	143℃	15min	以模具闭合为准	150℃保温 1h 升至 250℃保温 6h

需考虑的交互作用有 $A\times B$、$A\times D$，每次试验重复四次，表头设计如下：

表头设计(因素)	A	B	$A\times B$	C		$A\times D$	D
列 号	1	2	3	4	5	6	7

试验方案及结果计算如表 2-15 所示。

表 2-15　硅橡胶工艺参数试验方案及结果计算表

因素(列号) 试验号	A 1	B 2	$A\times B$ 3	C 4	 5	$A\times D$ 6	D 7	数据-60kgf/cm^2 1	 2	 3	 4	合计 X_i
1	$L_8(2^7)$							−8	−16.6	−7.7	0.3	−32
2								−18.2	−22.3	12	−6.8	−35.2
3								6	13	14.5	8.8	42.3
4								6.3	−5.2	−2.7	−7.1	−8.7
5								2	0.1	−7.9	−6.8	−12.6
6								9.1	4.9	10	16.4	40.4
7								11.6	6.5	12.1	15.5	45.7
8								−10	0	−0.7	−16.9	−27.6
K_1	−33.6	−39.4	−49.1	43.3	23.1	−80.9	45.4	$X_i=\sum_{j=1}^{4}X_{ij}$				
K_2	45.9	51.7	61.4	−31.1	−10.8	93.2	−33.1					
S	197.5	259.4	381.4	173.4	35.9	947.2	192.6	$K=K_1+K_2=\sum_{i=1}^{4}\sum_{j=1}^{4}X_{ij}=12.3$				

注：1kgf=9.80665N，下同。

其中：

$$K=K_1+K_2=-33.6+45.9=12.3$$

$$P=\frac{1}{8\times 4}K^2=\frac{1}{32}\times 12.3^2=4.72$$

$$W=\sum_{i=1}^{8}\sum_{j=1}^{4}x_{ij}^2$$
$$=(-8)^2+(-16.6)^2+\cdots+0^2+(-0.7)^2+(-16.9)^2=3568.22$$

$$R=\frac{1}{r}\sum_{i=1}^{n}X_i^2=\frac{1}{4}\sum_{i=1}^{8}X_i^2$$
$$=\frac{1}{4}\times[(-32)^2+(-35.2)^2+\cdots+(-27.6)^2]=2192$$

于是

$$S_{e2}=W-R=1376.1$$
$$S_T=W-P=3563.5$$
$$f_{e2}=8\times(4-1)=24$$
$$f_T=32-1=31$$
$$Q_A=\frac{1}{4r}\sum_{i}^{p}(K_i^A)^2=\frac{1}{4\times 4}\times[(-33.6)^2+(45.9)^2]=202.23$$
$$S_A=Q_A-P=197.50$$

同理

$$S_B=Q_B-P=259.4$$
$$S_C=Q_C-P=173.4$$

$$S_D = Q_D - P = 192.6$$
$$S_{A\times B} = Q_{A\times B} - P = 381.4$$
$$S_{A\times D} = Q_{A\times D} - P = 947.2$$
$$S_{e1} = S_5 = Q_5 - P = 35.9$$
$$f_A = f_B = f_C = f_D = f_{A\times B} = f_{A\times D} = 1$$
$$f_{e1} = 1$$

由于 S_{e1} 很小，S_{e1}、S_{e2} 可以合并。

所以

$$S_e = S_{e1} + S_{e2} = 35.9 + 1376.1 = 1412$$
$$f_e = f_{e1} + f_{e2} = 1 + 24 = 25$$

列出方差分析表，如表 2-16 所示。

表 2-16 硅橡胶工艺参数试验方差分析表

方差来源	平方和	自由度	均方	F 值	$F_{临}$	显著性
A	197.5	1	197.5	3.49	$F_{0.01}(1,25)=7.27$	⊙
B	259.4	1	259.4	4.59		*
$A\times B$	381.4	1	381.4	6.75	$F_{0.05}(1,25)=4.24$	*
C	173.4	1	173.4	3.07		⊙
D	192.6	1	192.6	3.41		⊙
$A\times D$	947.2	1	947.2	15.77		* *
S_e	1412	25	56.48			
总和	3563.5	31				

结论：方差分析的结果表明，C、D 对指标影响不显著，且 C 不涉及交互作用，依节约方便的原则取 C_1。而 A、B、D 的最优水平，通过做二元表（表 2-17、表 2-18）及二元图（图 2-3、图 2-4）选出。

表 2-17 硅橡胶工艺参数试验 A、B 交互二元表

B \ A	A_1	A_2
B_1	−33.6	13.9
B_2	16.8	9.05

表 2-18 硅橡胶工艺参数试验 A、D 交互二元表

D \ A	A_1	A_2
D_1	−20.35	43.5
D_2	3.55	−20.1

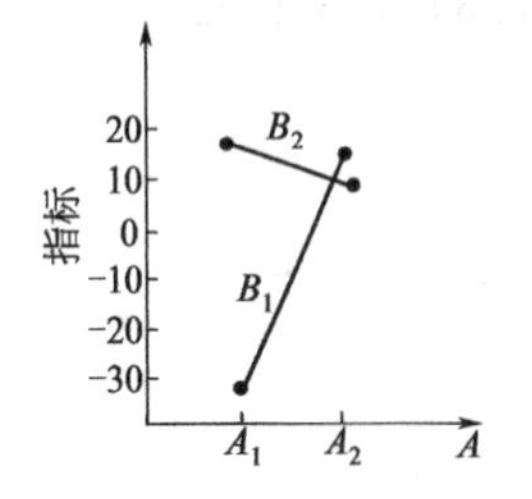

图 2-3 硅橡胶工艺参数试验 A、B 交互二元图图

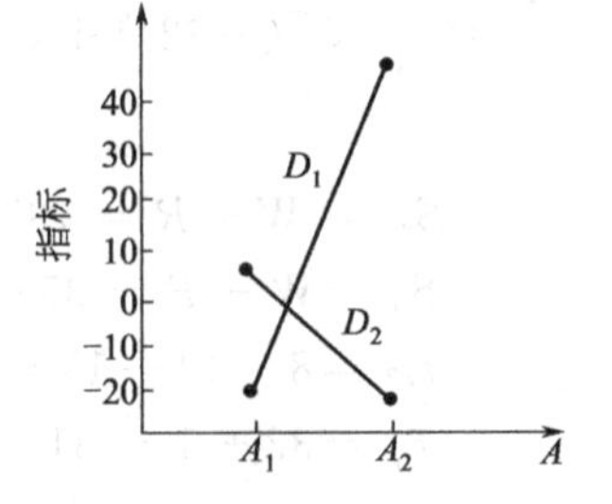

图 2-4 硅橡胶工艺参数试验 A、D 交互二元图

从二元表及二元图知，对 $A\times B$，好的搭配为 A_1B_2 或 A_2B_1。对 $A\times D$，好的搭配为 A_2D_1，综合考虑 A、B、D 三因素应取水平搭配为 $A_2D_1B_1C_1$。

故选出的最优条件是 $A_2D_1B_1C_1$。

应该指出，重复测量不等于重复试验，进行重复试验后可按上例做结果分析。但若只是对同一试验样品重复测量多次，对这样重复测量所得的数据也像对重复试验数据那样进行分析，则 S_{e2} 仅仅表示测量误差，它只是整个试验误差的一小部分，不能用来作为计算 F 值的依据。所以，在只是重复测量的情况，就用同一样品测量数据的平均值来进行分析。因为重复试验能大大提高试验的精度，所以在条件许可时，应尽可能安排重复试验。

【例 2-5】 研究某三因素二水平体系，其取值如表 2-19 所示。

表 2-19　三因素二水平体系因素-水平表

水平＼因素	A	B	C
1	1.5	Ⅰ型	2.5
2	1.0	Ⅱ型	2.0

试安排试验并从试验结果分析因素 A、B、C 及其交互作用对试验指标的影响。若有重复试验时，其结果又如何呢？

选取 $L_8(2^7)$ 表安排试验，试验方案及结果计算如表 2-20 所示。

表 2-20　三因素二水平体系试验方案及结果计算表

水平＼因素	A 1	B 2	$A\times B$ 3	C 4	$A\times C$ 5	$B\times C$ 6	7	试验指标
1	$L_8(2^7)$							−0.5
2								
3								0
4								0
5								−0.5
6								0
7								
8								1.0
K_1	−1	0.5	0	0	0.5	−1	0.5	0.5
K_2	1.5	0	0.5	0.5	0	1.5	0	
R	2.5	0.5	0.5	0.5	0.5	2.5	0.5	$\sum_{i=1}^{8} X_i^0 = 0.5$
S	0.7812	0.0312	0.0312	0.0312	0.0312	0.7812	0.0312	

首先用极差分析法对试验结果进行分析。

因素主次为

$$\begin{matrix} A \\ B\times C \end{matrix} \longrightarrow \begin{matrix} B \\ C \\ A\times B \\ A\times C \end{matrix}$$

所以对因素 A 应取 A_2，而 B 和 C 的最优搭配则通过二元表（表 2-21）或二元图（图 2-5）得到。

表 2-21　三因素二水平体系 B、C 二元交互作用表

C＼B	B_1	B_2
C_1	−0.25	0.25
C_2	0.5	−0.25

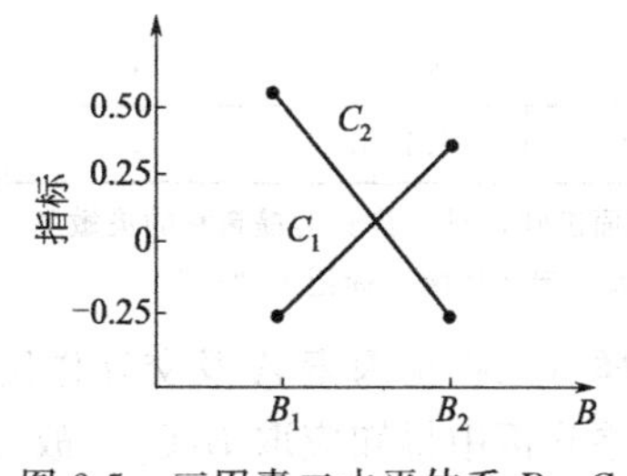

图 2-5　三因素二水平体系 B、C 二元交互作用图

取 B_1C_2。所以，整个试验的最佳水平组合为 $A_2B_1C_2$。

对上述试验结果做方差分析，因 $n=8$，则有：

$$P=\frac{1}{8}\times(0.5)^2=0.0313$$

$$W=(-0.5)^2+0^2+0^2+(-0.5)^2+0^2+(1.0)^2+(0.5)^2+0^2=1.75$$

$$Q_A=\frac{1}{4}\times[(-1.0)^2+(1.5)^2]=0.8125$$

$$Q_B=\frac{1}{4}\times[(0.5)^2+0^2]=0.0625$$

$$Q_C=\frac{1}{4}\times[0^2+(0.5)^2]=0.0625$$

$$Q_{A\times B}=\frac{1}{4}\times[0^2+(0.5)^2]=0.0625$$

$$Q_{A\times C}=\frac{1}{4}\times[(0.5)^2+0^2]=0.0625$$

$$Q_{B\times C}=\frac{1}{4}\times[(-1.0)^2+(1.5)^2]=0.8125$$

$$S_A=Q_A-P=0.7182$$

$$S_B=Q_B-P=0.0312$$

$$S_{A\times B}=Q_{A\times B}-P=0.0312$$

$$S_{B\times C}=Q_{B\times C}-P=0.0312$$

$$S_T=W-P=1.75-0.0313=1.718$$

$$S_e=S_T-S_B-S_C-S_{A\times B}-S_{A\times C}-S_{B\times C}=0.0315$$

从而可得方差分析结果如表 2-22 所示。

表 2-22　三因素二水平体系方差分析表

方差来源	平方和	自由度	均方	F 值	F 临	显著性①
A	0.7812	1	0.7812	24.8		△
B	0.0312	1	0.0312	0.99		
C	0.0312	1	0.0312	0.99	$F_{0.10}(1,1)=39.86$ $F_{0.20}(1,1)=9.5$	
$A\times B$	0.0312	1	0.0312	0.99		
$A\times C$	0.0312	1	0.0312	0.99		
$B\times C$	0.7812	1	0.7812	24.8		△
e	0.0315	1	0.0315			
总和	1.7187	7				

① 前面讲到，对 F 检验为提高它的灵敏度，对 $f_e\leqslant5$，增加一级，即 F 值介于表面上的 $F_{0.11}$ 与 $F_{0.20}$ 之间，我们讲因素对指标有一定的影响，标记为"△"。

这样可以得出因素 A 及交互作用 $B\times C$ 影响显著。对于 A 应取 A_2，而 B 和 C 的水平组合在极差分析中得知应取 B_1C_2。故最佳试验条件为 $A_2B_1C_2$。

如果对同一号的试验均重复一次或几次，显然可以提高试验的精确度。本例对所做的 8 次试验各重复一次，其试验结果及计算如表 2-23 所示。

表 2-23　三因素二水平体系重复试验结果及计算

试验号＼因素	A 1	B 2	A×B 3	C 4	A×C 5	B×C 6	7	重复试验次数 X_{i1}	重复试验次数 X_{i2}	$X_i=X_{i1}+X_{i2}$
1	$L_8(2^7)$							−0.5	−0.4	−0.9
2								0	−0.2	−0.2
3								0	0.3	0.3
4								−0.6	−1.1	−1.7
5								0	0.1	0.1
6								1	1.2	2.2
7								0.5	0.5	1
8								0	−0.1	−0.1
K_1	−1.9	1.2	−0.2	0.5	1.5	−2	1.2	$\sum X_i=1.3$		
K_2	3.2	0.1	1.5	0.8	−0.2	3.3	0.1			
R	5.1	1.1	1.7	0.3	1.7	5.3	1.3			
S	1.625	0.075	0.005	0.18	0.18	1.755	0.079			

令 r 表示试验重复的次数，即 $r=2$。

则：

$$P=\frac{1}{8r}\left(\sum_{i=1}^{8}X_i^2\right)=\frac{1}{16}\times 1.3^2=0.106$$

$$W=\sum_{i=1}^{8}\sum_{j=1}^{2}x_{ij}^2=(-0.5)^2+\cdots+(-0.1)^2=4.11$$

$$R=\frac{1}{r}\sum_{i}^{8}X_i^2=\frac{1}{2}\times[(-0.9)^2+(-0.2)^2+\cdots+(-0.1)^2]=4.005$$

$$Q_A=\frac{1}{4r}[(-1.9)^2+(3.2)^2]=1.731$$

$$Q_B=\frac{1}{4r}[(-1.2)^2+(0.1)^2]=0.181$$

$$Q_C=\frac{1}{4r}[(0.5)^2+(0.8)^2]=0.111$$

$$Q_{A\times B}=\frac{1}{4r}[(-0.2)^2+(1.5)^2]=0.286$$

$$Q_{A\times C}=\frac{1}{4r}[(1.5)^2+(-0.2)^2]=0.286$$

$$Q_{B\times C}=\frac{1}{4r}[(-2.0)^2+(3.3)^2]=1.861$$

$$Q_7=\frac{1}{4r}[(0.1)^2+(1.3)^2]=0.239$$

$$S_A=Q_A-P=1.731-0.106=1.625$$

$$S_B=Q_B-P=0.181-0.106=0.075$$

$$S_C=Q_C-P=0.111-0.106=0.005$$

$$S_{A\times B}=Q_{A\times B}-P=0.286-0.106=0.180$$

$$S_{A\times C}=Q_{A\times C}-P=0.286-0.106=0.180$$

$$S_{B\times C}=Q_{B\times C}-P=1.861-0.106=1.755$$

有重复试验的误差：

$$S_{e1}=S_7=Q_7-P=0.239-0.106=0.133$$

$$S_{e2}=W-R=4.11-4.005=0.105$$

由于：

$$F=\frac{S_{e1}/f_{e1}}{S_{e2}/f_{e2}}=\frac{0.13311}{0.10518}=10.13$$

即

$$F=10.13>F_{0.05}(1,8)$$

有显著性差别。

所以 S_{e1} 项不能并入 S_{e2} 项中，方差分析结果如表 2-24 所示。

表 2-24　三因素二水平体系重复试验方差分析表

方差来源	平方和	自由度	均方	F 值	F 临	显著性	最优水平
A	1.625	1	1.625	124		**	A_2
B	0.075	1	0.075	5.7	$F_{0.05}(1,8)$	*	B_1
C	0.005	1	0.005	0.4	=5.32		
$A\times B$	0.180	1	0.180	13.7		**	A_2B_1
$A\times C$	0.180	1	0.180	13.7		**	A_2C_2
$B\times C$	1.755	1	1.755	6.0	$F_{0.01}(1,8)$	*	B_1C_2
S_{e1}	0.079	1	0.133	6.03	=11.3	*	
S_{e2}	0.105	8	0.0131				
总和	4.004	15					

对因素 A 取 A_2 为好；B 取 B_1 为好。因素 C 则以 C_2 为好，至于各交互作用列，可以从不同因素水平间的组合结果做出判断（也可从二元表及二元图中得到）。

$$A_1B_1=\frac{(-0.9)+(-0.2)}{2}=-0.55$$

$$A_1B_2=\frac{0.3+(-1.1)}{2}=-0.40$$

$$A_2B_1=\frac{0.1+(2.2)}{2}=1.15$$

$$A_2B_2=\frac{1.0+(-0.1)}{2}=0.45$$

$$A_1C_1=\frac{(-0.9)+0.3}{2}=-0.3$$

$$A_1C_2=\frac{(-0.2)+(-1.7)}{2}=-0.95$$

$$A_2C_1=\frac{0.1+1.0}{2}=0.55$$

$$A_2C_2=\frac{2.2+(-0.1)}{2}=1.05$$

$$B_1C_1=\frac{(-0.9)+(0.1)}{2}=-0.40$$

$$B_1C_2=\frac{(-0.2)+(2.2)}{2}=1.00$$

$$B_2C_1=\frac{0.3+1.0}{2}=0.65$$

$$B_2C_2=\frac{(1.1)+(-0.1)}{2}=0.5$$

其中以 A_2B_1、A_2C_2、B_1C_2 为较优，综上分析，选出最佳试验条件为 $A_2B_1C_2$。

2.4　缺落数据的弥补

方差分析的数据一般都是通过精心安排的试验而获得的，当因素数超过一个时，要求的数据是很整齐的，否则分析时会带来很多麻烦。有时，某些试验不幸做坏了，或者数据丢失了，客观条件又不允许重做，这时，可用下述方法来弥补缺落的数据。

2.4.1　试验有重复的情况

如果试验有重复，并且每一处理至少留有一个数据没有丢失，这时丢失或缺落的数据就用同一处理的而没有丢失的数据的平均值来代替。如果总共丢失了 m 个数据，则误差的自由度等于原误差自由度减去 m，即补上的 m 个数据不能算在自由度内。

如【例 2-4】中，第七号试验中丢失了两个数据，剩下的两个数据是 11.6、12.1，则丢失掉的两个数据为 6.5、15.5。原误差自由度 $f_e=25$，此处 $m=2$，故误差自由度成为 $f_e=25-2=23$。

2.4.2　一种处理的数据完全缺落的情况

【例 2-6】 在 HDI 印制电路板盲孔钻孔中，FR-4 树脂层激光钻孔深度与激光脉冲宽度 A、频率 B 以及激光移动速率 C 有关，如表 2-25、表 2-26 所示。

表 2-25　激光钻孔试验方案及结果计算表

试验号	A 脉冲宽度 /μs	B 脉冲频率 /kHz	C 移动速率 /(mm/s)	D	钻孔深度 /μm
1	6	30	100		173.67
2	6	35	130		132.78
3	6	40	160		122.17
4	8	30	130		134.10
5	8	35	160		104.18
6	8	40	100		154.65
7	10	30	160		111.32
8	10	35	100		149.22
9	10	40	130		101.89
K_1	428.62	419.09	477.54	405.49	$P=\frac{1}{9}K^2$
K_2	392.93	386.18	368.77	398.75	$=\frac{1183.98^2}{9}$
K_3	362.43	378.71	337.67	379.74	
S	731.68	307.71	3595.7	118.87	$=155756.5156$

表 2-26　激光钻孔试验方差分析表

方差来源	平方和	自由度	均方	F 值	F 临	显著性
A	$S_A=S_1=731.68$	2	365.84	6.15	$F_{0.05}(2,2)=19.0$	
B	$S_B=S_2=307.71$	2	153.85	2.59		
C	$S_C=S_3=3595.7$	2	1797.87	30.25	$F_{0.1}(2,2)=9.0$	* *
e	$S_e=S_4=118.87$	2	59.44			
总和	4753.96	8				

现在我们假设由于某种原因，第 8 号试验的数据缺落，下面介绍两个弥补的方法。

(1) 利用数据结构模型和参数估计的方法　第 8 号试验 x_8 数据构造为

$$x_8=\mu+a_3+b_2+c_1+\varepsilon_8$$

ε_8——随机变量。

用本章 2.1 讲的参数估计法，分别求出参数 μ、a_3、b_2、c_1 的估计值 $\hat{\mu}$、$\hat{a}_3$、$\hat{b}_2$、$\hat{c}_1$。

$$\hat{\mu}=\bar{x}=\frac{1}{9}\sum_{i=1}^{9}x_i=\frac{1}{9}\times(1034.76+x_8)=114.97+\frac{1}{9}x_8$$

$$\hat{a}_3=A_3\text{ 水平下试验数据的平均值}-\bar{x}$$

$$=\frac{1}{3}\times(213.21+x_8)-\bar{x}$$

$$=71.07+\frac{x_8}{3}-\bar{x}$$

$$\hat{b}_2=k_2^B-\bar{x}=78.99+\frac{x_8}{3}-\bar{x}$$

$$\hat{c}_1=k_1^C-\bar{x}=109.44+\frac{x_8}{3}-\bar{x}$$

由此得 x_8 的估计值为

$$\begin{aligned}x_8&=\hat{\mu}+\hat{a}_3+\hat{b}_2+\hat{c}_1\\&=\bar{x}+216.73+x_8-3\bar{x}\\&=259.50+x_8-2\times\left(114.97+\frac{1}{9}x_8\right)\\&=29.56+\frac{7}{9}x_8\end{aligned}$$

则

$$x_8=133.02$$

我们就可以估计出的 x_8 来补齐数据，然后进行方差，同前，这里必须指出，由于 x_8 是根据其他数据估计出来的，因素 f 总要减少 1，相应地，误差自由度也要减少 1，本例中，$f_{总}=8-1=7$。原来的空白列是第 4 列，若以它作 S_e，有 $f_e=f_4=2$，现在应改为 $f_e=f_4=2-1=1$，其计算及方差分析如表 2-27、表 2-28 所示。

表 2-27　激光钻孔缺补试验方案及结果计算表

试验号	脉冲宽度 /μs	脉冲频率 /kHz	移动速率 /(mm/s)		钻孔深度 /μm
1	6	30	100		173.67
2	6	35	130		132.78
3	6	40	160		122.17
4	8	30	130		134.10
5	8	35	160		104.18
6	8	40	100		154.65
7	10	30	160		111.32
8	10	35	100		133.02
9	10	40	130		101.89
K_1	428.62	419.09	461.34	379.74	$P=\frac{1}{9}K^2$
K_2	392.93	369.98	368.77	398.75	
K_3	346.23	378.71	337.67	389.29	$=\frac{1183.98^2}{9}$
S	1138.084	457.6142	2758.962	60.22807	$=155756.5156$

表 2-28　激光钻孔缺补试验方差分析表

方差来源	平方和	自由度	均方	F 值	F 临	显著性
A	$S_A=S_1=1138.08$	2	569.04	9.45	$F_{0.01}(2,1)=49.5$	
B	$S_B=S_2=457.61$	2	228.81	3.80		
C	$S_C=S_3=2758.96$	2	1379.48	22.90	$F_{0.2}(2,1)=12.0$	*
e	$S_e=S_4=60.23$	1	60.23			
总和	4414.88	7				

(2) 极小化误差法　这要求估计值能使误差的平方和达到最小值，这可通过微分的方法完成。如【例 1-1】的第 9 号试验数据丢失了，为清楚起见，我们将计算的表格还是列出，S_e 可通过第四列算出，我们先算第四列的 K 值。设第九号试验的转化率为 x，由表 2-29 所示，得：

表 2-29　缺失数据弥补计算表

试验号 \ 因素	A 1	B 2	C 3	e 4	转化率
1		$L_9(3^4)$		1	31
2				2	54
3				3	38
4				3	53
5				1	49
6				2	42
7				2	57
8				3	62
9				1	x
K_1				$80+x$	$386+x$
K_2				153	
K_3				153	

$$P=\frac{1}{9}\times(386+x)^2$$

$$Q_e=Q_4=\frac{1}{3}\times[(80+x)^2+153^2+153^2]$$

则

$$S_e=Q_e-P$$

取 x 使 S_e 达极小。

$$\frac{\mathrm{d}S_e}{\mathrm{d}x}=\frac{\mathrm{d}Q_e}{\mathrm{d}x}-\frac{\mathrm{d}P}{\mathrm{d}x}=0$$

将

$$\frac{\mathrm{d}Q_e}{\mathrm{d}x}=\frac{2}{3}\times(80+x)$$

$$\frac{\mathrm{d}P}{\mathrm{d}x}=\frac{2}{9}\times(386+x)$$

代入 $\mathrm{d}S_e/\mathrm{d}x$ 得：

$$\frac{2}{3}\times(80+x)-\frac{2}{9}\times(386+x)=0$$

解得

$$x=73$$

与实际的 64 相差比较大，但作为估算还是可行的。

同前例，丢失的数据补上后，仍可按通常的方法进行计算，但误差的自由度原来是 2，现在要减去，即 $f_e=1$。

从上面例子看到，由于误差的自由度减少，F 检验的灵敏度降低，对分析问题是不利的，而且补救的数据毕竟不是真实的，只能作为分析问题的参考，丢失的信息难全部补救的，所以最好不要丢失数据。

习　题

1. 什么是方差分析？如何进行平方和和自由度的分解？如何进行 F 检验？

2. 单因素和多因素随机试验的方差分析有何异同？多因素随机设计试验处理项的平方和及自由度如何分解？

3. 重复试验如何进行方差分析？与单次试验分析有何不同？

4. 多层挠性线路板的层压工艺采用无销钉定位，层压后结合力（或剥离强度）的大小决定了产品的可靠性。在层压中，影响质量的主要工艺参数为温度、压强、时间，采用 L_9 (3^4) 进行设计，表头设计及计算如表 2-30 所示，试利用极差及方差分析找出最佳的工艺参数，并比较两种方法的分析结果。

表 2-30　层压工艺表头设计及计算

列号 / 试验号	温度 /℃	压强 /MPa	时间 /min	剥离强度/(kgf/cm)
1	100	8	20	1.430
2	140	8	40	1.410
3	180	8	60	1.440
4	100	12	40	1.437
5	140	12	60	1.400
6	180	12	20	1.537
7	100	16	60	1.390
8	140	16	20	1.780
9	180	16	40	1.360

5. 某厂拟采用化学吸收法，用填料塔吸收废弃中的 SO_2，为了使废气中的 SO_2 浓度达到排放标准，通过正交试验对吸收工艺条件进行了摸索，试验的因素与水平如表 2-31 所示。需要考虑交互作用 $A\times B$，$B\times C$。如果将 A、B、C 放在正交表 1、2、4 列，试验结果（SO_2 摩尔分数/%）依次为：0.15、0.25、0.03、0.02、0.09、0.16、0.19、0.08。试进行方差分析（$\alpha=0.05$）。

表 2-31　试验的因素与水平

水平	(A)碱浓度/%	(B)操作温度/℃	(C)填料种类
1	5	40	甲
2	10	20	乙

6. 利用 L_9 (3^4) 对城市生活污水的处理工艺进行优化，以 HRT、MLSS、进水 COD 浓度为试验因素，以 COD 去除率（%）为试验指标。

(1) 对试验进行表头设计。

(2) 如果试验结果分别为：47.6、60.8、70.1、40.2、52.6、46.7、37.8、53.5、73.5。试进行方差分析（$\alpha=0.05$）。

(3) 如试验重复 3 次，结果分别为：47.6、60.8、70.1、40.2、52.6、46.7、37.8、53.5、73.5；48.8、59.7、73.5、38.7、51.4、44.4、38.2、54.2、74.3；49.3、62.3、72.4、39.5、53.8、45.2、37.7、55.1、72.6。试利用方差分析法 $\alpha=0.05$ 找出较优的工艺条件。比较重复试验结果与 (2) 的试验

结果。

7. 在研究某一显色反应时，为选择合适的显色温度、酸度和显色完全的时间，各取三个水平，不考虑交互作用，采用 L_9 (3^4) 进行设计，表头设计及计算如表 2-32 所示，试利用数据结构模型以及参数估计的方法以及极小化误差法估计缺失的试验数据 7。

表 2-32　表头设计及计算

试验号 \ 因素	A	B		C	试验结果
	1	2	3	4	X_i
1	$L_9(3^4)$				5.4
2					3.6
3					1
4					6.1
5					3.2
6					0.5
7					
8					4.4
9					0.6

第3章　多指标问题及正交表在试验设计中的灵活运用

前面已介绍了如何用正交表安排水平数相同的多因素试验。本章着重讨论因素水平数不完全相同时，怎样灵活运用正交表来进行试验设计。下面将通过实例介绍各种灵活运用正交表的方法，请读者注意每种方法的特点、规律以及它们和前面所举的方法在试验设计与统计分析上的差别。另外，有些试验考察的指标不止一个，往往这些指标之间又是相互制约的。一般地说应根据情况取得统一和平衡来解决复指标问题。

3.1　多指标问题的处理方法

前面提到的例子中（除【例 1-3】外），衡量试验效果的指标只有一个，这类问题称为单指标试验。在实际的科研和生产中，用来衡量试验效果的指标往往不止一个，而是多个，这类试验叫做多指标试验，而在各个指标之间又可能存在一定的矛盾。这种多指标试验，给数据分析提出了一个问题：如何兼顾各个指标，寻找使得每个指标都尽可能好的生产条件。本节将介绍两种方法：综合评分法、综合平衡法。

3.1.1　综合评分法

该方法是将多个指标综合为单指标。在对多个指标逐个测定后，按照由具体情况确定的原则，对多个指标综合评分，将多个指标转化为单指标。于是，便可以用单指标的分析方法获得多指标试验的结论。这个方法的关键在于评分的方法应尽可能合理。

【例 3-1】　白地雷核酸生产工艺的试验

试验目的：原来生产中核酸的得率偏低，成本太高，甚至造成亏损。试验目的是提高含量，寻找好的工艺条件。

由北京大学生物系与生产厂联合攻关。经过四个月，前后做了两批正交试验，找到了好的工艺条件，使得核酸的含量提高了 38%，改变了亏损的现象。本例着重介绍第一批用 $L_9(3^4)$安排的 9 个试验。因素-水平选择如表 3-1 所示。

表 3-1　核酸生产因素-水平表

因素 水平	白地雷核酸含量/%	腌制时间/h	加热时pH值	加水量
1	7.4	24	4.8	1∶4
2	8.4	4	6	1∶3
3	6.2	0	9	1∶2

试验的安排与分析：用 $L_9(3^4)$ 表安排试验，考察两个指标：核酸泥纯度和纯核酸回收率，这两个指标越大越好。在这个问题中，两个指标的重要程度可以用比例来反映，纯度是回收率的 5 倍，于是可以用评分的方法按 5∶1 的比例算出总分。在本例中，是用下面的公式计算得到的：

$$分数=2.5\times纯度+0.5\times回收率$$

试验方案与结果分析如表3-2所示。

表3-2　试验方案及结果计算

列号	A 1	B 2	C 3	D 4	试验指标 1*	试验指标 2**	综合评分
1	$L_9(3^4)$				17.8	29.8	59.4
2					12.2	41.3	51.2
3					6.2	59.9	45.5
4					8	24.3	32.2
5					4.5	50.6	36.6
6					4.1	58.2	39.4
7					8.5	30.9	36.8
8					7.3	20.4	28.5
9					4.4	73.4	47.7
K_1	256.1	128.4	127.3	143.7	1* 核酸泥纯度(%) 2** 纯核酸回收率(%)		
K_2	108.2	116.3	131.1	127.5			
K_3	113.2	132.6	118.9	106.2			
k_1	52	42.8	42.4	47.8			
k_2	36.1	38.8	43.7	42.5			
k_3	37.7	44.2	39.6	35.4			
R	15.9	5.1	4.1	12.5			

总分就概括地反映了这两个指标的情况。用图表示计算的结果如图3-1所示。

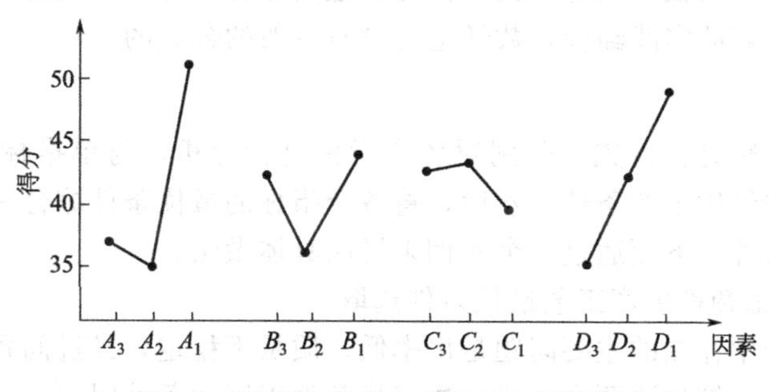

图3-1　核酸生产试验各因素水平趋势图

从图和表上的极差都可以看出，因素的主次为：

$$A—D—B—C$$

主——→次

所以，A取A_1，D取D_1，pH值选便于操作的水平C_2，B取B_3。故，最优条件是：$A_1B_3C_2D_1$。将$A_1B_3C_2D_1$条件做了5次验证试验，证实效果很好。投产后核酸质量得到显著的提高，做到了不经提纯一次就可以入库，得率增加14.8%，成本降低了19.1%。后来又做了一个L_9的正交试验，使得率又大幅度提高。

说明：本例所用的方法，是将整个指标所占的特定的地位用评分的方法体现出来，然后考察总分。总分就反映了全面的情况。对总分进行计算和分析，就得到了试验的结论，综合评分是将多个指标的值化为分数，计算总分的值，用总分的多少作为好坏的衡量标准。

在本例中本来有两个指标：核酸泥纯度（%）及纯核酸回收率（%），纯度越高越好，回收率也是越高越好，但是比较起来，纯度更重要，根据经验，认为提高1%的纯度相当于回收率提高 5%。或者说，纯度：回收率＝5：1。这样就将“纯度×2.5＋回收率×0.5”作为总分，因为 2.5：0.5＝5：1。当然也可以用“纯度×5＋回收率×1”作为总分。采用上面两个公式计算分数，选出的重要因素和好的水平搭配都是一样的，因此采用容易计算分析的评分公式。

综合评分的基本思想就是把多指标的情况转化为一个指标（总分）的情况，用每一次试验的得分（即各项指标相应的分数之和），来代表这一次试验的结果。如能找到比较合适的评分标准（即得分确实能反映总的情况），这时用得分来分析，效果往往是不错的。如果评分方法不合适，就会产生得分虽高，但缺陷还可能不少，并不能反映试验结果的总的情况。此时，最好对每个指标也单独进行分析，便于比较和参考，可以从试验结果中提取尽可能多的“信息”。

把各个指标按其重要的程度，相应地乘以适当的系数作为分数，然后计算每次试验结果的得分，通常称它为加权评分法，权就是表明指标重要性的系数，在本例中核酸泥纯度的权是 2.5，回收率的权是 0.5。

一般说来，如果有若干个指标，只要取定了各个指标相应的权，那么每一号试验的得分可以用下面公式计算：

得分＝第 1 个指标的值×第 1 个指标的权
＋第 2 个指标的值×第 2 个指标的权
＋…
＋最后一个指标的值×最后 1 个指标的权

如何确定各个指标的权，确定得比较恰当，这是综合评分法的关键，这一点只能具体情况具体分析，需要丰富的实践经验，数学上是没有一般的公式的。

3.1.2 综合平衡法

该方法的基本步骤是：首先，分别对各个指标进行分析，与单指标的分析方法完全一样，找出各个指标的最优生产条件。然后，将各个指标的最优条件综合平衡，找出兼顾每个指标都尽可能好的条件。下面通过一个实例来说明具体做法。

【例 3-2】 液体葡萄糖生产工艺最佳条件选取

试验目的：生产中存在的主要问题是出率低，质量不稳定，经过问题分析，认为影响出率质量的关键在调粉、糖化这两个工段，决定将其他工序的条件固定，对调粉、糖化工艺条件进行探索。试验中要考察的指标有四个。

（1）出率：越高越好。

（2）总还原糖：在 32%～40%之间。

（3）明度：比浊数越小越好，不得大于 300mg/L。

（4）色泽：比色数越小越好，不得大于 20mL。

所选因素-水平如表 3-3 所示。

表 3-3 葡萄糖生产工艺优选因素-水平表

因素 水平	*A* 粉浆浓度 /°Bé	*B* 粉浆酸度 (pH)	*C* 稳压时间 /min	*D* 工作压力 /(kgf/cm²)
1	16	1.5	0	2.2
2	18	2	5	2.7
3	20	2.5	10	3.2

试验方案及结果计算如表 3-4 所示。

表 3-4　葡萄糖生产工艺优选试验方案及结果计算表

	试验号＼因素	A 粉浆浓度 1	B 粉浆酸度 2	C 稳压时间 3	D 工作压力 4	试验结果 产量/斤	还原糖/%	明度/(mg/L)	色泽/mL
	1					996	41.6	近 500	10
	2					1135	39.4	近 400	10
	3					1135	31	近 400	25
	4					1154	42.4	<200	<30
	5	$L_9(3^4)$				1024	37.2	<125	近 20
	6					1079	30.2	近 200	近 30
	7					1002	42.4	<125	近 20
	8					1099	40.6	<100	<20
	9					1019	30	<300	<40
产量	K_1	3266	3125	3174	3039				
	K_2	3257	3258	3308	3216				
	K_3	3120	3233	3161	3388				
	k_1	1088.7	1050.7	1058	1013				
	k_2	1085.7	1086	1102.7	1070				
	k_3	1040	1077.7	1053.7	1129.3				
	R	48.7	35.3	49	116				
总还原糖	K_1	112	126.4	112.4	108.8				
	K_2	109.8	117.2	111.8	112				
	K_3	113	91.2	110.6	114				
	k_1	37.3	42.1	37.5	36.3				
	k_2	36.3	39.1	37.3	37.3				
	k_3	37.7	30.4	36.9	38				
	R	1.4	11.7	0.6	1.7				
明度	K_1	<130	<825	<800	<925				
	K_2	<525	<625	<800	<725				
	K_3	<525	<900	<650	<700				
	k_1	<433.3	275	<266.7	<308.3				
	k_2	<175	<208.3	<300	<241.7				
	k_3	<175	<300	<216.7	<233.3				
	R	258.3	91.7	<83.3	75				
色泽	K_1	45	<60	<60	<70				
	K_2	<80	<50	<80	<60				
	K_3	<80	<95	<65	<75				
	k_1	15	<20	<20	<23.3				
	k_2	<26.7	<16.7	<26.7	<20				
	k_3	<26.8	<31.7	<21.7	<25				
	R	11.7	15	6.7	5				

将表 3-4 中各因素的水平趋势图绘出，如图 3-2 所示。

从表 3-4 可以看出，四个因素对四个指标的主次关系如下。

产量：$D—C—A—B$

还原糖：$B—D—A—C$

明度：$A—B—C—D$

色泽：$B—A—C—D$

主——→次

综合考察四个指标，还原糖含量要求在 32%～40%之间，从趋势图及因素主次知道

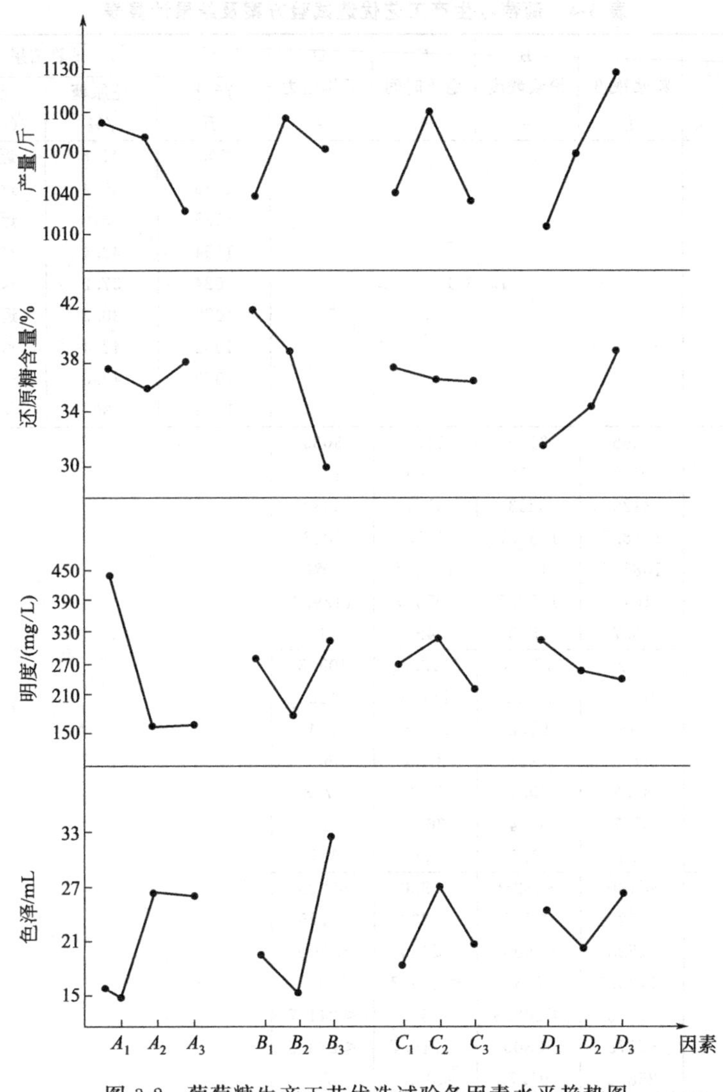

图 3-2　葡萄糖生产工艺优选试验各因素水平趋势图

B 的影响最重要，取 1.5 和 2.5 都不行，只有选 2.0 合适。而其他各因素的各个水平都可以保证还原糖含量在 32%～40%。因此得出结论，保证 B 含量在 32%～40%，B 取 B_2 最好。

从色泽来看，B 最重要，而且仍然以 B_2 最好；从明度来看，B 为次要因素，但也仍以 B_2 为好。因此可确定 B_2 是最优水平。粉浆浓度 A 对产量影响大，取 A_1 最好。但对明度来说，取 A_1 时大于 300 不合适，浓度为 A_2 时比 A_1 略低一些，但其他指标，除色泽外，都能达到要求。考虑到对色泽来说，粉浆浓度并不是最重要的因素，因此就把粉浆浓度定为 A_2。工作压力对产量影响最大，取 D_3 最好。但它相应的色泽不好。用 2.7 产量会低一些，但其余指标都还比较好，因此确定为 D_2。稳压时间对四个指标来说，对产量影响最大，对还原糖没有什么影响，对明度、色泽影响也不大，照顾产量应选 C_2＝5min。但此时色泽、明度都不好，于是考虑将时间适当延长一些，定为 5～7min。逐个分析因素并综合平衡，得出结论如下。

粉浆浓度：18° Bé；粉浆酸度：pH 值 2.0；稳压时间：5～7min；工作压力：2.7kgf/cm^2。

即

$$A_2B_2C_2D_2（其中 C_2 取 5\sim7\text{min}）$$

效果：按选出的条件投产后，与原来的情况相比，各个指标改变情况如下：

指标	原来情况	现在情况
出率	99.75%	110%
总还原糖	不稳定	32%～40%
明度	>500mg/L	<200mg/L
色泽	>30mL	<10mL

各项指标都有了明显的提高，而且出率提高了 10%，全年按产量 600t 计算，可节约糖 12 万斤。

本例分析多指标问题的方法是考察每一个因素对各个指标的影响，综合比较后确定最优水平——这个方法称为综合平衡法。

在多指标问题中，综合平衡和综合评分这两种方法究竟用哪一种，要看具体情况，综合评分只要给出评分的方法，分析计算都比较方便。但是如果评分标准不合理，就不能正确反映全面情况，分析所得结论就不可靠；综合平衡是将各个指标先单独各自计算分析，然后进行综合比较，有时情况比较复杂，不容易达到平衡的要求。总之，这两种方法各有它的优缺点，读者应分析具体问题的特性，然后选用一种合适的方法。

【例 3-3】 镍铁合金电镀

低盐浓度光亮镍铁合金镀液配方因素-水平表如表 3-5 所示。试验以电沉积速度和合金光亮度为指标。

表 3-5　低盐浓度光亮镍铁合金基础镀液配方因素水平表

因素 水平	A 硫酸镍 /(g/L)	B 硫酸亚铁 /(g/L)	C 硼酸 /(g/L)	D 温度 /℃	E pH 值	F J /(A/dm²)
1	10	2	6	45	2.5	2
2	15	2.5	7	50	3	2.5
3	20	3	8	55	3.5	3
4	25	3.5	9	60	4	3.5
5	30	4	10	65	4.5	4

该配方中其他的配方成分与电沉积工艺参数如下。

氯化钠：20～25g/L；　　柠檬酸钠：3～4g/L；

糖精钠：3g/L；　　791 光亮剂：4～6g/L；

十二烷基苯磺酸钠：0.05～0.1g/L；　　柠檬酸：适量；

阳极面积（Ni∶Fe）：4∶1；　　阴极与阳极面积比：Cu∶Fe∶Ni 为 1∶2∶8；

温度：50～55℃；　　时间：50min。

根据正交设计法：对配方选取六因素五水平的正交试验表，试验以电沉积速度和合金镀层光亮度为指标。

Ni-Fe 合金镀层的外观采用目测评分方法来检测，其标准定为：

灰黑（黑点）　发灰（麻点）　不光亮（针孔）　较光亮　光亮　准镜面　镜面

4 ——— 5 ——— 6 ——— 7 ——— 8 ——— 9 ——— 10

正交试验结果及分析如表 3-6 与表 3-7 所示。

表 3-6 低盐浓度光亮镍铁合金基础镀液配方正交试验结果

试号 \ 列号	*A* 硫酸镍 /(g/L)	*B* 硫酸亚铁 /(g/L)	*C* 硼酸 /(g/L)	*D* 温度 *T* /℃	*E* pH 值	*F* 电流密度 *J* /(A/dm²)	镀速 /(mg/h)	光亮度
1	1	1	1	1	1	1	64.5	5
2	1	2	2	2	2	2	93.3	8
3	1	3	3	3	3	3	72.6	6
4	1	4	4	4	4	4	117.15	9
5	1	5	5	5	5	5	128.85	8
6	2	1	2	3	4	5	99	7
7	2	2	3	4	5	1	88.8	6
8	2	3	4	5	1	2	72.75	7
9	2	4	5	1	2	3	78.75	7
10	2	5	1	2	3	4	110.1	8
11	3	1	3	5	2	4	89.4	5
12	3	2	4	1	3	5	120	6
13	3	3	5	2	4	1	91.8	7
14	3	4	1	3	5	2	100.9	8
15	3	5	2	4	1	3	77.85	4
16	4	1	4	2	5	3	143.7	9
17	4	2	5	3	1	4	65.55	10
18	4	3	1	4	2	5	85.5	9
19	4	4	2	5	3	1	94.05	8
20	4	5	3	1	4	2	67.65	6
31	5	1	5	4	3	2	87	9
22	5	2	1	5	4	3	108	10
23	5	3	2	1	5	4	125.25	7
24	5	6	3	2	1	5	91.5	8
25	5	5	4	3	2	1	76.5	5

表 3-7 低盐浓度光亮镍铁合金基础镀液配方试验结果分析表

内容 \ 因素		*A*	*B*	*C*	*D*	*E*	*F*
镀速 /(mg/h)	K_1	476.4	483.6	468.9	456.15	415.65	372.15
	K_2	399.4	465.65	489.45	530.4	421.5	473.1
	K_3	479.85	447.9	409.95	414.45	480.9	483.75
	K_4	456.45	533.6	530.1	456.3	507.45	483.6
	K_5	538.25	460.95	451.95	493.05	524.85	570.15
	k_1	95.28	96.72	93.78	91.23	83.13	74.43
	k_2	79.88	93.13	97.89	106.08	84.3	94.62
	k_3	95.97	89.58	81.99	82.89	96.18	96.75
	k_4	91.29	106.72	106.02	91.26	101.49	96.72
	k_5	107.65	92.19	90.39	98.61	104.97	114.03
	R	27.77	17.14	24.03	23.17	21.84	39.6
光亮度	K_1	35	35	40	32	31	31
	K_2	32	40	33	39	34	33
	K_3	31	33	31	36	36	38
	K_4	42	40	34	37	39	39
	K_5	39	31	41	35	39	38
	k_1	7.0	7.0	8.0	6.4	6.2	6.2
	k_2	6.4	8.0	6.6	7.8	6.8	6.6
	k_3	6.2	6.6	6.2	7.2	7.2	7.6
	k_4	8.4	8.0	6.8	7.4	7.8	7.8
	k_5	7.8	6.2	8.2	7.0	7.8	7.6
	R	3.2	1.8	2.0	1.4	1.6	1.6

从上述正交试验的结果可得出六个因素对两个指标的主次关系如下。①镀速：$F \rightarrow A \rightarrow C \rightarrow D \rightarrow E \rightarrow B$。②光亮度：$A \rightarrow C \rightarrow B \rightarrow F(E) \rightarrow D$

为便于分析优化试验结果，做出各个指标随因素的变化趋势图，如图 3-3 与图 3-4 所示。

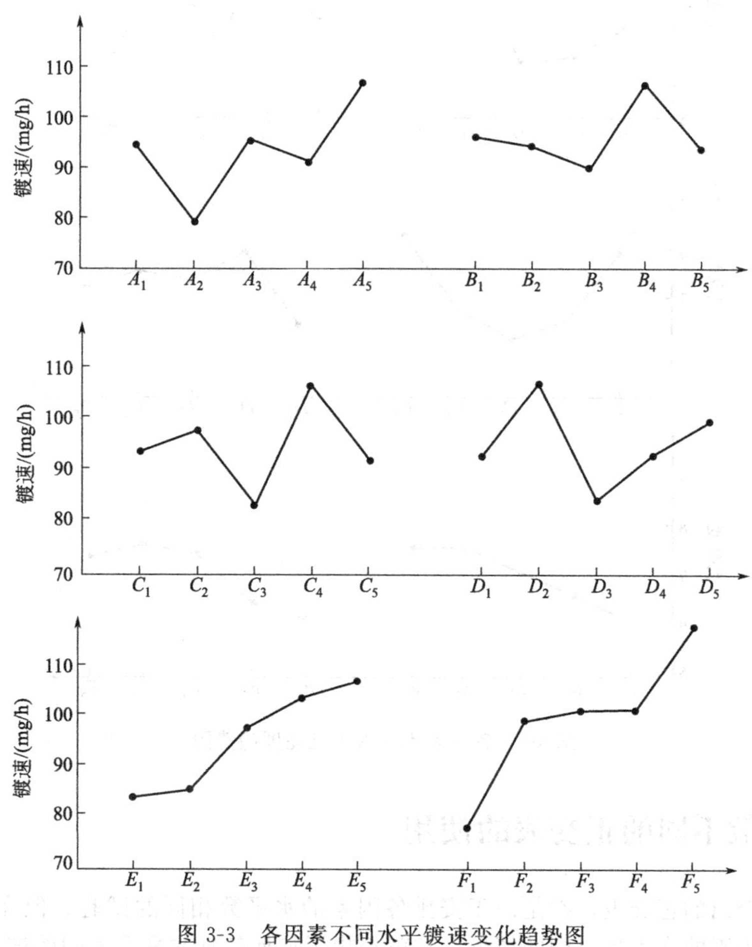

图 3-3　各因素不同水平镀速变化趋势图

从图 3-3、图 3-4 不难得出电沉积的最佳工艺水平。

镀速：$F_5A_5C_4D_2E_5B_4$

光亮度：$A_4C_5B_4F_4E_4D_2$

综合两个指标后，得出最佳工艺水平为：$A_4B_4C_4D_2E_4F_4$，即电沉积光亮镍铁合金的最佳配方及工艺条件如下。

硫酸镍 $NiSO_4 \cdot 7H_2O$：25g/L；

硫酸亚铁 $FeSO_4 \cdot 7H_2O$：3.5g/L；

硼酸 H_3BO_3：9g/L；

氯化钠 NaCl：20g/L；

柠檬酸钠 $Na_3C_6H_5O_7 \cdot 2H_2O$：3g/L；

糖精钠：3g/L；

“791”光亮剂 $C_4H_6O_2$：4～6mL/L；

十二烷基苯磺酸钠：0.05～0.1g/L；

柠檬酸：适量；

pH 值：3.8～4.2；

温度：50℃；

电流密度：3.5A/dm^2；

阳极面积（Ni∶Fe）：4∶1；

阴极与阳极面积比：Cu∶Fe∶Ni 为 1∶2∶8；

时间：50min。

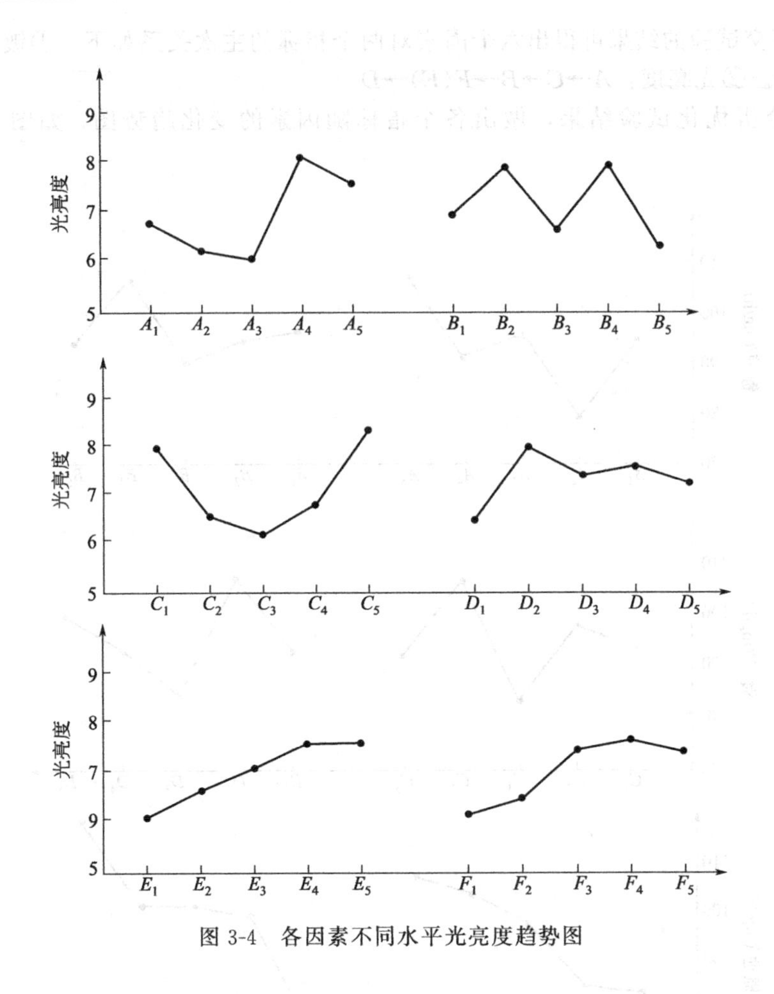

图 3-4 各因素不同水平光亮度趋势图

3.2 水平数不同的正交表的使用

前面两章介绍的正交表，都是用于安排各因素的水平数相同的试验。但在实际问题中，也常会遇到各因素的水平数不同的情形。这就提出了如何处理水平数不同的试验问题。安排水平数不等的方法有两种，一种是利用混合正交表安排试验；另一种方法是拟水平法，即在等水平的正交表内安排不等水平的试验。

3.2.1 直接套用混合正交表

【例 3-4】 为了探索某胶压板的制造工艺，选了如下因素-水平，如表 3-8 所示。

表 3-8 胶压板的制造工艺因素-水平表

因素 / 水平	A 压力 /kgf	B 温度 /℃	C 时间 /min
1	8	95	9
2	10	90	12
3	11		
4	12		

此试验方案可直接套用书末附录中的混合正交表 $L_8(4\times2^4)$，四个水平的因素放在第一列，其余两个因素放在后四列中的任意两列。然后做试验，取数据。见表 3-9 所示，并计算之。胶压板性能的测量目前只能凭眼看手摸，是定性指标，为了结果分析方便，通过记分的办法，使定性结果定量化。

表 3-9　胶压板的制造工艺试验方案及结果计算表

试验号＼因素	A 1	B 2	C 3	4	5	四块胶板得分				指标总分
1	1	1	1	1	1	6	6	6	4	22
2	1	2	2	2	2	6	5	4	4	19
3	2	1	1	2	1	4	3	2	2	11
4	2	2	2	1	2	4	4	3	2	13
5	3	1	2	1	2	2	1	1	1	5
6	3	2	1	2	1	4	4	4	2	14
7	4	1	2	2	1	4	3	2	1	10
8	4	2	1	1	2	6	5	4	2	17
K_1	41	48	64	57	59					
K_2	24	63	47	54	52					
K_3	19									
K_4	27									
k_1	5.1	3	4							
k_2	3	3.9	2.9			$K=111$				
k_3	2.4					$P=385.03$				
k_4	3.4									
R	2.7	0.9	1.1							
R'	3.4	2.6	3.1							
S	33.34	7.031	9.03	0.28	1.53					

因素水平数完全一样时，因素的主次关系完全由极差 R 的大小来决定。当水平数不完全一样时，直接比较是不行的，因为当两因素对指标有同等影响时，水平多的因素理应极差要大一些。因此要用系数对极差进行折算，折算系数如表 3-10 所示。折算后用 R' 的大小衡量因素的主次，R' 的计算公式为：

$$R'=Rd\sqrt{m} \tag{3-1}$$

表 3-10　不同水平的折算数

水平数	折算数	水平数	折算数
2	0.71	7	0.35
3	0.52	8	0.34
4	0.45	9	0.32
5	0.4	10	0.31
6	0.37		

所以：

$$R'_A=2.7\times0.45\times\sqrt{8}=3.4$$

$$R'_B=0.9\times0.71\times\sqrt{16}=2.6$$

$$R'_C=1.1\times0.71\times\sqrt{16}=3.1$$

由上计算知因素主次顺序为

$$A—C—B$$

主⟶次

最佳工艺条件为

$$A_1B_2C_1$$

方差分析法：从本例可看出，用极差分析法对不同水平的试验鉴别因素的主次，须经过系数 d 的校正后的极差 R' 鉴别因素的主次。比之对相同水平试验的鉴别，显得不够准确。下面可看到，用方差分析法对不同水平的试验做出准确的判断。

不同水平正交表的方差分析，在方法上与水平数相同的正交表的方差分析没有本质的区别，各列变差平方和仍按第 2 章中有重复试验的方差分析的公式进行计算，只是在做公式时要注意各列水平数的差别。

对于本例，$n=8, r=4$：

$$K=\sum_{i=1}^{8}\sum_{j=1}^{4}x_{ij}=K_A^1+K_A^2+K_A^3+K_A^4=41+24+19+27=111$$

$$W=\sum_{i=1}^{n}\sum_{j=1}^{r}x_{ij}{}^2=\sum_{i=1}^{8}\sum_{j=1}^{4}x_{ij}{}^2=465$$

$$R=\frac{1}{r}\sum_{i=1}^{n}x_i{}^2=\frac{1}{4}\times(22^2+19^2+\cdots+17^2)=436.25$$

$$S_{e2}=W-R=465-436.25=28.75$$

$$S_T=W-P=465-385.03=79.97$$

$$S=Q-P$$

式中：

$$Q=\frac{1}{qr}\sum_{i=1}^{p}(K_i)^2$$

对因素 A 所在列：

$$p=4,\ q=2,\ r=4$$

$$\begin{aligned}S_A=Q_A-P&=\frac{1}{2\times4}\times(41^2+24^2+19^2+27^2)-385.03\\&=418.375-385.03\\&=33.34\end{aligned}$$

对因素 B 及 C 所在列：

$$p=2,\ q=4,\ r=4$$

$$S_B=Q_B-P=\frac{1}{4\times4}\times(48^2+63^2)-385.03=7.03$$

$$S_C=Q_e-P=\frac{1}{4\times4}\times(64^2+47^2)-385.03=9.03$$

$$\begin{aligned}S_{e1}&=S_4-S_5=S_T-S_A-S_B-S_C-S_{e2}\\&=R-P-S_A-S_B-S_C\\&=436.25-385.03-33.34-7.03-9.03\\&=1.82\end{aligned}$$

由于 S_{e1} 与 S_{e2} 无显著性的差异，将它们合并共同来估计误差：

$$S_e=S_{e1}+S_{e2}$$

$$f_e=f_{e1}+f_{e2}$$

将计算的结果列成方差分析如表 3-11 所示。分析的结果三个因素对指标均有显著性的影响，所以选择最优水平就取 K 值大的那一个。

表 3-11　胶压板的制造工艺试验方差分析表

方差来源	平方和	自由度	均方	F	F 临界值	显著性
A	33.34	3	11.11	9.46		* *
B	7.03	1	7.03	5.98	$F_{0.01}(3,26)=4.6$	*
C	9.03	1	9.03	7.68	$F_{0.01}(1,26)=7.7$	*
e_1	1.82	2	0.91		$F_{0.05}(1,26)=4.2$	
e_2	28.76	24	1.19	1.1755		
总和	79.98	31				

故所选最优生产条件是 $A_1B_2C_1$。

3.2.2　并列法

对于有混合水平的问题，除了直接应用混合水平的正交表外，还可以将原来的二水平、三水平的正交表加以适当地改造，得到一些新的混合水平的正交表。并列法就是一种基本的、常用的方法。例如 $L_8(4^1\times2^4)$ 表便是由 $L_8(2^7)$ 表运用并列法改造而得；$L_{16}(4\times2^{12})$、$L_{16}(4^2\times2^9)$、$L_{16}(4^3\times2^6)$、$L_{16}(4^4\times2^3)$ 等表均是由 $L_{16}(2^{15})$ 表改造得来的。同样地可将 $L_{27}(3^{13})$ 表运用并列改造而得到 $L_{27}(9\times3^9)$ 法。下面通过 $L_8(2^7)$ 表改造成 $L_8(4\times2^3)$表的过程来介绍并列。

首先从 $L_8(2^7)$ 中随便选两列，例如 1、2 列，将此两列同横行组成的 8 个数对，恰好四种不同搭配各出现两次，我们把每种搭配用 1 个数字来代表，即规定对应关系为：

试验号＼列号	1	2		新列
1	1	1	→	1
2	1	1	→	1
3	1	2	→	2
4	1	2	→	2
5	2	1	→	3
6	2	1	→	3
7	2	2	→	4
8	2	2	→	4

(1,1)→1
(1,2)→2
(2,1)→3
(2,2)→4

于是第 1、2 列合起来就变成具有四水平的列，再将第 1、2 列的交互作用列第 3 列从正交表中划去，因为它已不能再安排任何因素，这样就等于将第 1、2、3 列合并成新的一个四水平列，可以安排一个四水平因素。由于四水平因素的自由度是 3，而二水平正交表中应该占三列，在新的一列上安排一个四水平因素是完全恰当的。由 $L_8(2^7)$ 用并列法改造得到的新表 $L_8(4^1\times2^4)$ 如表 3-12 所示。

表 3-12　并列法得到的 $L_8(4^1\times2^4)$ 正交表

试验号＼列号	新列 123	4	5	6	7
1	1	1	1	1	1
2	1	2	2	2	2
3	2	1	1	2	2
4	2	2	2	1	1
5	3	1	2	1	2
6	3	2	1	2	1
7	4	1	2	2	1
8	4	2	1	1	2

显然，新的表 $L_8(4^1\times2^4)$ 仍然是一张正交表。不难验证，它满足正交表的两个性质。

(1) 任一列中各水平出现的次数相同（四水平列中，各水平出现两次，二水平列各出现四次）。

(2) 任两列同横行的有序数对出现的次数相同（对两个二水平列，这显然满足）。对一列四水平，另一列二水平列，它们同横行的 8 种不同搭配（1，1）、（1，2）、（2，1）、（2，2）、（3，1）、（3，2）、（4，1）、（4，2），各出现一次。

上面的改表方法虽然是用 L_8 表来说明的，但是它对 L_{16}、L_{32} 都适用。不过要注意它对 L_{12} 是不适用的，下面我们将上面规则对 $L_{16}(2^{15})$ 表进行改造，从而得到 $L_{16}(4\times2^{12})$、$L_{16}(4^2\times2^9)$、$L_{16}(4^3\times2^6)$、$L_{16}(4^4\times2^3)$、$L_{16}(4^5)$。

首先介绍由 $L_{16}(2^{15})$ 并列形成 $L_{16}(4\times2^{12})$ 混合水平表。

取 $L_{16}(2^{15})$ 任两列（例取 1，2 列），删去所取两列的交互作用列（第 3 列）就可得 $L_{16}(4\times2^{12})$。可方便记为：

1、2、(3)→新 1

它表示新的第 1 列是由 $L_{16}(2^{15})$ 的第 1、2 列改得的，同时删去了交互作用列。同样地：

4、8、(12)→新 2

5、10、(15)→新 3

7、9、(14)→新 4

6、11、(13)→新 5

将改得的新列依次放在一起，发现就是 $L_{16}(4^5)$，可见 $L_{16}(4^5)$ 就是通过并列法由 $L_{16}(2^{15})$ 改造而得来，如表 3-13 所示。

表 3-13　并列法改造 $L_{16}(2^{15})$ 得到 $L_{16}(4^5)$ 表

列号 试验号	1 2 新 1	4 8 新 2	5 10 新 3	7 9 新 4	6 11 新 5
1	1 1 1	1 1 1	1 1 1	1 1 1	1 1 1
2	1 1 1	1 2 2	1 2 2	1 2 2	1 2 2
3	1 1 1	2 1 3	2 1 3	2 1 3	2 1 3
4	1 1 1	2 2 4	2 2 4	2 2 4	2 2 4
5	1 2 2	1 1 1	1 2 2	2 1 3	2 2 4
6	1 2 2	1 2 2	1 1 1	2 2 4	2 1 3
7	1 2 2	2 1 3	2 2 4	1 1 1	1 2 2
8	1 2 2	2 2 4	2 1 3	1 2 2	1 1 1
9	2 1 3	1 1 1	2 2 3	2 2 4	1 2 2
10	2 1 3	1 2 2	2 1 4	2 1 3	1 1 1
11	2 1 3	2 1 3	1 2 1	1 2 2	2 2 4
12	2 1 3	2 2 4	1 1 2	1 1 1	2 2 1
13	2 2 4	1 1 1	2 2 4	1 2 2	2 1 3
14	2 2 4	1 2 2	2 1 3	1 1 1	2 2 4
15	2 2 4	2 1 3	1 2 2	2 2 4	1 1 1
16	2 2 4	2 2 4	1 1 1	2 1 3	2 2 2

如果改第 1、2 列删去第 3 列，就得 $L_{16}(4\times2^{12})$ 表；如果并列第 1、2 列，第 4、8 列，删去第 3、12 列就得 $L_{16}(4^2\times2^9)$ 表；如果并列 1、2，4、8，5、10 列，删去第 3、12、15 列就得 $L_{16}(4^3\times2^6)$ 表；如果并列表第 1、2、4、8、5、10、7、9 列，删去第 3、12、15、14 列就是 $L_{16}(4^4\times2^3)$ 表。由此可见，通过并列法，$L_{16}(2^{15})$ 表可以改造出几张混合水平

的正交表。对于 L_{32} 的表也是一样的，这里我们不再重复叙述了。

【例 3-5】 聚氨酯合成橡胶的试验中，要考察因素 A、B、C、D 对抗拉强度的影响，其中因素 A 取四水平，因素 B、C、D 均取二水平，还需考察交互作用 $A\times B$、$A\times C$。明显可见这是 $4^1\times 2^3$ 因素的试验设计问题。先计算所要考虑的因素及交互作用的自由度得：

$$f_A=4-1=3$$

$$f_B=f_C=f_D=2-1=1$$

$$f_{A\times B}=f_{A\times C}=(4-1)\times(2-1)=3$$

总和为：$3+3\times 1+2\times 3=12$

所以可选取由混合正交表安排试验。表头设计如下：

表头设计		A		B		A×B		C		A×C		D			
列号	1	2	3	4	5	6	7	8	9	10	11	12	13	14	15

试验方案及结果计算如表 3-14 所示。统计分析如下。

表 3-14　聚氨酯合成橡胶试验结果及分析

因素 / 试验号	A			B	A×B			C	A×C			D				试验结果	试验结果 −100
	1	2	3	4	5	6	7	8	9	10	11	12	13	14	15		
1																175.2	75
2																231.0	131
3																97.0	−3
4																135.50	36
5																169.0	69
6																198.0	98
7																162.0	62
8								$L_{16}(2^{15})$								141.0	41
9																149.5	50
10																225.0	125
11																169.5	70
12																239.5	140
13																191.0	91
14																188.5	89
15																204.0	140
16																190.0	90
K_1	510	624	613	728	772	679	700	518	647	511	672	593	610	654	647		
K_2	759	645	656	544	492	590	569	751	622	758	597	676	559	615	622		
S	3875	28	1116	2186	5077	495	1073	3393	39	3183	352	431	150	95	39		

统计分析的方法同一般正交表，例在 $L_{16}(4^1\times 2^{12})$ 中，把第 1、2、3 列并列成的列记为新 1，其余的各列仍保持它们在 $L_{16}(2^{15})$ 中的列号。K_1、K_2、K_3、K_4 分别为对应水平 1、2、3、4 的数据之和（对二水平列只有 K_1、K_2）。

关于变差平方和计算，二水平列按二水平的计算公式。即：

$$S_i=\frac{(K_1^i-K_2^i)^2}{16} \tag{3-2}$$

$$自由度=2-1=1$$

四水平按四水平的计算公式，即：

$$S_i=Q_i-P=\frac{1}{4}[(K_1^i)^2+(K_2^i)^2+(K_3^i)^2+(K_4^i)^2]-\frac{1}{16}(\sum_{i=1}^{16}x_i)^2 \tag{3-3}$$

$$自由度=4-1=3$$

为了计算统一起见，我们介绍计算S_A的另一等式。从$L_{16}(2^{15})$的角度看，因素A的平方和应该是第1、2、3列的平方和，因素A的平方和为：

$$S_A=S_1+S_2+S_3$$

实际上，经过代数运算可从数字上证明这个等式是成立的，读者可自行用本例验算一下。由此，S_A的计算也完全可以在$L_{16}(2^{15})$表上进行，交互作用的平方和的计算也相仿，因此有：

$$S_A=S_1+S_2+S_3$$
$$S_B=S_4$$
$$S_C=S_8$$
$$S_D=S_{12}$$
$$S_{A\times B}=S_5+S_6+S_7$$
$$S_{A\times C}=S_9+S_{10}+S_{11}$$
$$S_e=S_{13}+S_{14}+S_{15}$$

在$L_{16}(4^1\times 2^{12})$中，总平方和可分解为：

$$S_T=S_A+S_B+S_C+S_D+S_{A\times B}+S_{A\times C}+S_e$$

它可以用来检验上述各平方和的计算是否正确。本例的具体计算如表3-14，方差分析如表3-15所示。

表3-15　聚氨酯合成橡胶试验方差分析表

方差来源	平方和	自由度	均方	F值	F临	显著性
A	$S_A=S_1+S_2+S_3=4019$	3	1340	14.11	$F_{0.05}(3,3)=9.28$	*
B	$S_B=S_4=2186$	1	2186	23.01	$F_{0.01}(3,3)=29.5$	*
C	$S_C=S_8=3398$	1	3393	35		* *
D	$S_D=S_{12}=431$	1	431	4.54	$F_{0.05}(1,3)=10.1$	
$A\times B$	$S_{A\times B}=S_5+S_6+S_7=6645$	3	2215	23.32	$F_{0.01}(1,3)=34.1$	*
$A\times C$	$S_{A\times C}=S_9+S_{10}+S_{11}=4204$	3	1401	14.74		*
误差	$S_e=S_{13}+S_{14}+S_{15}=284$	3	95			
总和	21167	15				

结论：方差分析表明，因素A、B以及$A\times B$、$A\times C$显著，因素C高度显著。选取最优水平步骤如下。

(1) 单独看A（先算出K_1、K_2、K_3、K_4即A_1、A_2、A_3、A_4）。

A_1	A_2	A_3	A_4
63	671	785	774

以A_3为好。

(2) 单独看B。因为

$$K_1^B>K_2^B$$

所以，以B_1为好。

从交互作用$A\times B$看，做二元表3-16。

表3-16　交互作用二元表

B \ A	A_1	A_2	A_3	A_4
B_1	406	367	375	380
B_2	334	304	410	394

以 A_3B_2 为好，所以结合起来可取 A_3B_1。

（3）单独看 C。因为

$$K_1^C > K_2^C$$

所以，以 C_2 为好。

从交互作用 $A\times C$ 看，做二元表 3-17。

表 3-17　交互作用二元表

C \ A	A_1	A_2	A_3	A_4
C_1	272	331	320	395
C_2	367	340	465	379

A_3C_2 为好，综合起来可取 A_3C_2。

（4）对抗拉强度而言，最优生产方案为 $A_3B_1C_2D$ 或 $A_3B_2C_2D$，结合生产实际考虑，最后确定为 $A_3B_2C_2D$，其中因素 D 没有标出水平数表示它不显著。可以在所考虑的两个水平中任取一个。

并列法不仅可以用来改造二水平的表，如 L_8、L_{16}、L_{32} 等，也适用于改造别的表，如 L_{27}、L_{18} 等。两个三水平因素列有九个不同的水平搭配，各用一个数字代表，如：

1　1 ⟶ **1**　　2　1 ⟶ **4**　　3　1 ⟶ **7**

1　2 ⟶ **2**　　2　2 ⟶ **5**　　3　2 ⟶ **8**

1　3 ⟶ **3**　　2　3 ⟶ **6**　　3　3 ⟶ **9**

这样，就可以把三水平的表改造成既有 9 水平的又有三水平的混合正交表。和二水平相仿，如果利用 L_{27} 的某两列合并成新的 9 水平的列，那就要删去 L_{27} 中这两列的交互作用列[这可查交互作用表，但要注意，三水平每两列的交互作用列有两列，这两列都要删去，这是因为 $f_{A\times B}=(3-1)\times(3-1)=4$，删去两列的自由度之和等于 $2+2=4$]。

例如，$L_{27}(3^{13})$ 的第 1、2 列合并，删去第 3、4 列就得新的表 $L_{27}(9\times3^9)$，如表 3-18 所示。

表 3-18　$L_{27}(9\times3^9)$ 正交表

试验号 \ 列号	1	2	3	4	5	6	7	8	9	10
1	1	1	1	1	1	1	1	1	1	1
2	1	2	2	2	2	2	2	2	2	2
3	1	3	3	3	3	3	3	3	3	3
4	2	1	1	1	2	2	2	3	3	3
5	2	2	2	2	3	3	3	1	1	1
6	2	3	3	3	1	1	1	2	2	2
7	3	1	1	1	3	3	3	2	2	2
8	3	2	2	2	1	1	1	3	3	3
9	3	3	3	3	2	2	2	1	1	1
10	4	1	2	3	1	2	3	1	2	3
11	4	2	3	1	2	3	1	2	3	1
12	4	3	1	2	3	1	2	3	1	2
13	5	1	2	3	2	3	1	3	1	2
14	5	2	3	1	3	1	2	1	2	3
15	5	3	1	2	1	2	3	2	3	1
16	6	1	2	3	3	1	2	2	3	1
17	6	2	3	1	1	2	3	3	1	2
18	6	3	1	2	2	3	1	1	2	3

续表

列号 试验号	1	2	3	4	5	6	7	8	9	10
19	7	1	3	2	1	3	2	1	3	2
20	7	2	1	3	2	1	3	2	1	3
21	7	3	2	1	3	2	1	3	2	1
22	8	1	3	2	2	1	3	3	2	1
23	8	2	1	3	3	2	1	1	3	2
24	8	3	2	1	1	3	2	2	1	3
25	9	1	3	2	3	2	1	2	1	3
26	9	2	1	3	1	3	2	3	2	1
27	9	3	2	1	2	1	3	1	3	2

类似地，可以将 $L_{18}(2\times3^7)$ 的第 1、2 列合并，合并规则是：

$$\begin{array}{llllll} 1 & 1\longrightarrow\mathbf{1} & 1 & 2\longrightarrow\mathbf{2} & 1 & 3\longrightarrow\mathbf{3} \\ 2 & 1\longrightarrow\mathbf{4} & 2 & 2\longrightarrow\mathbf{5} & 2 & 3\longrightarrow\mathbf{6} \end{array}$$

得到一个六水平的列，注意此时不需要删去表中其他的列，因为其他各列和新列还是均衡搭配的，合并后得新表如表 3-19 所示，记为 $L_{18}(6\times3^6)$。

表 3-19　并列法生成的 $L_{18}(6\times3^6)$ 正交表

试验号 列号	1	2	3	4	5	6	7
1	1	1	1	1	1	1	1
2	1	2	2	2	2	2	2
3	1	3	3	3	3	3	3
4	2	1	1	2	2	3	3
5	2	2	2	3	3	1	1
6	2	3	3	1	1	2	2
7	3	1	2	1	3	2	3
8	3	2	3	2	1	3	1
9	3	3	1	3	2	1	2
10	4	1	3	3	2	2	1
11	4	2	1	1	3	3	2
12	4	3	2	2	1	1	3
13	5	1	2	3	1	3	2
14	5	2	3	1	2	1	3
15	5	3	1	2	3	2	1
16	6	1	3	2	3	1	2
17	6	2	1	3	1	2	3
18	6	3	2	1	2	3	1

3.2.3　拟水平法

拟水平法是将水平数少的因素纳入水平数多的正交表内的一种设计方法。下面举一实例来说明这种方法的具体步骤和相应的计算格式。

【例 3-6】 对【例 1-1】的转化率试验，如果除已考虑的温度（A）、时间（B）、用碱量（C）外还要考虑搅拌速度（D）的影响，而电磁搅拌器只有快慢两挡，即因素 D 只有两个水平，这是一项四因素的混合水平试验，如果套用现成的正交表，则以 $L_{18}(2\times3^7)$ 为宜，但由于人为物力所限，18 次试验太多了，能否用 $L_9(3^4)$ 来安排呢？这是可以的，解决的办法是给搅拌速度凑足三个水平，这个凑足的水平叫拟水平。我们让搅拌速度快的（或慢的）一挡多重复一次，凑成第三个水平。见表 3-20。

表 3-20　拟水平法应用因素-水平表

水平＼因素	A 温度/℃	B 时间/min	C 用碱量/%	D 搅拌速度
1	80	90	5	快
2	85	120	6	慢
3	90	150	7	快

然后按照通常的方法制定试验方案，为简单起见，我们假定试验结果仍与原来的一样介绍一下拟水平的分析方法。

S_T、S_A、S_B、S_C的计算与原来完全相同，新的问题是如何计算 S_D。D 有二水平，但是两个水平试验的次数不一样，由表 3-21 知：$K_1^D=297$，$K_2^D=153$，$q_1=6$，$q_2=3$（q_1是水平 1 的重复次数，q_2是水平 2 的重复数）。

所以：

$$\begin{aligned}Q_D&=\frac{1}{6}(K_1^D)^2+\frac{1}{3}(K_2^D)^2\\&=\frac{1}{6}\times297^2+\frac{1}{3}\times153^2\\&=22504.5\end{aligned}$$

表 3-21　试验方案及结果计算表

水平＼因素	A 1	B 2	C 3	D 4	转化率/%
1					31
2					54
3					38
4					53
5	$L_9(3^4)$				49
6					42
7					57
8					62
9					64
K_1	123	141	125	297	
K_2	144	165	171	153	
K_3	183	144	144		$K=450$ $P=22500$
Q_i	23118	22614	22734	22504.5	
S_i	618	114	234	4.5	

$$S_D=Q_D-P=22504.5-22500=4.5$$

由于

$$S_T=S_A+S_B+S_C+S_D+S_e$$

所以

$$S_e=S_T-S_A-S_B-S_C-S_D$$

而

$$\begin{aligned}f_e&=f_T-f_A-f_B-f_C-f_D\\&=8-2-2-2-1=1\end{aligned}$$

这里

$$f_D=2-1=1$$

显然，因素 D 的影响是不显著的，可将它与误差合并，因此方差分析表与表 2-5 完全一样。通过此例我们可看到拟水平法有如下特点。

(1) 每个水平的试验次数不一样。转化率的试验，D_1 的试验有 6 次，而 D_2 的试验只有 3 次。通常把预计比较好的水平试验次数多一些，预计比较差的水平试验次数少一些。

(2) 自由度小于所在正交表的自由度，因此 D 占了 $L_9(3^4)$ 的第四列，但它的自由度 $f_D=1$，小于第四列的自由度 $f_D=2$。就是说，D 虽然占了第四列，但没有占满，没有占满的地方就是试验误差。

还需做两点说明。

(1) 因素 D 由于和其他因素的水平数不同，用极差 R 来比较因素的主次是不恰当的。但用方差分析法仍能得到可靠的结果。

(2) 虽然拟水平法扩大了正交表的使用范围，但值得注意的是，正交表经拟水平改造后不再是一张正交表了，它失去了各因素的各水平之间的均衡搭配的性质，这是和并列法所不同的。

3.2.4 混合水平有交互作用的正交设计

实际工作中会遇到混合水平试验又要考虑交互作用的情况，这是比较复杂的问题。下面通过举例说明解决这类问题的一种方法。

【例 3-7】 有一试验需考虑 A、B、C、D4 个因素，其中 A 为四水平因素，B、C、D 皆为二水平因素，还需考虑它们的交互作用 $A\times C$、$A\times B$、$B\times C$。

试验安排如下。

因素 A、B、C、D 及交互作用 $A\times B$、$A\times C$、$B\times C$ 的总自由度为：

$$(4-1)+3\times(2-1)+2\times(4-1)\times(2-1)+(2-1)\times(2-1)=13$$

故选用 $L_{16}(2^{15})$ 正交表。将 L_{16} 中的第 1、2、3 列改造为四水平的，即得 $L_{16}(4^1\times2^{12})$ 表，我们可以想象，好像因素 A 占 L_{16} 表中的 1、2、3 列，这便于考虑交互作用，如果 B 放在第四列，则 $A\times B$ 应占列，可查交互作用表知：

1，4⟶5　　2. 4⟶6　　3，4⟶7

因此 $A\times B$ 要占三列，即 5、6、7 列。再将因素 C 放在第 8 列，就可以查得 $A\times C$ 应占第 9、10、11 列，$B\times C$ 应占第 12 列。这样除了因素 D 外，所有的因素和要考虑的交互作用都已安排合适，没有混杂的情况，因素 D 可随便放在哪个空位上，如放在第 15 列。则表头设计如下：

表头设计	A	A	A	B	$A\times B$	$A\times B$	$A\times B$	C	$A\times C$	$A\times C$	$A\times C$	$B\times C$			D
列号	1	2	3	4	5	6	7	8	9	10	11	12	13	14	15

这是一种安排的方法。下面表头设计也是一样，读者可自行安排一下。

表头设计	D	A		A	$B\times C$	A		B	$A\times C$	$A\times B$	$A\times C$	$A\times B$	C	$A\times B$	$A\times C$
列号	1	2	3	4	5	6	7	8	9	10	11	12	13	14	15

某结果分析见方差分析表，如表 3-22 所示。

表 3-22　混合水平交互作用方差分析表

方差来源	平方和	自由度
A	$S_A=S_1+S_2+S_3$	3
B	$S_B=S_4$	1
C	$S_C=S_8$	1
D	$S_D=S_{15}$	1
$A\times B$	$S_{A\times B}=S_5+S_6+S_7$	3
$A\times C$	$S_{A\times C}=S_9+S_{10}+S_{11}$	3
$B\times C$	$S_{B\times C}=S_{12}$	1
e	$S_e=S_{13}+S_{14}$	2
总和		15

3.3　活动水平与组合因素法

3.3.1　活动水平法

在多因素试验中，有时两因素或多因素之间存在着相互依存的关系。即一个因素的水平的选取将由另一因素的水平来决定，或者一因素水平的选取将随另一因素水平选取的情况而变化，这时可采用活动水平试验。下面通过实例着重说明遇到有活动水平的因素时，如何安排试验。

【例 3-8】 镀银工艺试验

试验目的：寻找好的镀银槽液配方和相应的工艺条件。因素和水平，因素有五个，因此，很自然就想到应该把氰化钾（KCN）用量这个因素的两个水平改为：少、多，而它的少与多的量是随着硝酸银（$AgNO_3$）的用量改变的。用表 3-23 的形式。

表 3-23　活动水平设计中氰化钾用量因素水平表

因素 水平	硝酸银用量/(g/L)	氰化钾用量/(g/L)		
			$AgNO_3$150	$AgNO_3$100
1	150	少	250	165
2	100	多	274	183

表中的虚线部分详细地说明了 KCN 用量这个因素的少与多的具体内容。这样选水平的方法就称为活动水平法，KCN 用量这个因素就称为活动水平的因素。

在本例中，电流密度也是一个活动水平的因素，它随温度的高低而变化。但要注意的是：这时不像 KCN 的用量那样可以按比例来选水平的具体内容，而往往需要经验，技术人员的经验知道：

温度 40℃时，电流密度用 3～5A；

温度 50℃时，电流密度用 5～7A。

大致是相当的，因素-水平如表 3-24 所示。

表 3-24　活动水平设计中电流密度因素水平表

因素 水平	硝酸银用量/(g/L)	氰化钾用量/(g/L)			硫代硫酸铵/(g/L)	电流密度			温度/℃
			$AgNO_3$150	$AgNO_3$100			40	50	
1	150	少	250	167	0	小	3A	5A	40
2	100	多	274	183	0.5	大	5A	7A	50

试验的安排，用 L_{16} 表，表头设计如下：

因素	A 硝酸银	B 氰化钾	C 硫代硫酸铵	D 电流密度	E 温度
列号	1	2	4	8	15

试验方案如表 3-25 所示。

须注意的是对活动水平，它所占的列中 1、2 水平应换成什么，还要看同一行中使它的水平变化的那个因素的水平是什么。试验结果分析：计算结果的方法和表格的形式仍同一般的二水平表。现将极差分析的结果列于表 3-26 所示。

表 3-25　活动水平设计试验方案表

试验号＼列号	1 A /(g/L)	2 B /(g/L)	4 C /(g/L)	8 E /A	15 D /℃	试验号＼列号	1 A /(g/L)	2 B /(g/L)	4 C /(g/L)	8 E /A	15 D /℃
1	150	少	0	小	40	1	150	250	0	3	40
2	150	少	0	大	50	2	150	250	0	7	50
3	150	少	0.25	小	50	3	150	250	0.25	5	50
4	150	少	0.25	大	40	4	150	250	0.25	5	40
5	150	多	0	小	50	5	150	274	0	5	50
6	150	多	0	大	40	6	150	274	0	5	40
7	150	多	0.25	小	40	7	150	274	0.25	3	40
8	150	多	0.25	大	50	8	150	274	0.25	7	50
9	100	少	0	小	50	9	100	167	0	5	50
10	100	少	0	大	40	10	100	167	0	5	40
11	100	少	0.25	小	40	11	100	167	0.25	3	40
12	100	少	0.25	大	50	12	100	167	0.25	7	50
13	100	多	0	小	40	13	100	183	0	3	40
14	100	多	0	大	50	14	100	183	0	7	50
15	100	多	0.25	小	50	15	100	183	0.25	5	50
16	100	多	0.25	大	40	16	100	183	0.25	5	40

表 3-26　活动水平表优化结果计算表

水平＼因素	1 硝酸银	2 氰化钾	4 硫代硫酸铵	8 电流密度	15 温度/℃	得分
1						90
2						85
3						88
4						93
5						85
6						70
7						87
8			$L_{16}(2^{25})$			83
9						85
10						55
11						72
12						35
13						85
14						63
15						47
16						43
K_1	681	603	618	639	595	
K_2	485	563	548	527	571	
k_1	85.125	75.375	77.25	79.875	74.375	1166
k_2	60.625	70.375	68.5	65.875	71.375	
R	24.5	5	8.74	14	3	

从极差的大小可看出因素的主次为：

$$A—D—C—B—E$$

主 ⟶ 次

因为得分越高表示质量越好，A、D、C 为重要因素，可选得分高的水平，即 $A_1D_1C_1$。

B、E 为次要因素，可按其他标准来选，要注意的是电流密度因素 D，取“小”好，但“小”究竟是多少呢，还需看温度来定。因为温度高时总的来说电流密度大，镀银速度快些，于是取 E_2（50℃）。KCN 用量（B）“多”、“少”皆可，为节约起见，就可少用些，故取 B_1。

所以初步确定了五个因素的水平为：

$$A_1B_1C_1D_1E_2$$

即

$AgNO_3$：50g/L　　KCN：250g/L

$(NH_4)_2S_2O_3$：不用　　温度：50℃

电流密度：5A

从提高镀银速度来看，可试验将电流密度提高为 6A，其余因素水平不变。试验后发现效果很好，这样就定了好的配方和工艺是：

$AgNO_3$：50g/L　　KCN：250g/L

$(NH_4)_2S_2O_3$：不用　　温度：50℃

电流密度：6A

效果：用上述配方和工艺条件投产后，镀层表面光亮细致，镀银速度达到 9～10μm (20min)，保证了生产。

说明：注意有活动水平因素时，如何选取因素的水平、如何排表、如何分析最优的生产条件，这三点是重要的，本例均有说明。要着重弄清楚。

用活动水平来安排试验，这在正交表中是很重要的一个方法，这也是从实践经验中总结出来的。这个方法使用起来并不困难，只要分清楚哪个因素随哪个因素的水平的变化而改变它的实际条件。例如本例中氰化钾用量（因素 B）是随硝酸银的用量（因素 A）的变化而改变的，于是就把氰化钾用量（因素 B）称为从属于硝酸银用量（因素 A）的因素，或简称为从属因素。类似地电流密度就是温度的从属因素。从属因素的情况可以很复杂，但是只要用得好，问题一样可以解决，而且还可以节省试验的费用和时间。

3.3.2　组合因素法

在试验工作中，力求通过尽可能少的试验次数并获得预期的效果。在用正交试验设计安排试验时，减少试验次数的有效方法是把两个或两个以上的因素组合起来当作一个因素看待，组合成的这个因素叫组合因素。采用组合因素法时，安排试验和试验结果分析的方法与正交试验法相同。

【例 3-9】 某橡胶配方试验时，其因素和水平如表 3-27 所示。

表 3-27　橡胶配方试验因素水平表

水平＼因素	A 促进剂	B 补强剂	C 硫黄	D 氧化锌与硬脂酸	E 软化剂
1	M　0.5 DM　0.7 D　0.4	高耐磨 70	1.8	氧化锌 5 硬脂酸 1	二辛酯 8
2	M　1.6 DM　1.1	高耐磨　52 喷雾炭黑　26	1.5	氧化锌 5 硬脂酸 1	二辛酯 6
3	DM　1.5 T・T　0.4				
4	DM　0 T・T　0.2				

这里因素 A 是由 M、DM、D、T·T 四种成分组合而成的。它们之间的某些搭配构成了因素 A 的四个水平，至于要构成几个水平，可视情况而定。如因素 B、D 也属于组合因素，它们在试验中只取了两个水平。总之，一般用组合因素的试验，常采用混合水平正交表或用拟水平法来安排试验方案及结果分析。

3.4 分割试验法

分割试验法又称为裂区法，它是在实践中产生的，有着广泛的应用。在比较复杂的试验中，要经过好几道工序才能得出结果，这些工序重复起来难易程度不等，往往前道工序比后道工序重复起来困难些，而在试验过程中所考虑的因素又分别属于不同的工序。为了对这类试验进行设计，我们可以既按照工序的先后，又按照工序重复的难易程度，把因素分为一级因素、二级因素、三级因素等，并在安排试验时，尽可能使重复困难的工序少做试验，而让重复容易的工序多做些试验，这就是分割试验法的基本思想，下面举例说明。

【例 3-10】 人造丝制造工艺大致由原液工序、加工工序两部分组成。为了提高人造丝的强度进行工业试验。

提出 A（2 水平）、B（2 水平）、C（2 水平）作为原液工序因素，提出 D（2 水平）、E（2 水平）作为加工工序因素，假定因素间无交互作用，因此可用 L_8（2^7）正交表来设计，但为节约试验材料，这种情况下可使用分割进行试验，把 A、B、C 作为一级因素，把 D、E 作为二级因素，也就是当 A、B、C 的某一特定组合所构成的原液工序的一批产品再送往加工工序。这样，L_8（2^7）的试验就不要用 8 批人造丝原液了。因此，不能随便地在正交表上安排因素，否则达不到分割的目的。比如把 A 安排在第 1 列，B 安排在第 2 列，C 在第 4 列，D 和 E 在第 6 列和第 7 列，那么试验序号（N^{0}_{-}）中水平组合将如下。

N^{0}_{-} 1：$A_1B_1C_1D_1E_1$

N^{0}_{-} 2：$A_1B_1C_2D_2E_2$

N^{0}_{-} 3：$A_1B_2C_1D_2E_2$

N^{0}_{-} 4：$A_1B_2C_2D_1E_1$

N^{0}_{-} 5：$A_2B_1C_1D_1E_1$

N^{0}_{-} 6：$A_2B_1C_2D_2E_1$

N^{0}_{-} 7：$A_2B_2C_1D_2E_1$

N^{0}_{-} 8：$A_2B_2C_2D_1E_2$

不看 D、E，只注意 A、B、C 的水平的组合，则 A、B、C 的 8 个可能的组合全部写出，也就是在原液工序中需要按 8 种组合生产 8 批。显然没有达到分割的目的。

仔细观察正交表 L_8（2^7），可以发现，第 1、2、3 列的水平号从上往下是两个（如：1、1）、两个（如 2、2）地出现。这样把因素 A、B、C 分别在 1、2、3 列上。剩下的配 D、E，如第 6 列、7 列。则各试验序号水平的组合如下。

N^{0}_{-} 1：$A_1B_1C_1D_1E_1$

N^{0}_{-} 2：$A_1B_1C_1D_2E_2$

N^{0}_{-} 3：$A_1B_2C_2D_2E_2$

N^{0}_{-} 4：$A_1B_2C_2D_1E_1$

N^{0}_{-} 5：$A_2B_1C_2D_1E_1$

N^{0}_{-} 6：$A_2B_1C_2D_2E_1$

N^{0}_{-} 7：$A_2B_2C_1D_2E_1$

$$N^0\_8：A_2B_2C_1D_1E_2$$

可以看出，N^0_1 与 N^0_2，N^0_3 与 N^0_4，N^0_5 与 N^0_6，N^0_7 与 N^0_8 的 ABC 水平的组合是一样的。所以只要生产 $A_1B_1C_1$、$A_1B_2C_2$、$A_2B_1C_2$、$A_2B_2C_1$ 四批原液，再把各批源液分成两份就行了，这样就达到了分割试验的目的。

继续观察正交表 L_8 (2^7)，第 1 列的水平号从上往下是 4 个 1，接着 4 个 2，此为第一组第 2 列和第 3 列的水平号是两个同样的连接着，为第二组。第 4 列至第 7 列的水平号从上往下是两个不同的连接着，作第三组。这样，可以把组序号小的作为低次因素，把组序号大的作为高次因素，如此安排试验可达到分割的目的。当因素间存在交互作用时，交互作用出现的列当然还是空置起来，不安排因素。

【例 3-11】 有 A、B、C、D 四个因素，每个都有两个水平，A、B 是一级因素，它们没有交互作用，试验如何安排？

选用 L_8 (2^7) 正交表，将二级因素 C、D 配置在第三组，再将一、二组合并配置一级因素 A、B。因素间无交互作用，所以因素配置哪一列不限，如表 3-28 所示。试验时先将一级因素的水平组合随机化，然后再将二级因素随机化，此随机化过程也反映在表 3-28 上。

表 3-28　正交分割试验

因素 / 试验号	1 A	2 B	3	4 C	5	6 D	7	一级因素随机化	二级因素随机化	实际试验号码
1	1	1	1	1	1	1	1	3	2	6
2	1	1	1	2	2	2	2		1	5
3	1	2	2	1	1	2	2	2	1	3
4	1	2	2	2	2	1	1		1	4
5	2	1	2	1	1	1	2	1	1	1
6	2	1	2	2	2	2	1		2	2
7	2	2	1	1	2	2	1	4	2	7
8	2	2	1	2	1	1	2		1	8

用正交表安排分割试验，分析也比较简单，对上例试验方案，先算出各列的平方和，然后根据这些平方和便可列出方差分析表，如表 3-29 所示。

表 3-29　正交分割试验方差分析表

方差来源	平方和	自由度
A	$S_A=S_1$	1
B	$S_B=S_2$	1
e_1	$S_{e1}=S_3$	1
C	$S_C=S_4$	1
D	$S_D=S_6$	1
e_2	$S_{e2}=S_5+S_7$	2
总和	$S_T=\sum_{i=1}^{7}S_i$	7

由于试验是按工序分段进行的，故各阶段试验的误差所包含的内容是有区别的。比如本例中由二级因素所在的空白列 S_5+S_7 算得的误差就只反映了第二阶段试验的局部误差。为了对因素的显著性做出准确的判断，要求对误差进行更细致的分析。由于因素分为一级因素的显著性，原则上只能用一级误差，检验二级因素显著性时，原则上只能用二级误差等。

例对本例，做 F 检验时，一级因素用一级误差来检验，二级因素用二级误差来检验。如果 $\dfrac{S_{e1}/f_{e1}}{S_{e2}/f_{e2}}$ 不显著时，也可以将两者合并，作为共同的误差估计。

【例 3-12】 设有 A、B、C、D、E、F 六个因素，均是二水平。其中 $A\times B$、$A\times D$、$B\times D$存在。

A：一级因素

B、C：二级因素

D、E、F：三级因素

所考虑因素和交互作用的自由度总和为：

$$6\times(2-1)+3\times(2-1)\times(2-1)=9$$

所以需选用 $L_{16}(2^{15})$ 正交表，$L_{16}(2^{15})$ 的分组情况为：

$$\underbrace{1}_{1}\qquad \underbrace{2\quad 3}_{2}\qquad \underbrace{4\quad 5\quad 6\quad 8}_{3}\qquad \underbrace{8\quad 9\quad 10\quad 11\quad 13\quad 14\quad 15\quad 16}_{4}$$

与【例 3-9】一样，不同级的因素放在不同的组，表头设计如下：

$$\underbrace{\overset{A}{1}}_{1}\qquad \underbrace{2\quad 3}_{2}\qquad \underbrace{\overset{B}{4}\quad \overset{A\times B}{5}\quad \overset{C}{6}\quad 7}_{3}\qquad \underbrace{\overset{D}{8}\quad \overset{A\times D}{10}\quad \overset{E}{11}\quad \overset{B\times D}{12}\quad \overset{F}{13}\quad 14\quad 15}_{4}$$

第二组空了没有安排，是为了给一级误差有一个估计（如把 B、C 放在第二组，则估计不出一级误差）。这样对一级因素 A 相当于有一个重复，试验的方案随机的程序，如表 3-30 所示。

表 3-30　正交分割试验安排

试验号＼因素	A	B	C	D	E	F	一级因素随机化	二级因素随机化	三级因素随机化	实际试验号码
1	1	1	1	1	1	1	3	1	2	10
2	1	1	1	2	2	2			1	9
3	1	2	2	1	1	2		2	2	12
4	1	2	2	2	2	1			1	11
5	1	1	1	1	2	1	2	2	1	7
6	1	1	1	2	1	2			2	8
7	1	2	2	1	2	2		1	2	6
8	1	2	2	2	1	1			1	5
9	2	1	2	1	1	2	4	2	1	15
10	2	1	2	2	2	1			2	16
11	2	2	1	1	1	1		1	1	13
12	2	2	1	2	2	2			2	14
13	2	1	2	1	2	2	1	2	2	4
14	2	1	2	2	1	1			1	3
15	2	2	1	1	2	1		1	2	2
16	2	2	1	2	1	2			1	1

通过上面例子我们对正交分割试验的一般原则可以叙述如下。

（1）把因素分成一级、二级等。

（2）选出适当的正交表，把一级因素排在正交表的第一组（或一、二组），二级因素排在一级因素后面一组，依次下推，不同级的因素不要排在同一组。

（3）如果有些交互作用不可忽略，在设计时要注意不要让它和因素混杂。

用分割法交互作用有如下规律。

① 如果两个因素在不同的组，则交互作用一定在两因素中较高的一组。

② 属于同一组的两因素的交互作用，其全部或一部分落在比它低的组中。

（4）方差分析时先算出各列平方和。这样根据表头设计，就得到要求的因素和交互作用的平方和。在每一组内，凡表头设计未排的列，都组成误差平方和，这个误差的级别与这个组内因素的级别是一致的。见表 3-31。

表 3-31　正交分割试验方差分析表

方差来源	平方和	自由度
A	$S_A=S_1$	1
e_1	$S_{e1}=S_2+S_3$	2
B	$S_B=S_4$	1
C	$S_C=S_6$	1
$A\times B$	$S_{A\times B}=S_5$	1
e_2	$S_{e2}=S_7$	1
D	$S_D=S_8$	1
E	$S_E=S_{10}$	1
F	$S_F=S_{13}$	1
$A\times D$	$S_{A\times D}=S_9$	1
$B\times D$	$S_{B\times D}=S_{12}$	1
e_3	$S_{e3}=S_{11}+S_{14}+S_{15}$	3
总和	$S_T=\sum_{i=1}^{15}S_i$	

说明：对三水平分割试验的交互作用列出现的规律稍有变动，即属于同组的两列的交列作用要出现在两列中，而不是一列；其中一列的组次比本组次低，另一列与本组次同。这样属于同组次的两因素交互作用在检验时要分在两种误差项中进行检验。属于不同组的两因素交互作用列仍然是出现在高次组中。

【例 3-13】 改善薄钢板性能的试验，因为与冶炼、开坯、热轧、退火等工序都有关系，故选取下列因素和水平如表 3-32 进行试验。其中 A、B 属于第一道工序，是一级因素，C、D、E、F、G 属于以后各工序，是二级因素。交互作用 $E\times F$、$F\times G$ 不可忽略。这里有 2 水平也有 4 水平，我们考虑用 2 水平正交表并列来安排。

表 3-32　薄钢材性能试验因素—水平表

水平号＼因素	A 成分 C + Al /%	B 钢锭位置	C 盘号	D 冷轧压下量	E 天轧温度 /℃	F 终轧温度 /℃	G 退火温度 /℃
1	0.04+0.03	底部	1	1	830	650	680
2	0.09+0.06	头部	2	2	870	630	730
3	0.09+0.03		3				
4	0.09+0.06		4				

本试验所考察因素和交互作用的自由度总和为：

$$2\times(4-1)+5\times(2-1)+2\times(2-1)\times(2-1)=13$$

所以至少要用 $L_{16}(2^{15})$ 表来安排。$L_{16}(2^{15})$ 中 15 列分成四组，A 因素安排在 1、2、3 列，一、二合并组；B 因素安排在第四列，第三组；二级因素 C、D、E、F、G 就只能安排在第四组了。C 不可能由同一组的列用并列法安排的，它至少由两个组中的列并列才能安排。再就是还需分别考虑对不同级的误差给出不同的估计。所以导致 $L_{16}(2^{15})$ 安排不了，必须采用：$L_{32}(2^{31})$。

把 A 放在一、二合并组；B 放在第三组；C 是 4 水平因素，用第四组和第五组的列并列安排，如取 14 列和 21 列，则 14、21 的交互作用列第 27 列也要安排因素 C；D 放在 13 列；E 放在 31 列；F 放在 16 列；G 放在第 8 列；则交互作用 $E\times F$、$F\times G$ 要出现在 15 列和 24

列。所以表头，设计为：

表头设计		A				B		G		D	C	E×F	F	C	F×G	C	E
列号	1	2	3	4	5	6	7	8	9	13	14	15	16	21	24	27	31
组合	一、二合并组					第三组				第四组					第五组		

观察表 $L_{32}(2^{31})$，一级因素所占的一、二、三组由上往下都是 4 行相同，合并后得正交表 L_8（2^7）。先进行 8 次试验，再把 8 个试验号下的成品（开坯后的钢材）各自取出四份，重新编号，编号办法是（1)→1、2、3、4，(2)→5、6、7、8，…，(8)→29、30、31、32。试验按正交分割法的表头设计，即按表 3-33 所示，由表 3-33 可看出试验次序是完全随机化的，这样可以避免系统误差的影响，一般正交试验设计常常是这样做的。

按上面试验方案与实施次序进行试验，数据列成表 3-34 并进行计算。利用表 3-34 所计算的结果进行统计分析。

表 3-33　薄钢材性能试验安排与次序

一次因素试验号	A	4 B	一次因素试验次序	二次因素试验号	C	13 D	31 E	16 F	8 G	二次因素试验次序	测试次序	
(1)	1	1	2	1	1	1	1	1	1	1	42	27
	1	1		2	2	1	2	2	1	4	10	55
	1	1		3	3	2	2	1	2	2	32	8
	1	1		4	4	2	1	2	2	3	43	35
(2)	1	2	7	5	4	2	2	1	1	4	3	22
	1	2		6	3	2	1	2	1	1	47	45
	1	2		7	2	1	1	1	2	2	28	15
	1	2		8	1	1	2	2	2	4	10	56
(3)	2	1	1	9	3	1	2	1	1	2	49	9
	2	1		10	4	1	1	2	1	4	39	61
	2	1		11	1	2	1	1	2	1	25	40
	2	1		12	2	2	2	2	2	3	1	53
(4)	2	2	8	13	2	2	1	1	1	4	48	19
	2	2		14	1	2	2	2	1	1	29	28
	2	2		15	4	2	2	1	2	2	60	62
	2	2		16	3	1	1	2	2	4	12	5
(5)	3	1	4	17	2	2	2	1	1	2	50	31
	3	1		18	1	2	1	2	1	1	26	52
	3	1		19	4	1	1	1	2	3	16	2
	3	1		20	3	1	2	2	2	4	57	49
(6)	3	2	3	21	3	1	1	1	1	1	37	18
	3	2		22	4	1	2	2	1	3	6	59
	3	2		23	1	2	2	1	2	2	41	14
	3	2		24	2	2	1	2	2	4	54	58
(7)	4	1	6	25	4	2	1	1	1	3	13	15
	4	1		26	3	2	2	2	1	2	24	63
	4	1		27	2	1	2	1	2	4	11	44
	4	1		28	1	1	1	2	2	1	33	23
(8)	4	2	5	29	1	1	2	1	1	4	44	17
	4	2		30	2	1	1	2	1	2	34	64
	4	2		31	3	2	1	1	2	1	21	7
	4	2		32	4	2	2	2	2	3	36	30

表 3-34　分割试验的设计、结果及计算

列号		A		B				G					D	C	$E \times F$	F					C			$F \times G$			C				E	数据		$X'=X-3$		合计
试验号	1	2	3	4	5	6	7	8	9	10	11	12	13	14	15	16	17	18	19	20	21	22	23	24	25	26	27	28	29	30	31	X_{11}	X_{12}	$X_{11}-3$	$X_{12}-3$	$X_4=X'_{11}+X'_{12}$
1	1	1	1	1	1	1	1	1	1	1	1	1	1	1	1	1	1	1	1	1	1	1	1	1	1	1	1	1	1	1	1	4	5	1	2	3
2	1	1	1	1	1	1	1	1	1	1	1	1	1	1	1	2	2	2	2	2	2	2	2	2	2	2	2	2	2	2	2	5	5	2	2	4
3	1	1	1	1	1	1	1	2	2	2	2	2	2	2	2	1	1	1	1	1	1	1	1	2	2	2	2	2	2	2	2	3	4	0	1	1
4	1	1	1	1	1	1	1	2	2	2	2	2	2	2	2	2	2	2	2	2	2	2	2	1	1	1	1	1	1	1	1	4	4	1	1	2
5	1	1	1	2	2	2	2	1	1	1	1	2	2	2	2	1	1	1	1	2	2	2	2	1	1	1	1	2	2	2	2	2	2	−1	−1	−2
6	1	1	1	2	2	2	2	1	1	1	1	2	2	2	2	2	2	2	2	1	1	1	1	2	2	2	2	1	1	1	1	3	3	0	0	0
7	1	1	1	2	2	2	2	2	2	2	2	1	1	1	1	1	1	1	1	2	2	2	2	2	2	2	2	1	1	1	1	5	5	2	2	4
8	1	1	1	2	2	2	2	2	2	2	2	1	1	1	1	2	2	2	2	1	1	1	1	1	1	1	1	2	2	2	2	5	5	2	2	4
9	1	2	2	1	1	2	2	1	1	2	2	1	1	2	2	1	1	2	2	1	1	2	2	1	1	2	2	1	1	2	2	3	4	0	1	1
10	1	2	2	1	1	2	2	1	1	2	2	1	1	2	2	1	1	2	2	1	1	2	2	1	1	2	2	1	1	1	1	4	3	1	0	1
11	1	2	2	1	1	2	2	2	2	1	1	2	2	1	1	2	2	1	1	2	2	1	1	2	2	1	1	2	2	1	1	4	5	1	2	3
12	1	2	2	1	1	2	2	2	2	1	1	2	2	1	1	2	2	1	1	2	2	1	1	1	1	2	2	1	1	2	2	5	5	2	2	4
13	1	2	2	2	2	1	1	1	1	2	2	2	2	1	1	1	1	2	2	2	2	1	1	1	1	2	2	2	2	1	1	3	3	0	0	0
14	1	2	2	2	2	1	1	1	1	2	2	2	2	1	1	2	2	1	1	1	1	2	2	2	2	1	1	1	1	2	2	4	4	1	1	2
15	1	2	2	2	2	1	1	2	2	1	1	1	1	2	2	1	1	2	2	2	2	1	1	2	2	1	1	1	1	2	2	5	5	2	2	4
16	1	2	2	2	2	1	1	2	2	1	1	1	1	2	2	2	2	1	1	1	1	2	2	1	1	2	2	2	2	1	1	4	5	1	2	3
17	2	1	2	1	2	1	2	1	2	1	2	1	2	1	2	1	2	1	2	1	2	1	2	1	2	1	2	1	2	1	1	2	1	−1	−2	−3
18	2	1	2	1	2	1	2	1	2	1	2	1	2	1	2	1	2	1	2	1	2	1	2	1	2	1	2	1	2	1	2	2	2	−1	−1	−2
19	2	1	2	1	2	1	2	2	1	2	1	2	1	2	1	1	2	1	2	1	2	1	2	2	1	2	1	2	1	2	1	4	5	1	2	3
20	2	1	2	1	2	1	2	2	1	2	1	2	1	2	1	2	1	2	1	2	1	2	1	1	2	1	2	1	2	1	2	5	5	2	2	4
21	2	1	2	2	1	2	1	1	2	1	2	2	1	2	1	1	2	1	2	2	1	2	1	1	2	1	2	2	1	2	1	1	2	−2	−1	−3
22	2	1	2	2	1	2	1	1	2	1	2	2	1	2	1	2	1	2	1	1	2	1	2	2	1	2	1	1	2	1	2	4	5	2	1	3
23	2	1	2	2	1	2	1	2	1	2	1	1	2	1	2	1	2	1	2	2	1	2	1	2	1	2	1	1	2	1	2	2	2	−1	−1	−2
24	2	1	2	2	1	2	1	2	1	2	1	1	2	1	2	2	1	2	1	1	2	1	2	1	2	1	2	2	1	2	1	2	2	−1	−1	−2
25	2	2	1	1	2	2	1	1	2	2	1	1	2	2	1	1	2	2	1	1	2	2	1	1	2	2	1	1	2	2	1	2	1	−1	−2	−3
26	2	2	1	1	2	2	1	1	2	2	1	1	2	2	1	1	2	2	1	1	2	2	1	2	2	2	1	2	2	1	2	5	4	2	1	3
27	2	2	1	1	2	2	1	2	1	1	2	2	1	1	2	2	1	1	2	2	1	1	2	2	1	1	2	2	1	1	2	4	4	1	1	2
28	2	2	1	1	2	2	1	2	1	1	2	2	1	1	2	2	1	1	2	2	1	1	2	1	2	2	1	1	2	2	1	5	5	2	2	4
29	2	2	1	2	1	1	2	1	2	2	1	2	1	1	2	1	2	2	1	2	1	1	2	1	2	2	1	2	1	1	2	1	2	−2	−1	−3
30	2	2	1	2	1	1	2	1	2	2	1	2	1	1	2	2	1	1	2	1	2	2	1	2	1	1	2	1	2	2	1	2	1	−1	−2	−3
31	2	2	1	2	1	1	2	2	1	1	2	1	2	2	1	1	2	2	1	2	1	1	2	2	1	1	2	1	2	2	1	2	2	−1	−1	−2
32	2	2	1	2	1	1	2	2	1	1	2	1	2	2	1	2	1	1	2	1	2	2	1	1	2	2	1	2	1	1	2	4	3	1	0	1
Ⅰ	34	14	15	27	8	14	21	−2	17	19	16	14	31	15	30	3	22	16	13	15	16	20	11	10	17	13	18	18	19	21	8	$T=31$				
Ⅱ	−3	17	16	4	23	17	10	33	14	12	15	17	0	16	1	28	9	15	18	16	15	11	20	21	14	18	13	13	12	10	23					
Ⅰ−Ⅱ	37	−3	−1	23	15	−3	11	−35	3	7	1	−3	31	−1	29	−25	13	1	−5	−1	1	9	−9	−11	3	−5	5	5	7	11	−15					
$\frac{(Ⅰ-Ⅱ)^2}{64}$	21.39	0.14	0.02	8.27	3.52	0.14	1.89	19.14	0.14	0.77	0.02	0.14	15.02	0.02	13.14	9.77	2.64	0.02	0.39	0.02	0.02	1.27	1.27	1.89	0.14	0.39	0.39	0.39	0.77	1.89	3.52					

各因素变动平方和仍可由它所占的列的变动平方和算出。

$$
\begin{aligned}
S_A &= S_1+S_2+S_3 \\
&= \frac{(K_1^1-K_2^2)^2}{2\times 32}+\frac{(K_2^1-K_2^2)^2}{2\times 32}+\frac{(K_3^1-K_3^2)^2}{2\times 32} \\
&= \frac{1}{64}\times[37^2+(-3)^2+(-1)^2] \\
&= 21.55 \\
S_C &= S_{14}+S_{21}+S_{27}=0.43 \\
S_B &= S_4=8.27 \\
S_D &= S_{13}=15.02 \\
S_E &= S_{31}=3.52 \\
S_F &= S_{16}=9.7 \\
S_G &= S_8=19.14 \\
S_{E\times F} &= S_{15}=13.14 \\
S_{F\times G} &= S_{24}=1.89
\end{aligned}
$$

各级误差的平方和仍由各级因素所占组的空列的平方和算出。我们知道，进行 F 检验时，原则上一级因素只能用一级误差，二级因素只能用二级误差等。

但是当某两级误差经过显著性检验认为无差别时，这两级误差可以合并，合并后的误差可用来检验因素的显著性，此间先用三级误差来检验二级误差。

因为

$$\frac{0.6813}{0.2656}=2.57>1.99=F_{0.05}(15,\ 32)$$

说明它们有显著差别，不能合并，再用二级误差检验一级误差。

因为

$$\frac{1.85}{0.6813}=2.72<3.29=F_{0.05}(3,\ 15)$$

说明它们并无显著差别，因此把它们合并得：

$$S_e=S_{e1}+S_{e2}=15.77$$

$$f_e=f_{e1}+f_{e2}=18$$

用这个误差可检验一级因素，二级因素仍只用二级误差检验。显著性结果如表 3-35 所示。

$$S_{e1}=S_5+S_6+S_7=5.55$$

$$
\begin{aligned}
S_{e2} &= S_9+\cdots+S_{12}+S_{22}+\cdots+S_{30} \\
&= 10.22
\end{aligned}
$$

最后还可算得试样误差平方和，试样误差可理解为最高次误差，这里就是三级误差：

$$
\begin{aligned}
S_{e3} &= \frac{1}{2}\times \text{各试验号下两个试样之差的平方和} \\
&= \frac{1}{2}\times[(4-5)^2+(5-5)^2+\cdots+(4-3)^2] \\
&= 8.5
\end{aligned}
$$

做出方差分析表如表 3-35 所示。

根据显著检验的结果，比较各因素显著水平的情况（对有交互作用的情况，需做二元表），可确定最优生产条件为：

$$A_2B_1CD_1E_2F_2G_2$$

C 因素的水平可任意取定为 C_1 或 C_2。

表 3-35　薄钢材性能试验方差分析表

方差来源	平方和	自由度	均方	F	$F_{临}$	显著性
A	21.55	3	7.18	8.16		* *
B	8.27	1	8.27	9.04		* *
一次误差(e_1)	5.55	3	1.85			
C	0.43	3	0.14	0.21	$F_{0.01}(1,18)=8.3$	
D	15.02	1	15.02	22.29	$F_{0.01}(3,18)=5.09$	* *
E	3.52	1	3.52	5.17	$F_{0.01}(1,15)=4.54$	*
F	9.77	1	9.77	14.37	$F_{0.01}(1,15)=8.68$	* *
G	19.14	1	19.14	28.15	$F_{0.01}(3,15)=3.29$	* *
$E\times F$	13.14	1	13.14	21.93		* *
$F\times G$	1.89	15	1.89	2.79		
二次误差	10.22	15	0.6813			
合并误差	15.77	18	0.88			
三次误差	8.5	32	0.2656			

3.5　部分追加法试验设计

在完成一组正交试验设计的试验和分析之后，若对某一显著因素的新水平感兴趣，则希望对新水平进行试验。但再做一组正交试验比较麻烦，而部分追加法试验设计可避免这种麻烦。这种方法在设计试验时还可把多下来的水平按此法进行处理。

表 3-36 给出了这种试验设计结果。因素 B、C、D 为二水平，A 为五水平。A 的 1～4 四个水平采用 3.2 的方法安排在内 (1)～(3) 列组成的四水平新列内，A_5 则将 4 水平再重复两次，即第 9、10 两次试验，这样就完成了部分追加法试验设计。

表 3-36　部分追加法试验设计

表头设计＼列号	(1)(2)(3) A	(4) B	(5) C	(6) D	(7) e
1	1	1	1	1	1
2	1	2	2	2	2
3	2	1	1	2	2
4	2	2	2	1	1
5	3	1	2	1	2
6	3	2	1	2	1
7	4	1	2	2	1
8	4	2	1	1	2
9	5	1	2	2	1
10	5	2	1	1	2

如表 3-36 所示，第 9、10 两次试验按第 7、8 两次试验的组合关系进行。分析结果时，可把 10 次试验看成两个 $L_8(2^7)$ 表试验进行计算分析。如表 3-37 所示，表中第 9～14 号试验是第 1～6 号试验的结果照搬下来的，实际上并没有进行试验，显然共做了 10 次试验。

由于把 10 次试验设想成 16 次试验，因此计算时应按以下方法进行。

表 3-37　部分追加法试验结果计算

列号	(1) (2) (3)	(4)	(5)	(6)	(7)	数据
表头设计	A	B	C	D	e	
1	1	1	1	1	1	x_1
2	1	2	2	2	2	x_2
3	2	1	1	2	2	x_3
4	2	2	2	1	1	x_4
5	3	1	2	1	2	x_5
6	3	2	1	2	1	x_6
7	4	1	2	2	1	x_7
8	4	2	1	1	2	x_8
9	1	1	1	1	1	x_1
10	1	2	2	2	2	x_2
11	2	1	1	2	2	x_3
12	2	2	2	1	1	x_4
13	3	1	2	1	2	x_5
14	3	2	1	2	1	x_6
15	5	1	2	2	1	$x_9=x_7'$
16	5	2	1	1	2	$x_{10}=x_8'$
1 水平合计	A_1	B_1	C_1	D_1	e_1	
2 水平合计	A_2	B_2	C_2	D_2	e_2	
3 水平合计	A_3					
4 水平合计	A_4					
5 水平合计	A_5					

(1) 平方和计算

$$S_A'=\frac{1}{4}(A_1^2+A_2^2+A_3^2)+\frac{1}{2}(A_4^2+A_5^2)-\frac{K^2}{16}$$

$$S_B'=\frac{1}{16}(B_1-B_2)^2$$

$$S_C'=\frac{1}{16}(C_1-C_2)^2$$

$$S_D'=\frac{1}{16}(D_1-D_2)^2$$

$$S_T'=2(x_1^2+x_2^2+x_3^2+x_4^2+x_5^2+x_6^2)+x_7^2+x_8^2+x_9^2+x_{10}^2-\frac{K^2}{16}$$

$$S_e'=S_T-(S_A+S_B+S_C+S_D)$$

(2) 修正系数 k 的计算　因素平方和修正系数按下式计算：

$$k^{-1}=\frac{1}{f}\left[\frac{3N-M}{N}(P-1)+P'\right] \tag{3-4}$$

而误差平方和修正系数按下式计算：

$$k_e^{-1}=\frac{1}{f_e}\left[2N-\frac{3N-M}{N}-\sum\frac{f}{k}\right] \tag{3-5}$$

式中　N——选用的正交表试验次数；

M——实际完成的试验次数；

P——正交表中安排的水平数；

P'——追加试验安排的水平数。

对照表 3-36 和表 3-37：

$$N=8,\ M=10$$

$$f_A=5-1=4，f_B=f_C=f_D=2-1=1$$
$$f_e=10-(1+4+3\times1)=2$$
$$P_A=4，P_B=P_C=P_D=2$$
$$P'_A=1，P'_B=P'_C=P'_D=0$$

故

$$k_A^{-1}=\frac{1}{4}\times\left[\frac{3\times8-10}{8}\times(4-1)+1\right]=\frac{25}{16}$$
$$k_B^{-1}=k_C^{-1}=k_D^{1}=\left[\frac{1}{1}\times\frac{3\times8-10}{8}\times(2-1)+0\right]=\frac{7}{4}$$
$$k_e^{-1}=\frac{1}{2}\times\left[2\times8-\frac{3\times8-10}{8}-\left(\frac{25}{16}\times4+3\times\frac{7}{4}\times1\right)\right]=\frac{11}{8}$$

即可得平方和：

$$S=kS'，S_e=k_eS'_e$$

进而编制方差分析表，如表 3-38 所示。

表 3-38　部分追加法试验方差分析表

因素	平方和	修正系数	修正后平方和	自由度	方差
A	S'_A	k_A	$S_A=k_AS'_A$	f_A	S_A/f_A
B	S'_B	k_B	$S_B=k_BS'_B$	f_B	S_B/f_B
C	S'_C	k_C	$S_C=k_CS'_C$	f_C	S_C/f_C
D	S'_D	k_D	$S_D=k_DS'_D$	f_D	S_D/f_D
e	S'_e	k_e	$S_e=k_eS'_e$	f_e	S_e/f_e
T			$S_T=\Sigma S$	$f_T=\Sigma f$	

习　题

1. 多指标问题处理中综合评分法和综合平衡法的基本思想分别是什么？两者的优点与不足是什么？

2. 如何修正混合正交表中的极差值？如何计算混合水平表的方差？

3. 次亚磷酸钠代替甲醛作为化学镀铜的还原剂是印制电路用化学镀铜技术中一个重要的技术，其镀层质量主要由次亚磷酸钠浓度、酒石酸钾钠浓度、pH 值和温度等 4 个因素决定。而镀层质量的判断标准一般为镀层电阻、镀层光亮性和镀层结合力 3 项。试验结果给分标准为：以 0.106Ω/mm 为基准分 6 分，镀层电阻每降低 0.015Ω/mm，评分加 1 分；镀层光亮性以紫铜颜色为标准，发黑、发黄等进行适当减分；结合力测试以胶带粘贴后用 100g 砝码的拉力为标准，如果胶带上有铜脱离，则减分。在综合评分时，镀层电阻的权重取 1.5，镀层光亮性和结合力的权重取 1.0，其试验设计与结果如表 3-39 所示。使用方差分析法求出因素的主次关系及最佳化学镀铜的配方。

表 3-39　试验设计与结果

试验号＼因素	1	2	3	4	镀层电阻 /(Ω/mm)	镀层光亮性评分	镀层结合力评分
1	1	1	1	1	0.051	7	7.5
2	1	2	2	2	0.085	6	7.5
3	1	3	3	3	0.067	6.5	7.5
4	1	4	4	4	0.074	6.5	7
5	2	1	2	3	0.064	6.5	7
6	2	2	1	4	0.055	6	7.5
7	2	3	4	1	0.106	6	7
8	2	4	3	2	0.071	7	7.5
9	3	1	3	4	0.076	6	7

续表

试验号 \ 因素	1	2	3	4	镀层电阻 /(Ω/mm)	镀层光亮性评分	镀层结合力评分
10	3	2	4	3	0.091	7	7
11	3	3	1	2	0.046	7	7.5
12	3	4	2	1	0.069	6.5	7
13	4	1	4	2	0.049	6.5	7
14	4	2	3	1	0.072	6	7
15	4	3	2	4	0.077	6.5	7.5
16	4	4	1	3	0.069	6.5	7.5

4. 超薄沥青混凝土是20世纪70年代发源于法国的一种新型路面材料。由于其厚度较薄，可大大降低造价，同时在防水、抗滑、平整、减噪等使用功能上有良好的表现，因而在国外已广泛应用。几个关键参数，如粉胶比、沥青类型、集料类型、填料类型、粗集料含量等，对超薄沥青混凝土各性能关键指标的影响程度最大。以空隙率、马歇尔稳定度、劈裂强度、动稳定度、冻融劈裂强度比（*TSR*）作为混合料性能的考核指标。通过综合平衡法进行分析，求出最优参数组合。在各项指标中动稳定度系数权重取为1.5；由于多雨及桥梁对水损害的特别要求，空隙率和*TSR*的系数权重取为1.2，其余系数均取1.0，具体数据如表3-40所示：

表 3-40 试验设计与结果

试验号 \ 因素	粉料比	集料类型	沥青类型	填料类型	粗集料含量
1	1(0.9)	1(玄武岩)	1(AH-70)	1(水泥)	1(60%)
2	1	2(辉绿岩)	2(改性沥青)	2(消石灰)	2(65%)
3	2(1.1)	1	1	2	2
4	2	2	2	1	1
5	3(1.3)	1	2	1	2
6	3	2	1	2	1
7	4(1.5)	1	2	2	1
8	4	2	1	1	2
试验号 \ 评价指标	**空隙率 /%**	**马歇尔稳定度 /kN**	**劈裂强度 /MPa**	**动稳定度 /(次/mm)**	***TSR***
1	4.9	10.9	0.85	1823	83.1
2	5.2	17.2	1.35	3081	90.9
3	5.8	12.5	0.86	1787	92.1
4	5.4	14.3	1.24	3962	94.9
5	5.4	16.1	1.35	3676	93.8
6	4.4	13.9	0.95	2534	83.7
7	4.6	13.7	1.24	3163	93.4
8	6	12.3	0.86	3073	91.3

5. 对一批钢制零件表面做碳氮共渗，即氰化处理的试验，要求提高氰化深度的优化工艺条件。试验因素及其水平为：

A——主原料之一为甲苯，其因素水平为 A_1，A_2 和 A_3；

B——主原料之二为氨气通入量，B_1，B_2 和 B_3；

C——原料加热炉的温度规定三个水平为 C_1，C_2 和 C_3；

D——零件在介质中的加热时间为 D_1，D_2 和 D_3；

E——冷却方式有两种：E_1 为油冷，E_2 在保温箱中冷却；

F——前处理方式，F_1 为酸洗去锈，F_2 为喷砂去锈。

经验指出，氨氮共渗的深度与加热温度和加热时间的相互影响有关，因此要求考察交互作用 $C \times D$。规定 A，B，C 三因素为一级因素，其余指标为二级因素（二水平采用拟水平安排），选用什么正交表进行安排试验，如何安排？

6. 结合你的工作找出一个有与本章的试验设计方法相适应的试验问题，并应用相应的方法解决该问题。

第4章 $L_{t^u}(t^q)$ 型正交表的构造

正交表的构造是试验设计领域比较活跃的分支之一。本章主要介绍一类特殊的 $L_{t^u}(t^q)$ 型正交表的基本原理及构造方法，重点介绍了列名运算法则及其中二水平和三水平正交表的构造。

在诸多试验设计的方法中，正交试验设计是流行最广的一个。而正交试验设计是通过正交表来安排试验的，因此关于正交表的研究也在不断加强。20 世纪 80 年代末，日本质量管理专家田口玄一博士的思想“产品质量首先是设计出来的，其次才是制造出来的”逐渐被人们认可，使得正交试验设计领域的研究更加充满了活力。在过去的几十年中，许多组合数学家和统计学家曾致力于正交表的构造，主要方法包括用正交拉丁方构造、用 Hadamard 矩阵构造、用群论（差集）构造、用有限域构造等。

在试验设计中，由于费用的限制，我们可能不使用大的正交表，随着对正交表研究的不断深入，它还被用于编码学、密码学、计算机科学等，因而大的正交表的应用也可能变得非常现实。随着计算机的发展，一些构造正交表的算法也相继问世，通过这些新的算法可以得到许多新的正交表。因此也出现了许多正交表的构造方法，例如编码构造、有限几何构造等。但本章不关注这些大的正交表，重点关注二水平和三水平正规正交表的构造。欲想对此方面做全面的了解，请参见书末参考文献［1～6］。

从构造原理上看，正交表的交互作用是正交设计的难点，本章介绍一类可以安排交互作用的正交表——$L_{t^u}(t^q)$ 型表的构造法则。

4.1 概述

正交表是十分优美的，从数学理论上讲它的定义简单而自然，目前我们已经知道它的许多优美的构造。然而不同类型的正交表的构造方法差异很大，怎样为实际的应用构造特定的正交表在很多情况下仍然是一个问题，这主要是因为目前有许多正交表我们尚未揭开其神秘的面纱，其存在和构造至今还是一个未解决的数学问题。

$L_{t^u}(t^q)$ 型表是一类特殊的正交表，其中：

t 表示水平数。它限定为素数（即除 1 和它自己以外，不能被任何其他数整除的大于 1 的正整数。如 2、3、5、7、11、13 等）或素数幂（如 2^2、3^2、2^3 等）。

u 表示基本数列，可为任意正整数。

q 表示总列数。

t、u 为基本参数，当 t、u 给定后，则试验次数为 t^u 次，列数为 $q=\dfrac{t^u-1}{t-1}$。

一般常用的正交表，如 $L_4(2^3)$、$L_{16}(2^{15})$、$L_9(3^4)$、$L_{16}(4^5)$、$L_{25}(5^6)$ 等属于此类型，其基本参数为 ($t=2$、$u=2$)、($t=2$、$u=4$)、($t=3$、$u=2$)、($t=2$、$u=4$)、($t=5$、$u=2$)。

下面简单谈一下正交表的定义及其变换。我们知道，用正交表安排多因素试验，通常对全体因素来说是部分试验，但对其中任意两个因素来说却是带有相同重复次数的全面试验，也就是说，任意两列水平构成的有序对是一个带有相同重复数的完全对。这后一个特点就是正交表的定义。

根据正交表的定义，表的各列地位是平等的，因此表的各列之间可以置换（所谓置换即各列号之间的重新排列）；其次用正交表安排试验时，试验的次序不一定要按顺序进行，也就是说表的各行之间也可以置换，前面还说过因素的水平次序可以任意定，也就是说表中同一列中的水平记号可以置换。正交表的行间置换、列间置换和同一列水平记号的置换，叫做正交表的三种初等变换。经过初等变换所能得到的一切表称为等价的（或同构的）。可以根据不同试验要求，把一个表变成与此等价的其他特殊形式的表。现在大家常见到的同一种正交表如果排法不一致的话，那么它们一定是等价的，也就是说，通过上述三种初等变换可以把一种形式变到另一种形式，下面我们将用到这些概念。

4.2　二水平正交表的构造

我们将从最简单情况开始，介绍 $L_{t^u}(t^q)$ 型表的构造，然后再叙述一般构造方法。

4.2.1　二水平运算法则

构造此类正交表要用到有限域的理论（所谓有限域，大致说就是对有限个元素组成的集合定义了加法、乘法和除法的运算）。下面我们只直接运用有限域理论的结论，而不从数学上去追究它们的原理。

我们用 0 和 1 表示二水平记号，这个有限域只有两个元素，它们的加法和乘法定义如下。

（1）加法法则

$$0+0=0$$
$$0+1=1$$
$$1+1=0$$

（2）乘法法则

$$0\times0=0$$
$$0\times1=0$$
$$1\times1=1$$

通常我们把上面规则列成表 4-1 的形式，使用时更为方便。

表 4-1　二水平加法表和乘法表

(a) 加法表

+	0	1
0	0	1
1	1	0

(b) 乘法表

×	0	1
0	0	0
1	0	1

用这种规则定义加法和乘法，是有限域理论所要求的。构造正交表时，将用到上面加法和乘法法则。以后凡是讲到加法和乘法都指这种有限域中的加法和乘法而言。

4.2.2　正交表与交互作用列表的构造

（1）L_4（2^3）的构造　L_4（2^3）表是二水平中最小的一个表。它的两个基本参数是 $t=2$、$u=2$，列数 $q=\dfrac{4-1}{2-1}=3$。它是怎样得来的呢？从表中可以看出：其第一列是将 4 个试验分成两半，前一半是“0”水平，后一半是“1”水平，称为二分列。它的第二列是将第一列的两个“0”水平试验和两个“1”水平试验分别再分成一个“0”水平和 1 个“1”水平，称为四分列。二分列和四分列称为 L_4（2^3）的基本列，是用二分和四分的办法得到的。现在，四分列已将四个试验号分割完毕，因此，第三列已不能再用分割的办法得到。那么第三列是如何构造出来的呢？它是将第一列与第二列的相应水平号按“加法规则”相加所得，如表 4-2 所示。

表 4-2　L_4（2^3）表的构造

试验号＼列号	1	2	3
1	0	0	0+0=0
2	0	1	0+1=1
3	1	0	1+0=1
4	1	1	1+1=0
列名	a	b	ab

既然第一列加第二列可以得到一个新列——第三列，那么第二列加第三列是否可以得出一列来呢？通过具体运算

$$0+0=0$$
$$1+1=0$$
$$0+1=1$$
$$1+0=1$$

它就是第一列。同样，若将第 1 列加第 3 列：

$$0+0=0$$
$$0+1=1$$
$$1+1=0$$
$$1+0=1$$

它就是第二列。

这三列有一个重要性质：任意两列相加是另外一列，我们称这三列构成 L_4（2^3）的完备列。两列相加所得到的列称为这两列的交互作用列。所谓构造 $L_{t^u}(t^q)$ 型表和交互作用列表的问题，就是要给出它的完备列以及其中任两列的交互作用列。

构造交互作用列表时，一般引进“列名”和“列名运算规则”来进行。如表 4-2 所示，用 a、b 分别标记 L_4（2^3）的两个基本列，称 a 为第 1 列的列名，b 为第二列的列名。第 3 列是由第 1 列和第 2 列相加得到，它的列名可用第一列列名与第二列列名相乘得到，这是对构造二水平表普遍运用的规则。

列名的运算规则是一种指数运算，指数的相加或相乘按加法表或乘法表给出的规则进行。两列交互作用列为其列名相乘。如第 1、2 两列的交互作用列为 $a \cdot b=ab$，即第三列；第 1、3 列的交互作用列为 $a \cdot ab=a^{1+1} \cdot b=a^0 \cdot b=b$ 列，即第二列。这里需要注意的是，由二水平加法规则知 $1+1=0$。因此，在二水平的情况下，$a^2=b^2=1$。如第 2、3 列的交互作用列为 $b \cdot ab=ab^2=a$，即第 1 列。由此可见，当给出一组完备列的列名后，两列的交互作用列可由列名运算得到。

(2) L_8（2^7）的构造　L_8（2^7）的参数为 $t=2$、$u=3$，它有三个基本列，分别置于第 1、2、4 列，如表 4-3 所示。第 1 列是：二分列，列名为 a，这列 8 个试验被分成两半，前四个是“0”水平，后 4 个是“1”水平。第 2 列的列名为 b，是一个四分列：即将 a 列的 4 个“0”水平与 4 个“1”水平一分为二，各变成两个“0”水平和“1”水平地排列；第四列的列名为 c，是 8 分列，即将 b 列相连的两个“0”水平和“1”水平再一分为二，使一个“0”水平接着一个“1”水平地排列。到此为止，c 列已将 8 个试验分割完毕，其他 4 列需要通过列间运算才能得到。

表 4-3 L_8 (2^7) 表的构造

试验号 / 列号	1	2	3	4	5	6	7
1	0	0	0+0=0	0	0+0=0	0+0=0	0+0=0
2	0	0	0+0=0	1	0+1=1	0+1=1	0+1=1
3	0	1	0+1=1	0	0+0=0	1+0=1	1+0=1
4	0	1	0+1=1	1	0+1=1	1+1=0	1+1=0
5	1	0	1+0=1	0	1+0=1	0+0=0	1+0=1
6	1	0	1+0=1	1	1+1=0	0+1=1	1+1=0
7	1	1	1+1=0	0	1+0=1	1+0=1	0+0=0
8	1	1	1+1=0	1	1+1=0	1+1=0	0+1=1

第 3 列是 1、2 列的交互作用列，由 1、2 两列相加而得，列名则为 1、2 两列的列名相乘，为 ab；第 5 列是 1、4 列的交互作用列，由 1、4 列相加而得，列名为 ac；第 6 列是 2、4 列的交互作用列，是由 2、4 列相加而得，列名为 bc；第 7 列是 3、4 列的交互作用列，由 3、4 列相加而得，列名为 abc。这样便得到 L_8 (2^7) 表，如表 4-3 所示。若将表中的 0 换为 1，表中的 1 换为 2，便是通常使用的 L_8 (2^7) 表。

将列名列成表 4-4，它就是 L_8 (2^7) 的一组完备列名表。

表 4-4 L_8 (2^7) 的完备列名表

列号	1	2	3	4	5	6	7
列名	a	b	ab	c	ac	bc	abc

可以验证，L_8 (2^7) 中任意两列的交互作用列是七列中的某一列，并可通过列名运算得到。如 1、7 两列的交互作用为 $a \cdot abc = a^2bc = bc$ 列，即第 6 列。因此，可根据列名运算构造交互作用表供直接查用，如表 4-5 所示。

表 4-5 L_8 (2^7) 交互作用表

1	2	3	4	5	6	7	列号
(1)	3	2	5	4	7	6	1
	(2)	1	6	7	4	5	2
		(3)	1	6	5	4	3
			(4)	1	2	3	4
				(5)	3	2	5
					(6)	1	6
						(7)	7

(3) $L_{2^u}(2^q)$ 型正交表与交互作用列表的构造　依此可以类似地构造任意基本列数 u 的二水平正交表 $L_{2^u}(2^q)$ 和交互作用列表。

① 基本列的构造　在 $L_{2^u}(2^q)$ 的正交表中，有 u 个基本列，分别置于第 1 列，第 2 列，第 4 列，…，第 2^{u-1} 列上，基本列的列名分别用字母 a、b、c…来表示。第 1 列的列名 a，为二分列；第 2 列的列名为 b，为四分列；第 4 列的列名为 c，为八分列等，第 2^{u-1} 列为 2^u 分列，这一列是“0”水平和“1”水平相同的列，恰好将 2^u 个试验分割完毕。

② 交互作用列表的构造　通过上述步骤，就可得到正交表的 $q=\dfrac{2^u-1}{2-1}=2^u-1$ 个列，这 q 列即组成 $L_{2^u}(2^q)$ 的完备列。任意两列的交互作用列则是 q 列中的某一列，这一列可用这两列的列名相乘得到，据此即可构造出交互作用表。

下面再以 $L_{16}(2^{15})$ 加以说明。它的基本列数 $u=4$，即有 4 个基本列，分别置于 1、2、4、8 列，其列名分别为 a、b、c、d，其中 a 为二分列，是相连的 8 个“0”水平与“1”水平，b 为四分列，是 4 个“0”水平接着 4 个“1”水平相间排列；c 为八分列，是两个“0”水平接着两个“1”水平相间地排列；d 为十六分列，是一个“0”水平接着一个“1”水平相间地排列，第 2 至第 4 列之间的列（即第 3 列）为第 2 列加第 1 列，列名 ab；而第 4 列与第 8 列间的列（即第 5 至第 7 列）是第 4 列依次与第 1、2、3 列相加而得；第 9 至 15 列（共 7 列）为第 8 列与前 7 列依次相加而得。

$L_{16}(2^{15})$ 中 15 列的列名表如表 4-6 所示。

这是一组完备列名表，任何两列的交互列均在这 15 列中，可用列名运算找出交互列，如第 3 列与第 13 列的交互列为 $ab \cdot acd = a^{1+1}bcd = bcd$ 即 14 列。作为练习，请读者按列名表写出 $L_{16}(2^{15})$ 表和它的交互作用表。

表 4-6　$L_{16}(2^{15})$ 列名表

列号	1	2	3	4	5	6	7	8	9	10	11	12	13	14	15
列名	a	b	ab	c	ac	bc	abc	d	ad	bd	abd	cd	acd	bcd	$abcd$

4.3　三水平正交表的构造

我们可以将二水平正交表的构造原理推广到三水平的情况，所不同的只是交互作用列和列名运算有些差别。

4.3.1　三水平运算规则

用 0、1、2 表示三个水平，其加法和乘法规则规定如表 4-7 所示。

表 4-7　三水平加法表和乘法表

(a) 加法表

+	0	1	2
0	0	1	2
1	1	2	0
2	2	0	1

(b) 乘法表

×	0	1	2
0	0	0	0
1	0	1	2
2	0	2	1

在叙述二水平正交表时，没有用到乘法表。但在讨论三个以上水平时，乘法表是不可或缺的。

4.3.2　正交表与交互作用列表的构造

三水平表的最小一个表是 L_9 (3^4)，它的两个基本参数是 $t=3$、$u=2$，从而得到其列数为 $q=(9-1)/(3-1)=4$，但它是如何构造的呢？我们通过表 4-8 来看 L_9 (3^4) 的构造方法。L_9 (3^4) 的第 1 列是将 9 个试验分成三个“0”水平，三个“1”水平和 3 个“2”水平而得，称为三分列，记列名为 a。第 2 列是将第 1 列相连的三个“0”水平、“1”水平和“2”水平再分成一个“0”水平、一个“1”水平和 1 个“2”水平依次相间排列，称为九分列，列名记为 b。这时，九分列已将 9 个试验分割完毕。三分列和九分列是直接由分割得到的，称为 L_9 (3^4) 的基本列。

第 3 列是由第 1 列与第 2 列按加法规则相加而得，其列名为第 1 列的列名与第 2 列的列名相乘，即 ab。第 4 列的构造较第 3 列稍复杂一些，它是将第一列的每个水平按乘法规则乘以 2，然后与第 2 列相加得到，其列名为 a^2b。最终其具体构造方法如表 4-8 所示。

表 4-8 L_9 (3^4) 表的构造

列号 \ 试验号	1	2	3	4
1	0	0	0+0=0	2×0+0=0
2	0	1	0+1=1	2×0+1=1
3	0	2	0+2=2	2×0+2=2
4	1	0	1+0=1	2×1+0=2
5	1	1	1+1=2	2×1+1=0
6	1	2	1+2=0	2×1+2=1
7	2	0	2+0=2	2×2+0=1
8	2	1	2+1=0	2×2+1=2
9	2	2	2+2=1	2×2+2=0
列名	a	b	ab	a^2b

比较二水平与三水平表的构造法则，可见从二水平表中的任意两列，只能造出另外一列。而三水平表中的任意两列，可造出另外不同的两列。在二水平的情况下，由两列相加所得的另外一列，就是这两列的交互作用。同样，在三水平情况下，由两列造出的另外两列也是这两列的交互作用列。所不同的是二水平的交互作用列只有一列，而两个三水平列的交互作用列却有两列。

前面提到，将第 1 列的每个水平按乘法规则乘以 2，然后与第 2 列相加，便可得到第 4 列。相反，若将第 2 列的每个水平乘以 2 再与第 1 列相加，是否能得到另外一个新列呢？回答是肯定的，尽管这样得出的一列 ab^2 在形式上与 L_9 (3^4) 中的第 4 列 a^2b 列不相同，但它本质上就是第 4 列。这是因为正交表的同一列中，水平可以置换，置换后的列与置换前的列本质上没有什么不同，如表 4-9 所示，这一点与我们第 1 章所讲的因素水平随机化的含义一致。

表 4-9 ab^2 列

①+2×②	置换
0+2×0=0	→0
0+2×1=2	→1
0+2×2=1	→2
1+2×0=1	→2
1+2×1=0	→0
1+2×2=2	→1
2+2×0=2	→1
2+2×1=1	→2
2+2×2=0	→0

这种可以经过水平间的置换而相互转换的列即前面所称的等价列。例如，此处 ab^2 列与 a^2b 列就是等价列，记作：$a^2b=ab^2$。因为只要将 ab^2 列的水平做如下置换：

$$0\to0$$
$$1\to2$$
$$2\to1$$

则可得表 4-8 中的第 4 列。

与二水平的情况一样，三水平正交表中任意两列的交互作用列，亦可通过列名运算找到。为此先介绍几个名词：标准化列名、非标准化列名及标准化完备列名。

什么样的列名可称为标准化列名呢？若一个列名最后一个字母的指数是 1，则称它为标准化列名。如 L_9 (3^4) 的四个列名 a、b、ab、a^2b 都是标准化列名。反之，若列名最后一个字母的指数不是 1，则均称为非标准化列名，如 ab^2。但非标准化列名可以通过一定的列名运算得到与它等价的标准化列名，在三水平的情况下，只要将非标准化列名平方一下，即可达到目的。

例如：

$$ab^2=(ab^2)^2=a^2\cdot b^{2\times 2}=a^2b$$

此外，如果一组列名不仅是一组标准化列名，而且又是一组完备列名，则称它为一组标准化完备列名。

L_9 (3^4) 的四列 a、b、ab、a^2b 就是一组标准化完备列名。可以验证，这四列的任两列的交互作用列就是另外两列，其列名可通过列名运算而得到，将前一列的列名乘后一列的列名得到一列，将前一列的列名平方后再乘后一列的列名得到另一列。例如，第 3 列 ab 与第 4 列 a^2b 的交互作用列为

$$aba^2b=a^{1+2}\cdot b^{1+1}=b^2\equiv(b^2)^2=b^{2\times 2}=b \quad \text{(第 2 列)}$$

$$(ab)^2\cdot a^2b=a^{2+2}\cdot b^{2+1}=ab^0=a \quad \text{(第 1 列)}$$

所以第 3、4 列的交互作用列就是 1、2 列。

根据这个交互作用的确定法则，可得到 L_9 (3^4) 的交互作用表。

通过对 L_9 (3^4) 表构造的讨论，可将 $L_{3^u}(3^q)$ 型表和它的交互作用列表的构造法则归纳如下。

(1) $L_{3^u}(3^q)$ 型正交表的构造　给出基本参数 u 后，$L_{3^u}(3^q)$ 型表的总列数为 $q=\frac{3^u-1}{3-1}=\frac{3^u-1}{2}$，其中 u 列为基本列，分别置第 1、2、5、14、…、$\frac{3^{u-1}-1}{2}+1$ 列（共 u 列）。基本列的列号分别用字母 a、b、c、d、…命名。第 1 列为三分列，第 2 列为九分列，第 5 列为二十七分列，…，第$\frac{3^{u-1}-1}{2}+1$ 列为 3^u 分列。在每个基本列后（除第一个基本列外）依次安排该基本列与该列前所有的交互作用（共两列），交互作用列的列名用乘法规则得到，这样所得到的 $q=\frac{3^u-1}{2}$个列名，就是一组标准化完备列名。

(2) 交互作用列表的构造　$L_{3^u}(3^q)$ 正交表的交互作用列表构造，按照列名运算法则可得到。

下面看一下 $L_{27}(3^{13})$ 交互作用列表的构造。它是 $u=3$ 的表，它的构造法和 L_9 (3^4) 相同，它有三个基本列，置于第 1、2、5 列，列名分别记为 a、b、c。第 1 列 a 是三分列，是将 27 个试验分成九个“0”水平、九个“1”水平和九个“2”水平；第 2 列是九分列，即将 a 列相连的九个“0”水平、“1”水平、“2”水平再分成三个“0”水平、三个“1”水平和三个“2”水平；第 5 列 c 是二十七分列，即将 b 列相连的三个“0”水平、“1”水平和“2”水平再分别分成 1 个“0”、一个“1”和 1 个“2”水平，c 列已将 27 个试验分割完毕。其余各列可按下列规则得出：前一列加后列以及前一列每水平乘 2 加后列，列名用乘积表示。为节省篇幅，只写出 $L_{27}(3^{13})$ 的列名表如表 4-10 所示。

表 4-10　$L_{27}(3^{13})$ 的列名表

列号	1	2	3	4	5	6	7	8	9	10	11	12	13
列名	a	b	ab	a^2b	c	ac	a^2c	bc	abc	a^2bc	b^2c	ab^2c	a^2b^2c

读者可根据列名具体写出 $L_{27}(3^{13})$ 的各列。这 13 个列名是一组标准化完备列名，对于任何非标准化列名将其平方即为其等价的标准化列名，这样一来可以直接从列名运算找到它

们的交互列。例如第 7、8 列的交互列为：

$$a^2c \cdot bc = a^2bc^2 = (a^2bc^2)^2 = a^{2\times2}bc^{2\times2} = ab^2c \quad (第12列)$$

$$(a^2c)^2bc = a^{2\times2}bc^{2+1} = ab \quad (第3列)$$

即第 7、8 列的交互作用列为第 3、12 列。为查用方便，照上述方法，可以得到 $L_{27}(3^{13})$的交互列表。

4.4　$L_{t^u}(t^q)$ 型表的一般构造方法

4.4.1　t 水平的运算

用 0、1、2、…、$t-1$ 表示 t 个水平，构造 $L_{t^u}(t^q)$ 型表，必须给出 t 水平的加法和乘法运算规则。

4.4.2　正交表与交互作用列表的构造

当给定水平数 t 与基本列数 u 后，$L_{t^u}(t^q)$ 表共有 $q=\dfrac{t^u-1}{t-1}$列。其中有 u 列为基本列，分别置于表的第 1、第 2、第$\dfrac{t^2-1}{t-1}+1$、第$\dfrac{t^3-1}{t-1}+1$、…、第$\dfrac{t^u-1}{t-1}+1$ 列。基本列的列名以字母 a、b、c、d 等来命名。第 1 列 a 为 t 分列，第 2 列 b 为 t^2 分列，第$\dfrac{t^2-1}{t-1}+1$ 列 c 为 t^3 分列，…，第$\dfrac{t^u-1}{t-1}+1$ 列为 t^u分列。

得到基本列后，在每个基本列后，紧接着安排该基本列与该列前所有列（从第 1 列开始）的交互作用列。该基本列与前面某一列的交互作用列共有 $t-1$ 列，构造方法是将前列每个水平分别乘以 1、2、3、…、$t-1$，然后分别与该列基本列相加即得，其列名为前一列的列名分别 1 次、2 次、3 次、…、$t-1$ 次方后再与该基本列的列名相乘，得到的 q 个列名是一组标准的完备列名。因此，任意两列的交互作用列（共有 $t-1$ 列）的列名，均可以通过列名运算得到，即可构造出交互作用列表。

列名运算按指数规则进行，指数的加法和乘法必须按 t 水平的运算规则进行，一个非标准化列名，可以乘适当次方化成等价的标准化列名，至于乘多少次方，使运算后的列名最后字母的指数为 1 为准，这可从乘法表查出。

习　　题

1. 正交表的构造方法主要有哪些？
2. 什么叫标准化完备列名？
3. $L_{t^u}(t^q)$ 型正交表的特殊性体现在什么地方？
4. 如何理解三水平正交表构造中的 ab^2 列与 a^2b 列是等价列？
5. 三水平正交表的构造中，请用列名运算法则计算出 $L_{27}(3^{13})$ 中第 4 和第 13 列的两列交互作用列的列名，并指出其列号。

第5章　2^k和3^k因子设计

因子设计是一种多因子试验设计统计方法，它可以量化各因子及其交互作用对考察指标的效应，对于“筛选”大量因子研究的初期阶段，因子试验设计具有显著的效果。本章主要介绍2^k和3^k因子设计的基本原理及方法，并通过实例说明了因子设计的具体应用。

因子设计（factorial experiment design）是一种多因素、多水平、单效应的交叉分组试验设计，因此又称为完全交叉分组试验设计。

因子设计广泛应用于涉及多因子的试验，它不仅可检验每个因素各水平间的差异，而且可检验各因素间的交互作用。通过因子设计可以迅速找到试验因子取何种水平时试验最佳，同时既能提供主影响因子和交互作用的信息，又能减少试验次数和费用。因子试验设计目前已广泛应用于各类工艺优化研究中，近年来，美国化学文摘每年收录的应用因子设计的文章都有数百篇。本章介绍应用最广的2^k、3^k因子设计的一般概念及其在全面试验中的具体应用。

5.1　因子设计的一般概念

很多试验包含着两个、三个或更多的因子，对这些因子产生的效果都要进行研究。一般来说，对这种类型的试验，因子设计方法是最有效的。使用因子设计方法，在每一个完全的试验或试验的多次重复中，各个因子的各个水平的所有可能的组合都要考虑。例如，若因子A有a个水平，因子B有b个水平，完全全部试验应包含所有的ab个组合。

一个因子的效果是由因子水平的改变而引起的反应的变化，经常称为主要效果。

【例5-1】 设某一试验有两个因子A和B，因子A有两个水平A_1、A_2，因子B有两个水平B_1，B_2，试验所得结果数据，如表5-1所示。试考查因子A、B的效果。

表5-1　两因子试验数据表

(a) 情况Ⅰ

因子	B_1	B_2
A_1	20	30
A_2	40	52

(b) 情况Ⅱ

因子	B_1	B_2
A_1	20	40
A_2	50	12

解：先考虑第一种情况（a）。

因子A的主要效果可看成是在A的第一个水平下的平均反应与在第二个水平下的平均反应之差，记为A，即

$$A=\frac{40+52}{2}-\frac{20+30}{2}=21$$

类似地，因子B的主要效果是

$$B=\frac{30+52}{2}-\frac{20+40}{2}=11$$

再考虑第二种情况（b）。

因子A的主要效果是

$$A=\frac{50+12}{2}-\frac{20+40}{2}=1$$

因子 B 的主要效果是

$$B=\frac{40+12}{2}-\frac{20+50}{2}=-9$$

分别画出这两种情况的图形，如图 5-1 所示。

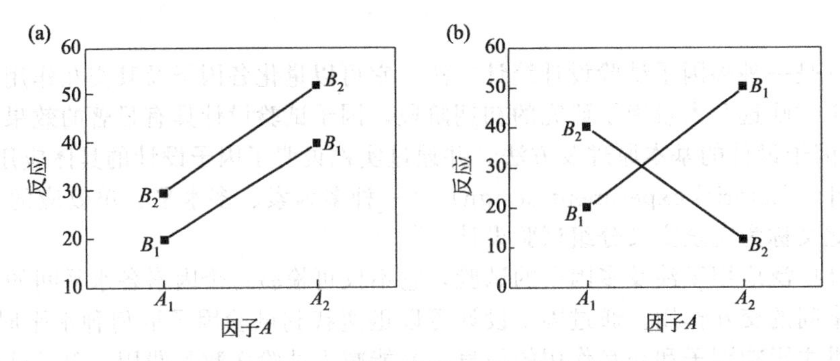

图 5-1　(a) 无交互作用；(b) 有交互作用

从图形看出，在图 5-1(a) 中，B_1、B_2 线近似平行，而在图 5-1(b)，B_1、B_2 线明显地相交，这说明在第一种情况下，因子 A、B 之间没有交互作用，第二种情况下，因子 A、B 之间有交互作用。交互作用是不能忽视的，有时它比因子的作用还大，不考虑到这一点就可能会犯大的错误，而因子设计方法是不会漏掉交互作用的，因此说，因子设计是有效的设计方法，特别是当交互作用存在的时候。两个或多个因素间如存在交互作用，表示各因素间不是各自独立的，而是一个因素的水平有改变时，另一个或几个因素的效应也随之有相应的改变。交互作用按效应的增加或下降的变化又有协同交互作用和拮抗交互作用。反之，如不存在交互效应，表示各因素具有独立性，一个因素的水平有所改变时不影响其他因素的效应。

因子设计有几种特殊情况很重要，下面介绍一些特殊的情况，这些方法广泛地用于某些研究工作中，并且它们也是其他一些有重要实践价值的设计的基础。

5.2　2^k因子设计

在因子设计法中，最简单而又最重要的情况是有 k 个因子，每个因子仅有 2 个水平，它因简单实用而被广泛采用。其主要应用在以下两种情况：第一种情况是当我们定性地考查某个条件是否存在时（如化学反应中是否使用了催化剂），比较两个机器、两个品种、两种操作方法、两套工艺等，构成一个二水平因子；第二种情况是当一个连续变量（温度、压力或时间等）需要离散化时，最简单的做法是在所考虑的区间内取“高”、“低”两个值。这种设计的安排总共有 $2\times2\times\cdots\times2=2^k$个不同的组合，若每种组合下取一个观察值，总观察值共有 2^k个，因此叫 2^k因子设计。

由于二水平因子是最简单的因子，因此二水平因子设计在达到基本相当的分析有效性的要求下所需做的试验次数最少。从实践的角度来看，这是一个非常重要的优点。二水平因子最主要的一个缺点是在对一个连续变量做离散化时，可能过于简单，不能“全程”地描述自变量对响应变量的影响。

就单个变量而言，当我们要“线性”地考查某个自变量对响应变量的影响，且重点只是放在这种线性影响是否存在上时，可以采用二水平离散化。就试验方案的整体设计而言，往往有这样一种情况：试验中要考虑的因素很多，但最终可能确定只有少数因子会对响应变量有实质性影响（效应的稀疏性）。这时，试验最好分阶段进行。第一阶段进行“筛选”试验，即在较少的试验（较低成本、较短时间）内将大量的对响应变量没有实质性影响的因子筛除，而只留下少量有实质性影响的因子。在第二阶段，可以对确定有实质性影响的因子做更细致（高水平、多重复）的试验，以揭示因子影响的更精细的模式。在筛选试验阶段（第一阶段），对连续变量可以采用二水平离散化。因此，我们说在试验工作的早期阶段有多个因子需要研究时，2^k设计特别有用，它可以广泛地应用于因子筛选试验（factor screening experiment）。

我们对 2^k 设计做如下假设：①因子是固定的；②设计是完全随机的；③一般都满足正态性；④反应近似于线性。

5.2.1　2^2 设计

二水平因子设计的基本原理并不超出一般的因子设计的基本原理。其特殊性在于：由于相对简单，因此在设计和分析计算上都有一些特殊的简化表现方式。最简单的情况是两个二水平因子的设计，通常称为 2^2 设计。这种情况只有两个因子，每个因子两个水平，这两个水平可以很一般地用“低”（low）和“高”（high）这种形象的方法表示。

设 A、B 为两个二水平因子。称 A 的两个水平为“高”和“低”，分别记作“+”和“−”；同样，也称 B 的两个水平为“高”和“低”，也分别记作“+”和“−”。共有 $2\times2=4$ 个水平组合。在每个水平组合上各做 m 次试验（$m\geqslant1$），可以如表 5-2 进行试验设计。

表 5-2　2^2 试验设计表

试验序号	因子				试验数据	总和
	I	A	B	AB		
1	+	−	−	+	×…×	y_1
2	+	+	−	−	×…×	y_2
3	+	−	+	−	×…×	y_3
4	+	+	+	+	×…×	y_4

表 5-2 中列的开头是主效应（A 和 B）、AB 交互作用和代表了整个试验的总和或平均值的 I。对应于 I 的列只有加号。

【例 5-2】 研究一个化学过程中反应物浓度高低和是否用催化剂对于转化作用（产率）的效应。试验的目标是确定对这两个因子中的任一个进行的调整是否提高了产率，设反应物浓度是因子 A，它的两个水平是 15%和 25%，催化剂是因子 B，用催化剂表示高水平，不用催化剂表示低水平，试验重复 3 次，因此要进行 12 次试验。试验的次序是随机的，所以这是一个完全随机化试验，得到的数据如表 5-3 所示。

表 5-3　2^2 试验设计数据

因子		处理组合	重复试验			总和
A	B		Ⅰ	Ⅱ	Ⅲ	
−	−	A低,B低	28	25	27	80
+	−	A高,B低	36	32	32	100
−	+	A低,B高	18	19	23	60
+	+	A高,B高	31	30	29	90

此设计的 4 个处理组合如图 5-2 所示。为方便起见，因子的效应用大写拉丁字母表示这样，“A”就表示因子 A 的效应，“B”就表示因子 B 的效应，“AB”就表示 AB 的交互作用。在 2^2 设计中，A 与 B 的低水平与高水平分别在 A 轴与 B 轴上以“−”和“+”表示。于是，A 轴上的“−”代表浓度的低水平（15%），“+”代表浓度的高水平（25%）；而 B 轴上的“−”代表没有使用催化剂，“+”表示使用了催化剂。

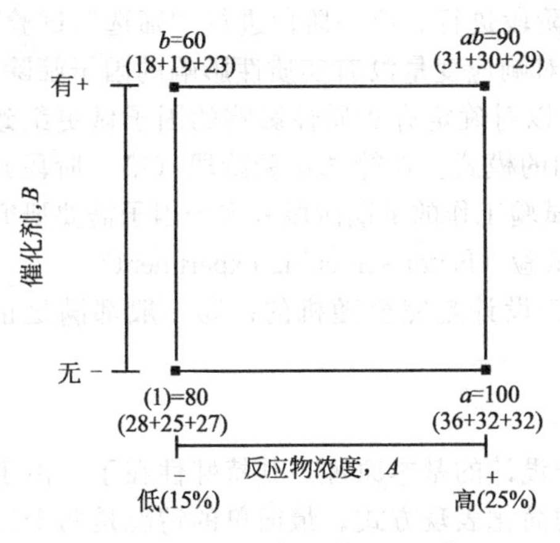

图 5-2 2^2 试验设计处理组合

该设计中的 4 种处理组合通常用小写字母表示，如图 5-2 所示。从图中看出，处理组合中任一因子的高水平可以用对应的小写字母表示，而处理组合中任一因子的低水平用不写出对应的字母的方式来表示。这样，a 代表 A 为高水平 B 为低水平的处理组合，b 代表 A 为低水平 B 为高水平的处理组合，ab 代表两个因子都是高水平的处理组合。为方便起见，(1) 通常表示两个因子都是低水平的。这种记法通用于 2^k 序列。

在二水平因子设计中，一个因子的平均效应定义为该因子的水平变化产生的响应变化在另一因子的水平上取平均值，记号 (1)，a，b，ab 代表那一处理组合取 n 次重复的总和。于是，A 在 B 的低水平上的效应为 $[a-(1)]/n$，A 在 B 的高水平上的效应为 $[ab-b]/n$。取这两个量的平均值可以得到 A 的平均主效应如式(5-1) 所示。

$$A=\frac{1}{2n}\{[ab-b]+[a-(1)]\}=\frac{1}{2n}\{ab+a-b-(1)\} \tag{5-1}$$

同理，B 的平均主效应由 B 在 A 的低水平上的效应（即 $[b-(1)]/n$）和 B 在 A 的高水平上的效应（即 $[ab-a]/n$）求得，如式(5-2) 所示。

$$B=\frac{1}{2n}\{[ab-a]+[b-(1)]\}=\frac{1}{2n}\{ab+b-a-(1)\} \tag{5-2}$$

交互作用 $A\times B$ 的平均效果 AB 定义为 A 在 B 的高水平上的效应与 A 在 B 的低水平上的效应之差的平均值，如式(5-3) 所示。

$$AB=\frac{1}{2n}\{[ab-b]-[a-(1)]\}=\frac{1}{2n}\{ab+(1)-b-a\} \tag{5-3}$$

也可以定义 AB 为 B 在 A 的高水平上的效应和 B 在 A 的低水平上的效应之差的平均值。这样定义也可以得出式(5-3)。

对于式(5-1)～式(5-3) 的记忆，这里介绍一个方便的方法，看图 5-2 中的正方形。

因子 A 的效果 A 是右边（高水平）两项之和减去左边（低水平）两项之和，再被 $2n$ 除；因子 B 的效果 B 是上边（高水平）两项之和减去下边（低水平）两项之和，再被 $2n$ 除；交互作用 $A\times B$ 的效果 AB 是右上方（两高水平）与左下方（两低水平）两项之和减去左上方（A 低 B 高）与右下方（A 高 B 低）两项之和，再被 $2n$ 除。

用图 5-2 的数据，估计平均效应为

$$A=\frac{1}{2\times 3}\times(90+100-60-80)=8.33$$

$$B=\frac{1}{2\times 3}\times(90+60-100-80)=-5.00$$

$$AB=\frac{1}{2\times 3}\times(90+80-100-60)=1.67 \tag{5-4}$$

从式(5-4) 可以看出，A 的效应（反应物浓度）是正的，这表明它是递增的。A 从低水平（15%）增至高水平（25%）将增加产率；B 的效应（催化剂）是负的，这表明在生产过程中加催化剂的量会降低产率，相对于两个主效应说来，交互作用效应显得较小。

在很多涉及 2^k 设计的试验中，我们将考察因子效应的大小（magnitude）和方向（direction），以便确定哪些变量可能是重要的，方差分析一般可用来证明这一点。在建立和分

析 2^k设计的过程中，有一些非常优秀的统计软件包很有用，同时，也有一些特殊的简便方法用来计算方差分析。

在进行 2^2 方差分析前，我们首先补充单因素方差分析里面对照法的相关知识。

一般说来，对照是形如式(5-5) 的参数线性组合，其中对照系数 c_1，c_2，…，c_a的和为零。

$$\Gamma = \sum_{i=1}^{a} c_i \mu_i \tag{5-5}$$

对其定义为，若有线性组合 $\sum_{i=1}^{a} c_i \mu_i$ 满足约束条件 $\sum_{i=1}^{a} c_i = 0$，则称这样的线性组合为对照。

$$(\text{对照})_c = \sum_{i=1}^{a} c_i \mu_i \tag{5-6}$$

基于以上定义，c 的离差平方和为

$$S_c = \frac{\left(\sum_{i=1}^{a} c_i \mu_i\right)^2}{n \sum_{i=1}^{a} {c_i}^2} = \frac{(\text{对照})_c^2}{n \sum_{i=1}^{a} {c_i}^2} \tag{5-7}$$

考虑 A、B、AB 的平方和。由式(5-1) 可得到一个用来估计 A 的对照，即

$$\text{对照}_A = ab + a - b - (1) \tag{5-8}$$

通常称此对照为 A 的总效应。由式(5-2) 与式(5-3) 可以看出，类似的对照亦用在估计 B 和估计 AB 中，而且这 3 个对照是正交的。它们都是 ab、a、b 和 (1) 的线性组合，组合系数只有 1 和 (−1)，且满足 $\sum_{i=1}^{a} c_i = 0$，同时有 $\sum_{i=1}^{a} c_i^2 = 4$。因此 A、B、AB 的任一对照的平方和可用式(5-7) 来计算，即对照的平方和等于对照的平方除以对照中的观测值的总个数乘对照系数的平方和。因此 A，B，AB 的平方和可以由式(5-9)、式(5-10) 和式(5-11) 求得。

$$S_A = \frac{[ab + a - b - (1)]^2}{4n} \tag{5-9}$$

$$S_B = \frac{[ab + b - a - (1)]^2}{4n} \tag{5-10}$$

$$S_{AB} = \frac{[ab + (1) - a - b]^2}{4n} \tag{5-11}$$

用图 5-2 的数据，由式(5-9)、式(5-10) 和式(5-11) 求得平方和分别为

$$S_A = \frac{(50)^2}{4 \times 3} = 208.33$$

$$S_B = \frac{(-30)^2}{4 \times 3} = 75.00$$

$$S_{AB} = \frac{(10)^2}{4 \times 3} = 8.33 \tag{5-12}$$

参照第 2 章方差分析中的方法求得总平方和，即

$$S_T = \sum_{i}^{2} \sum_{j}^{2} \sum_{k}^{n} y_{ijk}^2 - \frac{y_{...}^2}{2 \times 2n} = 9398.00 - 9075.00 = 323.00 \tag{5-13}$$

一般地，S_T有 $4n-1$ 个自由度，误差平方和有 $4(n-1)$ 个自由度，对于图 5-2 的例子，

用式(5-12) 的 S_A，S_B，S_{AB}用减法得

$$S_e=S_T-S_A-S_B-S_{AB}=323.00-208.33-75.00-8.33=31.34 \tag{5-14}$$

完整的方差分析表如表 5-4 所示。

表 5-4 试验方差分析表

方差来源	平方和	自由度	均方	$F_{临}$	P 值
A	208.33	1	208.33	53.15	0.0001
B	75.00	1	75.00	19.13	0.0024
AB	8.33	1	8.33	2.13	0.1826
误差 e	31.34	8	3.92		
总和	323.00	11			

对 A、B 给出 $\alpha=0.01$，对 AB 给出 $\alpha=0.05$，查出 $F_{0.01}(1, 8)=11.26$，$F_{0.05}(1, 8)=5.23$，而 $F_A=53.15>11.26$，$F_B=19.13>11.26$，$F_{AB}=2.13<5.23$，因此我们得出结论，两个主效应在统计上是显著的，而因子间没有交互作用。这一点肯定了我们原先根据因子效应的大小对数据所做的解释。事实上根据 P 值我们也可以得出因子 A、B 均有显著影响，A 的影响更显著，而交互作用 $A\times B$ 无显著影响的结论。

以上所用的这种方法，通常叫做 2^k 因子设计的标准分析方法。

2^2 设计的符号原则可以表述如下。按顺序 (1)、a、b、ab 写出处理组合通常比较方便，这一顺序称为标准顺序。用这个标准顺序表示因子的效果，各项对照系数如表 5-5 所示。

表 5-5 2^2 设计对照系数表

效应	(1)	a	b	ab
A	−1	+1	−1	+1
B	−1	−1	+1	−1
AB	+1	−1	−1	+1

与表 5-2 一样，我们引进符号 I 表示试验的总和，全用“＋”号表示，把“＋1”、“－1”简写为“＋”、“－”，并把列与列交换，这样就得出一个完整的符号表，这样就可以如表 5-6 所示进行试验设计。

表 5-6 计算 2^2 设计的效应的代数符号表

试验序号	因子				试验数据	总和
	I	A	B	AB		
(1)	+	−	−	+	×…×	$y_{(1)}$
a	+	+	−	−	×…×	y_a
b	+	−	+	−	×…×	y_b
ab	+	+	+	+	×…×	y_{ab}

显然表 5-2 和表 5-6 是等价的，即将一个表的行做适当的重排（置换）就得到另一个表。所得到的表列的开头是主效应（A 和 B)、AB 交互作用和代表了整个试验的总和或平均值的 I，对应于 I 的列只有加号。行的命名符号是处理组合。为求出用来估计任一效应的对照，只要用处理组合乘以表中相应于该效应的列的对应符号并加起来即可。例如，要估计 A，其对照是$-(1)+a-b+ab$，与式(5-1) 所得到的结论一致。效应 A、B、AB 的对照是正交的，所以，2^2 设计乃至所有的 2^k 设计都是正交设计。

5.2.2 2^3 设计

当试验中要考虑三个二水平因子时就是 2^3 设计。设有 3 个因子 A、B、C，每一因子有

两个水平。这里主要效果为 A、B、C，两两交互作用的效果为 AB、AC、BC，3 个因子交互作用的效果为 ABC。为便于计算这些效果，做一个立方体。按照与 2^2 设计类似的原则和方法定出立方体各顶点的记号，如图 5-3 所示，在一个立方体上显示出 8 个处理组合，用“－”和“＋”的记号分别代表因子的低水平和高水平。此设计叫做 2^3 因子设计。

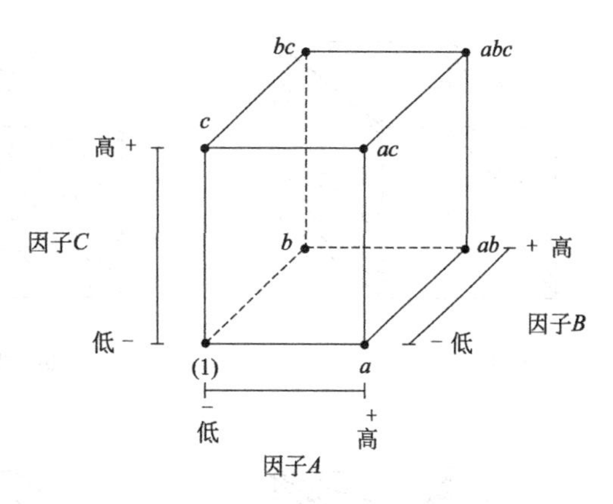

图 5-3　2^3 设计的因子水平组合

实际上有 3 种不同的记号广泛应用于 2^k 设计的试验中，首先是“＋”与“－”记号，常称之为几何记号；其次是用小写字母表示处理组合；再次还可以用记号 1 和 0 分别表示因子的高水平和低水平，以代替“＋”和“－”。对于 2^3 设计，这些不同的记号说明如表 5-7 所示。

我们在表 5-7 中列出 2^3 设计的 8 个试验，按照与 2^2 设计类似的原则和方法，将处理组合依标准顺序写为 (1)、a、b、ab、c、ac、bc、abc，这些符号亦代表在所指定的处理组合上的 n 个观测值的总和。

表 5-7　2^3 设计记号说明表

试验	A	B	C	标签	A	B	C
1	－	－	－	(1)	－	－	－
2	＋	－	－	a	＋	－	－
3	－	＋	－	b	－	＋	－
4	＋	＋	－	ab	＋	＋	－
5	－	－	＋	c	－	－	＋
6	＋	－	＋	ac	＋	－	＋
7	－	＋	＋	bc	－	＋	＋
8	＋	＋	＋	abc	＋	＋	＋

2^3 设计的 8 个处理组合共有 7 个自由度，3 个自由度和 A、B、C 的主效应有关，4 个自由度与交互作用有关：AB、AC、BC 各有 1 个，ABC 有 1 个。

考虑估计主效应。首先考虑估计主效应 A，当 B 与 C 处于低水平时，A 的效应是 $[a-(1)]/n$；同理，当 B 处于高水平、C 处于低水平时，A 的效应是 $[ab-b]/n$；当 C 处于高水平、B 处于低水平时，A 的效应是 $[ac-c]/n$；最后，当 B 和 C 都处于高水平时，A 的效应是 $[abc-bc]/n$。这样一来，A 的平均效应正是这 4 个效应的平均值，即：

$$A=\frac{1}{4}\left\{\frac{1}{n}[a-(1)]+\frac{1}{n}(ab-b)+\frac{1}{n}(ac-c)+\frac{1}{n}(abc-bc)\right\} \tag{5-15}$$

此式也可以用图 5-3 的立方体右边一面的 4 个处理组合（其中 A 处于高水平）和左边一面的 4 个处理组合（其中 A 处于低水平）之间的对照推导出来，参考图 5-4(a)。也就是说，A 效应恰好是 A 处于高水平时 4 个试验的平均值减去 A 处于低水平时 4 个试验的平均值，即

$$A=\bar{y}_{A^+}-\bar{y}_{A^-}=\frac{a+ab+ac+abc}{4n}-\frac{(1)+b+c+bc}{4n} \tag{5-16}$$

此式可以重新排为

$$A=\frac{1}{4n}[a+ab+ac+abc-(1)-b-c-bc] \tag{5-17}$$

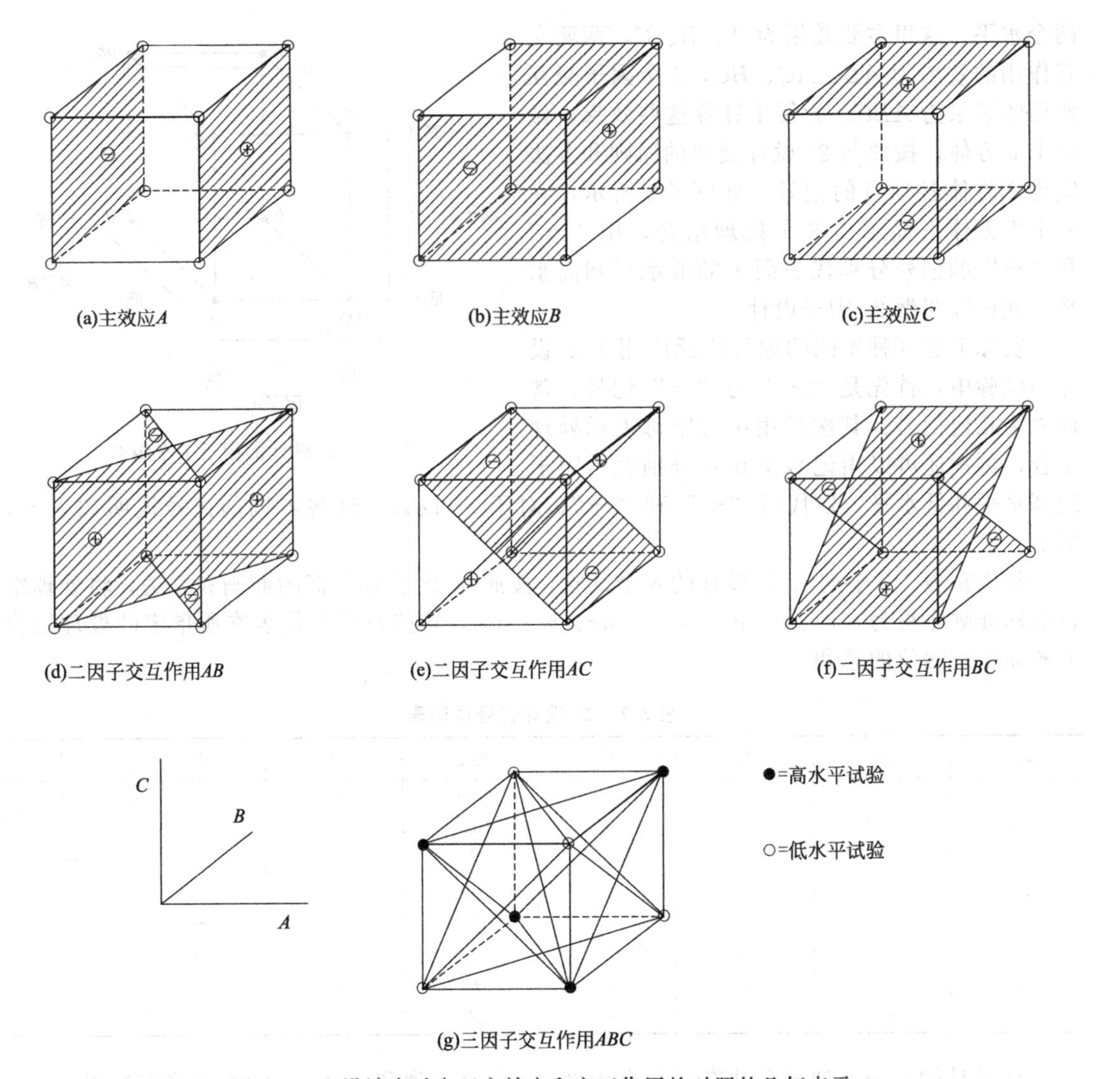

图 5-4　2^3 设计中对应于主效应和交互作用的对照的几何表示

它与式(5-15) 相同。

同理，B 的效应是立方体前边一面的 4 个处理组合的平均值和后边一面的 4 个处理组合的平均值之差，参考图 5-4(b)。即

$$B=\overline{y}_{B^+}-\overline{y}_{B^-}=\frac{1}{4n}[b+ab+bc+abc-(1)-a-c-ac] \tag{5-18}$$

亦同理，C 的效应是立方体上边一面的 4 个处理组合的平均值和下边一面的 4 个处理组合的平均值之差，参考图 5-4 (c)。即

$$C=\overline{y}_{C^+}-\overline{y}_{C^-}=\frac{1}{4n}[c+ac+bc+abc-(1)-a-b-ab] \tag{5-19}$$

二因子交互作用效应容易计算出来，例如交互作用 $A\times B$ 的度量是 A 在 B 的两个水平上的平均效应之差。

B 在低水平时，A 效果在 B 的两个水平下的平均差为：

$$\frac{1}{2}\left[\frac{ab-b}{n}-\frac{a-(1)}{n}\right]=\frac{1}{2n}[ab+(1)-a-b] \tag{5-20}$$

B 在高水平时，A 效果在 B 的两个水平下的平均差为：

$$\frac{1}{2}\left[\frac{abc-bc}{n}-\frac{ac-c}{n}\right]=\frac{1}{2n}[abc+c-ac-bc] \tag{5-21}$$

因此有：

$$AB=\frac{1}{2}\left\{\frac{1}{2n}[ab+(1)-a-b]+\frac{1}{2n}[abc+c-ac-bc]\right\}$$
$$=\frac{1}{4n}[ab+abc+(1)+c-a-b-ac-bc] \tag{5-22}$$

即：

$$AB=\frac{abc+ab+c+(1)}{4n}-\frac{bc+b+ac+a}{4n} \tag{5-23}$$

从这种形式容易看出，AB 交互作用就是图 5-4（d）的立方体中在两个对角面上的试验的平均值之差，同理并参考图 5-4（e）和（f），得 AC 和 BC 交互作用分别是：

$$AC=\frac{1}{4n}[ac+abc+(1)+b-a-c-ab-bc] \tag{5-24}$$

$$BC=\frac{1}{4n}[bc+abc+(1)+a-b-c-ab-ac] \tag{5-25}$$

交互作用 $A\times B\times C$ 的总平均效果定义为 AB 在 C 的两个不同水平上的交互作用之差的平均值。于是，

$$ABC=\frac{1}{2}\left\{\frac{1}{2}\left(\frac{abc-bc}{n}-\frac{ac-c}{n}\right)-\frac{1}{2}\left[\frac{ab-b}{n}-\frac{a-(1)}{n}\right]\right\}$$
$$=\frac{1}{4n}[abc+a+b+c-ab-ac-bc-(1)] \tag{5-26}$$

和前面一样，可以把 ABC 交互作用看作为两个平均值之差。如果把两个平均值中的试验分离为两组，那么它们就是图 5-4（g）的立方体中的两个四面体的顶点。

在式(5-17)～式(5-26) 中，方括号中的量是处理组合的对照，一张加减符号表可以从这些对照中导出来，如表 5-8 所示。

表 5-8　2^3 设计计算效应的代数符号表

处理组合	因子效应							
	I	A	B	AB	C	AC	BC	ABC
(1)	+	−	−	+	−	+	+	−
a	+	+	−	−	−	−	+	+
b	+	−	+	−	−	+	−	+
ab	+	+	+	+	−	−	−	−
c	+	−	−	+	+	−	−	+
ac	+	+	−	−	+	+	−	−
bc	+	−	+	−	+	−	+	−
abc	+	+	+	+	+	+	+	+

表中所列（1），a，b，ab，c，ac，bc，abc 为标准顺序。

主效应的符号是：高水平取加号，低水平取减号。一旦主效应的符号确定，其余各列的符号可以运用前面恰当的列的符号相乘而得，例如，AB 列的符号就是 A 列的符号与 B 列的符号逐行的乘积，任一效应的对照容易由表 5-8 求得，这样就很容易得到各个因子的对照。

表 5-8 有几个有趣的性质：①除列 I 之外，每列加号与减号的数量相等；②任意两列符号乘积的和为零，这叫正交性；③列 I 与任一列相乘，该列的符号不变，也就是说 I 是一个恒等元素；④任意两列相乘，得出表中的一列，例如，$A\times B=AB$（A 列$\times B$ 列$=AB$）以

及 $AB\times B=AB^2=A$（B^2 全为"+"）。

和 2^2 设计中的分析类似，可得出 2^3 设计中效果的平方和。因为每一效应都有一个相应的单自由度对照，所以效应的平方和是容易计算的。在 n 次重复的 2^3 设计中，任一效应的平方和是

$$S=\frac{(\text{对照})^2}{8n} \tag{5-27}$$

【例 5-3】 将 2^3 因子设计应用在制造碳酸饮料的工艺中，设计因子包括碳酸百分率、操作压力和流水线速度，每个因子都有两个水平，设计重复两次。响应变量是灌注高度与规定高度之差（mm）。表 5-9 中显示的是高度之差数据。试分析因子 A、B、C 和它们的交互作用对试验的影响。

表 5-9　碳酸饮料的工艺数据

试验	规范因子			高度之差		总和	因子水平		
	A	B	C	重复 1	重复 2		因子	低(−1)	高(+1)
1	−1	−1	−1	−3	−1	$(1)=-4$	A(碳酸百分率)	10%	12%
2	1	−1	−1	0	1	$a=1$	B(操作压力 10^5Pa)	1.5	1.9
3	−1	1	−1	−1	0	$b=-1$	C(流水线速度 m/s)	0.5	0.8
4	1	1	−1	2	3	$ab=5$			
5	−1	−1	1	−1	0	$c=-1$			
6	1	−1	1	2	1	$ac=3$			
7	−1	1	1	1	1	$bc=2$			
8	1	1	1	6	5	$abc=11$			

本例可以解答如下。

用表 5-9 的数据来估计因子效应。

$$\begin{aligned}A&=\frac{1}{4n}[a+ab+ac+abc-(1)-b-c-bc]\\&=\frac{1}{8}\times[4+1+1+5+1+3-2+11]\\&=\frac{24}{8}=3.00\end{aligned} \tag{5-28}$$

$$\begin{aligned}B&=\frac{1}{4n}[b+ab+bc+abc-(1)-a-c-ac]\\&=\frac{1}{8}\times[4-1-1+5+1-3+2+11]\\&=\frac{18}{8}=2.25\end{aligned} \tag{5-29}$$

$$\begin{aligned}C&=\frac{1}{4n}[c+ac+bc+abc-(1)-a-b-ab]\\&=\frac{1}{8}\times[4-1+1-5-1+3+2+11]\\&=\frac{14}{8}=1.75\end{aligned} \tag{5-30}$$

$$\begin{aligned}AB&=\frac{1}{4n}[ab+abc+(1)+c-a-b-ac-bc]\\&=\frac{1}{8}\times[-4-1+1+5-1-3-2+11]\\&=\frac{6}{8}=0.75\end{aligned} \tag{5-31}$$

$$AC=\frac{1}{4n}[ac+abc+(1)+b-a-c-ab-bc]$$
$$=\frac{1}{8}\times[-4-1-1-5+1+3-2+11]$$
$$=\frac{2}{8}=0.25 \tag{5-32}$$

$$BC=\frac{1}{4n}[bc+abc+(1)+a-b-c-ab-ac]$$
$$=\frac{1}{8}\times[-4+1+1-5+1-3+2+11]$$
$$=\frac{4}{8}=0.5 \tag{5-33}$$

$$ABC=\frac{1}{4n}[abc+a+b+c-ab-ac-bc-(1)]$$
$$=\frac{1}{8}\times[4+1-1-5-1-3-2+11]$$
$$=\frac{4}{8}=0.5 \tag{5-34}$$

最大的效应依次是碳酸百分率（$A=3$）、操作压力（$B=2.25$）和流水线速度（$C=1.75$）。由式(5-27) 计算的平方和如下：

$$S_A=\frac{(24)^2}{16}=36.00 \tag{5-35}$$
$$S_B=\frac{(18)^2}{16}=20.25 \tag{5-36}$$
$$S_C=\frac{(14)^2}{16}=12.25 \tag{5-37}$$

类似地还有：

$$S_{AB}=\frac{(6)^2}{16}=2.25 \tag{5-38}$$
$$S_{AC}=\frac{(2)^2}{16}=0.25 \tag{5-39}$$
$$S_{BC}=\frac{(4)^2}{16}=1.00 \tag{5-40}$$
$$S_{ABC}=\frac{(4)^2}{16}=1.00 \tag{5-41}$$

再求总离差平方和：

$$S_T=\sum_{i=1}^{2}\sum_{j=1}^{2}\sum_{k=1}^{2}\sum_{l=1}^{2}y_{ijkl}^2-\frac{y_{\cdots}^2}{2\times2\times2\times2}$$
$$=(-3)^2+(-1)^2+\cdots+(6)^2+(5)^2-\frac{16^2}{16}$$
$$=78.00 \tag{5-42}$$

误差平方和为：

$$S_e=S_T-S_A-S_B-S_C-S_{AB}-S_{AC}-S_{BC}-S_{ABC}$$
$$=78.00-36.00-20.25-12.25-2.25-0.25-1.00-1.00$$
$$=5.00 \tag{5-43}$$

于是可以列出方差分析表如表 5-10 所示。

表 5-10　方差分析表

方差来源	平方和	自由度	均方	F
碳酸百分率(A)	36.00	1	36	57.14
操作压力(B)	20.25	1	20.25	32.14
流水线速度(C)	12.25	1	12.25	19.44
AB	2.25	1	2.25	3.57
AC	0.25	1	0.25	0.4
BC	1.00	1	1	1.59
ABC	1.00	1	1	1.59
误差	5.00	8	0.63	
总和	78.00	15		

给出 $\alpha=0.01$，查出 $F_{0.01}(1,\ 8)=11.26$。可以看出 F_A，F_B，F_C都大于 11.26，其余的 F 都小于 11.26，AB 交互效应的 F 值 $3.57>F_{0.10}(1,\ 8)=3.46$，说明因子 A，B，C 具有强的统计显著性，交互效应 AB 有弱的统计显著性，而其他交互效应无统计显著性。最后要说明的是，统计意义上的显著性并不等于实际意义上的显著性。因为实际意义上的显著性还要考虑成本。例如对某工业产品做试验，分析结果可能显示控制某个因子对产品的质量指标有统计意义上的显著性影响，但从实际上考虑，可能调整生产流程所需支付的成本大于产品质量改善所获得的收益（俗话说，不合算）。这种情况意味着没有实际意义上的显著性。

5.2.3　一般的 2^k设计

前面所讲的 2^2 设计、2^3 设计的分析方法可以推广到一般的 2^k设计中去。2^k设计有 k 个因子、每个因子有两个水平。2^k 设计的统计模型包含 k 个主效应，C_k^2 个二因子交互作用，C_k^3个三因子交互作用……以及一个 k 因子交互作用。也就是说，对 2^k 设计，全模型含有 2^k-1 个效应。前面对于处理组合而引入的记号也适用于此处。例如，在 2^5 设计中，abd 表示因子 A，B，D 处于高水平而因子 C 和 E 处于低水平的处理组合。处理组合可以按标准顺序写出，方法是，每引入一个新的因子，就依次和前面已引入的因子进行组合。例如，2^4 设计的标准顺序是 (1)，a，b，ab，c，ac，bc，abc，d，ad，bd，abd，cd，acd，bcd，$abcd$。共有 $2^4=16$ 项。为估计效果或计算效果的平方和，必须首先确定和效果相对应的对照。在 $k=2$，3，即 2^2，2^3 设计时，可以从表 5-6 和表 5-8 中查出，但当 k 很大时，用表就很不方便了。因此，给出一个一般的方法。确定效果 $AB\cdots K$ 的对照可以用展开下式的右边的方法。

$$(\text{对照})_{AB\cdots K}=(a\pm1)(b\pm1)\cdots(k\pm1) \tag{5-44}$$

在展开式(5-44) 时，按初等代数方法计算，而在最后的表示式中用 (1) 代替“1”。当式(5-44) 左边有某个因子时，式右边相应的括号内就取“－”号，没有这个因子，就取“＋”号。

为说明式(5-44) 的用法，考虑 2^3 析因设计，AB 的对照是：

$$(\text{对照})_{AB}=(a-1)(b-1)(c+1)=abc+ab+c+(1)-ac-bc-a-b \tag{5-45}$$

与式(5-22) 结果一致。

进一步，在 2^5 设计中，$ABCD$ 的对照是

$$\begin{aligned}(\text{对照})_{ABCD}&=(a-1)(b-1)(c-1)(d-1)(e+1)\\&=abcde+cde+bde+ade+bce\\&\quad+ace+abe+e+abcd+cd+bd\\&\quad+ad+bc+ac+ab+(1)-a-b-c\\&\quad-abc-d-abd-acd-bcd-ae-be\\&\quad-ce-abce-de-abde-acde-bcde\end{aligned} \tag{5-46}$$

这样，各因子的对照立刻就可计算出来。还可估计效果并计算对应的平方和。

$$AB\cdots K=\frac{2}{2^k n}(\text{对照})_{AB\cdots K} \tag{5-47}$$

$$S_{AB\cdots K}=\frac{1}{2^k n}(\text{对照})^2_{AB\cdots K} \tag{5-48}$$

其中 n 表示重复的次数。自由度的分配为：每个因子的效果和交互作用的效果，自由度都是 1，共 2^k-1，总和的自由度为 $2^k n-1$。因此，误差的自由度为 $2^k(n-1)$。

2^k设计的方差分析总结在表 5-11 中。

表 5-11　2^k设计的方差分析表

方差来源	平方和	自由度
k 个主效应		
A	S_A	1
B	S_B	1
…	…	…
K	S_K	1
C_k^2个二因子交互作用		
AB	S_{AB}	1
AC	S_{AC}	1
…	…	…
JK	S_{JK}	1
C_k^3个三因子交互作用		
ABC	S_{ABC}	1
ABD	S_{ABD}	1
…	…	…
IJK	S_{IJK}	1
…		
C_k^k个 k 因子交互作用		
$ABC\cdots K$	$S_{ABC\cdots K}$	1
误差	S_e	$2^k(n-1)$
总和	S_T	$2^k n-1$

5.2.4　2^k设计的单次重复

在一个 2^k设计中，即使因子数 k 不太大，因子组合的总数也可能是很大的。比如 2^5 设计中有 32 个因子组合，2^6 设计中有 64 个因子组合。如果每种组合更重复试验多次，那么试验次数势必更多，这对人力、物力都会有很大的消耗。因此，通常都要限制试验的重复次数。经常有这样的情况：每种组合只允许做一次试验。一次重复策略通常用于有相对多的需考虑因子的筛选试验，因为我们在不能完全确信试验误差小的情形下，采取尽量拉开因子水平是一个好的做法。通常假设高等级的交互作用是微不足道的，它们的效果都并入试验误差。如果这些交互作用中有些是重要的，那么误差的估计就会扩大，因此，重要的交互作用并入误差是不适合的。高等级的交互作用是否重要一般与相应的低等级交互作用有联系，如果大多数 2 因子的交互作用的效果是小的，那么看来所有高等级的交互作用好像是不重要的。反之，如果低等级的交互作用的效果是大的，那么高等级的交互作用的效果可能也是大的。比如在一个 2^5 设计中，如果主要效果 A、B、C 和交互作用 AB、AC 是很大的，那么很可能 ABC 也是大的。因此，ABC 不能包含在作为误差的交互作用中，而应考虑它的效果。

我们以 2^4 设计的单次重复为例进行说明。

为了应用的方便，我们列出 2^4 设计的代数符号，如表 5-12 所示。

表 5-12　2^4 设计的代数符号表

	A	B	AB	C	AC	BC	ABC	D	AD	BD	ABD	CD	ACD	BCD	$ABCD$
(1)	−	−	+	−	+	+	−	−	+	+	−	+	−	−	+
a	+	−	−	−	−	+	+	−	−	+	+	+	+	−	−
b	−	+	−	−	+	−	+	−	+	−	+	+	−	+	−
ab	+	+	+	−	−	−	−	−	−	−	−	+	+	+	+
c	−	−	+	+	−	−	+	−	+	+	−	−	+	+	−
ac	+	−	−	+	+	−	−	−	−	+	+	−	−	+	+
bc	−	+	−	+	−	+	−	−	+	−	+	−	+	−	+
abc	+	+	+	+	+	+	+	−	−	−	−	−	−	−	−
d	−	−	+	−	+	+	−	+	−	−	+	−	+	+	−
ad	+	−	−	−	−	+	+	+	+	−	−	−	−	+	+
bd	−	+	−	−	+	−	+	+	−	+	−	−	+	−	+
abd	+	+	+	−	−	−	−	+	+	+	+	−	−	−	−
cd	−	−	+	+	−	−	+	+	−	−	+	+	−	−	+
acd	+	−	−	+	+	−	−	+	+	−	−	+	+	−	−
bcd	−	+	−	+	−	+	−	+	−	+	−	+	−	+	−
$abcd$	+	+	+	+	+	+	+	+	+	+	+	+	+	+	+

【例 5-4】 在一个压力容器中生产某种化学产品。研究因子对产品的过滤速度的影响。这里有 4 个因子：温度（A）、压力（B）、反应物的浓度（C）、搅拌速度（D）。每个因子取 2 个水平，每种因子水平的组合做一次试验。得到的数据列于表 5-13 所示。试分析各因子及两两交互作用对试验的影响。

表 5-13　压力容器生产某种化学产品试验数据表

试验编号	因子				试验标号	过滤速度
	A	B	C	D		
1	−	−	−	−	(1)	45
2	+	−	−	−	a	71
3	−	+	−	−	b	48
4	+	+	−	−	ab	65
5	−	−	+	−	c	68
6	+	−	+	−	ac	60
7	−	+	+	−	bc	80
8	+	+	+	−	abc	65
9	−	−	−	+	d	43
10	+	−	−	+	ad	100
11	−	+	−	+	bd	45
12	+	+	−	+	abd	104
13	−	−	+	+	cd	75
14	+	−	+	+	acd	86
15	−	+	+	+	bcd	70
16	+	+	+	+	$abcd$	96

解法如下。

这是一个 2^4 设计试验。假设 3 因子、4 因子的交互作用很小，把它们并入误差估计中。按照表 5-12 所示，求各因子和交互作用的对照。

$$
\begin{aligned}
(\text{对照})_A &= -(1)+a-b+ab-c+ac-bc+abc-d+ad \\
&\quad -bd+abd-cd+acd-bcd+abcd \\
&= -45+71-48+65-68+60-80+65-43+100 \\
&\quad -45+104-75+86-70+96 \\
&= 173
\end{aligned}
\tag{5-49}
$$

$$
\begin{aligned}
(\text{对照})_B &= -(1)-a+b+ab-c-ac+bc+abc-d-ad \\
&\quad +bd+abd-cd-acd+bcd+abcd \\
&= -45-71+48+65-68-60+80+65-43-100 \\
&\quad +45+104-75-86+70+96 \\
&= 25
\end{aligned}
\tag{5-50}
$$

$$
\begin{aligned}
(\text{对照})_C &= -(1)-a-b-ab+c+ac+bc+abc-d-ad \\
&\quad -bd-abd+cd+acd+bcd+abcd \\
&= -45-71-48-65+68+60+80+65-43-100 \\
&\quad -45-104+75+86+70+96 \\
&= 79
\end{aligned}
\tag{5-51}
$$

$$
\begin{aligned}
(\text{对照})_D &= -(1)-a-b-ab-c-ac-bc-abc+d+ad \\
&\quad +bd+abd+cd+acd+bcd+abcd \\
&= -45-71-48-65-68-60-80-65+43+100 \\
&\quad +45+104+75+86+70+96 \\
&= 117
\end{aligned}
\tag{5-52}
$$

$$
\begin{aligned}
(\text{对照})_{AB} &= (1)-a-b+ab+c-ac-bc+abc+d-ad \\
&\quad -bd+abd+cd-acd-bcd+abcd \\
&= 45-71-48+65+68-60-80+65+43-100 \\
&\quad -45+104+75-86-70+96 \\
&= 1
\end{aligned}
\tag{5-53}
$$

完全类似地可以求出下面几个对照：

$$
(\text{对照})_{AC}=-145，(\text{对照})_{AD}=133，(\text{对照})_{BC}=19，
$$
$$
(\text{对照})_{BD}=-3，(\text{对照})_{CD}=-9 \tag{5-54}
$$

这里 $n=1$，$2^4=16$，由各因子和交互作用的对照值可求出相应的平方和

$$S_A=\frac{1}{16n}(\text{对照})_A^2=\frac{(173)^2}{16n}=1870.56 \tag{5-55}$$

$$S_B=\frac{1}{16n}(\text{对照})_B^2=\frac{(25)^2}{16n}=39.06 \tag{5-56}$$

$$S_C=\frac{1}{16n}(\text{对照})_C^2=\frac{(79)^2}{16n}=390.06 \tag{5-57}$$

$$S_D=\frac{1}{16n}(\text{对照})_C^2=\frac{(117)^2}{16n}=855.56 \tag{5-58}$$

$$S_{AB}=\frac{1}{16n}(\text{对照})_{AB}^2=\frac{(1)^2}{16n}=0.06 \tag{5-59}$$

完全类似地可以写出下面几个平方和

$$S_{AC}=\frac{(145)^2}{16}=1314.06，S_{AD}=\frac{(133)^2}{16}=1105.56，$$

$$S_{BC}=\frac{(19)^2}{16}=22.56，S_{BD}=\frac{(3)^2}{16}=0.56，$$

$$S_{CD}=\frac{(9)^2}{16}=5.06 \tag{5-60}$$

再求总平方和

$$\begin{aligned}S_T &= \sum_{i=1}^{2}\sum_{j=1}^{2}\sum_{k=1}^{2}\sum_{l=1}^{2} y_{ijkl}^2 - \frac{y_{\cdots}^2}{2\times2\times2\times2}\\ &=45^2+43^2+\cdots+65^2+96^2-\frac{1121^2}{16}\\ &=5730.94\end{aligned} \tag{5-61}$$

误差的平方和为

$$\begin{aligned}S_e&=S_T-S_A-S_B-S_C-S_D-S_{AB}-\cdots-S_{CD}\\ &=5730.94-1870.56-39.06-\cdots-5.06\\ &=127.84\end{aligned} \tag{5-62}$$

列出方差分析如表 5-14 所示。

表 5-14　2^4 因子试验的方差分析表

方差来源	平方和	自由度	均方	F
A	1870.56	1	1870.56	73.16
B	39.06	1	39.06	1.53
C	390.06	1	390.06	15.25
D	855.56	1	855.56	33.46
AB	0.06	1	0.06	<1
AC	1314.06	1	1314.06	51.39
AD	1105.56	1	1105.56	43.24
BC	22.56	1	22.56	<1
BD	0.56	1	0.56	<1
CD	5.06	1	5.06	<1
误差 e	127.84	5	25.57	
总和 T	5730.94	15		

对 C，给出 $\alpha=0.05$，查出 $F_{0.05}(1,5)=6.61$，而 $F_C=15.25>6.61$，说明因子 C 对试验的影响显著。其余的给出 $\alpha=0.01$，查出 $F_{0.01}(1,5)=16.26$，而 $F_A=73.15>16.26$，$F_D=33.46>16.26$，$F_{AC}=51.39>16.26$，$F_{AD}=43.24>16.26$。

说明因子 A，D 及交互作用 AC，AD 对试验影响显著，其余的单因素及交互作用对试验的影响不显著。

从表 5-14 可看出，因子 B 和包含 B 的交互作用对试验的影响都是很小的。对于这种情况，我们可以把因子 B 舍弃，而只考虑因子 A、C、D 及其交互作用，原来 B 的两个水平下的观察值可以看成是两次重复观察。这样就把 2^4 设计的一次观察问题变成 2^3 设计的两次观察问题。由于因子 A、C、D 及交互作用 AC、AD 对试验的影响都显著。我们自然会想到三因子 A、C、D 的交互作用 ACD 是否会对试验有显著影响。在 2^3 设计两次重复的情况下，可以求出 $(\text{对照})_{ACD}=13$，平方和 $S_{ACD}=(\text{对照})_{ACD}{}^2/16=(13)^2/16=10.56$。其余的平方和与前面算出的相同。列方差分析表如表 5-15 所示。

表 5-15　因子 A，C，$D2^3$ 设计的方差分析表

方差来源	平方和	自由度	均方	F
A	1870.56	1	1870.56	83.36
C	390.06	1	390.06	17.38
D	855.56	1	855.56	38.13

续表

方差来源	平方和	自由度	均方	F
AC	1314.06	1	1314.06	58.56
AD	1105.56	1	1105.56	49.27
CD	5.06	1	5.06	<1
ACD	10.56	1	10.56	<1
误差 e	179.52	8	22.44	
总和 T	5730.94	15		

给出 $\alpha=0.01$，查出 $F_{0.01}(1, 8)=11.26$。

F_A，F_C，F_D，F_{AC}，F_{AD}都大于 11.26，说明 A、C、D 及 AC、AD 对试验的影响都是显著的，而 CD、ACD 对试验的影响都不显著。

5.3　3^k因子设计

上一节的二水平因子设计广泛应用于各类研究开发中，在具体应用中，经常会使用这些设计的某些推广和变形，例如所有因子都为三水平的设计。3^k因子设计就是有 k 个因子、每个因子有 3 个水平的因子设计。因子和交互作用将用大写字母表示。我们把因子的 3 个水平看作低、中、高，这些因子水平可用几种不同的记号表达，其中之一是以数字。0（低）、1（中）、2（高）表示因子各水平，3^k设计的每个处理组合用 k 个数字表示，其中第 1 个数字表示因子 A 的水平，第 2 个数字表示因子 B 的水平…第 k 个数字表示因子 K 的水平。例如，在 3^2 设计中，00 表示对应于 A 和 B 都处于低水平的处理组合，02 表示对应于 A 处于低水平、B 处于高水平的处理组合，11 表示 AB 都在中水平。再如在 3^3 设计中，000 表示 A、B、C 都在低水平，012 表 A 在低水平、B 在中水平、C 在高水平，221 表示 A、B 都在高水平，而 C 在中水平。这一记号系统原本也可用于前面介绍的 2^k设计，只要分别用 0 和 1 代替 -1 和 $+1$ 即可。但在 2^k设计中，我们宁愿用 ±1 记号，因为它使设计的几何观点变得更为方便，而且它可以直接应用于回归模型、区组化以及分式析因设计的建构。

5.3.1　3^2 设计

3^k系统中最简单的设计是 3^2 设计，它有两个因子，每个因子有 3 个水平。该设计的处理组合见图 5-5。

从图 5-5 可以看出，因为有 $3^2=9$ 个处理组合，所以这些处理组合间有 8 个自由度。A 和 B 的主效应各有两个自由度，AB 交互作用有 4 个自由度，如果每个组合做 n 次重复试验，总和的自由度为 $n\times3^2-1$，误差的自由度应为 $n\times3^2-1-8=3^2(n-1)$。

A、B 以及 AB 的平方和可以用第 3 章中所讲双因素的方差分析中的方法求出。

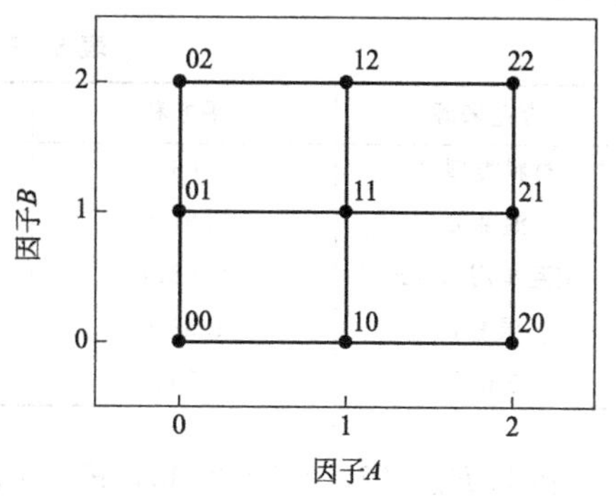

图 5-5　3^2 设计的处理组合

【例 5-5】 蓄电池的最大输出电压受极板材料和电池安放位置的温度的影响。现对 3 种材料、3 种温度的每种组合各进行 4 次重复测量的因子试验。测得结果表示在表 5-16 中，其中括号内的数字是 4 次观察值的和。试分析材料、温度及其交互作用对试验结果的影响，给出 $\alpha=0.05$。

表 5-16 【例 5-5】试验数据表

材料 $A(i)$	温度 $B(j)$/℃			$y_{i\cdot\cdot}$
	10	20	30	
1	1.30 0.74 1.55 1.80 (5.39)	0.34 0.80 0.40 0.75 (2.29)	0.20 0.82 0.70 0.58 (2.30)	9.98
2	1.50 1.59 1.88 1.26 (6.23)	1.36 1.06 1.22 1.15 (4.79)	0.25 0.58 0.70 0.45 (1.98)	13
3	1.38 1.68 1.10 1.60 (5.76)	1.74 1.50 1.20 1.39 (5.83)	0.96 0.82 1.04 0.60 (3.42)	15.01
$y_{\cdot j\cdot}$	17.38	12.91	7.7	$y_{\cdots}=37.99$

计算各平方和：这里 $a=b=3$，$n=4$，$abn=36$。

$$S_T=\sum_{i=1}^{a}\sum_{j=1}^{b}\sum_{k=1}^{n}y_{ijk}^2-\frac{y_{\cdots}^2}{abn}$$

$$=1.30^2+1.55^2+0.74^2+\cdots+0.60^2-\frac{37.99^2}{36}$$

$$=7.7647 \tag{5-63}$$

$$S_A=\sum_{i=1}^{a}\frac{y_{i\cdot\cdot}^2}{bn}-\frac{y_{\cdots}^2}{abn}$$

$$=\frac{1}{12}\times(9.98^2+13.00^2+15.01^2)-\frac{37.99^2}{36}$$

$$=1.0684 \tag{5-64}$$

$$S_B=\sum_{j=1}^{b}\frac{y_{\cdot j\cdot}^2}{an}-\frac{y_{\cdots}^2}{abn}$$

$$=\frac{1}{12}\times(17.38^2+12.91^2+7.70^2)-\frac{37.99^2}{36}$$

$$=3.9119 \tag{5-65}$$

$$S_{AB}=\sum_{i=1}^{a}\sum_{j=1}^{b}\frac{y_{ij\cdot}^2}{n}-\frac{y_{\cdots}^2}{abn}-S_A-S_B$$

$$=\frac{1}{4}\times(5.39^2+2.29^2+\cdots+3.42^2)-\frac{37.99^2}{36}-1.0684-3.9119$$

$$=0.9614 \tag{5-66}$$

$$S_e=S_T-S_A-S_B-S_{AB}$$

$$=7.7647-1.0684-3.9119-0.9614$$

$$=1.8230 \tag{5-67}$$

列出方差分析表 5-17 所示。

表 5-17 【例 5-5】的方差分析表

方差来源	平方和	自由度	均方	F
材料类型 A	1.0684	2	0.5342	7.91
温度 B	3.9119	2	1.9559	28.98
交互作用 $A\times B$	0.9614	4	0.2404	3.56
误差 e	1.8230	27	0.0675	
总和 T	7.7647	35		

因为 $F_{0.05}(2,27)=3.35$，$F_{0.05}(4,27)=2.73$，$F_A=7.91>3.35$，$F_B=28.98>3.35$，所以材料类型和温度的效果都是显著的，尤其是温度更为显著，又 $F_{A\times B}=3.56>2.73$，所

以材料类型和温度之间有较显著的交互作用。

为了更清楚地说明这个试验的结果，画出平均观察值的图形对分析问题是有帮助的。表 5-16 中，每一个括号内的数除以 4 即得到相应的平均值，结果列于表 5-18 所示。

表 5-18　观察值的平均值

A	B		
	10	20	30
1	1.35	0.57	0.58
2	1.56	1.2	0.5
3	1.44	1.46	0.86

画出平均观察值的图形如图 5-6 所示。

从图 5-6 看出，一般地说，不管对哪种材料，温度低时，输出电压高。当温度从低水平（10℃）变到中等水平（20℃）时，对材料类型 3，输出电压是有少量的增加。对材料类型 1、2，输出电压则是明显地减少。当温度从中等水平变到高水平（30℃）时，对材料类型 2、3，输出电压明显地减少；而对材料类型 1，输出电压基本不变。各条折线的不平行，说明材料类型和温度之间有显著的交互作用。

5.3.2　3^3 设计

现在假定有 3 个因子（A，B，C）要研究，每个因子有 3 个水平 0、1、2，安排因子设计试验，这就是一个 3^3 因子设计。试验的安排和处理组合的记号见图 5-7，图中的 27 个处理组合有 26 个自由度。每个主效应有 2 个自由度，每个二因子交互作用有 4 个自由度，三因子交互作用有 8 个自由度。如果每个组合有 n 次重复试验，则有（3^3n-1）个总自由度和 3^3（$n-1$）个误差自由度。

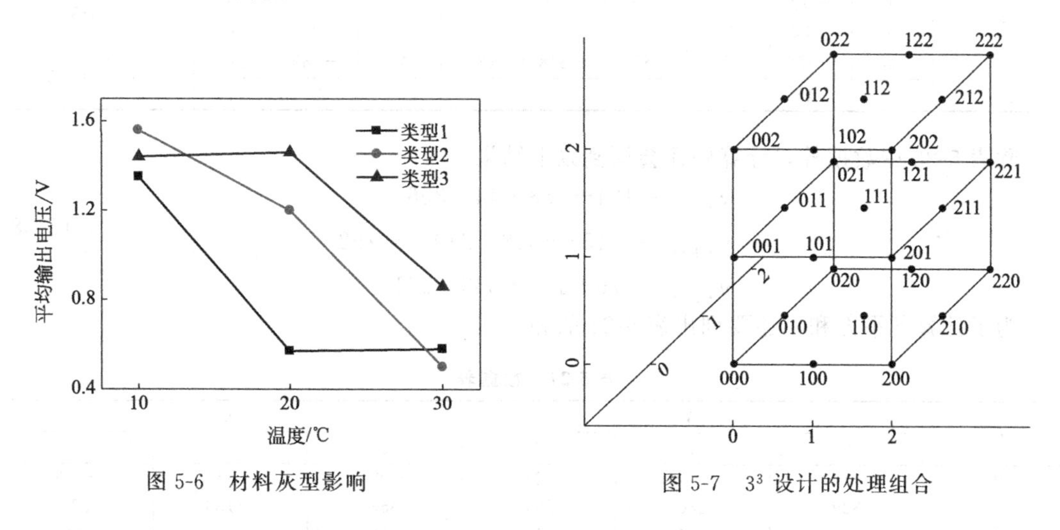

图 5-6　材料灰型影响　　图 5-7　3^3 设计的处理组合

与 3^2 设计一样，平方和可用通常的方法计算出来，只不过更复杂些，然后可以进行方差分析，给出结果。

【例 5-6】 一台机器用来把软饮料糖浆灌注在某金属容器内，我们感兴趣的变量是由起泡沫引起的糖浆损失量。影响泡沫的有 3 个因子：喷嘴设计（A）、灌注速度（B）和操作压强（C），选取 3 种喷嘴、3 种灌注速度和 3 种操作压强进行有两次重复的 3^3 因子试验，测出饮料损失量（单位：cm^3）。数据见表 5-19。试分析管嘴形状、操作人员、工作压力及其交互作用对饮料损失量的影响，给出 $\alpha=0.05$，0.01。

表 5-19 饮料损失数据表（单位：cm³）

压强(C)/psi	喷嘴类型(A)								
	1			2			3		
	速度(B)/(r/min)								
	100	120	140	100	120	140	100	120	140
10	35	25	30	87	5	90	31	15	85
	45	10	85	94	12	74	35	3	40
15	170	60	150	125	15	180	160	42	180
	145	100	124	190	26	114	183	44	205
20	74	30	101	47	6	50	40	9	124
	75	40	106	65	8	39	15	18	74

注：1psi＝6894.76Pa，下同。

解：这是 3^3 设计试验，在不影响分析的情况下，考虑到运算的方便性，我们将每一个观察值都减去 70，得到一个新的数据表如表 5-20 所示。

表 5-20 饮料损失数据表（单位：cm³－70）

C	A									$y_{..k.}$
	0			1			2			
	B									
	0	1	2	0	1	2	0	1	2	
0	−35	−45	−40	17	−65	20	−39	−55	15	−459
	−25	−60	15	24	−58	4	−35	−67	−30	
1	100	−10	80	55	−55	110	90	−28	110	953
	75	30	54	120	−44	44	113	−26	135	
2	4	−40	31	−23	−64	−20	−30	−61	54	−339
	5	−30	36	−5	−62	−31	−55	−52	4	
$y_{ij..}$	124	−155	176	188	−348	127	44	−289	288	$y_{....}=155$
$y_{i...}$	145			−33			43			

除表 5-20 中数据外，计算中还会用到以下结果

$$
\begin{aligned}
y_{.0..} &= 124+188+44=356 \\
y_{.1..} &= -155-348-289=-792 \\
y_{.2..} &= 176+127+288=591
\end{aligned}
\tag{5-68}
$$

为了计算各平方和，还要列出表 5-21 的和。

表 5-21 数据表

C	A			B		
	0	1	2	0	1	2
0	−190	−58	−211	−93	−350	−16
1	329	230	394	553	−133	533
2	6	−205	−140	−104	−309	74

有了以上的数据，下面可以依次计算各平方和。这里 $a=b=c=3$，$n=2$。

$$
\begin{aligned}
S_A &= \sum_{i=1}^{a}\frac{y_{i...}^2}{bCn}-\frac{y_{....}^2}{abCn} \\
&= \frac{1}{18}\times[145^2+(-33)^2+43^2]-\frac{155^2}{54} \\
&= 886.37
\end{aligned}
\tag{5-69}
$$

$$S_B = \sum_{j=1}^{b} \frac{y_{\cdot j \cdot\cdot}^2}{acn} - \frac{y_{\cdot\cdot\cdot\cdot}^2}{abcn}$$
$$= \frac{1}{18} \times [356^2 + (-792)^2 + 591^2] - \frac{155^2}{54}$$
$$= 60848.48 \tag{5-70}$$

$$S_C = \sum_{k=1}^{c} \frac{y_{\cdot\cdot k \cdot}^2}{abn} - \frac{y_{\cdot\cdot\cdot\cdot}^2}{abcn}$$
$$= \frac{1}{18} \times [(-459)^2 + 953^2 + (-339)^2] - \frac{155^2}{54}$$
$$= 68100.15 \tag{5-71}$$

$$S_{AB} = \sum_{i=1}^{a}\sum_{j=1}^{b} \frac{y_{ij \cdot\cdot}^2}{cn} - \frac{y_{\cdot\cdot\cdot\cdot}^2}{abcn} - S_A - S_B$$
$$= \frac{1}{6} \times (124^2 + 155^2 + \cdots + 288^2) - \frac{155^2}{54} - 886.37 - 60848.48$$
$$= 6397.41 \tag{5-72}$$

$$S_{AC} = \sum_{i=1}^{a}\sum_{k=1}^{c} \frac{y_{i \cdot k \cdot}^2}{bn} - \frac{y_{\cdot\cdot\cdot\cdot}^2}{abcn} - S_A - S_C$$
$$= \frac{1}{6} \times [(-190)^2 + (-58)^2 + \cdots + (-140)^2] - \frac{155^2}{54} - 886.37 - 68100.15$$
$$= 7572.41 \tag{5-73}$$

$$S_{BC} = \sum_{j=1}^{b}\sum_{k=1}^{c} \frac{y_{\cdot jk \cdot}^2}{an} - \frac{y_{\cdot\cdot\cdot\cdot}^2}{abcn} - S_B - S_C$$
$$= \frac{1}{6} \times [(-93)^2 + (-350)^2 + \cdots + 74^2] - \frac{155^2}{54} - 60848.48 - 68100.15$$
$$= 12390.63 \tag{5-74}$$

$$S_{ABC} = \sum_{i=1}^{a}\sum_{j=1}^{b}\sum_{k=1}^{c} \frac{y_{ijk \cdot}^2}{n} - \frac{y_{\cdot\cdot\cdot\cdot}^2}{abcn} - S_A - S_B - S_C - S_{AB} - S_{AC} - S_{BC}$$
$$= \frac{1}{2} \times [(-60)^2 + 105^2 + \cdots + 58^2] - \frac{155^2}{54} - 886.37 - 60848.48$$
$$- 68100.15 - 6397.41 - 7572.41 - 12390.63$$
$$= 4669.14 \tag{5-75}$$

$$S_T = \sum_{i=1}^{a}\sum_{j=1}^{b}\sum_{k=1}^{c}\sum_{l=1}^{2} y_{ijkl}^2 - \frac{y_{\cdot\cdot\cdot\cdot}^2}{abcn}$$
$$= (-35)^2 + (-25)^2 + \cdots + (-52)^2 + 4^2 - \frac{155^2}{54}$$
$$= 172062.09 \tag{5-76}$$

$$S_e = S_T - S_A - S_B - S_C - S_{AB} - S_{AC} - S_{BC} - S_{ABC}$$
$$= 172062.09 - 886.37 - 60848.48 - 68100.15$$
$$- 6379.41 - 7572.41 - 12390.63 - 4669.14$$
$$= 11215.50 \tag{5-77}$$

下面列出方差分析表如表 5-22 所示。

表 5-22 糖浆损失数据的方差分析表

方差来源	平方和	自由度	均方	F
管嘴形状 A	886.37	2	443.19	1.07
操作人员 B	60848.48	2	30424.24	73.24
工作压力 C	68100.15	2	34050.08	81.97
交互作用 AB	6379.41	4	1594.85	3.84①
AC	7572.41	4	1893.1	4.56
BC	12390.63	4	3097.66	7.46
ABC	4669.14	8	583.64	1.41
误差 e	11215.50	27	415.39	
总和 T	172062.09	53		

① α 取 0.05。

查出 $F_{0.05}(4, 27)=2.73$，$F_{0.01}(4, 27)=4.11$，$F_{0.01}(2, 27)=5.49$，由计算可知 $F_B=73.24>5.49$，$F_C=81.97>5.49$，所以因子 B、C 在 1%的显著性水平下影响是明显的，$F_{AB}=3.84>2.73$，说明交互作用 AB 在 5%的显著性水平下影响是明显的，$F_{AC}=4.56>4.11$，$F_{BC}=7.46>4.11$，说明交互作用 AC、BC 在 1%的显著性水平下影响也是明显的，因子 A 和交互作用 ABC 对试验无明显影响。总之，操作人员的技术水平和操作压力对试验的影响是很显著的。

5.3.3 一般的 3^k 设计

在 3^2 设计和 3^3 设计中所用的概念，可以立即推广到有 k 个因子、每个因子有 3 个水平的情况，即 3^k 因子设计中去。

处理组合用通常的数字表示法，例如 0120 表示 3^4 设计的一个处理组合，其 A 和 D 处于低水平、B 处于中水平、C 处于高水平，共有 3^k 个处理组合，它们之间有 3^k-1 个自由度。这里有 k 个主要效果，每个的自由度为 2，有 C_k^2 个两因子交互作用，每个的自由度为 4，有 C_k^3 个三因子交互作用，每个的自由度为 8，…，有一个 k 因子的交互作用，自由度为 2^k。一般地，h 个因子交互作用有 2^h 个自由度。如果有 n 次重复，则有 3^kn-1 个总自由度和 $3^k(n-1)$ 个误差自由度。主要效果和交互作用的平方和用因子设计的通常的方法计算出来。方差分析表列在表 5-23 中。

表 5-23 3^k 设计的方差分析表

方差来源	平方和	自由度
k 个主效应		
A	S_A	2
B	S_B	2
…	…	…
K	S_K	2
C_k^2 个二因子交互作用		
AB	S_{AB}	4
AC	S_{AC}	4
…	…	…
JK	S_{JK}	4
C_k^3 个三因子交互作用		
ABC	S_{ABC}	8
ABD	S_{ABD}	8
…	…	…
IJK	S_{IJK}	8
C_k^k 个 k 因子交互作用		
$ABC\cdots K$	$S_{ABC\cdots K}$	2^k
误差	S_e	$3^k(n-1)$
总和	S_T	$n\times 3^k-1$

3^k设计的大小随着 k 的增加而迅速增加，例如，3^3 设计每一重复有 27 个处理组合，3^4 设计有 81 个，3^5 设计有 243 个等，因此，通常只考虑 3^k设计的单次重复，并把较高阶的交互作用组合起来作为误差的估计量作为说明，如果三因子交互作用和更高阶的交互作用可被忽略，则 3^3 设计的单次重复有 8 个误差自由度，3^4 设计有 48 个误差自由度。对 $k \geqslant 3$ 个因子说来，这些设计仍是较大的设计，因而不太有用。在试验设计中，因子设计是比较有效的方法，但它是在试验安排已设计好的情况下进行的，相对于同样获得广泛应用的正交试验而言，它最大的缺点是没有解决“如何安排试验为最好”的问题。

习　题

1. 什么是因子设计？什么是二水平因子设计？

2. 如何理解二水平因子设计的重要性，它的主要特点包括哪几个方面？

3. 以表 5-24 中的数据计算爆米花产量和口味的主效应和交互作用，并分析对产量和口味影响最重要的因素分别是什么？

表 5-24　爆米花数据表

次序	玉米品种	玉米/油比例	容量杯	产量 y_1	口味等级 y_2
1	－(普通)	－(低)	－(1/3)	6.25	6
2	＋(美味)	－(低)	－(1/3)	8	7
3	－(普通)	＋(高)	－(1/3)	6	10
4	＋(美味)	＋(高)	－(1/3)	9.5	9
5	－(普通)	－(低)	＋(2/3)	8	6
6	＋(美味)	－(低)	＋(2/3)	15	6
7	－(普通)	＋(高)	＋(2/3)	9	9
8	＋(美味)	＋(高)	＋(2/3)	17	2

4. 因子设计相对于简单比较法的优点有哪些具体体现？

5. 一个 2^6 设计有多少次试验？多少个变量？每个变量有多少个水平？

6. 利用表 5-25 中的数据进行计算，其中试验是随机安排的。

(1) 主效应和交互作用以及它们各自的误差。

(2) 假设没有得到第三次重复数据时，再次计算主效应和交互作用以及它们各自的误差。

表 5-25　大豆种植数据

No.	种植深度，1	每天灌溉次数，2	大豆品种，3	产量(重复)		
				1	2	3
1	－(1/2)	－(一次)	－(下)	6	7	6
2	＋(3/2)	－(一次)	－(下)	4	5	5
3	－(1/2)	＋(两次)	－(下)	10	9	8
4	＋(3/2)	＋(两次)	－(下)	7	7	6
5	－(1/2)	－(一次)	＋(大)	4	5	4
6	＋(3/2)	－(一次)	＋(大)	3	3	1
7	－(1/2)	＋(两次)	＋(大)	8	7	7
8	＋(3/2)	＋(两次)	＋(大)	5	5	4

7. 某研究者以二乙烯基苯 (DVB) 为单体，十二烷醇和甲苯为制孔剂，在引发剂偶氮二异丁腈 (AIBN) 的作用下，原位聚合制备聚 (二乙烯基苯) 型整体柱。进行了如下试验，并对试验次序进行了随机化 (表 5-26)。试分析这些结果。

表 5-26 完全因子设计数据表

No.	变量			指标	
	x_1	x_2	x_3	重复 1	重复 2
1	－	－	－	2.140	2.160
2	＋	－	－	1.880	2.400
3	－	＋	－	2.650	2.710
4	＋	＋	－	1.870	2.230
5	－	－	＋	1.155	1.205
6	＋	－	＋	1.125	1.895
7	－	＋	＋	0.660	1.380
8	＋	＋	＋	2.115	2.245

三个变量的负号和正号值见表 5-27。

表 5-27 变量水平

项　目	十二烷醇占反应混合物体积比 x_1（体积分数）/%	DVB 占反应混合物体积比 x_2（体积分数）/%	偶氮二异丁腈（AIBN）占聚合物质量比 x_3（质量分数）/%
－(low)	46.5	30	0.5
＋(high)	48.0	45	1

指标是整体柱对小分子的分离度，要求越大越好，请为研究者写一份数据分析报告，并给出如何进一步开展工作的建议。

（杨朔．析因设计法优化制备聚（DVB）型整体柱及分离小分子物质的应用．离子交换与吸附，2009，25（1）：70-76）

第 6 章　优选法基础

优选法是建立在最优化技术的基础上的一门现代科学试验方法。本章介绍了优选法的基本步骤和计算方法，主要有单因素优选法中的平分法、0.618 法和分数法，双因素优选法中的等高线法、纵横对折法、平行线法等。但对其数学理论不做介绍，有兴趣的读者可参阅相关文献。

6.1　概述

优选法是指研究如何用较少的试验次数，迅速找到最优方案的一种科学方法。例如：在科学试验中，怎样选取最合适的配方、配比；寻找最好的操作和工艺条件；找出产品的最合理的设计参数，使产品的质量最好、产量最多，或在一定条件下使成本最低，消耗原料最少，生产周期最短等。把这种最合适、最好、最合理的方案，一般总称为最优；把选取最合适的配方、配比，寻找最好的操作和工艺条件，给出产品最合理的设计参数，叫做优选。也就是根据问题的性质在一定条件下选取最优方案。最简单的最优化问题是极值问题，这样的问题用微分学的知识即可解决。

优选法是尽可能少做试验，尽快地找到生产和科研的最优方案的方法，优选法的应用在我国是从 20 世纪 70 年代初开始的。首先由我国著名数学家华罗庚等学者推广并大量应用。在此之前，虽然也在生产上应用优选法，但没有引起普遍的重视，到了 20 世纪 70 年代中期，优选法已在全国各行各业都取得了巨大的成果，效果十分显著，在化工、电子、材料、建工、建材、石油、冶金、机械、交通、电力、水利、纺织、医疗卫生、轻工、食品等方面应用较多。不仅如此，问题的类型也在逐渐增多，有配方配比的选择，生产工艺条件的选择，工程设计参数的确定，仪器、仪表的调试以及近似计算等。随着优选法应用范围的不断扩大，优选法的理论及其方法必将日趋完善。

在日常生活中，许多问题都有优选问题，例如煮饭，水放多了会煮成烂饭，水放少了又会煮成“夹生饭”。水该放多少，饭才不烂也不夹生？“水放多少才合适”这就是一个优选问题。在生产和科学中也有许多优选问题，例如酸洗钢材，酸液浓度过高会腐蚀钢材，酸液浓度过低酸洗速度太慢，“酸液浓度多少才合适”这也是一个优选问题。

又如，为炼某种合金钢，需添加某种化学元素以增加强度，如从实践中已能估计出每吨钢中该元素含量应在 1000～2000g 之间，那么添加该元素的量在哪一个值时最好呢？这也是一个优选问题。如果从每吨钢中分别加入 1001g，1002g，…，1999g，须经过近一千次试验才能得到最佳添加量（这种试验方法叫均分法），显然是费时、费事的。当还考虑熔炼温度在 1000～1500℃之间哪一段温度最好时，则按均分法来寻求最佳添加量和熔炼温度，应该进行 $1000\times500=5\times10^5$ 次试验才行，就以研究者每天完成 50 次试验计算，也要 10000 天才能达到上述要求，而采用优选法仅需经少数次试验就可选择到最优条件。

再如，某保健饮料开发公司在试验配制一种新型饮料时，需要加入某种化学成分 K。

根据已往的研究经验，估计每100kg饮料大约可加入K的量在1000～2000g之间。要研究出其口感、营养、颜色、气味俱佳的饮料，就需要做大量的试验。如果以每10g做一次试验的话，就要做100次试验，显然这样就要耗费许多人力、物力、财力以及时间。现在，该公司采用“优选法”，用一张有刻度的纸条表示1000～2000g，在纸条的1618处划一条线，1618这一点实际上就是这张纸的黄金分割位置即0.618倍；用算式表示为：

$$1000+(2000-1000)\times 0.618=1618$$

取1618g化学成分K加入100kg饮料中做一次试验。然后把纸条对折起来，前一线（1618）落在（1382）处划线。显然，这两条线对于纸条的中点是对称的。数值（1382）可以计算出来，即：

$$1000+(2000-1618)=1382$$

这个算式可以写为：左端点＋(右端点－前一点)＝后一点

再取1382g化学成分K加入100kg饮料中，再做一次试验。

把两次试验的效果进行比较，如果认为1382g的浓度比较低，则在1382处把纸条的左边一段剪掉。反之，就在1618处剪掉右边的一段。把剩下的纸条再对折一次，再划线，再做试验，并将试验结果与前面的试验效果比较，如此反复进行试验、比较，逐步接近最好的加入量，直到满意为止。

6.1.1 优选法的基本步骤

优选法是建立在最优化技术的基础上的，它是一门迅速发展的新学科。优选法也叫最优化方法，其进行的基本步骤如下。

(1) 选定优化判据（试验指标），确定影响因素，优选判据是用来判断优选程度的依据。

(2) 优化判据与影响因素之间的关系称为目标函数。

优选就是通过计算或试验寻求目标函数的极佳点的过程。如对要进行试验的物理化学机理已经了解得很清楚，试验指标与各试验条件之间的关系可表达成确切的数学模型，将其作为目标函数进行处理求解，即可完成优选任务。一般进行的试验问题往往涉及的因素很多，即使同一因素在不同的场合，其影响也不尽相同，况且在有的情况下，其物理、化学机理尚不甚明了。所以很难从理论上确定试验指标与各试验条件间的函数模型，往往需要用试验方法建立两者间的相关关系——回归方程（回归方程问题在后面的章节中有专门的介绍）。

$$y=f(x_1, x_2, \cdots, x_n)$$

式中 y——试验指标；

x_i——第 i 个试验条件。

求回归方程分两步进行，一是测定一组不同试验条件下的试验指标；二是采用数理统计方法中的回归分析法，利用试验数据找出变量间的回归方程，把该回归方程作为优选计算的目标函数。

(3) 优化计算　优化（选）计算就是寻求试验指标达到极值及其对应的试验条件。优化计算方法在专门论述优化技术的书刊中已有详尽的论述，可以根据目标函数及约束条件的数学模型进行分类，目标函数和约束条件均为线性函数的称为线性规化，两者之一为非线性函数的称为非线性规化。

优化（选）试验方法一般分为两大类：分析法和“黑箱法”。分析法又称为同步试验法，需要预先安排好试验方案，同时进行多个试验，用回归分析法求出目标函数，然后用优化方法计算目标函数的极值。不具体求出目标函数，通过一步、一步做试验，根据前面试验结果推算出最佳点的方位，进行下一步试验，逐步达到最优点的方法称为“黑箱法”，又称为“循序试验法”。由于循序试验法简单、方便，并可直接得到最优条件，所以在后面两节中主要介绍“循序试验法”，同时也简单地介绍一下同步试验法。即最优化问题，大体上有两类数学处理方法：一类是求函数的极值；另一类是求泛函的极值。如果目标函数有明显的表达式，一般可用微分法、变分法、极大值原理或动态规划等分析方法求解（间接选优）；如果目标函数的表达式过于复杂或根本没有明显的表达式，则可用数值方法或试验最优化等直接方法求解（直接选优）。

6.1.2　优选法的分类

优选法分为单因素法和多因素法两类。单因素法有平分法、0.618 法（黄金分割法）、分数法、分批试验法等；多因素法很多，但在理论上都不完备，主要有降维法、爬山法、随机试验法、试验设计法等。

单因素优选法是研究在试验中，只考虑一个对目标影响最大的因素，其他因素尽量保持不变的单因素问题。一般步骤为：首先应估计包含最优点的试验范围，如果用 a 表示下限，b 表示上限，试验范围为 $[a, b]$。然后将试验结果和因素取值的关系写成数学表达式，不能写出表达式时，就要确定评定结果好坏的方法。

多因素优选法（或多因素问题）的基本步骤是：首先对各个因素进行分析，找出主要因素，略去次要因素，划“多”为“少”，以利于解决问题。

6.2　单因素优选法

我们知道，为了达到一定的目标（试验指标），我们经常是通过试验［这里对试验做广义的理解，即它可以是物理、化学、生物或生产中的实物试验，也可以是数学试验（例，在计算机上进行试验）］寻找与目标有关的一些因素的最优值。通常与目标有关的因素是很多，如果在安排试验时，只考虑一个对目标影响最大的因素，其他因素尽量保持不变，就是单因素问题。在应用时，只要主要因素抓得准，单因素的试验也能解决很多问题。当其一个主要因素确定后，我们的任务是选择方法来安排试验，找出最合适的数值（叫最优值或最优点），使试验结果（目标）最好。

首先应估计包含最优点的试验范围。假定下限用 a 表示，上限用 b 表示，试验范围就用由 a 到 b 的线段来表示，并记作 $[a, b]$。若 x 表示试验点，则写成 $a \leqslant x \leqslant b$。如果不考虑端点，就记为 (a, b) 或 $a < x < b$。在实际问题中，a、b 都是具体数字。

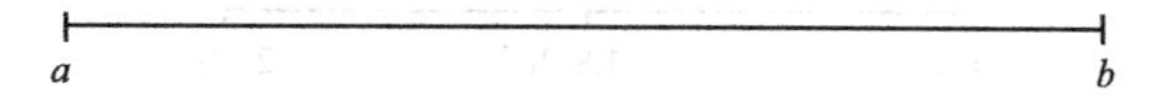

试验结果和因素取值的关系（或规律）写成数学表达式，就得到目标函数。我们常用 x 表示因素的取值，$f(x)$ 表示目标函数。根据具体问题的要求，在因素的最优点上，目标函数取得最大值、最小值或满足某种规定的要求。

写出目标函数，甚至试验结果不能定量表示的情形（例如，比较两种颜料配方的颜色；两种酒的色、味；两种布的手感等），就要确定评定结果好坏的办法。为了方便起见，我们仅就目标函数为 $f(x)$ 的形式进行讨论。

6.2.1　平分法

试验范围内，目标函数是单调的（连续的或间断的见图 6-1），要找出满足一定条件的最优点，可以用平分法。

实际上，这个条件可以更清楚地叙述为：如果每做一次试验，根据结果，可以决定下次

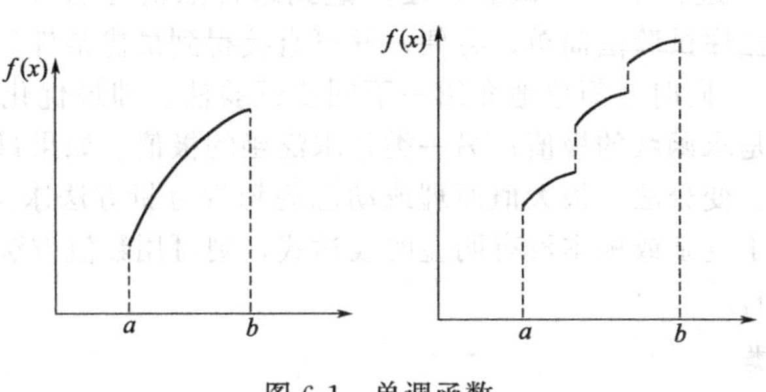

图 6-1　单调函数

试验的方向，就可以用平分法。

例如：蒸馒头，要找最合适的用碱量。如果一盆面里放了二两碱，蒸出的馒头白而且好吃，说明合适的用碱量找到了；如果馒头酸，说明碱少了，以后再蒸，只能多放碱；如果馒头发黄，说明碱多了，应减少用碱量。这个例子就具备上一次试验能确定下一次试验的方向的条件。

平分法的做法如下：总是在试验范围的中点安排试验，中点公式为

$$中点=\frac{a+b}{2}$$

根据试验结果，若下次试验在高处（取值大些），就把此次试验点（中点）以下的一半范围划去；若下次试验在低处（取值小些），就把此次试验点以上的一半划去，重复上面的做法，即在中点做试验，根据结果划去试验范围的一半，直到找出一个满意的试验点，或试验范围已变得足够小，再试下去到结果无显著变化为止。

【例 6-1】 乳化油加碱量的优选（采用循序试验法）

高级纱上浆要加些乳化油脂，以增加柔软性，而油乳化需加碱加热。某纺织厂以前乳化油脂加烧碱 1%，需加热处理 4h，但知道多加碱可以缩短乳化时间，碱过多又会皂化，所以加碱量优选范围为 1%～4.4%。

第一次试验加碱量（试验点）：2.7% ＝ 1/2×(1% ＋ 4.4%)

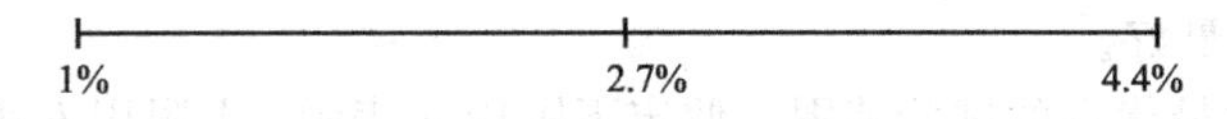

有皂化，说明碱加多了，于是划去 2.7% 以上的范围。

第二次试验加碱量（试验点）为：1.85% ＝ 1/2×(1% ＋ 2.7%)

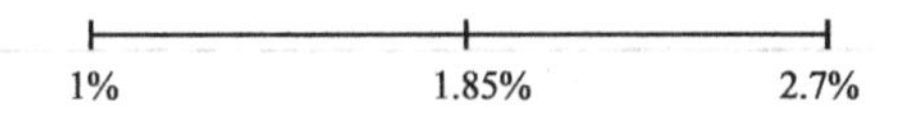

乳化良好。

第三次，为进一步减少乳化时间，不再考虑少于 1.85% 的加减量，而取 2.28% ＝1/2×(1.85% ＋ 2.7%)

1.85%　2.28%　2.7%

乳化仍然良好，乳化时间减少到 1h，结果满意，试验即止。

应该说明："平分法"的试验，虽然要求具备的条件比较特殊，但在实际中仍然是比较容易见到的。例如：检查一段线路上断头位置的试验。在保证质量合格的前提下，把某贵重或稀有的原料降低到最少用量的试验等，都可用"平分法"来安排。

【例 6-2】 求下述方程

$$x^2+x-1=0$$

的一个正根，精确度为 0.01。

记 $f(x)=x^2+x-1$，设根 $x^*>0$，则 $f(x^*)=0$ 即求其一解 $\bar{x}$，使 $|\bar{x}-x^*|\leqslant 0.01$

解：该题可理解为已求出目标函数，对此目标函数进行优选计算问题，即同步试验法。因为 $f(0)=-1<0$，$f(1)=1>0$，所以，试验范围可以定为 $(0, 1)$。

取 $x_1=\frac{1}{2}$，$f\left(\frac{1}{2}\right)=-\frac{1}{4}<0$

划去 $\left(0, \frac{1}{2}\right)$，剩下的范围为 $\left(\frac{1}{2}, 1\right)$

取 $x_2=\frac{3}{4}$，$f\left(\frac{3}{4}\right)=\frac{5}{16}>0$

划去 $\left(\frac{3}{4}, 1\right)$，剩下的范围为 $\left(\frac{1}{2}, \frac{3}{4}\right)$

取 $x_3=\frac{5}{8}$，$f\left(\frac{5}{8}\right)=\frac{1}{64}>0$

划去 $\left(\frac{5}{8}, \frac{3}{4}\right)$，剩下的范围为 $\left(\frac{1}{2}, \frac{5}{8}\right)$

取 $x_4=\frac{9}{16}$，$f\left(\frac{9}{16}\right)=-\frac{41}{256}<0$

划去 $\left(\frac{1}{2}, \frac{9}{16}\right)$，剩下的范围为 $\left(\frac{9}{16}, \frac{5}{8}\right)$

取 $x_5=\frac{19}{32}$，$f\left(\frac{19}{32}\right)=-\frac{55}{1024}<0$

划去 $\left(\frac{9}{16}, \frac{19}{32}\right)$，剩下的范围为 $\left(\frac{19}{32}, \frac{5}{8}\right)$

取 $x_6=\frac{39}{64}$，$f\left(\frac{39}{64}\right)=-\frac{79}{4096}<0$

划去 $\left(\frac{19}{32}, \frac{39}{64}\right)$，剩下的范围为 $\left(\frac{39}{64}, \frac{5}{8}\right)$

取 $x_7=\frac{79}{128}$，$f\left(\frac{79}{128}\right)=-\frac{31}{16384}<0$

划去 $\left(\frac{39}{64}, \frac{79}{128}\right)$，剩下的范围为 $\left(\frac{79}{128}, \frac{5}{8}\right)$

因为 $|x^*-x_7|\leqslant\frac{5}{8}-\frac{79}{128}=\frac{1}{128}<0.01$，$x_7$ 已满足精度要求，此时 $x^*-x_7=\frac{79}{128}=0.617$。

6.2.2　黄金分割法（0.618）

在单因素优选法中，平分法最方便，一次试验就能把试验范围缩小一半，但它的条件不易满足，要求目标函数是单调的，每次试验要能决定下次试验的方向。

最常遇到的情形是，我们仅知道在试验范围内有一个最优点，再大些或再小些试验效果都差，而且距离越远越差，这种情况的目标函数，叫单峰函数（如图 6-2）。前面讲的单调函数可以看成是单峰函数的特例。

对一般的单峰函数，平分法不适用，可以采用 0.618 法和即将介绍的分数法。

0.618 法的做法是：第一个试验点 x_1 设在试验范围 (a, b) 的 0.618 位置上，第二个试验点 x_2 取成 x_1 的对称点，即

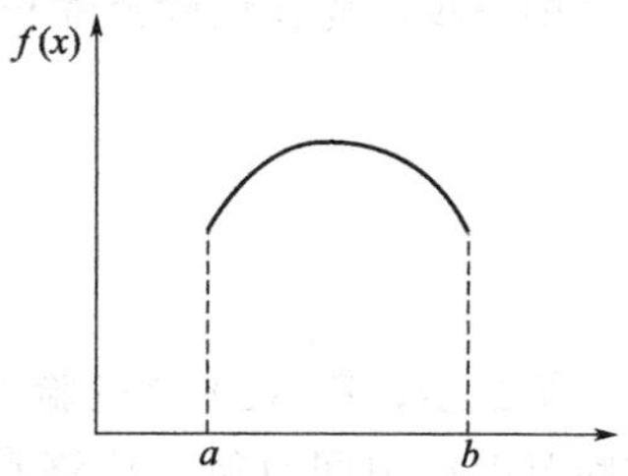

图 6-2　单峰曲线

$$x_1 = a + 0.618(b - a) \tag{6-1}$$

$$x_2 = a + b - x_1 \tag{6-2}$$

也可 $x_2 = a + b - [a + 0.618(b-a)] = a + 0.382(b-a)$

如果称 a 为试验范围的小头，b 为试验范围的大头，式(6-1)、式(6-2)可通俗地表示为：

$$第一点 = 小 + 0.618(大 - 小) \tag{6-3A}$$

$$第二点 = 大 + 小 - 第一点 \tag{6-3B}$$

式(6-2)，式(6-3B)叫对称公式。

a x_2 x_1 b

用 $f(x_1)$ 和 $f(x_2)$ 分别表示在 x_1 和 x_2 上的试验结果，如果 $f(x_1)$ 比 $f(x_2)$ 好，x_1 是好点，于是把试验范围（a，x_1）划去，剩下（x_2，b），如果 $f(x_1)$ 比 $f(x_2)$ 差，x_2 是好点，就能划去（x_1，b）而保留（a，x_1），下一步是在余下的范围中找好点。在前一种情形，x_1 的对称点 x_3，在 x_3 安排第三次试验，用对称公式计算有

$$x_3 = x_2 + b - x_1$$

x_2 x_1 x_3 b

在后一种情形，第三个试验点 x_3 应是好点 x_2 的对称点，也就是

$$x_3 = a + x_1 - x_2$$

a x_2 x_3 x_1

如果 $f(x_1)$ 与 $f(x_2)$ 一样，则应具体分析，看最优点可能在哪一边，再决定取舍，在一般情况下，可以同时划掉（a，x_2）和（x_1，b），仅留中间的（x_2，x_1），然后把 x_2 看成新的 a，把 x_1 看成新的 b，在范围（x_2，x_1）中再用式(6-1)、式(6-2)重新安排两次试验。

这个过程重复进行，直到找出满意的试验点，得出比较好的结果；或者留下的试验范围已很小，再做下去，试验结果差别不大，亦可就此中止。

顺便提一下，式(6-2)、式(6-3B)还可以用折纸的办法得到，即按试验范围的大小裁取一段纸条，第一个试验点 x_1 的位置也按比例标上去，然后把纸条对折，和 x_1 重合的点就是 x_2。根据原来标好的读数，x_2 的数值一望便知。在留下的试验范围内，再用对折法找出与上次试验的好点重合的点，就是新的试验点。

【例 6-3】 炼某种合金钢，需添加某种化学元素以增加强度，加入范围是 1000～2000g。求最佳加量。

下面用 0.618 法解决此优选法问题，并通过此例说明具体的做法。

用一定长度的线段来表示试验范围：

小 大

1000 1100 1900 2000

然后按下列步骤来安排试验。

第一步，先在试验范围长度的 0.618 处做第（1）个试验，本试验点位置由式(6-1)计算出

$$\begin{aligned} x_1 &= a + (b-a) \times 0.618 \\ &= 1000 + (2000-1000) \times 0.618 \\ &= 1618\text{g} \end{aligned}$$

第二步，第（2）个试验点取在第（1）个试验点所属的试验范围中点的对称点处，即将试验范围从中间对折，使终点与起点重合时，第（1）点所对着的那个点，也可由公式(6-3B)计算出

$$
\begin{aligned}
x_2 &= \text{大} + \text{小} - \text{第一点} \\
&= 2000 + 1000 - 1618 \\
&= 1382\text{g}
\end{aligned}
$$

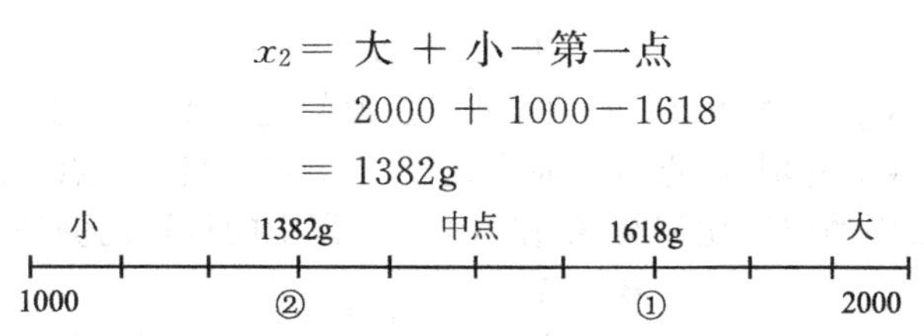

第三步，比较（1）与（2）两点上所做试验的效果，看在哪个点上的效果要好些，然后将效果差的那个点以外的一段试验范围去掉，留下包括好点在内的那一段试验范围。

例如：第①点效果好些，就去掉第 2 点，即去掉［1000，1382］那一段范围。留下第②点到终点，即［1382，2000］那一段范围

小　1618　中点　1764　大

1382　①　③　2000

第③个试验点取在上次留下的好点关于留下范围中点的对称点处，也可用对称公式(6-3B) 计算出

$$x_3 = 1382 + 2000 - 1618 = 1764\text{g}$$

第四步，比较在上次留下的好点，即第①点处和新做第③点处的试验结果，看哪个点上的效果要好些，然后就去掉效果差的那个试验点的以外的那部分范围，留下包含好点在内的那一部分范围作为新的试验范围。如此反复进行，直到找出满意的试验点为止。

可以看出每次留下的试验范围是上一次长度的 0.618 倍，随着试验范围越来越小，越趋于最优点，直到达到所需的精度为止。

【例 6-4】 松香胶料可以增加纸张的抗水性，某造纸厂由于原料松香成分变化，熬制时加碱量掌握不好，游离松香含量曾仅在 6.2% 左右。他们用优选法进行试验，固定松香胶料量 100kg，熬制温度 102～106℃，加水 100kg，加碱范围定为 9～13kg，试验加碱量 x 与效果如下：

$x_1 = 9 + 0.618 \times (13 - 9) = 11.5\text{kg}$，熬制时间 5.5h，游离松香含量 20.1%；

$x_2 = 9 + 13 - 11.5 = 10.5\text{kg}$，熬制时间 6.5h，游离松香含量 18.8%；

比较 x_1、x_2 的效果，x_1 好，划去 10.5kg 以下的试验范围继续试验。

$x_3 = 10.5 + 13 - 11.5 = 12\text{kg}$，熬制时间 6h，且有皂化，划去 12kg 以上的试验范围；

$x_4 = 10.5 + 12 - 11.5 = 11\text{kg}$，熬制时间 6h，游离松香含量 19%。

试验到此为止，$x_1 = 11.5\text{kg}$ 为最优点。

几个试验结果写在直线线段上就是

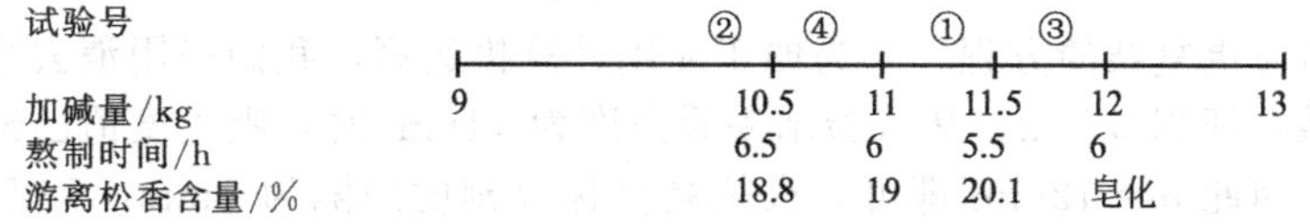

这里补充说明一下 0.618 这个数是怎样得来的（这里只做直观说明，不做数字上详细推导），它是 $\frac{\sqrt{5}-1}{2} = 0.618033983$ 的近似值。在优选法中是在（0，1）线段上先取一点 A 做试验，再取一点 B 做试验：

0　B　A　1

将两点做比较看哪一点好，那么 A、B 两点应如何取值呢？若只做了 A 点的试验，是无法说明 A、B 两点何者好的问题，可以认为这时 A 比 B 好和 B 比 A 好的可能性是相同的，因而去掉（0，B）段和去掉（A，1）段的可能性也是相同的，这便要求这两线段具有相同的长度。即

$$B = 1-A \tag{6-4}$$

另外，如果先做 A 点，再做 B 点，结果若去掉的是（A，1）段，则留下（0，A）段，因其中 B 点已做过试验，这时 B 点就与原来线段（0，1）时做 A 点处的试验情况相仿。即是说 B 在（0，A）段中的位置比例与 A 在（0，1）段中的位置比例是一致的，得

$$\frac{B}{A}=\frac{A}{1} \qquad B=A^2 \tag{6-5}$$

将式(6-4) 代入式(6-5) 得

$$A^2 + A-1 = 0$$

解方程并取正根得：

$$A=\frac{\sqrt{5}-1}{2}=\omega$$

当取 $A=\frac{\sqrt{5}-1}{2}=0.618$ 时，就可满足上面两个条件，因此运用优选法时，我们把 0.618 这个数作为一个数学常数来运用。

B A
0 $1-\omega=\frac{3-\sqrt{5}}{2}=0.382$ $\omega=\frac{\sqrt{5}-1}{2}=0.618$ 1

比较 ω 与 $1-\omega$ 处试验的结果，不管丢掉（0，$1-\omega$）或（ω，1），余下区间的长度为原来长度的 ω 倍。继续做下去，做了几次试验后所留下的区间长度是原来区间长的 ω^{n-1} 倍，这种分割法在平面几何中叫做黄金分割，因而这种“优选法”也就称为黄金分割法。

【例 6-5】 为寻求火焰高度，测得数据见表 6-1。

表 6-1 测得数据

火焰高度 x	3.0	5.0	7.0	9.0	11.0
吸光度 y	0.172	0.623	0.743	0.563	0.195

按第 7 章介绍的方法求出回归方程为：

$$\hat{y}=-0.995936+0.51204x-0.03765x^2$$

有了回归方程作为目标函数，只要求出极值即可完成优化。求极值的方法很多，上式为简单的一元二次方程，最直接的求极值的方法是求导后令其导数为零。

即：
$$\frac{dy}{dx}=0.51204-2\times0.03765x=0$$

解：
$$x= 6.8mm$$

但是为了适应更复杂的方程，亦为便于使用计算机运算，我们采用消去法求解。由于火焰高度从 0 计数，所以 $a= 2$；从试验结果看高度为 11mm 时，吸光度值已经很低，所以无需再往下考察，因此 $b= 12$mm 即可；火焰高度标尺刻度间隔为 1mm，δ 定为 0.5mm；该方法极限精度为 1%，即 $\varepsilon= 1\%$，计算过程如下。

(1) 计算 x_1，x_2，y_1，y_2

$$x_1= a + 0.618(b-a) = 2 + 0.618\times(12-2) = 8.18$$

$$x_2= a + 0.382(b-a) = 2 + 0.382\times(12-2) = 5.82$$

$$y_1=f(x_1)=-0.995936+0.51204x_1-0.03765x_1^2=0.673$$

$$y_2=f(x_2)=-0.995936+0.51204x_2-0.03765x_2^2=0.709$$

(2) 比较 y_1，y_2 因为 $y_1< y_2$，所以弃去（x_1，b），剩下区间为（a，x_1）

$$x_3= a+ x_1- x_2= 2+ 8.18- 5.82= 4.36$$

$$y_3= f(x_3) =-0.995936+ 0.51204\times4.36-0.03765\times(4.36)^2= 0.521$$

(3) 检查　因为两个条件均不满足，比较 y_2，y_3 再取点、求值，直至求出 $y_{max}=0.745$，与之相应的 $x^*=6.8$mm。在实际测定试验时，就选 6.8mm 为火焰高度。

下面对【例 6-5】用循序试验法。

在解决【例 6-5】的问题时，由于求回归方程的计算较复杂，可以避免开这一步骤，采用循序试验法安排试验寻找优化条件，思路与上面所说的完全相同，唯一不同的是各点的函数值不是由回归方程求得，而是由试验测定。

设 $a=0$，$b=20$，$\delta=0.5$，$\varepsilon=0.01$，用黄金分割法。第①步求出 $x_1=12.3$mm，$x_2=7.6$mm，对应 x_1，x_2 所测吸光度分别为 $y_1=0.101$，$y_2=0.720$，因为 $y_2>y_1$，所以弃去 $[x_1, b]$，使 $a=a_1=0$，$b_1=x_1=12.3$mm，$x_1'=x_2=7.6$mm，$y_1'=y_2=0.721$，计算 $x_2'=a_1+b_1-x_1'=4.7$mm，在 4.7mm 高度上测吸光度 $y_2'=0.560$，再比较 y_1'，y_2'，确定下一步试验方向，继续下去，一直达到预给精度为止，测定结果见表 6-2。

表 6-2　试验测定结果

次数	a	b	x_1	x_2	y_1	y_2	注
1	0	20	12.3	7.6	0.101	0.720	测 y_1、y_2
2	0	12.3	7.6	4.7	0.720	0.560	y_2
3	4.7	12.3	9.4	7.6	0.512	0.720	y_1
4	4.7	9.4	7.6	6.5	0.120	0.740	y_2
5	4.7	7.6	6.5	5.8	0.740	0.721	y_2
6	5.8	7.6	6.9	6.5	0.743	0.740	y_1
7	6.5	6.9					$y_1=y_2$

求出 $y_{max}=0.745$，x^* 为 6.5～6.9mm，只做 7 次试验即可在 0～20mm 范围找到最佳条件。

6.2.3　分数法

分数法也是适合单峰函数的方法，它和 0.618 方法不同之处在于要求预先给出试验总数（或者知道试验范围和精确度，这时试验总数就可以算出来），在这种情况下，用分数法比用 0.618 法方便。

首先介绍菲波那契数：

$$1, 1, 2, 3, 5, 8, 13, 21, 34, 55, 89, 144, \cdots$$

用 F_0、F_1、F_2、…依次表示上述数串，它们满足递推公式

$$F_n=F_{n-1}+F_{n-2}\qquad(n\geqslant 2)$$

当 $F_0=F_1=1$ 确定之后，菲波那契数就完全确定了。

现在分两种情况叙述分数法。

(1) 所有可能的试验总数正好是某一个 F_n-1。

这时前两个试验点放在试验范围 $\frac{F_{n-1}}{F_n}$ 和 $\frac{F_{n-2}}{F_n}$ 位置上，也就是在第 F_{n-1} 点和 F_{n-2} 点上做试验。

1　F_{n-2}　F_{n-1}　F_n

比较这两个试验的结果，如果第 F_{n-1} 点好，划去第 F_{n-2} 点以下的试验范围；如果第 F_{n-2} 点好，就划去第 F_{n-1} 点以上的试验范围。在留下的试验范围中，还剩下 $F_{n-1}-1$ 个试验点。重新编号后，其中第 F_{n-2} 和第 F_{n-3} 个分点，有一个是刚留下的好点，另一个是下步要做的新试验点。两点结果比较后，和前面的做法一样，从坏点把试验范围切开，短的一段不要，留下包含好点的长的一段。这时新的试验范围，就只剩下 $F_{n-2}-1$ 个试验点了。以后的试验，照上面的步骤重复进行，直到试验范围内没有应该做的点为止。

容易看出，用分数法安排上面的试验，在 F_{n-1}个可能的试验中，最多只需做 $n-1$ 个就能找到它们中最好的点（在试验过程中，如遇到一个已满足要求的好点，同样可以停下来，不再去做后边的试验）。利用这种系统，根据可能比较的试验点数马上就可以确定实际要做的试验数，或者是由于客观条件限定，能做的试验数，比如最多只能做 k 个，我们就把试验范围均分成 F_{k+1}等份，在第 $F_{k-1}-1$ 个分点安排试验。这样可使 k 个试验的结果达到最高的精确度。

（2）所有可能的试验总数大于某一 F_{n-1}，而小于 $F_{n+1}-1$。

只要在试验范围之外，虚设几个试验点，凑成 $F_{n+1}-1$ 个试验，就化成（1）的情形。对于这些虚设点，并不真正做试验，直接判定其结果比其他点都坏，试验往下进行。很明显，这种虚设点，并不增加实际试验次数。

分数法与 0.618 法的区别只是用分数$\frac{F_{n-1}}{F_n}$和$\frac{F_{n-2}}{F_n}$代替 0.618 和 0.382 来确定试验点，以后的步骤相同，一旦用$\frac{F_{n-1}}{F_n}$确定了第一个试验点，以后根据对称公式(6-2) 即可方便地确定其余的试验点，也会得出完全一样的试验序列来。

上面分数串$\frac{F_{n-1}}{F_n}$是 0.618 的最佳渐分数，而$\frac{F_{n-2}}{F_n}$是 0.382 的最佳逐近分数。

式中通式：

$$F_n=\frac{1}{\sqrt{5}}\left[\left(\frac{\sqrt{5}-1}{2}\right)^{n+1}-\left(\frac{1-\sqrt{5}}{2}\right)^{n+1}\right]$$

【例 6-6】 卡那霉素生物测定培养温度优选卡那霉素发酵液生物测定，国内外都有规定培养温度为 (37±1)℃，培养时间在 16h 以上。某制药厂为缩短时间，决定优选培养温度，试验范围固定为 29～50℃，精确度要求±1℃。中间试验点共有 20 个，用分数法安排试验，第一个试验点选在第 13 个分点 42℃；第二个试验点在第 8 个分点 37℃。经过 5 次试验，证明在 42.43℃培养最好，只需 8～9h。试验过程如下。

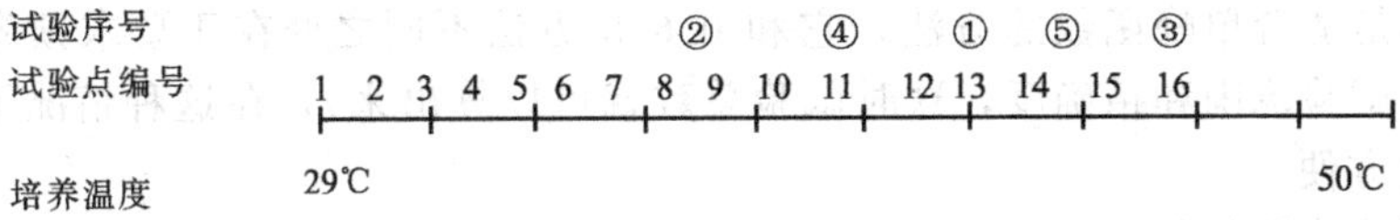

试验序号　② ④ ① ⑤ ③
试验点编号　1 2 3 4 5 6 7 8 9 10 11 12 13 14 15 16
培养温度　29℃　50℃

【例 6-7】 广州某氮肥厂，在“尾气回收”的生产流程中，要将硫酸吸收塔所排出的废气送入尾气吸收塔进行吸收，为了使吸收率高，氨损失小，该厂抓住控制碱度这个主要矛盾，确定了碱度优选范围为 9～30 滴度，该范围的总长= 30－9= 21 滴度。因而选定分数 13/21。

即相当于用 13/ 21 代替 0.618。

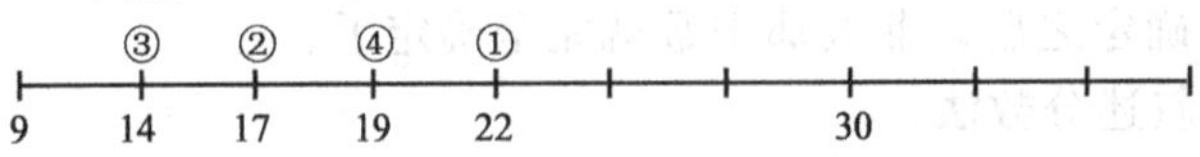

③ ② ④ ①
9 14 17 19 22 30

第①、②试验点分别为：

$$x_1=9+(30-9)\times 13/21=22(\text{滴度})$$

$$x_2=9+30-22=17(\text{滴度})$$

试验结果：第一次试验点吸收率是 82%，氨损失 25kg/h；第二次试验点的吸收率是 32%，氨损失 12kg/h

所以去掉［22，30］一段，再依对称公式

$$x=9+22-17=14(\text{滴度})$$

试验结果：第三次试验的吸收率是 77%，氨损失 11kg/h，虽然第三次试验的氨的损失比第二次少 1kg/h，但吸收率少 5%，因此还是第二次试验为好，去掉［9，14］一段。

$$x_4=14+22-17=19(\text{滴度})$$

试验结果，第四次试验的吸收率是 80%，氨损失 15kg/h，仍是 $x_2=17$ 滴度较好。最后按碱度 17 滴度投产。

以上介绍的平分法、0.618 法、分数法是常见的单因素优化方法，其他方法这里就不再介绍。有兴趣的读者可参阅书末有关文献。

6.3　多因素方法——降维法

单因素与多因素虽然仅一字之差，但解决多因素的问题要比单因素的问题困难得多。因此，在遇到多因素问题时，首先应对各个因素进行分析，找出主要因素，略去次要因素，从而把“多”化为“少”，以利于问题的解决。若经过分析，最后还剩两个或以上的因素，就必须使用多因素的方法了。

$$\hat{y}=f(x_1, x_2, \cdots, x_n) \tag{6-6}$$

式中　$\hat{y}$——响应值；

x_i——第 i 个试验条件。

它们在几何空间上的体积可看成 $n+1$ 维的曲面，其中 1，2，…，n 对应于代表各因素的变量 x_1，x_2，…，x_n，第 $n+1$ 维对应于表示试验指标的因变量 y，所以曲面称为试验指标面。多因素优选问题，就是寻求满足 x，x_2，…，x_n 的约束条件，又使试验指标 y 达到极值的一组条件值 $x^*=(x_1^*, x_2^*, \cdots, x_n^*)$。下面是三维试验指标面，图 6-3 中对应于 $\hat{y}_{max}$ 的 x_1^*，x_2^* 即为最佳分析条件。

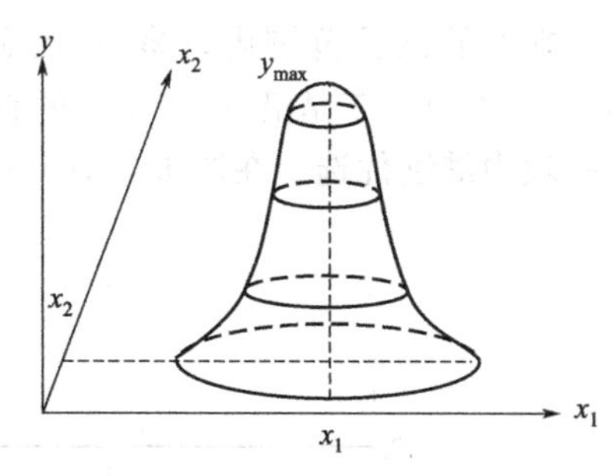

图 6-3　三维试验指标曲面

下面我们主要介绍降维法。降维法是把一个多因素的问题转化为一系列较少因素的问题，而较少因素的问题相对地说比较容易解决。由于多因素转化为较少因素的办法不同，因而就产生了各种不同的降维方法，这些方法的效果也不尽相同。下面介绍常用的几种方法。

6.3.1　等高线法

等高线法又叫坐标轮换法，也称为从好点出发的方法。

等高线法是以单因素法为基础的。例如，有一个双因素优选问题，在确定了试验范围之后，等高线法是先把其中一个因素根据实践经验控制在适当的位置上，或放在 0.618 处，对另外一个因素使用单因素优选法，选出了若干次以后找出较好点，然后把该因素固定在所选出的好点上，反过来对前一个因素使用单因素优选法，经过若干次后又选出更好点。按上步骤继续做下去，就能一次比一次更接近最好点，下面举例说明具体做法。

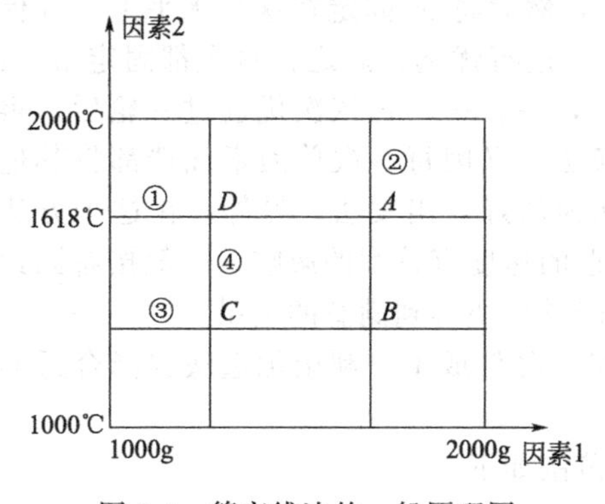

图 6-4　等高线法的一般原理图

例如：有两个因素要考虑，一个是用量，其范围［1000，2000］；另一个是温度，其范围［1000℃，2000℃］。先固定温度这个因素在 0.618 处（也可由实际经验来定）。

在直线①上对用量使用单因素优选法优选出①上的最好点 A 后，再通过 A 点的竖线②对温度使用单因素优选法，又找到②上的最好点 B，然后再通过 B 点的横线③上对用量进行优选，找到③上的最好点 C，再在通过 C 点的竖线④上做等。按此方法一圈一圈地转进去，以找出最佳条件（见图 6-4）。

如在竖线④再做下去，得 D 点，但 D 点没有 C 点好，于是试验就可停止，这时 C 即为最好点。若 D 比 C 还好，则在去 $ABCD$ 所确定的范围内重复上法做下去，直至获得好的结果为止。

从上例可归纳出等高线的一般做法。

假设试验范围为一长方形：

$$a_1 \leqslant x_1 \leqslant b_1$$
$$a_2 \leqslant x_2 \leqslant b_2$$

先将因素 x_1 固定在 $x_1^{(1)}$ 处［例可取 $x_1^{(1)}=a_1+(b_1-a_1)\times 0.618$］或原生产方案对应的因素的水平，用单因素方法对因素 x_2 进行优选，得最优点，记为 $A_1=(x_1^{(1)}, x_2^{(1)})$。然后再将因素 x_2 固定在 $x_2^{(1)}$ 处，而用单因素法对因素 x_1 进行先选，又得到最优点 $A_2=(x_1^{(2)}, x_2^{(1)})$［见图 6-5(a)］，现在将沿直线 $x_1=x_1^{(1)}$ 将原长方形剪成两块，剩下的试验范围［如图 6-5(b) 右边的一块］为

$$x_1^{(1)} < x_1 \leqslant b_1$$
$$a_2 \leqslant x_2 \leqslant b_2$$

在新的试验范围内，将 x_1 固定在 $x_1^{(2)}$ 处，而对因素 x_2 进行优选，又得到一点 $A_3=(x_1^{(2)}, x_2^{(2)})$。于是沿 $x_2=x_2^{(1)}$ 的直线将试验范围剪开，丢掉不含 A_3 的一块，而在包含 A_3 的一块中继续优选。在图 6-5（c）中剩下的试验范围为

$$x_1^{(1)} \leqslant x_1 \leqslant b_1$$
$$x_2^{(1)} \leqslant x_2 \leqslant b_2$$

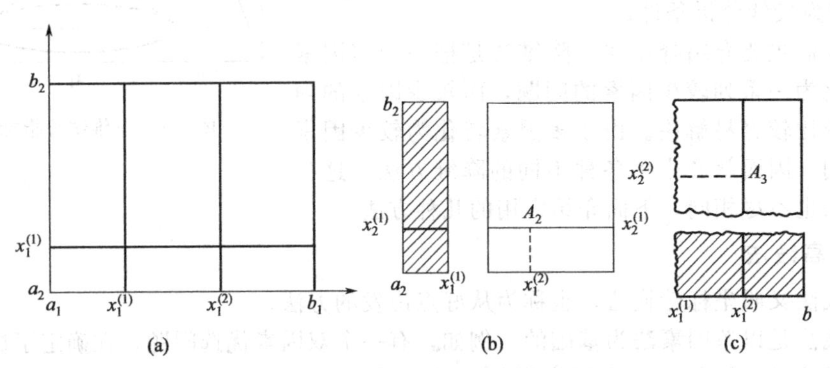

图 6-5　用双因素法求的最优点原理图

再将 x_2 固定在 $x_2^{(2)}$ 处，而对因素 x_1 进行优选，依此方法继续进行。

三个或 n 个因素的情形，完全类似。简单地说，就是先将后（$n-1$）个因素分别固定在某一水平上，只对第一个因素 x_1 优选，得最优的 $x_1^{(1)}$，然后将 x_1 固定在这个水平上，并保持后 $n-2$ 个因素的水平不变，而用单因素法对因素 x_2 进行优选。总之，每次都固定 $n-1$ 个因素不变，只优选一个因素的数值。当 n 个因素 x_1，x_2，…，x_n 依次优选过一轮后，再从 x_1 开始第二轮优选，故此法又叫坐标（因素）轮换法。又因每一次单因素优选都将其他因素固定在前一次优选所得最优点的水平上，故也称为从好点出发法。另外，在这个方法中，哪些因素放在前面，哪些因素放在后面，对于优选的速度有较大的影响，一般按各因素对试验结果影响的大小依次自前向后排列，这样往往能够较快得到满意的结果。

【例 6-8】 阿托品是一种抗胆碱药。为了提高产量，降低成本，利用优选法选择合适的酯化工艺条件。

根据分析，主要因素为温度与时间，定出其试验范围如下。

温度：55～75℃

时间：30～210min

(1) 参照生产条件，先固定温度为 55℃，用单因素法优选时间，得最优时间为 150min，其收率为 41.6%。

(2) 固定时间为 150min，用单因素方法优选温度，得最优温度为 67℃，其收率为 51.5%。

(3) 固定温度为 67℃，用单因素法再优选时间，得最优时间为 80min，其收率为 56.9%。

(4) 再固定时间为 80min，又对温度进行优选，结果还是 67℃。

到此试验结束，可以认为最好的工艺条件如下。

温度：67℃

时间：80min

采用此工艺生产，平均收率提高了 15%。

多因素问题也可以用同步试验法进行，这种方法仍以单因素优选法为基础求出回归方程后，对目标函数进行寻优，先将其他因素保持在初始水平上，仅对一个因素寻优，找到该因素的好点后将其固定，再依次对其他因素寻优。各因素都寻优后，重新循环一两次便能找到真正的最优条件。

例：为了优化石墨炉原子吸收法测定金的条件，采用均匀设计法安排试验，使用固定浓度 100ppb（1ppb=1μg/L，下同）的标准溶液测定一系列吸光度，回归出灰化温度 x_1、灰化时间 x_2、原子化温度 x_3、原子化时间 x_4 与吸光度 y 的回归方程为：

$$y=0.968+6.73\times10^{-5}x_1+2.98\times10^{-3}x_2+6.94\times10^{-4}x_3-1.69\times10^{-2}x_4$$
$$-4.39\times10^{-8}x_1^2-5.98\times10^{-5}x_2^2-1.15\times10^{-7}x_3^2+7.69\times10^{-4}x_4^2\cdots$$

先将 x_2、x_3、x_4 均固定在初始值 a_0 上（见表 6-3），方程为：

$$y=0.968+6.73\times10^{-5}x_1+2.98\times10^{-3}\times10+6.94\times10^{-4}\times2500-1.69\times10^{-2}\times4$$
$$-4.39\times10^{-8}x_1^2-5.98\times10^{-5}\times10^2-1.15\times10^{-7}\times2500^2+7.69\times10^{-4}\times4^2$$

按单因素黄金分割优选方法在 [a, b] 范围内对 x_1 因素寻优，求出 $x_1=729$，将其固定，再对 x_2 寻优，计算结果见表 6-3。

表 6-3　优化计算结果

因素 \ 项目	初始化		第一次探索结果				第二次探索结果			
	a_0	b_0	a_1	b_1	x^*	y^*	a_2	b_2	x^*	y^*
灰化温度 x_1	100	1600	500	1100	729	0.059	554	704	647	0.076
灰化时间 x_2	10	500	13	28	22	0.061	20	32	24	0.077
原子化温度 x_3	2500	3000	3000	3150	3057	0.061	3000	3100	3057	0.077
原子化时间 x_4	4	9	4	6	5	0.076	4	5	4	0.084

其中 x^* 为最优条件，y^* 为最优吸光度。

6.3.2　纵横对折法

先讨论两种情况，假设试验范围为长方形。

$$a_1\leqslant x_1\leqslant b_1$$
$$a_2\leqslant x_2\leqslant b_2$$

在此长方形的纵横两根中线（即对折线）$x_1=\frac{1}{2}(a_1+b_1)$

$$x_2=\frac{1}{2}(a_2+b_2)$$

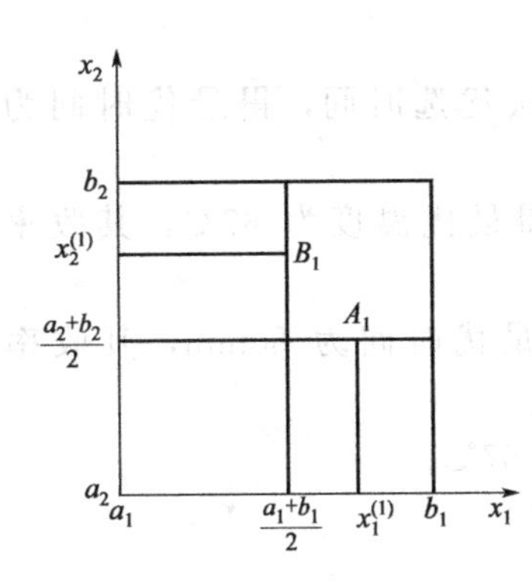

图 6-6 用单因素法求的最优点原理图

（见图 6-6）。

图 6-6 用单因素方法求出了最优点。即：先将因素 x_2 固定在$\frac{1}{2}$（a_2+b_2）处，而用单因素方法求出相应于 $x_2=\frac{1}{2}$（a_2+b_2）的最优点数值 $x_1^{(1)}$，这样一个两因素的组合记为 A_1。同样，固定 x_1 在$\frac{1}{2}$（a_1+b_1），用单因素法对 x_2 进行优选，最优点数值 $x_2^{(1)}$，这样一个两因素的结合记为一个点 B_1

即：

$$A_1=\left(x_1^{(1)}, \frac{a_2+b_2}{2}\right)$$

$$B_1=\left(\frac{a_1+b_1}{2}, x_2^{(1)}\right)$$

比较 A_1 和 B_1 上的试验结果，若 A_1 比 B_1 好，则去掉长方形左边一半，剩下的试验范围如图 6-7 所示。

若 B_1 比 A_1 好，则去掉原长方形下边的一半，剩下的试验范围如图 6-8 所示。

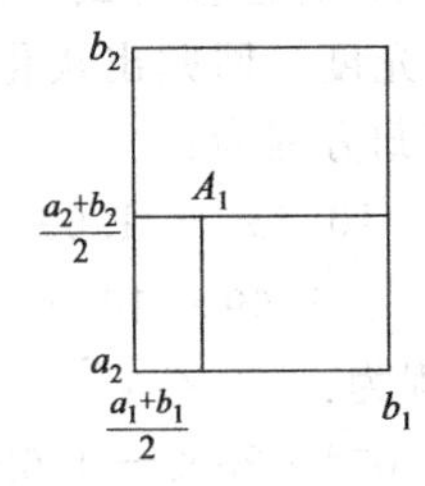

图 6-7 A_1 比 B_1 好的试验范围

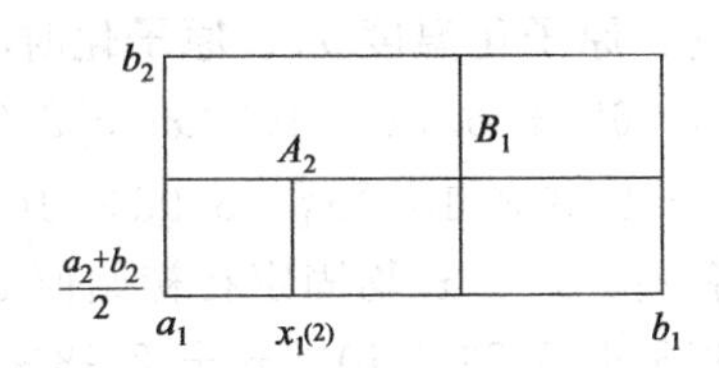

图 6-8 B_1 比 A_1 好的试验范围

总之，在比较纵横两根对折线上的最优点后，就将试验范围缩小一半，然后在剩下的一半继续用同法进行。若 B_1 比 A_1 好，则在图 6-8 上固定

$$x_2=\frac{1}{2}\left[b_2+\frac{1}{2}(a_2+b_2)\right]=\frac{1}{4}(3b_2+a_2)$$

用单因素方法对 x_1 进行优选。设相对于

$$x_2=\frac{1}{4}(3b_2+a_2)$$

因素 x_1 的最优值为 $x_1^{(1)}$，这样，两个因素的组合记为点

$$A_2=\left(x_1^{(2)}, \frac{a_2+3b_2}{4}\right)$$

然后比较 A_2 与 B_1 的试验结果，若 A_2 比 B_1 好，则去掉右边的一半，剩下如图 6-9(a)；若 B_1 比 A_2 好，则去掉下边的一半，剩下范围如图 6-9(b) 所示，这个过程一直继续下去，

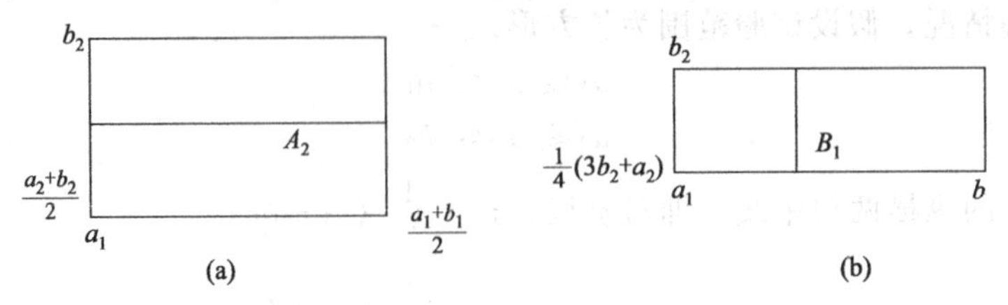

图 6-9 A_2 比 B_1 好的试验范围（a）和 B_1 比 A_2 好的试验范围（b）

试验范围就不断缩小，从而得到所求的最优点。

【例 6-9】 某炼油厂试制磺酸钡，其原料磺酸是磺化油经乙醇水溶液萃取出来的，试验目的是选择乙醇水溶液的合适浓度和用量，使分离出的白油最多。

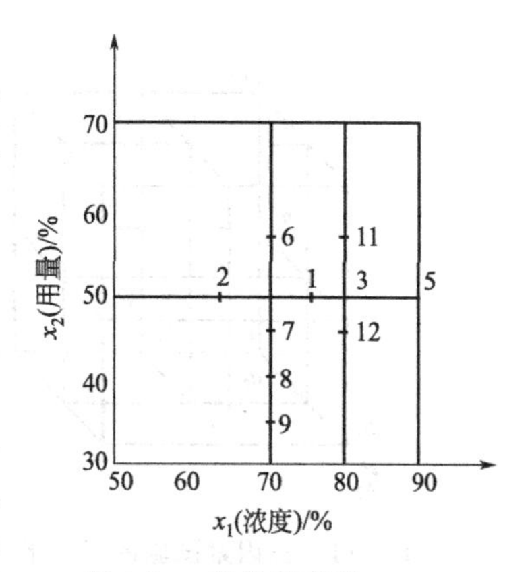

图 6-10　用单因素的 0.618 法选取的最优浓度

根据经验，乙醇水溶液浓度变化范围为 50%～90%(体积分数)，用量范围为 30%～70%(质量分数)，精度为±5%。做法：先横向对折，即将用量固定在 50%，用单因素的 0.618 法选取最优浓度为 80%（即图 6-10）的点 3。而后纵向对折，将浓度固定在 70%，用 0.618 法对用量进行优选，结果是点 9 较好。比较点 3 与点 9 的试验结果，点 3 比点 9 好，于是丢掉试验范围左边的一半。在剩下的范围内再纵向对折，将浓度固定在 80%，对用量进行优选，试验点 11、12 的结果都不如 3 好，于是找到了好点，即点 3（见表 6-4），试验至此结束。

若因素多于两个，可将两因素做一推广即可，以三个因素的情形为例，例如试验范围是长方体：

$$a_1 \leqslant x_1 \leqslant b_1,\ a_2 \leqslant x_2 \leqslant b_2,\ a_3 \leqslant x_3 \leqslant b_3$$

表 6-4　用 0.618 法对原料用量进行优选的试验结果

试验序号	18 号硅化油 (18g)	乙醇水溶液浓度/%	乙醇水溶液用量/%	白油 /g	备注
1	200	75	50	187	
2		65	50	186	
3		80	50	188.4	最好
4		85	50	188.7	色深有浓度
5		90	50	168.2	
6		70	55	185.4	
7		70	40	185.9	
8		70	45	187.1	
9		70	35	187.3	次好
10		80	45	185.7	
11		80	55	185.8	酸中带油多

先在三个平分平面（图 6-11）上面用两因素的方法找到最优点，设它们分别为：

$$A_1=\left(\frac{a_1+b_1}{2},\ x_2^{(1)},\ x_3^{(1)}\right)$$

$$B_1=\left(x_1^{(2)},\ \frac{a_2+b_2}{2},\ x_3^{(2)}\right)$$

$$C_1=\left(x_1^{(3)},\ x_2^{(3)},\ \frac{a_3+b_3}{2}\right)$$

然后比较 A_1，B_1，C_1 三点上的试验结果，若 A_1 最好，且

$$a_2 \leqslant x_2^{(1)} \leqslant \frac{a_2+b_2}{2},\ a_3 \leqslant x_3^{(1)} \leqslant \frac{a_3+b_3}{2}$$

则去掉原长方体的 3/4，剩下的长方体则为图 6-12，用同法在剩下的长方体中优选。

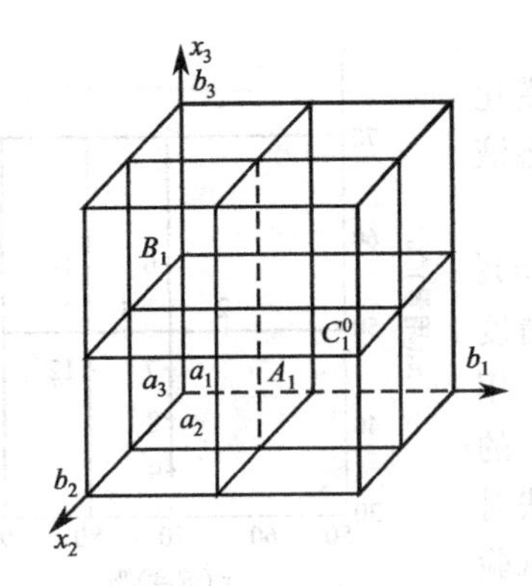

图 6-11　三因素试验的三个平分平面

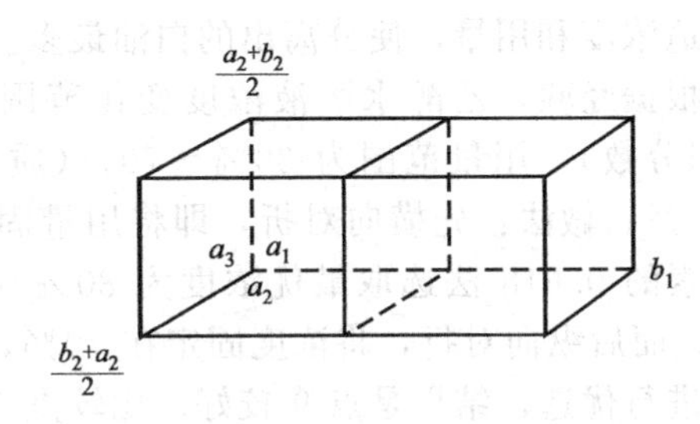

图 6-12　因素 A 最好时的试验范围

若 B 最好且

$$a_2 \leqslant x_2^{(1)} \leqslant \frac{a_2+b_2}{2}, \quad \frac{a_3+b_3}{2} \leqslant x_3^{(1)} \leqslant b_3$$

则在剩下的长方体

$$a_1 \leqslant x_1 \leqslant b_1, \quad a_2 \leqslant x_2^{(1)} \leqslant \frac{a_2+b_2}{2}, \quad a_3 \leqslant x_3^{(1)} \leqslant \frac{a_3+b_3}{2}$$

中继续用同法进行，对于其他情形也可类似处理。

6.3.3　平行线法

在实际工作中常遇到两个因素的问题，且其中一个因素难以调变，另一个因素却易于调变。比如一个是浓度，一个是流速，调整浓度就比调整流速困难。在这种情形下用平行线法就比用纵横对折法优越。

假设试验范围为一单位正方形，即：

$$0 \leqslant x_1 \leqslant 1, \quad 0 \leqslant x_2 \leqslant 1$$

又设 x_2 为较难调变的因素，首先将 x_2 固定在 0.618 处，对 x_1 进行单因素优选，这样就得到相对于 $x_2=0.618$ 时的最优点 $A=(x_1^{(1)}, 0.618)$。然后再将因素 x_2 固定在 0.618 的对称点 0.382 处，再对 x_1 进行优选，设得到的最优点为 $A=(x_1^{(2)}, 0.382)$。比较 A_1 与 A_2 两点上的试验结果，若 A_1 比 A_2 好，则不考虑 $x_2<0.382$ 的部分，此时剩下的范围为（见图 6-13）：

$$0 \leqslant x_1 \leqslant 1, \quad 0.382 \leqslant x_2 \leqslant 1$$

若 A_2 比 A_1 好，则不考虑 $x>0.618$ 的部分，剩下的试验范围为（见图 6-14）：

$$0 \leqslant x_1 \leqslant 1, \quad 0 \leqslant x_2 \leqslant 0.618$$

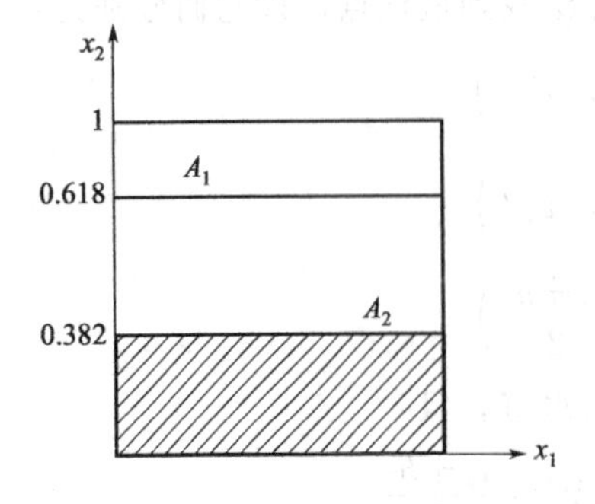

图 6-13　A_1 比 A_2 好的试验范围

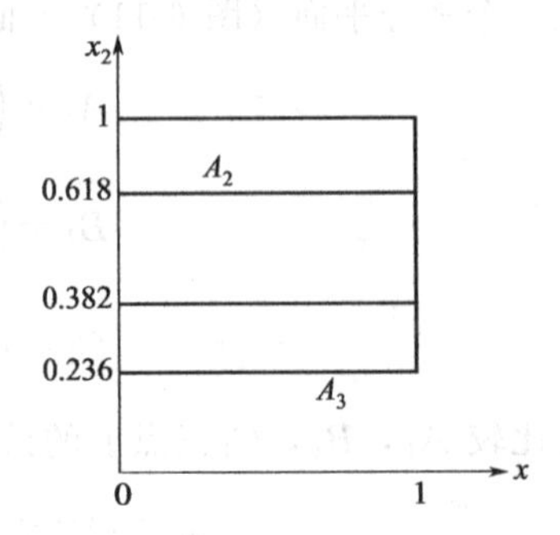

图 6-14　A_2 比 A_1 好的试验范围

在剩下范围内，依此方法继续进行，则试验范围不断缩小，最后得到最优点或满意结果为止。由于此法始终是在一系列相互平行的直线上进行，故称平行线法。

因素 x_2 并不一定要固定在 0.618 等处，例如也可以固定在原有生产水平上，这样可以少做试验。

上面两因素的方法，也可以推广到三个或更多个因素的情形，现以三个因素为例说明之。

假设试验范围为一长方体，不失普遍性，可以假设它是单位立方体：

$$0 \leqslant x_1 \leqslant 1,\ 0 \leqslant x_2 \leqslant 1,\ 0 \leqslant x_3 \leqslant 1$$

又设 x_3 为较难调变的，那么将 x_3 先后固定在 0.618 和 0.382 处，就得到两个平行平面：

$$0 \leqslant x_1 \leqslant 1,\ 0 \leqslant x_2 \leqslant 1,\ x_3 = 0.618$$

与

$$0 \leqslant x_1 \leqslant 1,\ 0 \leqslant x_2 \leqslant 1,\ x_3 = 0.382$$

这两个平行平面把立方体截成三块，对每一平行平面用（任何）两因素求出最优点，设最优点为 A_1 和 A_2（见图 6-15）。然后比较 A_1，A_2 上的试验结果。

若 A_1 优于 A_2（或 A_2 优于 A_1），则丢掉下边（或上边）的一块，再在余下的长方体中同法继续进行，重复进行多次，长方体不断缩小，直到得到满意的结果或达到预期的精度为止。与两因素情形一样，x_3 并不必须固定在范围 0.618 处，也可以固定在其他合适的地方。用平行线法处理两因素问题时，不能保证下一条平行线上的最优点一定优于以前各条平行线上的最优点，因此，有时为了较快地得到满意的结果，常常可以采用“平行线加速法”。

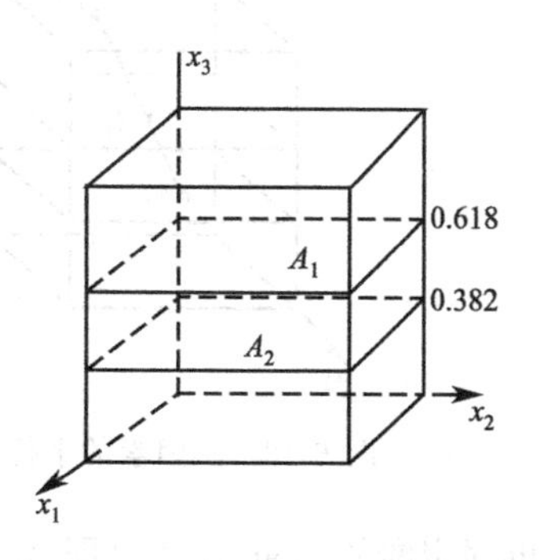

图 6-15　三因素的平行线法

“平行线加速”是在求得两条平行直线 L_1 与 L_2 上的最优点 A_1 与 A_2 后，比较 A_1 与 A_2 两点上的试验结果，若 A_1 优于 A_2，则去掉下面一块，剩下的试验范围如图 6-16 非阴影部分所示。然后在剩下的范围内过 A_2、A_1 做直线 L_3，在 L_3 上用单因素法找到了最优点，设为 A_3，显然 A_3 优于 A_1。如果对 A_3 的试验结果还不满意，则再过 A_3 做 L_1 的平行线 L_4，在 L_4 上用单因素法求得最优点 A_4。显然 A_4 优于 A_3（若 A_4 与 A_3 重合，则可以认为 A_4 即为最优点），因此可丢掉图 6-16 下边一块。若 A_4 的试验结果还不满意，则在剩下的试验范围内过 A_1，A_4 做直线 L_5（图 6-17），在 L_5 上用单因素法进行优选，依次进行直到结果满意为止。对于 A_3 优于 A_1 的情况也可类似地讨论。

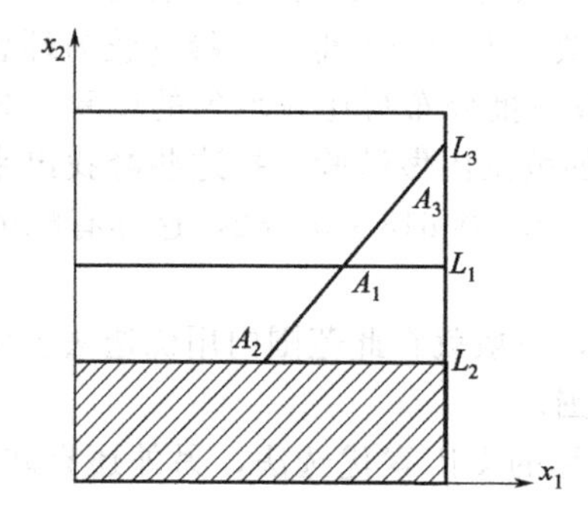

图 6-16　A_1 优于 A_2 的试验范围

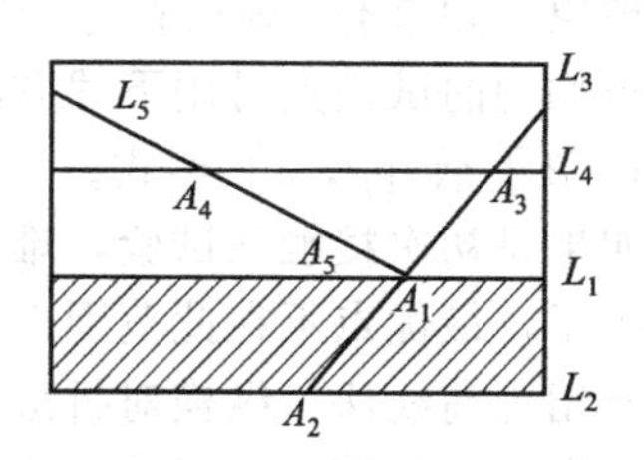

图 6-17　两因素的平行线加速法

以上方法的特点是，每一条新的直线上的最优点一定比以前得到的所有点都好，这样就有可能迅速得到满意的结果，至少每条直线上的单因素优选都有改进，试验就不白白浪费。

三因素的情形也有相应的加速方法，具体做法是：先在两个平行平面 P_1 和 P_2 上用两因素法求得最优点 A_1 和 A_2，若 A_1 优于 A_2，则可丢掉最下边的一块，然后过 A_1、A_2 做直线 L_3（见图 6-18），在 L_3 上用单因素方法求得最优点 A_3，再通过 A_3 做平行于 P_1 的平面 P_4，在 P_4 上用两因素法求得最优点 A_4，若 A_4 与 A_3 重合，则 A_4 就是所求之最优点。若 A_4 与 A_3 不重合，则过 A_1 与 A_4 做直线 L_5，在 L_5 上用单因素法进行优选，得最优点 A_5，依次进行，直到结果满意为止。对 A_2 优于 A_1 的情形，依此进行。

【例 6-10】 “除草醚”配方试验，所用原料为硝氯化苯，2,4-二氯苯酚和碱，试验目的是寻找 2,4-二氯苯酚和碱的最佳配比，使其质量稳定、产量高。

x_1（碱）的变化范围：1.1～1.6（摩尔比）

x_2（酚）的变化范围：1.1～1.42（摩尔比）

首先固定酚的用量为 1.22（即 0.382 处），对碱的用量进行优选，得碱的最优用量为 1.22（图 6-19）上的点 A_1。

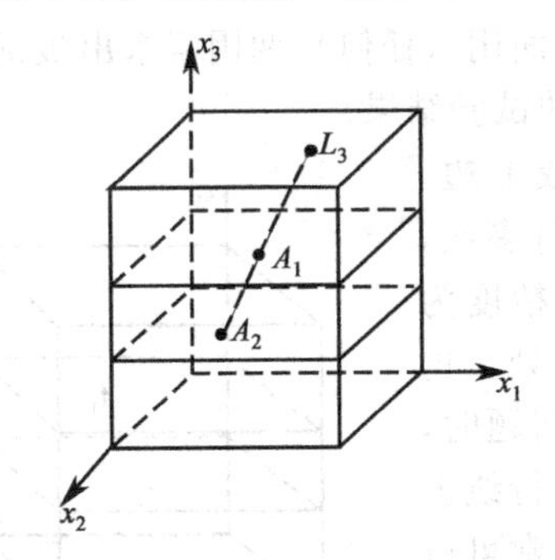

图 6-18 三因素的平行线加速法

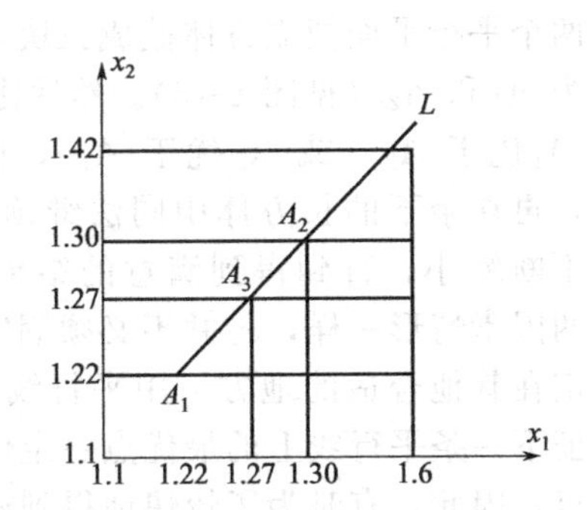

图 6-19 2,4-二氯苯酚和碱的最佳配比

再固定酚的用量 1.30（即 0.618 处），对碱的用量进行优选，得最优用量为 1.30，即图 6-19 上的点 A_2，过 A_1，A_2 点做直线 L，直线方程为 $x_2=\dfrac{x_2^{(2)}-x_2^{(1)}}{x_1^{(2)}-x_1^{(1)}}(x_1-x_1^{(1)})+x_2^{(1)}$，在直线 L 上用单因素法进行优选（因为 A_2 优于 A_1，所以酚的用量低于 1.22 时就不必做了），得最优点为 A_3，即酚与碱的用量均为 1.27。

最后还需说明几点。

(1) 在运用优选法时首先要找出影响测定的诸因素，特别是主要影响因素并确定其变化的范围，再选择试验方案并严格按所选的方案进行试验。

(2) 在前面介绍的方法均只适用于单峰的情况，即只有一个最佳条件，若为多峰（即有几个点，其附近都比它差）时，一方面仍按前述各法做下去，先求得一个峰［较为理想的条件后，再设法找到更好的峰（更好的条件）］或者先做一批分布得比较均匀的试验，观察是否有多峰现象，如果有，则可在每个可能出现的高峰的范围内做试验，把这些峰找出来，而这一批分布均匀的试验点可用下述方法确定，其中 $\alpha:\beta=0.618:0.382$，这样有峰的范围总是呈［α，β］或［β，α］形式。

(3) 如果是初次接触某试验，难以判断优选范围，一般就在此范围内用优选法去做，若所选范围小了，最优点不在此范围内，则酌情放宽范围。

以上介绍等高线法、纵横对折法、平行线法是常见的多因素优选法，另外还有陡度法、转轴法、方向加速法等，这里就不再介绍了。

习 题

1. 优选法的基本步骤是什么？如何得到分析法的目标函数？对很难得到目标函数的优选法（如化学中

的配方试验)，常采用什么方法进行优选试验?

2. 在单因素优选试验中，黄金分割法和平分法对目标函数的要求分别是什么?

3. 对某一单因素优选试验，已知目标函数为单峰函数，试验范围为 (0，100)，用黄金分割法进行优选，试验结果为试验点 1 的结果比 2 点好，试验点 3 的结果比点 1 好，试验点 3 的结果比 4 点好，试用黄金分割法对称公式计算出 4 个试验点的试验条件。

4. 在火焰原子分光光度灵敏度试验中，得到火焰高度与其吸光度的试验数据见表 6-5。

表 6-5　火焰高度与其吸光度的试验数据

火焰高度 x	3.0	5.0	7.0	9.0	11.0	13.0
吸光度 y	0.172	0.623	0.743	0.563	0.195	0.145

按多元回归方法求出其回归方程为:

$$y=-0.995936+0.51204x-0.03756x^2$$

试求灵敏度最高时的火焰高度值。如采用“黑箱法”，即不求出目标函数，应该怎样设计试验求得最优条件。

5. 多因素优选法常用降维法有哪几种，试述等高线法、纵横对折法和平行线法的基本原理及实施步骤。平行线法的适用条件是什么? 平行线加速法的加速原理是什么?

第 7 章　回归分析方法

回归分析法是用数理统计方法对大量观察数据进行回归分析，并建立因变量与自变量关系式的一种科学方法。本章介绍了一元线性回归分析和多元回归分析方法的基本原理及其应用。

7.1　一元线性回归

7.1.1　回归分析法概述

(1) 回归分析法的定义　回归分析法是在掌握大量观察数据的基础上，利用数理统计方法建立因变量与自变量之间的回归关系函数表达式(称回归方程式)，即回归分析就是一种处理变量与变量之间关系的数学方法。回归分析中，当研究的因果关系只涉及因变量和一个自变量时，叫做一元回归分析；当研究的因果关系涉及因变量和两个或两个以上自变量时，叫做多元回归分析。此外，回归分析中，又依据描述自变量与因变量之间因果关系的函数表达式是线性的还是非线性的分为线性回归分析和非线性回归分析。通常线性回归分析法是最基本的分析方法，遇到非线性回归问题可以借助数学手段化为线性回归问题处理。

提到变量间的关系，很容易使人想起微积分课程中所讨论的函数关系，即确定性关系。

例：自由落体运动中，物体下落的距离 S 与所需时间 t 之间，有如下关系：

$$S=\frac{1}{2}gt^2 \qquad (0\leqslant t\leqslant T)$$

变量 S 的值随 t 而定，也就是说，如果取定了 t 的值，那么，S 的值就完全确定了。但是，自然界的众多的变量间，还有另一类重要的关系，我们称之为相关关系。比如，人的身高与体重之间的关系。虽然一个人的“身高”并不能确定“体重”，但是，平均说来身高者，体也重。我们就说，身高与体重这两个变量具有相关关系。又如，在冶炼某钢铁过程中，钢液的初始含碳量与冶炼时间这两个变量间也具有这种相关关系。

实际上，即使是具有确定性关系的变量间，由于试验误差的影响，其表现形式也具有某种程度的不确定性，这一点大家在做化学试验时是有体会的。回归分析方法是处理变量间相关关系的有力工具。它不仅提供了建立变量间关系的数学表达式——通常称为经验公式的一般方法，而且利用概率统计知识进行了分析讨论，从而能帮助实际工作者如何去判明所建立的经验公式的有效性，以及如何利用所得经验公式去达到预报、控制等目的。

(2) 回归分析法所解决的问题　回归分析主要解决以下几个方面的问题：

① 确定几个特定的变量之间是否存在相关关系，如果存在的话，找出它们之间合适的数学表达式；

② 根据一个或几个变量的值，预报或控制另一个变量的取值，并且要知道这种预报或控制可达到什么样的精确度；

③ 进行因素分析，例如在对共同影响一个变量的许多变量（因素）之间，找出哪些是主要因素，哪些是次要因素，这些因素之间又有什么关系等。

回归分析有很广泛的应用，工农业生产和科学研究工作中许多问题都可用这种方法得到解决。如：在试验数据的一般处理、经验公式的求得、试验设计、因素分析、产品质量的控制、某些新标准的制定、气象及地震预报、自动控制中数学模型的建立以及其他许多场合，回归分析是一种很有用的工具。

最简单地，一元线性回归分析，就是处理两个变量间线性相关关系的方法，它主要解决如下几个问题：

a. 求变量 x 与 y 之间的回归直线方程；

b. 判断变量 x 和 y 之间是否确为线性相关关系；

c. 根据一个变量的值，预测或控制另一个变量的取值。

总之，回归分析法是利用找出事物发展变化的因果关系，来揭示其未来的变化趋势，该方法已成为一种较为成熟的预测方法。特别是在中长期预测中，二元线性回归和指数函数模型得到了广泛应用。但应该注意到，在回归模型中，因变量与自变量在时间上则是并进的关系，即因变量的预测值是由同期并进的自变量值来旁推的。因此，这就要求对自变量统计分析和估计必须建立在较为全面与准确的基础上，否则将会使预测造成较大误差。

(3) 回归分析的任务和基本步骤　回归分析的任务是根据试验数据估计回归函数，讨论回归函数中参数的点估计、区间估计，对回归函数中的参数或者回归函数本身进行假设检验，利用回归函数进行预测与控制等。

一元线性回归分析法的基本步骤是：建立一元线性回归数学模型并定义参量；估计模型参数；利用回归函数进行检验、预测与控制；对模型进行可线性化的一元非线性回归（或曲线回归)。

多元线性回归分析法的基本步骤是：建立数学模型并定义参量；估计模型参数，用回归函数进行多元线性回归中的检验与预测，对模型进行逐步回归分析。

在实际问题中，我们还常遇到变量之间往往具有非线性的相关关系，此时进行回归分析，则属于非线性回归问题。确定非线性回归模型时，通常采用变量代换的方法，将非线性回归方程转变为线性回归方程的形式，然后利用最小二乘法求解回归参数，最后再经过变量反代换可确定非线性回归模型。

实际上，非线性回归分析与线性回归分析在原理上是完全相同的。实际是在回归分析过程中，将模型多一次转化。例如，一元非线性回归分析包括有：双曲线模型、幂函数模型、对数函数模型、指数函数模型、S 型曲线模型等。

7.1.2　一元线性回归方程的确定

由上面讨论知，若变量 x 和 y 之间的关系为线性相关关系，则它们之间的定量关系式为直线方程，即可以用一直线大致表示它们之间的关系。

我们知道，平面上的直线无穷多，究竟用哪一条直线较合理呢？数学上给了一个判定原则：如果直线与全部观测数据 y_i ($i=1, 2, \cdots, n$) 的离差平方和，比任何其他直线与全部观测数据的离差平方和更小，则该直线是代表 x 与 y 之间关系的较为合理的一条直线，这条直线就是 x 和 y 之间的回归直线。

设 $y^*=a+bx$ 是平面上的任一条直线，(x_i, y_i) ($i=1, 2, \cdots, n$) 是变量 x、y 的一组观测数据。

那么，对于每一个 x_i，在直线 $y^*=a+bx$ 上却可以确定一个 $y_i^*=a+bx_i$ 值，y_i^* 与 x_i 处的实际观测值 y_i 的差

$$y_i-y_i^*=y_i-(a+bx_i)$$

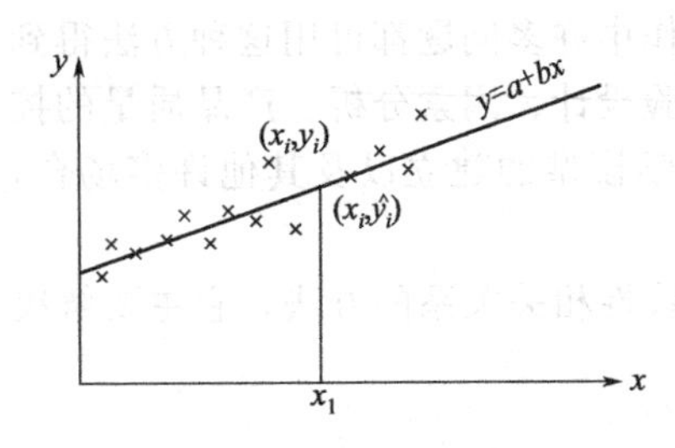

图 7-1 观测值的线性拟合曲线

就刻画了 y_i 与直线偏离的程度（如图 7-1）。全部实际观测值 y_i（$i=1, 2, \cdots, n$）与直线上对应的 y_i^*（$i=1, 2, \cdots, n$）的离差平方和则为：

$$Q=\sum_{i=1}^{n}(y_i-y_i^*)^2=\sum_{i=1}^{n}(y_i-a-bx_i)^2$$

Q 反映了全部观测值 y_i（$i=1, 2, \cdots, n$）对直线 $y^*=a+bx$ 的偏离程度，显然，离差平方和 Q 越小的直线，越能较好地表示变量 x、y 之间的关系。

用最小二乘法原理，通过选择合适的系数 a、b，使 Q 达最小。

即：

$$\frac{\partial Q}{\partial a}=-2\sum_{i=1}^{n}(y_i-a-bx_i)=0 \tag{7-1}$$

$$\frac{\partial Q}{\partial b}=-2\sum_{i=1}^{n}(y_i-a-bx_i)x_i=0 \tag{7-2}$$

联合求解两式得：

$$b=\frac{\sum_{i=1}^{n}(x_i-\bar{x})(y_i-\bar{y})}{\sum_{i=1}^{n}(x_i-\bar{x})^2}=\frac{\sum_{i=1}^{n}x_iy_i-\frac{1}{n}\left(\sum_{i=1}^{n}x_i\right)\left(\sum_{i=1}^{n}y_i\right)}{\sum_{i=1}^{n}x_i^2-\frac{1}{n}\left(\sum_{i=1}^{n}x_i\right)^2} \tag{7-3}$$

$$a=\bar{y}-b\bar{x} \tag{7-4}$$

式中：

$$\bar{x}=\frac{1}{n}\sum_{i=1}^{n}x_i,\bar{y}=\frac{1}{n}\sum_{i=1}^{n}y_i \tag{7-5}$$

求得 a，b 后，可确定回归方程为：

$$\hat{y}=a+bx \tag{7-6}$$

式中 b——回归系数。

注意，当 $x=\bar{x}$时，由式(7-4) 知 $\hat{y}=\bar{y}$，即是说，回归直线通过点（$\bar{x}$，$\bar{y}$），即由观测值的平均值组成的点。从力学的观点看，($\bar{x}$，$\bar{y}$) 即是 n 个散点（x_i，y_i）的重心位置，而回归直线必须通过散点的重心是很自然的。记住这个结论对我们做回归直线是有帮助的。

前面我们提到，只有当两个变量间有着线性相关关系时，才能用直线方程大致表示它们之间的关系。因而，当我们从两个变量的一组观测数据求得它们之间的回归直线方程之后，均需进一步进行分析，以判断回归方程是否有意义，即检验变量之间是否为线性相关关系，能否用直线方程来表示。判定回归方程是否有意义，一般称为回归方程的显著性检验。下面介绍两种检验方法。

(1) 方差分析法　由前面有关方差分析的原理知，方差分析的基本特点是，把所给数据的总波动分解为两部分，一部分反映因素水平变化引起的波动，另一部分反映由于存在试验误差而引起的波动。然后把各因素水平变化引起的波动与误差引起的波动大小进行比较，而达到检验因素显著性的目的，回归问题的方差分析与此类似。

设（x_i，y_i）（$i=1, 2, \cdots, n$）为变量 x，y 间的一组观测数据，x_i为观测点，y_i为 x_i处的观测值，$\hat{y}=a+bx$ 为这组数据求得的变量 x，y 间的回归方程，在回归问题中，观测数据的总的波动情况，用各观测值 y_i与总平均$\bar{y}$之间的平方和即总变动平方和表示：

$$
\begin{aligned}
L_{yy} &= \sum_{i=1}^{n}(y_i-\bar{y})^2 \\
&= \sum_{i=1}^{n}[(y_i-\hat{y}_i)+\hat{y}_i-\bar{y}]^2 \\
&= \sum_{i=1}^{n}(y_i-\hat{y})^2+\sum_{i=1}^{n}(y_i-\bar{y})^2+2\sum_{i=1}^{n}(y_i-\hat{y}_i)(\hat{y}_i-\bar{y})
\end{aligned} \tag{7-7}
$$

上式中，第二项用 U 表示，即：

$$U=\sum_{i=1}^{n}(\hat{y}_i-\bar{y})^2 \tag{7-8}$$

U 反映了总变动，由于 x 与 y 的线性关系而引起 y 变化的部分称为回归平方和。

式(7-7) 右边第一项就是观测值与回归直线的离差平方和 Q，它反映了误差的大小；第三项为零。

公式(7-7) 称为回归问题的变差平方和分解公式，又可写为：

$$L_{yy}=U+Q \tag{7-9}$$

与前面方差分析中平方和分解一样，每一个变差平方和（即 L_{yy}、U、Q）也有一个称为“自由度”的数与它们相联系，L_{yy}的自由度称为总自由度，记作 $f_{总}$。$f_{总}=$ 观测值个数 $-1=n-1$，U 的自由度 $f_U=1$；Q 的自由度 $f_Q=n-2$。

且三者间仍有：　$f_{总}=f_U+f_Q$

所以，用 F 检验来考察回归直线的显著性具体步骤如下：

① 计算 $F=\dfrac{U/f_U}{Q/f_Q}=(n-2)\dfrac{U}{Q}$；

② 对选定的显著性水平 $\alpha=0.05$（或 0.01），从 F 分布上找出临界值 $F_\alpha(1,n-2)$；

③ 比较 F 与 F_α的大小。

若 $F=(n-2)\dfrac{U}{Q}\geqslant F_\alpha(1,n-2)$，则可视为回归方程在 α 水平上显著，即回归方程有意义。反之，变量 x 与 y 之间不存在线性相关关系，回归方程的意义不大。

(2) 相关系数检验法　由：

$$U=\sum_{i=1}^{n}(y_i-\bar{y})^2=\sum_{i=1}^{n}[(a-bx_i)-(a-b\bar{x})]^2$$

$$U=\sum_{i=1}^{n}b^2(x_i-\bar{x})^2 \tag{7-10}$$

代入式(7-7)，并整理得：

$$\frac{\sum_{i=1}^{n}(y_i-\hat{y}_i)^2}{\sum_{i=1}^{n}(y_i-\bar{y})^2}=1-b^2\frac{\sum_{i=1}^{n}(x_i-\bar{x})^2}{\sum_{i=1}^{n}(y_i-\bar{y})^2} \tag{7-11}$$

令：

$$r^2=b^2\frac{\sum_{i=1}^{n}(x_i-\bar{x})^2}{\sum_{i=1}^{n}(y_i-\bar{y})^2}=1-\frac{\sum_{i=1}^{n}(y_i-\hat{y}_i)^2}{\sum_{i=1}^{n}(y_i-\bar{y})^2} \tag{7-12}$$

所以
$$r = b\sqrt{\frac{\sum_{i=1}^{n}(x_i - \bar{x})^2}{\sum_{i=1}^{n}(y_i - \bar{y})^2}}$$

下面存在三种情形（见图 7-2）。

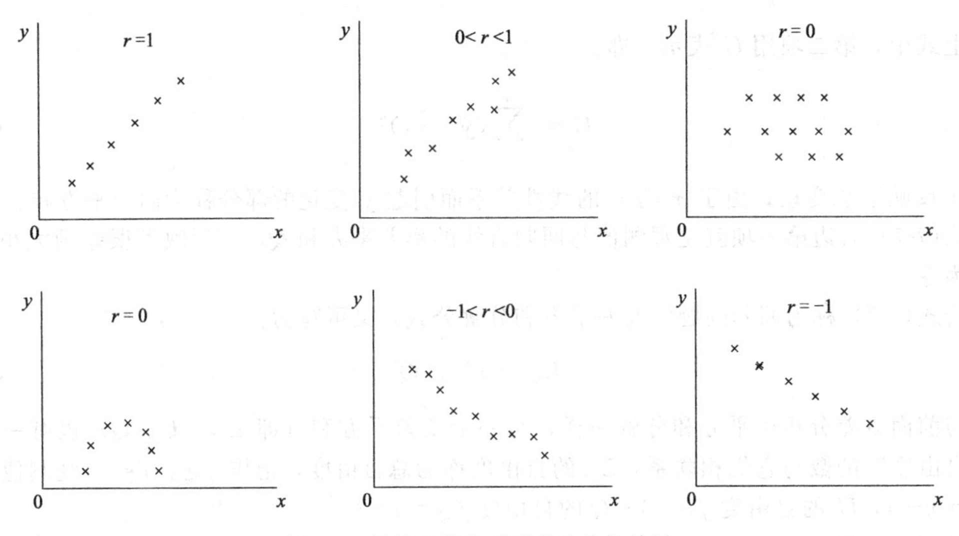

图 7-2 相关系数与观测点的线性关系

① y 与 x 有严格函数关系时：

$$y_i = \hat{y}_i, r = 1, b = \sqrt{\frac{\sum_{i=1}^{n}(y_i - \hat{y})^2}{\sum_{i=1}^{n}(x_i - \bar{x})^2}}$$

② y 与 x 无任何依赖关系时：

$$\hat{y} = \bar{y},\ r = 0,\ b = 0$$

③ y 与 x 存在相关关系时：

$$0 < |r| < 1$$

可见，r 是表征 y 与 x 相关程度的系数——相关系数。

在实际问题中，$|r|$ 究竟接近于何种程度时，才可以认为 y 与 x 是相关的，可用下面相关系数检验法来判定。

检验步骤如下。

① 按下式计算 r：

$$r = b\sqrt{\frac{\sum_{i=1}^{n}(x_i - \bar{x})^2}{\sum_{i=1}^{n}(y_i - \bar{y})^2}} = \frac{\sum_{i=1}^{n}(x_i - \bar{x})(y_i - \bar{y})}{\sqrt{\sum_{i=1}^{n}(x_i - \bar{x})^2 \sum_{i=1}^{n}(y_i - \bar{y})^2}} = \frac{l_{xy}}{\sqrt{l_{xx} l_{yy}}} \tag{7-13}$$

② 给定显著性水平 α，按自由度 $f = n - 2$，由相关系数临界表 7-1 中查出临界值 $r_{\alpha,f}$。

表 7-1　相关系数临界值表

$n-2$	α 0.05	α 0.01	$n-2$	α 0.05	α 0.01	$n-2$	α 0.05	α 0.01
1	0.997	1.000	11	0.553	0.684	21	0.413	0.526
2	0.950	0.990	12	0.532	0.661	22	0.404	0.515
3	0.878	0.959	13	0.514	0.641	23	0.396	0.505
4	0.811	0.917	14	0.497	0.623	24	0.388	0.496
5	0.754	0.874	15	0.482	0.606	25	0.381	0.487
6	0.707	0.834	16	0.468	0.590	26	0.374	0.478
7	0.666	0.798	17	0.456	0.575	27	0.367	0.470
8	0.632	0.765	18	0.444	0.561	28	0.361	0.463
9	0.602	0.735	19	0.433	0.549	29	0.355	0.456
10	0.576	0.708	20	0.423	0.537	30	0.349	0.449

③ 比较$|r|$与$r_{\alpha,f}$的大小。

若$|r| \geqslant r_{\alpha,f}$，则认为 x 与 y 之间存在线性相关关系；

若$|r| < r_{\alpha,f}$，则认为 x 与 y 之间不存在线性相关关系。

其实，上面介绍的两种检验本质上是一回事，可以证明 F 与 r 间有如下关系。

$$F=(n-2)\frac{r^2}{1-r^2} \tag{7-14}$$

F 较大等价于$|r|$较大。

证明：由前面式(7-10) 得：

$$U = \sum_{i=1}^{n} b^2(x_i-\bar{x})^2 = b\sum_{i=1}^{n}(x_i-\bar{x})(y_i-\bar{y}) = bl_{xy}$$

$$l_{yy}=Q+U$$

所以
$$Q=\sum_{i=1}^{n}(y_i-\hat{y})^2 = L_{yy}-U = L_{yy}-bl_{xy}$$

又
$$b=\frac{l_{xy}}{l_{xx}}$$

以及
$$\frac{U}{l_{yy}}=\frac{bl_{xy}}{l_{yy}}=\frac{l_{xy}^2}{l_{xx}l_{yy}}=r^2$$

从而有
$$U=r^2 l_{yy}$$
$$Q=(1-r^2)/l_{yy}$$

则：
$$F=\frac{U/f_U}{Q/f_Q}=(n-2)\frac{U}{Q}=(n-2)\frac{r^2}{1-r^2}$$

7.1.3　预报和控制

当我们求得变量 x、y 之间的回归直线方程后，往往希望通过回归方程回答这样两方面的问题：

① 对任何一个给定的观测点 x_0，推断观测值 y_0大致落在什么范围内；

② 若要求观测值 y 在一定的范围 $y_1< y< y_2$内取值，应将变量控制在什么地方？

前者就是所谓的预报问题，后者称为控制问题。

(1) 预报问题　对给定的 x_0，由回归方程即可得到 $\hat{y}_0=a+bx_0$，是不是问题就解决了呢？显然没有。因为，变量 x 和 y 之间的关系并不是确定的函数关系，而是相关关系，即变量 x 取 x_0时，观测值 y_0的取值不一定正好在回归直线上，是在 $\hat{y}_0=a+bx_0$上下的某一范围内。因此，在预报问题中，我们并不能给出观测值 y 的具体数值，而只能估计出其取值的范围。

一般来说，对于固定的 x_0 处的观测值 y 的取值范围是以 y_0 为中心而对称分布的。愈靠近 $\hat{y}_0$ 的地方，出现的机会愈大，离 $\hat{y}_0$ 较远的地方，出现的机会少，而且 y_0 的取值范围与量 $S_y=\sqrt{\frac{Q}{n-2}}$ 有下述关系：

y_0 落在 $\hat{y}_0 \pm 3S_y$ 范围内的可能性（概率）为 99.7%；

y_0 落在 $\hat{y}_0 \pm 2S_y$ 范围的可能性为 95%；

y_0 落在 $\hat{y}_0 \pm S_y$ 范围的可能性为 68%。

利用此关系，对于指定的 x_0，我们可以有 95% 的把握推断，在 $x=x_0$ 处的实际观测值 y_0 介于 $\hat{y}_0-2S_y$ 与 $\hat{y}_0+2S_y$ 之间，

即：
$$\hat{y}_0-2S_y<y<\hat{y}_0+2S_y \tag{7-15}$$

这样，预报问题就得到了解决。

量 S_y 称为剩余标准差。S_y 越小，则从回归方程预报的 y 值越准确，故可用它来衡量预报的精确度。

这里要说明一下，严格说来，

$$S_y=\sqrt{\frac{Q}{n-2}\left[1+\frac{1}{n}+\frac{(x_0-x)^2}{l_{xx}}\right]} \tag{7-16}$$

并且 y_0 落在 $y_0 \pm \sqrt{F_\alpha(1,n-2)}S_y$ 范围内的概率是 $100(1-\alpha)\%$，但当 x_0 取值在 x 附近，且 n 较大时：

由于
$$1+\frac{1}{n}+\frac{(x_0-\bar{x})^2}{l_{xx}}\approx 1$$

故可近似地认为：$S_y=\sqrt{\frac{Q}{n-2}}$

（2）控制问题　控制问题只不过是预报的反问题。若要求观测值 $y_1<y_0<y_2$ 的范围内取值，则可从

$$a-2S_y+bx_1=y_1（或\ a-3S_y+bx_1=y_1）$$

及

$$a-2S_y+bx_2=y_2（或\ a-3S_y+bx_2=y_2）$$

中分别解出 x_1，x_2（注意，若 $b>0$，则解出的 $x_1\leqslant x_2$；若 $b<0$，则解出的 $x_1\geqslant x_2$），只要将 x 的取值控制在 x_1 与 x_2 之间，我们就能以 95%（或 99.7%）的把握保证，y_0 的取值介于 y_1 和 y_2 之间。

进行预报和控制，通常也采用图解法。其做法是，在散点图上做两条平行于回归直线的直线（图 7-3）。

$$y=a+bx-2S_y \tag{7-17}$$
$$y=a+bx+2S_y \tag{7-18}$$

则可预测在 x 附近的一系列观测值中，95% 将落在这两条直线所夹成的带形区域中。若要求在 $y_1<y<y_2$ 内取值，则只需如图 7-3 虚线所示的对应关系，可在 x 轴上找到 x 值的控制范围。

值得注意的是，一般来说，回归方程的适用范围仅仅局限于原来观测数据的范围，而不能随意外推。在某种需进行外推估计的情况下，也可以利用它，但一定要在实践中检验所得

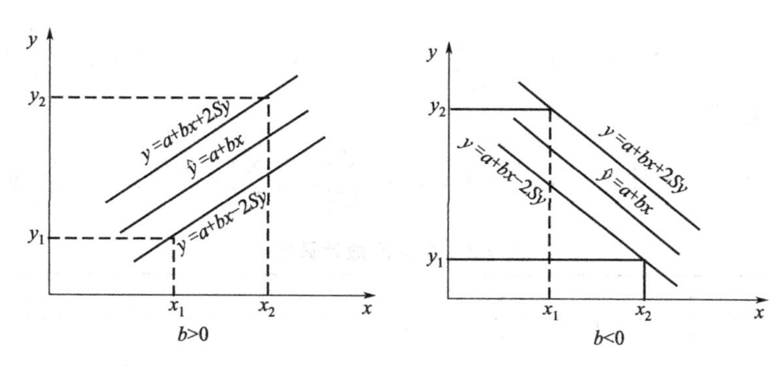

图 7-3　试验点的控制范围

的结果是否合理。

7.1.4　应用举例

【例 7-1】 在某产品表面腐蚀刻线，表 7-2 是试验获得的腐蚀时间（x）与腐蚀深度（y）间的一组数据。试研究两变量 x、y 之间的关系。

表 7-2　腐蚀时间与腐蚀深度的关系

腐蚀时间 x/s	5	5	10	20	30	40	50	60	65	90	120
腐蚀深度 y/μm	4	6	8	13	16	17	19	25	25	29	46

做散点图（见图 7-4），即做（x_i，y_i）图。

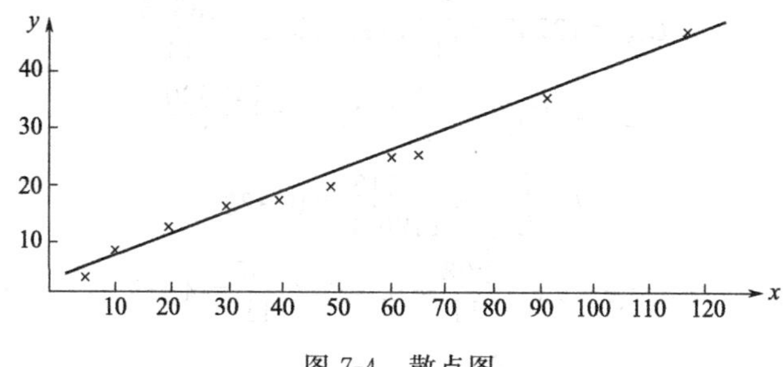

图 7-4　散点图

可见，x 与 y 间不存在确定的函数关系，而表现为相关关系。

（1）求回归直线

记：
$$L_{xx}=\sum_{i=1}^{n}(x_i-\bar{x})^2=\sum_{i=1}^{n}x_i{}^2-\frac{1}{n}\left(\sum_{i=1}^{n}x_i\right)^2$$

$$L_{yy}=\sum_{i=1}^{n}(y_i-\bar{y})^2=\sum_{i=1}^{n}y_i{}^2-\frac{1}{n}\left(\sum_{i=1}^{n}y_i\right)^2$$

$$L_{xy}=\sum_{i=1}^{n}(x_i-\bar{x})(y_i-\bar{y})=\sum_{i=1}^{n}x_iy_i-\frac{1}{n}\left(\sum_{i=1}^{n}x_i\right)\left(\sum_{i=1}^{n}y_i\right)$$

所以
$$a=\bar{y}-b\bar{x}$$

$$b=\frac{L_{xy}}{L_{xx}} \tag{7-19}$$

$$r=\frac{L_{xy}}{\sqrt{L_{xx}L_{yy}}} \tag{7-20}$$

$$U=\sum_{i=1}^{n}(\hat{y}_i-\bar{y})^2=\sum_{i=1}^{n}(a+bx_i-a-b\bar{x})^2=b^2L_{xx}=\frac{L_{xy}^2}{L_{xx}} \quad (7\text{-}21)$$

具体求法与格式如下。

如表 7-3 所示，列表计算 x_i^2，y_i^2，x_iy_i以及 $\sum_{i=1}^{n}x_i$ 、$\sum_{i=1}^{n}y_i$ 、$\sum_{i=1}^{n}x_i{}^2$ 、$\sum_{i=1}^{n}y_i{}^2$ 、$\sum_{i=1}^{n}x_iy_i$

表 7-3　相关函数计算表

序 号	x	y	x^2	y^2	xy
1	5	4	25	16	20
2	5	6	25	36	30
3	10	8	100	64	80
4	20	13	400	169	260
5	30	16	900	256	480
6	40	17	1600	289	680
7	50	19	2500	361	950
8	60	25	3600	625	1500
9	65	25	4225	625	1625
10	90	29	8100	841	2610
11	120	46	14400	2116	5520
Σ	495	208	35875	5398	13755

$$\bar{x}=\frac{495}{11}，\bar{y}=\frac{208}{11}$$

$$L_{xy}=13755-\frac{1}{11}\times495\times208=\frac{48345}{11}$$

$$L_{xx}=35875-\frac{1}{11}\times495^2=\frac{149600}{11}$$

则：

$$b=\frac{L_{xy}}{L_{xx}}=\frac{48345}{149600}=0.323$$

$$a=\bar{y}-b\bar{x}=\frac{208}{11}-0.323\times\frac{495}{11}=4.37$$

所以回归方程为：

$$y=4.37+0.323x$$

说明：目前市面上有带函数运算功能的计算器具有计算回归方程给出 a，b，r 值的功能，如 CASIOf$_x$-180P 等，应用非常快速方便。

（2）显著性检验　相关系数：

$$r=\frac{L_{xy}}{\sqrt{L_{xx}L_{yy}}}=0.98$$

$$r_{\alpha,f}=r_{0.05,9}=0.602$$

因为$|r|>r_{\alpha,f}$，回归方程有意义。

（3）预报与控制　首先计算

$$S_y=\sqrt{\frac{Q}{n-2}}=\sqrt{\frac{45}{9}}=2.24$$

现在来回答下列两个问题。

① 预测当腐蚀时间 $x_0=75$s 时，腐蚀深度 y 在什么范围内。

由回归方程

$$\hat{y}_0=4.37+0.323\times75=28.6(\mu\text{m})$$

$$\hat{y}_0 - 2S_y = 28.6 - 2 \times 2.24 = 24.12(\mu m)$$

$$\hat{y}_0 + 2S_y = 28.6 + 2 \times 2.24 = 33.08(\mu m)$$

故有95%的把握回答：当 $x_0 = 75s$ 时，刻线腐蚀的深度的范围为：

$$24.12\mu m < y < 33.08\mu m$$

② 若要求刻线深度在 10～20μm 之间，应将腐蚀时间控制在什么范围内。

解方程：

$$4.37 + 0.323x_1 - 2S_y = 10$$

及

$$4.37 + 0.323x_2 + 2S_y = 20$$

得：

$$x_1 = 31.3s$$

$$x_2 = 34.5s$$

故知若要刻线深度在 10～20μm 之间，则需将腐蚀时间控制在 32～34s 内。

7.1.5　化非线性回归为线性回归

在实际问题中，有时两个变量间的关系不是线性相关关系，而是某种曲线相关关系，这时如果仍做线性回归，就不能反映出两个变量之间的内在联系，而必须做非线性回归。在许多情况下，可通过对变量做适当的代换，化为线性回归问题处理，求出它的回归方程。

【例 7-2】 在化学反应速度理论中，依阿累尼乌斯经验公式反应速率常数与活化能的关系为：

$$k = Ae^{-\frac{E}{RT}} \tag{7-22}$$

我们希望通过一组试验数据求出未知参数 A 和 E。

对式(7-22) 两边取自然对数，

得：

$$\ln k = -\frac{E}{RT} + \ln A \tag{7-23}$$

令：

$$\ln k = y，-\frac{1}{T} = x，a = \ln A，b = \frac{E}{R}$$

则式(7-23) 可表示为：$y = a + bx$

用经过变换后的数据点 $\left(-\frac{1}{T}, \ln k\right)$ 做线性回归，回归系数 $a = \ln A$，$b = E/R$。

下面举几种可以通过变量代换成线性回归处理的曲线图形和替代公式。

(1) 双曲线

$$\frac{1}{y} = a + b\frac{1}{x}$$

令：

$$y' = \frac{1}{y}，x' = \frac{1}{x}$$

则得：

$$y' = a + bx'$$

(2) 指数曲线

$$y = ce^{bx}$$

令：

$$y' = \ln y，a = \ln c$$

则得：

$$y' = a + bx$$

(3) 指数曲线

$$y = ce^{\frac{b}{x}}$$

令：

$$y' = \ln y，a = \ln c，x' = \frac{1}{x}$$

则得：

$$y' = a + bx'$$

(4) 对数曲线

$$y = a + b\lg x$$

令：

$$x' = \lg x$$

则得：

$$y = a + bx'$$

(5) S 型曲线
$$y=\frac{1}{a+be^{-x}}$$
令：
$$y'=\frac{1}{y},\ x'=e^{-x}$$
则得：
$$y'=a+bx'$$

7.2 多元回归分析方法

上节讨论的只是两个变量的回归问题，其中因变量只与一个自变量相关。但这只是最简单的情况，在大多数的实际问题中，影响因变量的因素不是一个而是多个，我们称这类回归问题为多元回归分析。例如，影响用电量的因素就有：国民收入、经济增长率、工业发展速度，居民用电水平等。如果这些因素与用电量之间的关系都具有线性关系时，这就是多因素线性相关关系问题，则可以用多元线性回归模型来解决。

解决多元线性回归模型的原理与解决一元线性回归模型的原理完全相同，也是用最小二乘法确定多元线性回归模型的常数项和回归系数。即多元线性回归分析的原理与一元线性回归分析完全相同，但在具体计算上，要比一元线性回归复杂得多。不过，应用计算机多元回归的计算量是很小的，一般的计算机都有多元回归（以及逐步回归方法）的专门程序。我们这里着重讨论简单而又最一般的线性回归问题，这是因为许多非线性的情形可以化为线性回归来做。

(1) 模型　设因变量 y 与自变量 x_1，x_2，…，x_k 有关系：
$$Y=b_0+b_1x_1+\cdots+b_kx_k+\varepsilon \tag{7-24}$$
其中 ε 是随机项，现有几组数据：
$$(y_1;\ x_{11},\ x_{21},\ \cdots,\ x_{k1})$$
$$(y_2;\ x_{12},\ x_{22},\ \cdots,\ x_{k2})$$
$$\cdots$$
$$(y_n;\ x_{1n},\ x_{2n},\ \cdots,\ x_{kn})$$
其中：x_{ij} 是自变量 x_i 的第 j 个值，y_j 是 Y 的第 j 个观测值。

假定：
$$\begin{cases} y_1=b_0+b_1x_{11}+b_2x_{21}+\cdots+b_kx_{k1}+\varepsilon_1 \\ y_2=b_0+b_1x_{12}+b_2x_{22}+\cdots+b_kx_{k2}+\varepsilon_2 \\ \cdots \\ y_n=b_0+b_1x_{1n}+b_2x_{2n}+\cdots+b_kx_{kn}+\varepsilon_n \end{cases} \tag{7-25}$$

其中：b_0，b_1，…，b_k 是待估参数，而 ε_0，ε_1，…，ε_k 相互独立且服从相同的标准正态分布 $N(0,\sigma^2)$[1]（σ 未知）。

说明如下。

① 所谓“多元”是指自变量有多个，而因变量还是只有一个；自变量是普通变量，因变量是随机变量。

② 式(7-25) 中的诸 y 是数据，而式(7-24) 中的诸 Y 是随机变量。我们把式(7-24) 中的诸 Y 当作式(7-25) 中的相应的 Y 的观测值。

③ 式(7-24) 表示 Y 跟 x_1，x_2，…，x_k 的关系是线性的。对于某些非线性关系，可通过适当地变换化为形式上的线性的问题，比如，一元多项式回归问题（即显然只有一个 x，但 Y 对 x 的回归式是多项式：$\hat{y}=b_0+b_1x+b_2x^2+\cdots+b_kx^k$），就可以通过变换化为多元线

[1] 标准正态分布又称为 u 分布，是以 0 为均数、以 1 为标准差的正态分布，记为 $N(0,1)$。

性回归问题（如令 $x_1=x$，$x_2=x^2$，…，$x_k=x^k$ 就可以了）。

（2）最小二乘法与正规方程　设影响因变量 Y 的自变量共有 k 个，x_1，x_2，…，x_k，通过试验得到下列几组观测数据。

$$(x_{1t},\ x_{2t},\ \cdots,\ x_{kt};\ y_t),\ t=1,\ 2,\ \cdots,\ n \tag{7-26}$$

根据这些数据，在 y 与 x_1，x_2，…，x_k 之间欲配线性回归方程：

$$y=b_0+b_1x_1+b_2x_2+\cdots+b_kx_k \tag{7-27}$$

用最小二乘法，选择参数 b_0，b_1，…，b_k，使离差平方和达最小。

即使

$$Q(b_0,b_1,\cdots,b_k)=\sum_{t=1}^{n}(y_t-y)^2=\sum_{t=1}^{n}[y_t-(b_0+b_1x_{1t}+\cdots+b_kx_{kt})]^2 \tag{7-28}$$

最小。

由数学分析中求极小值原理得：

$$\begin{cases}\dfrac{\partial Q}{\partial b_0}=0\\ \dfrac{\partial Q}{\partial b_1}=0\\ \cdots\\ \dfrac{\partial Q}{\partial b_k}=0\end{cases} \tag{7-29}$$

化简并整理式(7-29) 可得下列方程组：

$$\begin{cases}l_{11}b_1+l_{12}b_2+\cdots+l_{1k}b_k=l_{1y}\\ l_{21}b_1+l_{22}b_2+\cdots+l_{2k}b_k=l_{2y}\\ \cdots\\ l_{k1}b_1+l_{k2}b_2+\cdots+l_{kk}b_k=l_{ky}\end{cases} \tag{7-30a}$$

将式(7-30a) 写成矩阵形式为：

$$\begin{bmatrix}l_{11} & l_{12} & \cdots & l_{1k}\\ l_{21} & l_{22} & \cdots & l_{2k}\\ \cdots & \cdots & \cdots & \cdots\\ l_{k1} & l_{k2} & \cdots & l_{kk}\end{bmatrix}\begin{bmatrix}b_1\\ b_2\\ \cdots\\ b_k\end{bmatrix}=\begin{bmatrix}l_{1y}\\ l_{2y}\\ \cdots\\ l_{ky}\end{bmatrix} \tag{7-30b}$$

其中：

$$\bar{y}=\frac{1}{n}\sum_{t=1}^{n}y_t,\ \bar{x}_t=\frac{1}{n}\sum_{t=1}^{n}x_{it}$$

$$i=1,2,\cdots,k$$

$$l_{ij}=l_{ji}=\sum_{t=1}^{n}(x_{it}-\bar{x}_i)(x_{jt}-\bar{x}_j)=\sum_{t=1}^{n}x_{it}x_{jt}-\frac{1}{n}\left(\sum_{t=1}^{n}x_{it}\right)\left(\sum_{t=1}^{n}x_{jt}\right) \tag{7-30c}$$

$$i,j=1,2,\cdots,k$$

$$l_{iy}=\sum_{t=1}^{n}(x_{it}-\bar{x}_i)(y_t-\bar{y})=\sum_{t=1}^{n}x_{it}y_t-\frac{1}{n}\left(\sum_{t=1}^{n}x_{it}\right)\left(\sum_{t=1}^{n}y_t\right) \tag{7-30d}$$

$$i=1,\ 2,\ \cdots,\ k$$

$$b_0=\bar{y}-b_1\bar{x}_1-\cdots-b_k\bar{x}_k \tag{7-31}$$

方程组（7-30a）称为正规方程。

解正规方程，可得使 Q（b_0，b_1，…，b_n）达最小的参数 b_0，b_1，…，b_k，其中 b_0 为常数项，b_1，…，b_k 为回归系数。

（3）多元线性回归方差分析　与一元线性回归的情形类似，对多元线性回归我们有平方和分解公式：

$$l_{yy}=Q+U \tag{7-32}$$

其中：

$$l_{yy}=\sum_{t=1}^{n}(y_t-\bar{y})^2=\sum_{t=1}^{n}y_t^2-\frac{1}{n}\left(\sum_{t=1}^{n}y_t\right)^2$$

$$Q=\sum_{t=1}^{n}(y_t-\hat{y}_t)^2$$

$$U=\sum_{t=1}^{n}(\hat{y}_t-\bar{y})^2=\sum_{t=1}^{n}b_i l_{iy}$$

而 $y=b_0+b_1x_{1t}+b_2x_{2t}+\cdots+b_kx_{kt}$ $(t=1，2，\cdots，n)$

还称 U 为回归平方和，Q 为剩余平方和。

跟一元线性回归类似，有：

$$U=b_1l_{1y}+b_2l_{2y}+\cdots+b_kl_{ky}$$

具体计算时，用这个公式是比较方便的。

我们有：

$$E[Q/(n-k-1)]=\sigma^2 \tag{7-33}$$

(实际上，可以证明 Q/r^2 服从自由度为 $n-k-1$ 的 χ^2 分布)

记：$\hat{\sigma}^2=Q/(n-k-1)$

式(7-33) 表明：$\hat{\sigma}^2$ 是 σ^2 的无偏估计，实际中常用 S^2 来表示 $\hat{\sigma}^2$。

$$S=\sqrt{Q/(n-k-1)} \tag{7-34}$$

S 又叫剩余标准差。

可以利用 F 检验对整个回归进行显著性检验，即 Y 与所考虑的 k 个自变量 x_1，x_2，$\cdots$，x_k 之间的线性关系究竟是否显著，检验方法与一元线性回归的 F 检验同，只是这里仅能对总回归做出检验。即：

$$F=\frac{U/k}{Q/(n-k-1)}=\frac{U}{-kS^2} \tag{7-35}$$

检验的时候，分别查出临界值 $F_{0.1}(k，n-k-1)$，$F_{0.05}(k，n-k-1)$，$F_{0.01}(k，n-k-1)$，并与式(7-35) 计算的 F 值比较。

若 $F\geqslant F_{0.01}(k，n-k-1)$，认为回归高度显著或称在 0.01 水平上显著；

若 $F_{0.05}(k，n-k-1)\leqslant F\leqslant F_{0.01}(k，n-k-1)$，认为回归在 0.05 水平上显著；

若 $F_{0.1}(k，n-k-1)\leqslant F<F_{0.05}(k，n-k-1)$，则称回归在 0.1 水平上显著；

若 $F<F_{0.1}(k，n-k-1)$，则回归不显著，此时 Y 与这 k 个自变量的线性关系就不确切。

多元线性回归的方差分析表如表 7-4 所示。

表 7-4 方差分析表

变差来源	平方和	自由度	均方	$F_{比}$
回归	$U=\sum_{t=1}^{n}(\hat{y}_t-\bar{y})^2=\sum_{t=1}^{n}b_il_{iy}$	k	U/k	U/kS^2
剩余	$Q=\sum_{t=1}^{n}(y_t-\hat{y}_t)^2=l_{yy}-U$	$n-k-1$	$S^2=Q/(n-k-1)$	
总计	$l_{yy}=\sum_{t=1}^{n}(y_t-\bar{y})^2$	$n-1$		

(4) 偏回归平方和与因素主次的差别　前面讲的有关多元线性回归的内容，纯属一元情

形的推广，只是形式上复杂一些而已，而偏回归平方和与因素主次的差别则是多元回归问题所特有的。

先从判别因素的主次说起。在实际工作中，我们还关心 Y 对 x_1，x_2，…，x_k的线性回归中，哪些因素（即自变量）更重要些，哪些不重要，怎样来衡量某个特定因素 $x_i(i=1,2,\cdots,k)$ 的影响呢？我们知道，回归平方和 U 这个量，刻划了全体自变量 x_1，x_2，…，x_k对于 Y 总的线性影响，为了研究 x_k的作用，可以这样来考虑：从原来的 k 个自变量中扣除 x_k，我们知道这 $k-1$ 个自变量 x_1，x_2，…，x_{k-1}对于 Y 的总的线性影响也是一个回归平方和，记作 $U_{(k)}$；我们称

$$P_k \overset{\text{def}}{=\!=\!=} U-U_{(k)}$$

为 x_1，x_2，…，x_k中 x_k的偏回归平方和，这个偏回归平方和也可看作 x_k产生的作用，类似地，可定义为 $U_{(i)}$。

一般地，称

$$P_i=U-U_{(i)} \qquad (i=1,2,\cdots,k) \tag{7-36}$$

为 x_1，x_2，…，x_k中 x_i的偏回归平方和。用它来衡量 x_i在 Y 对 x_1，x_2，…，x_k的线性回归中的作用的大小。

为了得出偏回归平方和的计算公式，我们首先给出在回归方程中取消某个自变量时，其他变量回归类系数的改变公式。设在 Y 对 x_1，x_2，…，x_k的多元线性回归中，取消一个自变量 x_i，则 Y 对剩下的 $k-1$ 自变量的回归系数 b_j^* 与原来的回归系数 b_j之间有关系：

$$b_j^*=b_j-\frac{C_{ij}}{C_{ii}}b_i \qquad (j\neq i) \tag{7-37}$$

式中，C_{ij}是回归正规方程系数矩阵，是 $(l_{ij})_{k\times k}$的逆矩阵 $C=(C_{ij})$ 的元素。

在总回归中取消自变量 x_i所引起的回归平方和的减小，可以从上面回归系数的改变的公式推出。在这里我们也仅给出结果而不详细推导，此数值为：

$$P_i=\frac{b_i}{C_{ii}} \tag{7-38}$$

其中，C_{ii}是回归正规方程系数矩阵，是 $(l_{ij})_{k\times k}$的逆矩阵的对角线上的第 i 个元素。

从偏回归平方和的意义可以看出，凡是对 Y 作用显著的因素一般具有较大的 P_i值。P_i愈大，该因素对 Y 的作用也就愈大，这样通过比较各个因素的 P_i值就可以大致看出各个因素对因素变量作用的重要性。

在实用上，在计算了偏回归平方和后，对各因素的分析可以按下面步骤进行。

① 凡是偏回归平方和大的，也就是显著性的那些因素，一定是对 Y 有重要影响的因素。至于偏回归平方和大到什么程度才算显著，要对它做检验，检验的方法与本节中对总回归的检验法类似。为此，我们要先计算：

$$F_i=\frac{P_i}{S^2}=\frac{b_i^2}{C_{ii}S^2} \tag{7-39}$$

其中，S^2 即是方差分析计算中的剩余方差，F_i自由度为 $(1,n-k-1)$，于是在给定的显著性水平 α，按前面的 F 检验法，检验该因素的偏回归平方和的显著性。

② 凡是偏回归平方和小的，即不显著的变量；则可肯定偏回归平方和最小的那个因素必然是在这些因素中对 Y 作用最小的一个，此时应该从回归方程中将变量剔除。剔除一个变量后，各因素的偏回归平方和的大小一般地都会有所改变，这时应该对它们重新做出检验。

另外需要说明一下就是，在通常情况下，各因素的偏回归平方和相加并不等于回归平方和。只有当正规方程的系数矩阵为对角型。

$$L=\begin{bmatrix} l_{11} & \cdots & 0 \\ \cdots & l_{22} & \cdots \\ \cdots & \cdots & \cdots \\ 0 & \cdots & l_{kk} \end{bmatrix} \tag{7-40}$$

时，由于此时它的逆矩阵为：

$$C=\begin{bmatrix} \frac{1}{l_{11}} & \cdots & 0 \\ \cdots & \frac{1}{l_{22}} & \cdots \\ \cdots & \cdots & \cdots \\ 0 & \cdots & \frac{1}{l_{kk}} \end{bmatrix} \tag{7-41}$$

从而回归平方和为：

$$U=\sum_{i=1}^{k} b_i l_{iy}=\sum_{i=1}^{k} b_i l_{ii}=\sum_{i=1}^{k} \frac{b_i^2}{C_{ii}}=\sum_{i=1}^{k} P_i$$

即 U 等于所有因素的偏回归平方的和。

(5) 多元线性回归分析应用举例　为使读者进一步熟悉多元线性回归的全部计算和分析工作，下面举一个具有 4 个自变量的线性回归的完整例子。

【例 7-3】 某种水泥在凝固时放出的热量 Y（kcal[1]/g）与水泥中下列 4 种化学成分有关。

x_{1t}：$3CaO \cdot Al_2O_3$的成分（%）；

x_{2t}：$3CaO \cdot SiO_2$的成分（%）；

x_{3t}：$4CaO \cdot Al_2O_3 \cdot Fe_2O_3$的成分（%）；

x_{4t}：$2CaO \cdot SiO_2$的成分（%）。

做 Y 对 x_1，x_2，x_3，x_4 的线性回归分析，原始数据见表 7-5（共 13 组）。

表 7-5　试验观测数据

编号	x_{1t}	x_{2t}	x_{3t}	x_{4t}	$x_{5t}=y_t$
1	7	26	6	60	78.5
2	1	29	15	52	74.3
3	11	59	8	20	104.3
4	11	31	8	47	87.5
5	7	52	6	33	95.9
6	11	55	9	22	109.2
7	3	21	17	6	102.7
8	1	31	22	44	72.5
9	2	54	18	22	93.1
10	21	47	4	26	115.9
11	1	40	23	34	83.8
12	11	66	9	12	113.3
13	10	68	8	12	109.4

[1] 1cal＝4.1840J，下同。

（1）原始数据：是水泥在凝固时放出的热量 Y 与 4 种成分关系的数据。

（2）每个变量的总和及平均数（以下为方便起见有时记 y 为 x_{5t}）。

$$\sum_{t=1}^{13} x_{1t} = 97.0 \qquad \bar{x}_1 = 7.462$$

$$\sum_{t=1}^{13} x_{2t} = 626 \qquad \bar{x}_2 = 48.154$$

$$\sum_{t=1}^{13} x_{3t} = 153 \qquad \bar{x}_3 = 11.759$$

$$\sum_{t=1}^{13} x_{4t} = 390 \qquad \bar{x}_4 = 30.100$$

$$\sum_{t=1}^{13} x_{5t} = \sum_{i=1}^{13} y_t = 1240.5 \qquad \bar{x}_5 = \bar{y} = 95.423$$

（3）各变量的交叉乘积和 $\sum_{t=1}^{13} x_{it} y_{jt} (j = 1,2,\cdots,t)$ 见表 7-6。

表 7-6　变量的交叉乘积及求和值

$\sum_{t=1}^{13} x_{it} y_{jt}$	x_{1t}	x_{2t}	x_{3t}	x_{4t}	$x_{5t}= y_t$
x_{1t}	1139	4922	769	2620	10032.0
x_{2t}		33050	7201	15739	62027.8
x_{3t}			2293	4628	13981.5
x_{4t}				15062	34733.5
$x_{5t}= y_t$					121088.9

例如：$\sum_{t=1}^{13} x_{2t}^2 = 33050$，$\sum_{t=1}^{13} x_{1t} y_t = 10032.0$

（4）正规方程的系数及常数项 l_{ij} 及 y 的总平方和 $l_{yy}=l_{55}$（Y 的总平方和）见表 7-7。

表 7-7　正规方程的系数及常数项

l_{ij}	1	2	3	4	5
1	415.23	251.08	−372.62	−290.00	775.96
2		2905.69	−166.54	−3041.00	2292.95
3			492.31	38.00	−618.23
4				3362.00	−2481.70
5					2715.76

（5）解正规方程并求其系数矩阵 $L=(l_{ij})_{k\times k}$，的逆矩阵 $C=(C_{ij})$，正规方程矩阵方程表达式为：

$$\begin{bmatrix} 415.23 & 251.08 & -372.62 & -290.00 \\ 251.08 & 2905.69 & -166.54 & -3041.00 \\ -372.62 & -166.54 & 492.31 & 38.00 \\ -290.00 & -3041.00 & 38.00 & 3262.00 \end{bmatrix} \begin{bmatrix} b_1 \\ b_2 \\ b_3 \\ b_4 \end{bmatrix} = \begin{bmatrix} 775.96 \\ 2292.95 \\ -618.23 \\ -2481.70 \end{bmatrix}$$

解之：$$b_1=1.5511,\ b_2=0.5101,\ b_3=0.1019,\ b_4=-0.1441 \tag{7-42}$$

所以回归方程为：

$$\hat{y}= 62.4052 + 1.5511x_1 + 0.5101\,x_2 + 0.1019x_3 - 0.1441x_4 \tag{7-43}$$

按线性代数的矩阵求逆法，系数正规方程矩阵 $L=(l)$ 的逆矩阵为：

$$C=L^{-1}=\begin{bmatrix} 0.092763 & 0.085736 & 0.092691 & 0.084504 \\ & 0.087607 & 0.087917 & 0.085644 \\ & & 0.092550 & 0.086441 \\ & & & 0.084076 \end{bmatrix}$$

(6) 方差分析见表 7-8。

表 7-8 方差分析表

变差来源	平方和	自由度	均方	F
回归	2667.90	4	4	111**
剩余	47.86	8	8	
总计	2715.76	12		

经 F 检验，Y 与四种成分相关高度是显著的。

(7) 偏回归平方和及其显著性检验

$$P_1=\frac{b_1^2}{C_{11}}=25.94 \qquad F_1=4.34^*$$

$$P_2=\frac{b_2^2}{C_{22}}=2.970 \qquad F_2=0.50$$

$$P_3=\frac{b_3^2}{C_{33}}=0.109 \qquad F_3=0.018$$

$$P_4=\frac{b_4^2}{C_{44}}=0.247 \qquad F_4=0.041$$

经检验，除了 P_1 在 $\alpha=0.10$ 的水平上显著外，其余的三个因素都不显著，这个结论似乎与总回归的高度显著性有矛盾，实则不然，这是由于自变量之间有密切的相关而造成的。

(8) 从回归方程中剔除一个自变量　由于偏回归平方和中有不显著的因素，剔除其中最小者 x_3，此时 Y 对 x_1，x_2，x_4 的回归系数如下：

$$b_1^*=b_1-\frac{C_{13}}{C_{33}}b_3=1.4519$$

$$b_2^*=b_2-\frac{C_{23}}{C_{33}}b_3=0.4161$$

$$b_4^*=b_4-\frac{C_{43}}{C_{33}}b_3=0.2365$$

$$b_0^*=\overline{y}-\sum_{i\neq 3}b_i^*\overline{x}_i=71.6482$$

故新的回归方程为：

$$\hat{y}=71.6482+1.4519x_1+0.4161x_2+0.2365x_4 \tag{7-44}$$

习　题

1. 相关关系和函数关系有何不同？试举例说明。一元线性回归主要解决哪几方面的问题？
2. 多元线形回归方程应如何求得，如何检验回归方程的显著性，如何判定因素的主次？
3. 一种物质吸附另一种物质的能力与温度有关，在不同温度下吸附的重量，测试结果见表 7-9。

表 7-9 在不同温度下吸附的重量

X_i/℃	1.5	1.8	2.4	3.0	3.5	3.9	4.4	4.8	5.0
Y_i/mg	4.8	5.7	7.0	8.3	10.9	12.4	13.1	13.6	15.3

试求吸附量 Y 关于温度 X 的一元回归方程。并用 r 系数检验法检验回归方程有没有意义。

4. 合成纤维抽丝工段第一导丝盘的速度是影响丝的质量的重要参数。今发现它和电流的周波有密切关系，生产中测得数据如表 7-10。

表 7-10　导丝盘速度和电流周波的关系

电流周波(x)	49.2	50.0	49.3	49.0	49.0	49.5	49.8	49.9	50.2	50.2
导丝盘速度(y)	16.7	17.0	16.8	16.6	16.7	16.8	16.9	17.0	17.0	17.1

试求速度 y 关于周波 x 的一元回归方程，并对回归方程进行显著性检验。求出 $x_0=50.5$ 处的预报值和预报区间（$\alpha=0.10$）。

5. 在确定有效期的统计分析过程中，一般先选择可以定并且对药品的安全、有效性有重大影响的指标进行分析药物有效成分的含量（即标示量）和杂质含量，对药物使用来说，这是非常关键的两个指标。下面是国内某公司开发的一个新产品 A，在申报时需提的有效期。目前其长期稳定性考察结果见表 7-11。

表 7-11　长期稳定性考察结果

时间/个月	0	3	6	9	12	18
标示量(≥95%)	99.2	98.2	99.0	97.8	96.5	95.0
杂质含量(≤5%)	0.35	0.36	0.38	0.38	0.40	0.43

试分别基于标示量和杂质含量的数据推算该药品的有效期（陈顺兴．统计科学与实践，2011，28）。

6. 对建筑物的沉降趋势预测通常有回归分析、灰色预测理论、指数平滑及人工神经网络法等。但在建筑物的沉降在荷载基本结束后的变形阶段，沉降量与时间的关系可以采用双曲线函数拟合。表 7-12 是某仓库沉降观测项目，随机选择一个观测点进行沉降量（mm）测定，累计观测 21 次，共计 324 天。

表 7-12　某仓库沉降观测数据

观测次数	1	2	3	4	5	6	7	8	9	10	11
累计日期	26	37	45	54	67	94	102	112	128	149	164
累计沉降量	14.4	19.5	22.4	25.3	27.9	32.1	33.7	34.3	35.9	37.7	38.6
观测次数	12	13	14	15	16	17	18	19	20	21	
累计日期	180	197	213	229	245	261	277	294	309	324	
累计沉降量	39.5	40.5	41.6	41.8	42.8	43.6	44.3	45.1	45.4	46.1	

试对上述数据进行回归建模，确定相关系数 R、测定系数 R^2、F 值、t 值、回归标准误差、回归平方和、剩余平方和、总平方和等信息，并预测 560 天的累计沉降量（卢荣．城市勘测，2011，106）。

第 8 章　正交多项式回归设计

正交多项式回归设计法是将正交试验法与多项式回归分析结合起来的一种试验设计方法。本章主要介绍了多元线性回归方程的建立，最优回归，回归方程的精度，因素的交互效应及正交拉丁多元回归设计的基本原理、方法及应用。

8.1　概述

在前面，我们学习了使用广泛的正交试验设计方法。正交试验法比用全面试验法安排试验有着明显的优点，可用较少的试验次数，获得能反映全面试验的情况；通过对试验结果的方差分析，可以估计诸因素影响的相对大小及因素间的相互关系。并利用这种相关关系在一定置信度下由各因素的取值去预测响应值的范围。或反过来，希望响应值控制在某一区间内，利用这种关系式去确定影响因素的取值范围。例如，在原子吸收分析中，很希望定量地了解燃气流量、助燃气流量、燃烧器高度、试样提取量，或者干燥温度和时间、灰化温度和时间、原子化温度和时间对吸光度的影响，并希望最好能估计影响因素变动时吸光度随之变动的范围。在光度分析中，影响吸光度的因素有酸度、显色剂浓度、显色时间等，每个因素的影响可以是线性的，也可以是非线性的，且各因素之间还存在交互效应，在这种情况下，要定量了解吸光度和影响因素之间的关系，就要使用多元非线性回归分析。诚然，用前面讲的多元回归分析可以建立各变量之间的相互关系，但当变量数目较多时，处理数据时的计算工作量相当大，须借助计算机，使用颇为不便。如果合理设计试验，利用正交多项式展开，则可以大大简化计算。正交多项式回归设计是将正交试验法与多项式回归分析结合起来，使之兼有两者的优点，是一种很好的试验设计方法。

8.2　正交多项式回归

在第 7 章中已说明求多项式回归都可以化成多元线性回归问题计算，但我们知道当变量数目（因素）比较大时，多元线性回归的计算是很繁杂的。下面我们将介绍一种利用正交多项式回归设计的方法，这种方法计算比较简单，而且都是表格化的，但它仅适用于自变量（因素）取等间隔数值的情况。

在实际工作中，设自变量（因素）X 是可控制的，因素水平取值的间距并非都为 $h=1$，但是，可有意识地安排它取某间隔的数值，这样任何一组等距点 $x_1=a+h, x_2=a+2h, \cdots, x_n=a+nh$，都可以通过下式化为一组标准等距点（即 $h=1$ 的一组点），1，2，…，t，…，n（即 $h=1$ 的一组点）。

$$x_i'=\frac{x_i-a}{h} \tag{8-1}$$

式中　h——因素水平间的间距。

在数学分析中讲到，相当广泛一类曲线可以用多项式去逼近，把这个思想用到回归分析上，就产生了多项式回归。

设对应于 $x_i=t$ 的试验结果为 $y_t(t=1, 2, \cdots, n)$。对这一组响应值（观测值）我们配一个 k 次多项式。

$$y=a_0+a_1x+a_2x^2+\cdots+a_kx^k \tag{8-2}$$

设 $\Psi_1(x),\Psi_2(x),\cdots,\Psi_k(x)$ 分别是 x 的一次、二次及 k 次多项式，则式(8-2) 也可以用 $\Psi_i(x)$ 来表示。

$$\hat{y}=b_0+b_1\Psi_1(x)+b_2\Psi_2(x)+\cdots+b_k\Psi_k(x) \tag{8-3}$$

将 $\Psi_i(x)$ 看作是新变量，则式(8-3) 就是一个 k 次线性回归方程，其回归系数 b_i 由下面正规方程定：

$$\begin{cases} l_{11}b_1+l_{12}b_2+\cdots+l_{1k}b_k=l_{1y} \\ l_{21}b_1+l_{22}b_2+\cdots+l_{2k}b_k=l_{2y} \\ \cdots \\ l_{k1}b_1+l_{k2}b_2+\cdots+l_{kk}b_k=l_{ky} \end{cases} \tag{8-4}$$

又

$$b_0=\overline{y}-b_1\overline{\Psi}_1(x)-b_2\overline{\Psi}_2(x)-\cdots-b_k\overline{\Psi}_k(x) \tag{8-5}$$

其中：

$$\begin{aligned} l_{ij} &= \sum_{t=1}^{n}[\Psi_i(x_t)-\overline{\Psi}_i(x)][\Psi_j(x_t)-\overline{\Psi}_j(x)](i,j=1,2,\cdots,k) \\ &= \sum_{t=1}^{n}\Psi_i(x_t)\Psi_j(x_t)-\frac{1}{n}\Big[\sum_{t=1}^{n}\Psi_i(x_t)\Big]\Big[\sum_{t=1}^{n}\Psi_j(x_t)\Big] \end{aligned} \tag{8-6}$$

$$\begin{aligned} l_{iy} &= \sum_{t=1}^{n}[\Psi_i(x_t)-\overline{\Psi}_i(x)][y_t-y] \qquad (i=1,2,\cdots,k) \\ &= \sum_{t=1}^{n}\Psi_i(x_t)y_t-\frac{1}{n}\Big[\sum_{t=1}^{n}\Psi_i(x_t)\Big]\Big[\sum_{t=1}^{n}y_t\Big] \end{aligned} \tag{8-7}$$

为了简化计算，我们选择这样的 $\Psi_i(x)$，使

$$\begin{cases} \sum_{t=1}^{n}\Psi_i(x_t)=0 \qquad (i=1,2,\cdots,k) \\ \sum_{t=1}^{n}\Psi_i(x_t)\Psi_j(x_t)=0 \qquad (i\neq j) \end{cases} \tag{8-8}$$

于是

$$\overline{\Psi}_i(x_t)=\frac{1}{n}\sum_{t=1}^{n}\Psi_i(x_t)=0 \tag{8-9}$$

$$l_{ij}=\begin{cases} 0 & (i\neq j) \\ \sum_{t=1}^{n}\Psi_i^2(x_t) & (i=j) \end{cases} \tag{8-10}$$

$$l_{iy}=\sum_{t=1}^{n}\Psi_i(x_t)y_i \tag{8-11}$$

而正规方程 (8-4) 就简化为：

$$\begin{cases} \sum_{t=1}^{n}\Psi_1^2(x_t)b_1=\sum_{t=1}^{n}\Psi_1(x_t)y_t \\ \sum_{t=1}^{n}\Psi_2^2(x_t)b_2=\sum_{t=1}^{n}\Psi_2(x_t)y_t \\ \cdots \\ \sum_{t=1}^{n}\Psi_k^2(x_t)b_k=\sum_{t=1}^{n}\Psi_k(x_t)y_t \end{cases} \tag{8-12}$$

于是 $\Psi_i(x)$ 的回归系数 b_i 立即可以求得

$$b_i = \frac{\sum_{t=1}^{n} \Psi_i(x_t) y_t}{\sum_{t=1}^{n} \Psi_i^2(x_t)} \tag{8-13}$$

而常数项 b_0 根据式(8-5) 和式(8-9) 也有更简单的表达式：

$$b_0 = \bar{y} = \frac{1}{n}\sum_{t=1}^{n} y_t$$

式(8-8) 的两条性质称为正交性，可以验证下面的一组多项式满足正交性：

$$\begin{cases} \Psi_1(x) = x - \bar{x} \\ \Psi_2(x) = (x-\bar{x})^2 - \dfrac{n^2-1}{12} \\ \Psi_3(x) = (x-\bar{x})^3 - \dfrac{3n^2-1}{20}(x-\bar{x}) \\ \Psi_4(x) = (x-\bar{x})^4 - \dfrac{3n^2-13}{14}(x-\bar{x})^2 + \dfrac{3(n^2-1)(n^2-9)}{560} \\ \Psi_5(x) = (x-\bar{x})^5 - \dfrac{5(n^2-7)}{18}(x-\bar{x})^2 + \dfrac{15n^4-230n^2+40}{1008}(x-\bar{x}) \\ \cdots \\ \Psi_{p+1}(x) = \Psi_1(x)\Psi_p(x) - \dfrac{p^2(n^2-p^2)}{4(4p^2-1)}\Psi_{p-1}(x) \end{cases} \tag{8-14}$$

这一组多项式称为正交多项式。式中 x 的取值 x_1、x_2、…、x_t、…、x_n 一组为标准等距点，多项式中 n 为因素取值的个数（即水平数），若不是，可用式(8-1) 化为标准等距点，

$$\bar{x} = \frac{n+1}{2}$$

由于 $\Psi_i(x)$ $(i=1,2,\cdots,n)$ 的值不一定都为整数，因此为方便起见，通常引进适当的系数 λ_i，使

$$\Phi_i(x) = \lambda_i \Psi_i(x) \tag{8-15}$$

在几个整数点上的值都为整数。

此时，对给定的 n（n 为因素取值个数即水平数)，相应的 λ_i 及 $\Phi_i(x)$在 1，2，…，n 各整数点的数值及 $S_i = \sum_{t=1}^{n}\Phi_i^2(x_t)$ 都已制成表（见附录中正交多项式表)，实际计算可以充分利用这些表进行。

利用正交多项式回归的实际计算可按下面的步骤进行。根据 n（因素的水平数)，查相应的正交多项式表，设需配一个 k 次多项式（一般 $k \leqslant 5$ 即可)，附表中只列出高达 5 阶的正交多项式的数值，因为 n 个水平至多只能配 $n-1$ 阶的多项式，故对于 $n \leqslant 5$ 只列出 $n-1$ 阶正交多项式的数值，例如 $n=4$ 只列出了 $\Phi_1(x)$、$\Phi_2(x)$、$\Phi_3(x)$，首先计算

$$\bar{y} = \frac{1}{n}\sum_{t=1}^{n} y_t \tag{8-16}$$

$$B_i = l_{iy} = \sum_{t=1}^{n}\Phi_i(x_t) y_t \tag{8-17}$$

从而

$$b_i=\frac{B_i}{S_i} \tag{8-18}$$

$$b_0=\bar{y}, i=1,2,\cdots,t,\cdots,n \tag{8-19}$$

则回归方程为

$$\begin{aligned}\hat{y}&=b_0+b_1\Phi_1(x)+b_2\Phi_2(x)+\cdots b_k\Phi_k(x)\\&=b_0+b_1\lambda_1\Psi_1(x)+b_2\lambda_2\Psi_2(x)+\cdots b_k\lambda_k\Psi_k(x)\end{aligned} \tag{8-20}$$

计算各个 $\Phi_i(x)$ 的系数 b_i后，就可以按第 7 章讲的多元线性回归的程序做方差分析，y 的总平方和 l_{yy} 仍按通常的公式计算，即：

$$l_{yy}=\sum_{t=1}^{n}(y_t-\bar{y})^2=\sum_{t=1}^{n}y_t{}^2-\frac{1}{n}\left(\sum_{t=1}^{n}y_t\right)^2 \tag{8-21}$$

而回归平方和

$$U=\sum_{t=1}^{n}(y_t-\hat{y}_t)^2=\sum_{i=1}^{n}b_il_{ij}=\sum_{i=1}^{k}b_iB_i \tag{8-22}$$

在用正交多项式回归中，我们注意到下面这个有趣的事实，即每次多项式 $\Phi_i(x)$ 的系数 b_i及相应的 $B_i=\sum\limits_{t=1}^{n}\Phi_i(x_t)y_t$ 只与 y_t及 $\Phi_i(x_t)$有关，而不随其他各次多项式的增减而变化，在整个回归中多配一项 $\Phi_i(x)$ 就使回归平方和增加一项 b_iB_i，因此可以把

$$P_i=b_iB_i=\frac{B_i^2}{S_i} \tag{8-23}$$

看作第 i 次多项式 $\Phi_i(x)$ 的效应，而回归平方和则是各次效应的和。因此在利用正交多项式配多项式回归时，其方差分析表可列成下面这种形式(表 8-1)。

表 8-1　正交多项式的方差分析表

变差来源	平方和	自由度	均方(方差)	F
回归 一次 $\Phi_1(x)$	U: b_1B_1	1	b_1B_1	$F_1=b_1B_1/S^2$
二次 $\Phi_2(x)$	b_2B_2	1	b_2B_2	$F_2=b_2B_2/S^2$
…	…	…	…	…
k 次 $\Phi_k(x)$	b_kB_k	1	b_kB_k	$F_k=b_kB_k/S^2$
剩余	$Q=l_{yy}-\sum\limits_{i=1}^{k}b_iB_i$	$n-k-1$	$S^2=\dfrac{Q}{n-k-1}$	
总计	l_{yy}	$n-1$		

其中回归平方和的自由度 k 也被分解成各次效应的自由度（都等于 1）之和。

检验所配多项式 $\Phi_i(x)$ 对 y 的贡献是否显著，可以用各次效应 P_i与剩余方差 S^2 的比值：

$$F_i=\frac{p_i}{S^2}=\frac{b_iB_i}{S^2} \tag{8-24}$$

进行 F 检验，F_i的自由度为（$1,n-k-1$），对于那些不显著的高次项，可以把它们从回归方程取消。而如果检验的结果都显著，同时所配多项式的精度不够满意的话，则可继续增添更高次的项。

下面举例说明利用正交项配回归。

首先验证式(8-14) 满足正交性条件式(8-8)，当 $n=3$，可展开两项，根据式(8-14) 此两项为：

$$\Psi_1(x)=x-\bar{x}=x-\frac{n+1}{2}=x-2$$

$$\Psi_2(x)=\left(x-\frac{n+1}{2}\right)^2-\frac{n^2-1}{12}=(x-2)^2-\frac{2}{3}$$

代入标准等距离点值 $x_i=1,2,3$ 之后，使得到 $\Psi_1(1)=-1,\Psi_1(2)=0,\Psi_1(3)=1$；$\Psi_2(1)=\frac{1}{3},\Psi_2(2)=-\frac{2}{3},\Psi_2(3)=\frac{1}{3}$。它们都满足式(8-8) 的条件，$\sum_{t=1}^{3}\Psi_1(x_t)=0$，$\sum_{t=1}^{3}\Psi_i(x_t)\Psi_j(x_t)=0\ (i,j=1,2,3,i\neq j)$。

【例 8-1】 为了考察维尼纶纤维在缩醛化工序中甲醛浓度 x 与纤维缩醛化度 y 的定量关系，对 7 种不同的甲醛浓度各进行了若干次试验，测出各种浓度的平均缩醛化度见表 8-2。

表 8-2　甲醛浓度下的平均缩醛化度

甲醛浓度/(g/L)	18	20	22	24	26	28	30
缩醛化度 y/%	26.9	28.3	28.7	28.9	29.6	30.0	30.4

对上面的 7 组数据配一个直到 4 次多项式的回归方程

$$\hat{y}=a_0+a_1x+a_2x^2+a_3x^3+a_4x^4 \tag{8-25}$$

用式(8-1) 将 x 变为一组标准等距点。

$$x'=\frac{x-16}{2}$$

则 x' 取值为 $1,2,\cdots,7$。利用 $n=7$ 做正交多项式，式(8-25) 可改变为：

$$\hat{y}=b_0+b_1\lambda_1\Psi_1(x')+b_2\lambda_2\Psi_2(x')+b_3\lambda_3\Psi_3(x')+b_4\lambda_4\Psi_4(x') \tag{8-26}$$

即：

$$\hat{y}=b_0+b_1\Phi_1(x')+b_2\Phi_2(x')+b_3\Phi_3(x')+b_4\Phi_4(x') \tag{8-27}$$

查附录 $n=7$ 的正交多项式表，具体计算列于表 8-3。

表 8-3　用正交多项式配多项式回归的计算表格

x'	$\Phi_1(x')$	$\Phi_2(x')$	$\Phi_3(x')$	$\Phi_4(x')$	y_t	y_t^2
1	−3	+5	−1	+3	26.9	723.61
2	−2	0	+1	−7	28.3	800.89
3	−1	−3	+1	+1	28.7	823.69
4	0	−4	0	+6	28.9	835.21
5	+1	−3	−1	+1	28.6	876.16
6	+2	0	−1	−7	30.0	900.0
7	+3	5	+1	+3	30.4	924.16
$B_i=\sum_{t=1}^{n}\Phi_i(x')y_t$	14.8	−4.0	0.9	−4.5	$\sum_{t=1}^{n}y_t=202.8$ $n=7$ $b_0=28.971$	5883.72
S_i	28	84	6	154		
$b_i=\frac{B_i}{S_i}$	0.5296	−0.04762	0.1500	−0.02922		
$P_i=\frac{B_i^2}{S_i}$	7.823	0.190	0.135	0.131		
λ_i	1	1	$\frac{1}{6}$	$\frac{7}{12}$		

上表左上部分是从附录中，即正交多项式表中抄录的。因为我们只准备配到 4 次，故只抄录相应于 Φ_1 到 Φ_4 的数值，y_t 这一列记载的是 7 次试验的实测数据，最右列 y_t^2 是为了计算总平方和 l_{yy} 用的。

表的下半部中的 S_i 及 λ_i 两行也是从正交多项式表中抄录的。B_i 这一行的每个数是相应

的列与 y_t 这一列的乘积和。例如

$$B_2=5\times26.9+0\times28.3+(-3)\times29.7+\cdots+5\times30.4=-4.0$$

从 B_i 及 S_i 可得 b_i 及 P_i，根据表 8-3，总平方和为：

$$l_{yy}=\sum_{t=1}^{n}y_t^2-\frac{1}{n}\left(\sum_{t=1}^{n}y_t\right)^2=5883.72-\frac{(202.8)^2}{7}=8.314$$

回归平方和等于各次效应之和

$$U=\sum_{i=1}^{4}P_i=\sum_{i=1}^{4}b_iB_i=8.279$$

所以剩余平方和

$$Q=l_{yy}-U=0.035$$

从而可得方差分析表（见表 8-4）。

表 8-4　缩醛化度的正交多项式回归的方差分析

变差来源		平方和		自由度		均方(方差)	F
回归	一次 $\Phi_1(x)$	8.279	7.823	4	1	7.823	447.03**
	二次 $\Phi_2(x)$		0.190		1	0.190	10.86*
	三次		0.135		1	0.135	7.71
	四次		0.131		1	0.131	7.49
剩余		0.035		2		0.175	
总计		8.314		6			

查 F 分布表 $F_{0.10}(1,2)=8.53, F_{0.05}(1,2)=18.51, F_{0.01}(1,2)=98.50$。因此一次项（即线性项）是高度显著，二次项在 $\alpha=0.10$ 水平上显著，三次项与四次项都不显著，因此实际上只需配到二次就行了。从表 8-3 的计算及式(8-14)、式(8-15) 缩醛化度 $y(\%)$ 与甲醛浓度 x(g/L) 的回归方程如下［注意式(8-14) 中的 x 取值为 $1,2,\cdots,n$ 对应于这里的 x'］。

（1）线性方程

$$\begin{aligned}\hat{y}^{(1)}&=b_0+b_1\Phi_1(x')\\&=b_0+b_1\lambda_1\Psi_1(x')\\&=28.971-0.5286(x'-\overline{x}')\\&=28.971+0.5286\left(\frac{x-16}{2}-4\right)\\&=22628+0.2643x\end{aligned}\tag{8-28}$$

（2）二次方程

$$\begin{aligned}\hat{y}^{(2)}&=b_0+b_1\Phi_1(x')+b_2\Phi_2(x')\\&=b_0+b_1\lambda_1\Psi_1(x')+b_2\lambda_2\Psi_2(x')\\&=28.971-0.5286(x'-\overline{x}')-0.04762\left[(x'-\overline{x}')^2-\frac{7-1}{12}\right]\\&=15.961+0.8357x-0.011905x^2\end{aligned}\tag{8-29}$$

从表 8-3 的计算可看到，每增加一次，实际上只需要在表中增加一列，而且可以在前面计算完成后再加上去，这在实际使用中是很方便的。对上面计算得到的线性及二次多项式，各个点的回归计算值与实测值比较如表 8-5。

图 8-1 画出了直线式(8-28) 与二次回归抛物线式(8-29) 及各个测定点。

正交多项式也可以用来做多元多项式的回归。此时要求各自变量取等间隔的值。下一节会专门介绍正交多项式回归设计问题。

表 8-5 缩醛化度线性及二次多项式回归计算值与实测值的比较

编号	x	$x'-\overline{x'}$	y_t	$\hat{y}_t^{(1)}$	$\hat{y}_t^{(2)}$
1	18	−3	26.9	27.39	27.15
2	20	−2	28.3	27.91	27.91
3	22	−1	28.7	28.44	28.58
4	24	0	28.9	28.97	29.16
5	26	1	29.6	29.50	29.64
6	28	2	30.0	30.03	30.03
7	30	3	30.4	30.56	30.32

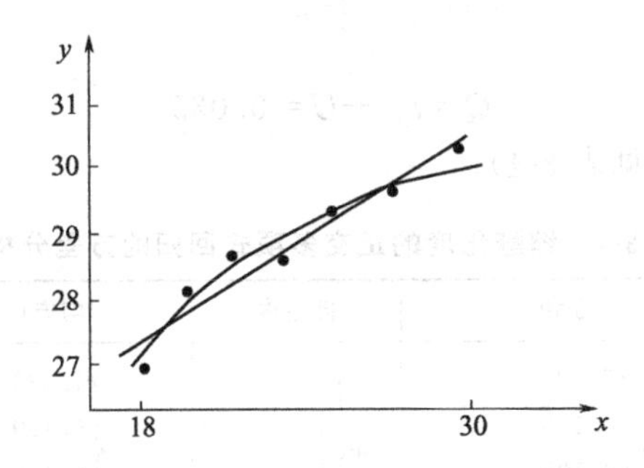

图 8-1 缩醛化度对甲醛浓度的直线及抛物线回归

8.3 正交多项式回归设计和回归方程的建立

8.3.1 回归方程的建立

用正交表安排试验，只要求因素及其水平的排列需遵循一定的次序，而对各因素水平的问题并没有限制。如果我们用正交表安排试验，将因素水平的间距取为相等，则可用正交多项式回归来处理正交试验的结果，定量地描述响应值与各因素之间的关系。

各因素的总效应函数可表示为各因素效应之和

$$y=b_0+P(A)+P(B)+P(C)+\cdots \tag{8-30}$$

式中，$P(A)$、$P(B)$、$P(C)\cdots$分别为因素 A、B、C 等效应函数。各个因素的效应函数可按正交多项式展开：

$$\begin{cases} P(A)=b_{1a}\Phi_1(A)+b_{2a}\Phi_2(A)+\cdots+b_{(n-1)a}\Phi_{(n-1)}(A) \\ \qquad =b_{1a}\lambda_{1a}\Psi_1(A)+b_{2a}\lambda_{2a}\Psi_2(A)+\cdots+ \\ \qquad +b_{(n-1)a}\lambda_{(n-1)a}\Psi_{n-1}(A) \\ P(B)=b_{1a}\Phi_1(B)+b_{2a}\Phi_2(B)+\cdots+b_{(n-1)a}\Phi_{(n-1)}(B) \\ \qquad =b_{1a}\lambda_{1a}\Psi_1(B)+b_{2a}\lambda_{2a}\Psi_2(B)+\cdots+ \\ \qquad +b_{(n-1)a}\lambda_{(n-1)a}\Psi_{n-1}(B) \\ P(C)=b_{1a}\Phi_1(C)+b_{2a}\Phi_2(C)+\cdots+b_{(n-1)a}\Phi_{(n-1)}(C) \\ \qquad =b_{1a}\lambda_{1a}\Psi_1(C)+b_{2a}\lambda_{2a}\Psi_2(C)+\cdots+ \\ \qquad +b_{(n-1)a}\lambda_{(n-1)a}\Psi_{n-1}(C) \end{cases} \tag{8-31}$$

式中各项回归系数 b_k 和常数项 b_0 可分别由式(8-32) 和式(8-33) 计算。

$$b_k=\frac{\sum_{t=1}^{n}\Phi_i(x_t)y_t}{r\sum_{t=1}^{n}\Phi_i^2(x_t)}=\frac{B_i}{rS_i} \tag{8-32}$$

$$b_0=\frac{1}{nr}\sum_{t=1}^{n}\sum_{j=1}^{r}y_{tj}=\frac{1}{nr}\sum_{t=1}^{n}y_t \tag{8-33}$$

式中，$y_t=y_{t1}+y_{t2}+\cdots+y_{tr}, t=1,2,\cdots,n$。$r$ 为同一因素水平下的重复试验次数。求得 b 和 b_0 之后，即可建立回归方程。

【例 8-2】 用石墨炉吸收法测定粮食中微量镍时，干燥温度 T_d、干燥时间 t_d、灰化温度 T_a、灰化时间 t_a、原子化温度 T_{at}、原子化时间 t_{at}会对测定有影响。为了观察它对吸光度的影响，探求最佳测定条件，选用正交表 $L_{16}(4^4\times2^3)$ 来安排试验，为了进行正交多项式回归分析，各因素水平变化满足等距的要求，试验的具体安排与试验结果列于表 8-6。这是一个多因素等水平间距试验，通过式(8-1) 可化为标准等距点。

表 8-6　试验设计及结果分析表

因素 / 试验号	T_{at} /℃	t_{at}/s	T_a /℃	t_a /s	T_d /℃	t_d /s	吸光度			
							1	2	3	$\sum A_t$
1	12300	15	1600	15	1100	110	0.010	0.009	0.007	0.026
2	1	210	2800	210	1	220	0.046	0.047	0.028	0.121
3	1	315	31000	315	2120	1	0.041	0.034	0.037	0.112
4	1	420	41200	420	2	2	0.041	0.041	0.046	0.128
5	22500	1	2	3	2	2	0.023	0.023	0.023	0.069
6	2	2	1	4	2	1	0.036	0.035	0.035	0.106
7	2	3	4	1	1	2	0.041	0.041	0.041	0.123
8	2	4	3	2	1	1	0.048	0.051	0.056	0.155
9	32700	1	3	4	1	2	0.030	0.027	0.027	0.084
10	3	2	4	3	1	1	0.041	0.041	0.042	0.124
11	3	3	1	2	2	2	0.044	0.054	0.061	0.149
12	3	4	2	1	2	1	0.065	0.069	0.069	0.203
13	42900	1	4	2	2	2	0.036	0.038	0.043	0.117
14	4	2	3	1	2	1	0.057	0.042	0.050	0.149
15	4	3	2	4	1	2	0.061	0.065	0.065	0.191
16	4	4	1	3	1	1	0.095	0.086	0.088	0.269
K_1	0.387	0.296	0.550	0.501	1.093	1.034	$\sum A_i=2.126$ $\overline{A}_i=0.04429$			
K_2	0.453	0.500	0.584	0.542	1.033	1.092				
K_3	0.560	0.575	0.500	0.574						
K_4	0.726	0.775	0.492	0.509						

$$T_d'=\frac{T_d-80}{20}$$

$$t_d'=\frac{t_d-0}{10}$$

$$T_a'=\frac{T_a-400}{200}$$

$$t_a'=\frac{t_a-0}{5}$$

$$T_{at}'=\frac{T_{at}-2100}{200}$$

$$t_{at}'=\frac{t_{at}-0}{5}$$

可按 T_d'、t_d'、T_a'、t_a'、T_{at}'、t_{at}'正交多项式展开。对原子化温度和时间、灰化温度和时间，为四水平试验，$n=4$，每个因素可展开为三项；对干燥温度和时间，为二水平试验，

$n=2$，每个因素只能有一项。在本例的情况下，正交多项式中的 x 分别代表 T'_d、t'_d、T'_a、t'_a、T'_{at}和 t'_{at}各因素的效应函数按式(8-14) 展开，分别为：

$$P(T'_d)=b_1\Phi_1(T'_d)$$
$$=b_1\left[\left(\frac{T_d-80}{20}\right)-\frac{n+1}{2}\right]$$
$$=b_1\left(\frac{T_d-80}{20}-1.5\right)$$
$$P(t'_d)=b_2\Phi_1(t'_d)$$
$$=b_1\left[\frac{t_d}{20}-\frac{n+1}{2}\right]$$
$$=b_1\left(\frac{t_d}{20}-1.5\right)$$
$$P(T'_a)=b_3\Phi_1(T'_a)+b_4\Phi_2(T'_a)+b_5\Phi_3(T'_a)$$
$$=b_3\left[\left(\frac{T_a-400}{200}-2.5\right)\right]+b_4\left[\left(\frac{T_a-400}{200}-2.5\right)^2+\frac{5}{4}\right]$$
$$+b_5\left[\left(\frac{T_a-400}{200}-2.5\right)^3-\frac{41}{20}\left(\frac{T_a-400}{200}-2.5\right)\right]$$
$$P(t'_a)=b_6\Phi_1(t'_a)+b_7\Phi_2(t'_a)+b_8\Phi_3(t'_a)$$
$$=b_6\left(\frac{t_a}{5}-2.5\right)+b_7\left[\left(\frac{t_a}{5}-2.5\right)^2+\frac{5}{4}\right]$$
$$+b_8\left[\left(\frac{t_a}{5}-2.5\right)^3-\frac{41}{20}\left(\frac{t_a}{5}-2.5\right)\right]$$
$$P(T'_{at})=b_9\Phi_1(T'_{at})+b_{10}\Phi_2(T'_{at})+b_{11}\Phi_3(T'_{at})$$
$$=b_9\left[\left(\frac{T_{at}-2100}{200}-2.5\right)\right]+b_{10}\left[\left(\frac{T_{at}-2100}{200}-2.5\right)^2+\frac{5}{4}\right]$$
$$+b_{11}\left[\left(\frac{T_{at}-2100}{200}-2.5\right)^3-\frac{41}{20}\left(\frac{T_{at}-2100}{200}-2.5\right)\right]$$
$$P(t'_{at})=b_{12}\Phi_1(t'_{at})+b_{13}\Phi_2(t'_{at})+b_{14}\Phi_3(t'_{at})$$
$$=b_{12}\left(\frac{t_{at}}{5}-2.5\right)+b_{13}\left[\left(\frac{t_{at}}{5}-2.5\right)^2+\frac{5}{4}\right]$$
$$+b_{14}\left[\left(\frac{t_{at}}{5}-2.5\right)^3-\frac{41}{20}\left(\frac{t_{at}}{5}-2.5\right)\right]$$

各回归系数按式(8-32) 计算，式中 $\Phi_i(x_t)$ 和 $\sum_{t=1}^{n}\Phi_i(x_t)^2$ 值直接由正交多项式表中查得。b_0 按式(8-33) 计算。

在本试验中，对干燥温度 T_d、干燥时间 t_d只有两水平，$n=2$，只能展开为一项。其他各因素皆可展开为三项。在本试验中，T_d、t_d的每一水平进行 8 次试验，每次试验进行三次重复测定，故总的重复试验次数 $r=8\times3$ 次。而其他各因素正交试验次数 $r=4\times3$，利用附录的正交多项表，根据公式(8-32)，即可求得反映各因素对吸光度影响的回归系数 b_i。

$$b_i=\frac{\sum_{t=1}^{n}\Phi_i(T_d)y_t}{r\sum_{i=1}^{n}\Phi_i^2(T_d)^2}=\frac{B_i}{rS_i}$$

$$b_1=\frac{\sum_{t=1}^{n}\Phi_i(T_d)y_t}{24\sum_{i=1}^{n}\Phi_i^2(T_d)^2}$$

$$=\frac{[\Phi_1(T_{d1})y_1+\Phi_2(T_{d2})y_2]}{24\times 2}$$

$$=\frac{(-1)\times 1.093+(1\times 1.033)}{24\times 2}$$

$$=-1.25\times 10^{-3}$$

用同样方法可求得其他回归系数，它们为：

$$b_2=\frac{(-1)\times 1.034+(1\times 1.092)}{24\times 2}=1.21\times 10^{-3}$$

$$b_3=\frac{\sum_{t=1}^{n}\Phi_i(T_a)y_t}{rS_i}$$

$$=\frac{\Phi_1(T_{a1})y_1+\Phi_1(T_{a2})y_2+\Phi_1(T_{a3})y_3+\Phi_1(T_{a4})y_4}{12\times 20}$$

$$=\frac{(-3)\times 0.550-1\times 0.584+1\times 0.500+3\times 0.492}{12\times 20}$$

$$=-1.075\times 10^{-3}$$

$$b_4=\frac{\sum_{t=1}^{n}\Phi_i(T_a)y_t}{rS_i}$$

$$=\frac{\Phi_2(T_{a1})y_1+\Phi_2(T_{a2})y_2+\Phi_2(T_{a3})y_3+\Phi_2(T_{a4})y_4}{12\times 4}$$

$$=\frac{1\times 0.550-1\times 0.584-1\times 0.500+1\times 0.492}{12\times 4}$$

$$=8.75\times 10^{-4}$$

$$b_5=\frac{\sum_{t=1}^{n}\Phi_i(T_a)y_t}{rS_i}$$

$$=\frac{\Phi_3(T_{a1})y_1+\Phi_3(T_{a2})y_2+\Phi_3(T_{a3})y_3+\Phi_3(T_{a4})y_4}{12\times 4}$$

$$=\frac{-1\times 0.550+3\times 0.584-3\times 0.500+1\times 0.492}{12\times 20}$$

$$=8.08\times 10^{-4}$$

同理：

$$b_6=\frac{-3\times 0.501-1\times 0.542+1\times 0.574+3\times 0.509}{12\times 20}$$

$$=2.335\times 10^{-4}$$

$$b_7=\frac{1\times 0.501-1\times 0.542+(-1)\times 0.574+1\times 0.509}{12\times 4}$$

$$=-4.4\times 10^{-4}$$

$$b_8=\frac{-1\times 0.501+3\times 0.542-3\times 0.574+1\times 0.509}{12\times 20}$$

$$=-3.66\times10^{-4}$$

$$b_9=\frac{-3\times0.387-1\times0.453+1\times0.560+3\times0.726}{12\times20}$$

$$=4.683\times10^{-3}$$

$$b_{10}=\frac{1\times0.387-1\times0.453-1\times0.560+1\times0.726}{12\times4}$$

$$=2.083\times10^{-3}$$

$$b_{11}=\frac{-1\times0.387+3\times0.453-3\times0.560+1\times0.726}{12\times20}$$

$$=7.5\times10^{-5}$$

$$b_{12}=\frac{-3\times0.296-1\times0.500+1\times0.575+3\times0.755}{12\times20}$$

$$=6.05\times10^{-3}$$

$$b_{13}=\frac{1\times0.296-1\times0.500-1\times0.575+1\times0.755}{12\times4}$$

$$=-5.00\times10^{-4}$$

$$b_{14}=\frac{-1\times0.296+3\times0.500-3\times0.575+1\times0.755}{12\times20}$$

$$=9.75\times10^{-4}$$

$$b_0=\frac{1}{nr}\sum_{t=1}^{n}\sum_{j=1}^{r}y_{tj}=\frac{1}{nr}\sum_{t=1}^{n}y_t=\frac{1}{12\times4}\times2.126=0.04429$$

将 b_i 值代入式(8-31)，便可得到各因素的效应因素，从而可由式(8-30) 求出回归方程。但是，这时求得的回归方程不一定是最优回归方程。所谓最优回归方程，就是把对响应值有显著影响的因素都包括在回归方程中，而影响不显著的因素又都不应包括在回归方程中，且剩余方差较小。

8.3.2 最优回归

为了建立最优回归方程，首先要对因素效应的显著性做出判断，而为了对各回归系数影响的显著性做出判断，首先要求出各回归系数的变差平方和，然后进行 F 检验。

已知：

$$l_{yy}=U+Q \tag{8-34}$$

式中

$$l_{yy}=\sum_{t=1}^{n}\sum_{j=1}^{n}y_{tj}^2-\frac{1}{nr}\left(\sum_{t=1}^{n}\sum_{j=1}^{r}y_{tj}\right)^2 \tag{8-35}$$

$$\begin{aligned}U&=\sum_{i=1}^{k}b_iB_i\\&=\sum_{i=1}^{k}b_i{}^2\left[r\sum_{t=1}^{n}\Phi_i^2(x_t)\right]\\&=\sum_{i=1}^{k}b_i{}^2rS_i\\&=\sum_{i=1}^{k}b_iS\end{aligned} \tag{8-36}$$

$$Q=l_{yy}-U=\sum_{i=1}^{n}f_iS_i^2 \tag{8-37}$$

式中，S_i^2 是同一条件下重复测定的方差；f_i 是方差 S_i^2 的自由度。

回归系数的变差平方和为：

$$S_{bi}=b_iB_i=b_i^2(rS_i) \tag{8-38}$$

各项自由度分别为：

$$f_r=nr-1 \tag{8-39}$$

$$f_U=k$$

$$f_Q=nr-k-1 \tag{8-40}$$

$$f_{bi}=1, i=1,2,\cdots,k \tag{8-41}$$

显著性检验的统计量分别为：

$$F_{bi}=\frac{S_{bi}}{\dfrac{Q}{nr-k-1}} \tag{8-42}$$

$$F_{b0}=\frac{S_{b0}}{\dfrac{Q}{nr-k-1}}=\frac{nr\,\overline{y}^2}{\dfrac{Q}{nr-k-1}} \tag{8-43}$$

根据式(8-38) 可求得各回归系数的变差平方和。
以 b_1 为例：

$$\begin{aligned}S_{b1} &= b_1B_1 = b_1^2r\left[\sum_{t=1}^{n}\Phi_1^2(x_t)\right]\\ &=(-1.25\times10^{-3})^2\times24\times2\\ &=7.5\times10^{-5}\end{aligned}$$

同理：

$$S_{b2} = b_2^2r\left[\sum_{t=1}^{2}\Phi_1^2(x_t)\right]= 7.027\times10^{-5}$$

$$S_{b3}=2.77\times10^{-4}$$
$$S_{b4}=2.198\times10^{-2}$$
$$S_{b5}=1.57\times10^{-4}$$
$$S_{b6}=1.31\times10^{-5}$$
$$S_{b7}=4.52\times10^{-3}$$
$$S_{b8}=3.23\times10^{-5}$$
$$S_{b9}=4.505\times10^{-4}$$
$$S_{b10}=2.168\times10^{-2}$$
$$S_{b11}=1.35\times10^{-5}$$
$$S_{b12}=8.78\times10^{-3}$$
$$S_{b13}=1.20\times10^{-5}$$
$$S_{b14}=2.28\times10^{-4}$$

由式(8-34) 可以求出 $Q=5.72\times10^{-4}$，自由度 $f_Q=48-15-1=32$，方差估计值 $Q/f_Q=1.79\times10^{-5}$。其中 S_{b6}、S_{b11}、S_{b13} 均小于误差效应的方差估计值，其影响不考虑，将它们合并于误差效应中，合并后的变差平方和为 $Q+S_{b6}+S_{b11}+S_{b13}=5.98\times10^{-4}$，自由度 $f=32+3=35$，方差估计值为：

$$5.98\times10^{-4}/35=1.71\times10^{-5}$$

将各项计算值列成方差分析表（表 8-7)。

由表 8-7 知，影响最大的是原子化时间和温度，其次是灰化时间和温度，干燥温度、干燥时间影响很小，可不予考虑。由此可以建立最优回归方程，为：

表 8-7 正交多项式回归方差分析表

方差来源	变差平方和	自由度	方差估计值	F 值	$F_{0.05}(1,35)$	显著性	附注
b_1	7.50×10^{-5}	1	7.50×10^{-5}	4.39	4.13	*	干燥温度
b_2	7.01×10^{-5}	1	7.01×10^{-5}	4.10			干燥时间
b_3	2.77×10^{-4}	1	2.77×10^{-4}	16.22		* * * *	灰化温度,1 次项
b_4	2.198×10^{-2}	1	2.198×10^{-2}	1284			灰化温度,2 次项
b_5	1.57×10^{-4}	1	1.57×10^{-4}	9.17		* * * *	灰化温度,3 次项
b_7	4.52×10^{-3}	1	4.52×10^{-3}	264		* *	灰化时间,2 次项
b_8	3.23×10^{-3}	1	3.23×10^{-4}	1.88			灰化时间,3 次项
b_9	4.505×10^{-3}	1	4.505×10^{-4}	26.37		* * *	原子化温度,1 次项
b_{10}	2.168×10^{-2}	1	2.168×10^{-2}	1269		* * * *	原子化温度,2 次项
b_{12}	8.78×10^{-3}	1	8.78×10^{-3}	513.79		* * * *	原子化时间,1 次项
b_{14}	2.28×10^{-4}	1	2.28×10^{-4}	13.34		* *	原子化时间,3 次项
误差	5.98×10^{-4}	35	1.71×10^{-5}				

$$
\begin{aligned}
A=&4.43\times10^{-2}-1.25\times10^{-3}\left(\frac{T_{\mathrm{d}}}{100}-1.5\right)-1.075\times10\left(\frac{T_{\mathrm{a}}-400}{200}-2.5\right)\\
&+8.08\times10^{-4}\left[\left(\frac{T_{\mathrm{a}}-400}{200}-2.5\right)^2-\frac{41}{20}\left(\frac{T_{\mathrm{a}}-400}{200}-2.5\right)\right]\\
&+4.34\times10^{-3}\left[\left(\frac{t_{\mathrm{a}}}{200}-2.5\right)^2-\frac{5}{4}\right]-1.37\times10^{-3}\left(\frac{T_{\mathrm{at}}-2100}{200}-2.5\right)\\
&-2.125\times10^{-2}\left[\left(\frac{T_{\mathrm{at}}-2100}{200}-2.5\right)^2-\frac{5}{4}\right]\\
&+6.05\times10^{-3}\left(\frac{t_{\mathrm{at}}}{5}-2.5\right)+9.75\times10^{-4}\left[\left(\frac{t_{\mathrm{at}}}{5}-2.5\right)^2-\frac{41}{20}\left(\frac{t_{\mathrm{at}}}{5}-2.5\right)\right]
\end{aligned}
$$

8.3.3 回归方程的精度

前面已经提到，根据方差分解的原理，响应值 y 的总变差平方和 l_{yy} 可以分解为回归平方和 U 与剩余平方和 Q。Q 刻画了试验点相对于回归方程的离散程度，因此，可直接由 Q 值得剩余标准离差 S。

$$
\begin{aligned}
S&=\sqrt{\frac{Q}{nr-k-1}}\\
&=\sqrt{\frac{l_{yy}-\sum_{i=1}^{k}b_iB_i}{nr-k-1}}\\
&=\sqrt{\frac{\sum_{i=1}^{n}f_iS_i^2}{nr-k-1}}
\end{aligned}
\tag{8-44}
$$

S 表示回归方程的精度，由 S 可以确定回归方程在一定置信度下的置信区间。对于本例，$Q=5.89\times10^{-4}$，$f_Q=35$，计算出 $S=0.41\times10^{-2}$。因此在置信度为 95%时，回归方程的置信区间为以回归方程为中心的$\pm2\times0.41\times10^{-2}=\pm8.2\times10^{-3}$区间内。

8.3.4 考虑交互效应的正交多项式回归

我们知道，因素之间交互效应是经常存在的，如果不考虑交互效应，常常会引出不正确的结论。通常只考察两因素之间的交互效应，而将此种所谓高级交互效应并入误差效应考虑。

因此 A 和 B 间交互效应是指因素 A 和因素 B 联合起来作用的效应，而不是指因素 A 和因素 B 在不同水平组合 ij 下的总效应。总效应既包括 A 和 B 的主效应，又包括因素 A 与因

素 B 之间的交互效应。

因素 A 和 B 的总效应函数 $P(A,B)$ 等于因素 A 和 B 的效应函数 $P(A)$、$P(B)$，加上它们之间的交互效应函数。即：

$$P(A,B)=P(A)+P(B)+P(A\times B) \tag{8-45}$$

因素 A、B 的效应函数，可像它的单独存在一样展开为正交多项式：

$$\begin{cases} P(A)=\sum_{k=1}^{n_A-1} a_k\Phi_k(A) \\ P(B)=\sum_{k=1}^{n_B-1} a_k\Phi_k(B) \end{cases}$$

式中，n_A、n_B分别为因素 A、B 的水平数。反映因素 A、B 效应的回归系数，可由式(8-46) 计算：

$$\begin{cases} a_k=\dfrac{1}{l_{At}}\times\dfrac{1}{\sum_{t=1}^{n_A}\Phi_k(A_t)^2}\sum_{t=1}^{n_A}\Phi_k(A_t)\left(\sum_{j=1}^{l_{At}}y_{tj}\right) \\ b_k=\dfrac{1}{l_{Bt}}\times\dfrac{1}{\sum_{t=1}^{n_B}\Phi_k(B_t)^2}\sum_{t=1}^{n_B}\Phi_k(B_t)\left(\sum_{j=1}^{l_{Bt}}y_{tj}\right) \end{cases} \tag{8-46}$$

式中，l_{At}、l_{Bt}是因素A 和B 在t 水平下的重复次数，$\sum_{j=1}^{l_{At}}y_{tj}$ 和 $\sum_{j=1}^{l_{Bt}}y_{tj}$ 分别是对应于因素 A 和 B 在 t 水平下的数据之和。回归系数变差平方和可按式(8-38) 计算。

因素 A 和 B 的交互效应函数可以展开为正交多项式

$$P(A\times B)=\sum_{a=1}^{n_A-1}\sum_{b=1}^{n_B-1}a_{ab}\Phi_a(A)\Phi_b(B) \tag{8-47}$$

相应的回归系数 a_{ab} 及其变差平方和 S_{ab} 可分别由式(8-48) 和式(8-49) 计算。

$$a_{ab}=\frac{1}{l}\times\frac{1}{\sum_{t=1}^{n_a}\Phi_a(A_t)^2\sum_{j=1}^{n_b}\Phi_b(B_j)^2}\sum_{t=1}^{n_A}\sum_{j=1}^{n_B}\Phi_a(A_t)\Phi_b(B_j)y_{tj} \tag{8-48}$$

$$S_{ab}=\frac{1}{l}\times\frac{1}{\sum_{t=1}^{n_a}\Phi_a(A_t)^2\sum_{j=1}^{n_b}\Phi_b(B_j)^2}\left[\sum_{t=1}^{n_A}\sum_{j=1}^{n_B}\Phi_a(A_t)\Phi_b(B_j)y_{tj}\right]^2 \tag{8-49}$$

自由度 $f_{ab}=1$。式中，l 表示 A_tB_j 下重复试验数。

【例 8-3】 用火焰原子吸收法测定铜，研究乙炔流量和空气流量对吸光度的影响，得到如表 8-8 所示的结果。

表 8-8　乙炔和空气流量对铜吸光度的影响

空气/(L/min) 乙炔/(L/min)	8		10		12		Σ
1.0	80.5	81.1	80.3	80.5	77.0	76.5	475.9
1.5	80.7	81.4	79.4	80.0	75.9	76.0	473.4
2.0	74.5	75.0	75.4	76.0	70.8	71.0	442.7
Σ	473.2		471.6		447.2		1392

因素 A 和 B 各有三个水平，其正交多项式可分别展开为两项，它们的回归系数及相应的变差平方和按式(8-32) 和式(8-38) 计算：

$$a_1=\frac{1}{6\times 2}\times[(-1)\times 473.2+0\times 471.6+1\times 447.2]$$
$$=-2.17$$
$$a_2=\frac{1}{6\times 6}\times[1\times 473.2+(-2)\times 471.6+1\times 447.2]$$
$$=-0.633$$
$$b_1=\frac{1}{6\times 2}\times[(-1)\times 475.9+0\times 473.4+1\times 442.7]$$
$$=-2.77$$
$$b_2=\frac{1}{6\times 6}\times[1\times 475.9+(-2)\times 473.4+1\times 442.7]$$
$$=-0.783$$
$$S_{a1}=(-2.17)^2\times 6\times 2=56.51$$
$$S_{a2}=(-0.633)^2\times 6\times 6=14.42$$
$$S_{b1}=(-2.77)^2\times 6\times 2=92.07$$
$$S_{b2}=(-0.783)^2\times 6\times 6=22.07$$

因素 A 和 B 交互效应函数按式(8-47) 展开为：

$$P(A\times B)=a_{11}\Phi_1(A)\Phi_1(B)+a_{12}\Phi_1(A)\Phi_2(B)+a_{21}\Phi_2(A)\Phi_1(B)+a_{22}\Phi_2(A)\Phi_2(B) \tag{8-50}$$

相应各回归系数及其变差平方和按式(8-48) 和式(8-49) 计算。

在本例中，在每一 A_tB_j 组合下重复测定次数 $l=2$，因素 A 和 B 的水平数分别为 $n_A=3$，$n=3$。查附录相应的正交多项式表。

$$a_{11}=\frac{1}{l\sum_t\Phi_1(A_t)^2\sum_j\Phi_1(B_j)^2}\sum_t\sum_j\Phi_1(A_t)\Phi_1(B_j)y_{tj}$$
$$=\frac{1}{l\sum_t\Phi_1(A_t)^2\sum_j\Phi_1(B_j)^2}[\Phi_1(A_1)\Phi_1(B_1)y_{11}+\Phi_1(A_1)\Phi_1(B_2)y_{12}$$
$$+\Phi_1(A_1)\Phi_1(B_3)y_{13}+\Phi_1(A_2)\Phi_1(B_1)y_{21}+\Phi_1(A_2)\Phi_1(B_2)y_{22}$$
$$+\Phi_1(A_3)\Phi_1(B_1)y_{31}+\Phi_1(A_3)\Phi_1(B_2)y_{32}+\Phi_1(A_3)\Phi_1(B_3)y_{33}]$$
$$=\frac{1}{2\times 2\times 2}\times[(-1)(-1)\times 161.6+(-1)\times 0\times 162.1+(-1)\times 1\times 149.5$$
$$+0\times(-1)\times 160.8+0\times 0\times 159.4+0\times 1\times 149.5+1\times(-1)\times 153.5$$
$$+1\times 0\times 151.9+1\times 1\times 141.8]$$
$$=0.05$$

$$a_{12}=\frac{1}{l\sum_t\Phi_1(A_t)^2\sum_j\Phi_2(B_j)^2}\sum_t\sum_j\Phi_1(A_t)\Phi_2(B_j)y_{tj}$$
$$=\frac{1}{l\sum_t\Phi_1(A_t)^2\sum_j\Phi_2(B_j)^2}[\Phi_1(A_1)\Phi_2(B_1)y_{11}+\Phi_1(A_1)\Phi_2(B_2)y_{12}$$
$$+\Phi_1(A_1)\Phi_2(B_3)y_{13}+\Phi_1(A_2)\Phi_2(B_1)y_{21}+\Phi_1(A_2)\Phi_2(B_2)y_{22}$$
$$+\Phi_1(A_3)\Phi_2(B_1)y_{31}+\Phi_1(A_3)\Phi_2(B_2)y_{32}+\Phi_1(A_3)\Phi_2(B_3)y_{33}]$$
$$=\frac{1}{2\times 2\times 6}\times[(-1)\times 1\times 161.6+(-1)\times(-2)\times 162.1+(-1)\times 1\times 149.5$$

$$+0\times1\times160.8+0\times(-2)\times159.4+0\times1\times151.4+1\times1\times153.5$$
$$+1\times(-2)\times151.9+1\times1\times141.8]$$
$$=0.192$$

$$a_{21}=\frac{1}{l\sum_t\Phi_2(A_t)^2\sum_j\Phi_1(B_j)^2}\sum_t\sum_j\Phi_2(A_t)\Phi_1(B_j)y_{tj}$$
$$=\frac{1}{2\times6\times2}\times[1\times(-1)\times161.6+1\times0\times162.1+1\times1\times149.5$$
$$+(-2)\times(-1)\times160.8+(-2)\times0\times159.4+(-2)\times1\times151.4+1\times(-1)\times153.5$$
$$+1\times0\times151.9+1\times1\times141.8]$$
$$=-0.208$$

$$a_{22}=\frac{1}{l\sum_t\Phi_2(A_t)^2\sum_j\Phi_2(B_j)^2}\sum_t\sum_j\Phi_2(A_t)\Phi_2(B_j)y_{tj}$$
$$=\frac{1}{2\times6\times6}\times[1\times1\times161.6+1\times(-2)\times162.1+1\times1\times149.5$$
$$+(-2)\times1\times160.8+(-2)\times(-2)\times159.4+(-2)\times1\times151.4+1\times1\times153.5$$
$$+1\times(-2)\times151.9+1\times1\times141.8]=-0.117$$

$$S_{a11}=\frac{1}{l\sum_t\Phi_1(A_t)^2\sum_j\Phi_1(B_j)^2}\left[\sum_t\sum_j\Phi_1(A_t)\Phi_1(B_j)y_{tj}\right]^2$$
$$=\frac{1}{2\times2\times2}\times(0.4)^2=0.02$$

$$S_{a12}=\frac{1}{l\sum_t\Phi_1(A_t)^2\sum_j\Phi_2(B_j)^2}\left[\sum_t\sum_j\Phi_1(A_t)\Phi_2(B_j)y_{tj}\right]^2$$
$$=\frac{1}{2\times2\times6}\times(4.6)^2=0.88$$

$$S_{a21}=\frac{1}{l\sum_t\Phi_2(A_t)^2\sum_j\Phi_1(B_j)^2}\left[\sum_t\sum_j\Phi_2(A_t)\Phi_1(B_j)y_{tj}\right]^2$$
$$=\frac{1}{2\times6\times2}\times(-5.0)^2=1.04$$

$$S_{a22}=\frac{1}{l\sum_t\Phi_2(A_t)^2\sum_j\Phi_2(B_j)^2}\left[\sum_t\sum_j\Phi_2(A_t)\Phi_2(B_j)y_{tj}\right]^2$$
$$=\frac{1}{2\times6\times6}\times(-8.4)^2=0.98$$

因素 A 和 B 的交互效应变差平方和为：

$$Q_{A\times B}=S_{a11}+S_{a12}+S_{a21}+S_{a22}=2.923$$

因素 A 和 B 的变差平方和分别为：

$$Q_A=S_{a1}+S_{a2}=56.33+14.44=70.77$$
$$Q_B=S_{b1}+S_{b2}=91.85+22.09=113.94$$

全部测定的总变差平方和为：

$$Q_T=\sum_{t=1}^{9}\sum_{j=1}^{2}y_{tj}^2-\frac{\left(\sum_{t=1}^{9}\sum_{j=1}^{2}y_{tj}^2\right)^2}{18}=188.72$$

误差效应变平方和为：

$$Q_e = Q_T - Q_A - Q_B - Q_{A\times B}$$
$$= 188.72 - 70.77 - 113.94 - 2.923$$
$$= 1.087$$

误差效应的自由度为：

$$f_e = f_T - f_A - f_B - f_{A\times B}$$
$$= 17 - 2 - 2 - 4$$
$$= 9$$

误差效应计算估计值为：

$$\frac{1.087}{9} = 0.121$$

各回归系数的方差分析见表 8-9。

表 8-9　有交互效应的正交多项式回归方差分析表

方差来源	变差平方和	自由度	方差估计值	F 值	$F_{0.05}(1,9)$	显著性
a_1	56.33	1	56.39	469.4	5.12	* *
a_2	14.44	1	14.44	120.3		* *
b_1	91.85	1	91.85	765.4		* *
b_2	22.09	1	22.09	184.1		* *
b_{11}	0.02	1	0.02	0.16		
b_{12}	0.88	1	0.88	7.33		*
b_{21}	1.04	1	1.04	8.67		*
b_{22}	0.98	1	0.98	8.17		*
误差	1.087	9	0.12			
总和	188.72	17				

方差分析表明，除回归系数 a_{11} 之外，其他各项回归系数的效应都是高度显著的或是显著的。因此，因素 A、因素 B 的效应函数及因素 A 和 B 的交互效应函数可以写成：

$$P(A) = a_1\Phi_1(A) + a_2\Phi_2(A)$$
$$= -2.17\Phi_1(A) - 0.633\Phi_2(A)$$
$$P(B) = b_1\Phi_1(B) + b_2\Phi_2(B)$$
$$= -2.77\Phi_1(B) - 0.783\Phi_2(B) \tag{8-51}$$
$$P(A\times B) = a_{12}\Phi_1(A)\Phi_2(B) + a_{12}\Phi_2(A)\Phi_1(B) + a_{22}\Phi_2(A)\Phi_2(B)$$
$$= 0.192\Phi_1(A)\Phi_2(B) - 0.208\Phi_2(A)\Phi_1(B) - 0.117\Phi_2(A)\Phi_2(B)$$

由式(8-1) 将因素水平变化为标准等距点：

$$A' = \frac{A-a}{h} = \frac{A-6}{2} \qquad A\text{:空气流量}$$

$$B' = \frac{B-b}{h} = \frac{A-0.5}{0.5} \qquad B\text{:乙炔流量}$$

将上式代入式(8-14)，得到：

$$\Phi_1(A) = (0.5A-3) - \frac{3+1}{2} = 0.5A-5$$

$$\Phi_2(A) = \left[(0.5A-3) - \frac{3+1}{2}\right]^2 - \frac{3-1}{12} = (0.5A-5)^2 - \frac{1}{6}$$

$$\Phi_1(B) = (2B-1) - \frac{3+1}{2} = 2B-3$$

$$\Phi_2(B)=\left[(2B-1)-\frac{3+1}{2}\right]^2-\frac{3-1}{12}=(2B-3)^2-\frac{1}{6}$$

因此，据式(8-30)，总回归方程可以写为：

$$y=b_0+P(A)+P(B)+P(A\times B) \tag{8-52}$$

式中：$b_0=\dfrac{1}{mr}\sum_{t=1}^{n}\sum_{j=1}^{r}y_{tj}=\dfrac{1392}{18}=77.33$

将 b_0 和式(8-51) 代入式(8-52)，便得到最后的回归方程：

$$\begin{aligned}y=&77.33-2.17(0.5A-5)-0.633\left[(0.5A-5)^2-\frac{1}{6}\right]\\&-2.77(2B-3)-0.783\left[(2B-3)^2-\frac{1}{6}\right]\\&+0.192(0.5A-2)\left[(2B-3)^2-\frac{1}{6}\right]\\&-2.08\left[(0.5A-5)^2-\frac{1}{6}\right](2B-3)\\&-0.117\left[(0.5A-5)^2-\frac{1}{6}\right]\left[(2B-3)^2-\frac{1}{6}\right]\end{aligned}$$

回归方程的精度可由误差效应方差估计值求出，其标准差为：

$$S=\sqrt{\frac{Q_e}{f_e}}=\sqrt{\frac{1.098}{9}}=0.35 \tag{8-53}$$

由 S 就可以确定回归方程在一定置信度下的置信区间，从而可以利用回归方程进行预报和控制。

8.4　正交拉丁多元回归设计

本节将给读者简要介绍用正交拉丁方安排试验，在做多元回归时，同样满足正交多项式回归的正交条件，即在正规方程中系数 $l_{ij}=0$，所以使回归分析较易进行，可以大大简化计算，所以正交拉丁方多元回归设计就是将正交拉丁方试验设计与多元回归分析结合起来的一种很好的试验方法。

8.4.1　拉丁方与正交拉丁方

例：某试验需考察 A、B、C、D 四个因素，各个因素均取三个水平，现需通过试验找出最佳条件。

如果采用全面试验法，即每个因素的各个水平的所有组合都做试验，要做 $3^4=81$ 次，试验次数太多，能否做一部分试验，又能得出好的结果呢？先考虑 A、B 两个因素，若全面试验，要做九次试验（见表 8-10）。

表 8-10　双因素三水平重复的全面试验

A \ B	B_1	B_2	B_3
A_1	A_1B_1	A_1B_2	A_1B_3
A_2	A_2B_1	A_2B_2	A_2B_3
A_3	A_3B_1	A_3B_2	A_3B_3

如果同时还要考虑因素 C，而试验次数又不增加，应该怎样安排呢？我们看到，只有两个因素时，二因素的三个水平互相各碰一次，这样反映的情况比较全面，当三个因素时，要

表 8-11　三因素三水平均衡搭配试验

A \ C \ B	B_1	B_2	B_3
A_1	$A_1B_1C_1$	$A_1B_2C_2$	$A_1B_3C_3$
A_2	$A_2B_1C_2$	$A_2B_2C_3$	$A_2B_3C_1$
A_3	$A_3B_1C_3$	$A_3B_2C_1$	$A_3B_3C_2$

反映情况比较全面，必须任意两个因素间的不同水平各碰一次，可采用如下的安排，见表 8-11。

这样的安排很均衡，A 的各个水平和 B 的三个水平各碰一次，和 C 的三个水平也各碰一次；同样 B 的每个水平和 A、C 的三个水平也是正好各碰一次，对 C 也有同样的性质，可以看到，按此办理，虽然只做 9 次试验，这 9 个试验是全面试验 $3^3=27$ 个试验的很好代表，为了书写简便，上面的试验设计可以简化为表 8-12。

表 8-12　三因素三水平均衡搭配试验表的化简

A \ C \ B	1	2	3
1	1	2	3
2	2	3	1
3	3	1	2

上表的右下角为：

1	2	3
2	3	1
3	1	2

我们可以看到，在每一行每一列中，1、2、3 正好各出现一次，具有这样性质的方块叫拉丁方。这是由于排这种方块常用拉丁字母，所以产生了拉丁方的名称。

回到我们的例子，若还要考虑因素 D，能否保持上述的要求，而试验次数不增加呢？这是可能的，只要我们取 D 的拉丁方和 C 的拉丁方不一样，两个拉丁方之间搭配均衡，如表 8-13 设计（括号内号码代表 D 因素水平）。

表 8-13　四因素三水平的均衡搭配试验

A \ C、D \ B	1	2	3
1	1(1)	2(2)	3(3)
2	2(3)	3(1)	1(2)
3	3(2)	1(3)	2(1)

D 的三个水平组成的是另一个拉丁方，它和 A、B 之间的搭配是均匀的，D 和 C 之间的搭配也是均匀的，D 的每个水平和 C 的三个水平各碰一次，这样设计，9 次试验就能很好地代表 $3^4=81$ 次试验。

我们将 C 和 D 的两拉丁方叠在一起，见表 8-14，发现 1、2、3 和（1）、（2）、（3）各碰一次，既无重复，又无遗漏，具有这种性质的两个拉丁方叫正交拉丁方。例如下面表 8-15 的三拉丁方就是两两正交的。

表 8-14　两个拉丁方的迭加

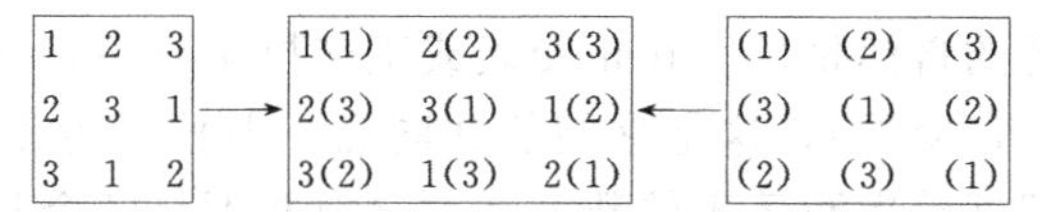

1	2	3
2	3	1
3	1	2

→

1(1)	2(2)	3(3)
2(3)	3(1)	1(2)
3(2)	1(3)	2(1)

←

(1)	(2)	(3)
(3)	(1)	(2)
(2)	(3)	(1)

表 8-15　正交拉丁方举例

1	2	3	4
2	1	4	3
3	4	1	2
4	3	2	1

1	2	3	4
3	4	1	2
4	3	2	1
2	1	4	3

1	2	3	4
4	3	2	1
2	1	4	3
3	4	1	2

正交拉丁方设计由于互相搭配均匀，在分析数据时可以把各个因素的作用（效应）分得清清楚楚，不会混杂，并且可以方便地找到最优的试验条件，正交拉丁方可以大大减少试验次数。例如 8 因素 7 水平，全部完成要 $7^8=5764801$ 次，而正交拉丁方只需 49 次，因此，因素较多用正交拉丁方来安排试验比较好，它的好处表现在：

（1）能减少试验次数；

（2）能达到因素间的均衡搭配；

（3）提供分析试验的信息比较丰富；

（4）能给出误差估计。

8.4.2　正交拉丁方试验与正交表设计试验

正交表是正交拉丁方的自然推广。

用正交拉丁方安排试验，通常是排成表格的形式。如前面表 8-13 的设计，我们把它编上试验号码（见表 8-16），用①、②、③、…、表示，把它写成表格就成为一张 $L_9(3^4)$ 正交表（见表 8-17）。

表 8-16　正交拉丁方试验编号

B / C、D / A	1	2	3
1	1(1) ①	2(2) ②	3(3) ③
2	2(3) ④	3(1) ⑤	1(2) ⑥
3	3(2) ⑦	1(3) ⑧	2(1) ⑨

表 8-17　正交打丁方排成正交表 $L_9(3^4)$

因素 / 试验号	A	B	C	D
1	1	1	1	1
2	1	2	2	2
3	1	3	3	3
4	2	1	2	3
5	2	2	3	1
6	2	3	1	2
7	3	1	3	2
8	3	2	1	3
9	3	3	2	1

这里需要说明一下正交表与正交拉丁方的关系及其相互比较，正交表并不都是从正交拉丁方转变来的，而是后者的自然推广。在正交表或正交拉丁方中，任意两列之间都具有搭配均匀的性质（即都是具有正交性），这是它们的共同点。但拉丁方安排，要求行数与列数必须相等，组成正方形，即试验次数等于整数的平方（但并不是各个整数都有正交拉丁方，如6×6 的正交拉丁方就不存在），而正交表并不一定，其次，正交表除了能对因素的主效应进行考察外，有时还能方便地考察各因素之间的交互作用，并给出交互效应的大小估计，而正交拉丁通常只是用来考察因素的主效应。

8.4.3 正交拉丁方试验的分析

前面讲到正交拉丁方是正交表试验的一种特殊情况，由 3 阶正交拉丁方可化成L_9（3^4）。同理，四阶正交拉丁方可化成 L_{16}（4^5），五阶正交拉丁方可化成 L_{25}（5^6）。所以正交拉丁方试验的分析就按正交表的分析，没有任何新东西。

需要指出的是，正交拉丁方写起来占篇幅较小，在分析时有人不愿意化成正交表的形式，还用正交拉丁方的形式。

计算方式如下（无重复试验情形）。

对一个 n 阶正交拉丁方：即有 z 个因素（$z \leqslant n$），p 个水平（$p \leqslant n$），各个水平进行 r 次试验，K_1、K_2、…、K_n表示相应 p 个水平的 r 个数据之和，则：

$$K = K_1 + K_2 + \cdots + K_n \tag{8-54}$$

$$P = \frac{1}{n^2}K^2, R = \sum_{t=1}^{n^2} y_t^2 \tag{8-55}$$

$$Q_i = \frac{1}{r}\sum_{i=1}^{p} K_i^2, y_t \text{ 表示试验结果} \tag{8-56}$$

于是，第 i 因素对应的平方和 $S_i = Q_i - P$

总变差平方和：

$$S_T = R - P = \sum_{i=1}^{n} S_i \tag{8-57}$$

误差平方和：

$$S_e = S_T - \sum_{i=1}^{n} S_i \qquad (z \leqslant n) \tag{8-58}$$

说明如下。①若 $z=n$，则需要做重复试验才能做出误差估计。

②n^2 为总的试验号数（即试验次数），则相应自由度为：

$$\begin{cases} f_T = n^2 - 1 \\ f_z = p - 1 \\ f_e = f_T - f_z = n^2 - 1 - (p-1) \end{cases} \tag{8-59}$$

8.4.4 正交拉丁方多元回归设计

与正交多项式回归设计一样，正交拉丁方试验设计与多元回归（或正交多项式回归）分析结合起来，既可以用较少试验次数，获得基本上能反映全面试验情况的信息，通过对试验结果的方差分析，估计诸因素影响的相对大小，又能定量地了解响应值与诸因素之间的关系，即确定响应值与诸因素之间的相对关系，它也是一种较好的试验设计方法。

下面通过一个具体的实例说明正交拉丁多元回归设计及其数据的处理方法。

【例 8-4】 缩醛化工艺是维尼纶生产的最后一道化学工序，目的是提高维尼纶的耐热水性。醛化过程的好坏，用一个叫缩醛化度的指标来衡量，缩醛化度越高，纤维耐热水性越好。由于影响缩醛化度的因素很多，又加上一些偶然因素的干扰，要了解它们之间蕴含的内在规律就比较困难。由北京维尼纶厂与中科院数学研究所概率统计室统计组联合攻关，采用正交拉丁方多元回归设计方法进行试验，处理数据初步揭示了缩醛化工艺的内在规律，并指导生产、摸索降低原料消耗的途径提供了数据。

（1）试验安排　试验是模仿大规模生产在实验室内进行的。经综合分析及生产经验，选择了反应时间、反应温度、甲醛浓度、硫酸浓度、硫酸钠浓度这五个影响缩醛化度的因素，对其他因素如纤维的水中软化点等暂不考虑，为了比较清楚地看出各个因素与缩醛化度的数量关系，各个因素所选的水平不能太少，但水平太多，试验次数大大增加，均衡两者的矛盾，前四个因素都取 7 个水平，其中芒硝对缩醛化度影响相对其他因素较小，只取了 3 个水平。选用7×7 的正交拉丁方，共做了 7×7＝49 次试验，其各因素水平安排如表 8-18 中。说明：对因素采取拟水平设计，查附录选 7×7 正交拉丁方做试验如表 8-19。

（2）试验结果分析

① 方差分析　利用本节前部分所介绍的公式进行方差分析的计算，各因素在同一水平试验数据和 K、K_i 见表 8-20。

$$K=K_1+K_2+\cdots+K_7=1419.64$$

$$P=\frac{1}{n^2}K^2=\frac{1}{7^2}\times(1419.64)^2=41130.16$$

表 8-18　因素水平表

温度/℃	$(A_1)64$	$(A_2)66$	$(A_3)68$	$(A_4)70$	$(A_5)72$	$(A_6)74$	$(A_7)76$
时间/min	$(B_1)14$	$(B_2)16$	$(B_3)18$	$(B_4)20$	$(B_5)22$	$(B_6)24$	$(B_7)26$
甲醛/(g/L)	$(C_1)18$	$(C_2)20$	$(C_3)22$	$(C_4)24$	$(C_5)26$	$(C_6)28$	$(C_7)30$
硫酸/(g/L)	$(D_1)206$	$(D_2)212$	$(D_3)218$	$(D_4)224$	$(D_5)230$	$(D_6)236$	$(D_7)242$
硫酸钠/(g/L)	$(E_1)70$	$(E_2)70$	$(E_3)85$	$(E_4)85$	$(E_5)85$	$(E_6)100$	$(E_7)100$

表 8-19　正交拉丁方试验设计及试验结果表

温度 其他因素 时间	(A_1) 64	(A_2) 66	(A_3) 68	(A_4) 70	(A_5) 72	(A_6) 74	(A_7) 76
$(B_1)14$	$D_1C_1E_1$ 19.33	$D_5C_2E_6$ 24.34	$D_2C_3E_4$ 23.78	$D_6C_4E_2$ 29.34	$D_3C_5E_7$ 27.73	$D_7C_6E_6$ 30.23	$D_4C_7E_3$ 31.53
$(B_2)16$	$D_2C_7E_4$ 24.64	$D_6C_1E_7$ 23.88	$D_3C_2E_5$ 25.21	$D_7C_3E_3$ 29.89	$D_4C_4E_1$ 29.16	$D_1C_5E_6$ 26.25	$D_5C_6E_4$ 32.94
$(B_3)18$	$D_3C_6E_3$ 25.45	$D_7C_7E_1$ 29.66	$D_4C_1E_6$ 24.21	$D_1C_2E_4$ 27.01	$D_5C_3E_2$ 29.61	$D_2C_4E_7$ 27.23	$D_6C_5E_5$ 34.66
$(B_4)20$	$D_4C_5E_4$ 26.71	$D_1C_6E_2$ 26.07	$D_5C_7E_7$ 28.91	$D_2C_1E_5$ 26.77	$D_6C_2E_3$ 21.05	$D_3C_3E_1$ 31.02	$D_7C_4E_6$ 33.39
$(B_5)22$	$D_5C_4E_5$ 27.00	$D_2C_5E_3$ 26.38	$D_6C_6E_1$ 31.98	$D_3C_7E_6$ 31.06	$D_7C_1E_4$ 30.26	$D_4C_2E_2$ 30.49	$D_1C_3E_7$ 31.39
$(B_6)24$	$D_6C_3E_6$ 27.39	$D_3C_4E_4$ 27.71	$D_7C_5E_2$ 32.95	$D_4C_6E_7$ 31.50	$D_1C_7E_6$ 31.42	$D_5C_1E_3$ 31.08	$D_2C_2E_1$ 32.33
$(B_7)26$	$D_7C_2E_7$ 28.00	$D_4C_3E_5$ 28.14	$D_1C_4E_3$ 28.16	$D_5C_5E_1$ 32.84	$D_2C_6E_6$ 31.83	$D_6C_7E_4$ 35.27	$D_3C_1E_2$ 32.46

表 8-20　K_i的计算

因素 \ K_i	K_1	K_2	K_3	K_4	K_5	K_6	K_7	$\sum K_i$
A 反应温度	A_1 178.52	A_2 186.18	A_3 195.20	A_4 208.41	A_5 211.06	A_6 211.57	A_7 228.70	1419.64
B 反应时间	B_1 186.28	B_2 191.97	B_3 197.83	B_4 203.92	B_5 208.56	B_6 214.38	B_7 216.70	1419.64
C 甲醛浓度	C_1 187.99	C_2 198.43	C_3 201.22	C_4 201.99	C_5 207.52	C_6 210.00	C_7 212.49	1419.64
D 硫酸浓度	D_1 189.63	D_2 192.96	D_3 200.64	D_4 201.74	D_5 206.72	D_6 213.57	D_7 214.38	1419.64
E 芒硝浓度	E_1 411.88	E_2 610.65	E_3 195.20					

$$R=\sum_{t=1}^{49} y_t^2=y_1^2+y_2^2+\cdots+y_{49}^2=41645.27$$

$$S_T=R-P=515.11$$

$$Q_A=\frac{1}{r_A}\sum_{i=1}^{p}(K_i^A)^2=\frac{1}{7}\sum_{i=1}^{7}(K_i^A)^2=768.10$$

同理：

$$Q_B=\frac{1}{7}\sum_{i=1}^{7}(K_i^B)^2=\frac{1}{7}[(K_1^B)^2+\cdots+(K_7^B)^2]=626.06$$

$$Q_C=\frac{1}{7}\sum_{i=1}^{7}(K_i^C)^2=\frac{1}{7}[(K_1^C)^2+\cdots+(K_7^C)^2]=573.62$$

$$Q_D=\frac{1}{7}\sum_{i=1}^{7}(K_i^D)^2=\frac{1}{7}[(K_1^D)^2+\cdots+(K_7^D)^2]=592.47$$

$$Q_E=\frac{1}{14}(K_1^E)^2+\frac{1}{21}(K_2^E)+\frac{1}{14}(K_3^E)^2=523.23$$

$$S_A=Q_A-S_T=252.99$$

$$S_B=Q_B-S_T=110.95$$

$$S_C=Q_C-S_T=58.51$$

$$S_D=Q_D-S_T=77.36$$

$$S_E=Q_E-S_T=8.12$$

$$S_e=S_T-S_A-S_B-S_C-S_D-S_E=7.09$$

缩醛化试制方差分析结果见表 8-21。

经方差分析知这些因素对缩醛化度 y 的影响都高度显著。

表 8-21　方差分析表

变差来源	平方和	自由度	均方	F 值	$F_{0.05}(16,22)$	显著性
反应温度	252.99	6	42.11	131.0	3.76	* *
反应时间	110.95	6	18.49	57.4		* *
甲醛浓度	58.51	6	9.75	30.3		* *
硫酸浓度	77.36	6	12.89	40.0		* *
芒硝浓度	8.12	2	4.11	12.8		* *
误差	7.09	22	0.322			
总和	515.02	48				

② 多元回归分析　由于所考察的 5 个因素都是主要的，因此我们希望求得这些因素与缩醛化度之间的定量关系（相关关系），所以通过多元回归分析来建立这种相关关系。通过初步分析，各个因素对缩醛化度的关系，有直线的趋势（读者可自行做出各个因素-指标图，验证一下是否有直线趋势），所以我们考虑多元线性回归。

设多元线性回归方程为：

$$\hat{y}=b_0+b_1x_1+b_2x_2+b_3x_3+b_4x_4+b_5x_5+\cdots \tag{8-60}$$

相应的正规方程为：

$$\begin{cases} l_{11}b_1+l_{12}b_2+l_{13}b_3+l_{14}b_4+l_{15}b_5=l_{1y} \\ l_{21}b_1+l_{22}b_2+l_{23}b_3+l_{24}b_4+l_{25}b_5=l_{2y} \\ l_{31}b_1+l_{32}b_2+l_{33}b_3+l_{34}b_4+l_{35}b_5=l_{3y} \\ l_{41}b_1+l_{42}b_2+l_{43}b_3+l_{44}b_4+l_{45}b_5=l_{4y} \\ l_{51}b_1+l_{52}b_2+l_{53}b_3+l_{54}b_4+l_{55}b_5=l_{5y} \end{cases} \tag{8-61}$$

在式(8-60) 中，$\hat{y}$ 为因变量，x 为自变量（因素）（$i=1$，2，…，5）；通过试验得 n 组观测数据（$x_{1t},\cdots,x_{5t},y_{5t}$），（$t=1,\cdots,n=49$）。

现在将解式(8-61) 以求出回归系数 $b_1,\cdots,b_5$。直接解式(8-61) 是很困难的，但正是由于利用了正交拉丁方设计试验，由于是正交的，因此：

$$l_{ij}=0(i,j=1、2、3、4、5,i\neq j)$$

使正规方程大为简化，所以求回归系数 b 的正规方程简化为：

$$\begin{cases} l_{11}b_1=l_{1y} \\ l_{22}b_2=l_{2y} \\ l_{33}b_3=l_{3y} \\ l_{44}b_4=l_{4y} \\ l_{55}b_5=l_{5y} \end{cases} \tag{8-62}$$

由第 7 章知：

$$l_{ii}=\sum_{t=1}^{n}(x_{it}-\bar{x})^2=\sum_{t=1}^{n}x_{it}{}^2-\frac{1}{n}\Big(\sum_{t=1}^{n}x_{it}\Big)^2 \tag{8-63}$$

$$l_{11}=\sum_{t=1}^{49}x_{1t}{}^2-\frac{1}{49}\Big(\sum_{t=1}^{49}x_{1t}\Big)^2=784.00$$

同理：

$$l_{22}=784.00$$

$$l_{33}=784.00$$

$$l_{44}=7056.00$$

$$l_{55}=6300.00$$

$$l_{iy}=\sum_{t=1}^{n}(x_{it}-\bar{x}_i)(y_t-\bar{y})=\sum_{t=1}^{n}x_{it}y_t-\frac{1}{n}\Big(\sum_{t=1}^{n}x_{it}\Big)\Big(\sum_{t=1}^{n}y_t\Big) \tag{8-64}$$

同理：

$$l_{2y}=293.62$$

$$l_{3y}=205.88$$

$$l_{4y}=729.30$$

$$l_{5y}=-221.55$$

在式(8-62)、式(8-63) 中：$\bar{y}=\dfrac{1}{n}\sum_{t=1}^{n}y_t,\bar{x}_i=\dfrac{1}{n}\sum_{t=1}^{n}x_{it}$

$$\begin{cases}\bar{x}_1=20\\ \bar{x}_2=24\\ \bar{x}_3=224\\ \bar{x}_4=70\\ \bar{x}_5=85\end{cases}$$

所以：
$$b_1=\frac{l_{1y}}{l_{11}}=\frac{434.36}{784.00}=0.55$$

同理：
$$b_2=\frac{293.62}{784.00}=0.38$$
$$b_3=0.26$$
$$b_4=0.10$$
$$b_5=-0.04$$
$$b_0=\bar{y}-b_1\bar{x}_1-b_2\bar{x}_2-b_3\bar{x}_3-b_4\bar{x}_4-b_5\bar{x}_5=-42.37$$

从而所得回归方程如下：
$$\hat{y}=-42.37+0.55x_1+0.38x_2+0.26x_3+0.10x_4-0.04x_5$$

回归方程的显著性检验如下。

总变差平方和 $l_{yy}=S=515.11$

回归平方和 $U=\sum_{t=1}^{49}(\hat{y}_t-\bar{y})^2=\sum_{i=1}^{5}b_i x_{iy}=485.7944$

残差平方和 $Q=S-U=29.32$

剩余标准差 $S=\sqrt{\frac{Q}{49-5-1}}=0.83$

$$F=\frac{\frac{U}{f_U}}{\frac{Q}{f_e}}=\frac{U}{f_U S^2}=\frac{\frac{U}{5}}{\frac{Q}{49-5-1}}=142.49$$
$$f_{0.01}(5,43)=3.18$$
$$F\gg f_{0.01}(5,43)$$

所以回归方程高度显著。

上面分析的结果和实际情况相当吻合，这表明缩醛化度（在同一水中软化点的条件下）基本上为这 5 个因素所决定。

在计算回归方程时，如果需要配高次项时，则可借助正交多项式，可参见本章前面介绍的方法进行。

(3) 试验结果的应用　试验结果是否符合实际，须在试验中检验，本试验的工作者随机地取了 10 种不同工艺条件，用回归方程预测并与实际值进行比较，结果见表 8-22。

预测结果是令人满意的。10 次没有一次超过 $\hat{y}+2S$ 的范围，8 次均在 $\hat{y}\pm S$ 的范围内，差为“+”和“−”的个数近于相等，说明配的回归方程是符合实际的。

我们可以根据回归方程，在其适用范围内，重新调整生产工艺条件，以降低原料酸醛的消耗。例如对现有工艺条件，温度提高 2℃，甲醛可降低 4g/L（或硫酸可降低 10g/L），缩醛化度仍可达到合格条件。

另外反应时间对缩醛化度影响较大，在计划产量比较低时，最好还是不停整理机。而将产量平均分担在各个整理机上，放慢金属网速度，延长反应时间，这样可以大大降低甲醛或硫酸浓度，从而节约原料的消耗。

表 8-22 用回归方程预测值与实际值比较

实测值	预测值	偏差(实测－预测)
31.60	30.39	+1.21
31.20	31.55	−0.35
29.30	30.09	−0.79
30.00	30.00	0
32.90	32.02	+0.88
35.40	35.82	−0.42
34.30	34.19	+0.11
34.10	35.35	−1.25
33.80	33.89	−0.09
33.10	33.80	−0.70

习 题

1. 如何用正交多项式回归设计建立数学模型，并安排试验？

2. 什么是最优回归方程？如何对因素效应进行显著性判断？

3. 为什么剩余标准离差 S 可以表示回归方程的精度？

4. 如何建立有交互效应的正交多项式回归模型，其公式形式与无交互效应的有何区别与联系？

5. 在原子吸收光谱分析高纯 Eu_2O_3 中钙含量测定试验中，试用正交多项式回归设计对干扰效应进行消除计算，并建立已消除干扰的最优回归方程。根据干扰的特性，以 $C_{测}/C_{Ca}$（C_{Ca}为实际 Ca 含量）作为正交设计试验的评价指标，试验用 $L_9(3^4)$ 正交表进行安排，见表 8-23。

表 8-23 正交试验数据

试验号	Eu_2O_3 含量 A/(mg/mL)	酸量 B(体积分数)/%	误差 C	钙量 D/(μg/mL)	$C_{测}$ /(μg/mL)	$r=C_{测}/C_{Ca}$
1	20.0	0.0	(1)	7.0	2.550	0.3643
2	20.0	2.0	(2)	4.0	1.250	0.3125
3	20.0	4.0	(3)	1.0	0.240	0.2400
4	12.0	0.0	(2)	1.0	0.465	0.4650
5	12.0	2.0	(3)	7.0	2.640	0.3771
6	12.0	4.0	(1)	4.0	1.315	0.3288
7	4.0	0.0	(3)	4.0	2.665	0.6662
8	4.0	2.0	(1)	1.0	0.570	0.5700
9	4.0	4.0	(2)	7.0	3.690	0.5271

注：表中第三列为估计试验误差的大小（廖列文等．分析测试学报，2001，20（3）：31-34）。

6. 在用 DK703 数控电火花小孔加工机对 65Mn 深小孔电火花放电加工试验中，若不考虑交互项时，可进行 L_9（3^4）回归试验，要求加工速度最大，所需加工时间最短。其试验方案和结果见表 8-24。

表 8-24 试验方案和结果

试验号＼因素	脉冲宽度 A /μm	占空比 B	峰值电流 C /挡	D	深小孔加工时间 /10^{-3}s
1	60(1)	3(1)	4(1)	(1)	323
2	60(1)	2(2)	3(2)	(2)	117
3	60(1)	1(3)	2(3)	(3)	84
4	50(2)	3(1)	3(2)	(3)	165
5	50(2)	2(2)	2(3)	(1)	99
6	50(2)	1(3)	4(1)	(2)	135
7	40(3)	3(1)	2(3)	(2)	139.5
8	40(3)	2(2)	4(1)	(3)	230
9	40(3)	1(3)	3(2)	(1)	104.5

试通过试验数据得出回归方程，并用极值分析的方法确定最优参数组合。

（张晓洪等．组合机床与自动化加工技术，2011，(2)：42-45.）

7. 为开发利用啤酒废酵母资源，以啤酒废酵母为试验材料、海藻糖为研究对象、蒸馏水为提取剂，利用单因素与正交多项式回归设计相结合的试验方法（表 8-25），优化微波提取海藻糖工艺。

表 8-25　三元正交多项式回归设计因素编码表

因素 / 水平	Z_1 微波时间/min	Z_2 液料比/(mL/g)	Z_3 微波功率/W
−1	5	35∶1	500
0	15	40∶1	550
1	25	45∶1	600
Δj	10	5	50
编码公式	$X_1=\frac{Z_1-15}{10}$	$X_2=\frac{Z_2-40}{5}$	$X_3=\frac{Z_3-550}{50}$

注：Z_2 为料液比中液体的体积。

表 8-26　多元正交多项式回归设计试验结果

试验号	Φ_0	$X_1(Z_1)$	$X_2(Z_1)$	$X_1(Z_2)$	$X_2(Z_2)$	$X_1(Z_1)X_1(Z_2)$	$X_2(Z_1)X_2(Z_2)$	$X_1(Z_3)$	Y/%
1	1	−1	1	−1	1	1	1	−1	4.702
2	1	−1	1	−1	1	1	1	1	4.431
3	1	−1	1	0	−2	0	−2	−1	4.355
4	1	−1	1	0	−2	0	−2	1	4.808
5	1	−1	1	1	1	−1	1	−1	4.914
6	1	−1	1	1	1	−1	1	1	4.373
7	1	0	−2	−1	1	0	−2	−1	4.472
8	1	0	−2	−1	1	0	−2	1	4.765
9	1	0	−2	0	−2	0	4	−1	4.142
10	1	0	−2	0	−2	0	4	1	4.952
11	1	0	−2	1	1	0	−2	−1	4.453
12	1	0	−2	1	1	0	−2	1	4.831
13	1	1	1	−1	1	−1	1	−1	4.845
14	1	1	1	−1	1	−1	1	1	5.074
15	1	1	1	0	−2	0	−2	−1	4.957
16	1	1	1	0	−2	0	−2	1	4.790
17	1	1	1	1	1	1	1	−1	5.014
18	1	1	1	1	1	1	1	1	4.673

试以微波时间、微波功率、液料比为影响因子，以海藻糖得率为响应值（Y），建立提取海藻糖的编码空间回归方程，并确定其优化最佳工艺参数（见表 8-26）。（陈艳，食品科学，2010，31：119.）

第9章　均匀设计法

均匀性原则是试验设计优化的重要原则之一。均匀设计法是我国数学家利用数论在多维数值积分中的应用原理构造均匀设计表来进行均匀试验设计的科学方法。本章介绍均匀设计法的基本思想与实际应用，并举例说明均匀设计法用于优化试验中的具体实施方法。

9.1　正交设计与均匀设计

田口玄一的正交试验设计方法对我国试验设计的普及和广泛应用有巨大的影响，在前面章节中我们已经详细介绍了如何用正交试验设计来选择分析条件和构造回归方程，20 世纪70 年代我国许多统计学家深入工厂、科研单位，用通俗的方法介绍正交试验设计，帮助工程技术人员进行试验的安排和数据分析，获得了一大批优秀成果，出版了许多成果汇编，举办了不少成果展览会。正交试验设计利用均衡分散性和整齐可比性，从全面试验中选出部分点进行试验，简单比较因素各水平试验指标的平均值，估计各因素的效应，减小了试验工作量和计算工作量，而仍能得到基本上反映全面情况的试验结果，是一种优越性很大的试验设计方法。

在广泛使用正交试验设计等试验设计方法的洪流中，必然会出现一些新的问题，这些问题用原有的各种试验设计方法不能圆满地解决，特别是当试验的范围较大，试验因素需要考察较多水平时，用正交试验及其他流行的试验方法要求做较多的试验，常使得试验者望而生畏。因为当试验中因素数或其水平数较大时，正交试验及其他试验设计方法的次数还是很大的。若在一项试验中有 s 个因素，每个因素各有 q 水平，用正交试验安排试验，则至少要做 q^2 个试验，当 q 较大时，将更大，可能导致试验难以进行。例如，当 $q=12$ 时，$q^2=144$，对大多数实际问题，要求做 144 次试验是太多了！对这一类试验，均匀设计是非常有用的。正交设计必须至少要求做 q^2 次试验是为了保证“整齐可比”的特点，若要减少试验的数目，只有去掉整齐可比的要求。均匀设计法与正交设计法不同之处也就在于，不再考虑“整齐可比”性，只考虑试验点在试验范围内充分分散，这样就可以从全面试验中挑选更少的试验点作为代表进行试验，由此得到的结果仍能反映分析体系的主要特征，这种从均匀性出发的试验设计方法，称为均匀设计法。

均匀设计的数学原理是数论中的一致分布理论，此方法借鉴了“近似分析中的数论方法”这一领域的研究成果，将数论和多元统计相结合，是数论方法中的“伪蒙特卡罗方法”的一个应用。均匀设计只考虑试验点在试验范围内均匀散布，挑选试验代表点的出发点是“均匀分散”，而不考虑“整齐可比”，它可保证试验点具有均匀分布的统计特性，可使每个因素的每个水平做一次且仅做一次试验，任两个因素的试验点点在平面的格子点上，每行每列有且仅有一个试验点。它着重在试验范围内考虑试验点均匀散布以求通过最少的试验来获得最多的信息，因而其试验次数比正交设计明显地减少，使均匀设计特别适合于多因素多水平的试验和系统模型完全未知的情况。例如，当试验中有 m 个因素，每个因素有 n 个水平时，如果进行全面试验，共有 nm 种组合，正交设计是从这些组合中挑选出 n^2 个试验，而均匀设计是利用数论中的一致分布理论选取 n 个点试验，而且应用数论方法使试验点在积分范围内散布得十分均匀，并使分布点离被积函数的各种值充分接近，因此便于计算机统计建模。如某项试验影响因素有5个，水平数为10个，则全面试验次数为10^5次，即做十万次试验；正交设计是做10^2次，即做100次试验；而均匀设计只做10次，可见其优越性非常突出。

事实上，在均匀设计方法出现以前，正交设计已经在工农业生产中广泛应用，并取得良好效果。目前均匀设计亦已成为与正交设计同样流行的试验设计方法之一，人们自然而然地会拿正交设计与均匀设计相比较。它们各有所长，相互补充，给使用者提供了更多的选择。下面我们讨论二者各自的特点。

正交设计具有正交性，如果试验按它设计，可以估计出因素的主效应，有时也能估出它们的交互效应。均匀设计是非正交设计，它不可能估计出方差分析模型中的主效应和交互效应，但是它可以估出回归模型中因素的主效应和交互效应。

正交设计用于水平数不高的试验，因为它的试验数至少为水平数的平方。若一项试验有五个因素，每个因素取31水平，其全部组合有$31^5=28625151$个，若用正交设计，至少需要做$31^2=961$次试验，而用均匀设计只需31次，所以均匀设计适合于多因素多水平试验。

均匀设计提供的均匀设计表在选用时有较多的灵活性。例如，一项试验若每个因素取4个水平，用$L_{16}(4^5)$来安排，只需做16次试验，若改为5水平，则需用$L_{25}(5^6)$表，做25次试验。从16次到25次对工业试验来讲工作量有显著得不同。又如在一项试验中，原计划用均匀设计$U_{13}^*(13^5)$来安排五个因素，每个有13个水平，后来由于某种需要，每个因素改为14个水平，这时可用$U_{14}^*(14^5)$来安排，试验次数只需增加一次。均匀设计的这个性质，有人称为试验次数随水平增加有“连续性”，并称正交设计有“跳跃性”。

正交设计的数据分析程式简单，有一个计算器就可以了，且“直观分析”可以给出试验指标Y随每个因素的水平变化的规律。均匀设计的数据要用回归分析来处理，有时需用逐步回归等筛选变量的技巧，往往必须采用统计分析软件。但是我们也必须意识到，采用统计分析软件来进行试验设计可以极大地减少工作量，给我们的试验分析带来便利并可以提高准确性，因而统计分析软件的应用也是试验设计的重要内容。

下面我们对两种设计的均匀性做一比较。我们可以通过线性变换将一个均匀设计表$U_n(t^q)$的元素变到(0,1)中，它的n行对应于C^m中的n点。用类似的方法，也可以将$L_n(S^m)$表变换为C^m中的n点。这两个点集的偏差可以衡量它们的均匀性或代表性。要合理地比较两种设计的均匀性并不容易，因为很难找到两个设计有相同的试验数和相同的水平数，一个来自正交设计，另一个来自均匀设计。由于这种困难，我们从以下三个角度来比较二者的均匀性。

(1) 试验数相同时的偏差的比较　表9-1给出当因素数$s=2$、3、4时两种试验的偏差比较，其中“*UD*”为均匀设计，“*OD*”为正交设计。

例如，当$s=2$时，若用$L_8(2^7)$来安排试验，其偏差为0.4375；若用表$U_8^*(8^8)$，则偏差最好时要达0.1445。显然后者比前者均匀性要好得多，值得注意的是，在比较中我们没有全部用U^*表，如果全部用U^*表，其均匀设计的偏差会进一步减小。这种比较方法对正交设计是不公平的，因为当试验数给定时，水平数减少，则偏差会增大。所以这种比较方法正交设计明显地吃亏。在过去许多正交设计的书籍中，强烈地推荐用二水平的正交表，从偏差的角度来看，这种观点是错误的。

(2) 水平数相同时偏差的比较　表9-2给出了两种设计水平数相同，但试验数不同的比较，其中当均匀设计的试验数为n时，相应正交设计的试验数为n^2，例如$U_6^*(6^2)$的偏差为0.1875，而$L_{36}(6^2)$的偏差为0.1597，两者差别并不很大。所以用$U_6^*(6^2)$安排的试验其效果虽然比不上$L_{36}(6^2)$，但其效果并不太差，而试验次数却少了6倍。

表 9-1　试验数相同时两种设计的偏差

OD&UD	$s=2$	$s=3$	$s=4$	$s=5$
$L_8(2^7)$	0.4375	0.5781	0.6836	
$U_8^*(8^8)$	0.1445	0.2000	0.2709	
$L_9(3^4)$	0.3056	0.4213	0.5177	
$U_9(9^5)$	0.1944	0.3102	0.4066	
$L_{12}(2^{11})$	0.4375	0.5781	0.6838	0.7627
$U_{12}^*(12^{10})$	0.1163	0.1838	0.2233	0.2272
$L_{16}(2^5)$	0.4375	0.5781	0.6836	0.7627
$U_{16}^*(16^{12})$	0.0908	0.1262	0.1705	0.2070
$L_{16}(4^5)$	0.2344	0.3301	0.4138	0.4871
$U_{16}^*(16^{12})$	0.0908	0.1262	0.1705	0.2070
$L_{25}(5^6)$	0.1900	0.2710	0.3439	0.4095
$U_{25}(25^9)$	0.0764	0.1294	0.1793	0.2261
$L_{27}(3^{13})$	0.3056	0.4213	0.5177	0.5981
$U_{27}(27^{11})$	0.0710	0.1205	0.1673	0.2115
$L_8(4\times2^4)$	0.3438	0.5078		
$U_8(8\times4)$	0.1797		0.6309	
$U_8(8\times4\times4)$		0.2822		

表 9-2　水平数相同时两种设计的偏差

OD	D	UD	D
$L_{36}(6^2)$	0.1597	$U_6^*(6^2)$	0.1875
$L_{49}(7^2)$	0.1378	$U_7^*(7^2)$	0.1582
$L_{64}(8^2)$	0.1211	$U_8^*(8^2)$	0.1445
$L_{81}(9^2)$	0.1080	$U_9^*(9^2)$	0.1574
$L_{100}(10^2)$	0.0975	$U_{10}^*(10^2)$	0.1125
$L_{121}(11^2)$	0.0888	$U_{11}^*(11^2)$	0.1136
$L_{144}(12^2)$	0.0816	$U_{12}^*(12^2)$	0.1163
$L_{169}(13^2)$	0.0754	$U_{13}^*(13^2)$	0.0962
$L_{225}(15^2)$	0.0656	$U_{15}^*(15^2)$	0.0833
$L_{324}(18^2)$	0.0548	$U_{18}^*(18^2)$	0.0779

(3) 偏差相近时试验次数的比较　刚才我们说 U_6^* (6^2) 比不上 L_{36} (6^2)，如果让试验次数适当增加，使相应的偏差与 L_{36} (6^2) 的偏差相接近，例如 U_8^* (8^2) 的偏差为 0.1445，比 L_{36} (6^2) 的偏差略好，但试验次数可省 36/8=4.5 倍，表 9-3 给出了多种情形的比较及其可节省的试验倍数。

表 9-3　水平数相近时两种设计的比较

OD	D	UD	D	#OD/#UD
$L_{36}(6^2)$	0.1597	$U_8^*(8^2)$	0.1445	4.5
$L_{49}(7^2)$	0.1378	$U_{10}^*(10^2)$	0.1125	4.9
$L_{64}(8^2)$	0.1211	$U_{10}^*(10^2)$	0.1125	6.4
$L_{81}(9^2)$	0.1080	$U_{13}^*(13^2)$	0.0962	6.2
$L_{100}(10^2)$	0.0975	$U_{13}^*(13^2)$	0.0962	7.7
$L_{121}(11^2)$	0.0888	$U_{15}^*(15^2)$	0.0833	8.1
$L_{144}(12^2)$	0.0816	$U_{18}^*(18^2)$	0.0779	8.0
$L_{169}(13^2)$	0.0754	$U_{19}^*(19^2)$	0.0755	8.9
$L_{225}(15^2)$	0.0656	$U_{23}^*(23^2)$	0.0638	9.8
$L_{324}(18^2)$	0.0548	$U_{28}^*(28^2)$	0.0545	11.6

综合上述三种角度的比较可以发现，如果用偏差作为均匀性的度量，均匀设计明显地优于正交设计，并可节省四至十几倍的试验。

通过与正交设计进行均匀性、最优性的比较，可以总结出以下特征。

① 在试验数相同情况下，均匀设计的均匀性比正交设计好得多，在大多数情况下，特别是模型比较复杂时，均匀设计方法的试验次数少、均匀性好，并对非线性模型有较好的估计。对线性模型均匀设计有较好的均匀性和较少的试验次数。

② 水平数相同或偏差相近时，均匀设计的试验次数相对于正交设计有绝对优势。虽然均匀设计失去了正交设计的整齐可比性，但在选点方面比正交设计具有更大的灵活性，也就是说，它更加注重了均匀性，利用均匀设计的均匀分散性可以选到偏差更小的点；更重要的是，试验次数由 n^2 减少到 n。因此均匀设计的试验次数随水平增加有“连续性”，而正交设计有“跳跃性”，从而均匀设计在实践中大大降低了成本，非常适合于多因素多水平试验。研究表明，如果采用偏差做均匀性的度量，均匀设计明显优于正交设计，并至少可节省60％以上的试验。

③ 正交设计的数据分析程式简单，且直观分析可以给出试验指标随每个水平变化的规律；均匀设计的数据可用回归分析、最优化和关联度分析等方法来处理，一般要用计算机。有时也可以根据优化原则从试验点中挑选一个最优指标，虽然粗糙但却非常有效，适合于缺少计算工具的情况。

均匀设计的这些特点使它适合于众多实际应用领域，例如化工、材料、医药、生物、食品、军事工程、电子和社会经济等，尽管正交试验设计历时较长并且应用甚广，目前也有不少学者认为从整体上讲均匀设计是一种优于正交设计的新试验设计方法，因此均匀设计逐渐受到研究人员的重视和倡导，从有了该方法以来，经过 30 多年的发展和推广，均匀设计在国内得到了广泛应用，并获得不少好的成果。同时我们需要清楚地知道这并不意味其他试验设计方法不重要，每种方法都有其优点，也有其局限性，根据实际情况选取合适的方法是应用统计和试验设计的重要内容。

9.2 均匀设计表

9.2.1 等水平均匀设计表

均匀设计是继 20 世纪 60 年代华罗庚教授倡导的优选法和我国数理统计学者在国内推广的正交法之后，于 70 年代末应航天部第三研究院飞航导弹火控系统建立数学模型并研究其诸多影响因素的需要，由中国科学院应用数学所方开泰教授和王元教授提出的一种试验设计方法。均匀设计是通过一套精心设计的表来进行试验设计的，对于每一个均匀设计表都有一个使用表，可指导如何从均匀设计表中选用适当的列来安排试验。均匀设计试验法使用的表称为 U 表，是将数论方法用于试验设计构造而成。其符号为：

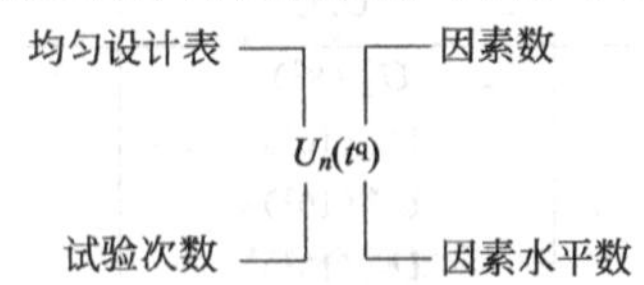

如表 9-4 是均匀设计表 $U_{11}(11^{10})$，可安排 10 因素 11 水平的试验，共进行 11 次试验。

一般均匀设计表可用 $U_n(t^q)$ 或 $U_n^*(t^q)$ 表示，代号 U 右上角加“*”和不加“*”代表两种不同的均匀设计表，通常加“*”的均匀设计表具有更好的均匀性，应优先选用。

表 9-5(a) 和 (b) 分别为均匀表 $U_7(7^4)$ 和 $U_7^*(7^4)$，可以看出它们都有 7 行 4 列，每个因素都有 7 个水平，但在选用时应该首选 $U_7^*(7^4)$。

表 9-4　U_{11}（11^{10}）均匀设计表

试验号＼列号	1	2	3	4	5	6	7	8	9	10
1	1	2	3	4	5	6	7	8	9	10
2	2	4	6	8	10	1	3	5	7	9
3	3	6	9	1	4	7	10	2	5	8
4	4	8	1	5	9	2	6	10	3	7
5	5	10	4	9	3	8	2	7	1	6
6	6	1	7	2	8	3	9	4	10	5
7	7	3	10	6	2	9	5	1	8	4
8	8	5	2	10	7	4	1	9	6	3
9	9	7	5	3	1	10	8	6	4	2
10	10	9	8	7	6	5	4	3	2	1
11	11	11	11	11	11	11	11	11	11	11

表 9-5　均匀设计表

(a) U_7（7^4）

试验号	列号			
	1	2	3	4
1	1	2	3	6
2	2	4	6	5
3	3	6	2	4
4	4	1	5	3
5	5	3	1	2
6	6	5	4	1
7	7	7	7	7

(b) U_7^*（7^4）

试验号	列号			
	1	2	3	4
1	1	3	5	7
2	2	6	2	6
3	3	1	7	5
4	4	4	4	4
5	5	7	1	3
6	6	2	6	2
7	7	5	3	1

每个均匀设计表都附有一个使用表，表 9-6(a) 和 (b) 分别为均匀表 $U_7(7^4)$ 和 $U_7^*(7^4)$的使用表，表 9-6(a) 告诉我们，若有两个因素，应选用 1、3 两列来安排试验；若有三个因素，应选用 1、2、3 三列，……，最后 1 列 D 表示刻划均匀度的偏差（discrepancy)，偏差值越小，表示均匀度越好。假设有两个因素，若选用 $U_7(7^4)$ 的 1、3 列，其偏差 $D=0.2398$，选用 $U_7^*(7^4)$ 的 1、3 列，相应偏差 $D=0.1582$，后者较小，应优先择用。

表 9-6　均匀设计表的使用表

(a) U_7（7^4）

因素数	列号				D
2	1	3			0.2398
3	1	2	3		0.3721
4	1	2	3	4	0.4760

(b) U_7^*（7^4）

因素数	列号				D
2	1	3			0.1582
3	2	3	4		0.2132
4	1	2	3	4	—

除了直接应用均匀设计表的使用表来进行均匀设计外，还可以利用 DPS 试验设计软件来进行指定因素数和水平数的均匀设计，例如我们目前的试验要求具有 3 个因素，每个因素 7 个水平，我们可以根据表 9-6(b) 中 $U_7^*(7^4)$ 的使用表，利用表 9-5(b) 中 2、3、4 列来安排试验，我们也可以利用 DPS 试验设计软件来直接设计 $U_7^*(7^3)$ 均匀设计表。在利用 DPS 数据处理系统完成试验统计分析之前，首先将 DPS 数据处理系统软件安装在电脑上。然后利用以下步骤来设计带“*”的均匀设计表，见图 9-1～图 9-3。

从图 9-3 的 DPS 软件输出结果可以看到，其偏差 D 只有 0.1194，小于表 9-6(b) 中的偏差值 0.2132，其优越性更好。采用这种方法获得的均匀设计表不需要使用表，因而使用起来更为简便。

图 9-1　在 DPS 中启用均匀试验设计命令

图 9-2　指定因子数和水平数

附录 5 中列出了试验次数为奇数的常用均匀设计表，使用时应根据水平数选用，例如做 5 水平的试验，选 $U_5(5^4)$ 表，7 水平选用 $U_7(7^6)$ 表等。当水平数为偶数时，用比它大一的奇数表划去最后一行即得，例如 $U_{10}(10^{10})$ 表是通过 $U_{11}(11^{10})$ 表划去最后一行得到的。利用 U 表安排的试验点是很均匀的，例如对 2 因素 11 水平试验点的布置，可由 $U_{11}(11^{10})$ 表及其使用表来确定，布点情况如图 9-4 所示，从布点图可以直观地看到布点是均衡分散的。

DPS数据处理系统D:\program files\dps7.05\DPSW.TXT

	A	B	C	D	E
1	计算结果	当前日期 2011-08-18			
2	以中心化偏差CD为指标的优化结果。				
3	运行时间 0分2秒.				
4	中心化偏差CD=		0.1194		
5	L2 - 偏差D=		0.0621		
6	修正偏差MD=		0.1397		
7	对称化偏差SD=		0.5006		
8	可卷偏差WD=		0.1883		
9	条 件 数 C=		1.6286		
10	D - 优良性=		0.0000		
11	A-优良性=	0.1116			
12					
13	均匀设计方案				
14	因子	x1	x2	x3	
15	N1	6	7	5	
16	N2	1	6	3	
17	N3	2	2	6	
18	N4	5	1	2	
19	N5	7	3	4	
20	N6	3	4	1	
21	N7	4	5	7	
22					

图 9-3　DPS 软件输出结果

在正交设计表中，当考察某一因素各水平的效应时，其他因素出现在待考察因素各水平的机会是均等的，因此正交表中各列的地位是相等的，各因素安排在表中任何一列都是允许的。均匀设计表则不同，表中的各列是不平等的，因素所应安排列的位置是不能随意变动的。当试验中因素个数不同时，须根据因素的多少，依照该表的使用表来确定因素所应占有的列号。例如，做 2 因素 11 水平的试验，应选用 $U_{11}(11^{10})$，表中共有 10 列，现在有两个因素，根据 $U_{11}(11^{10})$ 的使用表，应取 1、7 列安排试验；当有 4 个因素时，应取 1、2、5、7 列。

均匀设计有其独特的布点方式，由表 9-5 和表 9-6 所示的均匀表及其使用表可以看出，均匀设计表主要有以下特点。

(1) 每列不同数字都只出现一次，也就是说，每个因素的每个水平做一次且仅做一次试验。

(2) 任两个因素的试验点在平面的格子点上，每行每列有且仅有一个试验点。如表 9-4 的第一列和第七列点成图 9-4，可见，每行每列只有一个试验点。上面性质反映了试验安排的“均衡性”，即对各因素，每个因素的每个水平一视同仁。

(3) 均匀设计表任两列组成的试验方案一般并不等价。例如用 $U_{11}(11^{10})$ 的 1、7 和 1、2 列分别画图，得图 9-4 和图 9-5。我们看到，图 9-4 的点散布比较均匀，而图 9-5 的点散布并不均匀。均匀设计表的这一性质和正交表有很大的不同，因此，每个均匀设计表必须有一个附加的使用表。

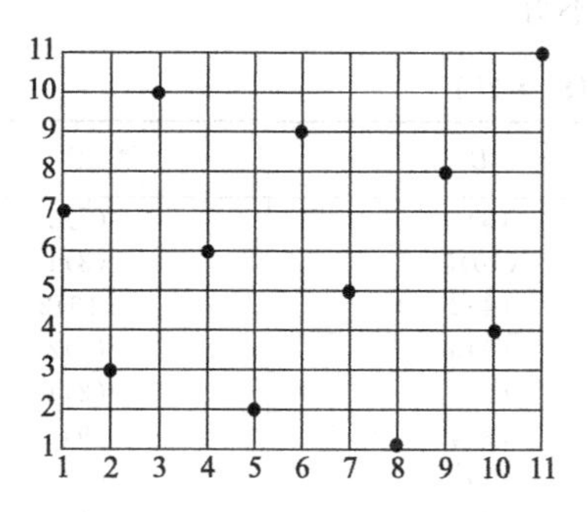

图 9-4　$U_{11}(11^{10})$ 均匀设计表
两因素 1、7 列布点图

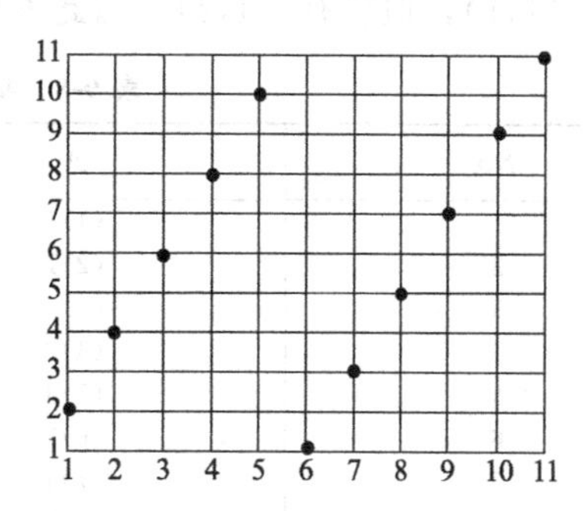

图 9-5　U_{11} (11^{10}) 均匀设计表
两因素 1、2 列布点图

(4) 当因素的水平数增加时，试验数按水平数的增加量在增加，试验次数与水平数是一致的。如当水平数从 9 水平增加到 10 水平时，试验数 n 也从 9 增加到 10，即试验次数增加具有“连续性”。而正交设计当水平增加时，试验数按水平数的平方的比例在增加。当水平数从 9 到 10 时，试验数将从 81 增加到 100，即试验次数增加具有“跳跃性”。由于这个突出的优点，使均匀设计更便于使用。

9.2.2　混合水平均匀设计表

均匀设计表适用于因素水平数较多的试验，但在具体的试验中，往往很难保证不同因素的水平数相等，这样直接利用等水平的均匀表来安排试验就有一定的困难，因此在应用均匀设计时会面临许多新情况，需要灵活加以应用，不少应用均匀设计法的文献有许多巧妙的应用和建议，很值得参考。本书仅简单介绍采用拟水平法将等水平均匀表转化为混合水平均匀表的方法。

若在一个试验中，有两个因素 A 和 B 为三水平，一个因素 C 为二水平。这个试验可以用正交表 $L_{18}(2\times3^7)$ 来安排，这等价于全面试验，并且不可能找到比 L_{18} 更小的正交表来安排这个试验；若采用正交试验的拟水平法，则可以选用 $L_9(3^4)$ 正交表。是否可以用均匀设计来安排这个试验呢？直接运用是有困难的，这就要运用拟水平的方法。若我们选用均匀设计表 $U_6^*(6^6)$，按使用表的推荐用 1、2、3 前 3 列。若将 A 和 B 放在前两列，C 放在第 3

列，并将前两列的水平合并：{1,2}→1,{3,4}→2,{5,6}→3。同时将第3列水平合并为二水平：{1,2,3}→1,{4,5,6}→2，于是得拟水平设计表9-7，它是一个混合水平的设计表。这个表有很好的均衡性，例如，A列和C列、B列和C列的两因素设计正好组成它们的全面试验方案，A列和B列的两因素设计中没有重复试验。

表9-7 拟水平设计 $U_6(3^2\times2^1)$

No	A	B	C
1	(1)1	(2)1	(3)1
2	(2)1	(4)2	(6)2
3	(3)2	(6)3	(2)1
4	(4)2	(1)1	(5)2
5	(5)3	(3)2	(1)1
6	(6)3	(5)3	(3)2

可惜的是并不是每一次做拟水平设计都能这么好。例如我们要安排一个两因素（A,B）五水平和一因素（C）二水平的试验。这项试验若用正交设计，可用正交表L_{50}，但试验次数太多。若用均匀设计来安排，可用$U_{10}^*(10^{10})$，由使用表指示选用1、5、7三列。对1、5列采用水平合并{1,2}→1,…,{9,10}→5；对7列采用水平合并{1,2,3,4,5}→1,{6,7,8,9,10}→2，于是得表9-8的方案。这个方案中A和C的两列，有两个（2,2），但没有（2,1），有两个（4,1），但没有（4,2），因此表9-8的均衡性不好。

表9-8 拟水平设计 U_{10} $(5^2\times2^1)$

No	A	B	C
1	(1)1	(5)3	(7)2
2	(2)1	(10)5	(3)1
3	(3)2	(4)2	(10)2
4	(4)2	(9)5	(6)2
5	(5)3	(3)2	(2)1
6	(6)3	(8)4	(9)2
7	(7)4	(2)1	(5)1
8	(8)4	(7)4	(1)1
9	(9)5	(1)1	(8)2
10	(10)5	(6)3	(4)1

若选用的1，2，5三列，用同样的拟水平技术，便可获得表9-9，可以发现它有较好的均衡性。由于$U_{10}^*(10^{10})$表有10列，我们希望从中选择三列，由该三列生成的混合水平表既有好的均衡性，又使偏差尽可能得小，经过计算发现，表9-9给出的表具有偏差$D=0.3925$，达到了最小。

表9-9 拟水平设计 $U_{10}(5^2\times2^1)$

No	A	B	C
1	(1)1	(2)1	(5)1
2	(2)1	(4)2	(10)2
3	(3)2	(6)3	(4)1
4	(4)2	(8)4	(9)2
5	(5)3	(10)5	(3)1
6	(6)3	(1)1	(8)2
7	(7)4	(3)2	(2)1
8	(8)4	(5)3	(7)2
9	(9)5	(7)4	(1)1
10	(10)5	(9)5	(6)2

可见，在混合水平均匀表的任一列上，不同水平出现的次数是相同的，但与等水平表的“每列不同数字都只出现一次”不同，其出现次数可以为 1 也可以大于 1，所以试验次数与各因素的水平数一般不一致。

更值得注意的是，对同一个等水平均匀表进行拟水平设计，可以得到不同的混合水平表，这些表的均衡性也不相同，而且参照使用表得到的混合均匀表不一定都有较好的均衡性。我们也可以利用 DPS 试验设计软件采用以下步骤（图 9-6～图 9-9）来直接设计混合水

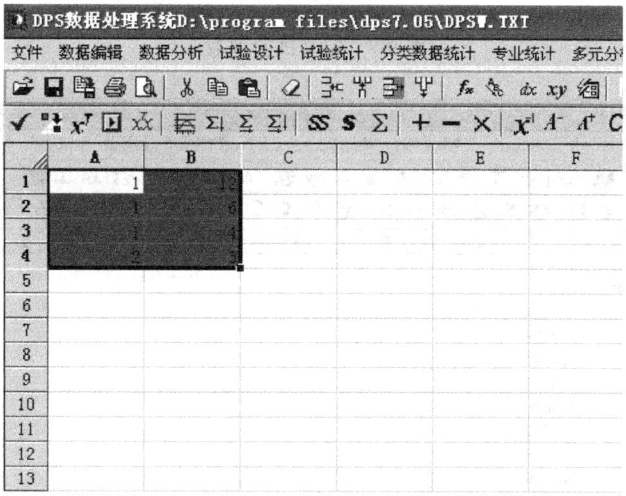

图 9-6　定义两列参数分别为因子数和水平数并选中

图 9-7　选择混合水平均匀设计命令

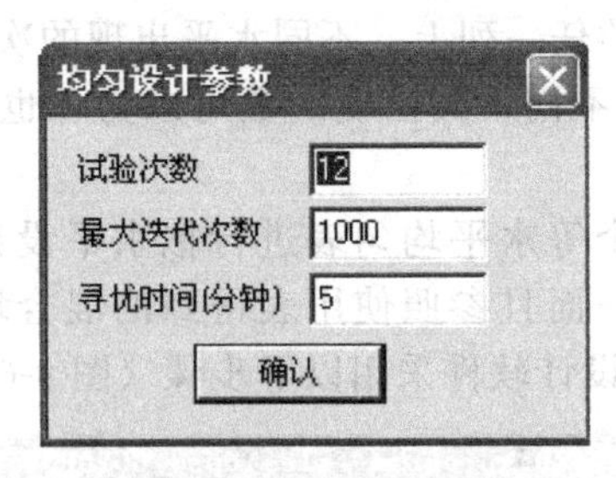

图 9-8　定义试验次数

DPS数据处理系统D:\program files\dps7.05\DPSW.TXT

文件 数据编辑 数据分析 试验设计 试验统计 分类数据统计 专业统计 多元分析 数学模型 运筹学 数值分析 时间序列 其它 帮助

	A	B	C	D	E	F	G	H	I	J	K
1	计算结果	当前日期 2011-08-19									
2	以中心化偏差CD为指标的优化结果。										
3	运行时间 0分16秒.										
4	中心化偏差CD=		0.2175								
5	L2 - 偏差D=		0.0344								
6	修正偏差MD=		0.3262								
7	对称化偏差SD=		1.0876								
8	可卷偏差WD=		0.4596								
9	条 件 数 C=		1.2338								
10	D - 优良性=		0.0000								
11	A-优良性=	0.3533									
12											
13	均匀设计方案										
14	因子	x1	x2	x3	x4	x5					
15	N1	2	6	3	2	1					
16	N2	7	1	4	2	3					
17	N3	6	1	1	2	1					
18	N4	12	2	3	1	2					
19	N5	10	3	4	3	1					
20	N6	11	6	2	2	3					
21	N7	8	4	2	1	1					
22	N8	9	5	1	3	2					
23	N9	4	5	4	1	2					
24	N10	5	4	3	3	3					
25	N11	3	3	1	1	3					
26	N12	1	2	2	3	2					
27											

图 9-9　混合水平均匀设计表 $U_{12}(12^1\times6^1\times4^1\times3^2)$ 最终结果

平均匀设计表，我们以设计 $U_{12}(12^1\times6^1\times4^1\times3^2)$ 为例，注意此处试验次数 12 为各因子水平数的最小公倍数，也可以是该最小公倍数的倍数。

9.3　均匀设计基本步骤

用均匀设计表来安排试验与正交设计的步骤有相似之处，但也有一些不同之处。其一般步骤如下。

(1) 明确试验目的，确定试验指标。如果试验要考察多个指标，还要将各指标进行综合分析。

(2) 选因素。根据实际经验和专业知识，挑选出对试验指标影响较大的因素。

(3) 确定因素的水平。结合试验条件和以往的实践经验，先确定各因素的取值范围，然后在这个范围内取适当的水平。由于 U_t 奇数表的最后一行各因素的最大水平号相遇，如果各因素的水平序号与水平实际数值的大小顺序一致，则会出现所有因素的高水平或低水平相遇的情形，如果是化学反应，则可能出现因反应太剧烈而无法控制的现象，或者反应太慢得不到试验结果。为了避免这些情况，可以随机排列因素的水平序号，另外使用 U^* 均匀表也可以避免上述情况。

(4) 选择均匀设计表。这是均匀设计很关键的一步，一般根据试验的因素数和水平数来选择，并首选 U^* 表。由于均匀设计试验结果多采用多元回归分析法，在选表时还应注意均匀表的试验次数与回归分析的关系。

(5) 进行表头设计。根据试验的因素数和该均匀表对应的使用表，将各因素安排在均匀表相应的列中，如果是混合水平的均匀表，则可省去表头设计这一步。需要指出的是，均匀表中的空列，既不能安排交互作用，也不能用来估计试验误差，所以在分析试验结构时不用列出。

(6) 明确试验方案，进行试验。试验方案的确定与正交试验设计类似。

(7) 试验结果统计分析。由于均匀表没有整齐可比性，试验结果不能用方差分析法，可以采用直观分析法和回归分析法。

① 直观分析法　如果试验目的只是为了寻找一个可行的试验方案或确定适宜的试验范围，就可以采用此法，直接对所得到的几个试验结果进行比较，从中挑出试验指标最好的试验点。由于均匀设计的试验点分布均匀，用上述方法找到的试验点一般距离最佳试验点也不会很远，所以该法是一种非常有效的方法。

② 回归分析法　均匀设计的回归分析一般为多元回归分析，计算量很大，一般需要借助相关的计算机软件来进行，此部分参见本书第 14 章的相关内容，下一节我们简单介绍回归分析法的基本原理。

9.4　试验结果的回归分析法

由于均匀设计的结果没有整齐可比性，分析结果不能采用一般的方差分析法，通常要用多元回归分析或逐步回归分析的方法，找出描述多个因素（$x_1,x_2,\cdots,x_m$）与响应值（y）之间统计关系的回归方程：

$$\hat{y}=b_0+b_1x_1+b_2x_2+\cdots+b_mx_m \tag{9-1}$$

回归方程的系数采用最小二乘法求得，把均匀设计试验所得结果列入方程式(9-2)～式(9-7)中即可求得 $b_1,b_2,\cdots,b_m$。

令 x_{ik} 表示因素 x_i 在第 k 次试验时取的值，y_k 表示响应值 y 在第 k 次试验的结果。计算

$$l_{ij}=\sum_{k=1}^{n}(x_{ik}-\bar{x}_i)(x_{jk}-\bar{x}_j)(i,j=1,2,\cdots,m) \tag{9-2}$$

$$l_{iy}=\sum_{k=1}^{n}(x_{ik}-\bar{x}_i)(y_k-\bar{y})(i,j=1,2,\cdots,m) \tag{9-3}$$

$$l_{yy}=\sum_{k=1}^{n}(y_k-\bar{y})^2 \tag{9-4}$$

$$\bar{x}_i=\frac{1}{n}\sum_{k=1}^{n}x_{ik}(i=1,2,\cdots,m) \tag{9-5}$$

$$\bar{y}=\frac{1}{n}\sum_{k=1}^{n}y_k \tag{9-6}$$

回归方程系数由下列正规方程组决定：

$$l_{11}b_1+l_{12}b_2+\cdots+l_{1m}b_m=l_{1y}$$

$$l_{21}b_1+l_{22}b_2+\cdots+l_{2m}b_m=l_{2y}$$

$$\cdots$$

$$l_{m1}b_1+l_{m2}b_2+\cdots+l_{mm}b_m=l_{my}$$

$$b_0=\overline{y}-\sum_{i=1}^{m}b_i\overline{y}_i \qquad (9\text{-}7)$$

当各因素与响应值关系是非线性关系时，或存在因素的交互作用时，可采用多项式回归的方法，例如各因素与响应值均为二次关系时回归方程为：

$$y=b_0+\sum_{i=1}^{m}b_ix_i+\sum_{\substack{i=1\\j\geqslant 1}}^{T}b_{ij}x_ix_j+\sum_{i=1}^{m}b_{ii}x_i^2(T=C_m^2) \qquad (9\text{-}8)$$

其中 x_ix_j 项反映了因素间的交互效应，x_i^2 项反映因素二次项的影响。通过变量代换式(9-8) 可化为多元线性方程求解。即令

$$x_l=x_ix_j(j=1,2,\cdots,m;j\geqslant i) \qquad (9\text{-}9)$$

方程式(9-8) 可以化为

$$\hat{y}=b_0+\sum_{i=1}^{2m+T}b_ix_i(T=C_m^2) \qquad (9\text{-}10)$$

在这种情况下，为了求得二次项和交互作用项，就不能选用试验次数等于因素数的均匀设计表，而必须选用试验次数大于或等于回归方程系数总数的 U 表了。例如 3 因素的试验，若各因素与响应值关系均为线性，可选用试验次数 5 次的 $U_5(5^4)$ 表安排试验。当各因素与响应值关系为二次多项式时，回归方程的系数为 $2m+C_m^2$ 个，其中一次项及二次项均为 m 个，交互作用项为 C_m^2 个。所以回归方程系数共 9 个（常数项不计在内），就必须选用 $U_9(9^6)$ 表或试验次数更多的表来安排试验。由此可见，因素的多少及因素方次的大小直接影响实际工作量。为了尽可能减少试验次数，在安排试验之前，应该用专业知识判断一下各因素对响应值的影响大致如何，各因素之间是否有交互影响，删去影响不显著的因素或影响小的交互作用项及二次项，以便减少回归方程的项数，从而减少试验工作量。

根据拟定的回归方程项数决定采用的 U 表之后，就要安排因素水平表了。这时有的因素可能不需要设置表中规定的那么多水平，可以采用拟水平的方法安排试验，即将某些重要水平值重复填入表中。

回归方程在几何上可看成 $m+1$ 维的曲面，其中 1、2、…、m 维对应于代表各因素的变量 x_1、x_2、…、x_m，第 $m+1$ 维对应表示响应值的变量 y，例如图 9-10 即为两因素的响应曲面，响应曲面中最高处对应的各因素水平即为欲求的最佳条件。

求响应面极值可采用多种优化方法，如逐步登高法、最速上升法、单纯形法等，关于响应面方法的具体内容可以参见本书第 11 章。这一过程用手工计算是很麻烦的，但是由计算机来完成则是易如反掌的了，所以如果具备必要的计算手段，均匀设计法是一种十分简便易行的方法，可以大大节省人力、物力和时间。

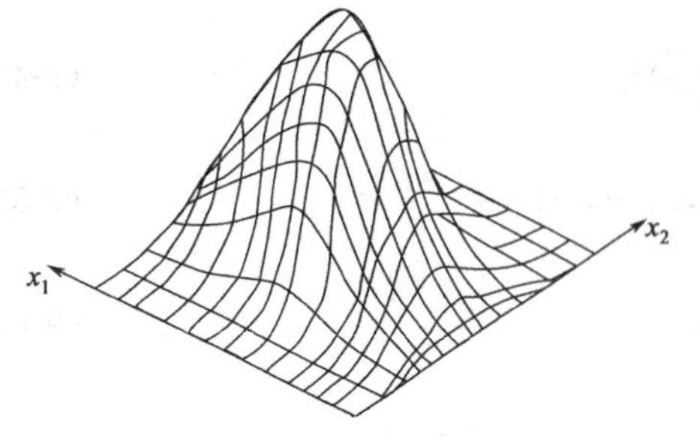

图 9-10 两因素的响应曲面

如果没有计算手段，不妨采用直观分析试验结果。由于均匀设计水平数取得多，水平间隔较小，试验点均匀分布，所以试验点中响应值最佳的点对应的试验条件离全面试验的最优条件相差不会太远，在进行零星试样的快速分析时，特别是没有现成的分析条件时，可以把均匀设计中最优点的条件作为欲选的试验条件。

习　题

1. 均匀设计法的基本原理是什么？与正交试验法相比均匀设计法最大的优点是什么？

2. 采用均匀设计表设计试验方案时，应注意的问题是什么？为什么每一个均匀设计表都附有一个相应的使用表？

3. 均匀设计法是否有数据的整齐可比性？如果没有，如何对试验结果进行处理？

4. 均匀设计法有哪些特点？如何理解均匀设计的“连续性”？

5. 已知某试验有 A、B、C、D、E 共 5 个因素，均为 6 水平，试选择适当的均匀设计表，做出相应的均匀设计方案。

6. 在碳纳米管纳米流体研究中，为了提高流体的稳定性，试验者选择了 4 个因素：碳纳米管质量分数、分散剂质量分数、pH 值和超声振荡时间，每个因素取了 12 个水平：

因素 1（x_1）为碳纳米管质量分数，下限为 0.56%，上限为 1.54%；

因素 2（x_2）为分散剂质量分数，下限为 0.5%，上限为 5%；

因素 3（x_3）为 pH 值，下限为 2，上限为 13；

因素 4（x_4）为振荡时间，下限为 0.5h，上限为 6h。

研究其对碳纳米管纳米流体稳定性的交互影响和定量影响。已知稳定性用 Zeta 电位（Y）表征，Zeta 电位的绝对值越大，颗粒之间的静电斥力占优势，不易团聚，此时分散体系越稳定。

试验选用均匀设计表 $U_{12}^*(12^4)$，试验结果为表 9-10。

表 9-10　碳纳米管纳米流体试验方案和 Zeta 电位

No	碳纳米管质量分数 x_1	分散剂质量分数 x_2	pH 值 x_3	振荡时间 x_4	Zeta 电位 Y
1	0.56	2.55	9.01	5.00	−28.5
2	0.65	5.00	4.23	3.50	−26.7
3	0.74	2.14	12.06	2.00	−36.9
4	0.83	4.59	6.96	0.50	−28.2
5	0.92	1.73	2.26	5.50	−13.0
6	1.00	4.18	10.01	4.00	−32.9
7	1.10	1.32	5.08	2.50	−36.2
8	1.18	3.77	13.03	1.00	−20.0
9	1.27	0.91	8.07	6.00	−32.6
10	1.36	3.36	3.30	4.50	−20.9
11	1.45	0.50	11.30	3.00	−42.1
12	1.54	2.96	6.10	1.50	−32.5

试采用二次多项式逐步回归法处理数据，建立碳纳米管纳米流体稳定性与 4 个因素之间的回归模型，并进行结果分析。

（黄芳．基于均匀设计法的碳纳米管纳米流体稳定性．浙江大学学报：工学版，2011，45（7）：1254-1258）

第10章　单纯形优化法

单纯形法是求解线性规划问题的一种通用方法。本章较详细地介绍了单纯形优化法的原理和应用，并在单纯形优化法的基础上介绍了改进单纯形法、加权形心法、控制加权形心法等优化过程。

10.1　概述

单纯形优化法是近年来在试验设计中应用得较为广泛的一种优化设计法，和正交设计法、旋转设计法及均匀表设计法相比，它计算简便，不受所取因素数的限制，因素数的增加，并不会导致试验次数的大量增加，并且只需较少的试验次数就可以得到最优化条件。它的调优过程是根据试验过程中响应情况逐步调优的，属于非线性的动态调优过程。

单纯形概念最早由美国数学家 G. B. 丹齐克于 1947 年提出来的。其基本思想是：先找出一个基本可行解，对它进行鉴别，看是否是最优解；若不是，则按照一定法则转换到另一改进的基本可行解，再鉴别；若仍不是，则再转换，按此重复进行。因基本可行解的个数有限，故经有限次转换必能得出问题的最优解。如果问题无最优解，也可用此法判别。

单纯形优化法最早由 Spendley 在 1962 年提出，称为简单单纯形法或基本单纯形法(Basic Simplex Method)，1965 年 Nelder 等对基本单纯的思想做了修改，称为改进单纯形法（Modified Simplex Method)，之后 Routh 在改进单纯形法的基础上又提出了加权形心法(Weighted Centroid Method）和控制加权形心法（Controlled Weighted Centroid Method)，至此，单纯形法就成为了一个完整的优化体系。近几年来这种方法受到我国科学工作者的极大关注，相继在这方面发表了许多文章。

本章根据单纯形体系的发展顺序，介绍了 Basic Simplex Method，Modified Simplex Method，Weighted Centroid Method 和 Controlled Weighted Centroid Method 的原理及应用实例。最后介绍单纯形参数的选择。

10.2　基本单纯形

在这里所说的单纯形是指多维空间的凸多边形。其顶点数比空间的维数多 1。例如：二维空间的单纯形是一个三角形，三维空间的单纯形是一个四面体，n 维空间的单纯形是一个 $n+1$ 个顶点的凸多边形。这里所指的空间维数就是我们在试验设计中所考虑的影响因素数。

10.2.1　双因素基本单纯形法

如果我们有一个试验设计，只选有两个影响因素，即因素数为 2。分别取值为 a_1 和 a_2 作为试验的初点。记为 $A(a_1, a_2)$，由于双因素优化的单纯形是一个三角形，因此还必须有两个顶点才能做单纯形优化。对其余两个点分别设为 B 和 C，再设三角形的边长为 a（亦称步长）。那么 B、C 点就可以计算出来（见图 10-1）。

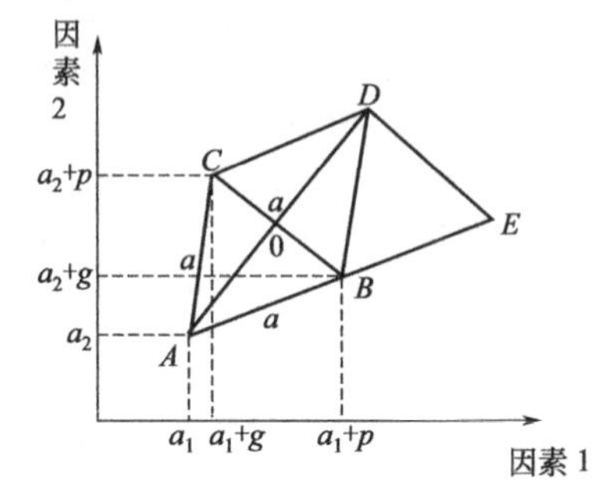

图 10-1　基本单纯形法优化过程

由假设条件知 AB 间距为 a，BC 间距为 a，AC 间距为 a。由于是等边三角形，因此，如设 B 点为：

$$B=(a_1+p,a_2+g)$$

则据对称性可知：

$$C=(a_1+g,a_2+p)$$

由于

$$\begin{aligned}B&=(a_1+p,a_2+g,a_3+g,\cdots,a_n+g)\\C&=(a_1+g,a_2+p,a_3+g,\cdots,a_n+g)\\(n)&=(a_1+g,a_2+g,a_3+g,\cdots,a_{n-1}+p,a_n+g)\\(n+1)&=(a_1+g,a_2+g,a_3+g,\cdots,a_{n-1}+g,a_n+p)\\X&=(x_1,x_2,\cdots,x_n)\\Y&=(y_1,y_2\cdots,y_n)\end{aligned} \tag{10-1}$$

$$\begin{aligned}|BC|&=a\\&=\sqrt{(a_1+g-a_1-p)^2+(a_2+p-a_2-g)^2}\\&=\sqrt{2(p-g)^2}\end{aligned} \tag{10-2}$$

由式(10-1) 和式(10-2) 可看出有如下的解：

$$p=0,g=a \text{ 或 } p=a,g=0$$

由于这两个解比较特殊，我们在这里不取这两个解。并设 $p>g>0$。

则：

$$2(p-g)^2=a^2 \tag{10-3}$$

$$p^2+g^2=a^2 \tag{10-4}$$

由式(10-3) 和式(10-4) 联列，得：

$$pg=\frac{1}{4}a^2 \tag{10-5}$$

由于 $p>g>0$，由式(10-3) 得：

$$p-g=\frac{1}{\sqrt{2}}a \tag{10-6}$$

由式(10-5) 和式(10-6) 解得：

$$\begin{cases}g=\dfrac{\sqrt{3}-1}{2\sqrt{2}}a\\[2ex]p=\dfrac{\sqrt{3}+1}{2\sqrt{2}}a\end{cases} \tag{10-7}$$

注：对于 $p<g$，$g>0$，或 $p<0$，$g<0$ 情况都可以。只是说它构成的初始单纯形不同而已，这只是一个初始单纯形的构成技术，在本章末专门有介绍初始单纯形的构成方法。

由 A、B、C 三点构成的单纯形称为初始单纯形。首先在相应于初始单纯形点的条件，即 A、B、C 三点的条件下做试验，得出三个响应值，比较三个响应值的大小，找出最坏响应值的点，称为坏点。例如，设 A、B、C 三点中的 A 为坏点，这时我们就考虑去掉 A 点并取 A 点的对称点 D 作为新试验点。新试验点是 A 点过 0 点（BC 中点）的对称反射点。因此 D 称为反射点。0 点是 BC 的中点，又称为形心点（centroid point）。这时 D 与留下的 B、C 点构成新的单纯点。再据 D 点的条件进行试验，得出 D 点的响应值。再比较 D、B、C 所构成新单纯形时的各点响应值大小（比较 B、C、D 的试验结果）。如果此时 C 点结果最坏，去掉 C 点，取其反射点 E。E 点与 B 和 D 又构成新的单纯形。然后重复初始单纯形的过程，即找出最坏点，去掉坏点与求新的反射点，最终达到优化的目的。

如果在单纯形的推进过程中，新试验点的响应最坏，其反射点又回到原来去掉的坏点上。这时，单纯形出现“往复”，无法向前推进，这种情况下应当保留最坏点，去掉次坏点，用次坏点的反射作为新试验点。

10.2.2 新试验点的计算方法

我们还是以初始单纯形 A、B、C 为例。设 A 为坏点，则 A 应当被去掉，应求其反射点 D。由于 0 为 BC 的中点，所以 0 点的坐标应为 $0=\dfrac{B+C}{2}$；而 D 点为过 0 点的等距反射点，所以 D 点的坐标应为 $2\times 0-A$。

所以

$$
\begin{aligned}
D&=2\times\frac{B+C}{2}-A\\
&=B+C-A\\
&=(a_1+p+g,a_2+p+g)
\end{aligned}
$$

同理

$$
\begin{aligned}
E&=B+D-C\\
&=(a_1+2p,a_2+2g)
\end{aligned}
$$

即：

$$
[\text{新试验点}]=[\text{留下各点之和}]-[\text{去掉点}] \tag{10-8}
$$

10.2.3 多因素基本单纯形法

设有 n 个因素 $n+1$ 个顶点构成的 n 维空间的单纯形，设有一点 $A=(a_1,a_2,a_3,\cdots,a_n)$，步长为 a。

则其余各点的计算与二维空间相似，分别为：

$$
\begin{aligned}
B&=(a_1+p,a_2+g,a_3+g,\cdots,a_n+g)\\
C&=(a_1+g,a_2+p,a_3+g,\cdots,a_n+g)\\
(n)&=(a_1+g,\ a_2+g,\ a_3+g,\ \cdots,\ a_{n-1}+p,\ a_n+g)\\
(n+1)&=(a_1+g,\ a_2+g,\ a_3+g,\ \cdots,\ a_{n-1}+g,\ a_n+p)
\end{aligned}
$$

其中：

$$
\begin{cases}
p=\dfrac{\sqrt{n+1}+n-1}{n\times\sqrt{2}}a\\[2ex]
g=\dfrac{\sqrt{n+1}-1}{n\times\sqrt{2}}a
\end{cases} \tag{10-9}
$$

各点的变化是有规律的，除初始点，第 i 个试验点的第 $i-1$ 个因素的取值比初始点 A 增加 p，而其他因素均增加 g。

由 A、B、C、…、(n)、$(n+1)$，共 $n+1$ 个顶点构成了初始单纯形，在各个顶点的条件下做试验得出各个响应值。比较结果，找出坏点，去掉坏点并求出坏点的反射点，以反射点为新点，使单纯形向前推进。

新点计算：

$$
[\text{新试验点}]=2\times[\text{形心点坐标}]-[\text{去掉点坐标}]
$$

而

$$
[\text{形心点坐标}]=[n\text{ 个留下点的坐标和}]/n \tag{10-10}
$$

故：

$$[新坐标点]=2\times[n 个留下点的坐标和]/n-[去掉点坐标] \tag{10-11}$$

与双因素相同，如果在优化过程中出现“往复”现象，采用去掉次坏点保留最坏点的方法，促使基本单纯形继续向前推进。一般情况下，如果 n 因素的优化中，如有一个点经过 $n+1$ 个单纯形仍未被淘汰，做重复试验，证实它为最好点，即可停止。

10.2.4　p、g 的计算

在 n 维空间中任意两点 x 和 y：

$$X=(x_1,x_2,\cdots,x_n)$$
$$Y=(y_1,y_2,\cdots,y_n)$$

它们之间的距离若为 a，满足

$$(x_1-y_1)^2+(x_2-y_2)^2+\cdots+(x_n-y_n)^2=a^2$$

根据 n 维正规单纯形中任何两顶点距离都应等于 a 的性质，由式(10-1) 定义的正规单纯形亦应如此。

例如：

$$⓪=(a_1,\ a_2,\cdots,\ a_n)$$
$$①=(a_1+p,\ a_2+g,\cdots,\ a_n+g)$$

顶点和⓪和①之间距离为 a，则有：

$$(a_1+p-a_1)^2+(a_2+g-a_2)^2+\cdots+(a_n+g-a_n)^2=a^2$$

化简后有：

$$p^2+(n-1)g^2=a^2 \tag{10-12}$$

再看顶点①与②之间应有：

$$(a_1+p-a_1-g)^2+(a_2+g-a_2-p)^2+(a_3+g-a_3-g)^2+\cdots+(a_n+g-a_n-g)^2=a^2$$

化简后有：

$$2(p-g)^2=a^2 \tag{10-13}$$

读者容易验证其他顶点间距公式简化后不是式(10-12) 型就是式(10-13) 型，因此问题归纳为求解式(10-12)，式(10-13)：

$$p^2+(n-1)g^2=a^2 \tag{10-14}$$
$$2(p-g)^2=a^2 \tag{10-15}$$

由式(10-15) 取正根有：

$$p=g+\frac{a}{\sqrt{2}} \tag{10-16}$$

代入式(10-15) 得：

$$\left(g+\frac{a}{\sqrt{2}}\right)^2+(n-1)g^2=a^2$$

或

$$ng^2+\frac{2a}{\sqrt{2}}g-\frac{a^2}{2}=0$$

求得：

$$g=\frac{-1\pm\sqrt{n+1}}{\sqrt{2}n}a$$

求正根，则：

$$g=\frac{-1+\sqrt{n+1}}{\sqrt{2}n}a$$

代入式(10-16) 就有

$$p=\frac{\sqrt{n+1}-1+n}{\sqrt{2n}}a$$

当 $n=2$ 时，则：

$$g=\frac{\sqrt{3}-1}{2\sqrt{2}}a$$

$$p=\frac{\sqrt{3}+1}{2\sqrt{2}}a$$

当 n 取其他值时，相应的 p、g 值见表 10-1。

表 10-1　n、p、g 的取值对应表

n	p	g	n	p	g
2	0.966a	0.259a	9	0.878a	0.171a
3	0.943a	0.236a	10	0.872a	0.165a
4	0.926a	0.219a	11	0.865a	0.158a
5	0.911a	0.204a	12	0.861a	0.154a
6	0.901a	0.194a	13	0.855a	0.148a
7	0.892a	0.185a	14	0.854a	0.147a
8	0.883a	0.176a	15	0.848a	0.141a

10.2.5　小结

用前面例子，对两因素问题 A、B、C 构成初始单纯形，在此三点上进行试验，并对结果加以比较须用规则 1。

规则 1：去掉最坏点，用其对称反射点作新试点。

例 A、B、C 中，A 为最坏点，则去掉 A，用其对称反射点 D 作为下一步的新试点。

$$D=[\text{留下点之和}]-[\text{去掉点}]$$
$$=B+C-A$$

在 B、C、D 三角形继续使用规则 1，例如三角形最坏点是 C，则新试点 E 按公式为：

$$E=B+D+C$$

但如果最坏点是 D，那么其对称点就会返回到与 A 重合，得不到新试点，这时改用规则 2。

规则 2：去掉次坏点，用其对称反射点作新试点，对称反射点计算公式同前。经过反复使用后，如果有一个点老是保留下来，须使用规则 3。

规则 3：重复、停止和缩短步长。

一般一个点经过三次单纯形后仍未淘汰掉，那么它可能是一个很好的点，也可能是一个假象（即偶然好一次，或者是试验结果错误）。这时就需要进行重复试验，如果结果不好，那么就把它淘汰掉，如果仍然好，若试验结果已很满意，就可停止试验，反之就用它为起点把原步长 a 缩短（例缩小一半），再用上面确定试验点的办法并交替使用规则 1、2、3 直至找到满意结果为止。

10.2.6　特殊方法

前面介绍的单纯形是正规的，任意两顶点间距离一样，实际上这个要求也可以不要，尤其是由于各因素取的量纲可以不一样［例如一个因素是温度（℃），另一个因素是压力（kgf/cm^2），再一个因素是时间（s）这样三个因素要它们等距离就不妥当］，即使量纲一样所取单位也不一定一样。当然从几何上也可以做一个变换使单纯形仍保持正规性。下面将介绍另外几种单纯形，它们虽然不是正规的，但具有其他一些特点。

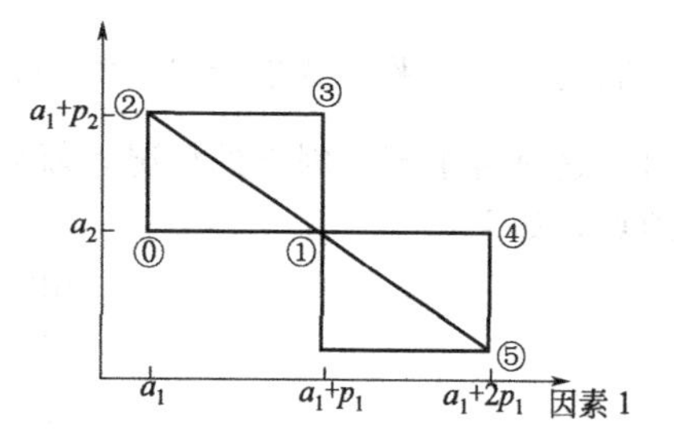

图 10-2　直角单纯形法优化过程示意图

(1) 直角单纯形法　先考虑双因素情形，我们开始不是从正三角形出发，而是从一个直角三角形出发，其三个顶点取值如下：

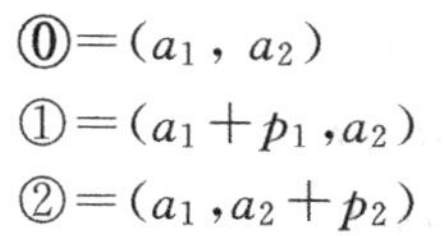

⓪ $=(a_1, a_2)$

① $=(a_1+p_1, a_2)$

② $=(a_1, a_2+p_2)$

同样比较在这三个顶点上的试验结果。若⓪最坏，则新点③就用对称公式（同前），见图 10-2。

④＝①＋②－⓪ $=(a_1+p_1, a_2+p_2)$

在③点做试验后，再比较第二个单纯形①，②，③的结果。若②最坏，则取其的对称点④作试点：

④＝③＋①－② $=(a_1+2p_1, a_2)$

①,③,④构成第三个单纯形。比较其结果后，若④最坏，这时就使用去掉次坏点的规则 2，若次坏点是③，则新点⑤为：

⑤＝①＋④－③ $=(a_1+2p_1, a_2-p_2)$

如此等等，有时还使用规则 3，直至找到满意点为止。

一般在任意 n 个因素时，我们就构成广义的直角单纯形，其顶点如下：

⓪ $=(a_1, a_2, \cdots, a_n)$

① $=(a_1+p_1, a_2, \cdots, a_n)$

② $=(a_1, a_2+p_2, \cdots, a_n)$

$\cdots$

$(n-1)=(a_1, a_2, \cdots, a_{n-1}+p_{n-1}, a_n)$

$(n)=(a_1, a_2\cdots, a_{n-1}, a_n+p_n)$

除了顶点 O 外，一般顶点（i），其第 i 因素有一个增量 p_i（其大小和正负按实际情况而定，其他因素仍保持 O）点的初始值。从这个初始单纯形出发安排试验，以后就不断使用规则 1、2、3 及算新点的对称公式，直至找到满意点为止。对称公式同前面式(10-11)。例如在第一个单纯形中经试验比较后，点①最坏，则新点（$n+1$）按公式算出为：

$(n+1)=\dfrac{2\times[⓪+②+③+\cdots+n]}{n}-①$

$=\left(a_1+p_1, a_2+\dfrac{2p_2}{n}, \cdots, a_n+\dfrac{2p_n}{n}\right)$

这样的单纯形，其因素纲不同没有影响，而且不同因素增减的量的幅度大小可以按需要而异，不像正规单纯形有一个共同的步长 a 在约束着。

(2) 双水平单纯形法　前面介绍两种单纯形（正规和直角的）只是帮助我们选择到最优试验条件，至于不同因素对目标的定量影响是不考虑的。而在用数理统计方法安排试验时，往往更注意后者。这样可以从众多的因素中找出起作用最大的那些因素（或抓出主要因素），同时可以估计不同因素的量改变后对目标的影响大小（统计中亦叫效应），这样对以后试验中需要调节一些因素时，提供一个定量的依据。

下面结合这种统计分析来设计单纯形。我们考虑有五个因素（很容易推广到 n 个因素情况），假定每一个因素可以取高、低两个数值（统计中亦叫两个水平），用 x_{ij} 表示第 i 个因

素取第 j 个水平。显然 $i=1,2,3,4,5$；$j=1,2$。用$\bar{x}_i=\dfrac{x_{i1}+x_{i2}}{2}$表示第 i 个因素的平均值。这时对于五个因素的情况，就可以设计一个 5 维的单纯形（双水平单纯形）。它有 6 个顶点，如下：

$$⓪=(x_{11},x_{21},x_{31},x_{41},x_{51})$$
$$①=(x_{12},x_{21},x_{31},x_{41},x_{51})$$
$$②=(\bar{x}_1,x_{22},x_{31},x_{41},x_{51})$$
$$③=(\bar{x}_1,\bar{x}_2,x_{32},x_{41},x_{51})$$
$$④=(\bar{x}_1,\bar{x}_2,\bar{x}_3,x_{42},x_{51})$$
$$⑤=(\bar{x}_1,\bar{x}_2,\bar{x}_3,\bar{x}_4,x_{52})$$

读者亦不难看出它们的规律：初始点都是用的第一水平，以后各点逐渐用第二水平，然后是平均水平分别带进去，并且一个因素接一个因素逐渐推下去。利用这种双水平单纯形可以计算各因素对目标的影响大小（效应）。我们举一个因素的例子说明效应计算过程。设有三个计算因素 A、B、C。并知道它们取两个水平值如表 10-2，如果以 x_{ij} 表示第 i 个因素取 j 的水平（$i=1,2,3,\cdots;j=1,2$），$\bar{x}_i$表示第 i 个因素平均值。

表 10-2 双水平单纯形法优化因素水平表

因素	A	B	C
水平 1	80	32	1.6
水平 2	84	34	2.0

很容易按前述规则构造一个三维的双水平单纯形（有四个顶点），其顶点取值及其试验结果目标值 Y 一起列于表 10-3。

表 10-3 双水平单纯形法优化试验设计表

顶点＼因素	A	B	C	Y
⓪	80	32	1.6	74
①	84	32	1.6	76
②	82	34	1.6	77
③	82	33	2.0	79

试验点：$⓪=(x_{11},x_{21},x_{31})$

$$①=(x_{12},x_{21},x_{31})$$
$$②=(\bar{x}_1,x_{22},x_{31})$$
$$③=(\bar{x}_1,\bar{x}_2,x_{32})$$

下面根据表 10-3 来计算因素 A、B、C 的效应。为此构造表 10-4，其上半部只是把表 10-3 中其他各行减去第一行，表下半部分是这样得到的：我们用 x_A，x_B，x_C分别表示因素 A，B，C 的效应，效应（A）行是由表上半部分①－⓪行得到，$4x_A=2$，故 $x_A=0.5$。同理，由②－①，$2x_A+2x_B=3$。把 $x_A=0.5$ 代入，则有 $x_B=1$，再有③－⓪，得 $2x_A+x_B+0.4x_C=5$，解之即得 $x_C=7.5$，这样分别就有（A）、（B）及（C）行。由此可看出因素 C 对目标影响最大，B 次之，A 更次之。因此合理地改变因素 C 值收益最大。

对于 n 个因素的 n 维双水平的设计及效应计算的一般公式见后讨论。

有了单纯形定点公式，就可以在这些顶点上安排试验。然后比较结果，再使用前面所述规则 1、2、3 以及对称点计算公式，就可以不断构成新单纯形，并使结果调向更优的地方。

表 10-4　双水平单纯形法因素效应计算表

差＼因素		A	B	C	Y
①−⓪		4	0	0	2
②−⓪		2	2	0	3
③−⓪		2	1	0.4	5
效应	(A)	1	0	0	0.5
	(B)	0	1	0	1.0
	(C)	0	0	1	7.5

对 n 维双水平单纯形设计及效应计算，可由前面 5 个因素情况很快扩广到 n 个因素（或 n 维）的情况。首先我们将 n 个因素取两个水平时直列于表 10-5。

表 10-5　双水平单纯形法优化 n 个因素二水平表

因素	A_1	A_2	A_3	…	A_n
水平 1	x_{11}	x_{21}	x_{31}	…	x_{n1}
水平 2	x_{12}	x_{22}	x_{32}	…	x_{n2}

由此构造 n 维双水平单纯形并加上在相应顶点做试验后的目标值如表 10-6。表中 A_i 表示第 i 个因素，Y_j 表示 j 个顶点上试验结果值，$\bar{x}_i=\dfrac{x_{i1}+x_{i2}}{2}$，$i=1$，2，…，$n$。新单纯形的构成则需按试验结果的比较不断使用前述规则 1、2、3 及新点计算公式。下面根据表 10-6 进一步计算 $A_1, A_2, \cdots, A_n$ 等因素效应，分别记为 $x_1, x_2, \cdots, x_n$，为此做表 10-7。

其中 $x_i'=\dfrac{x_{i2}-x_{i1}}{2}, i=1,2,\cdots,n$。利用表 10-7，可以得到下列方程组：

$$\begin{cases} x_1'x_1+(x_{22}-x_{21})x_2=Y_1-Y_0 \\ x_1'x_1+x_2'x_2+(x_{32}-x_{31})x_3=Y_2-Y_0 \\ \cdots \\ x_1'x_1+x_2'x_2+\cdots+x_{n-1}'x_{n-1}+(x_{n2}-x_{n1})x_n=Y_n-Y_0 \end{cases} \tag{10-17}$$

表 10-6　双水平单纯形法优化 n 个因素试验设计表

顶点	A_1	A_2	A_3	…	A_{n-1}	A_n	Y
⓪	x_{11}	x_{21}	x_{31}	…	$x_{n-1,1}$	x_{n1}	Y_0
①	x_{12}	x_{21}	x_{31}	…	$x_{n-1,1}$	x_{n1}	Y_1
②	$\bar{x}_1$	x_{22}	x_{31}	…	$x_{n-1,1}$	x_{n1}	Y_2
…	…	…	…	…	…	…	…
(n)	$\bar{x}_1$	$\bar{x}_2$	$\bar{x}_3$	…	$\bar{x}_{n-1}$	x_{n2}	Y_n

表 10-7　双水平 n 因素单纯形法因素效应计算表

差　值	A_1	A_2	A_3	…	A_{n-1}	A_n	Y
①−0	$x_{12}-x_{11}$	0	0	…	0	0	$Y-Y_0$
②−0	x_1'	$x_{22}-x_{21}$	0	…	0	0	Y_2-Y_0
…	…	…	…	…	…	…	…
(n)−0	x_1'	x_2'	x_3'	…	x_{n-1}'	$x_{n2}-x_{n1}$	Y_n-Y_0

记 $r_i=Y_i-Y_0$，则方程很容易解出，即

$$\begin{cases} x_1=\dfrac{r_1}{2x_1'} \\ x_2=\dfrac{r_2-\dfrac{r_1}{2}}{2x_2'} \\ x_3=\dfrac{r_3-\dfrac{r_2}{2}-\dfrac{r_1}{4}}{2x_3'} \\ \cdots \\ x_n=\dfrac{r_n-\dfrac{r_{n-1}}{2}-\dfrac{r_{n-2}}{2^2}-\cdots-\dfrac{r_1}{2^{n-1}}}{2x_n'} \end{cases} \tag{10-18}$$

特别当 $n=3$ 时，见本节的例子，这时 $x_A=x_1, x_B=x_2, x_C=x_3$，而 $r_1=2, r_2=3, r_3=5$；$x_1'=2, x_2'=1, x_3'=0.2$，因此：

$$x_1=\frac{r_1}{2x_1'}=\frac{2}{2\times2}=0.5$$

$$x_2=\frac{r_2-\dfrac{r_1}{2}}{2x_2'}=\frac{3-\dfrac{2}{2}}{2\times1}=\frac{2}{2}=1$$

$$x_3=\frac{r_3-\dfrac{r_2}{2}-\dfrac{r_1}{4}}{2x_3'}=\frac{5-\dfrac{3}{2}-\dfrac{2}{4}}{2\times0.2}=\frac{30}{4}=7.5$$

10.3 改进单纯形法

基本单纯形是利用对称反射原理，把去掉的点以形心点为中心做等距反射，经几次单纯形后，找出最优条件。如果在调优过程中选用的步长较大，优化速度加快，但结果的精度较差，即是说，所确定的优化点离真正的最优点还有一定的“距离”。反之，如果步长短，精度较好，但是所需用的试验次数（即单纯形的个数）增多。

基本单纯形的这些缺点，通过改进就得到一种新的单纯形方法，就是改进单纯形法（MSM），MSM是用调整反射的距离，即通过“反射”、“扩张”、“收缩”或“整体收缩”，来加速新试验点的搜索过程，同时可以采用较短步长，使其满足一定的精度要求。总的说来改进单纯形法的原理和基本单纯形法相同，只是新点的计算方法不同。

先引入参数 a，称为“反射”系数。这时新点的计算公式如下：

$$[\text{新试点的坐标}]=(1+a)\times\frac{[\text{留下各点的坐标和}]}{n}-a\times[\text{去掉点的坐标}] \tag{10-19}$$

（1）$a=1$，此时式(10-19)就变为基本单纯形中新点的计算公式，即，这时新试验点为去掉点的等距离反射点，这时改进单纯形法又变成了基本单纯形法。

（2）$a>1$ 的情况　按基本单纯形法（即 $a=1$）计算出新点后，对新试验点做试验得出新试验点的响应值。如果新点的响应值最好，说明我们搜索方向正确，可以进一步沿 AD 搜索。见图10-3。因此取 $a>1$（称为扩大），计算扩大点后，如果扩大点 E 的结果不如反射点 D 好，则“扩大”失败，仍采用 D 点，这时由反射点和留下点构成新单纯形 BCD 继续优化。

（3）$0<a<1$ 的情况　当按基本单纯形法（$a=1$）计算出的反射点 D 的响应值最坏，但比去掉点 A 的响应值好。这时采用 $0<a<1$（称为“收缩”），新试验点仍按式(10-19)计算，它与留下点构成新的单纯形 BCN_D。

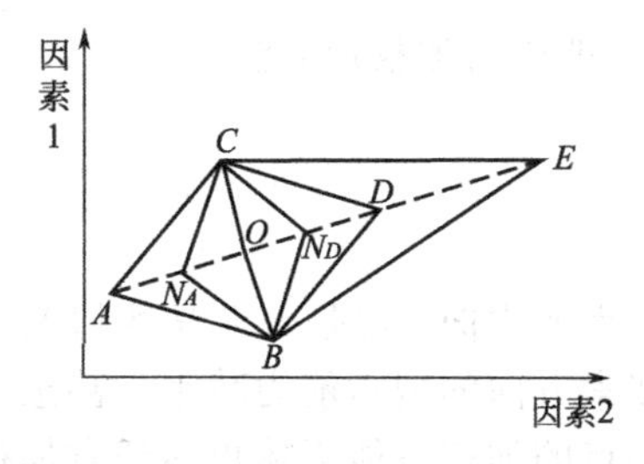

图 10-3　改进单纯形优化过程示意图

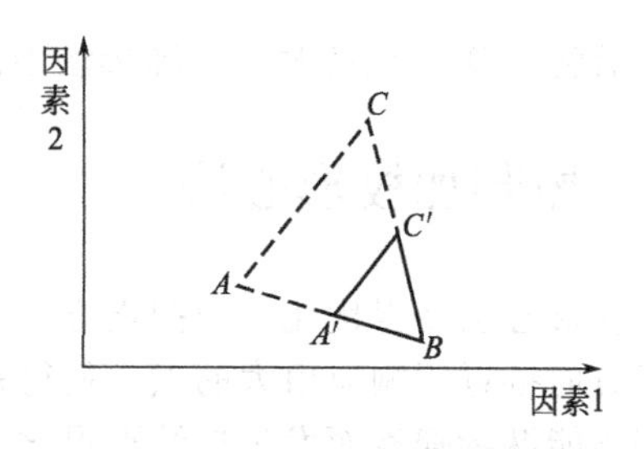

图 10-4　单纯形的“整体收缩”优化示意图

（4）$-1<a<1$ 的情况　按（$a=1$）计算出的反射点 D 的响应值比去掉 A 的响应更坏，这时采用 $-1<a<0$（称为内收缩）计算新试验点，以内缩点和留下点构成新单纯形 BN_AC 继续优化。

（5）如果在去掉点与其反射点连线的 $\overline{AD}$ 方向上的所有点的响应值都比去掉点 A 坏，则不能沿此方向收缩，这时应以单纯形中最好点为初点。到其他各点的一半为新点，构成新的单纯形 $BA'C'$ 进行优化（见图 10-4）。由于这时“距离”减半，即步长减半，称为“整体收缩”。

改进单纯形法解决了优化速度与精度的矛盾，但其步骤较为复杂，如果配以小型计算机或可编程序计算器，这种方法的优点将更为突出。

10.4　加权形心法

基本单纯形和改进单纯形法都是采用去掉点的方向作为新试验点的搜索方向，这就是暗示说，去掉点的反射方向作为近似的优化方向，也即是梯度变化最大的方向。实际上这个方向只是一个近似的梯度最大方向，因此这样的搜索结果势必会增加搜索次数和降低搜索结果的精度，为了解决这个问题，提出了加权形心法。加权形心法是通过利用加权形心代替单纯的反射形心，使新点的搜索方向更接近实际的最优方向，而其原理与改进单纯形法相同。

为了便于理解，我们先举一个双因素的加权形心法例子，然后给出 n 因素的加权形心点计算公式。

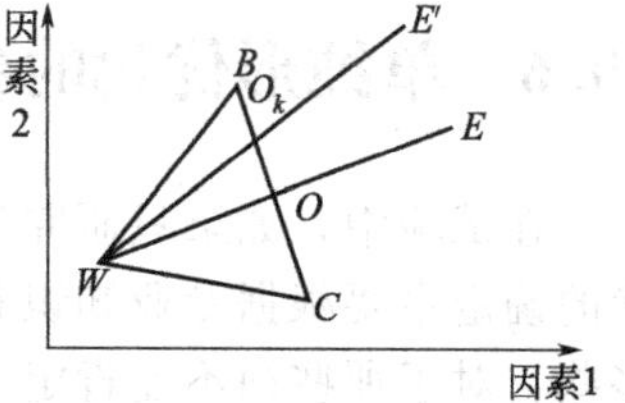

图 10-5　形心点 O 和加权形心点 O_k

如图 10-5，是 W、B、C 三个顶点组成的一个二因素优化过程的一个单纯形，并知 W 点的响应最坏，B 点的响应最好。

如果搜索优化过程中函数不出现异常，那么搜索最优点的方向明显应当更靠近 $\overline{WB}$ 的方向，而不是靠近 $\overline{WC}$ 的方向。因此可以通过加权的方法使搜索的方向由原来的 WE（反射方向）变为 $\overline{WE}'$（加权方向），这时，用加权形心点 O_k 代替反射形心点 O。

加权形心点
$$[O_k]=\frac{\sum_{i=1}^{3}\{R(p_i)-R(k)\}p_i}{\sum_{i=1}^{3}\{R(p_i)-R(k)\}} \tag{10-20}$$

其中 p_i 为第 i 点的坐标，$R(p_i)$ 为第 i 点的响应值。$R(k)$ 为最坏点的响应值。

同样对于 n 因素的加权形心点的计算如下：

$$[O_k]=\frac{\sum_{i=1(i\neq k)}^{n+1}\{R(p_i)-R(k)\}p_i}{\sum_{i=1(i\neq k)}^{n+1}\{R(p_i)-R(k)\}} \tag{10-21}$$

然后将 $[O_k]$ 代替改进单纯形法中的形心点 $[O]$，即成为加权形心法。

10.5 控制加权形心法

加权形心法使得优化点的搜索方向更接近于梯度最大的方向，但是，在某些情况下，由于搜索方向接近于响应值大的点，使得在垂直于前面搜索方向的搜索能力减小，甚至这种搜索小到不能继续搜索而发生单纯形退化。可见，对形心点的加权不能无休止地任意加权，否则有可能出现单纯形的退化，反而使得优化速度大大地减慢，甚至不可能进行。因此，我们需要对加权的权重进行控制，这就是下边将介绍的控制加权形心法。

如果我们在加权形心法的过程中，引入一个新的参数 r，r 的计算式为：

$$r=\frac{\|O_k-O\|}{\|B-O\|} \tag{10-22}$$

其中 O_k 为加权形心点；O 为反射形心点；B 为响应值最好的点。从上式可以看出，r 实际上是反射形心点到加权形心点之间的距离与反射形心点到最优点的距离的比率。因此 r 的范围 0～1。由于 B 是最优点，所以加权的方法应当靠近 B 的方向，这时控制加权形心点的计算方式为（控制加权形心点的计算与加权形心法相同）：

$$\begin{cases} O_c=O_k(0\leqslant r\leqslant \varphi) \\ O_c=(1-h)O+hB(r>\varphi) \end{cases} \tag{10-23}$$

其中 O_c 为控制加权形心点（Controlled Weighted Centroid）；O_k 为加权形心点（Weighted Centroid）；O 为反射形心点（Reflection Centroid）；B 为单纯形中响应值最好的点的坐标；h 为 0～1 之间的数值。

实际发现，当 h 取 0.3 时，控制加权的效果比较好，可以避免单纯形的退化，因此在以后的计算中一般采用 $h=0.3$，到此为止，单纯形法就算发展成为了一个完整的体系。

10.6 单纯形优化的参数选择

在试验中，如果只研究优化条件，可用基本单纯形法时，首先必须确定研究的因素，因素的确定主要根据专业知识和经验。由于单纯形法不受因素数的限制，可以考察的因素可以多些，对于那些尚不能肯定对响应有没有影响的因素也可以放入单纯形中进行研究，但是所选择的因素应是体系中独立的变量。在分析测试中一般不应将物质浓度作为考察对象，同时也尽可能避免将两个因素合并考察。

因素确定后，根据分析仪器和试验要求，规定因素变化的上下限，根据上下限的范围确定步长的大小（不能将步长取为上、下限之差），步长较大，优化速度加快，但结果精度较差；步长太小，试验次数会增多，优化速度慢。因此，确定步长要考虑使每个试验点的响应值变化大于试验误差，因素和步长确定后就可以进行单纯形优化。

10.6.1 试验指标

试验指标是用于衡量和考核试验响应的各种数值，在分析测试中可将仪器响应值作为试验指标，但有时须转换成其他的数量，试验指标是数量化的，以便直接用于比较结果的大小。例如，分光光度法中吸光度，色谱中的峰面积和保留值。另外，在确定试验指标时，还应考虑因素性质，例如，在某些原子吸收分光光度计中，如立 180-80 原子吸收光谱仪燃助比和进样量不能分别调节，当空气压力作为一个考察的因素时，空气压力的改变将直接影响进样量，从而导致吸光度的变化。在这种情况下，试验指标不宜选用吸光度，而应采用与进样量无关的摩尔吸收系数。

10.6.2 初始单纯形的构成

构成初始单纯形的方法很多，前面所介绍的方法是根据初始点和步长来计算初始单纯形的各个顶点，各因素的步长是相同的，但实际过程中各因素的步长和单位并不相同，利用这种方法计算就会变得很麻烦，这种计算方法作为原理理解还是比较方便，而在实际应用中问题较多，因此采用下述方法构成初始单纯形。

(1) Long 系数表法　D. E. Long 提出了一种用系数表构成初始单纯形各顶点的方法(表 10-8)，可以解决试验设计中初始单纯形的构成，使用时把表中对应数值乘上该因素的步长后，再加到初始点坐标上。

例：有一个二因素的设计过程，其初始点为 (10.0，2.0)；步长分别取为 1.0 和 0.5，据 Long 系数表来计算其余两个顶点的坐标。

顶点 1：(10.0,2.0)

顶点 2：(10.0+1.00×1.0,2.0+0×0.5)=(11.0,2.0)

顶点 3：(10.0+0.5×1.0,2.0+0.886×0.5)=(10.5,2.443)

Long 系数表示可以构成 10 因素内的初始单纯形。

表 10-8　Long 系数表

顶点＼因素	*A*	*B*	*C*	*D*	*E*	*F*	*G*	*H*	*I*	*J*
1	0	0	0	0	0	0	0	0	0	0
2	1.00	0	0	0	0	0	0	0	0	0
3	0.50	0.866	0	0	0	0	0	0	0	0
4	0.50	0.289	0.817	0	0	0	0	0	0	0
5	0.50	0.289	0.204	0.791	0	0	0	0	0	0
6	0.50	0.289	0.204	0.158	0.775	0	0	0	0	0
7	0.50	0.289	0.204	0.158	0.129	0.764	0	0	0	0
8	0.50	0.289	0.204	0.158	0.129	0.109	0.756	0	0	0
9	0.50	0.289	0.204	0.158	0.129	0.109	0.094	0.750	0	0
10	0.50	0.289	0.204	0.158	0.129	0.109	0.094	0.083	0.745	0
11	0.50	0.289	0.204	0.158	0.129	0.109	0.094	0.083	0.075	0.742

(2) 均匀设计表法　利用 Long 系数表所构成的初始单纯形各顶点在空间分布不是均匀的，因此进行的是不均匀优化，用均匀设计表构成初始单纯形的各个顶点使各顶点在空间均匀分布，这样进行的优化就是整体的均匀优化。

根据所选取因素的因素数，确定一个比较适合的均匀表，使用时把表中对应数值乘以相应因素的步长，加到初始点坐标上即可。

例：我们有一个四因素的优化过程，因此可以选用四因素的均匀设计表（表 10-9)。设初点为 (1.0,1.0,1.0,1.0)；步长分别为 0.5，1.0，1.5，2.0，则各顶点计算如下。

表 10-9　四因素均匀表 $U_5(5^4)$

试验次数(顶点)＼因素	*A*	*B*	*C*	*D*
1	1	2	3	4
2	2	4	1	3
3	3	1	4	2
4	4	3	2	1
5	5	5	5	5

顶点 1：(1.0+1×0.501.0,1.0+2×1.001.0,1.0+3×1.501.0,1.0+4×2.0)
=(1.5,3.0,5.5,9.0)

顶点 2：(1.0+2×0.501.0,1.0+4×1.001.0,1.0+1×1.501.0,1.0+3×2.0)
=(2.0,5.0,2.5,7.0)

顶点 3：(1.0+3×0.501.0,1.0+1×1.001.0,1.0+4×1.501.0,1.0+2×2.0)
=(2.5,2.0,7.0,5.0)

顶点 4：(1.0+4×0.501,1.0+3×1.001.0,1.0+2×1.501.0,1.0+1×2.0)
=(3.0,4.0,4.0,3.0)

顶点 5：(1.0+5×0.501.0,1.0+5×1.001.0,1.0+5×1.501.0,1.0+5×2.0)
=(3.5,6.0,8.5,11.0)

10.6.3 单纯形的收敛

在单纯形的优化过程中，经常考查试验结果是否达到要求，这种考察在统计上称为收敛性试验，我们在前面曾提到过单纯形收敛的检验方法，即在 n 因素的单纯形中，如果有一个点经 $n+1$ 次单纯形仍未被淘汰，一般可以此点收敛，这种检验的方法未考虑到试验误差的存在，按数理统计或实际工作要求单纯形收敛准则应为：

$$|(R(B)-R(K))/R(B)|<X$$

式中，$R(B)$ 为 $n+1$ 次单纯形后都未淘汰的点；X 为试验误差或预给定的允许误差。

习 题

1. 什么是单纯形优选法？它与正交设计法、均匀设计法相比有何优点？

2. 试举例说明单纯形优选法的基本优化步骤，并阐述参数选择的原理与方法。

3. 单纯形优化法是一种可根据试验情况逐步调整到最优条件的动态调优方法。可将加速单纯形优化技术应用于火焰原子吸收光谱法（FAAS）测定铜的分析测试条件优化。各因素的界限、步长和初始水平见表 10-10。

表 10-10 各因素的界限、步长和初始水平

因 素	下界 L_1	初始水平	初始步长	上界 L_2
空气压力/(kgf/cm^2)	1.2	1.33	0.13	2.0
乙炔压力/(kgf/cm^2)	0.1	0.17	0.07	0.5
燃烧器高度/mm	5.0	7.0	1.67	15.0
灯电流/mA	2.00	4.50	2.50	15.0

4 个因素组成四维空间的单纯形，需要 5 个顶点，用均匀设计表建立初始单纯形如表 10-11。

表 10-11 用 U_5 (5^4) 表设计初始单纯形

顶点	空气压力/(kgf/cm^2)	乙炔压力/(kgf/cm^2)	燃烧器高度/mm	灯电流/mA	吸光度
1	(1)1.33	(2)0.17	(3)11.0	(4)11.5	0.0607
2	(2)1.46	(4)0.24	(1)7.0	(3)9.5	0.0790
3	(3)1.59	(1)0.31	(4)13.0	(2)7.0	0.0640
4	(4)1.72	(3)0.38	(2)9.0	(1)4.5	0.0812
5	(5)1.85	(5)0.45	(5)14.0	(5)14.0	0.0608

试应用单纯形优化法进行测试条件的优化，并找出多个最优试验点。（廖列文．冶金分析，2005，26(1)：7-10）

4. 某制药厂生产甲、乙两种药品，生产这两种药品要消耗某种维生素。生产每吨药品所需要的维生素量分别为30kg、20kg，所占设备时间分别为5台班、1台班，该厂每周所能得到的维生素量为160kg，每周设备最多能开15个台班。且根据市场需求，甲种产品每周产量不应超过4t。已知该厂生产每吨甲、乙两种产品的利润分别为5万元及2万元。问该厂应如何安排两种产品的产量才能使每周获得的利润最大（表10-12）？

表 10-12　某制药厂生产药品数据

水平 因素	每吨产品的消耗		每周资源总量
	甲	乙	
维生素 /kg	30	20	160
设备/台班	5	1	15

5. 设市场上有甲级糖和乙级糖，单价分别为20元/斤、10元/斤。今要筹办一桩婚事，筹备小组计划怎样花费不超过200元，使糖的总斤数不少于10斤，甲级糖不少于5斤。问如何确定采购方案，使糖的总斤数最大。

第 11 章 响应曲面试验设计

响应曲面试验设计法是统计、数学和计算机科学紧密联系和发展的结果，它将响应受多个变量影响的问题进行建模和分析并以此来优化响应。本章主要介绍响应曲面法的基本原理及应用，主要内容包括一阶响应曲面设计、二阶响应曲面设计、正交多项式的响应曲面设计，并重点介绍了一阶响应曲面设计的最速上升法以及二阶响应曲面的中心复合设计和Box-Behnken 设计。

11.1 响应曲面法的基本原理

前面章节所讲的试验设计与优化方法，大多未能给出直观的图形，因而也不能凭直觉观察其最优化点，虽然能找出下一步的优化方向，但难以直接判别优化区域。为此响应曲面法（Response Surface Methodology，RSM）应运而生，它是由英国统计学家 G. Box 和 Wilso 于 1951 年提出来的，是数学方法和统计方法的产物，用来对所感兴趣的响应受多个变量影响的问题进行试验、建模和数据分析，其目的是优化这个响应。响应面分析是一种最优化方法，它是将体系的响应（如化工产品产率）作为一个或多个因素（如温度、时间、用碱量等）的函数，运用图形技术将这种函数关系显示出来，以供我们凭借直观的观察来选择试验设计中的最优化条件。显然，要构造这样的响应面并进行分析以确定最优条件或寻找最优区域，首先必须通过大量的测试数据建立一个合适的数学模型即常说的建模，然后再用此数学模型做图。这样就解决了在工业生产或实际科研工作中经常出现的问题——控制输入变量参数（工艺参数等）x_1、$x_2,\cdots,x_m$的值使指标 y 达到“最优化”。为达到这个目标，需要研究 y 与 $x_1,x_2,\cdots,x_m$之间的定量关系。例如，一位化学工程师想求出温度（x_1）、时间（x_2）和催化剂（x_3）的水平以使得过程的产率（y）达到最大值。产率是温度水平、时间水平和压强水平的函数，它们之间的关系可以用模型表示：

$$y=f(x_1,x_2,x_3)+\varepsilon \tag{11-1}$$

此函数通常被称为响应函数，其中 ε 表示响应的观测误差或噪声，通常假定 ε 在不同的试验中是相互独立的，且均值为 0，方差为 σ^2。

响应曲面法是用来优化试验方案或者建立指标和因素关系模型的，可以给出指标和因素的函数关系式，但是并非所有的试验都可以用响应面来优化，因为有些试验指标和因素时间不一定存在很明显的函数关系，也不是所有的试验都适合采用响应曲面法，有的试验利用正交试验完全可以达到优化试验的目的。由于响应曲面法可以得出连续的函数关系式，而正交只是不连续的点的优化组合，因此其优化试验设计的优势是比较明显的，如果响应面的模型建立得比较好，可以通过所得方程计算出任一条件组合下的函数值。

图形表示可以极大地帮助理解并激发创造力，响应曲面法的优势正在于此。图 11-1 表示了响应产量的均值 η 和单一定量因子催化剂之间的关系，可以看到添加了催化剂甲（图中 -1.00）或乙（图中 1.00）时产量均有提高。

同样的关系可以用等高线图来表示，如图 11-2，它表示了温度恒定时产量的等高线图。

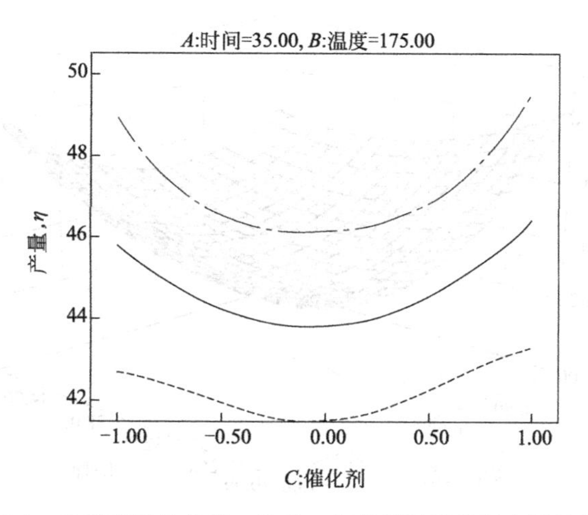

图 11-1　响应产量的均值 η 和单一定量因子催化剂之间的关系

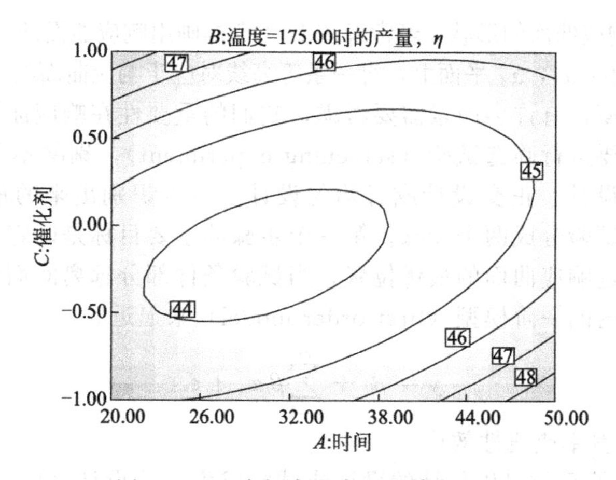

图 11-2　温度恒定时产量的等高线图

通常像图 11-3 那样用图形来表示响应曲面，其中 η 是对 x_1 水平和 x_2 水平画的。一般说来，研究的目的是最大化或最小化响应或想要达到的响应值，由于许多工程实际问题中，f 是未知的，而且对 y 的观测带有随机误差，因此需要进行多次试验得到关于 f 的数据。研究的成功与否主要依赖于对 f 逼近的优劣程度。

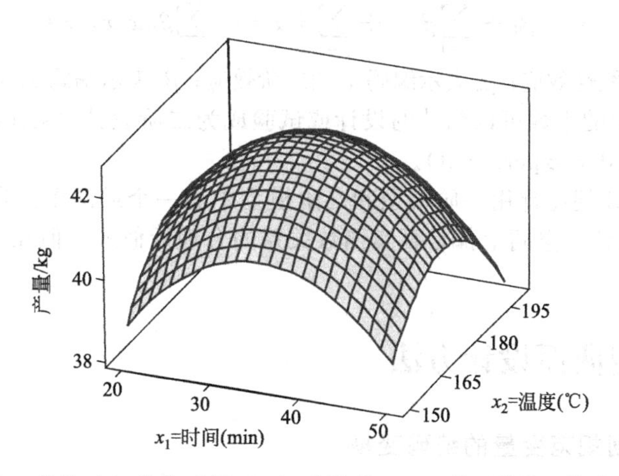

图 11-3　产量（η）作为时间（x_1）和温度（x_2）的函数的三维响应曲面

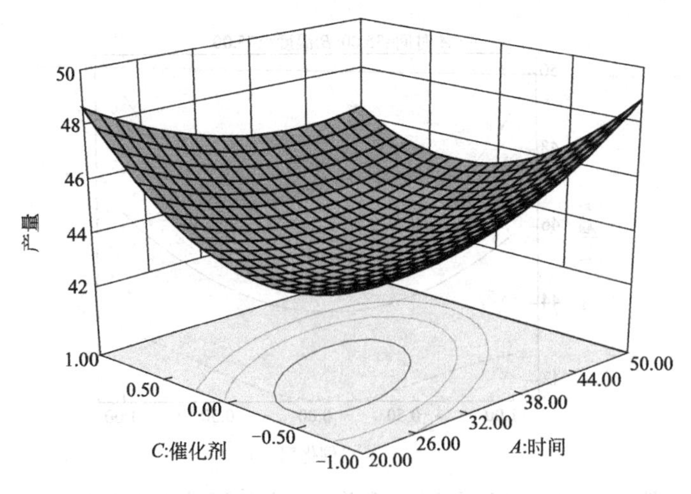

图 11-4 响应曲面的等高线图

为了有助于目测响应曲面的形状，经常像图 11-4 那样画出响应曲面的等高线。在等高线图形中，常数值的响应线画在 x_1，x_2 平面上，每一条等高线对应于响应曲面的一个特定高度。

在试验设计的初期，有许多因素需要考虑，它们的重要性在响应曲面研究的初始阶段无法分辨出来，此时需要进行筛选试验（screening experiment），剔除不重要的因素，这类试验一般可以采用因子设计、正交设计或者均匀设计。一旦识别出来的重要因素只有少数几个，此时我们可以将试验分成两个步骤。第一个步骤的主要目标是确定当前的试验条件或输入变量的水平是否接近响应曲面的最优位置，当试验条件部分远离曲面的最优位置时，我们常使用自变量某区域内的一阶模型（first-order model）来逼近。

$$y = \beta_0 + \sum_{i=1}^{m} \beta_i x_i + \varepsilon \tag{11-2}$$

其中 β_i 表示 x_i 的斜率或线性效应。

能使式(11-2) 中的系数可以估计的设计或试验成为一阶设计（first-order design）或一阶试验（first-order experiment）。

当试验区域接近响应曲面的最优区域或位于最优区域中，我们开始第二个步骤的试验，此时的目的是获得响应曲面在最优值周围的一个精确逼近并识别出最优试验条件或输入变量的最优水平组合。此时我们经常采用二阶模型（second-order model）来逼近。

$$y = \beta_0 + \sum_{i=1}^{m} \beta_i x_i + \sum_{i=1}^{m} \beta_{ii} x_i^2 + \sum_{i<j}^{m} \beta_{ij} x_i x_j + \varepsilon \tag{11-3}$$

其中 β_i 表示 x_i 的线性效应；β_{ii} 表示编码 x_i 的二阶效应；β_{ij} 表示编码 x_i 与 x_j 的交互作用效应。

能使式(11-3) 中的系数可以估计的设计或试验成为二阶设计（second-order design）或二阶试验（second-order experiment）。

几乎所有的 RSM 问题都用一阶模型和二阶模型中的一个或两个。当然，一个多项式模型不可能在自变量的整个空间上都是真实函数关系的合理近似式，但在一个相对小的区域内通常做得很好。

11.2 一阶响应曲面设计方法

11.2.1 自然变量到规范变量的编码变换

响应曲面设计中诸多变量的变化范围可能各不相同，甚至有的自变量的范围差异极其悬殊，为统一处理的方便，将所有的自变量做一线性变换，即本书所说的编码变换，它可以使因子区域都转化为中心在原点的“立方体”，进行编码变换更为重要的原因是编码可以解决量纲不同给设计带来的麻烦。下面介绍编码方法。

设第 i 个变量 z_i 的实际变化范围是 $[z_{1i},z_{2i}],i=1,2,\cdots,m$，记区间的中心点为 $z_{0i}=(z_{1i}+z_{2i})/2$，区间的半长为 $\Delta i=(z_{2i}-z_{1i})/2,i=1,2,\cdots,m$，做如下 m 个线性变换：

$$x_i=\frac{z_i-z_{0i}}{\Delta i},i=1,2,\cdots,m \tag{11-4}$$

经过此编码变换后，可以将变量 z_i 的实际变化范围 $[z_{1i},z_{2i}]$ 转换成新变量 x_i 的变化范围 $[-1,1]$。这样就将形如“长方体”的因子区域变换成中心在原点的“立方体”区域。

11.2.2　一阶响应曲面的正交设计

我们通过一个简单的例子来叙述一阶响应曲面的正交设计的步骤与数据的分析方法，并介绍通过 minitab 软件来简化处理实际中遇到的一阶响应曲面的正交设计问题的过程。

【例 11-1】 硝基蒽醌中某物质的含量 y 与以下三个因素有关：

z_1 亚硝酸钠（单位：g）；

z_2 大苏打（单位：g）；

z_3 反应时间（单位：h）。

为提高该物质的含量，需建立 y 与变量 z_1，z_2，z_3 的响应曲面方程。

利用二水平正交表安排试验，首先，我们对其进行试验设计如下。

（1）确定每一个因素的变化范围并进行编码变换

$$z_{1i}\leqslant z_i\leqslant z_{2i},i=1,2,\cdots,m \tag{11-5}$$

在本例中 $m=3$，我们称 z_{1i} 为因素 z_i 的下水平，z_{2i} 为其上水平，$z_{0i}=(z_{1i}+z_{2i})/2$ 为其零水平，$\Delta i=(z_{2i}-z_{1i})/2$ 为因素的变化半径。式(11-4) 中 x_i 为因素 z_i 的编码值。

因此可以得出本例中因素的水平和编码值表，如表 11-1 所示。

表 11-1　因素水平与编码值对应表

编码值	因素		
	z_1	z_2	z_3
上水平(+1)	9.0	4.5	3
下水平(−1)	5.0	2.5	1
零水平(0)	7.0	3.5	2
变化半径(Δi)	2	1	1

我们称（$x_1,x_2,\cdots,x_m$）的取值空间为编码空间，我们可先建立 y 关于 $x_1,x_2,\cdots,x_m$ 的响应曲面方程，再利用式(11-4) 转化为 y 关于 $z_1,z_2,\cdots,z_m$ 的方程。

（2）选择合适的正交表安排试验。将每个因素的上水平与下水平看成因素的两个水平，选择合适的二水平正交表来安排试验，并将二水平正交表中的“1”与“2”分别改成“1”与“−1”，此处请注意顺序。如此一来，正交表中的两个水平不仅代表了因素水平的不同取值状态，还表示了水平的取值大小。此外因素间的交互作用可以通过因素所在列的水平的乘积获得。例如正交表 $L_8(2^7)$ 改造后变成表 11-2，这样就不需要交互作用列表了。

表 11-2　改造后的 $L_8(2^7)$

试验号	列号						
	1	2	3	4	5	6	7
	x_1	x_2	x_1x_2	x_3	x_1x_3	x_2x_3	$x_1x_2x_3$
1	1	1	1	1	1	1	1
2	1	1	1	−1	−1	−1	−1
3	1	−1	−1	1	1	−1	−1

续表

试验号	列号						
	1	2	3	4	5	6	7
	x_1	x_2	x_1x_2	x_3	x_1x_3	x_2x_3	$x_1x_2x_3$
4	1	−1	−1	−1	−1	1	1
5	−1	1	−1	1	−1	1	−1
6	−1	1	−1	−1	1	−1	1
7	−1	−1	1	1	−1	−1	1
8	−1	−1	1	−1	1	1	−1

在 Minitab 中，表 11-2 可以由图 11-5～图 11-9 的步骤获得。

本例有 3 个因素，为今后可能需要考察因素间的交互作用方便起见，选用 $L_8(2^7)$ 正交表，将 3 个因素分别置于 1、2、4 列，从而可得试验方案表，并按试验方案进行试验。试验方案及试验结果见表 11-3。

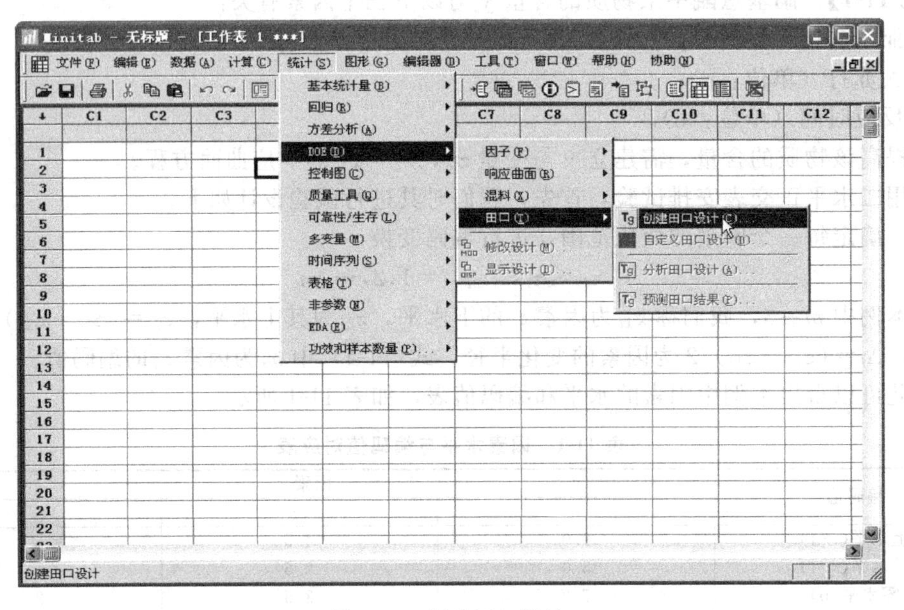

图 11-5 创建田口设计

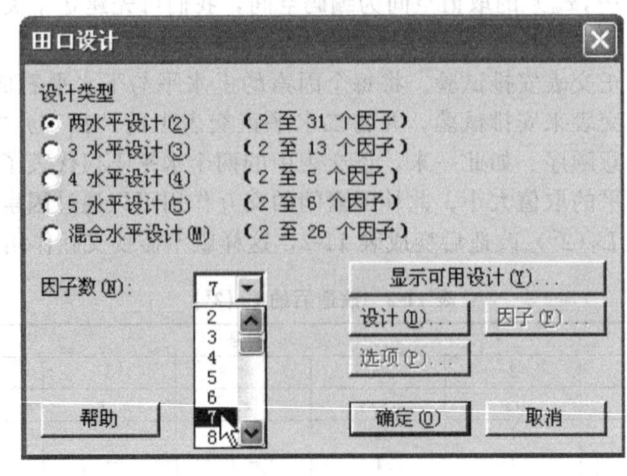

图 11-6 选择因子数

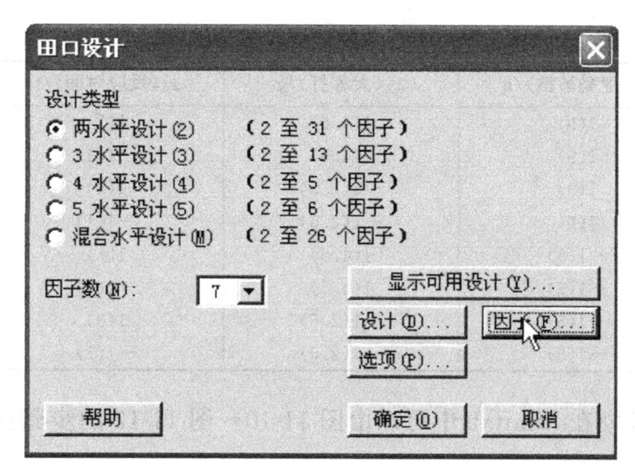

图 11-7　修改因子

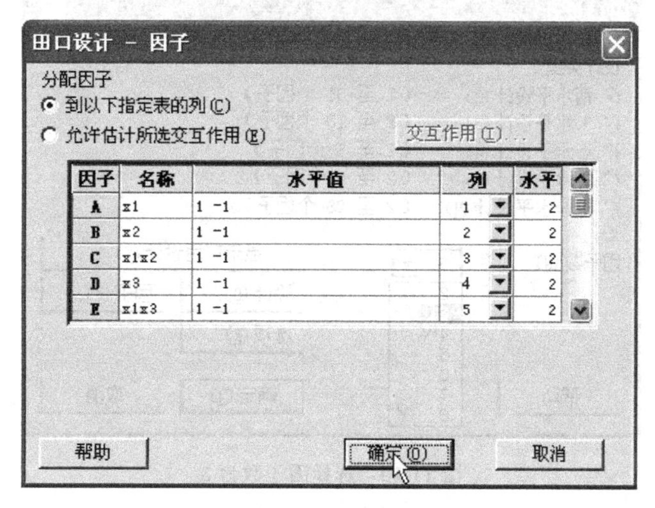

图 11-8　修改因子中的因子名称及水平值

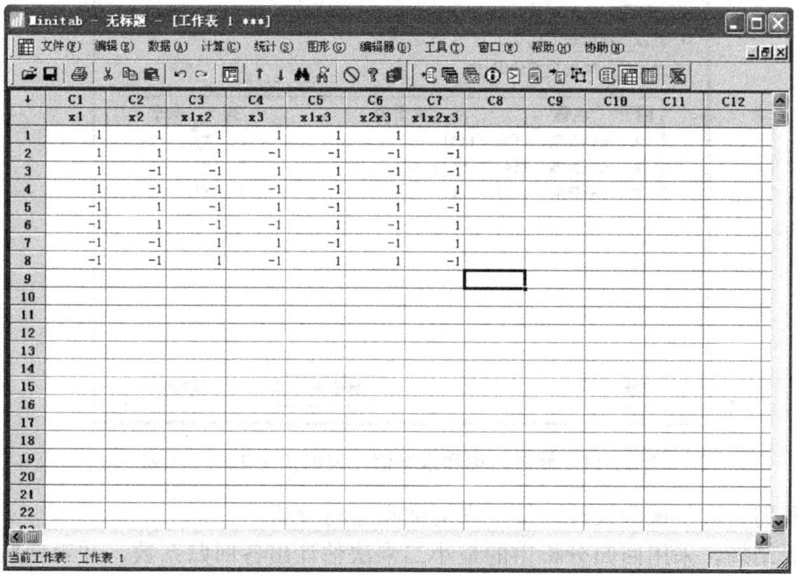

↓	C1	C2	C3	C4	C5	C6	C7
	x1	x2	x1x2	x3	x1x3	x2x3	x1x2x3
1	1	1	1	1	1	1	1
2	1	1	1	-1	-1	-1	-1
3	1	-1	-1	1	1	-1	-1
4	1	-1	-1	-1	-1	1	1
5	-1	1	-1	1	-1	1	-1
6	-1	1	-1	-1	1	-1	1
7	-1	-1	1	1	-1	-1	1
8	-1	-1	1	-1	1	1	-1

图 11-9　正交设计结果

表 11-3 试验计划及试验结果

试验号	x_1(亚硝酸钠)/g	x_2(大苏打)/g	x_3(反应时间)/h	试验结果
1	1(9)	1(4.5)	1(3)	92.35
2	1(9)	1(4.5)	−1(1)	86.10
3	1(9)	−1(2.5)	1(3)	89.58
4	1(9)	−1(2.5)	−1(1)	87.05
5	−1(5)	1(4.5)	1(3)	85.70
6	−1(5)	1(4.5)	−1(1)	83.26
7	−1(5)	−1(2.5)	1(3)	83.95
8	−1(5)	−1(2.5)	−1(1)	83.38

表 11-3 的试验计划在 Minitab 中可以由图 11-10～图 11-12 的步骤获得，试验结果是手动输入的。

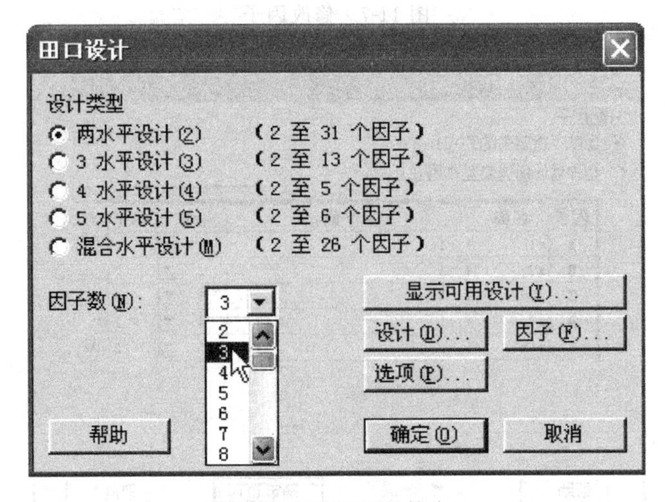

图 11-10 选择因子数为 3

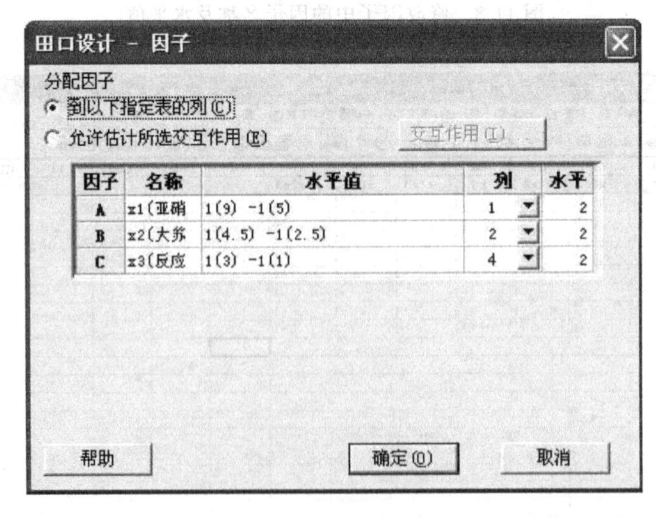

图 11-11 修改名称和水平值，列默认为 1、2、4 列

至此，我们完成了试验设计，接下来对数据进行分析。

根据试验结果，采用回归分析中的最小二乘法估计出各回归系数，并对回归方程及回归系数进行显著性检验，最后得到响应曲面。

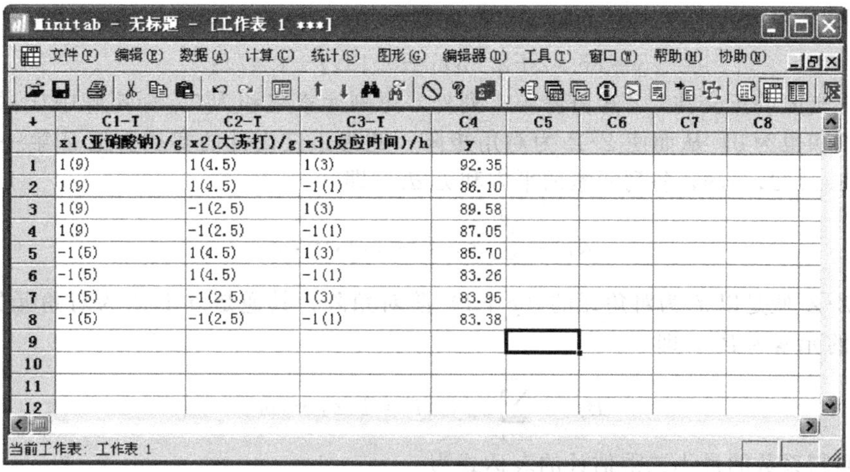

Minitab - 无标题 - [工作表 1 ***]

文件(F)　编辑(E)　数据(A)　计算(C)　统计(S)　图形(G)　编辑器(D)　工具(T)　窗口(W)　帮助(H)　协助(N)

↓	C1-T	C2-T	C3-T	C4	C5	C6	C7	C8
	x1(亚硝酸钠)/g	x2(大苏打)/g	x3(反应时间)/h	y				
1	1(9)	1(4.5)	1(3)	92.35				
2	1(9)	1(4.5)	-1(1)	86.10				
3	1(9)	-1(2.5)	1(3)	89.58				
4	1(9)	-1(2.5)	-1(1)	87.05				
5	-1(5)	1(4.5)	1(3)	85.70				
6	-1(5)	1(4.5)	-1(1)	83.26				
7	-1(5)	-1(2.5)	1(3)	83.95				
8	-1(5)	-1(2.5)	-1(1)	83.38				
9								
10								
11								
12								

当前工作表：工作表 1

图 11-12　试验计划及结果表（结果为手动输入）

对本例 $m=3$、$n=8$，试验结果的数学模型为

$$
\begin{gathered}
y_i=\beta_0+\beta_1 x_{i1}+\beta_2 x_{i2}+\beta_3 x_{i3}+\varepsilon_i, i=1,2,\cdots,8 \\
\varepsilon_1,\varepsilon_2,\cdots,\varepsilon_8 \text{相互独立且服从分布 } N(0,\sigma^2)
\end{gathered}
\tag{11-6}
$$

第一步需要求回归系数。

结构矩阵 Z 和观察向量 y 分别为

$$
Z=\begin{bmatrix}
1 & 1 & 1 & 1 \\
1 & 1 & 1 & -1 \\
1 & 1 & -1 & 1 \\
1 & 1 & -1 & -1 \\
1 & -1 & 1 & 1 \\
1 & -1 & 1 & -1 \\
1 & -1 & -1 & 1 \\
1 & -1 & -1 & -1
\end{bmatrix}, y=\begin{bmatrix}
92.35 \\ 86.10 \\ 89.58 \\ 87.05 \\ 85.70 \\ 83.26 \\ 83.95 \\ 83.38
\end{bmatrix}
\tag{11-7}
$$

$$
Z^{\mathrm{T}}Z=\begin{pmatrix}
8 & 0 & 0 & 0 \\
0 & 8 & 0 & 0 \\
0 & 0 & 8 & 0 \\
0 & 0 & 0 & 8
\end{pmatrix}=\begin{pmatrix}
d_0 & 0 & 0 & 0 \\
0 & d_1 & 0 & 0 \\
0 & 0 & d_2 & 0 \\
0 & 0 & 0 & d_3
\end{pmatrix}
\tag{11-8}
$$

$$
Z^{\mathrm{T}}y=\begin{pmatrix} B_0 \\ B_1 \\ B_2 \\ B_3 \end{pmatrix}=\begin{pmatrix} 601.37 \\ 18.79 \\ 3.45 \\ 11.79 \end{pmatrix}
\tag{11-9}
$$

β 的最小二乘估计为

$$
\hat{\beta}=\begin{pmatrix} \hat{\beta}_0 \\ \hat{\beta}_2 \\ \hat{\beta}_3 \\ \hat{\beta}_4 \end{pmatrix}=(Z^{\mathrm{T}}Z)^{-1}Z^{\mathrm{T}}y=\begin{bmatrix} \dfrac{B_0}{d_0} \\ \dfrac{B_0}{d_0} \\ \dfrac{B_0}{d_0} \\ \dfrac{B_0}{d_0} \end{bmatrix}=\begin{pmatrix} 86.42 \\ 2.35 \\ 0.43 \\ 1.47 \end{pmatrix}
\tag{11-10}
$$

可以求得关于 x_1，x_2，x_3 的响应曲面方程为

$$\hat{y}=86.42+2.35x_1+0.43x_2+1.47x_3 \tag{11-11}$$

由于正交表的正交性，Z 矩阵除第 1 列外，每列元素之和为 0，而矩阵中任意两列对应元素的乘积和也为 0，从而使 Z^TZ 为对角矩阵，此为正交设计的实质。记 Z 第一列的元素为 $x_{i0}=1,i=1,2,\cdots,n$，各列元素的平方和为 d_j，即

$$d_j=\sum_{j=1}^{n}x_{ij}^2,i=1,2,\cdots,m \tag{11-12}$$

那么 Z^TZ 便是以 d_i 为对角元的（$p+1$）阶对角阵，其逆是以 $1/d_j$ 为对角元的对角阵，再记 Z^Ty 的元素为 B_j，即

$$B_j=\sum_{i=1}^{n}x_{ij}y_i,i=1,2,\cdots,m \tag{11-13}$$

则得回归系数的最小二乘估计的表达式为

$$\hat{\beta}_j=\frac{B_j}{d_j},j=1,2,\cdots,m \tag{11-14}$$

计算可以用一个表统一来完成，如表 11-4 所示。

表 11-4　一阶响应曲面分析计算表

试验号	x_0	x_1	x_2	x_3	y_i
1	1	1	1	1	92.35
2	1	1	1	−1	86.10
3	1	1	−1	1	89.58
4	1	1	−1	−1	87.05
5	2	−1	1	1	85.70
6	2	−1	1	−1	83.26
7	2	−1	−1	1	83.95
8	2	−1	−1	−1	83.38
B_j	691.37	18.79	3.45	11.79	$\sum y_i^2=59820.56$ $l_{yy}=\sum y_i^2-n\bar{y}^2=73.23$
d_j	8	8	8	8	$U=\sum_{j=1}^{3}U_j=63$
$\hat{\beta}_j=\frac{B_j}{d_j}$	86.42	2.35	0.43	1.47	$f_U=3$ $Q=l_{yy}-U=8.50$
$U_j=\frac{B_j^2}{d_j}$	59749.06	44.13	1.49	17.38	$f_Q=4$ $F=\frac{U/f_U}{Q_e/f_{Q_e}}=9.88$
$F_j=\frac{U_j}{\bar{Q}_E}$		20.77	0.70	8.018	$\bar{Q}_e=Q_e/f_{Q_e}$

第二步为对响应曲面方程进行显著性检验。

响应曲面方程的显著性检验相当于检验假设 $H_0:\beta_1=\beta_2=\cdots=\beta_m=0$，$H_1:\beta_1,\beta_2,\cdots,\beta_m$ 中至少有一个不为零。

与多元回归分析一样，我们可以采用如下统计量

$$F=\frac{U/f_U}{Q_e/f_{Q_e}} \tag{11-15}$$

其中 U 为回归平方和；f_U 为其自由度；Q_e 为残差平方和；f_{Q_e} 为相应的自由度，其表达式分别为

$$
\begin{aligned}
&U=\sum_{j=1}^{m}\hat{\beta}_j l_{iy}=\sum_{j=1}^{m}\hat{\beta}_j B_j=\sum_{j=1}^{m}\frac{B_j^2}{d_j}\\
&f_U=m\\
&l_{jy}=\sum_{i=1}^{n}(x_{ij}-\bar{x}_j)(y_j-\bar{y})=\sum_{i=1}^{n}x_{ij}y_j=B_j\\
&Q_e=\sum_{i=1}^{n}(y_i-\hat{y}_i)^2=l_{yy}-U\\
&l_{yy}=\sum_{i=1}^{n}(y_i-\bar{y}_i)^2=\sum_{i=1}^{n}y_i^2-n\bar{y}^2\\
&f_{Q_e}=n-m-1
\end{aligned}
\tag{11-16}
$$

如果 $F>F_\alpha(f_U,f_{Q_e})$，则认为响应曲面方程是有意义的，若 $F\leqslant F_\alpha(f_U,f_{Q_e})$，则认为响应曲面方程不显著。

在本例中，$n=8$，$m=3$，从式(11-16）中可以知道

$$l_{yy}=\sum_{i=1}^{n}y_i^2-n\bar{y}^2=59820.56-8\times 86.42^2=73.23,f_T=8-1=7 \tag{11-17}$$

$$U=2.35\times 18.79+0.43\times 3.45+1.47\times 11.79=63,f_U=3 \tag{11-18}$$

$$Q_e=71.50-63=8.50,f_{Q_e}=7-3=4 \tag{11-19}$$

因此有

$$F=\frac{U/f_U}{Q_e/f_{Q_e}}=\frac{63/3}{8.50/4}=9.88>F_{0.05}(3,4)=6.59 \tag{11-20}$$

这说明上述求得的响应曲面方程显著，以上计算在表 11-4 同样有反映。

第三步为回归系数的显著性检验。

在响应曲面分析中，为检验 x_j 的系数 β_j 是否为 0，我们采用统计量

$$F_j=\frac{U_j}{\bar{Q}_e},j=1,2,\cdots,m \tag{11-21}$$

其中 $\bar{Q}_e=Q_e/f_{Q_e}$，U_j 是因素 x_j 的偏回归平方和，其计算公式为

$$U_j=\frac{\hat{\beta}_j^2}{c_{jj}}=\frac{B_j^2}{d_j},j=1,2,\cdots,m \tag{11-22}$$

其中 c_{jj} 是 Z^TZ 的逆矩阵中的对角元，在一次响应曲面的正交设计中，$c_{jj}=1/d_j$，当 $F_j>F_\alpha(1,f_e)$时，认为因素 x_j 显著，否则认为因素不显著，可以从响应曲面方程中将它删去，而其他因素的回归系数不变。

在本例中，$U_1=44.13$，$U_2=1.49$，$U_3=17.38$，而 $\bar{Q}_e=8.50/4=2.125$，计算得

$$
\begin{aligned}
F_1&=\frac{44.13}{2.125}=20.77\\
F_1&=\frac{1.49}{2.125}=0.70\\
F_1&=\frac{17.38}{2.125}=8.18
\end{aligned}
\tag{11-23}
$$

对于 $\alpha=0.05$，$F_{0.05}(1,4)=7.71$，所以因素 x_2 不显著，其他因素显著。

将 x_2 从响应曲面方程中删去，最后求得各因素的响应曲面方程是

$$\hat{y}=86.42+2.35x_1+1.47x_3 \tag{11-24}$$

将编码式 $x_1=(z_1-7)/2$ 和 $x_3=z_3-2$ 带入 y 关于 z_1，z_3 的响应曲面方程为

$$\hat{y}=86.42+2.35\times\frac{z_1-7}{2}+1.47(z_3-2)$$

$$=75.255+1.175z_1+1.47z_3 \tag{11-25}$$

从该方程可以知道，当 z_1，z_3 增加时，y 会相应增加。

在 Minitab 中，上述一阶响应曲面方程的数据分析可以按以下步骤（图 11-13～图 11-19）进行。

经过以上的步骤，可以在 Minitab 的会话窗口得到结果如表 11-5 所示。

Minitab - 无标题 - [工作表 1 ***]

文件(F) 编辑(E) 数据(A) 计算(C) 统计(S) 图形(G) 编辑器(D) 工具(T) 窗口(W) 帮助(H) 协助(N)

↓	C1	C2	C3	C4	C5	C6	C7	C8	C9	C10
	A	B	C	R						
1	1	1	1	92.35						
2	1	1	-1	86.10						
3	1	-1	1	89.58						
4	1	-1	-1	87.05						
5	-1	1	1	85.70						
6	-1	1	-1	83.26						
7	-1	-1	1	83.95						
8	-1	-1	-1	83.38						
9										
10										
11										
12										
13										
14										
15										
16										
17										

当前工作表：工作表 1

图 11-13　工作表原始数据

图 11-14　根据工作表中的数据自定义响应曲面设计

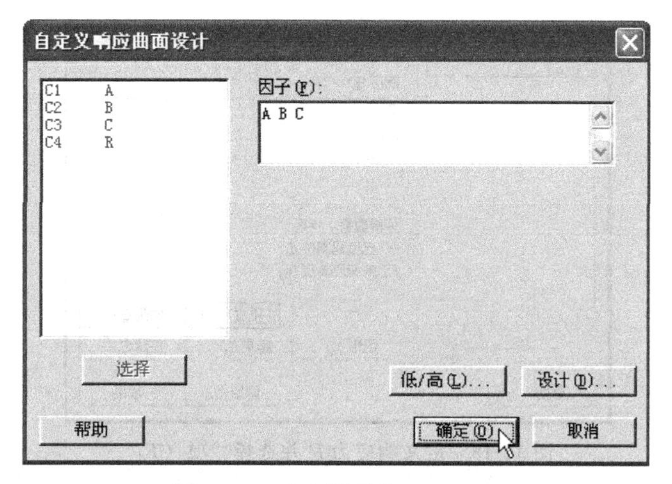

图 11-15　定义因子为 A、B、C

Minitab - 无标题 - [工作表 1 ***]

	C1	C2	C3	C4	C5	C6	C7	C8	C9	C10	C11	C12
	A	B	C	R	标准序	运行序	区组	点类型				
1	1	1	1	92.35	1	1	1	1				
2	1	1	-1	86.10	2	2	1	1				
3	1	-1	1	89.58	3	3	1	1				
4	1	-1	-1	87.05	4	4	1	1				
5	-1	1	1	85.70	5	5	1	1				
6	-1	1	-1	83.26	6	6	1	1				
7	-1	-1	1	83.95	7	7	1	1				
8	-1	-1	-1	83.38	8	8	1	1				

当前工作表：工作表 1

图 11-16　响应曲面定义完成

图 11-17　分析响应曲面设计

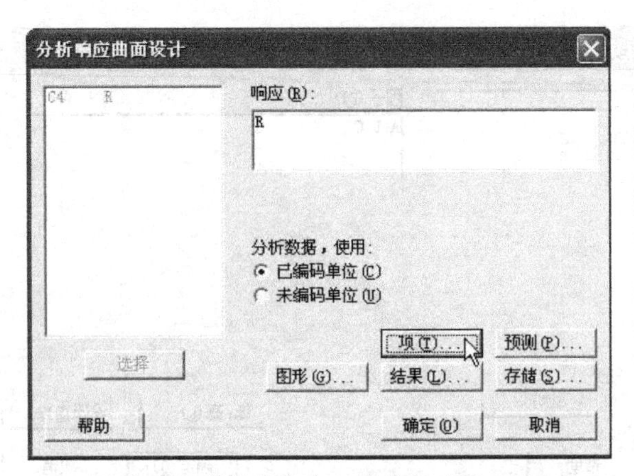

图 11-18 定义响应为 R 并选择“项（T）”

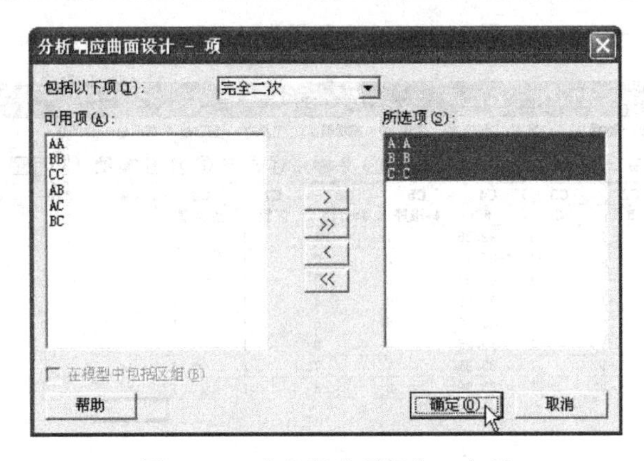

图 11-19 定义所选项仅为一次项

表 11-5 一阶响应曲面设计的 Minitab 计算结果

Minitab 会话结果

响应曲面回归：R 与 A,B,C

分析是使用已编码单位进行的。

R 的估计回归系数

项	系数	系数标准误	T	P
常量	86.4213	0.5154	167.682	0.000
A	2.3487	0.5154	4.557	0.010
B	0.4313	0.5154	0.837	0.450
C	1.4738	0.5154	2.860	0.046

S=1.45773　　$PRESS$=33.9998

$R-Sq$=88.11%　$R-Sq$(预测)=52.45%　$R-Sq$(调整)=79.19%

R 的方差分析

来源	自由度	$SeqSS$	$AdjSS$	$AdjMS$	F	P
回归	3	62.9963	62.9963	20.9988	9.88	0.025
线性	3	62.9963	62.9963	20.9988	9.88	0.025
A	1	44.1330	44.1330	44.1330	20.77	0.010
B	1	1.4878	1.4878	1.4878	0.70	0.450
C	1	17.3755	17.3755	17.3755	8.18	0.046
残差误差	4	8.4999	8.4999	2.1250		
合计	7	71.4963				

R 的估计回归系数，使用未编码单位的数据

项	系数
常量	86.4213
A	2.34875
B	0.431250
C	1.47375

从表 11-5 可以看出一阶响应曲面设计的 Minitab 软件计算结果。主要包括常量及 A、B、C 的回归系数，A、B、C 分别表示 x_1、x_2、x_3；回归系数 A、B、C 的 F 检验值；回归方程的 F 检验值 9.88，从回归方程的显著性概率 P 值为 0.025 可以知道，在显著性水平 0.05 时方程显著。

分析回归系数的 F 检验值及显著性概率 P，可以知道因素 x_2 不显著，从响应曲面方程中删去时在 Minitab 中操作只需要在所选项里删除 B 即可，如图 11-20 所示。

使用 z_1、z_2 和 z_3 自然变量来进行响应曲面分析的过程如下（图 11-21～图 11-24），这里主要说明与前面的操作有差别的步骤。

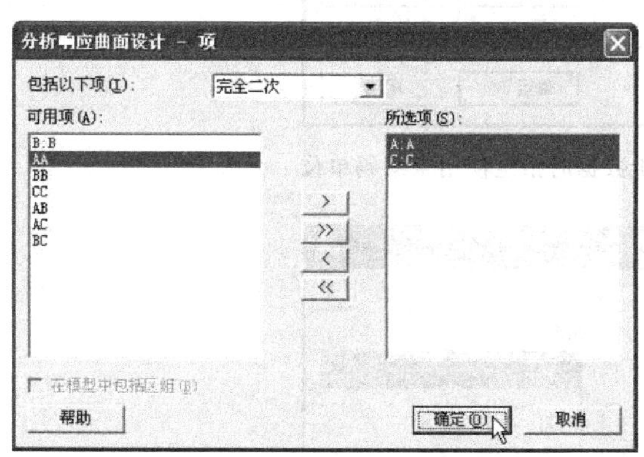

图 11-20　删除因素 x_2 的操作

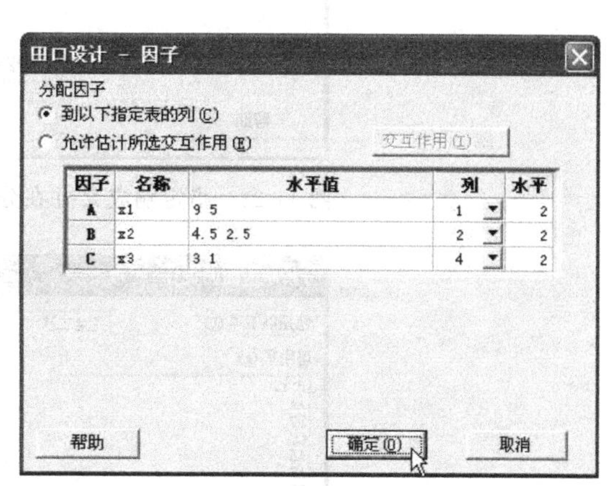

图 11-21　指定因子的水平值为自然变量

Minitab - 无标题 - [工作表 6 ***]

↓	C1 z1	C2 z2	C3 z3	C4 R	C5 标准序	C6 运行序	C7 区组	C8 点类型	C9	C10
1	9	4.5	3	92.35	1	1	1	1		
2	9	4.5	1	86.10	2	2	1	1		
3	9	2.5	3	89.58	3	3	1	1		
4	9	2.5	1	87.05	4	4	1	1		
5	5	4.5	3	85.70	5	5	1	1		
6	5	4.5	1	83.26	6	6	1	1		
7	5	2.5	3	83.95	7	7	1	1		
8	5	2.5	1	83.38	8	8	1	1		

当前工作表：工作表 6

图 11-22　响应曲面分析前的试验安排表

最终在 Minitab 会话窗口得到的结果如表 11-6 所示，这样得到因素的回归系数可以直接判断因子与响应值 y 的关系。

11.2.3　最速上升法

一阶响应曲面设计方法经常用于系统最优运行条件的初步估计，这主要是因为初期试验

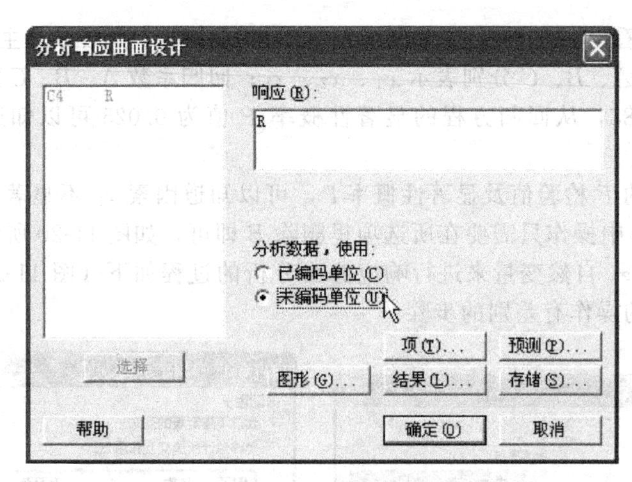

图 11-23　指定响应 R 并在分析数据时指定使用未编码单位

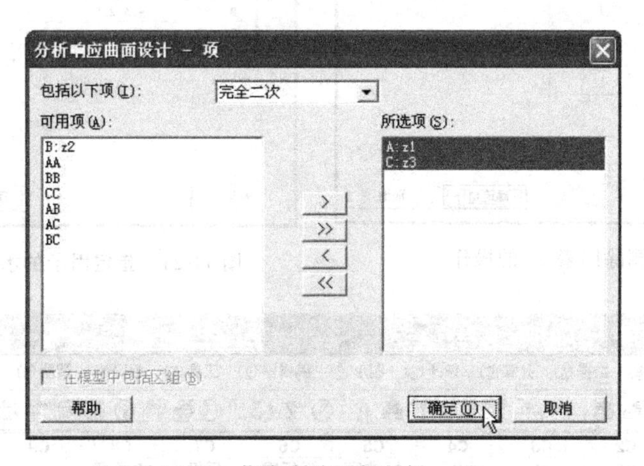

图 11-24　指定所选项仅包括 z_1 和 z_3

表 11-6　使用自然变量进行分析的 Minitab 计算结果

Minitab 会话结果

响应曲面回归：R 与 x_1，x_3

分析是使用未编码单位进行的。

R 的估计回归系数

项	系数	系数标准误	T	P
常量	75.253	2.0754	36.260	0.000
x_1	1.174	0.2498	4.700	0.005
x_3	1.474	0.4997	2.949	0.032

S=1.41335　　$PRESS$=25.5687

$R-Sq$=86.03%　$R-Sq$(预测)=64.24%　$R-Sq$(调整)=80.44%

R 的方差分析

来源	自由度	$SeqSS$	$AdjSS$	$AdjMS$	F	P
回归	2	61.509	61.509	30.754	15.40	0.007
线性	2	61.509	61.509	30.754	15.40	0.007
x_1	1	44.133	44.133	44.133	22.09	0.005
x_3	1	17.376	17.376	17.376	8.70	0.032
残差误差	5	9.988	9.988	1.998		
失拟	1	4.162	4.162	4.162	2.86	0.166
纯误差	4	5.826	5.826	1.457		
合计	7	71.496				

条件常常远离实际的最优点。在这种情况下，试验者的目的是要快速地进入到最优点的附近区域。我们希望利用既简单又经济有效的试验方法，当远离最优点时，通常假定在 x 的一个小范围内其一阶模型是真实曲面的合适近似。简单地说，如果你的试验目标是在当前试验区域内对 η 有个大致了解并想找出进一步改进的方向，那么采用一阶响应曲面设计方法就足够了。例如产率与时间和温度的等高线图（图 11-25）中可以利用箭头来表示可能提高产率的方向。

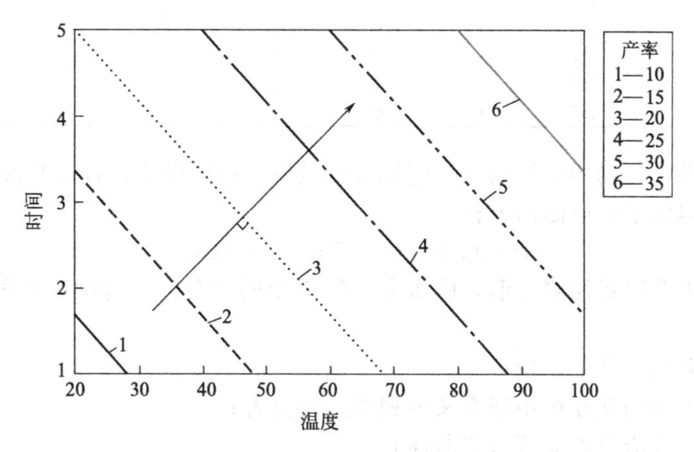

图 11-25 产率与时间和温度的等高线图

最速上升法是沿着最速上升的路径，即响应有最大增量的方向逐步移动的方法。如果求最小响应值，则称为最速下降法。最速上升法拟合出来的一阶模型是

$$\hat{y}=\hat{\beta}_0+\sum_{i=1}^{m}\hat{\beta}_i x_i \tag{11-26}$$

与一阶响应曲面相应的 $\hat{y}$ 的等高线，是一组平行直线，如图 11-25 所示最速上升的方向就是 $\hat{y}$ 增加得最快的方向，这一方向平行于拟合响应曲面等高线的法线方向。通常取通过感兴趣区域的中心并且垂直于拟合曲面等高线的直线为最速上升路径。这样一来，沿着路径的步长就和回归系数 β_i 成正比。实际的步长大小是由试验者根据经验或其他的实际考虑来确定的。

试验是沿着最速上升的路径进行的，直到观测到的响应不再增加为止。然后，拟合一个新的一阶模型，确定一条新的最速上升路径，继续按上述方法进行。最后，试验者到达最优点的附近区域。这通常由一阶模型的失拟来指出。这时，进行添加试验会求得最优点的更为精确的估计。

【例 11-2】 某化工产品的收率受到两个可控变量的影响：反应温度和反应时间，拟合一阶模型的搜索区间是反应时间（30，40）min，反应温度为（150，160）℉ $\left[t/℃=\frac{5}{9}(t/℉-32)\text{，下同}\right]$，为简化计算，将自变量规范在（$-1,1$）区间内，如果记 z_1 为自然变量时间，z_2 为自然变量温度，则规范变量是

$$x_1=\frac{z_1-35}{5},x_2=\frac{z_2-155}{5} \tag{11-27}$$

工程师当前使用的操作条件是反应时间为 35min，温度为 155℉，产率约为 40%。试验设计列在表 11-7 中。用来收集这些数据的设计是增加 5 个中心点的 2^2 因子设计，在中心点处的重复试验用于估计试验误差，并可以用于检测一阶模型的合适性，而且当前运行条件也就在设计的中心点处。

表 11-7 拟合一阶模型的过程数据

自然变量		规范变量		响应
z_1	z_2	x_1	x_2	y
30	150	−1	−1	39.3
30	160	1	−1	40.0
40	150	−1	1	40.9
40	160	1	1	41.5
35	155	0	0	40.3
35	155	0	0	40.5
35	155	0	0	40.7
35	155	0	0	40.2
35	155	0	0	40.6

使用最小二乘法，利用已编码单位即规范变量以一阶模型来拟合这些数据，用二水平设计的方法，可求得以下响应曲面方程

$$\hat{y}=40.000+0.775x_1+0.325x_2 \tag{11-28}$$

在沿着最速上升路径探测之前，应研究一阶模型的适合性。有中心点的 2^2 设计使试验者能够：

(1) 求出误差的一个估计量；

(2) 检测模型中的交互作用即交叉乘积项是否显著；

(3) 检测二次效应是否显著（弯曲性）。

中心点处的重复试验观测值可用于计算误差的估计量：

$$S_0^2=\sum_{j=1}^{5}(y_{0j}-\overline{y}_0)^2$$

$$=(40.3)^2+(40.5)^2+(40.7)^2+(40.2)^2+(40.6)^2-\frac{(202.3)^2}{5}=0.1720 \tag{11-29}$$

$$\hat{\sigma}^2=\frac{S_0^2}{f}=\frac{0.1720}{4}=0.0430 \tag{11-30}$$

变量 x_1 与 x_2 的交互作用 x_1x_2 的系数 β_{12} 的估计值为

$$\hat{\beta}_{12}=\frac{1}{4}\times[(1\times39.3)+(1\times41.5)+(-1\times40.0)+(-1\times40.9)]=\frac{1}{4}\times(-0.1)=-0.025 \tag{11-31}$$

交互作用平方和为

$$s_{x_1x_2}^2=\frac{(-0.1)^2}{4}=0.0025 \tag{11-32}$$

比较二者给出下列失拟统计量

$$F_{x_1x_2}=\frac{s_{x_1x_2}^2}{\hat{\sigma}^2}=\frac{0.0025}{0.0430}=0.058<F_{0.05}(1,4)=7.71 \tag{11-33}$$

因此，交互作用不显著，可以忽略。

对一次响应面模型的另一个检验是比较设计的四个试验点处的平均响应，即 $\overline{y}_f=40.425$ 与在编码区域中心点处的平均响应，即 $\overline{y}_0=40.46$ 之间的差异，如果试验点位于曲面上，则 $\overline{y}_f-\overline{y}_0$ 是曲面曲率的度量。用 β_{11} 和 β_{22} 分别表示“纯二次”项 x_1^2 与 x_2^2 的系数，则 $\overline{y}_f-\overline{y}_0$ 是 $\beta_{11}+\beta_{22}$ 的一个估计量，对本例来说

$$\hat{\beta}_{11}+\hat{\beta}_{22}=\overline{y}_f-\overline{y}_0=40.425-40.46=-0.035 \tag{11-34}$$

我们检验假设

$$H_0:\beta_{11}+\beta_{22}=0,H_1:\beta_{11}+\beta_{22}\neq0 \tag{11-35}$$

由于纯二次效应的离差平方和为

$$S_{纯二次}^2=\frac{n_f n_0(\bar{y}_f-\bar{y}_0)}{n_f+n_0}=\frac{4\times5\times(-0.035)^2}{4+5}=0.0027 \tag{11-36}$$

其中 n_f 与 n_0 分别是正交试验及中心点处试验点的个数，若 H_0 成立，可以证明

$$F_{纯二次}=\frac{S_{纯二次}^2}{\hat{\sigma}^2}\approx F_{0.05}(1,4) \tag{11-37}$$

计算可得

$$F_{纯二次}=\frac{0.0027}{0.0430}=0.063<F_{0.05}(1,4)=7.71 \tag{11-38}$$

因此纯二次效应不显著。我们对回归方程进行检验

$$F=\frac{U/2}{Q_e/f_e}=\frac{2.8250/2}{0.1772/6}=47.83>F_{0.05}(1,6)=5.99 \tag{11-39}$$

可以知道总回归方程的 F 检验是显著的，因此模型式(11-28) 是合适的。将此模型的方差分析概括在表 11-8 中。交互作用和弯曲性的检验都不显著，因此我们没有理由怀疑一阶模型的合适性。

表 11-8　一阶模型的方差分析

方差来源	平方和	自由度	均方和	F 值	P 值
回归	2.8250	2	2.8250	47.82	0.000
残差误差	0.1772	6	0.1772		
(交互作用)	(0.0025)	1	0.0025	0.058	0.821
(纯二次)	(0.0027)	1	0.0027	0.063	0.814
(纯误差)	(0.1720)	4	0.0430		
合计	3.002	8			

要离开设计中心点（$x_1=0$，$x_2=0$）——沿最速上升路径移动，对应于沿 x_2 方向每移动 0.325 个单位，则应沿 x_1 方向移动 0.775 个单位。于是，最速上升路径经过点（$x_1=0$，$x_2=0$）且斜率为 0.325/0.775。工程师决定用 5min 反应时间作为基本步长，由 z_1 与 x_1 之间的关系式，知道 5min 反应时间等价于规范变量 $\Delta x_1=1$，因此，沿最速上升路径的步长是 $\Delta x_1=1.00$ 和 $\Delta x_2=(0.325/0.775)=0.42$。

工程师计算了沿此路径的点，并观测了在这些点处的产率直至响应有下降为止。其结果见表 11-9，表中既列出了规范变量，也列出了自然变量。显然规范变量在数学上容易计算，但在过程运行中必须用自然变量。

表 11-9　最速上升试验

步长	规范变量		自然变量		响应 y
	z_1	z_2	x_1	x_2	
原点	0	0	35	155	
Δ	1.00	0.42	5	2	
原点+Δ	1.00	0.42	40	157	41.0
原点+2Δ	2.00	0.84	45	159	42.9
原点+3Δ	3.00	1.26	50	161	47.1
原点+4Δ	4.00	1.68	55	163	49.7
原点+5Δ	5.00	2.10	60	165	53.8
原点+6Δ	6.00	2.52	65	167	59.9
原点+7Δ	7.00	2.94	70	169	65.0
原点+8Δ	8.00	3.36	75	171	70.4
原点+9Δ	9.00	3.78	80	173	77.6
原点+10Δ	10.00	4.20	85	175	80.3
原点+11Δ	11.00	4.62	90	177	76.2
原点+12Δ	12.00	5.04	95	179	75.1

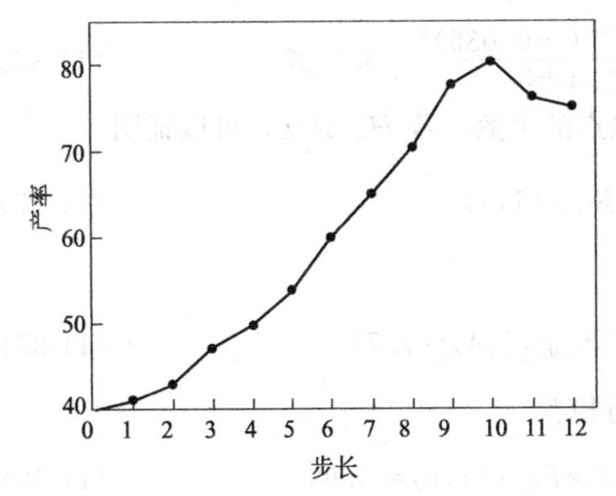

图 11-26　沿最速上升路径的产率与步长的关系图

图 11-26 画出了沿最速上升路径的每一步骤的产率图。一直到第 10 步所观测到的响应都是增加的；但是，这以后的每一步收率都是减少的，因此，另一个一阶模型应该在点（$z_1=85$，$z_2=175$）的附近区域进行拟合。

一个新的模型点在（$z_1=85$，$z_2=175$）的邻域进行拟合，探测的区域对 z_1 是 [80,90]，对 z_2 是 [170,180]，于是规范变量是

$$x_1=\frac{z_1-85}{5},x_2=\frac{z_2-175}{5} \tag{11-40}$$

再次用 5 个中心点的 2^2 设计，数据见表 11-10。

表 11-10　第 2 个一阶模型的数据

自然变量		规范变量		响应
z_1	z_2	x_1	x_2	y
80	170	−1	−1	76.5
90	170	1	−1	77.0
80	180	−1	1	78.0
90	180	1	1	79.5
85	175	0	0	79.9
85	175	0	0	80.3
85	175	0	0	80.0
85	175	0	0	79.7
85	175	0	0	79.8

拟合表 11-10 的规范数据的一阶模型是

$$\hat{y}=78.9667+1.00x_1+0.50x_2 \tag{11-41}$$

对模型式(11-41) 进行方差分析，交互作用及二次效应检验如表 11-11 所示，表明该一阶模型是不合适的拟合。真实曲面的弯曲性指明了我们已接近最优点，为更精细地确定最优点，在该点必须做进一步的分析。

表 11-11　第 2 个一阶模型的方差分析

方差来源	平方和	自由度	均方和	F 值	P 值
回归	5.00	2			
残差	11.1200	6			
(交互作用)	0.2500	1	0.2500	4.72	0.096
(纯二次)	10.6580	1	10.6580	201.09	0.000
(纯误差)	0.2120	4	0.0530		
合计	16.1200	8			

通过上述例子可以发现，最速上升路径与拟合的一阶模型的回归系数的符号和大小成比例。我们可以给出一个一般算法，以确定最速上升路径上点的坐标。假定 $x_1=x_2=\cdots=x_k=0$ 是基点或原点，则有如下结论。

(1) 选取一个过程变量的步长，比方说 Δx_j。通常，选取我们最了解的变量，或选取其回归系数的绝对值 $|\hat{\beta}_j|$ 最大的变量。

(2) 其他变量的步长是

$$\Delta x_i=\frac{\hat{\beta}_i}{\hat{\beta}_j/\Delta x_j},i=1,2,\cdots,k;i\neq j \tag{11-42}$$

(3) 将规范变量的 Δx_j 转换至自然变量。

我们以此来说明【例 11-1】最速上升路径的计算。因为 x_1 有最大的回归系数，选取反应时间作为上述方法的步骤 1 中的变量，根据工序知识来确定反应时间的步长为 5min。用规范变量的说法，也就是 $\Delta x_1=1.0$，因此，由步骤 2，温度的步长是

$$\Delta x_2=\frac{\hat{\beta}_2}{\hat{\beta}_1/\Delta x_1}=\frac{0.325}{0.775/1.0}=0.42 \tag{11-43}$$

为了将规范步长（$\Delta x_1=1.0, \Delta x_2=0.42$）转换为时间和温度的自然单位，用关系式

$$\Delta x_1=\frac{\Delta z_1}{5}, \Delta x_2=\frac{\Delta z_2}{5} \tag{11-44}$$

其结果为

$$\begin{aligned}\Delta z_1&=5\Delta x_1=5\times1.0=5\text{min}\\ \Delta z_2&=5\Delta x_2=5\times0.42=2.1^{\circ}\text{F}\end{aligned} \tag{11-45}$$

11.3 二次响应曲面的设计与分析

一般说来，当试验安排接近最优点时，需要用一个具有弯曲性的模型来逼近响应，在大多数情况下，如下的二阶模型是合适的。

$$y=\beta_0+\sum_{i=1}^{m}\beta_i x_i+\sum_{i=1}^{m}\beta_{ii}x_i{}^2+\sum_{i<j}^{m}\beta_{ij}x_i x_j+\varepsilon \tag{11-46}$$

响应曲面分析的试验设计目前主要包括中心复合设计（Central Composite Design），BOX 设计（Box-Behnken Design），二次饱和 D-最优设计（D-optimal Design），均匀设计（Uniform Design）等。

本节我们介绍最常用的二阶响应曲面的试验设计与统计分析方法，即有中心复合设计和 BOX 两种。

11.3.1 二阶响应曲面的中心复合设计

在第 5 章我们讲解了 2^k 因子设计，在利用二水平因子设计时一个需要注意的问题是因子效应的线性假定，一般情况下，线性假定仅仅相当近似地成立。我们注意到，如果在主效应即一阶模型中增加交互作用项和纯二次项时，需要采用能够模拟响应曲面弯曲性的模型。2^k 因子试验中，重复某些点的方法将提供针对来自二阶效应的弯曲性的保护，并可得到一个独立的误差估计。这一方法由在 2^k 设计中加进中心点而构成，在中心点处做 m_0 次重复试验。在设计中心处加进重复试验的一条重要的理由是，中心点不影响 2^k 设计中通常的效应估计量。

对于 2^k 因子设计的情形，若弯曲性检验是显著的，则只能假定二阶模型，如

$$y=\beta_0+\beta_1 x_1+\beta_2 x_2+\beta_{12}x_1 x_2+\beta_{11}x_1^2+\beta_{22}x_2^2+\varepsilon \tag{11-47}$$

可以看出，此时有 6 个参数要估计，而对于加上中心点的 2^2 设计也只有 5 个独立试验，因此我们不能在该模型中估计未知参数（β）。

解决这个问题的简单而高效的方法是在 2^2 设计中增加 4 个轴试验，如图 11-27(a) 所示的 $k=2$ 情形得到的设计，称为中心复合设计（Central Composite Design），中心复合设计法可以用于拟合二阶响应曲面模型。

中心复合设计是在编码空间中选择几类具有不同特点的试验点，适当组合起来形成的试验方案。中心复合设计由 3 类不同的试验点构成

$$N=m_c+m_r+m_0 \tag{11-48}$$

式中，m_c为各因素均取二水平（+1，−1）的全面试验点；$m_r=2m$为分布在m个坐标轴上的星号点，它们与中心点的距离r称为星号臂，r为待定参数，调节r可以得到所期望的优良性，如正交性、旋转性等；m_0为各因素均取零水平的试验点即中心点，它无严格限制，一般而言$m_0\geqslant 3$。

$m=2$，$m_0=4$时的中心复合设计试验方案如表11-12所示。

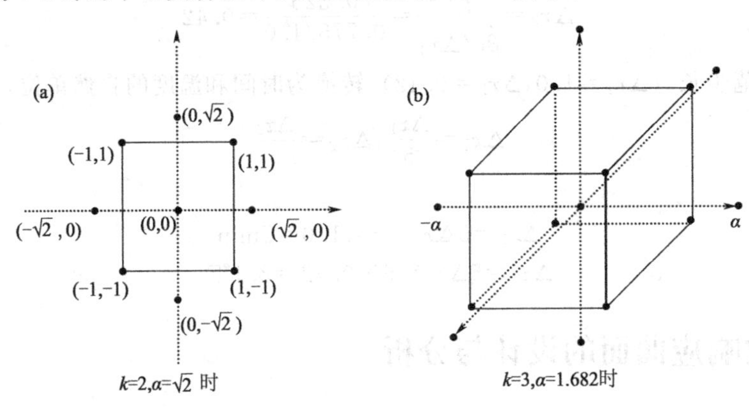

图11-27 中心复合设计（a）$k=2$，（b）$k=3$

表11-12 $m=2$，$m_0=4$时的中心复合设计方案

试验号	x_1	x_2	试验点类别
1	−1	−1	
2	1	−1	$m_c=2^m=4$
3	−1	1	
4	1	1	
5	−1.41	0	
6	1.41	0	$m_r=2m=4$
7	0	−1.41	
8	0	1.41	
9	0	0	
10	0	0	$m_0=4$
11	0	0	
12	0	0	

利用中心复合设计编制试验方案，既能全面满足试验要求，大大减少试验次数，还能使二次设计在一次设计的基础上进行，充分利用一次设计所提供的信息。这是因为，若一次相应曲面不显著，只需要添加距离中心点为r的臂长点，试验构成组合设计后，就可以求得二次响应曲面方程，这既方便了试验者，也符合节约的原则。

在组合设计中，安排2^m个m_c试验点，主要是为了求取因素的一次项和交互作用的系数，共有$L=C_m^1+C_m^2$个系数；当$m>4$时，若仍取$m_c=2^m$，由于L远小于m_c，则试验造成的剩余自由度f_R增多，不利于试验者。为此可以对试验总量进行$\lambda=1/2^i$的部分实施，此时必须满足

$$m_c=\lambda\times 2^m\geqslant L=C_m^1+C_m^2 \tag{11-49}$$

m_c为能安排下L个因素和交互作用的正交表的试验次数。

例如，当$m=6$时，若安排$2^m=64$个试验点，不利于试验进行，此时可以取$\lambda=1/2$，则$m_c=\lambda\times 2^m=32>L=C_6^1+C_6^2=21$，我们选用$L_{32}(2^{31})$能安排下$L$个因素和交互作用。

$m=3$，$m_0=5$时的中心复合设计试验方案如表11-13所示。

表 11-13　$m=3$，$m_0=5$ 时的中心复合设计方案

试验号	x_1	x_2	x_3	试验点类别
1	−1	−1	−1	$m_c=2^m=8$
2	1	−1	−1	
3	−1	1	−1	
4	1	1	−1	
5	−1	−1	1	
6	1	−1	1	
7	−1	1	1	
8	1	1	1	
9	−1.68	0	0	$m_r=2m=6$
10	1.68	0	0	
11	0	−1.68	0	
12	0	1.68	0	
13	0	0	−1.68	
14	0	0	1.68	
15	0	0	0	$m_0=5$
16	0	0	0	
17	0	0	0	
18	0	0	0	
19	0	0	0	

Design-Expert 试验设计软件中具有专门进行中心复合设计的模块，使用该软件来进行中心复合设计是最方便和高效的。在 Design-Expert 中，中心复合设计可以采用图 11-28～图 11-33 的步骤完成。

中心复合设计包括了通用旋转组合设计和二次正交组合设计。下面我们对中心复合设计

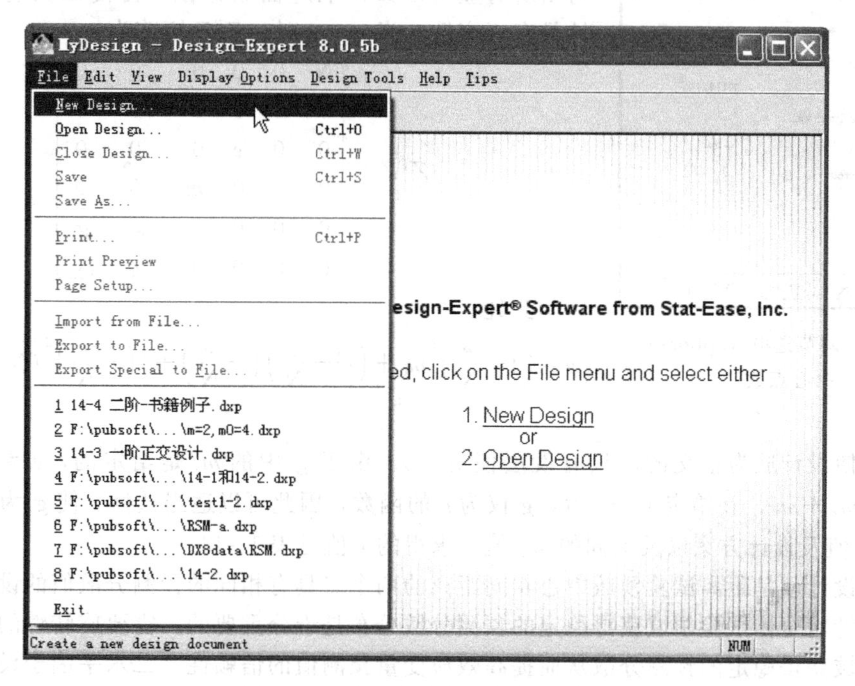

图 11-28　打开软件并开始新的设计

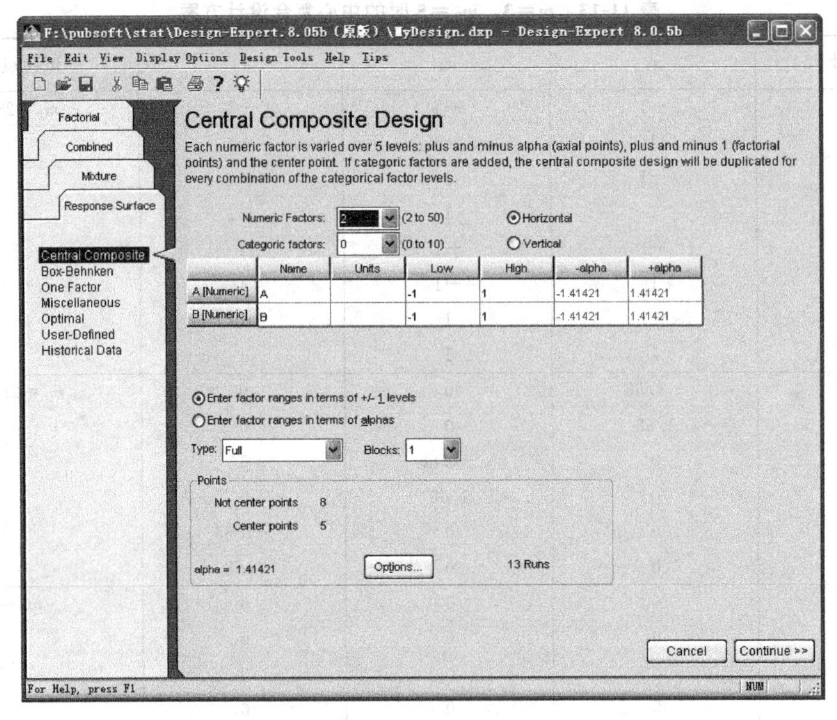

图 11-29 选择响应曲面设计中的中心复合设计，确定因素数

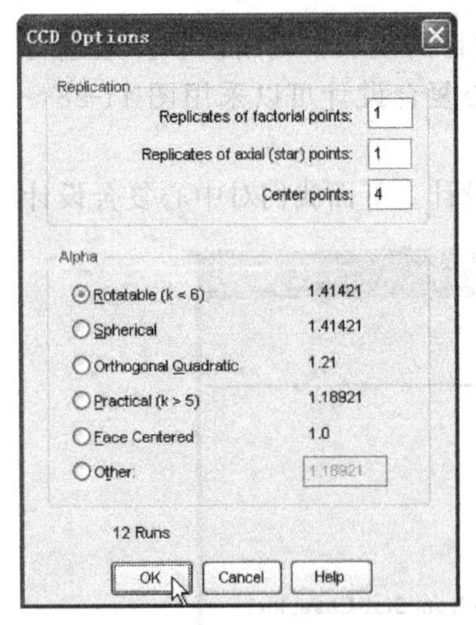

图 11-30 调节选项（options）中心点数

的正交性和旋转性进行说明。

如果一个设计具有正交性，则数据分析将是非常方便的，又由于响应曲面的系数的估计间互不相关，因此删除某些因素时不会影响其他的模型参数的估计，从而很容易写出所有显著因素的响应曲面方程。为使二次响应曲面设计具有正交性，当 $m=2$ 时，Z^TZ 矩阵为：

$$Z^TZ=\begin{pmatrix} N & 0 & 0 & 0 & 0 & 0 \\ 0 & e & 0 & 0 & 0 & 0 \\ 0 & 0 & e & 0 & 0 & 0 \\ 0 & 0 & 0 & m_c & 0 & 0 \\ 0 & 0 & 0 & 0 & s_n & g \\ 0 & 0 & 0 & 0 & g & s_{22} \end{pmatrix} \tag{11-50}$$

此处

$$g=\left(1-\frac{e}{N}\right)^2 m_c+\left(r^2-\frac{e}{N}\right)\left(-\frac{e}{N}\right)+4\left(-\frac{e}{N}\right)^2(N-m_c-4) \tag{11-51}$$

为了使设计成为正交的，只有设法使 $g=0$。由于 g 中的 m_c 是给定的，$e=m_c+2r^2$，$N=m_c+m_r+m_0$，在给定了 m_0 后，g 仅为 r 的函数，因此可以适当选择 r 使 g 为零。对于不同的 m 值及设计方案以及不同的 m_0 值，求得的 r 值见表 11-14。

旋转设计就是距离试验领域中心相同距离的两个点具有相同的预测分散值的设计。由于二次设计针对全体试验领域获得稳定的预测分散分布是十分重要的，需要旋转性的原因在于从试验领域获得稳定的预测分散从而提高效应变量预测值的信赖性。二水平因子设计和部分实施满足旋转性，而虽然 3^k 因子设计在三水平针对各个因子进行试验时可以获得因子的效

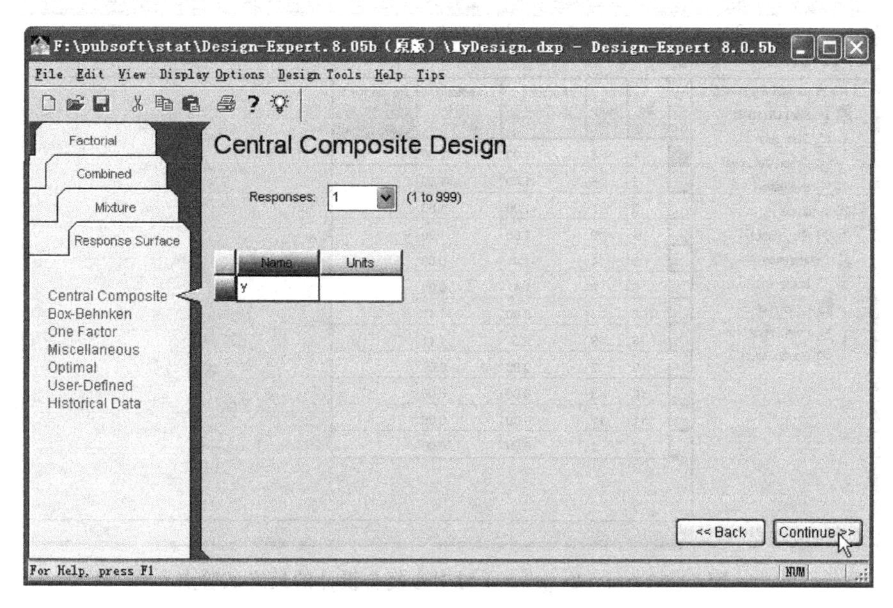

图 11-31　给因变量命名后继续

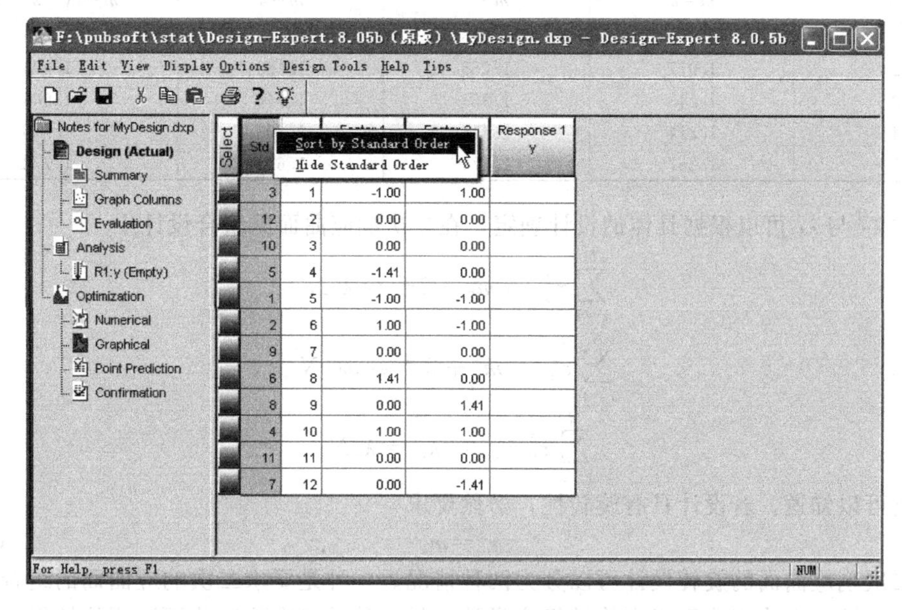

图 11-32　试验点界面按标准顺序排序

应，然而其缺点是无法满足试验设计应具备的重要性质即旋转性。第 5 章中的 3^k 因子设计的大小随着 k 的增加而迅速增加，随着因子数的增加（$k \geqslant 4$）试验次数远远超出其他的优化试验设计，因而客观地讲因子数超过 4 以上就无法采用 3^k 因子设计。

二次响应曲面组合设计的旋转性条件为：

$$\sum_{i=1}^{N} x_{ij}^{2} = \lambda_{2} N, j = 1,2,\cdots,p$$

$$\sum_{i=1}^{N} x_{ij}^{4} = 3\sum_{i=1}^{N} x_{ij}^{2} x_{ik}^{2} = 3\lambda_{4} N, j \neq k, j,k = 1,2,\cdots,p \tag{11-52}$$

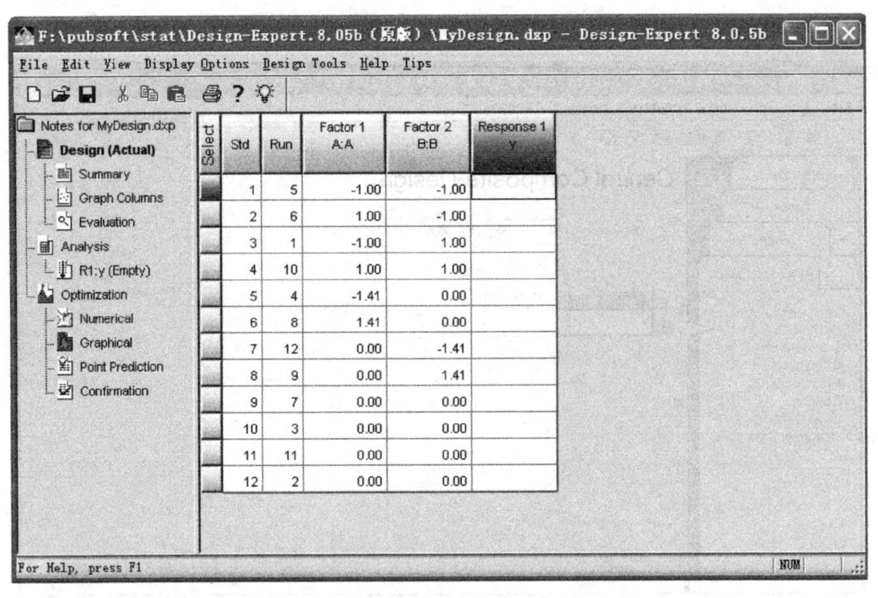

图 11-33　$m=2$，$m_0=4$ 时中心复合设计的最终试验点

表 11-14　二次回归正交组合设计试验点设置常用 r 值

m_0	$m=2$	$m=3$	$m=4$	$m=5$(1/2 实施)
1	1.000	1.215	1.414	1.546
2	1.077	1.285	1.483	1.606
3	1.148	1.353	1.546	1.664
4	1.214	1.414	1.606	1.718
5	1.267	1.471	1.664	1.772

其中 λ_2 与 λ_4 可以根据具体的设计确定，在二次响应曲面的组合设计中

$$\sum_{i=1}^{N} x_{ij}^2 = m_c + 2r^2 = \lambda_2 N$$
$$\sum_{i=1}^{N} x_{ij}^4 = m_c + 2r^4 = 3\lambda_4 N$$
$$\sum_{i=1}^{N} x_{ij}^2 x_{ik}^2 = m_c = \lambda_4 N \tag{11-53}$$

因此可以知道，若设计具有旋转性，必然要求

$$r^4 = m_c \tag{11-54}$$

对二次响应曲面的旋转设计可以分为两种情况。一种是要求二次响应曲面的组合设计具有正交性，即二次响应曲面正交旋转组合设计；另一种是二次响应曲面通用旋转组合设计。

当要求二次响应曲面的组合设计具有正交性时，可以由式(11-51) 给出的 g，令 $g=0$ 解出 m_0，因为在 g 的表达式中，m_c是给定的，当 r 确定后，从而 g 只是 m_0 的函数，可以从中确定 m_0。如果所得的 m_0 是整数，则所得设计为正交旋转设计，如果所得的解不是整数，则取最接近的整数，这时设计是近似正交的旋转设计。二次响应曲面的正交旋转组合设计的参数见表 11-15。

二次响应曲面的组合设计具有通用性是指在与中心距离小于 1 的任意点 $(x_1, x_2, \cdots, x_p)$ 上预测值的方差近似相等。由于一个旋转设计各点预测值的方差仅与到中心的距离有关。若设 $\rho^2 = \sum_{j=1}^{p} x_j^2$，则 $Var(\hat{y}(x_1, x_2, \cdots, x_p)) = f(p)$。通用设计要求 $\rho<1$ 时，$f(p)$ 基本

表 11-15　二次响应曲面正交旋转组合设计参数

因素数与方案	m_c	r	m_0	N
$p=2$	4	1.414	8	16
$p=3$	8	1.682	9	23
$p=4$	16	2.000	12	36
$p=5$	32	2.378	17	50
$p=5$(1/2 实施)	16	2.000	10	36

表 11-16　二次响应曲面通用旋转组合设计参数

因素数与方案	m_c	r	m_0	N
$p=2$	4	1.414	5	13
$p=3$	8	1.682	6	21
$p=4$	16	2.000	7	31
$p=5$(1/2 实施)	16	2.000	6	32

上为一个常数。根据这一要求，可以通过数值的方法来确定 m_0。表 11-16 给出有关的参数。

比较表 11-15 和表 11-16 可知，通常通用旋转设计的试验次数比正交旋转设计的次数要少，同时由于在单位超球体内各点方差近似相等，因此在实用中人们喜欢采用具有通用性的设计，尽管其计算要比正交设计稍麻烦些，但目前众多优秀的试验设计软件完全可以解决计算的问题。

11.3.2　二阶响应曲面的 Box-Behnken 设计

研究者经常出现希望或要求因子必须有三个水平。Box-Behnken 设计是 Box 与 Behnken 在 1960 年提出的由因子设计（Factor Design）与不完全集区设计（Incomplete Block Design）结合而成的适应响应曲面设计的 3 水平设计。因为随机完全集区设计在某些情形下不实用，而进一步去改良成功的设计，称为不完全集区设计。Box-Behnken 设计是一种符合旋转性或几乎可旋转性的球面设计。何谓旋转性（Rotatable），即试验区域内任何一点与设计中心点的距离相等，而变异数是此点至设计中心点的距离函数，与其他因素无关，所以是一种圆形设计。而且，所有的试验点都位于等距的端点上，并不包含各变量上下水平所产生于立方体顶点的试验，避免掉很多因受限于现实考虑而无法进行的试验。Box-Behnken 设计的一项相当重要的特性就是以较少的试验次数，去估计一阶、二阶与一阶具交互作用项之多项式模式，可称为具有效率的响应曲面设计法。它是一种不完全的三水平因子设计，其试验点的特殊选择使二阶模型中系数的估计比较有效。

表 11-17 列出了 3 个变量的 Box-Behnken 设计，图 11-34 是此设计的图解，注意到 Box-

表 11-17　3 个变量的 Box-Behnken 设计

试验	x_1	x_2	x_3	试验	x_1	x_2	x_3
1	−1	1	0	9	0	−1	−1
2	−1	1	0	10	0	−1	1
3	1	−1	0	11	0	1	−1
4	1	1	0	12	0	1	1
5	−1	0	−1	13	0	0	0
6	−1	0	1	14	0	0	0
7	1	0	1	15	0	0	0
8	1	0	1				

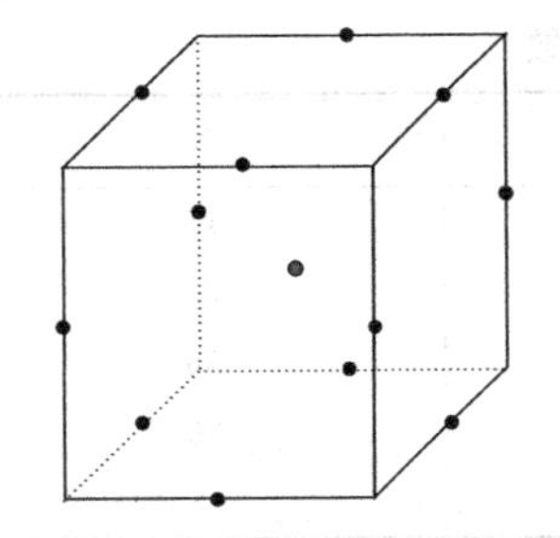

图 11-34　三因子三水平 Box-Behnken 设计的试验点

Behnken 设计是一个球面设计，所有设计点都在半径为$\sqrt{2}$的球面上。而且 Box-Behnken 设计不包含由各个变量的上限和下限所生成的立方体区域的顶点处的任一点。当立方体顶点所代表的因子水平组合因试验成本过于昂贵或因实际限制而不可能做试验时，此设计就显示出它特有的长处。

Design-Expert 中具有专门进行 Box-Behnken 设计的模块，在 Design-Expert 中，要得到表 11-17 所示的 Box-Behnken 设计，可以采用图 11-35～图 11-38 的步骤完成。

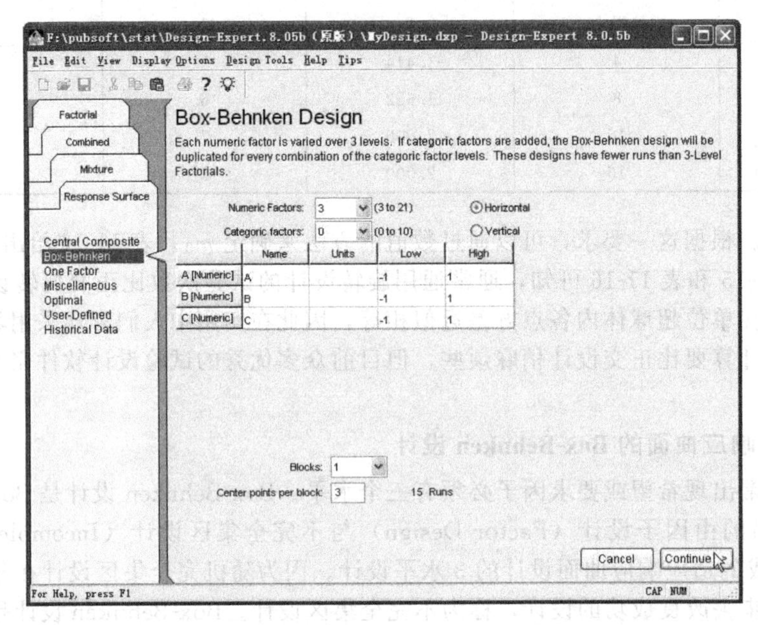

图 11-35　选择响应曲面设计中的 Box-Behnken 设计，确定因素数和中心点数

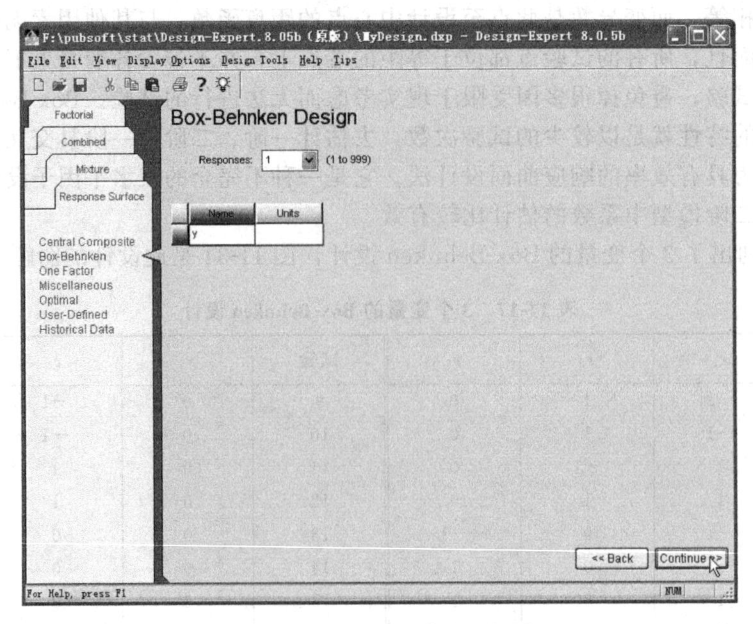

图 11-36　给因变量命名后继续

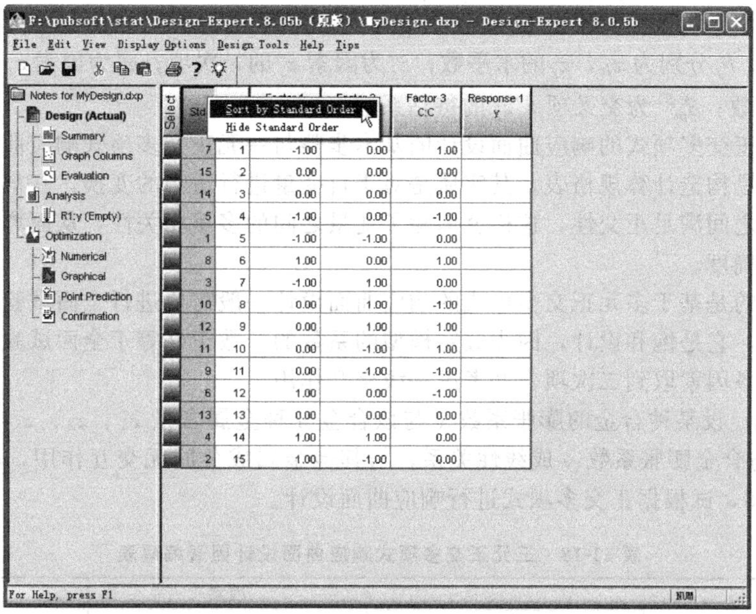

F:\pubsoft\stat\Design-Expert.8.05b (原版) \MyDesign.dxp - Design-Expert 8.0.5b

File Edit View Display Options Design Tools Help Tips

Notes for MyDesign.dxp
Design (Actual)
Summary
Graph Columns
Evaluation
Analysis
R1:y (Empty)
Optimization
Numerical
Graphical
Point Prediction
Confirmation

Sort by Standard Order
Hide Standard Order

Std	Run	Factor 1 A:A	Factor 2 B:B	Factor 3 C:C	Response 1 y
7	1	-1.00	0.00	1.00	
15	2	0.00	0.00	0.00	
14	3	0.00	0.00	0.00	
5	4	-1.00	0.00	-1.00	
1	5	-1.00	-1.00	0.00	
8	6	1.00	0.00	1.00	
3	7	-1.00	1.00	0.00	
10	8	0.00	1.00	-1.00	
12	9	0.00	1.00	1.00	
11	10	0.00	-1.00	1.00	
9	11	0.00	-1.00	-1.00	
6	12	1.00	0.00	-1.00	
13	13	0.00	0.00	0.00	
4	14	1.00	1.00	0.00	
2	15	1.00	-1.00	0.00	

For Help, press F1　NUM

图 11-37　试验点界面按标准顺序排序

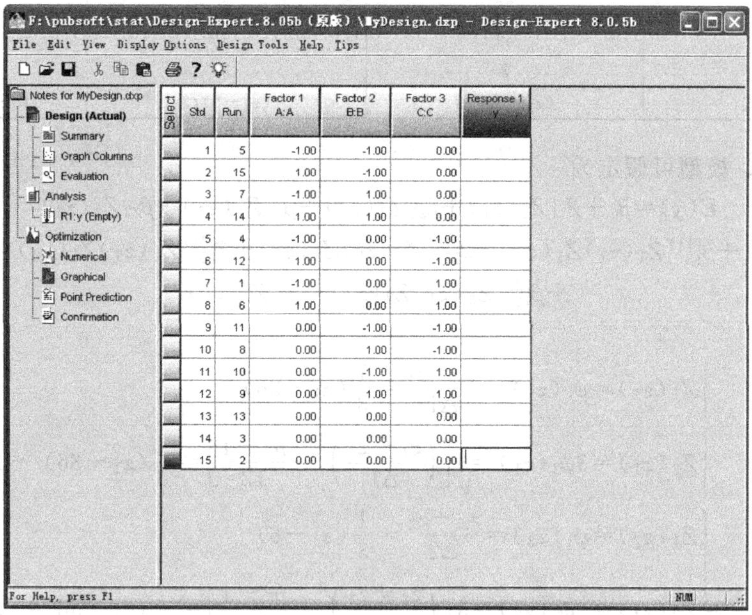

F:\pubsoft\stat\Design-Expert.8.05b (原版) \MyDesign.dxp - Design-Expert 8.0.5b

File Edit View Display Options Design Tools Help Tips

Notes for MyDesign.dxp
Design (Actual)
Summary
Graph Columns
Evaluation
Analysis
R1:y (Empty)
Optimization
Numerical
Graphical
Point Prediction
Confirmation

Std	Run	Factor 1 A:A	Factor 2 B:B	Factor 3 C:C	Response 1 y
1	5	-1.00	-1.00	0.00	
2	15	1.00	-1.00	0.00	
3	7	-1.00	1.00	0.00	
4	14	1.00	1.00	0.00	
5	4	-1.00	0.00	-1.00	
6	12	1.00	0.00	-1.00	
7	1	-1.00	0.00	1.00	
8	6	1.00	0.00	1.00	
9	11	0.00	-1.00	-1.00	
10	8	0.00	1.00	-1.00	
11	10	0.00	-1.00	1.00	
12	9	0.00	1.00	1.00	
13	13	0.00	0.00	0.00	
14	3	0.00	0.00	0.00	
15	2	0.00	0.00	0.00	

For Help, press F1　NUM

图 11-38　$m_0=3$ 时三因子的 Box-Behnken 设计的最终试验点

11.4　基于多元正交多项式的响应曲面设计

基于多元正交多项式的响应曲面设计，是由各个一元正交多项式按正交原则组合而成的设计，它也要求同一因素的各水平间隔必须相等，且应进行全面的试验。

对于 p 因素试验，基于多元正交多项式的响应曲面方程为

$$E(y)=\beta_0+\sum_{j=1}^{p}\sum_{\alpha=1}^{b_j-1}\beta_{\alpha j}z_j^{\alpha}+\sum_{h<j}\beta_{jh}^{(\alpha\beta)}z_j^{\alpha}z_h^{\beta}$$

$$h,j=1,2,\cdots,p,\alpha=1,2,\cdots,b_j-1,\beta=1,2,\cdots,b_h-1 \tag{11-55}$$

式中，b_h，b_j分别为z_h，z_j的水平数；z_j^{α}为因素z_j的α次项；z_h^{β}为因素z_h的β次项；$\beta_{\alpha j}$为z_j^{α}的待估系数；$\beta_{jh}^{(\alpha\beta)}$为交叉项$z_j^{\alpha}z_h^{\beta}$的待估系数。

基于多元正交多项式的响应曲面设计的基本步骤与一元正交多项式响应曲面一样，具体设计时，关键是构造计算规格表。其实质是对于自变量进行适当的变换，获得新的多项式变量，使新变量之间满足正交性，这样就消除了变量之间的多重相关性，从而增加了响应曲面方程拟合的准确度。

需要指出的是基于多元正交多项式的响应曲面设计一般需要进行全面试验，但从获取信息的角度上讲，它是饱和设计，因为假定模型的系数的个数正好等于全面试验的次数。但在实际中，通常各因素取到二次项，并考虑一级交互作用。

【例 11-3】 设某种合金的膨胀系数y与该合金3种金属含量z_1、z_2、z_3有关系，且金属成分z_3仅与合金膨胀系数y成线性关系，与其他金属成分间无交互作用，因素水平及编码表见表11-18，试根据正交多项式进行响应曲面设计。

表 11-18 三元正交多项式响应曲面设计因素编码表

水平	因素		
	$z_1/\%$	$z_2/\%$	$z_3/\%$
1	33	3	0
2	36	6	—
3	39	9	1.9
Δj	3	3	19/20
编码公式	$(z_1-36)/3$	$(z_2-6)/3$	$20(z_3-0.95)/19$

根据题意，模型可假定为

$$\begin{aligned}E(y)=&\beta_0+\beta_{11}Z_1(z_1)+\beta_{21}Z_2(z_1)+\beta_{12}Z_1(z_2)+\beta_{22}Z_2(z_2)\\&+\beta_{12}^{(11)}Z_1(z_1)Z_1(z_2)+\beta_{12}^{(12)}Z_1(z_1)Z_2(z_2)+\beta_{12}^{(21)}Z_2(z_1)Z_1(z_2)\\&+\beta_{12}^{(22)}Z_2(z_1)Z_2(z_2)+\beta_{13}Z_1(z_3)\end{aligned} \tag{11-56}$$

式中

$$\begin{cases}Z_1(z_1)=\psi_1(z_1)=\dfrac{z_1-\bar{z}_1}{\Delta 1}=\dfrac{1}{3}(z_1-36)\\Z_2(z_1)=3\psi_2(z_1)=3\left[\left(\dfrac{z_1-\bar{z}_1}{\Delta 1}\right)^2-\dfrac{n^2-1}{12}\right]=\dfrac{1}{3}(z_1-36)^2-2\end{cases} \tag{11-57}$$

$$\begin{cases}Z_1(z_2)=\psi_1(z_2)=\dfrac{z_2-\bar{z}_2}{\Delta 2}=\dfrac{1}{3}(z_2-6)\\Z_2(z_1)=3\psi_2(z_2)=3\left[\left(\dfrac{z_2-\bar{z}_2}{\Delta 2}\right)^2-\dfrac{n^2-1}{12}\right]=\dfrac{1}{3}(z_2-36)^2-2\\Z_1(z_3)=2\psi_1(z_3)=\dfrac{2(z_3-\bar{z}_3)}{\Delta 3}=\dfrac{20}{19}(z_3-0.95)\end{cases} \tag{11-58}$$

于是，响应曲面方程式(11-56)中的各个系数的计算和显著性检验仍可在计算格式表中进行。

设计计算格式实际上就是构造方程式(11-56)的结构矩阵。具体设计时，其中的各项正交多项式在计算格式表中均占一列，常数项β_0的正交多项式$\psi_0=1$放在第一列；对于$Z_1(z_1)$，$Z_2(z_1)$，$Z_1(z_2)$，$Z_2(z_2)$，$Z_1(z_3)$应分别按$n=3,3,2$时的一元情形查正交多项式表，然后再将具体的值排入相应的列中，其余各交互作用项的值等于相应列中数值之乘积，如$Z_1(z_1)Z_2(z_2)$即为$Z_1(z_1)$列与$Z_2(z_2)$列的对应值之积。如表11-19所示。

表 11-19　试验方案及计算格式表

试验方案				ψ_0	Z_1 (z_1)	Z_2 (z_1)	Z_1 (z_2)	Z_2 (z_2)	$Z_1(z_1)$ $Z_1(z_2)$	$Z_1(z_1)$ $Z_2(z_2)$	$Z_2(z_1)$ $Z_1(z_2)$	$Z_2(z_1)$ $Z_2(z_2)$	$Z_1(z_3)$	y_i	y_i^2
编号	z_1 /%	z_2 /%	z_3 /%												
1	33	3	0	1	−1	1	−1	1	1	−1	−1	1	−1	3.32	11.0224
2	33	3	1.9	1	−1	1	−1	1	1	−1	−1	1	1	3.11	9.6721
3	33	6	0	1	−1	1	0	−2	0	0	0	−2	−1	1.71	2.9241
4	33	6	1.9	1	−1	1	0	−2	0	0	0	−2	1	1.49	2.2201
5	33	9	0	1	−1	1	1	1	−1	1	1	1	−1	0.52	0.2704
6	33	9	1.9	1	−1	1	1	1	−1	1	1	1	1	1.15	1.3225
7	36	3	1.9	1	0	−2	−1	1	0	2	2	−2	−1	1.61	2.5921
8	36	3	1.9	1	0	−2	−1	1	0	2	2	−2	1	1.55	2.4025
9	36	6	0	1	0	−2	0	−2	0	0	0	4	−1	0.91	0.8281
10	36	6	1.9	1	0	−2	0	−2	0	0	0	4	1	1.60	2.5600
11	36	9	0	1	0	−2	1	1	0	−2	−2	−2	−1	0.95	0.9025
12	36	9	1.9	1	0	−2	1	1	0	−2	−2	−2	1	1.90	3.6100
13	39	3	0	1	1	1	−1	1	−1	−1	−1	1	−1	1.06	1.1236
14	39	3	1.9	1	1	1	−1	1	−1	−1	−1	1	1	1.95	3.8025
15	39	6	0	1	1	1	0	−2	0	0	0	−2	−1	1.47	2.1609
16	39	6	1.9	1	1	1	0	−2	0	0	0	−2	1	2.16	4.6656
17	39	9	0	1	1	1	1	1	1	1	1	1	−1	2.35	5.5225
18	39	9	1.9	1	1	1	1	1	1	1	1	1	1	3.34	11.1556
		D_j		18	12	36	12	36	8	24	24	72	18	32.15	68.7575
		B_j		32.15	1.03	6.59	−2.39	4.13	7.44	−0.26	−1.46	1.36	4.35		
		$\hat{\beta}_j$		1.786	0.086	0.183	−0.199	0.115	0.930	−0.011	−0.061	0.019	0.242	$S_T^2=11.334$	
		S_j^2			0.088	1.206	0.476	0.474	6.919	0.033	0.089	0.026	1.051	$f_T=17$	
		F_j			2.06	28.27	11.16	11.11	162.16		2.09		24.63	$S_e^2=0.128$	
		α_j			0.25	0.05	0.05	0.05	0.01		0.25		0.05	$f_e=3$	

本例中，全面试验需要 3×3×2=18 次，测的 18 炉合金在温度 450℃下的膨胀系数 y 见表 11-19。

$$\begin{cases} D_j = \sum_{i=1}^{N}[\lambda_i\psi_i(z_i)]^2 \\ B_j = \sum_{i=1}^{N}[\lambda_i\psi_i(z_i)]y_i \end{cases} \tag{11-59}$$

则回归系数 β_j 的估计值为

$$\hat{\beta}_j=\frac{B_j}{D_j} \tag{11-60}$$

各项的离差平方和

$$S_j^2=\hat{\beta}_jB_j \tag{11-61}$$

系数检验的 F 值为

$$F_j=\frac{S_j^2/f_j}{S_e^2/f_e} \tag{11-62}$$

整个计算过程在表 11-19 中进行。

由简单的极差分析方法可得 z_1, z_2, z_3 的最优水平组合为 $z_{11}z_{32}z_{13}$，即因素 z_1 的 1 水平，z_2 的 3 水平和 z_3 的 1 水平，即 5 号试验的组合条件。为估计试验误差，进行失拟检验，同时进一步考察最优水平组合的试验结果，将 5 号试验再重复做 3 次测得试验数据如表 11-20 所示。

表 11-20 最优组合的重复试验数据表

试验号	因素			
	$x_1/\%$	$x_2/\%$	$x_3/\%$	$x_4/\%$
1	33	9	0	0.52
2	33	9	0	0.40
3	33	9	0	0.75
4	33	9	0	0.85

由此计算出误差的平方和为

$$S_{e_0}^2 = \sum_{i_0=1}^{4} y_{i_0}^2 - \frac{1}{4}\Big(\sum_{i_0=1}^{4} y_{i_0}\Big)^2 = 0.128$$

$$f_{e_0} = 4 - 1 = 3 \tag{11-63}$$

回归系数的计算与显著性检验如表 11-19 所示。显然若剔除不显著项（包括 $\alpha=0.25$ 项），则

$$S_R^2 = S_{Z_1(z_1)}^2 + S_{Z_2(z_2)}^2 + S_{Z_1(z_1)Z_1(z_3)}^2 = 10.126$$

$$f_R = 5 \tag{11-64}$$

$$S_T^2 = \sum_{i=1}^{18} y_i^2 - \frac{1}{18}\Big(\sum_{i=1}^{18} y_i\Big)^2 = 11.334, f_T = 17$$

$$S_e^2 = S_T^2 - S_R^2 = 11.334 - 10.126 = 1.208, f_e = 12$$

于是

$$F_R = \frac{S_R^2/f_R}{S_e^2/f_e} = \frac{10.126/5}{1.208/12} = 20.12 > F_{0.01}(5,12) = 5.06 \tag{11-65}$$

由于

$$\begin{aligned}\hat{y} &= \beta_0 + \beta_{21}Z_2(z_1) + \beta_{12}Z_1(z_2) + \beta_{22}Z_2(z_2) + \beta_{12}^{(11)}Z_1(z_1)Z_1(z_2) + \beta_{13}Z_1(z_3)\\ &= 1.786 + 0.183\times(+1) - 0.199\times(+1) + 0.115\times(+1)\\ &\quad + 0.93\times(-1) + 0.242\times(-1) = 0.713\end{aligned} \tag{11-66}$$

$$\bar{y}_0 = \frac{1}{4}\sum_{i_0}^{4} y_{i_0} = 0.63$$

$$F = \frac{(\hat{y}_0 - \bar{y}_0)^2}{S_e^2/f_e} = \frac{(0.713-0.63)^2}{0.128/3} = 0.16 \tag{11-67}$$

可见响应曲面方程

$$\begin{aligned}\hat{y} &= 1.786 + 0.183Z_2(z_1) - 0.199Z_1(z_2) + 0.115Z_2(z_2)\\ &\quad + 0.93Z_1(z_1)Z_1(z_2) + 0.242Z_1(z_3)\end{aligned} \tag{11-68}$$

显著。将式(11-57) 和式(11-58) 代入响应曲面方程式(11-68) 经整理可得欲求三元多项式响应曲面方程为

$$\begin{aligned}\hat{y} &= 104.102 - 5.012z_1 + 0.06z_1^2 - 4.246z_2 + 0.038z_2^2\\ &\quad + 0.103z_1z_2 + 0.255z_3\end{aligned} \tag{11-69}$$

顺便指出，响应曲面方程式(11-68) 和式(11-69) 都可以用来预测该合金钢的膨胀系数。误差的方差 σ_e^2 的估计值为

$$\hat{\sigma}_e^2 = S_e^2/f_e = 0.0427$$

$$\sigma_e = \sqrt{0.0427} = 0.207 \tag{11-70}$$

因此，预测指标 y 的 95%置信区间为 $\hat{y}\pm 0.414$。

习 题

1. 求一阶模型 $\hat{y}=60+1.5x_1-0.8x_2+2.0x_3$ 的最速上升路径，变量规范为：$-1\leqslant x_i\leqslant 1$。

2. 一化学厂液化空气后用分馏法分解制备氧气。氧气的纯度是主冷凝器温度和分馏塔上下之间压强比的函数。当前的操作条件是温度（x_1）-220℃，压强比（x_2）1.2。利用表 11-21 数据，求最速上升路径。

表 11-21 制备氧气工艺及纯度数据

温度(x_1)/℃	−225	−225	−215	−215	−220	−220	−220	−220
压强比(x_2)	1.1	1.3	1.1	1.3	1.2	1.2	1.2	1.2
纯度/%	82.8	83.5	84.7	85	84.1	84.5	83.9	84.3

3. 某橡胶制品由橡胶、树脂和改良剂复合而成，为提高撕裂强度，考虑进行一次响应曲面设计，三个变量的取值范围分别为

x_1：橡胶中等成分的含量 0～20；

x_2：树脂中等成分的含量 10～30；

x_3：改良剂的百分比 0.1～0.3。

试验计划与试验结果见表 11-22。

表 11-22 试验计划与试验结果

试验号	x_1	x_2	x_3	y_i
1	−	−	−	407
2	+	−	−	421
3	−	+	−	322
4	+	+	−	371
5	−	−	+	230
6	+	−	+	243
7	−	+	+	250
8	+	+	+	259

（1）试对数据进行统计分析，建立 y 关于 x_1，x_2，x_3 的一次响应曲面方程；

（2）如果在试验中心进行了四次重复试验，结果分别为：417，401，455，439，试检验在区域中心的一次响应曲面方程是否合适？

4. 下列数据是一位化学工程师所收集得的（表 11-23）。响应 y 是渗透时间，x_1 是温度，x_2 是压强。试拟合一个二阶模型。

表 11-23 中心复合设计试验数据

试验	x_1	x_2	y	试验	x_1	x_2	y
1	−1	−1	54	8	0	1.414	51
2	1	−1	45	9	0	0	41
3	−1	1	32	10	0	0	39
4	1	1	47	11	0	0	44
5	−1.414	0	50	12	0	0	42
6	1.414	0	53	13	0	0	40
7	0	−1.414	47				

（1）如果目标是最小化渗透时间，应该选择什么运行条件？

（2）如果目标是使过程在平均渗透时间非常接近 46 处运行，应该选择什么运行条件？

5. 试验者进行了一个 Box-Behnken 设计的试验，结果见表 11-24、表 11-25。

表 11-24　试验因素水平编码

编码	因素		
	糖添加量 x_1/%	反应时间 x_2/h	反应温度 x_3/℃
−1	8	24	50
0	9	48	60
1	10	72	70

表 11-25　试验设计条件及结果

试验	x_1	x_2	x_3	y	试验	x_1	x_2	x_3	y
1	0	0	0	11286	10	1	1	0	1586
2	0	0	0	11454	11	0	0	0	11340
3	0	−1	1	1672	12	1	0	1	1549
4	−1	1	0	1724	13	−1	0	−1	1458
5	0	0	0	11241	14	1	0	−1	1677
6	0	0	0	11187	15	0	−1	−1	1414
7	0	1	−1	1532	16	−1	−1	0	1641
8	1	−1	0	1658	17	0	1	1	1523
9	−1	0	1	1611					

(1) 拟合此二阶模型。

(2) 曲面属于哪种类型？

(3) 在稳定点处，运行条件 x_1，x_2，x_3 取什么条件？

(于滨．基于 Box-Behnken 模型的卵清蛋白糖基化制备技术．农业机械学报，2009，40 (11)：138-143)

第12章 三次设计

三次设计方法广泛地应用于科学研究、工程和商业领域，已经成功地用在日本、美国和其他发达国家的很多研究机构和公司中，这个方法还在继续发展，相信会得到普及和推广。本章较为详尽地讲述了三次设计的相关概念，质量损失函数，望小望大信噪比 *SN*，并举例介绍了应用该方法及偏差均方法进行择优设计的过程。

12.1 三次设计概述

1979年4月17日日本《朝日新闻》报道了一条消息："索尼（SONY）公司在日本、美国各有一家工厂，生产同一种类型的彩色电视机。美国索尼工厂上市的产品均是合格品，日本索尼工厂上市的产品约有千分之三不合格。但是，销售情况表明，美国制造的索尼彩电连美国人也不喜欢。许多人争相购买日本产的索尼彩电，日本货占领了美国市场。"美国著名质量管理学家朱兰（J. M. JurAn）博士认为：日本生产彩色电视机，无论在质量上或产量上均超过美国。日本真正重视低成本下的高可靠性。20世纪70年代中期西方电视机的故障率是日本的五倍，目前是二至四倍。美国工厂交给日本管理前，每100台电视机平均有150～180个缺陷，3年下降到3～4个缺陷。而在日本只有0.5个缺陷，仍比美国工厂少得多。运用三次设计方法提高产品的设计质量，使其高质量、低成本，这就是日本彩电占领美国市场的主要原因。

三次设计概念是由日本著名的质量管理学家田口玄一博士在20世纪70年代提出来的。他认为产品的质量，首先是设计出来的，其次才是创造、检验出来的。他指出要设计一个新产品（包括一种新工艺）应该分三个阶段进行，即：系统设计（也称第一次设计）、参数设计（也称第二次设计）和容差设计（也称第三次设计）。

12.1.1 三次设计的定义

三次设计即所谓三阶段设计就是在专业设计的基础上，用正交试验方法选择最佳组合和最合理的容差范围，尽量用价格低廉的、低等级的零部件来组装整机的优化设计方法。三次设计可分为试验项目的三次设计和可计算项目的三次设计。

由前面介绍可知，三次设计由系统设计（System Designing）、参数设计（Parameter Design）和容差设计（Tolerance Design）三个阶段组成。系统设计又叫基础设计，它是设计的基础，是运用系统工程的思想和方法，对产品的结构、性能、寿命、材料等进行综合考虑，以探讨如何最经济、最合理地满足用户要求的整体设计过程。系统设计的设计质量是由设计人员专业技术水平和应用这些专业知识的能力所决定，在此阶段，试验设计方法不起作用。参数设计是使用试验优化方法是将参数进行优化的综合效果较好的参数组合，不但提高产品或工艺的质量水平，还可提高其稳定性。容差设计是对产品质量和成本（包括市场情况）进行综合考虑，通过试验设计方法找出各因素重要性的大小，据此给予参数更合理的容差范围。

12.1.2 系统设计概述

对于某种性能的产品，专业技术人员利用专业知识和技术，就整个系统结构：如，对各个零部件的功能以及它们如何连接（连接分机械连接、电磁连接、声光感应等），材料的选用，外观形状与颜色装饰等进行设计，叫做系统设计。在系统设计阶段，对可计算项目还应求出产品的使用性能指标同各有关元器件（参数）之间的函数关系。这部分工作目前主要由专业技术人员，利用专业知识和数学知识来完成。在此阶段，数学工作者一般布列有关函数的方程，并解出这个函数。对于这类工作，试验设计法通常是无能为力的。

12.1.3 参数设计概述

系统设计之后，就是通过参数设计决定系统因素的好参数组合。参数设计是在系统设计的基础上，对影响产品输出特性值的各项参数及水平，运用试验设计的技术方法，找出是输出特性值波动最小的参数水平组合的一种优化设计方法。

在试验项目中，指的是要找到综合效果较好的生产条件。对于可计算性项目，就是找到好的参数组合。参数设计可以分为两类。第一类是“直接择优”设计，在这类项目中，性能指标具有某个确定的目标值，或具有越大（小）越好的特性，试验的目的仅仅要求使指标值达到或接近这种优良状态。第二类是：“稳定性择优”项目，通过优良的参数组合，来提高产品指标的稳定性。一组好的参数，通常表现在，即使环境改变或是零件与材料有所波动、劣化，按这种参数组合制造出的产品也会在机能（作为目标特性）上波动小，稳定性好。对于可计算性项目，这种参数不是搞试验，而是通过系统设计中已经求出的函数关系，利用正交试验优选法，根据结果来确定系统因素的好参数组合。

根据实践可知，零部件、元器件全部采用优质品，装出的整机不一定就是优质品，这是因为整机的质量不仅与元器件、零部件本身的质量有关，而且更主要的是取决于参数水平的组合，这就要进行设计，若设计得当，低等级和高等级的元器件、零部件合理搭配使用，就能得出优质的整机产品，这正是参数设计所要承担的任务，参数设计就是要找出参数水平的最佳组合，参数设计是质量的优化设计，是设计的重要阶段、核心阶段，稳定性设计主要用于这个阶段。

参数设计是一种非线性设计，它主要利用非线性性质减少输出特性的波动，减少质量损失，所用的方法主要就是正交设计法，具体步骤如下：

（1）分析、明确问题的要求，选择出因素及水平；

（2）选择正交表，按表头设计确定试验方案；

（3）具体进行试验，测出需要的特性值；

（4）进行数据分析；

（5）确定最佳方案。

具体过程见后面实例。

12.1.4 容差设计概述

在参数设计决定了系统诸因素的设计值之后，接着进行容差设计。在容差设计阶段除了使产品满足容差（公差的一半叫容差）的要求外，对于影响指标大的诸因素（零部件），是应该采用波动幅度小的一级品或二级品？还是应该采用波动幅度大的三级品？虽然用高精度的零件会使产品的质量提高（从而质量损失下降，经济收益增加），但是它将使成本上升。若成本上升的金额低于质量损失的金额，那么用高精度的零部件是合算的、可行的。否则是不合算的。因此，在容差设计阶段，要规划零部件的精度等级和产品的质量，成本以及市场等问题。由于容差设计与质量损失函数相关，下节介绍质量损失函数时，同时详细介绍容差设计。

这三种设计中，基础设计不用试验设计的方法。参数设计不需要增加单位制造费用就能提高产品质量，在改进质量中，它是最便宜的方法，容差设计只能在参数设计之后进行，产品的单位制造费用很高。稳定性择优设计集中在如何有效地进行参数设计上。

12.2　质量损失函数及容差设计

为了评价一项产品的经济效果，我们来讨论损失函数。

12.2.1　成本相同的假定

组装某种电源电路，需要一些原材料（如焊接材料等）、元器件。譬如需要某种型号的三级品电阻，质量仍有好坏。按质论价，价值应该不同。但通常买进的价格是一样的。利用这些原材料、元器件，加工成电源电路，每部的加工费（包括管理费、工资、能源的损耗、机器与厂房的磨损折旧、参观招待费等）也不尽相同。因此，仔细追究起来，每部电源电路的成本是不全相同的。假若这个月组装了 6000 部电源电路，其材料费为 233000 元，加工费为 7000 元，则：

$$\text{平均成本}=\frac{6000\text{ 部的材料费}+6000\text{ 部的加工费}}{6000}=\frac{233000+7000}{6000}=40\text{ 元/部}$$

每部电源电路的成本虽然不尽相同，但我们近似地假定它们的成本是相同的，是用了平均成本去作为每一部电源电路的成本。

损失函数＝质量损失函数＋成本损失函数。既然成本被假定为相同，故总损失大小取决于质量损失函数的高低。

12.2.2　质量损失函数及其近似表达式

产品的功能（输出特性）y 不仅与目标值 m 之间存在差异，而且由于来自生产条件、使用环境以及时间因素等多方面的干扰而发生变化，产生波动，造成损失。为了减少产品的功能波动，进而减少波动造成的损失，必须分析产生功能波动的原因，以使采取正确有效的对策。如，某种彩色电视机的电源电路，是要求把交流 220V 的输入，变为直流 100V 的输出。在成本相同的假定下，电源电路质量的好坏，除经久耐用之外，主要是要求直流输出能稳定在标准中心值 100V 附近。越接近 100V，质量越好，所造成的损失越小；越离开 100V 质量越差，所造成的损失越大。

一般地，随着产品指标值 y（如上面的电源电路的直流输出电压）的变化，产品的质量所造成的损失 $q(y)$ 也随着变化。在很多情况下，质量损失函数 $q(y)$ 的曲线如图 12-1 那样，是中间低、两头高的。它在某一点 $M[m, q(m)]$ 处最低（例如，上面电源电路中的 $m=100$），即由质量造成的损失最小。y 越偏离 m，由质量造成的损失越大。

曲线 $q(y)$ 在 $y=m$ 的附近，曲线弧 AB 可以用割线 AB 代替，而割线的极限状态是曲线在点 M 处的切线 CD。当 y_1、y_2 越接近 m 时，三种线（曲线、割线、切线）越相互靠近，用切线（一次式）来代替曲线的近似其近似程度就越好；当 y_1、y_2 离 m 稍远时，这种用切线来代替曲线的近似其近似程度就可能不好了。这时可以用通过三点 A、M、B 的二次曲线来近似代替（参看图 12-2）。用二次曲线代替曲线 $q(y)$ 比用切线代替的范围可以扩大一些，即可以离开点 M 更远一些。当然，如果离开点 M 太远，就是用二次曲线来代替，近似程度有时候也是不好的。

下面用数学推导把这个现象再说明一遍。假定 $q(y)$ 在 $y=m$ 处存在二阶导数，则按泰勒公式有：

$$q(y)=q(m)+\frac{q'(m)}{1!}(y-m)+\frac{q''(m)}{2!}(y-m)^2+\frac{q'''(m)}{3!}(y-m)^3+\cdots \tag{12-1}$$

由于 $q(y)$ 在 $y=m$ 处取极小值，所以有 $q'(m)=0$。故再略去 $(y-m)^3\cdots$高阶，说明：

$$q(y)\approx q(m)+k(y-m)^2 \tag{12-2}$$

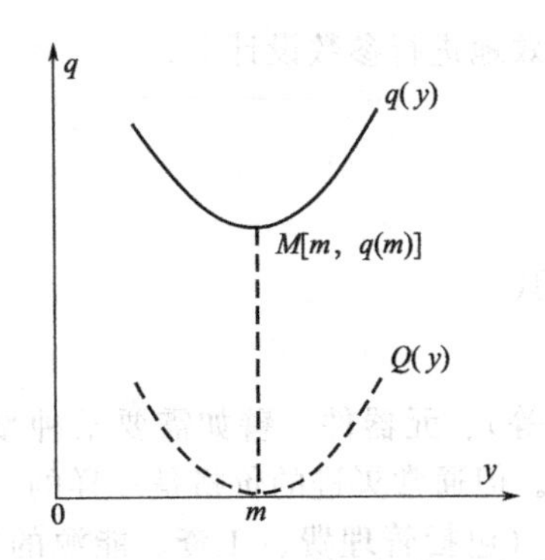

图 12-1　质量损失与指标值的关系

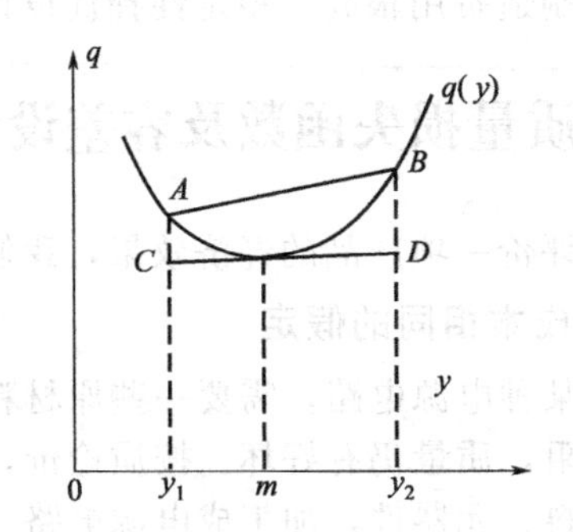

图 12-2　质量损失 $q(y)$ 在 m 点的近似图

其中 $k=\frac{q''(m)}{2!}$不是依赖于 y 的常数。即质量损失函数在 $y=m$ 附近近似地等于一条抛物线（二次函数）。

令

$$Q(y)\approx q(y)-q(m)$$

得

$$Q(y)\approx k(y-m)^2 \tag{12-3}$$

$Q(y)$ 和 $q(y)$ 仅相差一个常数 $q(m)$，不影响对于不同的 y 值损失大小的相对比较。$Q(y)$也称作质量损失函数。今后，对于不同的 y 值，我们用 $Q(y)$ 的近似表达式 $k(y-m)^2$ 来比较损失的大小。

当生产一件产品，其指标为 y 时，其相对的质量损失由 $Q(y)=k(y-m)^2$ 来计算。当产品不只一件时，我们记 $E[(y-m)^2]=V$，称 V 为偏差均方。每件产品的平均损失由 $Q=kV$ 来计算。其中特别当 $E(y)=m$ 时，则$\sqrt{V}$为标准差。我们以后在第 13 章会见到，为了提高产品的稳定性，通过参数的正交设计，可以使 V 大大减小，即精度或稳定性好，从而使质量损失大大减少，其（经济）效果往往是很大的。

12.2.3　机能界限与出厂公差

在成本相同的情况下，电源电路质量的好坏，损失的大小是由其输出电压 y 与 100V 的偏离程度决定。我们选定 $y=100$V 为标准中心，是因为此时造成的损失最小。

一般地，我们是根据“损失最小”这一原则来确定产品使用性能指标的标准中心或称为目标值 m 的。

所谓公差范围 $[m-\Delta, m+\Delta]$ 是指产品指标值 y 在该范围内时，产品为合格品；当 $y<m-\Delta$ 或 $y>m+\Delta$ 时，产品为不合格品。那么容差 Δ（即公差 2Δ 的一半）又该如何确定呢？它也应该根据损失函数，按照“损失最小”这一原则来确定。具体方法如下。

假若产品作为不合格品处理时（报废、降级、返修），工厂的损失如果是 A，那么可求得点 y_0，满足 $Q(y_0)=A$，从而以 $\Delta=|y_0-m|$ 作为出厂容差是恰当的。因为对一个指标为 y 的产品，当 $|y-m|\leqslant\Delta$ 作为合格品，其损失为 $Q(y)$，要比作为不合格品的损失 $A=Q(y_0)$ 小；当 $|y-m|\geqslant\Delta$ 时，产品作为不合格品，其损失为 A，要比作为合格品的损失$Q(y)$大。从图 12-3 可以看出：以 Δ 作为容差，损失总处于标有斜线的曲线上，符合“损失最小”的原则，此时的损失函数仍以 $Q(y)$ 记之，其表达式为：

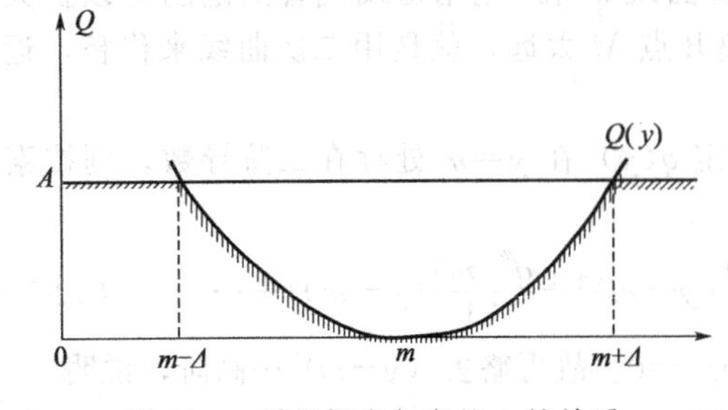

图 12-3　质量损失与容差 Δ 的关系

$$Q(y)=\begin{cases}k(y-m)^2 & \text{当 } m-\Delta\leqslant y\leqslant m+\Delta \text{ 时}\\ A & \text{当 } m+\Delta\leqslant y \text{ 或 } y\leqslant m-\Delta \text{ 时}\end{cases} \tag{12-4}$$

通过下面的例子，我们来说明机能界限与出厂公差是不同的。并说明如何通过机能界限来求损失函数与容差。

机能界限是指产品失去功能的偏离中心的界限值。假如电视机的电源电路的直流输出电压的标准中心值 $m=100V$，机能界限 $\Delta_0=15$V 所谓机能界限，在此就是指该电路的直流输出电压偏离标准中心值，没有超过 15V 时，由该电路组装的电视机还可以用，能起些正面的作用；若达到 15V 时，由该电路组装的电视机就不能用，正负作用正好抵消，完全丧失了机能；若超过 15V 时，则副作用大于正作用。这种界限叫做机能界限（见图 12-3）。假如此时的损失 $A_0=50$ 元，即

$$A_0=Q(100\pm15)=k(15)^2=50$$

那么

$$k=\frac{A_0}{{\Delta_0}^2}=\frac{50}{15^2}=0.22(\text{元}/\text{V}^2)$$

从而得损失函数

$$Q(y)=0.22(y-100)^2 \tag{12-5}$$

现在假设工厂组装一部电源电路，输出电压是 102V，偏离标准中心值达 2V，远没有超过机能界限 15V，还可以用。但是不是可以作为合格品出厂呢？也就是说，看容差是否大于 2V？若容差大于或等于 2V，则该产品为合格品，若容差小于 2V，则为不合格品。那么容差该怎么求呢？

假若工厂对这种电源电路加工返修，更换电路中的某一电阻，使之达到标准中心值，这时的成本 $A=0.4$ 元（包括电阻的价钱、焊接改装费、合理利润等）。

将损失函数式(12-5) 的左边 $Q(y)$ 用 0.4 元代入，则有：

$$0.4=0.22(y-100)^2$$

对 y 求解得

$$y=100\pm\sqrt{\frac{0.4}{0.22}}=100\pm1.35(\text{V}) \tag{12-6}$$

因而图纸上的容差为 1.34V。输出电压是 102V 的电视机，虽然可以用，但在工厂应当作为不合格品，必须经过返修加工，使达到标准中心值，再出厂为宜。

假若工厂对输出电压是 102V 的电视机不返修加工（即不换电阻就出厂），工厂少花 0.4 元的返修费，却给用户带来比这多得多的损失：

$$Q(102)=0.22\times(102-100)^2=0.88 \text{ 元}$$

社会总损失增加 0.88－0.4＝0.48 元。日本书称工厂的这种做法为小偷偷得 0.4 元，被偷的人只损失 0.4 元。小偷的得与被偷人的失正好相等，社会总损失为 0.4－0.4＝0。

一般地，若已知机能界限为 Δ_0，且 $Q(m\pm\Delta_0)=A_0$，又知工厂中出现不合格品时的损失为 A，则该产品的损失函数 $Q(y)$ 与容差 Δ 分别为：

$$Q(y)=\begin{cases}Q(y)=\dfrac{A_0}{{\Delta_0}^2}(y-m)^2\\ \Delta=\sqrt{\dfrac{A}{A_0}}\Delta_0\end{cases} \tag{12-7}$$

12.2.4　容差设计

参数设计之后，针对主要的误差因素，选择波动值较小的优质元器件、零部件，以减少质量特征值的波动，必须进行容差设计。容差设计是对产品质量和成本（包括市场情况）进行综

合考虑，通过试验设计方法找出各因素重要性的大小，据此给予参数更合理的容差范围。

容差设计的步骤如下。

(1) 针对参数设计所确定的最佳参数水平组合，根据专业知识设想出可以选用的低质廉价的元器件，比如可选用三等品，进行试验设计和计算分析。

(2) 为简化计算，通常都选取和参数设计中相同的因素为误差因素，对任一误差因素设其中心为 m，波动的标准差为 e，最理想的情况是取下面的3个水平：

$$\begin{aligned} &\text{第 1 水平} \quad m-\sqrt{\frac{3}{2}}\sigma \\ &\text{第 2 水平} \quad m \\ &\text{第 3 水平} \quad m+\sqrt{\frac{3}{2}}\sigma \end{aligned} \tag{12-8}$$

(3) 选取正交表，安排误差因素，进行试验，测出误差值。

(4) 方差分析：为研究误差因素的影响，对测出的误差值进行方差分析，方法和以前一样。

(5) 容差设计：根据方差分析的结果对各因素选用合适的容差。

例如，在元器件组装中：①影响不显著的因素，可选用低等级、低价格的元器件；②对影响显著的因素要综合考虑，要考虑各等级产品的价格、各因素贡献率的大小（贡献率 $\rho_{因}=S_{因}/S_T$），选用各等级元器件的质量损失总之要使质量损失最小，成本尽可能低，按这个原则确定各因素的容限。

在容差设计中，为使元器件等级提高后，社会总体损失最小，需要计算质量损失，以便对容差设计方案的优劣进行评价。由上面讨论可知，质量损失函数定义为：

$$Q(y)=\frac{A_0}{\Delta_0{}^2}(y-m)^2$$

其中，A_0 为质量波动给用户带来的损失；Δ_0 为用户要求的容差；m 为质量特征值的目标值；y 为质量特征值的观察值（测量值）；$|y-m|$ 为质量波动。如某器件的质量损失函数是：

$$Q(y)=10(y-10)^2$$

对于成批产品的容差设计，其偏离中心的量可以使用标准偏差来代替，即：

$$\sigma_v^2=E[Q(y)]=E(Y-m)^2 \tag{12-9}$$

则质量损失函数为：

$$E[Q(y)]=kE(Y-m)^2=k\sigma_v^2 \tag{12-10}$$

其中 $k=\dfrac{A}{\Delta^2}, \sigma_v^2=\dfrac{1}{n}\sum\limits_{i=1}^{n}y_i^2, i=1,2,3,\cdots$

容差设计过程中，以总损失量最小为原则确定容差的大小。下面将具体举例说明产品容差设计的过程。

【例 12-1】 现对 A_1, A_2, A_3 三种材料的温度系数 b（温度每变化1℃时，延伸率的相对变化率）和磨损系数 β（每年的相对磨损量）进行研究，得到结果如表12-1所示，试问选择何种材料为宜。

表 12-1 材料特性数据

项　目	b/%	β/%	价格/元
A_1	0.08	0.15	20
A_2	0.03	0.06	35
A_3	0.01	0.05	60

假定温度变化标准差 $\sigma_x=15$（℃），设计寿命 $T=20$ 年，且产品出厂时在标准温度下的尺寸等于目标值 m。同时假定产品的机能界限 $\Delta c=6\text{mm}$，超过机能界限导致的损失 $A_0=180$ 元。

解：设 Y 为产品的实际尺寸，则质量损失函数为

$$Q(Y)=k(Y-m)^2$$

式中系数

$$k=\frac{A_0}{\Delta_0^2}=\frac{180}{6^2}=5$$

质量损失

$$E[Q(Y)]=kE(Y-m)^2=5\sigma_T^2$$

根据题意可知

$$\sigma_T^2=b^2\sigma_x^2+\frac{T^2}{3}\beta^2$$

则各材料的质量损失量为

$$A_1:\ E=5\sigma_T=5\left(b^2\sigma_x^2+\frac{T^2}{3}\beta^2\right)=5\times\left(0.08^2\times15^2+\frac{20^2}{3}\times0.15^2\right)=22.20$$

$$A_2:\ E=5\sigma_T=5\left(b^2\sigma_x^2+\frac{T^2}{3}\beta^2\right)=5\times\left(0.03^2\times15^2+\frac{20^2}{3}\times0.06^2\right)=3.41$$

$$A_3:\ E=5\sigma_T=5\left(b^2\sigma_x^2+\frac{T^2}{3}\beta^2\right)=5\times\left(0.01^2\times15^2+\frac{20^2}{3}\times0.05^2\right)=1.78$$

将上面数据整理为容差设计表，如表 12-2 所示。

表 12-2 容差设计材料选择表

项目	b/%	β/%	价格/元	$E=5\sigma_T$	总损失/元
A_1	0.08	0.15	20	22.20	42.20
A_2	0.03	0.06	35	3.41	38.41
A_3	0.01	0.05	60	1.78	61.78

根据总损失最小原则可知，表 12-2 中材料 A_2 最好，可以使得社会总损失最小。

12.3 依信噪 *SN* 比直接择优

产品质量的评价是将产品的量化指标进行综合处理，确定一个反映产品质量水平评价指数，比较确定产品质量的高低。产品的质量特性可以用产品的计量特性来表示。用各种不同类型的计量测试仪器测量的数据，如长度、重量、时间、硬度、化学成分等都是产品的计量特性，都不同程度地反映了产品在某一方面的质量特性。

在一个复杂的装备中，具有大量的、各种不同的复杂数据。在这些数据中，有的测量数据越大越好，有的测量数据越小越好，有的测量数据越接近目标值越好，如果直接拿来比较则是很困难的，而且难以得出结论。将所有的数据进行转化处理变成具有可比性的数据，根据田口方法产品的特性可分为：望目特性、望小特性、望大特性。

望目特性存在一个固定目标值，特性值围绕目标值波动，且波动值越小越好的计量特性值。望小特性以零为目标值，且波动值越小越好的计量特性值。望大特性以无限大为目标值，且波动值越小越好的计量特性值。

田口该方法最大的特点就是将质量管理与经济效益联系在一起，运用数学的方法，从工程观点、技术观点和经济观点对质量管理的理论和方法进行综合研究，形成一套具有独具特

色的、有效性、通用性、边缘性极强的质量设计和评价方法。通过应用田口方法，计算产品优化后的经济效益，与原有的方案进行成本比较，以社会总损失最小为前提，进而确定产品是否需要优化，或优化的程度。

本节及下节分别以信噪 SN 比以及偏差均方为质量评价指标进行望小望大特性直接择优。望目特性稳定性择优是将在下章具体讲述，此章不再累述。

12.3.1 望小特性质量损失函数及 SN 比

(1) 望小特性质量损失函数　在生产实际中，有的产品特性值 y 不取负值，若 y 越接近于零值，产品的质量越高。这种希望越小越好的质量特性，称为望小特性。它相当于目标值为“0”的望目特性。因此，可仿照望目特性的质量损失函数，构造望小特性的质量损失函数。

设 y 是望小特性，相应的损失为 $Q(y)$，假设 $y=0$ 处存在二阶导数，按泰勒公式展开为：

$$Q(y)=Q(0)+\frac{Q'(0)}{1!}y+\frac{Q''(0)}{2!}y^2+o(y^2)+\cdots \tag{12-11}$$

因为 $y=0$ 时，质量损失为 0，且取得极小值，即 $Q(0)=0, Q'(0)=0$，略去二阶以上的高阶项，则有：

$$Q(y)=\frac{Q''(0)}{2!}y^2 \tag{12-12}$$

记 $k=\frac{Q''(0)}{2!}$，则有：

$$Q(y)=ky^2 \tag{12-13}$$

由于 $y\geqslant 0$，故以上函数的图像如图 12-4 所示。

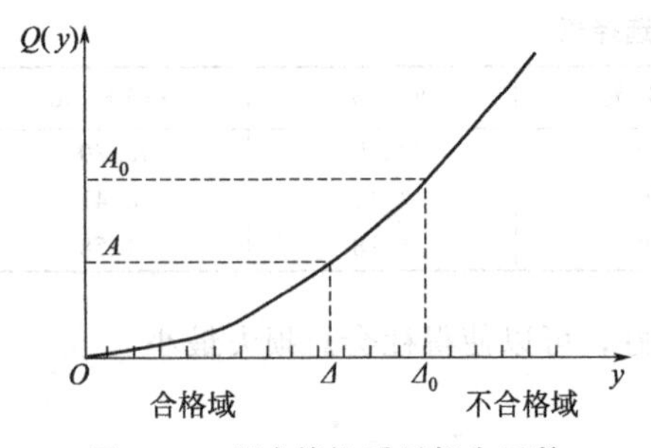

图 12-4　望小特性质量损失函数

若规定容差为 Δ 时，不合格时损失为 A，则由式可知：

$$k=\frac{A}{\Delta^2} \tag{12-14}$$

则：

$$Q(y)=\frac{A}{\Delta^2}y^2 \tag{12-15}$$

类似地，对于成批的生产产品，其平均质量损失函数为：$Q(y)=k\sigma_v{}^2$，其中 $k=\frac{A}{\Delta^2}$，$\sigma_v{}^2=\frac{1}{n}\sum_{i=1}^{n}y_i^2, i=1,2,3,\cdots$

(2) 望小特性 SN 比　信噪比是特定参数（信号）值与非特异性参数（噪声）的比值，信号为 S（signal），噪声为 N（Noise），故亦称为 SN 比。试验中，我们希望 SN 比越大越好。本节分别对望小、望大特性的 SN 进行介绍，后一章中将针对稳定性择优设计的望目特性 SN 比进行详细的推导。

设产品的输出特性 Y 服从正态分布 $N(\mu, \sigma^2)$，因为望小为好，故一方面希望 μ 小，另一方面希望 σ^2 小，为了量纲一致，可以要求 $\mu^2+\sigma^2$ 越小越好。令：

$$\eta=\frac{1}{\mu^2+\sigma^2} \tag{12-16}$$

则 η 越大越好。此即望小特性的 SN 比，可以作为产品稳定性的指标。由于

$$E(Y^2)=\mu^2+\sigma^2 \tag{12-17}$$

估计 $E(Y^2)$，现假设 Y 的 n 个观测值为：y_1，y_2，…，y_n，易得到 $E(Y^2)$ 的无偏估计量为：

$$\hat{E}(Y^2)=\frac{1}{n}\sum_{i=1}^{n}y_i^2 \tag{12-18}$$

于是：

$$\hat{\eta}=\frac{n}{\sum_{i=1}^{n}y_i^2} \tag{12-19}$$

再取 10 为底，化为分贝值，即：

$$\eta=10\lg\frac{n}{\sum_{i=1}^{n}y_i^2}=-10\lg\left[\frac{1}{n}\sum_{i=1}^{n}y_i^2\right] \tag{12-20}$$

上式为望小特性 SN 比计算公式。

（3）望小特性计算举例　对涤纶丝生产线工艺参数设计，以减少产品中超长纤维含量。输出特性超长纤维含量为望小特性。

① 确定可控因素水平表。选取的可控因素有聚酯体特性黏度 B、纺速 C、浴槽温度 D 和第二牵伸率 H。每个因素取三个水平，三个水平呈等间隔变化，第一水平为中间水平，第二水平取最小值，第三水平取最大值。原工艺条件为 $B_1C_1D_1H_1$，如表 12-3 所示：

表 12-3　可控因素水平表

因素 水平	熔体黏度 B	纺速 C	浴槽温度 D	牵伸倍率 H
1	B_1	C_1	D_1	H_1
2	B_2	C_2	D_2	H_2
3	B_3	C_3	D_3	H_3

② 内设计。选用 $L_9(3^4)$正交表安排可控因素，得到表 12-4 所示的试验方案。每号试验进行 6h 生产。在每号试验的成品中随机抽取 8 个样品进行测试，得到超长纤维含量数据，并计入表 12-4 中。

③ 计算信噪比。按公式：

$$\eta_j=-10\lg\left[\frac{1}{8}\sum_{i=1}^{8}y_{ij}{}^2\right](j=1,2,3,\cdots,9)$$

如：

$$\eta_1=-10\lg\left[\frac{1}{8}\sum_{i=1}^{8}(0.00^2+0.14^2+1.7^2+\cdots+0.16^2)\right]=3.47$$

④ 计算极差　计算各个因素的极差大小，如表 12-4 中 T_1，T_2，T_3 所示。

从表 12-4 极差可以看出，熔体黏度 B 的极差最大，影响最大。其次是牵伸倍率 H，再次为纺速 C，浴槽温度 D 影响最小。其主次关系为 $B>H>C>D$。

⑤ 确定最佳参数组合　根据④的主次关系及信噪 SN 比的大小，算一算的最佳组合为 $B_2C_3D_2H_3$ 或 $B_2C_3D_3H_3$，直接看的最佳组合为 $B_1C_3D_3H_3$。

⑥ 质量损失函数计算　当超长纤维含量超过 1%时，造成的损失为 100 元，因此，偏差 σ_v 为：

$$\sigma_v{}^2=\frac{1}{n}\sum_{i=1}^{n}y_i^2=10^{-0.1\eta}$$

当 $\sigma_v=1\%$时，质量损失为 100 元，则：

$$Q[E(y^2)]=k\sigma_v{}^2=k\times1^2=100$$

则：$k=100$。

表 12-4 内表及超长纤维含量试验数据

试验号＼因素	B	C	D	H	抽样数据 y								η/dB
	1	2	3	4	y_{1j}	y_{2j}	y_{3j}	y_{4j}	y_{5j}	y_{6j}	y_{7j}	y_{8j}	
1	1	1	1	1	0	0.14	1.7	0.3	0.29	0	0.7	0.16	3.47
2	1	2	2	2	0.29	0.4	0.24	0.09	0.35	0.07	1.16	0	6.41
3	1	3	3	3	0.1	0.12	0.13	0.1	0.08	0.27	0.16	0.21	16.01
4	2	1	2	3	0.17	0	0.2	0.26	0.25	0.23	0.12	0.06	14.72
5	2	2	3	1	0.33	0.06	0.14	0.07	0	0.03	0.42	0.06	14.01
6	2	3	1	2	0.2	0	0.42	0	0.29	0.21	0.31	0.34	11.68
7	3	1	3	2	1.97	0.98	0.39	0.87	1.16	0.44	1.72	0.3	−1.1
8	3	2	1	3	0.77	0.29	0.53	0.6	0.25	0.24	0.13	0.37	7.01
9	3	3	2	1	0.47	0.59	0.37	0.41	0.41	0.42	0.39	0.25	7,47
T_1	25.89	17.09	22.08	24.94	T=79.58								
T_2	40.31	27.42	28.59	16.89									
T_3	13.38	35.06	28.53	37.75									
R	26.93	17.97	6.51	20.86									

因此，对于直接看的项目，经过参数设计后，平均每件产品质量改善为：

$$\Delta Q=k\Delta\sigma_v=100\times\left(\frac{1}{10^{3.47/10}}-\frac{1}{10^{16.01/10}}\right)=100\times(0.4498-0.025)=42.5(\text{元})$$

12.3.2 望大特性质量损失函数及 SN 比

（1）望大特性质量损失函数　若特性不取负值，并希望越大越好，这样的质量特性称为望大特性。如果 y 为望大特性，$L(y)$ 为损失函数，则在 $y=\infty$ 处，损失函数取得最小值为 0，即 $Q(\infty)=0, Q'(\infty)=0$，$Q(y)$ 在 $y=\infty$ 处展成级数：

$$Q(y)=Q(\infty)+\frac{Q'(\infty)}{1!}\frac{1}{y}+\frac{Q''(\infty)}{2!}\left(\frac{1}{y}\right)^2+o\left[\left(\frac{1}{y}\right)^2\right]+\cdots \tag{12-21}$$

略去二阶以上的高阶项，考虑到 $Q(\infty)=0$，$Q'(\infty)=0$，则：

$$Q(y)=k\left(\frac{1}{y}\right)^2 \tag{12-22}$$

若规定容差为 Δ 时，不合格时损失为 A，则由式可知：

$$k=A\Delta^2$$

则望大特性的质量损失函数为：

$$Q(y)=\frac{A\Delta^2}{y^2} \tag{12-23}$$

根据式做图，可得图 12-5：

类似地，对于成批的生产产品，其平均质量损失函数为：$Q(y)=k\sigma_v{}^2$，其中 $k=A\Delta^2$，

$$\sigma_v=\frac{1}{n}\sum_{i=1}^{n}y_i^2, i=1,2,3,\cdots$$

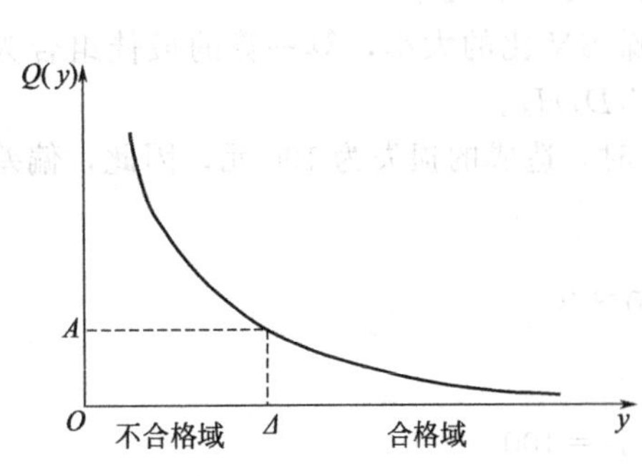

图 12-5　望大特性质量损失函数

（2）望大特性 SN 信噪比　依据望大特性的特点，以及望小特性 SN 信噪比的推导过程，可得望大特性 SN 信噪比为：

$$\eta=10\lg\frac{n}{\sum_{i=1}^{n}\frac{1}{y_i^2}}=-10\lg\left[\frac{1}{n}\sum_{i=1}^{n}\frac{1}{y_i^2}\right] \tag{12-24}$$

（3）望大特性计算举例——塑料制品生产工艺优化

① 可控因素水平表制定　选取的可控因素及其水平如表 12-5 所示，除需考虑因素本身外，还需考虑交互作用 $A\times B$，$A\times C$ 和 $B\times C$。

表 12-5　塑料制品可控因素水平表

因素 水平	腐蚀时间 A/min	腐蚀温度 B/℃	腐蚀成分 C	前处理 D	加速度 E	催化剂 F	中和方法 G
1	5	60	C_1	无	E_1	现	G_1
2	10	65	C_2	溶剂	E_2	新$_1$	G_2
3	15	80	C_3	温水	E_3	新$_2$	G_3

② 内表设计　选用正交表 $L_{27}(3^{13})$，设计试验的计算结果如表 12-6 所示，其中每号试验做两个试样，数据为经拉伸试验后的贴紧力。

表 12-6　内表设计及计算结果分析

因素	A	B	$A\times B$		C	$A\times C$		$B\times C$	D	E	$B\times C$	F	G	y_i		η'
水平	1	2	3	4	5	6	7	8	9	10	11	12	13			
1														6	5	−5.3
2														10	8	−1.1
3														10	12	0.7
4														3	10	−7.8
5														18	18	5.1
6														23	18	6.0
7														9	13	0.4
8														23	13	9.9
9														29	29	9.2
10														6	8	−3.4
11														7	11	−1.6
12														23	24	7.4
13														1	1	−20
14							$L_{27}(3^{13})$							31	31	9.8
15														32	35	10.5
16														16	20	4.9
17														32	35	10.5
18														29	23	9.7
19														1	1	−20
20														37	34	11
21														33	28	9.6
22														13	16	3.1
23														37	35	11.1
24														31	33	10.1
25														28	28	8.9
26														35	38	11.2
27														36	35	11.0
Ⅰ	17.1	−2.7	43.7	25.7	−39.2	48.2	36.7	29.5	57.8	28.3	27.2	39.6	46.7			
Ⅱ	27.8	27.9	36.8	29.0	65.9	26.1	33.5	13.5	47.5	23.7	49.1	45.3	5.3	$T=100.9$		
Ⅲ	56.0	75.7	20.4	46.2	74.2	26.6	30.7	57.9	−4.41	48.9	24.6	18.7	48.9			

③ SN 比的计算　对每号试验的 2 个数据，按望大特性 SN 比计算公式计算相应的 η 值，例如，第 1 号试验计算：

$$\eta_1=-10\lg\left[\frac{1}{n}\sum_{i=1}^{n}\frac{1}{y_i^2}\right]-48=-10\lg\left[\frac{1}{2}\times\left(\frac{1}{6^2}+\frac{1}{5^2}\right)\right]=14.7\ (\text{dB})$$

为简化计算，将 η 减去 20，得：

$$\eta_1' = \eta_1 - 20 = 14.7 - 20 = -5.3(\text{dB})$$

仿此可求得其余各号试验的 η_1'，将计算所得 η_1' 列在表 12-6 中。

④ 方差分析与显著性检验　以 η_1 作为指标，按 $L_{27}(3^{13})$ 的列平方和与自由度计算公式计算各因素的变动平方和，列出方差分析表 12-7。

表 12-7　塑料制品方差分析表

方差来源	平方和	自由度	均方	F 值	显著性
A	89.74	2	44.87	3.04	
B	346.95	2	173.48	11.75	* *
$A\times B$	58.75	4			
C	887.4	2	443.97	30.06	* *
$A\times C$	37.38	4			
$B\times C$	152.60	4	38.15	2.58	
D	246.98	2	123.49	8.36	* *
E	40.02	2			
F	41.08	2			
G	134.06	2	67.03	4.54	*
e	177.23	12	14.77		

$F_{0.05}(2,12)=3.88$，$F_{0.01}(2,12)=6.93$；$F_{0.05}(4,12)=3.26$，$F_{0.01}(4,12)=5.41$。

从表 12-7 方差分析可知，B，C，D 高度显著，G 显著，其余因素都不显著。

⑤ 确定最佳参数组合　根据表 12-6 中各因素水平值之和Ⅰ、Ⅱ、Ⅲ可知，显著因素 B，C，D，G 的最佳水平分别为 B_3，C_3，D_1，G_3，其余因素水平可以任取。故最佳组合为：$A_0B_3C_3D_1E_0F_0G_3$。

⑥ 最佳条件预估　由于显著因素为 B，C，D，G，最佳条件为 $A_0B_3C_3D_1E_0F_0G_3$。，则其该条件的平均估计为：

$$\begin{aligned}\hat{\eta} &= \hat{\eta} + \hat{b}_3 + \hat{c}_3 + \hat{d}_1 + \hat{g}_3 + 20 \\ &= 20 + \frac{1}{9}\times(75.7+74.2+57.8+48.9) - 3\times\frac{100.9}{27} \\ &= 37.3(\text{dB})\end{aligned}$$

现有条件 $A_2B_2C_2D_2E_2F_2G_2$

$$\begin{aligned}\eta_{现} &= \eta + b_2 + c_2 + d_2 + g_2 + 20 \\ &= 20 + \frac{1}{9}\times(27.9+65.9+47.5+5.3) - 3\times\frac{100.9}{27} \\ &= 25.1(\text{dB})\end{aligned}$$

⑦ 质量损失函数的建立　设塑料制品的贴紧力小于 $\Delta_0 = 10(\text{kgf/cm})$ 时失去功能，丧失功能后的损失为 760 日元，则其损失函数为：

$$Q(y) = \frac{A\Delta_0{}^2}{y^2} = \frac{760\times 100}{y^2} = \frac{76000}{y^2}$$

则平均质量损失函数为：

$$\overline{Q}(y) = 76000\sigma_v^2 = \frac{1}{10^{0.1\eta}}$$

⑧ 最佳条件的质量收益　因：

$$\overline{Q}(y) = 76000\sigma_v^2 = \frac{1}{10^{0.1\eta}}$$

则：

$$\overline{Q}(y)_{佳} = 76000\sigma_v^2 = 76000\times\frac{1}{10^{0.1\times 37.3}} = 14.15(日元)$$

$$\overline{Q}(y)_{现}=76000\sigma_v^2=76000\times\frac{1}{10^{0.1\times25.1}}=234.84(日元)$$

经参数设计后，平均每件产品可获得收益为：

$$\overline{Q}(y)_{现}-\overline{Q}(y)_{佳}=234.84-14.15=220.69(日元)$$

若按年产 20 万件计算，则每年可以获得质量收益：

$$220.69\times20=4413.8(万日元)$$

12.4　依偏差均方直接择优

除了可应用信噪 SN 比来直接择优望小望大项目之外，还可以使用偏差均方来实现。如望小特性直接优化项目的偏差均方为：

$$\sigma_v^2=\frac{1}{n}\sum_{i=1}^{n}y_i^2 \tag{12-25}$$

望大特性直接优化项目的均方偏差为：

$$\sigma_v^2=\frac{1}{n}\sum_{i=1}^{n}\left(\frac{1}{y_i}\right)^2 \tag{12-26}$$

下面将通过实例并联反馈偏置电路来介绍望小特性依均方偏差应用的具体过程。

12.4.1　并联反馈偏置电路介绍

在电子线路中，温度对于晶体管的电流放大倍数 β、基极-发射极电压 V_{be}、集电极-发射极间穿透电流 $I_{ce\theta}$ 等参数的影响很大。通常在分析电路时，必须考虑环境温度对静态工作点的严重影响。在设计时，要保证在整个工作范围内，电路性能稳定不变，其中晶体管静态工作点的稳定就是最基本的问题之一。这就是晶体管稳定偏置电路的参数设计问题。

通常采用的晶体管单管稳定偏置电路，如图 12-6、图 12-7 所示。其中图 12-6 的电路参数 R_c，R_a，R_b，R_e，β，V_{be}，$I_{ce\theta}$ 及电源电压 E_c 与晶体管工作电流 I_c，管压降 V_{ce} 的关系，在 $I_b=0$ 的条件下，可以近似地得出简单的关系式。因此在传统的参数设计中，根据给定的 E_c，I_c 和 V_{ce} 的要求，就能够逐一地确定参数 R_c，R_a，R_b，R_e 的只。反过来，确定了 R_c，R_a，R_b，R_e 的只，也就容易算出 I_c，V_{ce} 的大小。但是对于图 12-7 的电路，参数 R_c，R_f，R_b，R_e 与指标 I_c，V_{ce} 之间的关系要考虑温度影响，比较复杂。这种具有反馈的闭环电路，对于给定的 E_c，I_c 和 V_{ce}，不易逐一地确定参数 R_c，R_a，R_b，R_e 之值。这些参数互相牵扯、共同决定 I_c，V_{ce} 的值。传统的电路设计方法，常常是一组一组地去试，凑到满足条件时为止。这种方法盲目性较大，难于解决它的参数设计问题，把正交法用于电子线路的参数设计已受到人们注意。我们针对这个问题进行了直接择优设计尝试，取得了很好的结果。

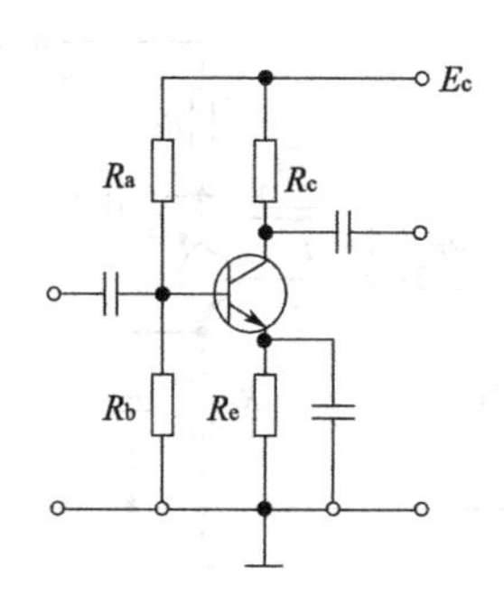

图 12-6　简单晶体管稳定偏置电路

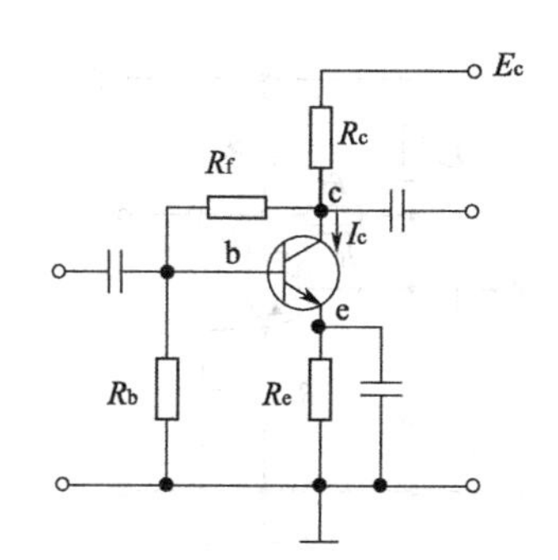

图 12-7　复杂晶体管稳定偏置电路

12.4.2 并联反馈偏置电路的系统设计

(1) 设计指标　给定 $E_c=+12V$，选用硅晶体管（如 3DG4），要求确定图 12-7 所示电路各元件参数的值，满足以下条件。

① 常温（20℃）下要求 $|\delta I_c|=|I_c-1|<5\%$，其中 I_c 是晶体管集电极电流，是以 mA 为单位的数值。即要求在常温下，I_c 偏离 1mA 的偏差小于 0.05mA。

② 常温下要求 $|\delta V_{ce}|=\dfrac{|V_{ce}-5|}{5}<5\%$，其中 V_{ce}是晶体管的管压降，是以 V 为单位的数值。即要求在常温下，V_{ce}偏离 5V 的偏差小于 0.25V。

③ 在环境温度为－20～＋60℃的范围内

$$\left(\frac{\Delta I_c}{I_c}\right)_T<5\% \qquad \text{（反映 } I_c \text{ 的温度稳定性）}$$

$$\left(\frac{\Delta V_{ce}}{V_{ce}}\right)_T<5\% \qquad \text{（反映 } V_{ce} \text{的温度稳定性）}$$

其中 ΔI_c，ΔV_{ce}分别为－20℃，＋20℃，＋60℃三个温度下，I_c，V_{ce}的极差（最大差值）；I_c，V_{ce}分别为常温（＋20℃）下的值。

若认为这个问题的四个指标都是希望越小越好，属于望小特性择优项目。由于四个指标都是小于 5%，具有同等作用，可以使用望小特性均方偏差计算方法来处理。

$$\sigma_v{}^2=\frac{1}{4}\left[(\delta I_c)^2+(\delta V_{ce})^2+\left(\frac{\Delta I_c}{I_c}\right)_T^2+\left(\frac{\Delta V_{ce}}{V_{ce}}\right)_T^2\right] \tag{12-27}$$

式(12-27) 中 σ_v^2值越小的条件越好。把多指标通过综合评分化成一个指标，便于直接看出条件的好坏，更便于计算各水平之和与极差，从而求得“算一算”的好条件。这对于进一步探求好条件都是有益的。

(2) 确定指标与参数之间的关系　图 12-8 所示的电路是更加普遍的晶体管稳定偏置电路，当其中的 $R_a=\infty$时，就是图 12-7 的负反馈偏置电路。利用图 12-8 来推导公式，更为方便，也更加普遍。其结果还可以用于图 12-6 和一些别的偏置电路。根据戴维南定理，图 12-9 是图 12-8 的等效电路，由基尔霍夫定律可以解出：

$$I_c=\frac{M+N}{S+T} \tag{12-28}$$

$$I_f=\frac{X+Y+Z}{S+T} \tag{12-29}$$

$$V_{ce}=E_c-R_c(I_c+I_f)-(I_c+I_{ce0})\left(1+\frac{1}{\beta}\right)R_e \tag{12-30}$$

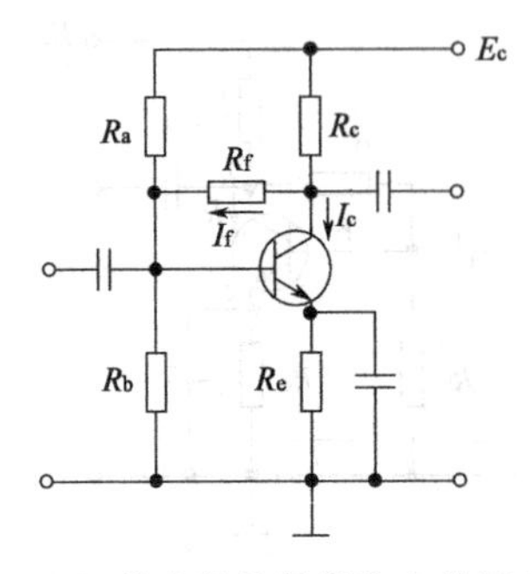

图 12-8　普遍的晶体管稳定偏置电路

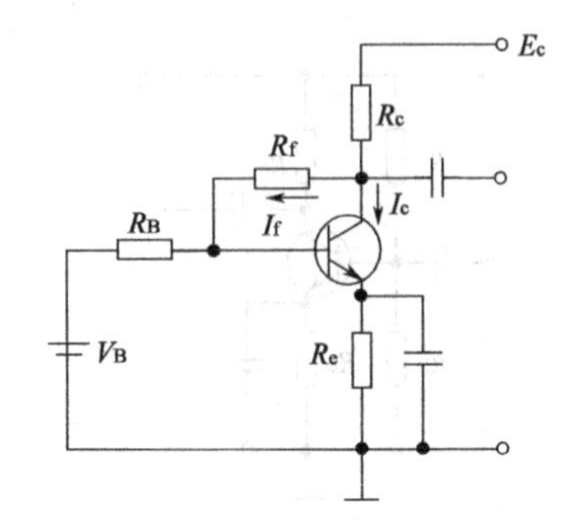

图 12-9　偏置电路的戴维南等效电路图

其中：

$$M=\frac{R_B R_e I_{ce\theta}}{\beta}+(R_c+R_f)\left(V_B-V_{be}+\frac{I_{ce\theta}}{\beta}R_B\right) \tag{12-31}$$

$$N=R_e(R_c+R_f)\frac{I_{ce\theta}}{\beta}+R_B(E_c-V_{be}) \tag{12-32}$$

$$S=R_B R_e\left(1+\frac{1}{\beta}\right)+\frac{R_B}{\beta}(R_c+R_f)+R_c R_B \tag{12-33}$$

$$T=R_e(R_c+R_f)\left(1+\frac{1}{\beta}\right) \tag{12-34}$$

$$X=-\left(V_B-V_{be}+\frac{I_{ce\theta}}{\beta}R_B\right)\left[\left(1+\frac{1}{\beta}\right)R_e+R_c\right] \tag{12-35}$$

$$Y=\left(\frac{R_B}{\beta}R_e-R_c R_e\right)\frac{I_{ce\theta}}{\beta} \tag{12-36}$$

$$Z=(E_c-V_{be})\left[\frac{R_B}{\beta}+R_e\left(1+\frac{1}{\beta}\right)\right] \tag{12-37}$$

$$V_B=\frac{R_b E_c}{R_a+R_b} \tag{12-38}$$

$$R_B=\frac{R_a R_b}{R_a+R_b} \tag{12-39}$$

由上面公式看出，I_c，V_{ce}都是由 9 个因素 R_c，R_f，R_a，R_b，R_e，E_c，β，V_{be}，$I_{ce\theta}$共同决定的。以上 9 个因素中，$E_c=+12V$ 是给定的；硅管的 β 值，V_{be}和 $I_{ce\theta}$都是温度的函数。由硅管（3DG4）的温度性质知道常温（+20℃）时，$\beta=55$，$V_{be}=0.65V$，$I_{ce\theta}=0.1\mu A$；并可算出在 −20℃ 时，$\beta=30$，$V_{be}=0.70V$，$I_{ce\theta}=6.3\mu A$；在 60℃ 时，$\beta=80$，$V_{be}=0.60V$，$I_{ce\theta}=1.6\mu A$。对于图 12-7 的反馈稳定偏置电路 R_a 取 $1G\Omega=10^9\Omega$，相当于开路。这样一来，只剩下 4 个元件 R_c，R_f，R_b，R_e 的参数值需要研究确定。

12.4.3　参数择优设计

(1) 第一轮的好条件　根据对电路性能的初步分析，对于四个参数 R_c，R_f，R_b，R_e 的每一个各取三个水平，初始水平 $R_c=2.4k\Omega$，$R_f=6.2k\Omega$，$R_b=6.2k\Omega$，$R_e=6.2k\Omega$ 作为水平 2，其他水平如表 12-8 所示。

表 12-8　第一轮择优设计因素水平表

水平＼因素	$R_c/k\Omega$	$R_f/k\Omega$	$R_b/k\Omega$	$R_e/k\Omega$
1	1.0	3.6	3.6	3.6
2	2.4	6.2	6.2	6.2
3	5.6	11.0	11.0	11.0

这是 4 个因素，每个因素有三个水平的优选问题。我们选用正交表 $L_9(3^4)$。这里选用较小的表，主要是为了说明上的方便。实际上通过电子计算机来计算，改用较大的表，不仅不费事，而且由于减少上机的次数，进展往往更快。

我们将表 12-8 中各因素水平值安排至 $L_9(3^4)$ 中，即把因素 R_c，R_f，R_b，R_e 顺序排在 $L_9(3^4)$ 第 1,2,3,4 列上，并将各列中的数码由排在该列的因素的对应水平代入，得到 9 种参数组合的计算方案（见表 12-9 左边 4 列的 9 个横行）。

将方案中的 9 种参数组（9 个横行的条件）分别代入公式(12-28)～式(12-39)，求出各参数组的指标 δI_c，δV_{ce}，$\left(\frac{\Delta I_c}{I_c}\right)_T$，$\left(\frac{\Delta V_{ce}}{V_{ce}}\right)_T$，按照望小特性的 $4\sigma_v^2$ 方法计算。如表 12-9 所示。

表 12-9　第一轮直接择优计算方案及结论

因素 / 条件号	$R_c/k\Omega$	$R_f/k\Omega$	$R_b/k\Omega$	$R_e/k\Omega$	δI_c	δV_{ce}	$\left(\frac{\Delta I_c}{I_c}\right)_T$	$\left(\frac{\Delta V_{ce}}{V_{ce}}\right)_T$	$4\sigma_v^2$
	1	2	3	4					
1	1(1.0)	1(3.6)	3(11)	2(6.2)	0.104	0.357	0.040	0.055	0.143
2	2(2.4)	1	1(3.6)	1(3.6)	0.164	0.116	0.052	0.038	0.045
3	3(5.6)	1	2(6.2)	3(11)	0.691	0.389	0.046	0.048	0.633
4	1	2(6.2)	2	1	0.170	0.144	0.054	0.035	0.054
5	2	2	3	3	0.518	0.178	0.042	0.041	0.304
6	3	2	1	2	0.719	0.029	0.070	0.033	0.524
7	1	3(11)	1	3	0.815	0.798	0.072	0.015	1.307
8	2	3	2	2	0.560	0.364	0.062	0.026	0.450
9	3	3	3	1	0.313	0.209	0.059	0.064	0.149
Ⅰ	1.504	0.820	1.876	0.248	Ⅰ+Ⅱ+Ⅲ=总和=109.38				
Ⅱ	0.799	0.882	1.137	1.117					
Ⅲ	1.306	1.907	0.596	2.244					
R	0.705	1.087	1.280	1.996					

将表 12-9 中不同因素的Ⅰ,Ⅱ,Ⅲ平均值画出趋势图，如图 12-10 所示：

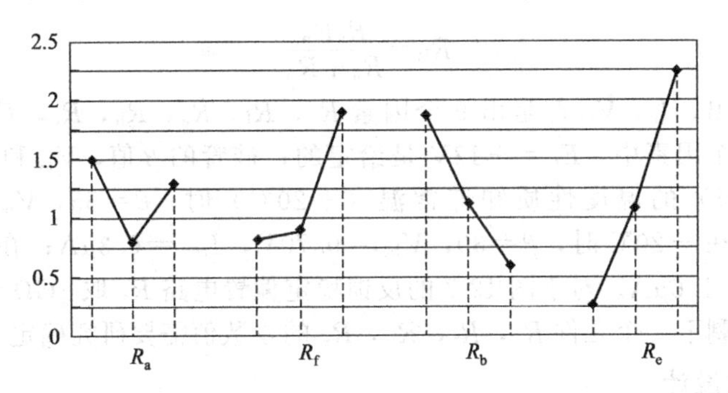

图 12-10　第一轮择优设计因素水平趋势图

从 9 组已经算出的综合评分之值 y，直接看出第 2 号条件（$R_c=2.4k\Omega$，$R_f=3.6k\Omega$，$R_b=3.6k\Omega$，$R_e=3.6k\Omega$）之 $y=0.045$ 为最小。它是这一轮直接看的好条件。经计算，四个评价指标中，只有第 4 项指标满足要求，其余三项尚未满足要求。

算一算的好条件是 $R_c=2.4k\Omega$，$R_f=3.6k\Omega$，$R_b=11k\Omega$，$R_e=3.6k\Omega$。这组条件的指标，经计算分别为 $\delta I_c=0.345$，$\delta V_{ce}=-0.487$，$\left(\frac{\Delta I_c}{I_c}\right)_T=0.043$，$\left(\frac{\Delta V_{ce}}{V_{ce}}\right)_T=0.077$，$y=0.364$，不及直接看的好条件。故直接看的好条件是这一轮的好条件。

(2) 第二轮的好条件　为了使 4 项指标都达到要求，我们围绕第一轮的好条件，根据趋势图 12-10 加密撒网，仿照上面再做一轮计算。

由于第一轮（直接看）的好条件是 $R_c=2.4k\Omega$，$R_f=3.6k\Omega$，$R_b=3.6k\Omega$，$R_e=3.6k\Omega$，结合第一轮诸因素各水平之和Ⅰ,Ⅱ,Ⅲ的变化趋势，确定第二轮的因素水平表。譬如对于 R_c，第一轮的好水平是水平 2=2.4kΩ，且Ⅰ>Ⅱ>Ⅲ。说明三个水平没有选偏，且水平 2 是较好的。故在水平 2=2.4kΩ 的附近加密。于是取 1.1kΩ、2.4kΩ、5.1kΩ 作为 R_c 的第二轮的三个水平。对于 R_f，第一轮的好水平是水平 1=3.6kΩ，且Ⅰ<Ⅱ<Ⅲ，说明三个水平取得偏高，且水平 1 较好。故在水平 1=3.6kΩ 的附近加密。于是取 3.0kΩ、3.6kΩ、4.3kΩ 作为 R_f 第二轮的三个水平。对于 R_b 第一轮的好水平是水平 1=3.6kΩ，但由于算一算的好条件并不好，所以虽然有Ⅰ>Ⅱ>Ⅲ，我们不在水平 3，仍在水平 1=3.6kΩ 的附近加密。于是取 3.0kΩ、3.6kΩ、4.3kΩ 作为 R_b 第二轮的三个水平（在这种情况下，加密不能太快，已将原来的三个水平 3.6kΩ、6.2kΩ、11kΩ 去做第二轮的三个水平）。对于 R_e 的第一轮的好水平是水平 1=3.6kΩ，且Ⅰ<Ⅱ<Ⅲ。说明三个水平取得偏大，且水平 1 较好，故在水平 1=3.6kΩ 的附近加密。于是取 3.0kΩ、3.6kΩ、4.3kΩ 作为 R_e 第二轮的三个水平。这样得第二轮的因素水平表见表 12-10。

表 12-10　第二轮择优设计因素水平表

水平＼因素	R_c/kΩ	R_f/kΩ	R_b/kΩ	R_e/kΩ
1	1.1	3.0	3.0	3.0
2	2.4	3.6	3.6	3.6
3	5.1	4.3	4.3	4.3

为了提高效率，我们将原正交表 $L_9(3^4)$ 的列做一轮换。将原来的第 1、2、3、4 列分别换做第 4、1、2、3 列，得到新正交表 $L_9(3^4)$，如表 12-11 所示。

将因素按照顺序上列，水平对号入座，得第二轮正交方案如表 12-11，并依 9 个横行的条件，分别计算各指标之值，填入表 12-11 之右侧，再依 $4\sigma_v{}^2$ 值求各因素各水平之和与极差。

表 12-11　第二轮直接择优计算方案及结果

试验号＼因素	R_c/kΩ	R_f/kΩ	R_b/kΩ	R_e/kΩ	δI_c	δV_{ce}	$\left(\frac{\Delta I_c}{I_c}\right)_T$	$\left(\frac{\Delta V_{ce}}{V_{ce}}\right)_T$	$4\sigma_v^2$
	1	2	3	4					
1	1(1.1)	3(4.3)	2(3.6)	1(3.0)	0.174	0.161	0.054	0.031	0.0600
2	1	1(3.0)	1(3.0)	2(3.6)	0.062	0.050	0.049	0.030	0.0097
3	1	2(3.6)	3(4.3)	3(4.3)	0.028	0.006	0.047	0.032	0.0041
4	2(2.4)	2	1	1	0.139	0.072	0.056	0.037	0.0200
5	2	3	3	2	0.131	0.090	0.052	0.039	0.0295
6	2	1	2	3	0.228	0.190	0.049	0.038	0.0921
7	3(5.1)	1	3	1	0.280	0.464	0.053	0.062	0.3006
8	3	2	2	2	0.450	0.330	0.059	0.049	0.3172
9	3	3	1	3	0.601	0.177	0.068	0.040	0.3994
Ⅰ	0.0738	0.4024	0.4381	0.3896	Ⅰ+Ⅱ+Ⅲ=总和=165.72				
Ⅱ	0.1506	0.3503	0.4693	0.3564					
Ⅲ	1.0172	0.4889	0.3342	0.4956					
R	0.9434	0.1386	0.1351	0.1392					

将表 12-11 中不同因素的Ⅰ,Ⅱ,Ⅲ平均值画出趋势图，如图 12-11 所示。

从 9 组已经计算出的综合评分之值 y，直接看出第 3 号条件（R_c=1.1kΩ，R_f=3.6kΩ，

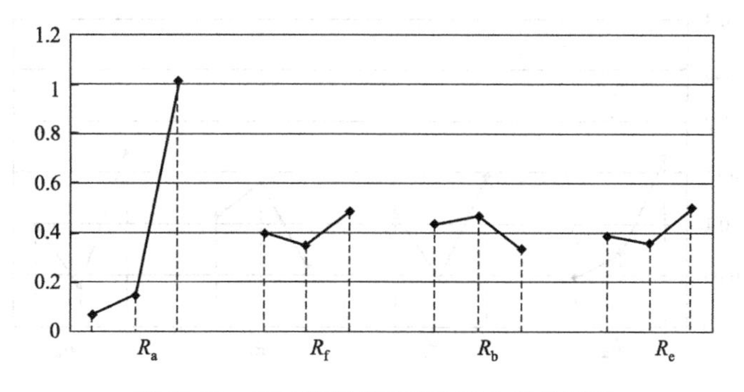

图 12-11　第二轮择优设计因素水平趋势图

$R_b=4.3\text{k}\Omega$，$R_e=4.3\text{k}\Omega$）之 $y=0.0041$ 为最小。这是第二轮直接看的好条件。它的 4 个指标完全满足要求。

第二轮算一算的好条件是 $R_c=1.1\text{k}\Omega$，$R_f=3.6\text{k}\Omega$，$R_b=4.3\text{k}\Omega$，$R_e=3.6\text{k}\Omega$，其 $y=0.0441$，较第二轮直接看的好条件之 $y=0.0041$ 为大。故第二轮直接看的好条件是第二轮的好条件。

(3) 第三轮择优设计及结论　为了进一步改进参数设计的质量，我们围绕第二轮好条件加密撒网。仿照前面两轮再做一轮计算。其因素水平表 12-12 如下。

表 12-12　第三轮择优设计因素水平表

水平＼因素	R_c/kΩ	R_f/kΩ	R_b/kΩ	R_e/kΩ
1	0.82	3.3	3.9	3.6
2	1.1	3.6	4.3	4.3
3	1.6	3.9	4.7	5.1

我们将原正交表 $L_9(3^4)$ 的列再做一轮换得表 12-12 套入 $L_9(3^4)$ 中，得第三轮优化方案，如表 12-13 所示。将计算值填入表 12-13 之右侧和下侧。

表 12-13　第三轮正交选优计算方案及结论

试验号＼因素	R_c/kΩ	R_f/kΩ	R_b/kΩ	R_e/kΩ	δI_c	δV_{ce}	$\left(\frac{\Delta I_c}{I_c}\right)_T$	$\left(\frac{\Delta V_{ce}}{V_{ce}}\right)_T$	$4\sigma_v^2$
	3	4	1	2					
1	3(1.5)	2(3.6)	1(3.9)	1(3.6)	0.045	−0.080	0.049	0.035	0.0065
2	1(0.82)	1(3.3)	2(4.3)	1	0.329	−0.007	0.047	0.034	0.1116
3	2(1.1)	3(3.9)	3(4.7)	1	0.217	−0.004	0.048	0.035	0.0509
4	2	1	1	2(4.3)	0.011	0.001	0.047	0.032	0.0033
5	3	3	2	2	−0.082	−0.010	0.048	0.033	0.0103
6	1	2	3	2	0.143	0.011	0.046	0.033	0.0237
7	1	3	1	3(5.1)	−0.147	0.158	0.047	0.026	0.0495
8	2	2	2	3	−0.117	0.018	0.046	0.031	0.0171
9	3	1	3	3	−0.116	−0.123	0.045	0.036	0.0319
Ⅰ	0.1648	0.1467	0.0593	0.1690	Ⅰ+Ⅱ+Ⅲ＝总和＝202.43				
Ⅱ	0.0713	0.0474	0.1390	0.0373					
Ⅲ	0.0487	0.1107	0.1065	0.0985					
R	0.1361	0.0993	0.0797	0.1317					

将表 12-13 中不同因素的Ⅰ，Ⅱ，Ⅲ平均值画出趋势图，如图 12-12 所示：

第三轮直接看的好条件是第 4 号条件（$R_c=1.1\text{k}\Omega$，$R_f=3.3\text{k}\Omega$，$R_b=3.9\text{k}\Omega$，$R_e=$

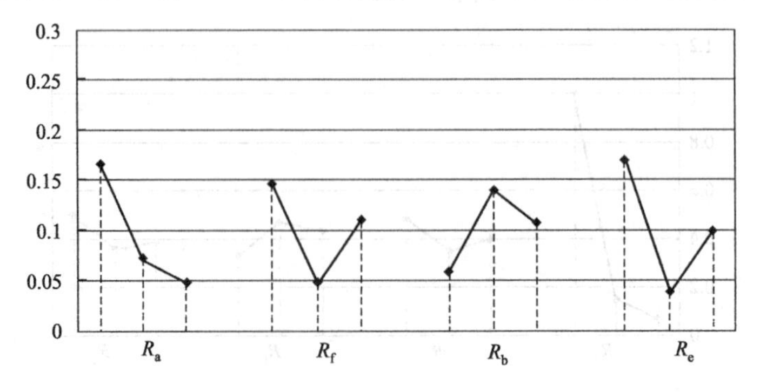

图 12-12　第三轮择优设计因素水平趋势图

4.3kΩ)。第三轮算一算的好条件(R_c=1.5kΩ,R_f=3.6kΩ,R_b=3.9kΩ,R_e=4.3kΩ)之 y=0.014,大于第三轮直接看的好条件之 y=0.0033,所以第三轮直接看的好条件是第三轮的好条件。也是所有三轮中的最好条件。

现将几组条件及其指标列成表 12-14。从表 12-14 可以看出,经过三轮的正交优选,得到了满足要求的很好的设计参数。

表 12-14　三组条件及指标对照表

条件名称	R_c	R_f	R_b	R_e	δI_c	δV_{ce}	$\left(\frac{\Delta I_c}{I_c}\right)_T$	$\left(\frac{\Delta V_{ce}}{V_{ce}}\right)_T$	$4\sigma_v^2$
初始条件	2.4	6.2	6.2	6.2	−0.407	0.022	0.05	0.033	0.16989
第一轮算一算的好条件	2.4	3.6	11	3.6	0.345	−0.487	0.043	0.077	0.36428
第一轮直接看的好条件	2.4	3.6	3.6	3.6	−0.164	−0.116	0.052	0.038	0.04465
第二轮算一算的好条件	1.1	3.6	4.3	3.6	0.201	−0.008	0.048	0.035	0.04406
第二轮直接看的好条件	1.1	3.6	4.3	4.3	0.028	0.006	0.047	0.032	0.00406
第三轮算一算的好条件	1.5	3.6	3.9	4.3	−0.102	−0.013	0.048	0.033	0.01401
第三轮直接看的好条件	1.1	3.3	3.9	4.3	0.011	0.001	0.047	0.032	0.0033

各因素好水平的配合是算一算的好条件。算一算的好条件虽然相对有效,但在绝对意义上来说并不可靠,所以算一算的好条件并不一定都好。在本例中算一算的好条件,都不及直接看的好条件。即使有时算一算的好条件较直接看的好条件为优,不用算一算的好条件,稍微多用几轮直接看的好条件,也可以达到通过选优解决问题的目的。所以算一算的好条件也可以不用(不过它的计算很简单,并不费事,而且有时还是有效的,所以我们还是保留了这一程序)。

习　　题

1. 何谓三次设计?各次设计主要解决什么问题?

2. 如何定义机能界限和出厂公差?它们的异同是什么?

3. 望小望大特性的质量损失函数及信噪 SN 比计算方法是什么?

4. 板料的厚度影响着冲压后的形状、尺寸,平均每厚 1μm 的钢板,冲压后的尺寸增大 20μm,其形状,尺寸的机能界限为±180μm,在机能界限处的损失为 8 元,每一件冲压产品的钢板价格为 3 元,不合格时作为废铁的损失为 3 元,试求有关钢板厚度的公差。

5. 设汽车车门尺寸的机能界限为 Δ_0=3μm,当市场上车门关不上时造成的社会损失为 A_0=600 元。工厂内部车门尺寸不合格造成的损失 A=120 元,试解决如下问题:

(1) 车门的出厂容差 Δ;

(2) 从工厂抽出 10 件产品,测得门的尺寸与目标值的偏差 $y-m$ 值如下:

−0.6,1.0,0.3,−0.4,−0.2,1.2,0.9,1.4,0.8,0.3,试计算其平均质量损失。

6. 某产品用环氧树脂粘接的强度标准为 3×10^{4}N 以上,不合格时的返工费用 A=300 元。为了改善粘接强度,取如下因素。

A:胶黏剂配比;B:粘接方法;C:表面处理;D:粘接人员。

每个因素取三个水平,搭配在正交表 $L_9(3^4)$ 上。每号试验条件粘接两件,测定粘接强度数据如表 12-15。

(1) 试求各号条件的 SN 比。

(2) 以 SN 比作为试验指标分析,确定最佳工艺条件。

(3) 求最佳条件下工程平均的估计,若现状是所有因素均为第 2 水平,问最佳条件下可以改善多少分贝?

表 12-15　粘接强度数据

试验号 \ 因素	A 1	B 2	C 3	D 4	$y_{ij}/10^4$N		η
1	1	1	1	1	6.80	2.27	
2	1	2	2	2	2.49	3.43	
3	1	3	3	3	2.17	1.57	
4	2	1	2	3	1.79	1.33	
5	2	2	3	1	1.98	2.57	
6	2	3	1	2	2.93	2.72	
7	3	1	3	2	1.70	2.12	
8	3	2	1	3	4.24	1.91	
9	3	3	2	1	1.50	4.05	

7. 依偏差均方与依信噪 *SN* 比计算望小望大特性的相同与不同处是什么。结合你的工作找出一个望小望大特性择优设计的问题，用偏差均方或信噪 *SN* 比来解决这个问题。

第 13 章 稳定性择优设计

本章介绍了最新试验设计方法——稳定性择优设计的基本原理和提高稳定性的意义。文中分别以依偏差均方及依信噪 SN 比为稳定性评价指标进行三次设计，详细地介绍稳定性择优设计的具体实施过程及方法。

13.1 稳定性择优的基础知识

13.1.1 内干扰、外干扰和误差波动

干扰某些产品发挥机能的因素叫做噪声。

(1) 外部噪声　由温度、湿度、尘埃、电源电压、个人差别等外部条件引起的波动，影响产品机能的可靠性。

(2) 内部噪声　产品在存储和使用过程中，内部发生劣化、磨损，不能良好地实现目标机能时，这些叫做由内部噪声引起的波动，它影响产品机能的稳定性。

(3) 产品间的噪声　以相同规格制造的产品，其机能之间的差异是由产品间的噪声引起的。它影响产品机能的均一性。

外部噪声的干扰叫外干扰，内部噪声与产品间噪声的干扰叫内干扰。

所谓机能质量好，就是指其可靠性高、稳定性好、均一性强，上述噪声而引起的波动小，在广泛条件下，任何时候都能发挥正常的机能。即使发生温度、湿度、电源电压等外部环境的改变，或因长期使用，材料与零件发生劣化、磨损，或产品的元器件之间有波动，仍能正常地实现目标机能。我们的稳定性参数设计，就是针对这个问题，使机能的设计质量好。

内、外干扰引起的波动，都可归结到元器件的波动。现在对元器件的误差波动做些说明。这里提出一种经验的取法，即采用 $\sqrt{\frac{3}{2}}\times\frac{s}{m}$ 作为波动的值。譬如我们使用的这一批电阻，其阻值的平均数为 m，标准差为 s。当 $\frac{s}{m}=0.0025$ 时，则得波动 $=\sqrt{\frac{3}{2}}\times\frac{s}{m}=0.3\%$。$R_1=(1-0.003)m$，$R_2=m$，$R_3=(1+0.003)m$。若使用的这一批三极管，其电流放大倍数的平均数为 m，标准差为 s，当 $\frac{s}{m}=0.4$，则得波动 $=\sqrt{\frac{3}{2}}\times\frac{s}{m}=50\%$。三个误差水平为 $0.5m$、$1.0m$、$1.5m$ 的均值等于 m，标准差等于 s，同总体的均值 m 和标准差 s 保持一致。

13.1.2 稳定性择优概述

参数设计与现场调试不同。譬如现场的染色工人打小样，看染的颜色：如果与颜色标样相同，就认为成功；如果色相与浓度不同于目标值，浅则加染料，深则减染料，使其符合目标值。这叫现场调试，而不是参数设计。正确地理解与区别现场调试与参数设计这两个不同的概念，对设计人员是很重要的。又如就电路来说，在系统设计之后，一个电阻 A 和一个晶体管的电流放大倍数 B，可以使输出电压得到如图 13-1 和表 13-1 那样的变化。

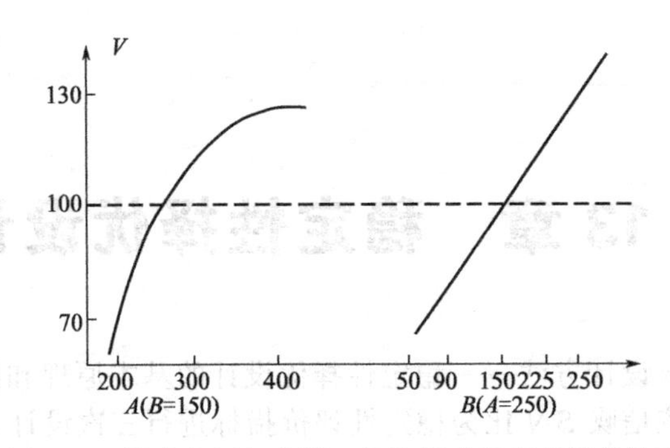

图 13-1 输出电压与电阻、晶体管功能值之间的关系

表 13-1 输出电压随电阻、晶体管功能值变化

A \ V \ B	50	95	150	225	250
200			70	100	
250	60	70	100	130	140
300			115		
350		100	122		
400			125		

假若因素 A 与因素 B 对输出电压的影响是可加的，并设因素 A 有±10%的波动，因素 B 有±50%的波动。由表 13-1 知，当电路中的 $A=200\Omega$，$B=150$ 时，输出电压为 70V，偏离标准中心值达 30V。固定 $A=200\Omega$，调 $B=225$，或固定 $B=150$，调 $A=250\Omega$，都可以使输出电压达 100V。这只能叫调试，而不能叫设计。所谓（稳定性的）参数设计，是从因素 A 与因素 B 的多种水平的配合中，选择最佳的因素水平组合。

譬如下述三种情况。

(1) $A=200\Omega$，$B=225$；

(2) $A=250\Omega$，$B=150$；

(3) $A=350\Omega$，$B=95$。

输出电压都是 100V。但从图 13-1 与表 13-1 可知，因素 B 对输出电压的影响是线性的，而因素 A 对输出电压的影响是非线性的。当因素 A 取值较小而有微小变化时，对输出电压的影响很大（即输出电压有很大的变化），当因素 A 取值较大而有同样比例的变化时，对输出电压的影响较小（即输出电压的变化不大，比较稳定）。故选择高电阻（A 取较大值）与低放大倍数（B 取较小值）的配合较好（即能使输出电压比较稳定）。即情况 (2) 比情况 (1) 好，(3) 比情况 (1) 与 (2) 都好。

实际上，记 $V=V(A,B)$，当 $B=150$ 时，由图 13-1 得表 13-2。

表 13-2 不同电阻取值对输出电压稳定性的影响

A	180	200	220	225	250	275	315	350	385
$V(A,150)$	50	70	84	87	100	109.5	118.5	122	124.5

当 B 取其他值时，由图 13-1 与表 13-1，以及因素 A 与因素 B 对输出电压的影响是可加的假设，得公式：

$$V(A, B)=V(A, 150)+\frac{2}{5}(B-150)$$

从而可求得输出电压之值。于是在上述三种情况，当因素 A 有±10%的波动，因素 B

表 13-3　因素 A,B 波动对输出电压的影响

A \ B (V)	112.5	337.5	A \ B (V)	75	225	A \ B (V)	47.5	152.5
180	35	125	225	57	117	315	77.5	115.5
220	69	159	275	79.5	139.5	385	83.5	121.5
对标准中心 100V 的最大偏离	65V		对标准中心 100V 的最大偏离	43V		对标准中心 100V 的最大偏离	22.5V	

有±50%的波动时，可得表 13-3。

由表 13-3 可知：情况（1）的最大偏离为 65V。情况（2）的最大偏离为 43V。情况（3）的最大偏离为 22.5V。最大偏离小的情况，称作是稳定性好。情况（3）确实比情况（1）与（2）都好。

参数设计是设计稳定性好、可靠性高的产品的最重要的阶段，其目的是从许多参数中选择好的参数水平组合，其手法，从根本上来讲是用到了所谓非线性技术（因素 A 对输出电压的影响是非线性的）以及多因素之间的特殊配合关系。

13.1.3　稳定性评价指标

（1）依偏差均方的稳定性指标　设产品的特性值 y 是元器件 A、B、…、M 的函数 $y=f(A,B,\cdots,M)$，它的目标值为 m。当然，我们希望找到一组参数 $A_0,B_0,\cdots,M_0$，使 $f(A_0,B_0,\cdots,M_0)=m$。由于元器件的波动（$\pm\Delta A,\Delta B,\cdots,\pm\Delta M$），$f(A_0\pm\Delta A,B_0\pm\Delta B,\cdots,M_0\pm\Delta M)$将偏离 m。条件$(A_0,B_0,\cdots,M_0)$的好坏，不仅要看 $f(A_0,B_0,\cdots,M_0)$ 对 m 偏离的大小，而且还要看 $f(A_0\pm\Delta A,B_0\pm\Delta B,\cdots,M_0\pm\Delta M)$ 与目标值 m 的接近程度。

通过元器件的波动组成误差因素水平表 13-4。将误差因素水平表代入正交表 $L_n(3)$ 中，得误差表（田口玄一书中称为外表）。误差表中的 n 个横行，实际上是由于元器件有误差，对条件（$A_0,B_0,\cdots,M_0$）按正交表抽稳定性好坏的一种标志［后面的许多例子，在选优表（田口书中称为内表）中为了提高效率，常采用换列的手法，使条件更加分散，增强在考察范围中的代表性］。对于误差表，为了统一比较的标准（和选代表的情形不同），各个误差因素一律固定在误差表中相同的列上，没有采取过顺次换列的措施。

表 13-4　元器件波动组成的误差因素水平表

因素位级	A	B	…	M
1	$A_0-\Delta A$	$B_0-\Delta B$	…	$M_0-\Delta M$
2	A_0	B_0	…	M_0
3	$A_0+\Delta A$	$B_0+\Delta B$	…	$M_0+\Delta M$

我们抽取 n 件样品，设其特性值分别为 $y_1,y_2,\cdots,y_n$。若 $y_1,y_2,\cdots,y_n$都接近 m，则该条件好；若 $y_1,y_2,\cdots,y_n$中一部分偏离 m，则该条件不好。为此可取偏差均方 v（或 $\sigma_v{}^2$）：

$$v=\frac{1}{n}\sum_{i=1}^{n}(y_i-m)^2 \tag{13-1}$$

均方作为评判稳定性好坏的一种指标，v 越小，条件越好。

（2）依信噪 SN 比的稳定性指标　有些产品的特性值，并不要求靠近某个目标值 m，而是要求其误差样本的特性值互相靠近（稳定在其平均数附近）即可。如，不少电子线路，在设计阶段就保留一个可调参数（通常是电阻），在整机组装完成后通过调整这个参数的数值，使得整机的特性值达到目标值 m，因而不少设计人员习惯于使用信噪比这种指标。对于有目标值 m 的情形：凡偏差均方 v 好（小）时，SN 也必定好（大），反之则不一定成立。

设产品的输出特性为Y，m为目标值，在一般情况下，假定Y服从正态分布$N(\mu, \sigma^2)$，希望$\mu=m$，且σ^2越小越好。

在概率中，令变异系数：

$$v=\sigma/\mu \tag{13-2}$$

变异系数作为这类特性，其度量性质欠佳，而以$1/v=v=\sigma/\mu$作为优良性的度量，等效为：

$$\eta=\mu^2/\sigma^2$$

以η作为优良的稳定性指标度量。

田口玄一博士称μ^2为信号（Signal），σ^2为噪声（Noise），而称η为信噪比（Signal Noise Ratio），简称SN比。

对于有n件产品，测得特性值y的数据为：

$$y_1, y_2, \cdots, y_n$$

据数理统计知识，μ，σ^2的无偏估计分别为：

$$\begin{cases} \hat{\mu}=\bar{y}=\dfrac{1}{n}\sum_{i=1}^{n}y_i \\ \hat{\sigma}^2=V_m=\dfrac{1}{n-1}\sum_{i=1}^{n}(y_i-\bar{y})^2 \end{cases} \tag{13-3}$$

但是，$\hat{\mu}^2$的无偏估计不是$(\bar{y})^2$，而是

$$\hat{\mu}^2=\bar{y}^2-\frac{V_m}{n} \tag{13-4}$$

引入下面的参数：

$$S_m=n\bar{y}^2=\frac{1}{n}\left(\sum_{i=1}^{n}y_i\right)^2$$

则式(13-4) $\hat{\mu}$可以改写成：

$$\hat{\mu}^2=\frac{1}{n}(S_m-V_m) \tag{13-5}$$

于是，田口玄一博士建立的η的估计为：

$$\hat{\eta}=\frac{1}{n}(S_m-V_m)/V_m \tag{13-6}$$

仿效通讯理论的做法，在实际计算时，将$\hat{\eta}$取为对数，再扩大10倍，化为以分贝（dB）标示的数值。在不会引起混淆的情况下，记η为SN比为：

$$\eta=10\lg\left[\frac{\frac{1}{n}(S_m-V_m)}{V_m}\right] \tag{13-7}$$

13.1.4 容差设计和调整系统偏差中用到的公式

在用参数设计的方法找到了最佳条件之后，还要进一步考虑取哪一种精度的元器件最好。这就是容差设计的工作，容差设计的具体做法、步骤可参看13.2，13.3中的例子。这里只介绍一下将要用到的一些公式。

为了便于叙述，先讲用$L_{18}(3^7)$作为误差表的情形。我们在最佳条件处列误差表，计算18个y_i。对于每一列，Ⅰ、Ⅱ、Ⅲ分别是误差表中水平1、2、3的各六次结果之和，设18个y_i的平均值为$\bar{y}$，显然$\bar{y}$也可表成：

$$\bar{y}=\frac{\text{Ⅰ}+\text{Ⅱ}+\text{Ⅲ}}{18} \tag{13-8}$$

进行容差设计，先要看一看每个因素对结果的影响如何。在这里就可以用Ⅰ/6、Ⅱ/6、Ⅲ/6 偏离平均值 $\bar{y}$ 的大小衡量，即用列平方和：

$$S=6\left[\left(\frac{\text{Ⅰ}}{6}-\bar{y}\right)^2+\left(\frac{\text{Ⅱ}}{6}-\bar{y}\right)^2+\left(\frac{\text{Ⅲ}}{6}-\bar{y}\right)^2\right]$$

$$=6\left[\frac{1}{36}(\text{Ⅰ}^2+\text{Ⅱ}^2+\text{Ⅲ}^2)-\frac{1}{3}\bar{y}(\text{Ⅰ}+\text{Ⅱ}+\text{Ⅲ})+3\bar{y}^2\right]$$

$$=\frac{1}{6}(\text{Ⅰ}^2+\text{Ⅱ}^2+\text{Ⅲ}^2)-\frac{1}{18}(\text{Ⅰ}+\text{Ⅱ}+\text{Ⅲ})^2 \tag{13-9}$$

来衡量。进一步，我们来找出 $(x_0-\Delta x,\ \text{Ⅰ}/6)$，$(x_0,\ \text{Ⅱ}/6)$，$(x_0+\Delta x,\ \text{Ⅲ}/6)$ 三点的回归直线（见图 13-2)，设回归直线为：

$$y=f(x)=bx+c$$

容易解出：

$$b=\left(\frac{\text{Ⅲ}}{6}-\frac{\text{Ⅰ}}{6}\right)\times\frac{1}{2\Delta x}$$

记：

$$\bar{x}=\frac{1}{3}[(x_0-\Delta x)+x_0+(x_0+\Delta x)]=x_0$$

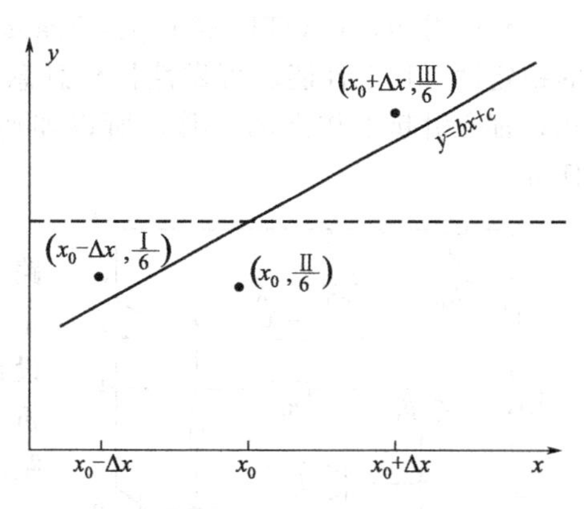

图 13-2　容差分析中三点的回归直线

由于回归直线总通过 $(\bar{x},\bar{y})$，所以有 $f(x_0)=\bar{y}$。

线性平方和：

$$S_l=6[(f(x_0-\Delta x)-\bar{y})^2+(f(x_0)-\bar{y})^2+(f(x_0+\Delta x)-\bar{y})^2]$$

$$=6(2b^2\Delta x^2)=\frac{1}{12}\times(\text{Ⅲ}-\text{Ⅰ})^2 \tag{13-10}$$

与 b 比较一下可知，S_l 表示回归直线的倾斜程度。二次平方和：

$$S_q=6\left[\left(\frac{\text{Ⅰ}}{6}-f(x_0-\Delta x)\right)^2+\left(\frac{\text{Ⅱ}}{6}-f(x_0)\right)^2+\left(\frac{\text{Ⅲ}}{6}-f(x_0+\Delta x)\right)^2\right]$$

$$=6\left[\left(\frac{\text{Ⅰ}}{6}-\bar{y}+b\Delta x\right)^2+\left(\frac{\text{Ⅱ}}{6}-\bar{y}\right)^2+\left(\frac{\text{Ⅲ}}{6}-\bar{y}-b\Delta x\right)^2\right]$$

$$=6\left[\frac{1}{36}(\text{Ⅰ}^2+\text{Ⅱ}^2+\text{Ⅲ}^2)-\frac{1}{3}\bar{y}(\text{Ⅰ}+\text{Ⅱ}+\text{Ⅲ})+3\bar{y}^2-\frac{1}{3}b\Delta x(\text{Ⅲ}-\text{Ⅰ})+2b^2\Delta x^2\right]$$

$$=\frac{1}{36}(\text{Ⅰ}+\text{Ⅲ}-2\text{Ⅱ})^2 \tag{13-11}$$

则表示点偏离回归直线的程度。

式中：

$$S=S_l+S_q \tag{13-12}$$

如果 S_q 很小，则表示点偏离回归直线很少，近似呈直线分布。如果 $S_l>160S_q$，则称线性项相对于二次项是显著的，这时可以“粗略地”认为，考核指标同该列因素的三个水平呈线性关系。如果 $S_l>4000S_q$，则称线性项相对于二次项是高度显著的。这时就可认为，考核指标同该列因素的三个水平呈线性关系。

一般地当误差正交表 L_n 的 $n=3m$ 时，列平方和：

$$S=\frac{1}{m}(\text{Ⅰ}^2+\text{Ⅱ}^2+\text{Ⅲ}^2)-\frac{1}{3m}(\text{Ⅰ}+\text{Ⅱ}+\text{Ⅲ})^2$$

线性平方和：

$$S_l=\frac{1}{2m}(\text{Ⅲ}-\text{Ⅰ})^2 \tag{13-13}$$

二次平方和：

$$S_q=\frac{1}{6m}(\text{Ⅰ}+\text{Ⅲ}-2\text{Ⅱ})^2 \tag{13-14}$$

13.2 依偏差均方的稳定性择优设计

13.2.1 系统设计

众所周知，在OTL（Output Transformer Less，无输出变压器功放电路）中，工作点的稳定性与其电性能、可靠性指标息息相关。由于元器件的离散性、温度环境等因素的变化，都会引起工作点的漂移。所以如何提高中点电压的稳定性是本电路漂移设计的基本任务。

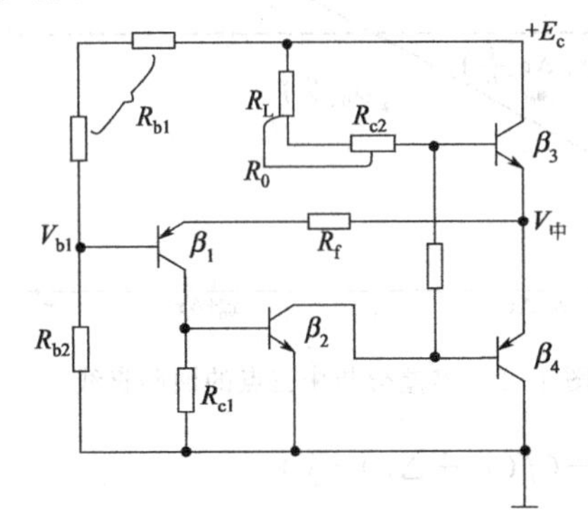

图 13-3 31HD-1 功放直流等效电路

图13-3为杭州电视机厂31HD-1功放直流等效电路。虽然其直流负反馈系数 Br 已经大到趋向于1，但是 $V_中$ 的漂移却依然存在。鉴于国内电子计算机辅助设计（CAD）技术尚停留在目前的电子计算机辅助分析（CAA）阶段，运用CAA技术后取得的进展不大，距离该厂优化设计的要求还较远。

为了应用三次设计方法，在系统设计阶段，我们取定 $V_{bc1}=V_{bc3}=0.65\text{V}$，$V_{bc2}=0.74\text{V}$，$R_L=9\Omega$，$E_c=12\text{V}$。为了方便，将电阻 R_{b2}，R_{b1}，R_f，R_{c2}，R_{c1} 和管子放大倍数 β_2 分别记作 A、B、C、D、E、F。不难推出：

$$V_中=\frac{1}{F(D+9)+C}\left[F(D+9)\left(0.65+12\frac{A}{A+B}+0.74\frac{C}{E}\right)+11.35C\right] \tag{13-15}$$

就是说，中点电压 $V_中$ 是 A、B、C、D、E、F 的函数 $\left(\frac{R_{b1}/R_{b2}}{\beta_1}\ll R_f\right)$，它们大致的变化范围如下。

$A=R_{b2}$：25～70kΩ；$B=R_{b1}$：50～150kΩ；$C=R_f$：0.5～3kΩ；

$D=R_{c2}$：0.25～1.2kΩ；$E=R_{c1}$：1.2～2.5kΩ；$F=\beta_2$：50～300。

这些工作主要由专业技术人员利用专业知识、技术与经验来完成。

13.2.2 参数设计

（1）选优表与误差表　在元器件有波动（该厂使用的电阻系一级品，有±5%的波动，晶体管的放大倍数系三级品，有±50%的波动）的情况下，如何选择参数 A，B，C，D，E，F 的搭配，使OTL电路中点电压 $V_中$ 稳定在设计要求6V的附近，这就是参数设计的问题。

根据13.2.1中指明的参数范围，确定第一轮的因素水平表如表13-5。

表 13-5 第一轮的因素水平表

水平因素	A/Ω	B/Ω	C/Ω	D/Ω	E/Ω	F
水平1	28730	61897	649.38	237.14	1271.1	73
水平2	34807	74989	865.96	316.23	1467.8	102
水平3	42170	90852	1154.8	421.70	1695.0	143
水平4	51090	110069	1539.9	562.34	1957.3	200
水平5	61897	133352	2053.5	749.89	2260.3	280

这是六个因素，每个因素有五个水平的选优问题，我们选用具有六列的五水平的正交表 $L_{25}(5^6)$。将表 13-5 代入 $L_{25}(5^6)$ 中，即把因素 A、B、C、D、E、F 顺次排在 $L_{25}(5^6)$ 的第 1、2、3、4、5、6 列上，并将各列中的数码由排在该列的因素的对应水平中，所得之表称为选优表（田中书中称作内表），如表 13-6 所示。在选优表的 25 个条件中，到底哪一个条件较好？在诸因素有波动的情况下，该如何确定考核指标来比较条件的好坏？

我们要通过该条件的所谓误差表来进行比较。譬如，对于选优表的第 1 号条件，制定其误差因素水平表，如表 13-6 所示。表中的水平 2：$A=28730$，$B=61897$，$C=865.96$，$D=562.34$，$E=1695.0$，$F=102$ 来自选优表的第 1 号条件。五个电阻的(水平 1)=(1−5%)×(水平 2)，五个电阻的(水平 3)=(1+5%)×(水平 2)。电流放大倍数 F 的(水平 1)=(1-50%)×(水平 2)，(水平 3)=(1+50%)×(水平 2)，这个误差因素水平表是 6 个因素，每个因素有三个水平，我们选用正交表 $L_{18}(3^7)$ [此表由 $L_{18}(3^7\times2^1)$ 删去二水平的第 8 列即得]。将表 13-6 代入 $L_{18}(3^7)$ 的前 6 列，得选优表第 1 号条件的误差表（见表 13-7，田中书中称作外表）。并根据公式(13-15) 计算误差表各样品的中点电压 $V_中$ 之值 $y_i(i=1,2,\cdots,18)$。

表 13-6　选优表及考核指标值

因素 条件号	A	B	C	D	E	F	$v=\frac{1}{18}\sum_{i=1}^{18}(y_i-6)^2$
1	1(28730)	1(61897)	2(865.96)	4(562.34)	3(1695.0)	2(102)	1.13
2	2(34807)	1	5(2053.5)	5(749.89)	5(2260.3)	4(200)	0.1
3	3(42170)	1	4(1539.9)	1(237.14)	4(1957.3)	1(73)	0.41
4	4(51090)	1	1(649.38)	3(421.70)	1(1271.1)	3(143)	0.3
5	5(61897)	1	3(1154.8)	2(316.23)	2(1467.8)	5(208)	1.71
6	1	2(74989)	3	3	4	4	2.2
7	2	2	2	2	1	1	0.63
8	3	2	5	4	2	3	0.06
9	4	2	4	5	3	5	0.08
10	5	2	1	1	5	2	0.23
11	1	3(90852)	1	5	2	1	4.15
12	2	3	3	1	3	3	1.61
13	3	3	2	3	5	5	1.47
14	4	3	5	2	4	2	0.07
15	5	3	4	4	1	4	0.27
16	1	4(110069)	4	2	5	3	4.28
17	2	4	1	4	4	5	4.78
18	3	4	3	5	1	2	1.54
19	4	4	2	1	2	4	0.97
20	5	4	5	3	3	1	0.13
21	1	5(133352)	5	1	1	5	3.15
22	2	5	4	3	2	2	3.21
23	3	5	1	2	3	4	4.39
24	4	5	3	4	5	1	2.04
25	5	5	2	5	4	3	1.35
Ⅰ	14.9	3.65	13.84	6.37	5.8	7.35	
Ⅱ	10.33	3.2	5.55	11.08	10.1	6.18	
Ⅲ	7.87	7.57	9.1	7.31	7.34	7.6	总和=40.26
Ⅳ	3.46	11.69	8.26	8.28	8.81	7.93	
Ⅴ	3.69	14.14	3.51	7.22	8.12	11.19	
R	11.44	10.94	10.33	4.71	4.21	5.0	

表 13-7 选优表第 1 号条件的误差因素水平表

因 素	A	B	C	D	E	F
水平 1	27293.5	58802.15	822.662	534.223	1610.25	51
水平 2	28730	61897	365.96	562.34	1695.0	102
水平 3	30166.5	64991.85	909.258	590.457	1779.75	153

选优表条件的好坏，应该用条件的误差表的 18 个样品的 $V_{中}$ 之值 y_i 与 6 的接近程度来衡量。若 18 个 y_i 都接近于 6，则该条件好；若 18 个 y_i 中一部分与 6 偏离较远，则该条件不好。故应以 $v=\frac{1}{18}\sum_{i=1}^{18}(y_i-6)^2$ 偏差均方作为考核稳定性好坏的指标，v 越小越好。

譬如通过第 1 号条件的误差表计算的 18 个 y_i，算得该条件的偏差均方 $v=1.12713$。像对第 1 号条件的表 13-8 那样，对选优表的每一号条件，把该条件每个因素的水平都取作水平 2，对于电阻的(水平 1)＝0.95×(水平 2)，(水平 3)＝1.05×(水平 2)，对于电流放大倍数 F 的(水平 1)＝0.5×(水平 2)，(水平 3)＝1.5×(水平 2)，来制定其误差因素水平表。代入正交表 $L_{18}(3^7)$ 中，像表 13-7 那样，得该条件的误差表。共计算误差表中各样品的 $V_{中}$ 之值 $y_i(i=1,2,\cdots,18)$ 与偏差均方 v 之值，分别将 v 之值填入表 13-6 的右栏。由表 13-6 知道直接看的好条件是第 8 号条件：

$A=42170$，$B=74989$，$C=2053.5$，$D=562.34$，$E=1467.8$，$F=143$。

其中 $v=0.06$。

表 13-8 选优表第 1 号条件的误差表与计算

试验号 \ 因素	A	B	C	D	E	F	$V_{中}=y_i$
1	1(27293.5)	1(58802.15)	3(909.258)	2(562.34)	2(1695)	1(51)	5.05
2	2(28730)	1	1(822.662)	1(534.223)	1(1610.25)	2(102)	5.06
3	3(30166.5)	1	2(865.96)	3(590.457)	3(1779.75)	3(153)	5.14
4	1	2(61897)	2	1	2	3	4.77
5	2	2	3	3	1	1	5.06
6	3	2	1	2	3	2	5.01
7	1	3(64991.85)	1	3	1	3	4.64
8	2	3	2	2	3	1	4.88
9	3	3	3	1	2	2	4.96
10	1	1	1	1	3	1	4.99
11	2	1	2	3	2	2	5.06
12	3	1	3	2	1	3	5.2
13	1	2	3	3	3	2	4.8
14	2	2	1	2	2	3	4.87
15	3	2	2	1	1	1	5.17
16	1	3	2	2	1	2	4.7
17	2	3	3	1	3	3	4.78
18	3	3	1	3	2	1	4.98

我们再将每个因素各水平 v 值之和Ⅰ，Ⅱ，Ⅲ，Ⅳ，Ⅴ与极差 R 之值求出来，并填入表 13-6 之下栏，由此可得算一算好的条件是：

A＝51090，$B=74989$，$C=2053.5$，$D=237.14$，$E=1271.1$，$F=102$。

其 $v=1.32737$。故确定直接看的好条件是第一轮的好条件。

(2) 确定下一轮的水平　首先由极差的大小，排出各因素的主次关系如下：A、B、C、F、D、E。

前三个较主要，后三个较次要。

从表 13-6 可以看出，对于 A，由于Ⅰ>Ⅱ>Ⅲ>Ⅴ>Ⅳ，故水平的好坏次序依次为水平 4、5、3、2、1，而且直接看的好水平是水平 3。说明第一轮的 A 可从 28730～61897 取得稍小，取第二轮 A 的范围为 38312～68129。

对于 B，由于Ⅴ>Ⅳ>Ⅲ>Ⅰ>Ⅱ，故水平的好坏次序依次为 2、1、3、4、5，而且直接看的好水平是 2，说明第一轮的 B 从 61897～133352 取得偏大，第二轮取成 51090～110069 为宜。

对于 C，由于Ⅰ>Ⅲ>Ⅳ>Ⅱ>Ⅴ，故水平 5 最好，但水平 2 第二好，直接看的好水平是水平 5，暂不变动，第二轮与第一轮相同，再看一遍。

对于 F，由于Ⅴ>Ⅳ>Ⅲ>Ⅰ>Ⅱ，且直接看的好水平是水平 3，说明第一轮的 F 从 73～280 取得稍大，第 2 轮取成 60～240 为宜。

对于 D,E 都是次要因素，且由于较好的水平在两端，不宜变动，故第二轮与第一轮相同，于是第二轮的因素水平表如表 13-9：

表 13-9　第二轮因素水平表

因　素	A	B	C	D	E	F
水平 1	38312	51090	649.38	237.14	1271.1	60
水平 2	44242	61897	865.96	316.23	1467.8	85
水平 3	51090	74989	1154.8	421.7	1695	120
水平 4	58997	90852	1539.9	562.34	1957.3	170
水平 5	68129	110069	2053.5	749.89	2260.3	240

类似地可以确定第三、四轮的因素水平表。为了打散设计条件，在将第二、三、四轮的因素水平表代入正交表时，采取了换列的手法，即第二轮因素水平表的因素 A、B、C、D、E、F 顺次排在 $L_{25}(5^6)$ 的第 2、3、4、5、6、1 列上，第三轮因素水平表的因素，顺次排在第 3、4、5、6、1、2 列上，第四轮的因素顺次排在第 4、5、6、1、2、3 列上。并按照 (1) 中的方法对各内表中参数组合的偏差均方进行计算。

(3) 计算结果与经济收益　我们将该电路原先使用的条件以及通过四轮参数选优得到的几组条件及其指标值列成表 13-10，由表 13-10 可知，经四轮参数选优得到的好条件：$A=51090$，$B=68129$，$C=562.34$，$D=749.89$，$E=2260.3$，$F=270$，其偏差均方 $v=0.02893$，约下降到原先的使用条件的 $v=0.11031$ 的四分之一，从而质量上有较大提高。

表 13-10　几组条件及其指标对照表

条件名称	A	B	C	D	E	F	v
原方案	6800	150000	3000	430	2400	60	0.11031
中心条件	42170	90852	1154.8	421.7	1695	143	0.831
第一轮算一算的好条件	51090	74989	2053.5	237.14	1271.1	102	1.32737
第一轮(直接看)的好条件	42107	74989	2053.5	562.34	1467.8	143	0.06117
第二轮算一算的好条件	44242	90852	1154.8	237.14	1467.8	170	0.43476
第二轮(直接看)的好条件	51090	74989	649.38	421.7	1695	85	0.03757
第三轮算一算的好条件	58997	61897	1211.5	562.34	1695	109.7	1.32092
第三轮(直接看)的好条件	58997	82540	825.4	237.14	2610.2	200	0.03047
第四轮算一算的好条件	51090	74989	1000	486.97	2487.9	109.7	0.03506
第四轮(直接看)的好条件	51090	68129	562.34	749.89	2260.3	270	0.02893

为了求出参数设计所带来的经济收益，我们来求 OTL 电路的质量损失函数。在

$$Q(y)=k(y-6)^2 \tag{13-16}$$

中设丧失机能界限 $\Delta_0=2V$ 时的损失 $D=5$ 元。于是由 $5=k\times 2^2$，得 $k=1.25$ 元/V^2。故

$$Q(y)=1.25(y-6)^2$$

当产品不只一件时，我们记 $E[(y-6)^2]=V$，则每件产品的平均损失，由

$$Q=E[Q(y)]=1.25V$$

来计算，在原机使用条件处与经参数设计选出的好条件处，按正交表 $L_{18}(3^7)$ 分别为 0.11031 与 0.02893。我们用 v 来估计 V，由：

$$Q=1.25V=1.25v$$

来计算，得

$$Q_1=1.25\times 0.11031=0.13789\text{ 元}$$

$$Q_2=1.25\times 0.02893=0.03616\text{ 元}$$

每件 OTL 电路经参数设计平均获经济收益为 $Q_1-Q_2=0.10173$ 元。若按每年产 12 万件计算，则经济收益为 12208 元。

13.2.3 容差设计

对于 OTL 电路元器件的容差，除了从技术上或使用上提出的专门要求以外，由于精度高的元器件成本费，究竟使用哪种精度的元器件？这应该由该元器件对指标的影响，通过质量损失函数和成本，从经济上进行仔细的规划。元器件的精度既影响到产品的成本损失，也影响到产品的质量损失，而且这两方面的影响通常是互相矛盾的。元器件的精度高，使质量提高，减少了质量损失，但价格贵，增加了成本损失。元器件的精度低，价格便宜，减少了成本损失，但使产品的质量下降，增加了质量损失。因此，这里就有一个元器件精度的选择问题很显然，最佳的精度选择应该使总损失 L＝质量损失 Q＋成本损失 C 最小。

(1) 每列因素的粗略设计　上一段，五个电阻都是采用一级品，即 A、B、C、D、E 的波动均为±5%；晶体管采用三级品，即放大倍数 F 的波动为±50%，在此前提下，经过表 13-7 四轮的计算，得到了好条件，其 $Q=0.03616$。现在，在这个好条件处，来选择六种元器件的最佳精度等级。

我们先计算当 A 采用一、二、三级品时的总损失。B、C、D、E、F 都按原来的波动保持不变，让 A 分别按±5%（一级品）、±10%（二级品）、±20%（三级品）的波动做误差表。对每张误差表从 18 个 y，算出偏差均方 v。得到表 13-11。

表 13-11　电阻 A 的粗略估计

等　级	波　动	v	$Q=1.25v$	C	L
一级品	±5%	0.02893	0.03616	0.020	0.05616
二级品	±10%	0.07213	0.09016	0.018	0.10816
三级品	±20%	0.24842	0.31052	0.015	0.32552

由于 $L_A(\pm 5\%)<L_A(\pm 10\%)<L_A(\pm 20\%)$，故 A 以一级品为好。

估计 B 时，是让 $A(\pm 5\%)$、C、D、E、F 的波动保持不变，仅对 B 采用三个等级的波动。其他元器件精度的选择完全类似。将各元器件是一级品、二级品、三级品时质量损失 Q 与总损失 L 列成表 13-12 是由计算机通过 6×2 张误差表做出的粗略规划。

(2) 误差表取样的整体核算　在（1）中，我们是孤立地把单个因素整个进行粗略估计。若把所有因素的好等级综合到一起，在整体上是否最优？这就需要进行一次整体核算。

表 13-12 各元器件精度规划表

级别	A		B		C		D		E		F	
	Q	L	Q	L	Q	L	Q	L	Q	L	Q	L
一级品	0.03616	0.05616	0.03616	0.05616	0.03616	0.05616	0.03616	0.05616	0.03616	0.05616	0.03610	1.73610
二级品	0.09016	0.10816	0.09034	0.10834	0.03646	0.05446	0.03619	0.05419	0.03644	0.05444	0.03611	1.43611
三级品	0.31052	0.32552	0.31489	0.32989	0.03757	0.05257	0.03626	0.05126	0.03751	0.05251	0.03616	1.13616

注：1. 电阻一、二、三级品的 C 分别为 0.02 元，0.018 元，0.015 元，波动分别为±5%，±10%，±20%。
2. 晶体管一、二、三级品的 C 分别为 1.7 元、1.4 元、1.1 元，波动分别为±10%、±25%、±50%。

由表 13-12 可知，A、B 为一级品，C、D、E、F 为三级品时较好，即 A、B 的波动为±5%，C、D、E 的波动为 20%，F 的波动为 50%，来做误差表，得到 $v=0.03169$，按(1)中的粗略设计，可得

$$
\begin{aligned}
v' &= \Delta_{vA}(5\%)+\Delta_{vC}(\pm 20\%)+\Delta_{vD}(\pm 20\%)+\Delta_{vE}(\pm 20\%)\\
&=0.02893+0.00112+0.00008+0.00108\\
&=0.03121
\end{aligned}
$$

二者很接近，这说明了粗略设计是切实可行的，可以通过它引出总损失很小的整体设计。事实上，一方面，由于误差因素的波动幅度比较小，另一方面，由于现在的偏差均方 v 的值已经很小，所以各列的平方和，从直观上来看，均为该列因素主效应的平方和，而不包含有（在“可以忽略不计”的意义下）其他列因素的交互作用的平方和在内。这是（1）中的粗略设计比较有效的道理。这种粗略设计不一定绝对最优。要想得到绝对最优的设计，只能对全部因素完全地比较等级组合，都用误差表进行计算。但这样做计算量比较大，常常不必要。许多实例表明，经过（1）的粗略设计，再加上一次整体核算，能够得到实际上较佳的精度设计（这个项目对于配全的 $3^6=729$ 个等级组合，都进行了误差表设计，结果表明，粗略设计的组合总损失最低，是绝对最优）。

（3）经济收益　对于表 13-10 中四轮的好条件，（2）中仅仅把 C、D、E 三个电阻，从一级品换成三级品，误差表的偏差均方 v 则从 0.02893 增加到 0.03169，净增了 0.00276，从而增加了质量损失 $\Delta Q=k\Delta v=1.25\times 0.00276=0.00345$ 元，但成本降低 0.015 元，每台总损失减少 0.011525 元。若按年产十二万台计算，由（2）中整体核算提供的容差设计，全年经济收益为 1383 元，按 13.2.2 的（3）中参数设计的经济收益 12208 元为低，两种设计的合计收益为 13591 元。

13.2.4 其他

（1）验证试验　我们将三次设计找到的好条件与原机使用条件列成表 13-13。在原方案中，电阻皆系一级品（误差±5%）。在新方案中，R_{b1}，R_{b2} 用一级品，R_{c1}，R_{c2}，R_f 用三级品（误差为±50%）。为了验证新方案的优越性，我们分别对新老方案进行有关离散性和温升可靠性方面的考核。设 $\frac{1}{\beta}\times\frac{\Delta\beta}{\Delta T_a}=1\%$，$\frac{1}{\beta}\times\frac{\Delta\beta}{\Delta T_a}=-2.5\text{V/℃}$。由 25℃上升至 75℃：温升 50℃时，对电路的 $|\Delta_{中}|$ 影响。其结果表明：经三次设计得到的新方案，显著地提高了电路对抑制 $V_{中}$ 漂移的能力，如表 13-13、表 13-14 所示。

（2）CAA（Computer Aided Analysis，计算机辅助分析）技术的应用　某厂曾在有关单位协助下，应用 CAA 技术，就中点电压的稳定性，对电路参数进行容差分析。图 13-4 中

表 13-13 原来方案与三次设计后方案对比

参　数	R_{b2}	R_{b1}	R_f	R_{c2}	R_{c1}	U_2
原方案	68kΩ	150kΩ	3kΩ	430Ω	2.4kΩ	60
新方案	51kΩ	68kΩ	560Ω	750Ω	2.4kΩ	270

表 13-14　温升可靠性考核表

	原方案		新方案	
$\beta_2(1+50\%)$	60	90	270	405
$V_{bc1}=V_{bc2}$	0.65V	0.525V	0.65V	0.525V
V_{bc2}	0.74V	0.715V	0.74V	0.715V
$V_中$	5.935V	5.371V	5.911V	5.900V
$\Delta V_中/16$	9.4%		0.18%	

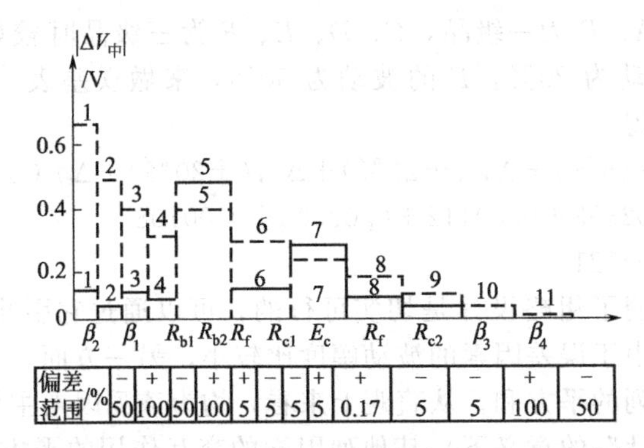

图 13-4　CAA 技术分析新旧方案中点电压的稳定性

虚线和实线分别为原方案和新方案中电路参数变化与｜$\Delta_中$｜的对应关系直方图。从中我们可以定性地发现如下规律。

① 凡属 $V_中$ 漂移大的电路，其诸种参数的组合，必定存在某种不合理性，比如当 BG_2 的放大倍数 β_2 取用较低数值时，$V_中$ 的漂移则是严重的。

② 凡属电路容差分析，考查其参数对 $V_中$ 的灵敏度总不外乎有两种类型：一种是较高的，另一种是较低的，比如 R_{b1}，R_{b2} 就属灵敏度较高的参数，因而选用精度误差为±5%的一级品较为妥当，而其余的 R_{c1}，R_{c2}，R_f 等就属于灵敏度较低的参数，故选用三级品也能满足电路的要求。

因此，从 CAA 的观点出发，参数优化的全过程就是：运用正交设计法重点突出个别元件的主要参数的灵敏度，压低大部分元器件参数的灵敏度，从而求得该电路最佳参数组合，并因灵敏度不同而选用不同精度级别的元器件，所以说，正交设计是通向电路参数优化的成功之路。

(3) 系统偏差的调整　将第四轮好条件的参数值，代入公式(13-15) 得函数值 $y=5.9913$V，比较接近目标值 6V，但用这组参数的元器件来实现组装 OTL 电路时，由于各个元器件存在着波动（A、B 的波动为±5%，C、D、E 的波动为±20%，F 的波动为±50%），$\sigma(y)=\sqrt{v}=0.17801$，所以对于组装好的一台电路，实测的若干次中点电压的平均数 $\bar{y}$ 同 6 有一定的系统偏差。

若这个系统偏差小于或等于 0.2828V，则为合格品（工厂调整返修费用为 $A=0.10$ 元，则出厂公差 $\Delta=\sqrt{\frac{A}{D}}$，$\Delta_0=\sqrt{\frac{0.1}{5}}\times 2=0.2828$)，不用调整。若系统偏差大于 0.2828V，则为不合格品，需要调整返修。为了消除这个系统偏差，把平均实测值调整到 6V 上去，通常是挑选平方和较大、线性关系较好以及容易改装，使其达到指定值的参数来进行调整。现在就来介绍这种调整方法。

首先我们就生产（组装）条件做一误差表，并计算各水平 y 的和Ⅰ、Ⅱ、Ⅲ、R 以及

$$S=\frac{1}{6}(\text{Ⅰ}^2+\text{Ⅱ}^2+\text{Ⅲ}^2)-\frac{1}{18}(\text{Ⅰ}+\text{Ⅱ}+\text{Ⅲ})^2$$

$$S_l=\frac{1}{12}(\text{Ⅲ}-\text{Ⅰ})^2$$

$$S_q=\frac{1}{36}(\text{Ⅰ}+\text{Ⅲ}-2\text{Ⅱ})^2$$

这些结果列成表13-15。

表13-15　组装条件诸因素的影响

	A	B	C	D	E	F
Ⅰ	35.1116	36.9002	35.7565	36.0116	36.2547	36.0851
Ⅱ	36.0092	35.9982	36.0097	36.0217	35.9695	35.9756
Ⅲ	36.8923	35.1147	36.2469	35.9798	35.7889	35.9524
R	1.7807	1.7855	0.4904	0.0419	0.4658	0.1327
S	0.264249	0.265677	0.020048	0.000159	0.018385	0.001674
S_l	0.264241	0.265667	0.020041	0.000084	0.018081	0.001467
S_q	0.000006	0.000065	0.000007	0.000075	0.000304	0.000207

对于分三个水平的因素，如果该列的 $S_l>160S_q$，则称线性项相对于二次项是显著的。这时可以“粗略地”认为：考核指标同该列因素的三个定量的水平呈线性关系。若 $S_l>4000S_q$，则称线性项相对于二次项是高度显著的，在表13-15中 $B=R_{b1}$ 的平方和最大，而且 $S_l=0.265667>4000S_q=0.04$，所以在本列没有其他因素的交互效应的前提下，中点电压 y 同电阻 B 的三个定量水平呈高度线性关系，我们用 B 的一次项进行调整。

由于 B 的中心值是68129，所以 B 的一次项系数的估计值：

$$\hat{b}=\frac{\frac{1}{6}[\text{Ⅲ}(B)-\text{Ⅰ}(B)]}{68129\times\frac{5}{100}\times2}=\frac{\frac{1}{6}\times(35.1147-36.9002)}{68129\times\frac{5}{100}\times2}=-0.000043679 \qquad (13\text{-}17)$$

因为Ⅲ(B) 与Ⅰ(B) 是6个 y_i 之和，所以 $\frac{1}{6}$ [Ⅲ$(B)-$Ⅰ(B)] 在平均的意义下是参数 B 的水平3与水平1处函数值（中点电压 y）之差，而 $68129\times\frac{5}{100}\times2$ 就是自变数 B 的水平3与水平1的距离。于是中点电压 y 与因素 B 的关系式为：

$$\begin{aligned} y &=-0.000043679(B-68129)+\frac{1}{18}\sum_{i=1}^{18}y_i \\ &=-0.000043679(B-68129)+6.0007 \end{aligned} \qquad (13\text{-}18)$$

若存在系统偏差，例如 $\bar{y}=6.3$，则中点电压 y 与因素 B 的关系式为

$$y=-0.000043679(B-69129)+6.3$$

在此式中令 $y=6$，解得

$$B=74997$$

如果把 B 的值调到74997Ω，则平均中点电压 y 就将达到6V。

（4）经济收益与综合评价　某厂新一代电视机在试生产阶段，由于原电路反漂移设计不行，当市电压超过240V时，就会引起末级管或电源保险丝大批烧毁，造成不应有的损失。采用新的系统设计和参数设计后，新组装的OTL电路圆满地解决了这个问题，从而避免了巨大的经济损失（这项成果已被评为浙江省1982年QC成果二等奖）。1983年该厂联合设计35HD1，35HD4型黑白电视机伴音通道，又获新成果。不仅实现了无调整，而且成本较前降低3.50元/台。

综上所述：通过对本课题的三次设计的初步探讨（包括验证试验和投产），我们得出以

下结论。

① 在现有元器件精度的情况下，通过参数设计与容差设计（而且 R_{c2}，R_{c1}，R_f 由一级品换成三级品）找到了高可靠性、高稳定性、高电性能以及低耗，不调整工艺就能降低成本的优化方案。有效地解决了中点电压稳定性的设计要求。

② 三次设计不仅符合和完善了 OTL 电路工作点稳定性设计的理论和实践，而且更重要的是：通过参数设计和容差设计，带来了巨大的经济收益。它首次将设计工作和经济效益直接联系起来，为我国新一代电子产品的设计闯出了一条新路。

13.3 依信噪 SN 比的稳定性择优设计

有些产品的特性值，并不要求靠近某个目标值 m，而是要求其误差样本的特性值互相靠近（稳定在其平均数附近）即可。如，不少电子线路，在设计阶段就保留一个可调参数（通常是电阻），在整机组装完成后通过调整这个参数的数值，使得整机的特性值达到目标值 m，因而不少设计人员习惯于使用信噪比这种指标。

本节将利用依信噪比的稳定性指标来对某工厂设计与制造的启动换向装置进行稳定性择优设计，得到装置性能优良的参数组合。

13.3.1 系统设计——问题的提出

某厂设计与制造的启动换向装置需要完成下列任务。

(1) 带动一定的负载在一定阻力作用下完成 6 个转换动作，且动作可靠，到位冲击力小，体积小，重量轻。

(2) 在 1s 内完成最长距离的换向动作。

(3) 在一定的压缩空气作用下，气耗量尽可能小。

通过分析，认为在 6 个转换动作中，最长的转换动作是关键，为此设计了最长转换动作的基本结构，建立了力学模型，如图 13-5。

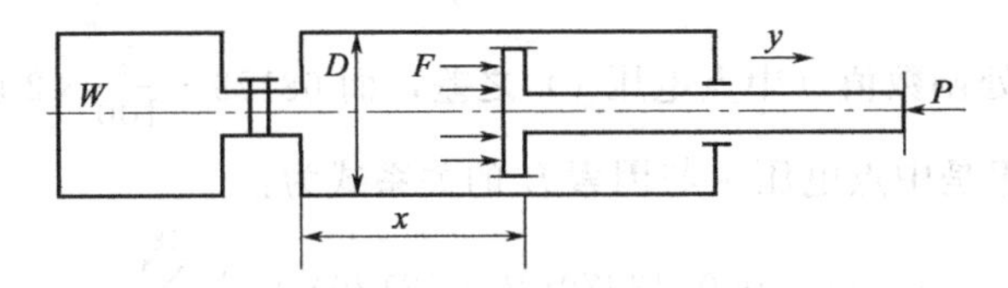

图 13-5 气动换向装置示意图

运动方程式为

$$y=\sqrt{\left(\frac{\pi}{2}A^2B-2F\right)Cg/N} \tag{13-19}$$

$$x=B\left[1-\frac{(4W)^k}{(4W+\pi A^2C)^k}\right] \tag{13-20}$$

式中，y 为换向末速度，是目标特性；x 为耗气压降量，参考特性；A 为换向活塞直径，待选参数；B 为气缸内气压，待选参数；C 为换向行程，待选参数；F 为换向阻力［取为 (750±20) N］；N 为系统重力［取为 (900±50) N］；W 为气瓶容积（取为 1.8L）；k 为绝热系数（$k=0.35$）；g 为重力加速度（$g=98000\text{mm/s}^2$）。

本设计以换向末速度作为考虑的系统输出特性，目标值为 $m=960$mm/s。本系统的输出特性是可计算的，称式(13-19) 为系统设计公式。

13.3.2 参数设计

(1) 可控参数及内表设计　本例待选换向活塞直径 A、气缸内气压 B、换向行程 C 为可控因素，A 选择范围在 22～26mm，B 为 2.2～3.0MPa，C 为 52～60mm。每个可控因素选择三个水平，如表 13-16 所示。

表 13-16　气动换向装置可控因素水平表

因素 水平	A/mm	B/MPa	C/mm
1	22	2.2	52
2	24	2.6	56
3	26	3.0	60

安排可控因素的正交表称为内正交表，相应的设计称为内设计。本例选用 $L_9(3^4)$ 作为内表进行内设计，具体内表设计如表 13-17 所示。

表 13-17　气动换向装置试验方案表（内表）

因素 试验号	A/mm	B/MPa	C/mm	(e)
	1	2	3	4
1	1(22)	1(2.2)	1(52)	1
2	1	2(2.6)	2(56)	2
3	1	3(3.0)	3(60)	3
4	2(24)	1	3	3
5	2	2	3	1
6	2	3	1	2
7	3(26)	1	3	2
8	3	2	1	3
9	3	3	2	1

（2）误差因素水平表及外表设计　安排考虑误差因素，是为模拟内干扰、外干扰及产品间干扰误差因素，以探求抗干扰性好，质量性能稳定、可靠的方案。本例，换向活塞直径、缸内气压、换向行程均有误差，在参数设计中当把它们作为可控因素考虑时，实际上是优选它们的名义值（或公称值），由于它们均有误差，故亦可作误差因素考虑，用以考察它们对输出特性波动的影响。当它们作为误差因素考虑时，分别记为 A'、B'、C'以示可控因素 A、B、C 相区别。另外，换向阻力和系统重量亦是误差因素，分别记为 F'和 N'。由于这两个误差因素的名义值是固定的，没有当作可控因素优选，因此亦可称为纯误差因素，表 13-18 为本例误差因素水平表。

表 13-18　误差因素水平表

因素 误差	A'/mm	B'/MPa	C'/mm	F'/N	N'/N
1	名义值－0.1	名义值－0.2	名义值－0.2	730	850
2	名义值	名义值	名义值	750	900
3	名义值＋0.1	名义值＋0.2	名义值＋0.2	770	950

对于内表中 1 号试验，其误差因素水平表如 13-19 所示。

表 13-19　内表中 1 号试验因素水平表

因素 误差	A'	B'	C'	F'	N'
1	21.9	2.1	51.8	730	850
2	22.0	2.2	52.0	750	900
3	22.1	2.3	52.2	770	950

安排误差因素的正交表称为外表，相应的设计称为外设计。本例选用 $L_{18}(2\times3^7)$ 为外表，以内表中 1 号试验进行误差分析，去掉表 $L_{18}(2\times3^7)$ 中二水平列及其他任意两个三水平列，将表 13-19 参数安排到表 13-20 中。

(3) 输出特性值及 SN 的计算　对每张外表，按系统设计公式(13-19) 计算各号条件下的输出特性。下面以内表 13-17 中的第一号试验条件为例，说明输出特性的详细算法。由表 13-17 第一号条件知，各误差因素均取 1 水平，从表 13-20 中查出相应值为：

$A'=21.9$，$B'=2.0$，$C'=51.8$，$F'=730$，$N'=850$，代入公式(13-19) 得

$$y=\sqrt{\left(\frac{\pi}{2}\times21.9^2\times2.0-2\times730\right)\times51.8\times9800\div850}$$
$$=167\text{mm/s}$$

使用 WPS Excel 或 Windows Office Excel 仿此可以算出其他 1 号条件的 y 值，计算结果填入表 13-20 中。表 13-20 中最后一列为 y 与目标值 $m=9600\text{mm/s}$ 的偏差。在表 13-20 的第 10 号、13 号方案中，计算 y 值时，根号内出现负值，失去意义，故假定 $y=0$。具体方法如图 13-6 所示。

表 13-20　内表中 1 号试验的外表及输出特性值

试验号＼因素	A'	B'	C'	F'	N'	y/(mm/s)	$y-860$/(mm/s)
	2	3	4	5	6		
1	1	1	1	1	1	167	−793
2	1	2	2	2	2	299	−661
3	1	3	3	3	3	380	−580
4	2	1	1	2	2	108	−852
5	2	2	2	3	3	267	−693
6	2	3	3	1	1	468	−546
7	3	1	2	1	3	200	−760
8	3	2	3	2	1	326	−624
9	3	3	1	3	2	412	−548
10	1	1	1	3	2	0	−960
11	1	2	1	1	3	325	−578
12	1	3	2	2	1	430	−530
13	2	1	2	3	1	0	−960
14	2	2	3	1	2	348	−612
15	2	3	1	2	3	417	−541
16	3	1	3	2	3	136	−824
17	3	2	1	3	1	297	−663
18	3	3	2	1	2	465	−495

对内表中其他各号方案的输出特性计算同样可以参考图 13-6 的方法进行计算，计算结果填在表 13-21 中。

以表 13-20 为例说明 SN 比的计算方法。根据公式(13-7)：

$$\eta=10\lg\frac{\frac{1}{n}(S_m-V_e)}{V_e}$$

式中，$n=18$

$$S_m=\frac{1}{n}\left(\sum_{i=1}^{n}y_i\right)^2$$
$$=\frac{1}{18}(167+299+\cdots+465)^2$$
$$=1418497.49\tag{13-21}$$

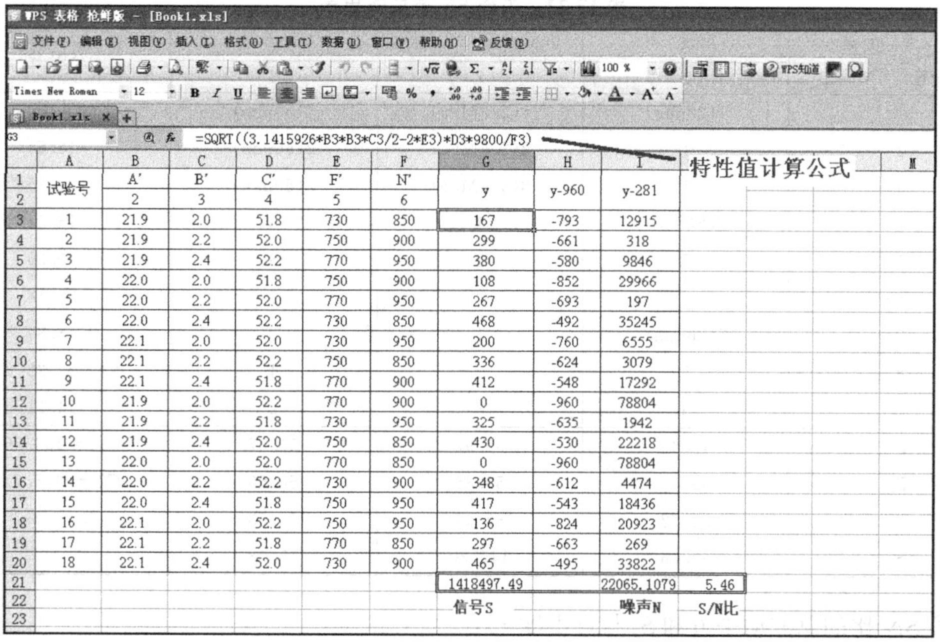

WPS 表格 抢鲜版 - [Book1.xls]

G3　=SQRT((3.1415926*B3*B3*C3/2-2*E3)*D3*9800/F3)　特性值计算公式

	A	B	C	D	E	F	G	H	I
1	试验号	A′	B′	C′	F′	N′	y	y-960	y-281
2		2	3	4	5	6			
3	1	21.9	2.0	51.8	730	850	167	-793	12915
4	2	21.9	2.2	52.0	750	900	299	-661	318
5	3	21.9	2.4	52.2	770	950	380	-580	9846
6	4	22.0	2.0	51.8	750	900	108	-852	29966
7	5	22.0	2.2	52.0	770	950	267	-693	197
8	6	22.0	2.4	52.2	730	850	468	-492	35245
9	7	22.1	2.0	52.0	730	950	200	-760	6555
10	8	22.1	2.2	52.2	750	850	336	-624	3079
11	9	22.1	2.4	51.8	770	900	412	-548	17292
12	10	21.9	2.0	52.2	770	900	0	-960	78804
13	11	21.9	2.2	51.8	730	950	325	-635	1942
14	12	21.9	2.4	52.0	750	850	430	-530	22218
15	13	22.0	2.0	52.0	770	850	0	-960	78804
16	14	22.0	2.2	52.2	730	900	348	-612	4474
17	15	22.0	2.4	51.8	750	950	417	-543	18436
18	16	22.1	2.0	52.2	750	950	136	-824	20923
19	17	22.1	2.2	51.8	770	850	297	-663	269
20	18	22.1	2.4	52.0	730	900	465	-495	33822
21							1418497.49		22065.1079　5.46
22							信号S		噪声N　S/N比

图 13-6　使用 Excel 对内表中 1 号试验的特性值及信噪比计算

表 13-21　内表中各号方案输出特性值及 *SN* 比

试验号	输出特性值/(mm/s)																		*SN* 比
	y_1	y_2	y_3	y_4	y_5	y_6	y_7	y_8	y_9	y_{10}	y_{11}	y_{12}	y_{13}	y_{14}	y_{15}	y_{16}	y_{17}	y_{18}	η/dB
1	167	299	380	108	267	414	200	336	412	0	382	430	0	348	416	136	297	465	5.46
2	473	529	575	444	502	658	469	566	608	405	536	627	429	562	602	445	541	648	16.64
3	669	705	735	640	677	822	653	746	772	811	703	794	638	734	759	934	724	775	21.25
4	464	538	596	434	510	679	459	573	628	395	544	650	417	570	622	464	548	667	15.51
5	692	738	777	661	710	863	672	855	813	634	734	759	661	765	798	654	757	823	20.39
6	792	821	847	763	794	920	766	863	882	743	811	907	772	844	863	754	846	909	23.18
7	668	731	784	637	702	869	649	770	818	610	728	844	635	758	804	630	749	851	18.89
8	799	838	871	769	809	954	771	878	906	750	830	932	778	860	887	758	861	933	22.32
9	979	1006	1031	946	975	1121	942	1053	1070	929	990	1099	962	1028	1045	931	1037	1094	24.51

$$V_e = \frac{1}{n-1}\sum_{i=1}^{n}(y_i - \bar{y})^2 = 22065.1079$$

$$\eta = 10\lg\left(\frac{\frac{1}{18}\times(1418497.49 - 22065.1079)}{22065.1079}\right) = 5.46\text{dB} \tag{13-22}$$

仿上述特性值及 *SN* 表的计算方法，计算其他各号条件的 *SN* 比，其结果见表 13-21 所示。

(4) 内表的统计分析　将表 13-21 中的 *SN* 比数据填入表 13-17 中，得表 13-22。

对表中结果进行如下分析计算。

① 总和 T 与修正项 CT

$$T = \sum_{i=1}^{n}\eta_i = (5.46 + 16.64 + \cdots + 24.51) = 168.26 \tag{13-23}$$

$$CT^2 = \frac{1}{9}T^2 = \frac{1}{9}\times 168.26^2 = 3145.7142$$

表 13-22　内表 *SN* 结果输出表

试验号 \ 因素	A	B	C	SN 比
	1	2	3	
1	1(22mm)	1(2.2MPa)	1(52mm)	5.46
2	1	2(2.6MPa)	2(56mm)	16.64
3	1	3(3.0MPa)	3(60mm)	21.25
4	2(24mm)	1	3	15.51
5	2	2	3	20.39
6	2	3	1	23.18
7	3(26mm)	1	3	18.89
8	3	2	1	22.32
9	3	3	2	24.51
T_1	43.46	39.97	51.07	T=168.26
T_2	59.08	59.35	56.66	CT=3145.7142
T_3	65.72	68.94	60.53	S_r=263.14
S	87.06	145.20	15.08	

② SN 比的总波动平方和 S_r 与自由度 f_r：

$$S_r=\sum_{i=1}^{9}\eta_i^2-CT^2$$
$$=(5.46^2+16.64^2+\cdots+24.51^2)-3145.7142$$
$$=263.14\qquad (f_r=n-1=8)\tag{13-24}$$

③ 各列 SN 比的部分和 T_1、T_2、T_3

以第 1 列为例

$$T_1=\eta_1+\eta_2+\eta_3=5.46+16.64+21.25=43.35$$
$$T_2=\eta_4+\eta_5+\eta_6=15.51+20.39+23.18=59.08$$
$$T_3=\eta_7+\eta_8+\eta_9=18.89+22.32+24.51=65.72$$

验证

$$T_1+T_2+T_3=43.35+59.08+65.72=T$$

④ 各列 SN 比的波动平方和 S_i 和自由度 f_i

$$S_i=\frac{1}{3}(T_1^2+T_2^2+T_3^2)-CT^2\tag{13-25}$$

仍以第 1 列为例

$$S_1=S_A=\frac{1}{3}\times(43.35^2+59.08^2+65.72^2)-3141.6025$$
$$=87.99\qquad (f_1=f_A=2)\tag{13-26}$$

仿此可计算得其他各列的波动平方和。$L_9(3^4)$ 为完全正交表，应有如下分解公式：

$$S_T=\sum_{j}^{4}S_j$$

事实上

$$S_1+S_2+S_3+S_4=87.99+146.38+15.45+16.21=266.03=S_T$$

(5) SN 比的方差分析　将上述计算结果整理为方差分析表（见表 13-23）。由于表中因素 C 的影响较小，可以忽略，将其与 e 一起记入误差中，形成误差 $\tilde{e}$ 项，自由度为 4。$\rho(\%)$ 为各因素的影响比重，因素影响越显著，则其占的影响比重越大。

表 13-23　SN 比的方差分析

来　源	S	f	V	F	S'	ρ/%
A	87.99	2	43.99	5.56	72.10	27.1
B	146.38	2	73.19	9.25①	130.62	49.1
C	15.45	2	—	—		
e	16.21	2	—	—		
$\tilde{e}$	31.66	4	7.91		63.32	23.8
T	266.03	8			266.04	100

① 显著项。

$$F_4^2(0.05)=6.94 \qquad F_4^2(0.01)=18.00$$

方差分析表明，因素 B 对 SN 比的影响（即对输出特性波动的影响）是显著的，因素 A 次之，而因素 C 的影响也忽略不计。

(6) 最佳方案的选择　由于 SN 比以大为好，对照内表 13-22 可以看出，影响大的因素有：

$$A_3=26\text{mm}，B_3=3.0\text{MPa}$$

而影响小的因素 C 的水平原则上可以任意选。为使输出特性接近目标值，下面计算 C 的不同水平相应的 y 值。在计算过程中，取

$$F=750\text{N}，N=900\text{N}$$

计算结果如表 13-24。

表 13-24　C_1、C_2、C_3 条件下 y 的值

方　案	参数值	y 值/(mm/s)
$A_3B_3C_1$	$A=26,B=3.0,C=52$	977
$A_3B_3C_2$	$A=26,B=3.0,C=56$	1014
$A_3B_3C_3$	$A=26,B=3.0,C=60$	1049

由此可见，待选参数中应取 $A_3B_3C_1$，即

$$A=26\text{mm}，B=3.0\text{MPa}，C=52\text{mm}$$

至此，完成了参数设计。

13.3.3　容差设计

参数设计确定了组成产品（系统）的最佳参数以后，下一步考虑各参数的波动对输出特性的影响。从经济性角度考虑，在不增加社会总损失的前提下，对影响大的参数有无必要给予较小的容差范围，此即容差设计。

(1) 误差因素水平表及外表设计　以参数设计选出的最佳参数为名义值，仍按原误差因素的波动范围（一般是三级品的波动范围），设计相应于最佳条件的误差因素水平表，见表 13-25。

表 13-25　最佳条件的误差因素水平表

因素＼水平	A'	B'	C'	F'	N'
1	25.9	2.8	51.8	730	850
2	26.0	3.0	52.0	740	900
3	26.1	3.2	52.2	750	950

仍选 $L_{18}(2\times3^7)$ 为外表，其结果如表 13-26 所示。以第 1 号条件为例，输出特性为：

$$y=\sqrt{\left(\frac{\pi}{2}\times25.9^2\times2.8-2\times730\right)\times51.8\times9800\div850}$$
$$=943\text{mm/s}$$

表 13-26 最佳条件的外表及输出特性值

试验号＼因素	A' 2	B' 3	C' 4	F' 5	N' 6	y /(mm/s)	$y-960$ /(mm/s)
1	1	1	1	1	1	943	−17
2		2	2	2	2	970	10
3	1	3	3	3	3	1004	44
4	2	1	1	2	2	912	−48
5	2	2	2	3	3	951	−9
6	2	3	3	1	1	1089	120
7	3	1	2	1	3	909	−51
8		2	3	2	1	1015	55
9	3	3	1	3	2	1042	82
10	1	1	1	3	2	908	−52
11	1	2	1	1	3	953	−7
12	1	3	2	2	1	1059	99
13	2	1	2	3	1	940	−20
14	2	2	3	1	2	990	30
15	2	3	1	2	3	1007	47
16	3	1	3	2	3	898	−62
17	3	2	1	3	1	1011	51
18	3	3	2	1	2	1055	95
T_1	77	−250	108	170	288		
T_2	120	130	124	101	117		
T_3	170	487	135	96	−38		

（2）输出特性的方差分析　下面对表 13-26 所列输出特性值进行方差分析，列于表下方。

① 总偏差平方和 $S_{r'}$ 的计算

$$S_{r'}=\sum_{i=1}^{n}(y_i-m)^2=\sum_{i=1}^{18}(y_i-960)^2$$
$$=(-17)^2+10^2+\cdots+95^2$$
$$=62993 \tag{13-27}$$
$$f_{r'}=n=18$$

$S_{r'}$ 的分解公式为

$$S_{r'}=\sum_{i=1}^{n}(y_i-m)^2$$
$$=n(\bar{y}-m)^2+\sum_{i=1}^{n}(y_i-\bar{y})^2 \tag{13-28}$$

记

$$S_m=n(\bar{y}-m)^2,\ f_m=1 \tag{13-29}$$

此为系统偏差引起的平方和。

$$S_r=\sum_{i=1}^{n}(y_i-\bar{y})^2, f_r=n-1 \tag{13-30}$$

此为随机误差引起的波动平方和。

将 $S_{r'}$ 进一步分解：

$$S_r = S_{A'} + S_{B'} + S_{C'} + S_{F'} + S_{N'} + S_e \tag{13-31}$$

S_e是除了误差因素 A'、B'、C'、F'、N'以外，其他误差因素引起的波动平方和。

注意到各误差因素的水平是等间隔的，还可以用正交多项式回归进一步分解，例如：

$$S_{A'} = S_{A'l} + S_{A'q} \tag{13-32}$$

等等。

将式(13-32) 代入式(13-31)，可得总偏差平方和 $S_{r'}$ 的分解公式为

$$S_{r'} = S_m + (S_{A'l} + S_{A'q}) + (S_{B'l} + S_{B'q}) + (S_{C'l} + S_{C'q}) + (S_{F'l} + S_{F'q}) + (S_{N'l} + S_{N'q}) + S_e \tag{13-33}$$

下面对 $S_{r'}$ 组成的各项进行分别计算。

② 各种波动平方和的计算

$$S_m = n(\bar{y} - m)^2 = \frac{1}{n}[\sum(y_i - m)]^2$$

$$= \frac{T^2}{n} = \frac{367^2}{18} = 7483 \qquad (f_m = 1)$$

$$S_{A'} = \frac{1}{6}(T_1^2 + T_2^2 + T_3^2) - CT$$

$$= \frac{1}{6} \times (77^2 + 120^2 + 170^2) - 7483$$

$$= 722 \qquad (f_{A'} = 2)$$

$$S_{A'l} = \frac{(-T_1 + 0 + T_3)^2}{6 \times 2} = \frac{(-77 + 170)^2}{12}$$

$$= 721 \qquad (f_{A'l} = 1)$$

$$S_{A'q} = \frac{(T_1 - 2T_2 + T_3)^2}{6 \times 6} = \frac{(77 - 2 \times 120 + 170)^2}{36}$$

$$= 1 \qquad (f_{A'q} = 1)$$

仿此可以算的

$$\begin{cases} S_{B'} = 45279 \\ S_{B'i} = 45264 \\ S_{B'q} = 15 \end{cases} \quad \begin{cases} S_{C'} = 61 \\ S_{C'i} = 61 \\ S_{C'q} = 0 \end{cases} \quad \begin{cases} S_{F'} = 570 \\ S_{F'i} = 456 \\ S_{F'q} = 114 \end{cases} \quad \begin{cases} S_{N'} = 8863 \\ S_{N'i} = 8856 \\ S_{N'q} = 7 \end{cases}$$

③ 方差分析　将上述结果整理为方差分析表（见表 13-27）。

表中利用分解公式计算，即：

$$S_e = S_{r'} - (S_m + S_{A'} + S_{B'} + S_{C'} + S_{F'} + S_{N'}) \tag{13-34}$$

将标有记号“Δ”的项加以合并，得：

$$S_{\tilde{e}} = S_e + S_{A'q} + S_{B'q} + S_{C'q} + S_{F'q} + S_{N'q} \tag{13-35}$$

由表 13-27 可以看出，对输出特性影响最大的因素主要有误差因素 B'，呈线性关系，贡献率 $\rho_{B'l} = 71.84\%$；其次是误差因素 N'，也呈线性关系，贡献率 $\rho_{N'l} = 14.04\%$；再则是系统偏差，贡献率 $\rho_m = 11.87\%$，其他均可忽略不计。

(3) 系统偏差的校正　为了校正系统偏差，必须找线性贡献率大的因素作为调整因素，由表 13-27 可见，选取 B'是适宜的。

首先配置 y 与诸误差因素的正交多项式回归，由表 13-27 可见，B'、N'为显著因素，且与 y 呈线性关系，所求回归方程可设为

$$\hat{y} = \bar{y} + b_{1B'}(B' - \bar{B}') + b_{1N'}(N' - \bar{N}') \tag{13-36}$$

表 13-27 输出特性的方差分析表

来 源		S	f	V	S'	$\rho/\%$
m		7483	1	7483	7474.75	11.87
A'	l	721	1	721	712.75	1.13
	q	1△	1△	—	—	—
B'	l	45264	1	45264	45255.75	71.84
	q	15△	1△	—	—	—
C'	l	61△	1△	—	—	—
	q	0△	1△	—	—	—
F'	l	456	1	456	447.75	0.71
	q	114	1	114	105.75	0.17
N'	l	8856	1	8856	8847.75	14.04
	q	7△	1△	—	—	—
e		15△	7△	—	—	—
$(\tilde{e})$		(99)	(12)	(8.25)	(148.50)	(0.24)
T'		62993	18	3499.6	62.993	100

式中

$$\bar{y}=980$$

$$b_{1B'}=\frac{W_{11}T_1+W_{21}T_2+W_{31}T_3}{r\lambda_1 S_1 h_{B'}}$$

$$=\frac{-1\times(-250)+0\times130+1\times487}{6\times2\times0.2}=307.08 \tag{13-37}$$

$$\bar{B}'=3.0$$

$$b_{1N'}=\frac{-1\times288+0\times117+1\times(-38)}{6\times2\times50}=-0.54$$

$$\overline{N}'=900$$

故所求正交多项式回归方程为

$$\hat{y}=980+307.08(B'-3.0)-0.54(N'-900) \tag{13-38}$$

选取线性贡献率最大的因素 B' 作为调整因素。具体做法如下。

令 $\hat{y}=960$，由下式

$$960=980+307.08(B'-3.0)$$

解得 $B'=2.93$

只要把 B' 的名义值从原先的 3.0，调整为 2.93，便可基本消除系统偏差，使 $\tilde{\rho}_m\approx0$。

(4) 容差设计

① 损失函数建立　本例为望目特性，y 的目标值 $m=960\text{mm/s}$，故损失函数为

$$L(Y)=k(Y-960)^2 \tag{13-39}$$

n 件产品的平均损失为

$$\overline{L}(y)=k\frac{1}{n}\sum_{i=1}^{n}(y_i-960)^2=kV_{r'} \tag{13-40}$$

由表 13-27 可知 $V_{r'}=3499.6$，所以 $\overline{L}(y)=3499.6k$

本例由于 A、A'不好确定，所以不具体计算 k 值。

② 容差设计　倘若把贡献率最大的误差因素 B' 的容差压缩一般，即从原来的 $\Delta=0.2$，变为 $\Delta=0.1$，由于 B' 与 y 呈线性关系，故新的贡献率为：

$$\tilde{\rho}_{B'l}=\left(\frac{1}{2}\right)^2\rho_{B'l}=\frac{1}{4}\times71.84\%$$

另一方面，由于将 B' 的名义值从 3.0 调整为 2.93，致使 $\tilde{\rho}_m \approx 0$。于是，平均质量损失为：

$$\tilde{L}(y) = k \times \left[\frac{1}{4} \times 71.84\% + 0 \times 11.87\% + (1 - 11.87\% - 71.84\%)\right] V_{r'}$$

$$= k \times 0.3425 k V_{r'}$$

$$\frac{\tilde{L}(y)}{L(y)} = \frac{0.3425 k V_{r'}}{k V_{r'}} = 34.25\%$$

此外，还要考虑由于压缩 B' 的容差所增加的费用，如果平均质量损失降低的费用大于成本增加的费用，则压缩 B' 的容差是可行的，否则是不适宜的。本例经分析，压缩 B' 的容差是可行的。

至此，我们完成了气动转换装置的优化设计，最后的结论是：

$A = (26 \pm 0.1)\text{mm}$，$B = (2.93 \pm 0.10)\text{MPa}$，$C = (52 \pm 0.2)\text{mm}$

习　题

1. 解释稳定性择优的概念，并说明稳定性择优的思想和意义。

2. 一种电器的功率与电路电压和电器阻值的关系是 $P = \frac{U^2}{R}$，功率 P 的目标值是 0.5W，电路的电压 U 有 1.5V，3.0V，4.5V，6.0V 这 4 种水平选择。为了达到功率的目标值是 0.5W，电压 U 和电阻 R（单位：Ω）之间可以有 4 种搭配方式(1.5，4.5)，(3.0，18.0)，(4.5，40.5)，(6.0，72.0)。在电压 U 的 1.5V，3.0V，4.5V，6.0V 这 4 种水平下分别会有 ±0.1V，±0.14V，±0.17V，±0.20V 的波动，在电阻 R 的每种水平下实际会有 10% 的波动。问应该选择电压 U 和电阻 R 的哪一种搭配方式才能使电器的功率最稳定。

3. 依偏差均方的稳定性指标与依信噪 SN 比的稳定性指标的差异是什么。

4. 设计某个电感电路，此电路由电阻 R[单位为 Ω]，电感 L[单位为 H] 组成，当输入交流电的电压为 V[单位为 V]，频率为 f[单位为 Hz] 时，输出电流的强度 y 为：

$$y = \frac{V}{\sqrt{R^2 + (2\pi f L)^2}} \quad (y \text{ 的单位为 A})$$

用户对输出电流强度的容许范围为 (10±4)A，若超出此范围后的机能损失为 16 元，电阻 R，电感 L 三等品波动 10%，二等品 5%，价格比三等品贵 3 元，一等品波动 1%，价格比三等品贵 5 元。

根据依均方偏差的稳定性指标求 R,L 的稳定参数组合并要求上述电路输出电流强度为 10A，波动越小越好（R 选择范围为 0～10Ω，L 为 0～0.03H。电压为 100V，频率为 50Hz，电压和频率波动为 ±10%）。

5. 结合你的工作找出一个稳定性择优设计的问题，用所学的方法解决这个问题。

第 14 章 试验设计与数据分析中的软件应用

计算机应用统计软件的发展给试验设计与数据分析带来极大的便利，利用软件可以实现试验设计、简单计算、绘图、方差分析、多元回归设计等具体应用。本章主要介绍应用分析软件在设计与分析中的常见应用方法，主要包括正交设计助手、DSP 数据处理系统、SPSS、Design-Expert、Minitab 等试验设计与分析软件。

14.1 正交助手在正交设计统计分析中的应用

正交助手至少可以辅助试验设计人员安排试验及极差分析和方差分析，同时也可以进行有交互作用的正交试验及极差、方差分析，我们以此为例来进行讲解。在利用正交设计助手完成正交设计统计分析之前，首先将正交设计助手软件安装在电脑上。以下说明使用方法。

使用正交设计助手安排【例 1-6】的有交互作用的正交试验，并对其进行极差分析，操作方法和分析结果见图 14-1～图 14-9。

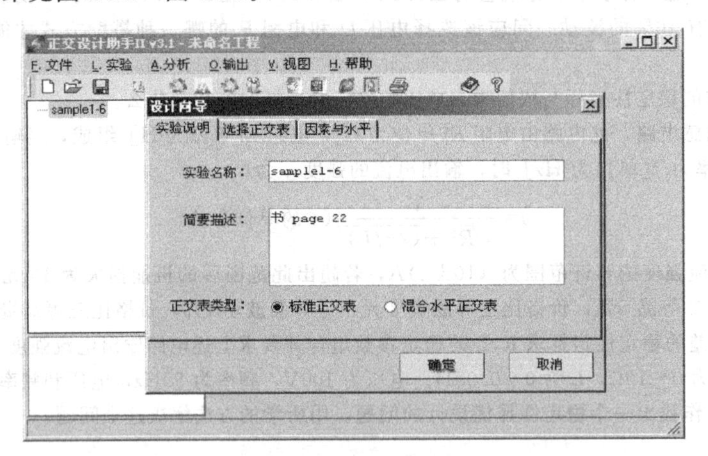

图 14-1 新建试验

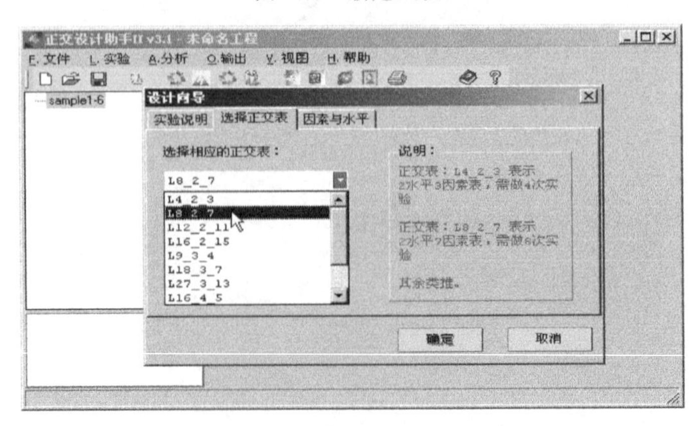

图 14-2 选择合适正交表

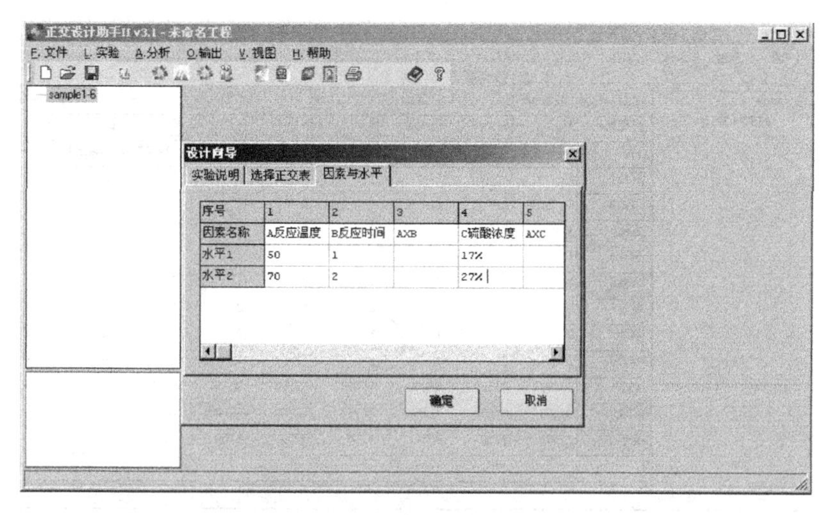

图 14-3　填写因素水平

所在列	1	2	3	4	5	7	
因素	A反应温度	B反应时间	AXB	C硫酸浓度	AXC	D操作方法	实验结果
实验1	50	1		17%		搅拌	65
实验2	50	1		27%		不搅拌	74
实验3	50	2		17%		不搅拌	71
实验4	50	2		27%		搅拌	73
实验5	70	1		17%		不搅拌	70
实验6	70	1		27%		搅拌	73
实验7	70	2		17%		搅拌	62
实验8	70	2		27%		不搅拌	67

图 14-4　软件安排试验并输入试验结果

	1	2	3	4	5	6	7	
	A反应温度	B反应时间	AXB	C硫酸浓度	AXC	Null	D操作方法	实验结果
实验1	50	1		17%			搅拌	65
实验2	50	1		27%			不搅拌	74
实验3	50	2		17%			不搅拌	71
实验4	50	2		27%			搅拌	73
实验5	70	1		17%			不搅拌	70
实验6	70	1		27%			搅拌	73
实验7	70	2		17%			搅拌	62
实验8	70	2		27%			不搅拌	67

图 14-5　极差分析

正交设计助手II v3.1 - 未命名工程

F.文件 L.实验 A.分析 O.输出 V.视图 H.帮助

sample1-6

实验计划表 直观分析表

所在列	1	2	3	4	5	6	7	
因素	A反应温度	B反应时间	AXB	C硫酸浓度	AXC	Null	D操作方法	实验结果
实验1	1	1	1	1	1	1	1	65
实验2	1	1	1	2	2	2	2	74
实验3	1	2	2	1	1	2	2	71
实验4	1	2	2	2	2	1	1	73
实验5	2	1	2	1	2	1	2	70
实验6	2	1	2	2	1	2	1	73
实验7	2	2	1	1	2	2	1	62
实验8	2	2	1	2	1	1	2	67
均值1	70.750	70.500	67.000	67.000	69.000	68.750	68.250	
均值2	68.000	68.250	71.750	71.750	69.750	70.000	70.500	
极差	2.750	2.250	4.750	4.750	0.750	1.250	2.250	

图 14-6　极差分析表

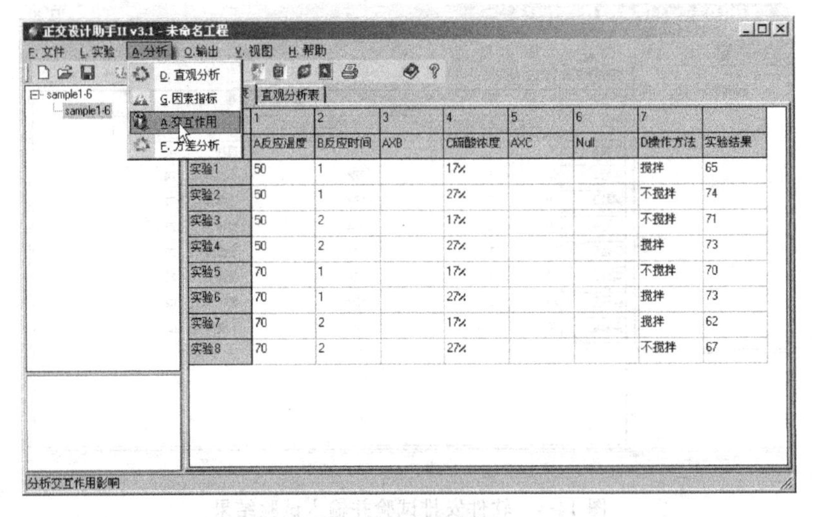

图 14-7　交互作用

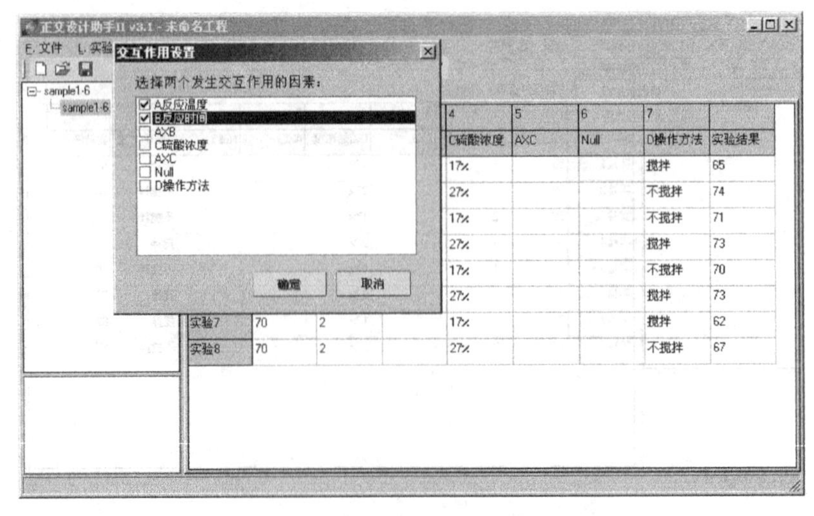

图 14-8　选择发生交互作用的因素 A 和 B

正交设计助手II v3.1 - 未命名工程
F. 文件　L. 实验　A.分析　O.输出　V. 视图　H. 帮助
sample1-6
sample1-6
实验计划表　直观分析表　交互作用表
B反应时间　A反应温度
50　70
1　69.500　71.500
2　72.000　64.500

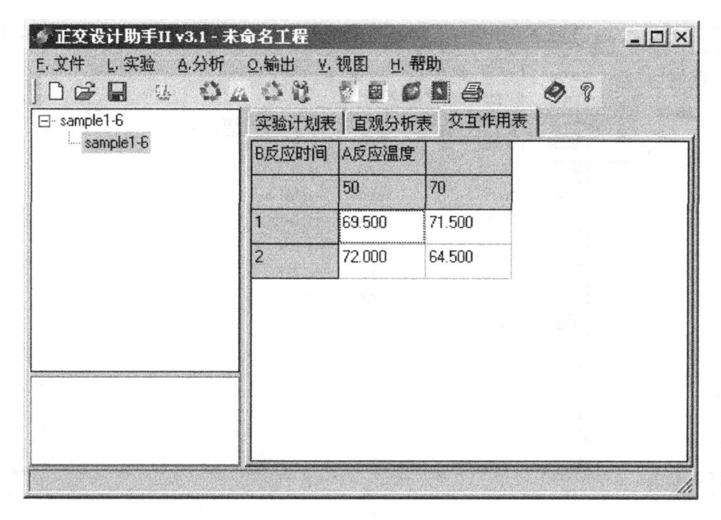

图 14-9　交互作用表

使用正交设计助手对【例 2-2】的有交互作用的正交试验进行方差分析时，用以下命令（图 14-10～图 14-14）。

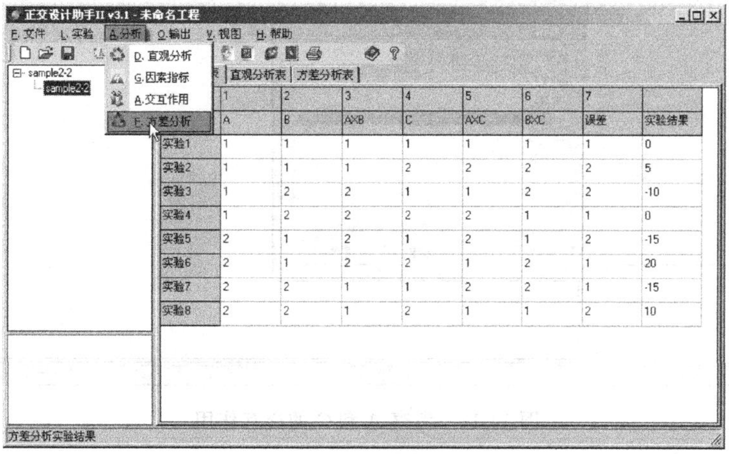

正交设计助手II v3.1 - 未命名工程
F. 文件　L. 实验　A.分析　O.输出　V. 视图　H. 帮助
D. 直观分析
G.因素指标
A.交互作用
E. 方差分析
sample2-2
sample2-2
直观分析表　方差分析表
1　2　3　4　5　6　7
A　B　AXB　C　AXC　BXC　误差　实验结果
实验1　1　1　1　1　1　1　1　0
实验2　1　1　1　2　2　2　2　5
实验3　1　2　2　1　1　2　2　-10
实验4　1　2　2　2　2　1　1　0
实验5　2　1　2　1　2　1　2　-15
实验6　2　1　2　2　1　2　1　20
实验7　2　2　1　1　2　2　1　-15
实验8　2　2　1　2　1　1　2　10
方差分析实验结果

图 14-10　方差分析

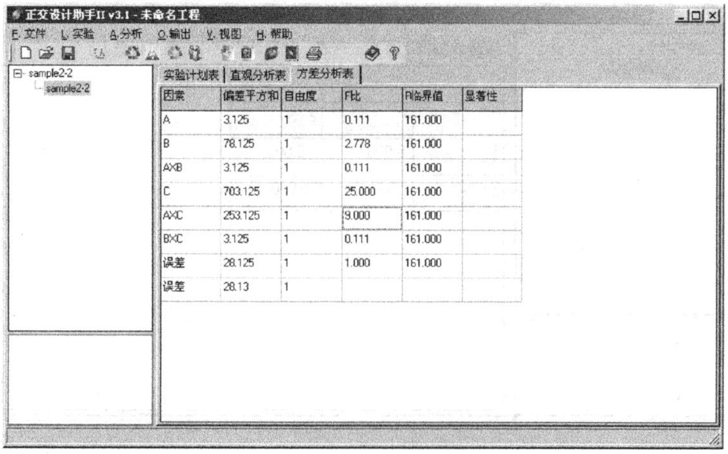

正交设计助手II v3.1 - 未命名工程
F. 文件　L. 实验　A.分析　O.输出　V. 视图　H. 帮助
sample2-2
sample2-2
实验计划表　直观分析表　方差分析表
因素　偏差平方和　自由度　F比　F临界值　显著性
A　3.125　1　0.111　161.000
B　78.125　1　2.778　161.000
AXB　3.125　1　0.111　161.000
C　703.125　1　25.000　161.000
AXC　253.125　1　9.000　161.000
BXC　3.125　1　0.111　161.000
误差　28.125　1　1.000　161.000
误差　28.13　1

图 14-11　方差分析结果

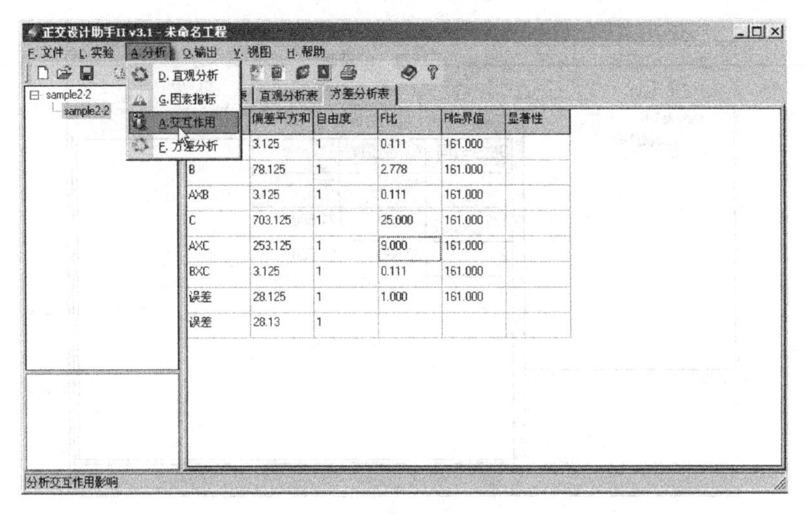

图 14-12 交互作用命令

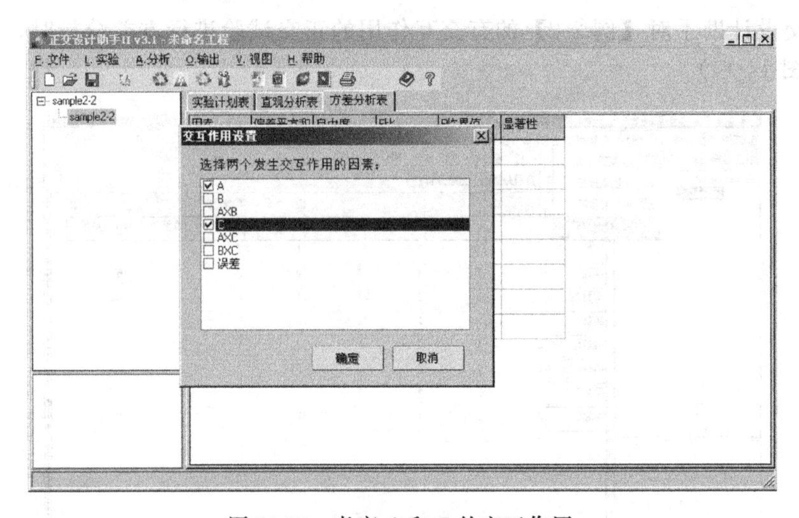

图 14-13 考察 A 和 C 的交互作用

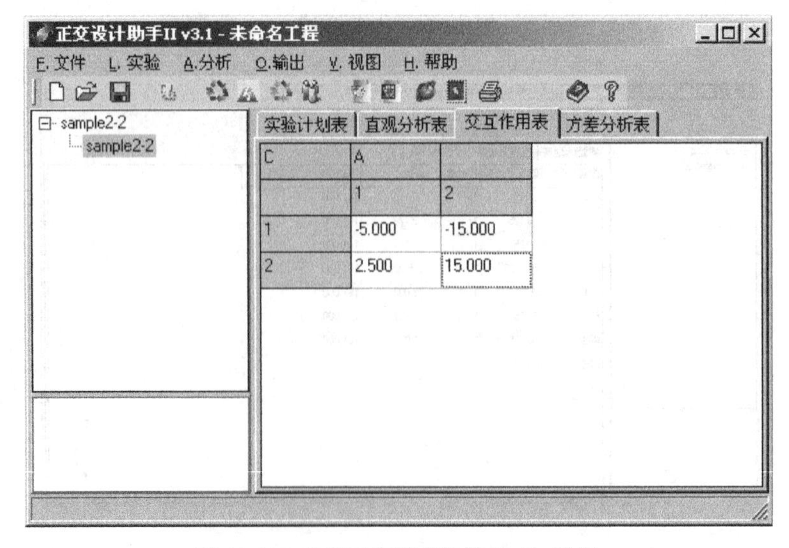

图 14-14 从交互作用表知道 A_2C_1 最好

14.2 DPS 在优化试验设计方法中的应用

在利用 DPS 数据处理系统完成试验统计分析之前，首先将 DPS 数据处理系统软件安装在电脑上。以下说明使用方法。

使用 DPS 数据处理系统安排【例 3-4】的混合水平有重复试验的正交试验设计，并对其进行极差和方差分析，操作方法和分析结果见图 14-15～图 14-25。

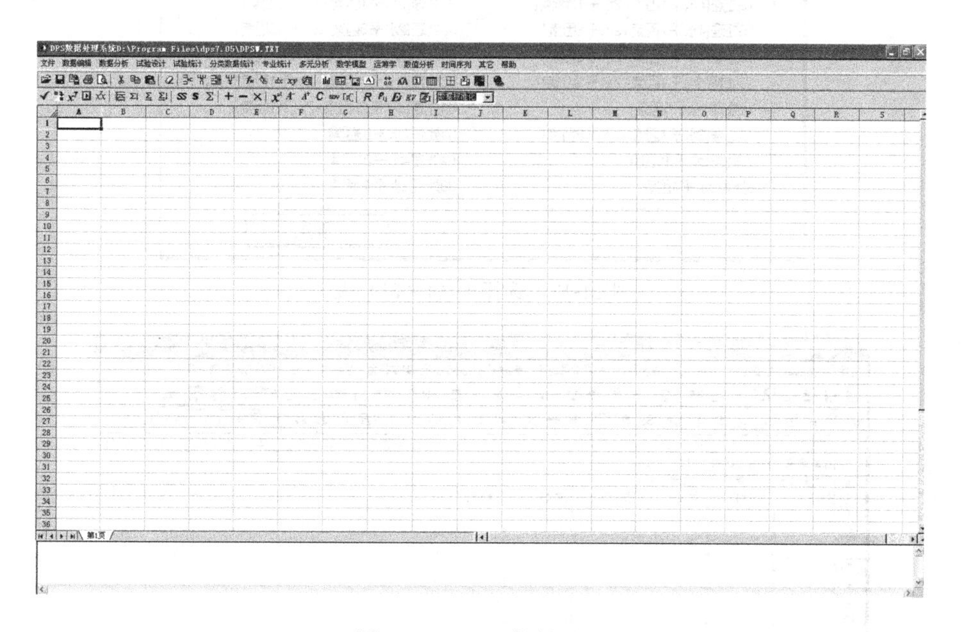

图 14-15 DPS 软件界面

图 14-16 启用正交设计命令

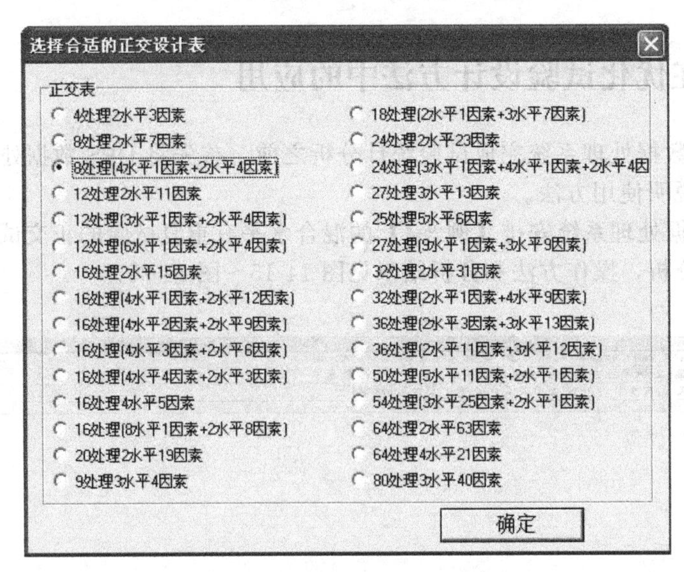

图 14-17 选择 $L_8(4\times 2^4)$ 表

DPS数据处理系统D:\program files\dps7.05\DPSW.TXT

文件 数据编辑 数据分析 试验设计 试验统计 分类数据统计 专业统计 多元分析 数学模型 运筹学 数值分析 时间序列 其它 帮助

数据标准化

计算结果	当前日期 2011-07-06				
8处理(4水平1因素+2水平4因素)					
处理号	第1列	第2列	第3列	第4列	第5列
1	1	1	1	1	1
2	1	2	2	2	2
3	2	1	1	2	2
4	2	2	2	1	1
5	3	1	2	1	2
6	3	2	1	2	1
7	4	1	2	2	1
8	4	2	1	1	2

图 14-18 得到正交试验设计安排

DPS数据处理系统D:\program files\dps7.05\DPSW.TXT

文件 数据编辑 数据分析 试验设计 试验统计 分类数据统计 专业统计 多元分析 数学模型 运筹学 数值分析 时间序列 其它 帮助

数据标准化

计算结果	当前日期 2011-07-06								
8处理(4水平1因素+2水平4因素)									
处理号	因素A	因素B	因素C	误差列1	误差列2				
1	1	1	1	1	1	4	6	5	6
2	1	2	2	2	2	6	5	4	4
3	2	1	1	2	2	4	3	2	2
4	2	2	2	1	1	4	4	3	2
5	3	1	2	1	2	2	1	1	1
6	3	2	1	2	1	4	4	4	2
7	4	1	2	2	1	4	3	2	1
8	4	2	1	1	2	6	5	4	2

图 14-19 修改列名，输入四次重复试验的数据并选中水平及试验结果数据

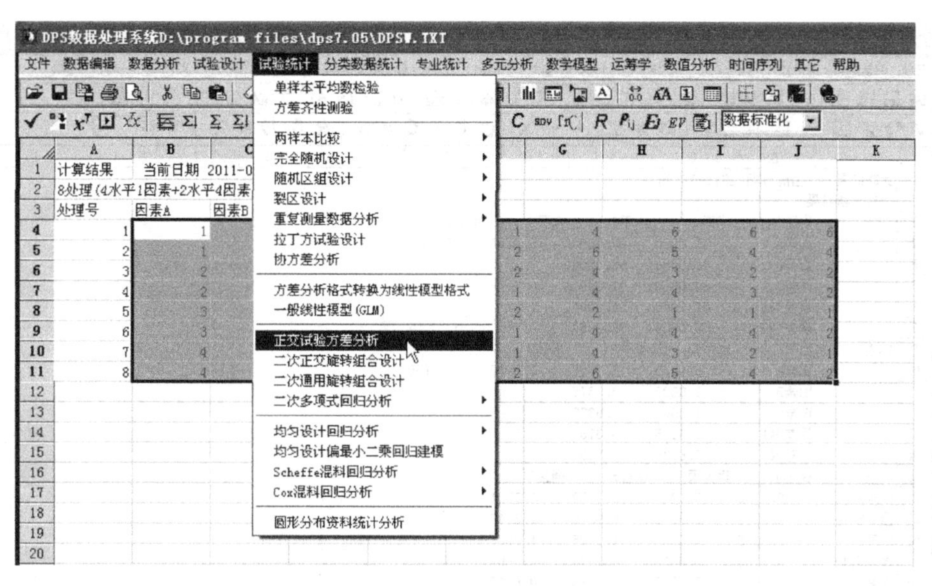

图 14-20　进行正交试验方差分析

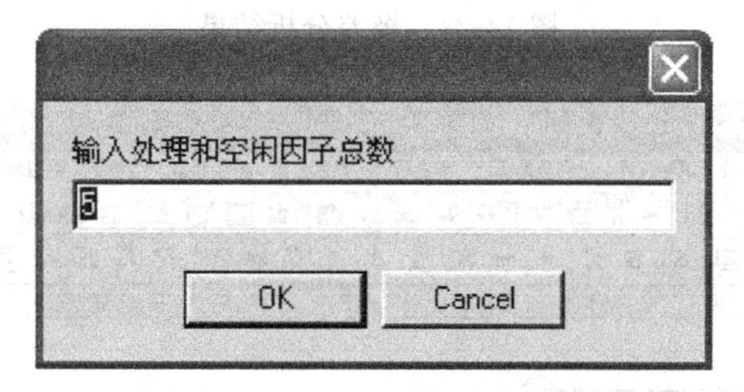

图 14-21　处理和空闲因子总数为正交表列数

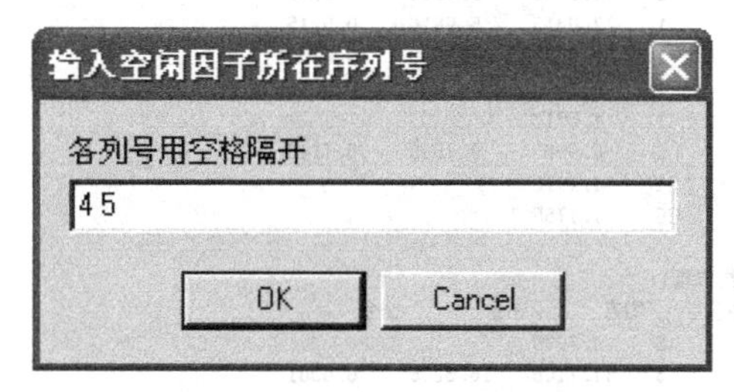

图 14-22　正交表第 4 列和第 5 列为空闲因子

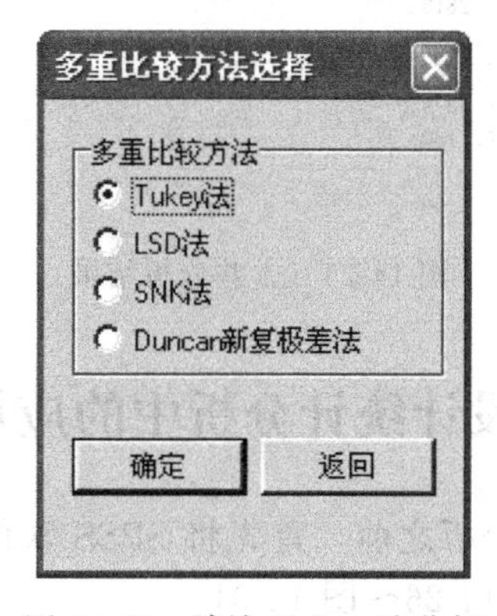

图 14-23　默认 Tukey 法分析

DPS数据处理系统D:\program files\dps7.05\DPSW.TXT

文件 数据编辑 数据分析 试验设计 试验统计 分类数据统计 专业统计 多元分析 数学模型 运筹学 数值分析 时间序列 其它 帮助

数据标准化

	A	B	C	D	E	F
1	计算结果	当前日期 2011-07-06				
2	极差分析结果					
3	总和	因子	水平1	水平2	水平3	水平4
4		因素A	41.0000	24.0000	19.0000	27.0000
5		因素B	48.0000	63.0000		
6		因素C	64.0000	47.0000		
7		误差列1	57.0000	54.0000		
8		误差列2	59.0000	52.0000		
9	均值	因子	水平1	水平2	水平3	水平4
10		因素A	5.1250	3.0000	2.3750	3.3750
11		因素B	3.0000	3.9375		
12		因素C	4.0000	2.9375		
13		误差列1	3.5625	3.3750		
14		误差列2	3.6875	3.2500		
15	因子	极小值	极大值	极差R	调整R'	
16	因素A	2.3750	5.1250	2.7500	1.7501	
17	因素B	3.0000	3.9375	0.9375	1.3313	
18	因素C	2.9375	4.0000	1.0625	1.5088	
19	误差列1	3.3750	3.5625	0.1875	0.2663	
20	误差列2	3.2500	3.6875	0.4375	0.6213	
21						

图 14-24 极差分析结果

DPS数据处理系统D:\program files\dps7.05\DPSW.TXT

文件 数据编辑 数据分析 试验设计 试验统计 分类数据统计 专业统计 多元分析 数学模型 运筹学 数值分析 时间序列 其它 帮助

数据标准化

	A	B	C	D	E	F
22		方差分析结果				
23						
24		正交设计方差分析表(完全随机模型)				
25	变异来源	平方和	自由度	均方	F值	p-值
26	因素A	33.3438	3	11.1146	9.4554	0.0002
27	因素B	7.0313	1	7.0313	5.9816	0.0215
28	因素C	9.0313	1	9.0313	7.6830	0.0102
29	误差列1*	0.2813	1	0.2813		
30	误差列2*	1.5313	1	1.5313		
31	模型误差	1.8125	2	0.9063	0.7565	0.7146
32	重复误差	28.7500	24	1.1979		
33	合并误差	30.5625	26	1.1755		
34						
35	正交设计方差分析表(随机区组模型):					
36	变异来源	平方和	自由度	均方	F值	p-值
37	区组	14.0938	3	4.6979		
38	因素A	33.3438	3	11.1146	15.5225	0.0001
39	因素B	7.0313	1	7.0313	9.8197	0.0047
40	因素C	9.0313	1	9.0313	12.6129	0.0017
41	误差列1*	0.2813	1	0.2813		
42	误差列2*	1.5313	1	1.5313		
43	模型误差	1.8125	2	0.9063	1.2985	0.2940
44	重复误差	14.6563	21	0.6979		
45	合并误差	16.4688	23	0.7160		
46	总和	79.9688				
47						

图 14-25 方差分析结果

14.3 SPSS在均匀试验设计统计分析中的应用

在利用SPSS完成试验统计分析之前，首先将SPSS软件安装在电脑上。以下说明使用方法，操作方法和分析结果见图 14-26～图 14-31。

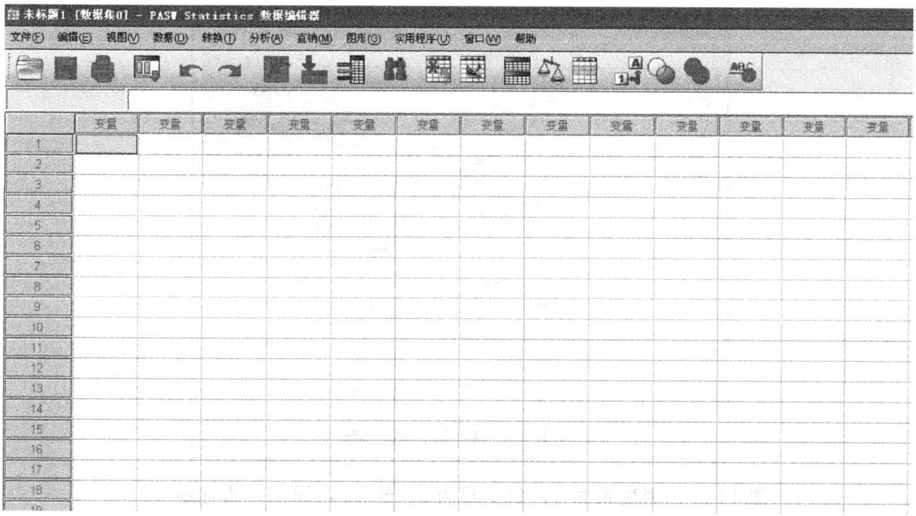

未标题1 [数据集0] - PASW Statistics 数据编辑器

文件(F)　编辑(E)　视图(V)　数据(D)　转换(T)　分析(A)　直销(M)　图形(G)　实用程序(U)　窗口(W)　帮助

	变量	变量	变量	变量	变量	变量	变量	变量	变量	变量	变量	变量	变量
1													
2													
3													
4													
5													
6													
7													
8													
9													
10													
11													
12													
13													
14													
15													
16													
17													
18													

图 14-26　SPSS18.0 中文版界面

*未标题1 [数据集0] - PASW Statistics 数据编辑器

文件(F)　编辑(E)　视图(V)　数据(D)　转换(T)　分析(A)　直销(M)　图形(G)　实用程序(U)　窗口(W)　帮助

	x1	x2	x3	x11	x22	x33	x12	x13	x23	y	变量
1	33.00	21.00	21.00	1089.00	441.00	441.00	693.00	693.00	441.00	106.39	
2	34.00	26.00	17.00	1156.00	676.00	289.00	884.00	578.00	442.00	150.68	
3	35.00	20.00	24.00	1225.00	400.00	576.00	700.00	840.00	480.00	93.49	
4	36.00	25.00	20.00	1296.00	625.00	400.00	900.00	720.00	500.00	136.96	
5	37.00	19.00	16.00	1369.00	361.00	256.00	703.00	592.00	304.00	112.15	
6	38.00	24.00	23.00	1444.00	576.00	529.00	912.00	874.00	552.00	123.64	
7	39.00	18.00	19.00	1521.00	324.00	361.00	702.00	741.00	342.00	97.54	
8	40.00	23.00	15.00	1600.00	529.00	225.00	920.00	600.00	345.00	143.83	
9	41.00	17.00	22.00	1681.00	289.00	484.00	697.00	902.00	374.00	83.52	
10	42.00	22.00	18.00	1764.00	484.00	324.00	924.00	756.00	396.00	128.41	
11											
12											

图 14-27　SPSS 内录入数据

*未标题1 [数据集0] - PASW Statistics 数据编辑器

文件(F)　编辑(E)　视图(V)　数据(D)　转换(T)　分析(A)　直销(M)　图形(G)　实用程序(U)　窗口(W)　帮助

报告
描述统计
表(T)
比较均值(M)
一般线性模型(G)
广义线性模型
混合模型(X)
相关(C)
回归(R)
对数线性模型(O)
神经网络
分类(F)
降维
度量(S)
非参数检验(N)
预测(T)
生存函数(S)
多重响应(U)
缺失值分析(Y)...
多重归因(T)
复杂抽样(L)
质量控制(Q)
ROC 曲线图(V)...

线性(L)...
曲线估计(C)...
部分最小平方...
二元 Logistic...
多项 Logistic...
有序...
Probit...
非线性(N)...
权重估计(W)...
两阶最小二乘法(2)...
最佳尺度(CATREG)...

	x1	x2	x22	x33	x12	x13	x23	y	变量
1	33.00	21.00	441.00	441.00	693.00	693.00	441.00	106.39	
2	34.00	26.00	676.00	289.00	884.00	578.00	442.00	150.68	
3	35.00	20.00	400.00	576.00	700.00	840.00	480.00	93.49	
4	36.00	25.00	625.00	400.00	900.00	720.00	500.00	136.96	
5	37.00	19.00	361.00	256.00	703.00	592.00	304.00	112.15	
6	38.00	24.00			2.00	874.00	552.00	123.64	
7	39.00	18.00			2.00	741.00	342.00	97.54	
8	40.00	23.00			0.00	600.00	345.00	143.83	
9	41.00	17.00			7.00	902.00	374.00	83.52	
10	42.00	22.00			4.00	756.00	396.00	128.41	

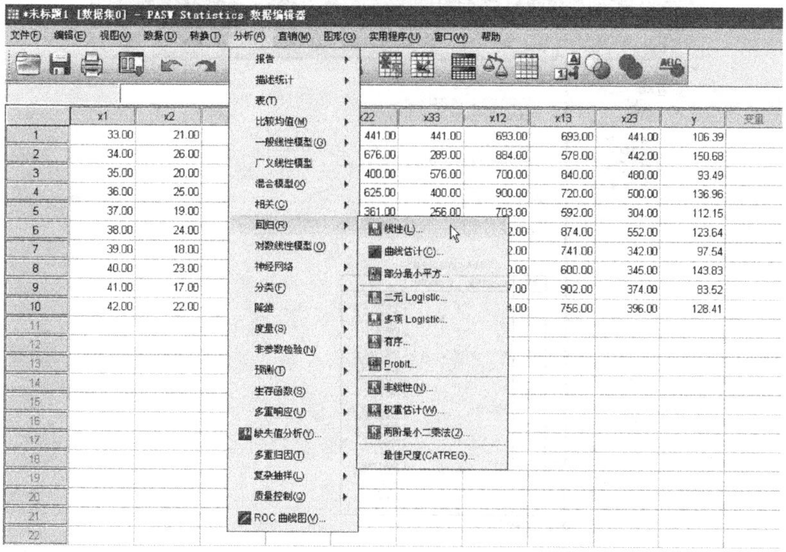

图 14-28　启动线性回归命令

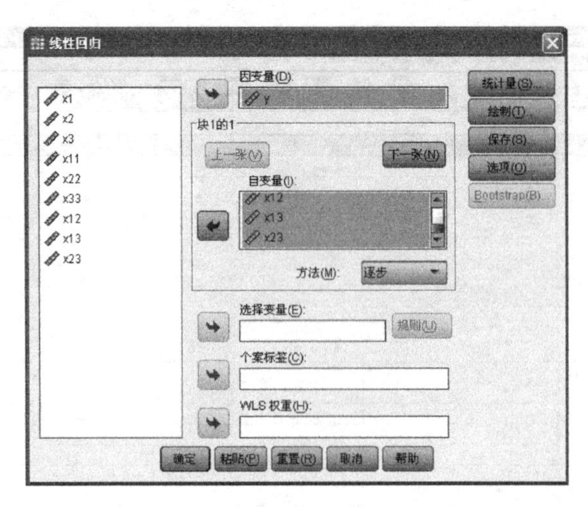

图 14-29　因变量为 y，自变量为 x_1 至 x_{23}，回归方法选逐步

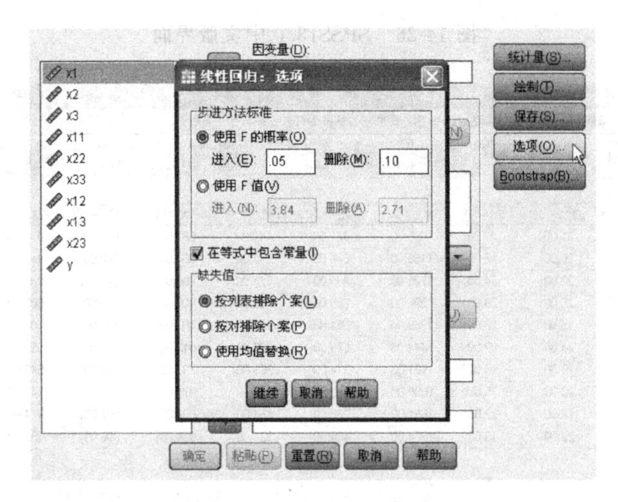

图 14-30　默认选项值为进入和删除的概率分别为 0.05 和 0.1

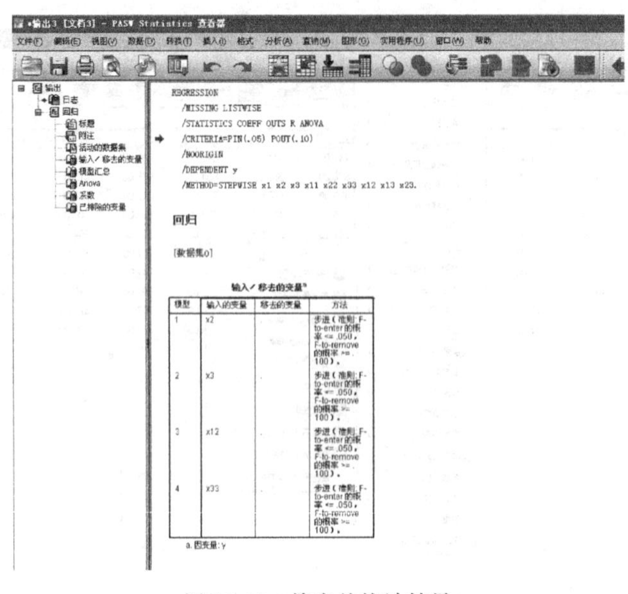

图 14-31　输出的统计结果

【例 14-1】 研究 12 寸晶圆切割过程中喷涂工艺设备参数对保护性薄膜厚度的影响，提高设备调整效率和工艺质量，采用均匀设计的试验方法，以薄膜在测试量块上的厚度为目标，对影响厚度的主要因素：涂料压力（X_1）、微调阀（X_2）和雾化压力（X_3）进行研究。本试验共 3 个因素，每个因素 9 个水平，因素水平表见表 14-1。

表 14-1 试验因素水平表

水平数	$X_1/10^{-5}$m	X_2/psi	X_3/psi
1	33	17	15
2	34	18	16
3	35	19	17
4	36	20	18
5	37	21	19
6	38	22	20
7	39	23	21
8	40	24	22
9	41	25	23

根据均匀设计表 $U_{10}^{*}(10^8)$、主要效应因子以及试验因素水平数确定均匀设计试验表，如表 14-2 所示。

表 14-2 $U_{10}^{*}(10^8)$ 均匀设计试验方案及试验数据表

试验次数	$X_1/10^{-5}$m	X_2/psi	X_3/psi	W
1	1(33)	5(21)	7(21)	106.39
2	2(34)	10(26)	3(17)	150.68
3	3(35)	4(20)	10(24)	93.49
4	4(36)	9(25)	6(20)	136.96
5	5(37)	3(19)	2(16)	112.15
6	6(38)	8(24)	9(23)	123.64
7	7(39)	2(18)	5(19)	97.54
8	8(40)	7(23)	1(15)	143.83
9	9(41)	1(17)	8(22)	83.52

其中 W 为薄膜重量，假设 K 为厚度与重量的换算系数。此时薄膜厚度 Y 值可根据 $Y=KW$ 得到。

以薄膜厚度为目标的非线性回归方程模型为

$$Y = KW = b_0 = \sum_{i=1}^{3} b_i x_i = \sum_{i=1}^{3}\sum_{j=1}^{3} b_{ij} x_i x_j \tag{14-1}$$

方程可以展开为

$$Y=KW=b_0+b_1X_1+b_2X_2+b_3X_3+b_{11}X_1X_1+b_{12}X_1X_2+b_{13}X_1X_3+b_{22}X_2X_2+b_{23}X_2X_3+b_{33}X_3X_3$$

令 $X_1X_1=X_{11}$，$X_1X_2=X_{12}$，$X_1X_3=X_{13}$，$X_2X_2=X_{22}$，$X_2X_3=X_{23}$，$X_3X_3=X_{33}$，$b_{11}=b_4$，$b_{12}=b_5$，$b_{13}=b_6$，$b_{22}=b_7$，$b_{23}=b_8$，$b_{33}=b_9$，代入方程，经过代换，方程变为：

$$Y=KW=b_0+b_1X_1+b_2X_2+b_3X_3+b_4X_{11}+b_5X_{12}+b_6X_{13}+b_7X_{22}+b_8X_{23}+b_9X_{33}$$

方程经过代换后变为 9 个自变量的线性回归方程，如表 14-3 所示。

用 SPSS 进行逐步回归分析，因变量为 W，自变量为 X_1，X_2，X_3，X_{11}，X_{12}，X_{13}，X_{22}，X_{23}，X_{33}。操作如下。

选择逐步回归确定了回归方程，用进入和删除的概率分别为 0.05 和 0.1 来进行对因变量影响不显著的自变量项排除，在输出的统计结果里可以看到回归方程模型、方差分析表和

表 14-3 回归方程变量表

X_1	X_2	X_3	X_{11}	X_{12}	X_{13}	X_{22}	X_{23}	X_{33}	W
33	21	21	1089	693	693	441	441	441	106.39
34	26	17	1156	884	578	676	442	289	150.68
35	20	24	1225	700	840	400	480	576	93.49
36	25	20	1296	900	720	625	500	400	136.96
37	19	16	1369	703	592	361	304	256	112.15
38	24	23	1444	912	874	576	552	529	123.64
39	18	19	1521	702	741	324	342	361	97.54
40	23	15	1600	920	600	529	345	225	143.83
41	17	22	1681	697	902	289	374	484	83.52

系数表等，可以知道，优化的三元二次方程为：

$$Y=KW=K(60.951+5.070X_2-5.256X_3+0.035X_1X_2+0.057X_3^2) \tag{14-2}$$

从输出的统计结果里看到的方差分析结果如表 14-4 所示。

表 14-4 方差分析表

模型	平方和	自由度	均方	F	$Sig.$
回归	4610.764	4	1152.691	37505.376	2.24×10^{-11}
残差	0.154	5	0.031		
总计	4610.918	9			

方差分析中的显著性水平 $Sig.=0.000\leqslant0.01$，因此回归方程变量间的关系是极显著的。以上计算结果在 SPSS 里默认保留到小数点后 3 位，在输出结果中，双击某数可以得到精确到小数点后 10 位以上的结果。

对均匀试验数据采用 SPSS 进行非线性逐步回归得到了薄膜厚度的数学模型，揭示了各因素的交互关系，为测机调整提供数据依据，节省大量反复测机时间，在保证工艺质量的同时提高了喷涂设备的生产效率。该模型已成功运用于某芯片封装测试厂的喷涂设备，并取得了显著效果。

14.4 Design-Expert 在响应曲面设计中的应用

在利用 Design-Expert 完成响应曲面设计分析之前，首先将 Design-Expert 软件安装在电脑上。下面以具体的例子来说明使用方法，操作方法和分析结果见图 14-32～图 14-46。

【例 14-2】 对影响合成莫来石晶须长径比的工艺进行优化，在单因素设计和试验结果基础上，分别选取不同烧结温度、V_2O_5 添加量和保温时间，采用中心复合设计来安排试验，并通过响应曲面法来确定影响莫来石晶须生长长径比的最佳水平。因素水平表见表 14-5。

表 14-5 响应曲面分析的因素水平表

水 平	因 素		
	烧结温度/℃	V_2O_5 添加量/%	保温时间/h
−1	1250.00	2.00	1.00
0	1350.00	4.00	2.00
+1	1450.00	6.00	3.00
−1.682	1181.82	0.64	0.32
+1.682	1518.18	7.36	3.68

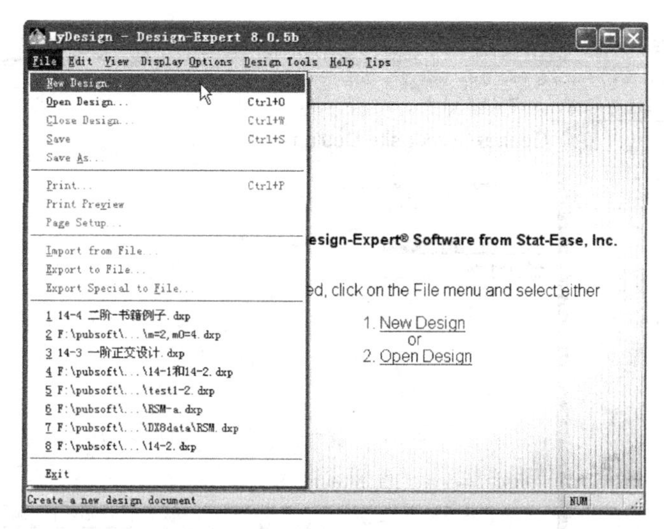

图 14-32　打开软件并开始新的设计

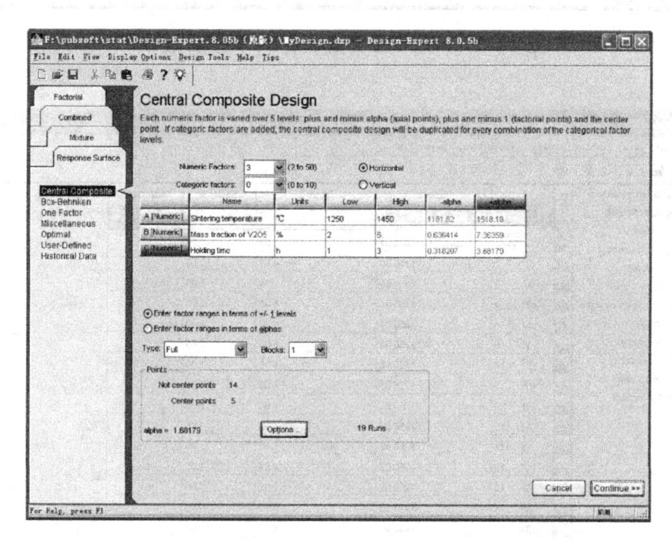

图 14-33　选择响应曲面设计中的中心复合设计，
确定因素数为 3 及因素水平具体值

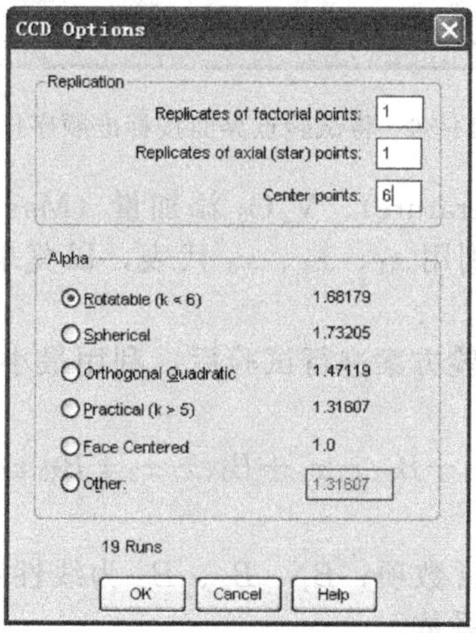

CCD Options

Replication

Replicates of factorial points: 1

Replicates of axial (star) points: 1

Center points: 6

Alpha

Rotatable (k < 6)　1.68179

Spherical　1.73205

Orthogonal Quadratic　1.47119

Practical (k > 5)　1.31607

Face Centered　1.0

Other:　1.31607

19 Runs

OK　Cancel　Help

图 14-34　调节选项（Options）中心点数为 6

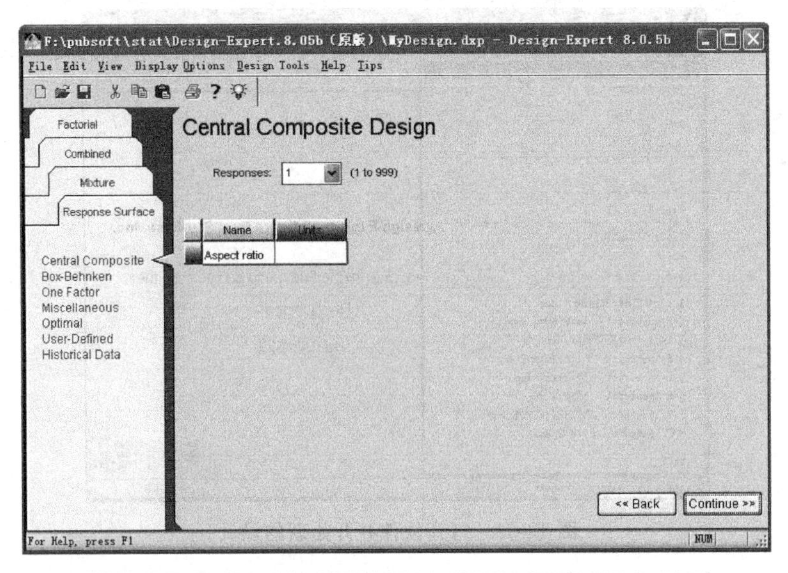

图 14-35　填入因变量名称和单位后继续

Std	Run	Factor 1	Factor 2 B:Mass fraction of V2O5 %	Factor 3 C:Holding time h	Response 1 Aspect ratio
			6.00	1.00	
18	2	1350.00	4.00	2.00	
12	3	1350.00	7.36	2.00	
17	4	1350.00	4.00	2.00	
15	5	1350.00	4.00	2.00	
3	6	1250.00	6.00	1.00	
10	7	1518.18	4.00	2.00	
16	8	1350.00	4.00	2.00	
20	9	1350.00	4.00	2.00	
14	10	1350.00	4.00	3.68	
1	11	1250.00	2.00	1.00	
11	12	1350.00	0.64	2.00	
5	13	1250.00	2.00	3.00	
2	14	1450.00	2.00	1.00	
8	15	1450.00	6.00	3.00	
19	16	1350.00	4.00	2.00	
6	17	1450.00	2.00	3.00	
7	18	1250.00	6.00	3.00	
13	19	1350.00	4.00	0.32	
9	20	1181.82	4.00	2.00	

图 14-36　将试验点界面按标准顺序排序

烧结温度（Sintering temperature）、V_2O_5 添加量（Mass fraction of V_2O_5）、保温时间（Holding time）三个自变量分别用 x_1、x_2、x_3 代表，以莫来石晶须长径比（Aspect ratio）为因变量进行分析。操作如下。

根据响应曲面法的 CCD 试验方案进行试验后，利用最小二乘法拟合响应值与自变量之间的关系方程：

$$Y=B_0+B_1x_1+B_2x_2+B_3x_3+B_{12}x_1x_2+B_{13}x_1x_3+B_{23}x_2x_3+B_{11}x_1^2+B_{22}x_2^2+B_{33}x_3^2 \tag{14-3}$$

其中：Y 为响应值；B_0 为常数项；B_1、B_2、B_3 为线性系数；B_{12}、B_{13}、B_{23} 为交互项系数；B_{11}、B_{22}、B_{33} 为二次项系数。

图 14-40 的方差分析结果如表 14-6 所示。

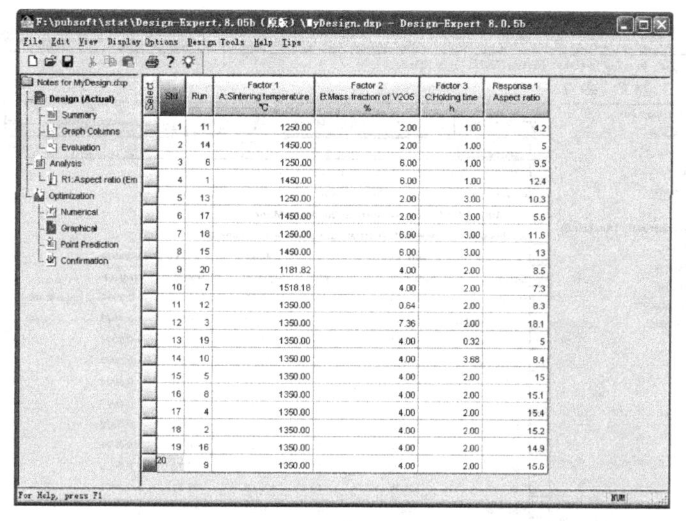

图 14-37　得到最终试验点并录入试验结果

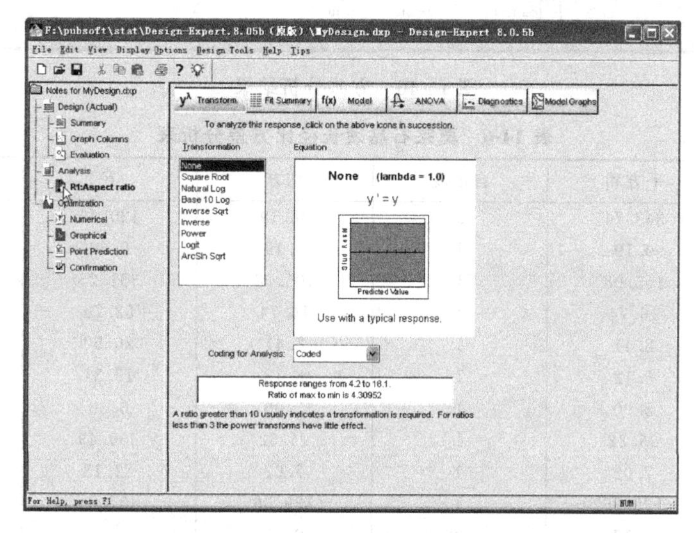

图 14-38　点击 Analysis 分析 R_1 试验结果

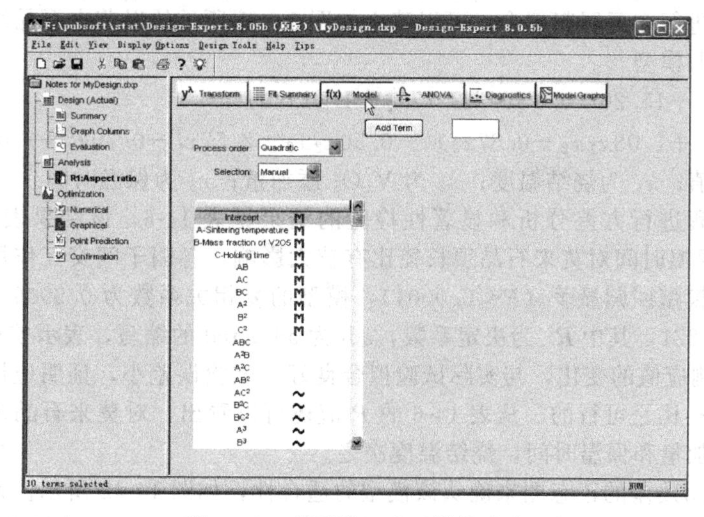

图 14-39　模型为二次，默认手动

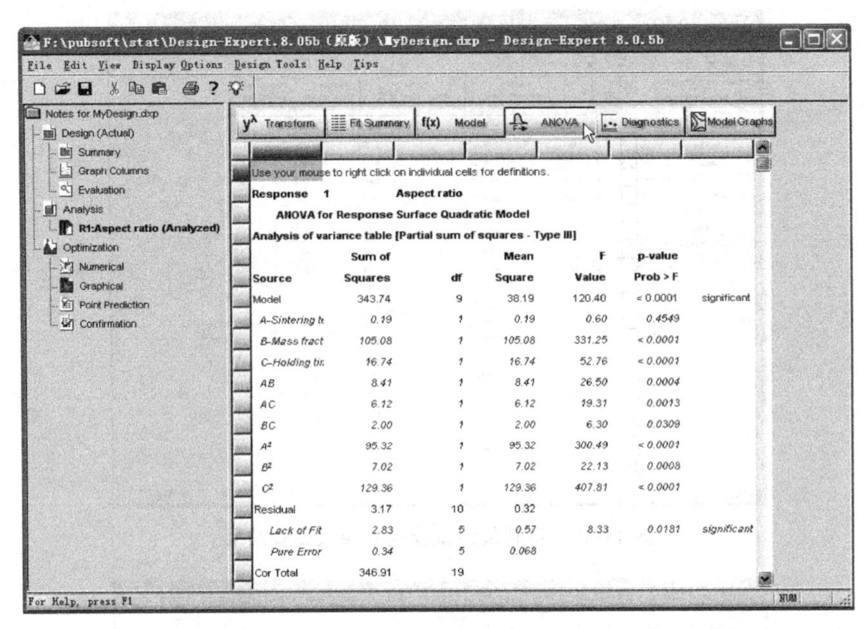

图 14-40　方差分析结果

表 14-6　莫来石晶须长径比方差分析表

方差来源	平方和	自由度	均方	F	显著性概率
模型	343.74	9	38.19	120.40	<0.0001
x_1	0.19	1	0.19	0.60	0.4549
x_2	105.08	1	105.08	331.25	<0.0001
x_3	16.74	1	16.74	52.76	<0.0001
x_1x_2	8.41	1	8.41	26.50	0.0004
x_1x_3	6.12	1	6.12	19.31	0.0013
x_2x_3	2.00	1	2.00	6.30	0.0309
x_1^2	95.32	1	95.32	300.49	<0.0001
x_2^2	7.02	1	7.02	22.13	0.0008
x_3^2	129.36	1	129.36	407.81	<0.0001
残差	3.17	10	0.32		

对试验数据进行多元回归拟合，可以建立如图 14-41 所示的以莫来石晶须长径比为响应值的多元线性回归模型

$$Y=+15.20-0.12x_1+2.77x_2+1.11x_3 +1.03x_1x_2-0.87x_1x_3-0.50x_2x_3-2.57x_1^2-0.70x_2^2-3.00x_3^2 \quad (14\text{-}4)$$

其中，Y 为响应值；x_1 为烧结温度；x_2 为 V_2O_5 添加量；x_3 为保温时间。

对该模型方程进行方差分析和显著性检验的结果见表 14-6，该结果表明：烧结温度、V_2O_5 添加量和保温时间对莫来石晶须长径比有较大影响，各因子间交互作用明显。在试验设计范围内，该模型回归显著（$P<0.0001$），模型的复相关系数为 0.9906，模型的校正决定系数 $R_{adj}^2=0.9821$，其中 R^2 为决定系数，adj 为 adjusted 的缩写，表示校正。说明该模型能解释 98.21%响应值的变化，与实际试验拟合良好，试验误差小，证明应用响应曲面法优化莫来石晶须长径比是可行的。从表 14-6 的 P 值还可以看出，对莫来石晶须长径比影响最大的是 V_2O_5 添加量和保温时间，烧结温度次之。

我们可以利用残差的正态图来确认该模型的适合性，如图 14-42 所示。残差是从实际测量值中剪掉回归模型适合的值，残差越小，说明回归模型越能准确说明实际观测结果。数据

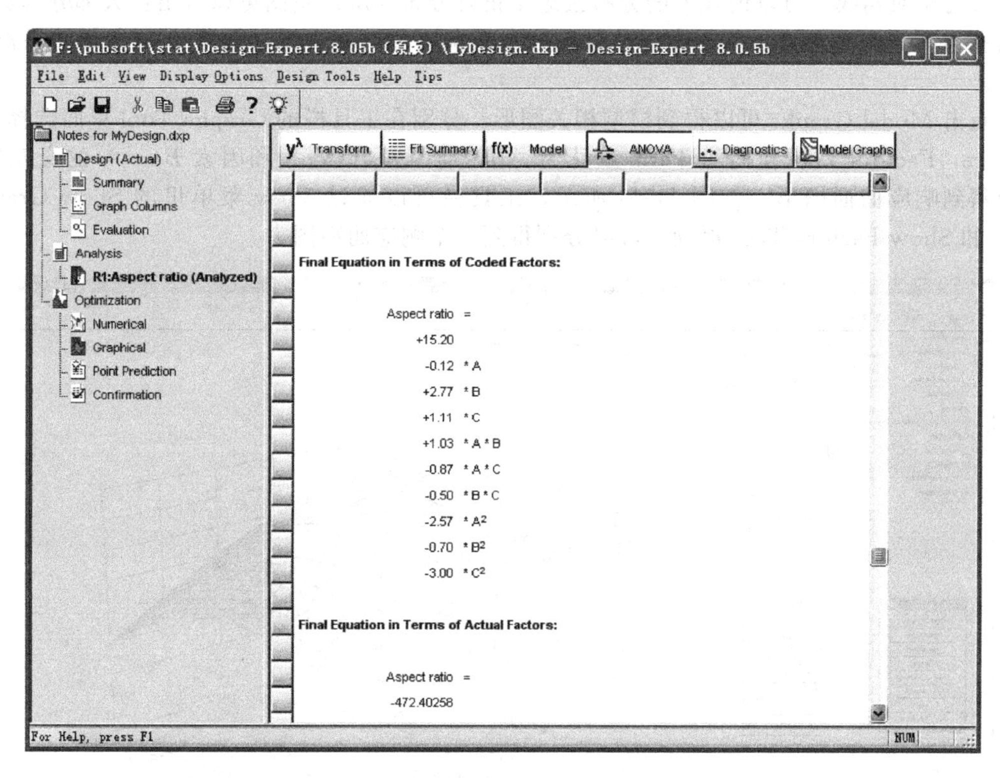

图 14-41　滚动条下翻可以看到回归方程

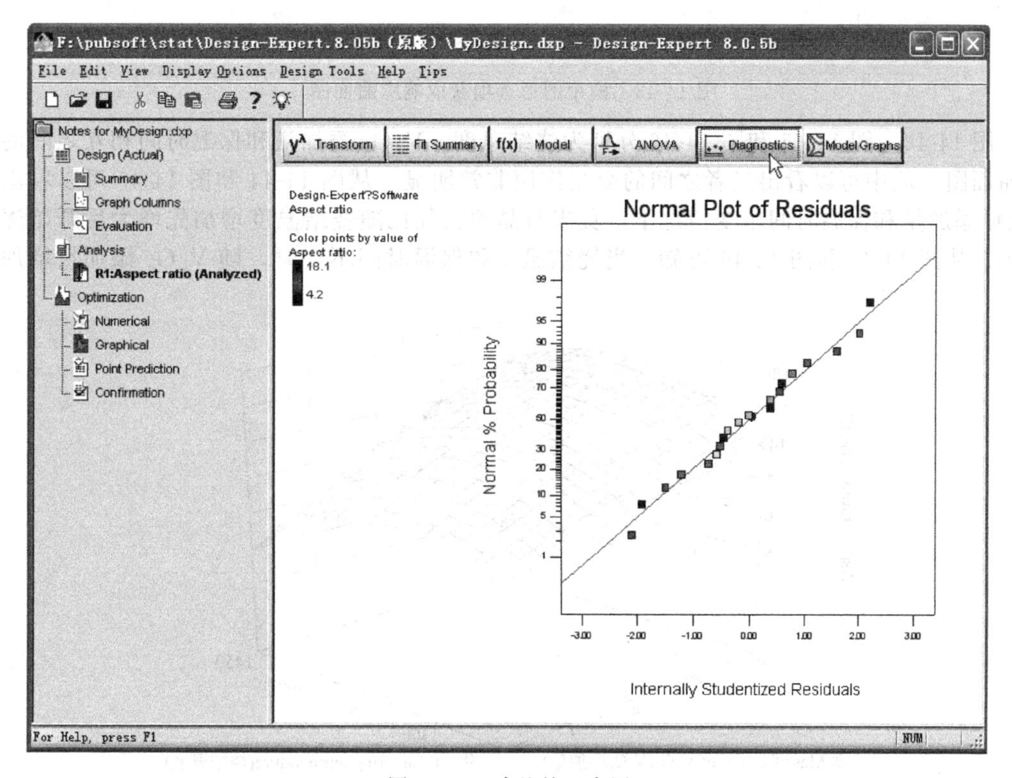

图 14-42　残差的正态图

分布接近于对角线，可以说残差的分布接近于正态分布。从残差图可以看出：大部分真实值都落在预测值上，少部分真实值也是对称分布在预测值两侧，说明该模型与实际结果拟合较好。

点击 Model Graphs 可以得到模型相关图形，分别在工具栏的 Graphs Tool 里面选择 3D Surface，Factors Tool 里面的 Term 默认为 AB，即因素 $A(x_1)$ 和因素 $B(x_2)$ 的交互项，可以得到响应曲面图形，如图 14-43 所示。工具栏可以通过 View 菜单里的 Show Graphs Tool 和 Show Factors Tool 得到。可以分别得到 3 个响应曲面图。

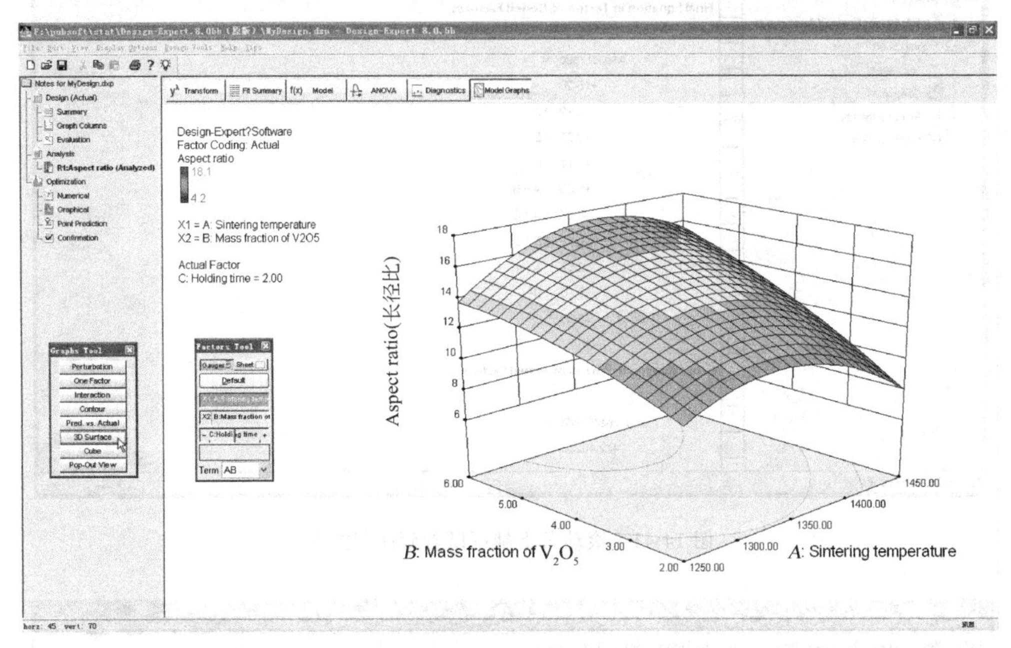

图 14-43 模型图形选项获取响应曲面图

图 14-44、图 14-45 和图 14-46 分别为烧结温度、V_2O_5 添加量和保温时间相互之间的响应曲面图。从中可以看出三者之间的交互作用非常明显。从图 14-44 和图 14-45 可以看出在 V_2O_5 添加量和保温时间不变情况下，莫来石晶须长径比随烧结温度增加先增大后开始逐渐减小。从图 14-44 和图 14-46 可知，当烧结温度和保温时间不变时，随 V_2O_5 添加量增加莫

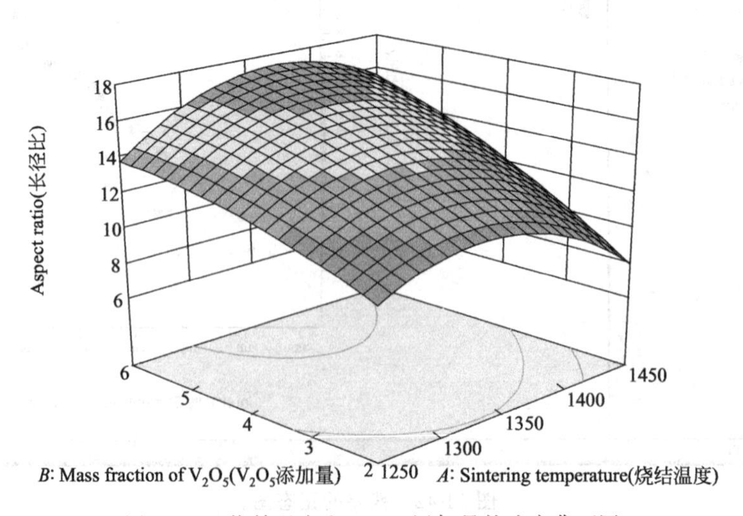

图 14-44 烧结温度和 V_2O_5 添加量的响应曲面图

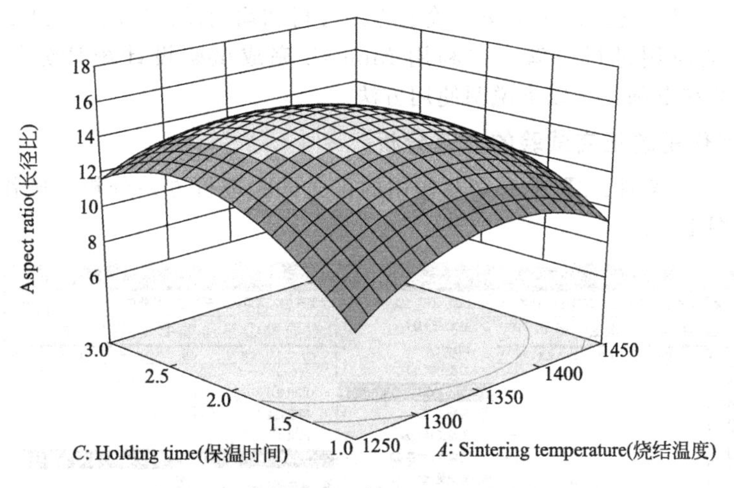

图 14-45　烧结温度和保温时间的响应曲面图

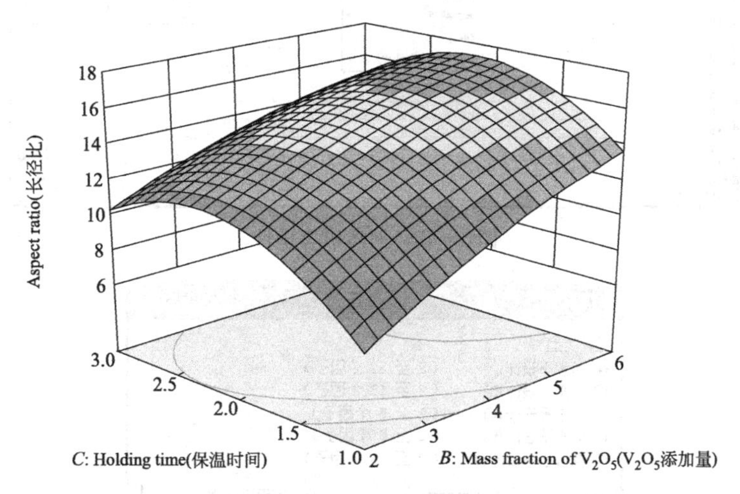

图 14-46　V_2O_5 添加量和保温时间的响应曲面图

来石晶须长径比逐渐增大直至趋于稳定。综合图 14-45 和图 14-46 的结果可知，当烧结温度和 V_2O_5 添加量不变时，随保温时间的增加莫来石晶须长径比也是先增加后减小。

在选取的各因素范围内，根据回归模型通过 Design Expert 软件分析得出合成莫来石晶须的最佳条件为：V_2O_5 添加量为 4.09%；烧结温度为 1316.87℃；保温时间为 1.96h。莫来石晶须长径比预测值为 15.0，考虑到实际操作的便利，确定合成莫来石晶须优化的工艺条件为：V_2O_5 的添加量为 4%，烧结温度为 1320℃，保温时间为 2h，在最佳条件下生成的莫来石晶须长径比为 14.9，与预测值 15.0 基本一致，以上结果表明，采用响应曲面法对合成莫来石晶须长径比工艺进行回归分析，达到了参数优化的目的。

14.5　Minitab 在试验设计数据分析中的应用

Minitab 在试验设计数据分析中具有广泛应用，例如完全因子设计（Full Factorial Design）、部分因子设计（Fractional Factorial Design）、响应面设计（Response Surface Design）、田口设计（Taguchi Design）和混料设计（Mixture Design）等都可以用 Minitab 来完成。例如【例 2-1】单因素多水平重复试验方差分析和正交设计的分析在 Minitab 中是很容易完成的，本书以有交互作用正交试验的方差分析和均匀设计法的多元非线性回归分析为例来对 Minitab 的应用进行讲解。在利用 Minitab 完成试验设计统计分析之前，首先将 Minitab 软件安装在电脑上，以下说明使用方法。

14.5.1　有交互作用的正交试验的方差分析

使用 Minitab 对【例 2-2】的有交互作用的正交试验进行方差分析。操作方法和分析结果见图 14-47～图 14-52。

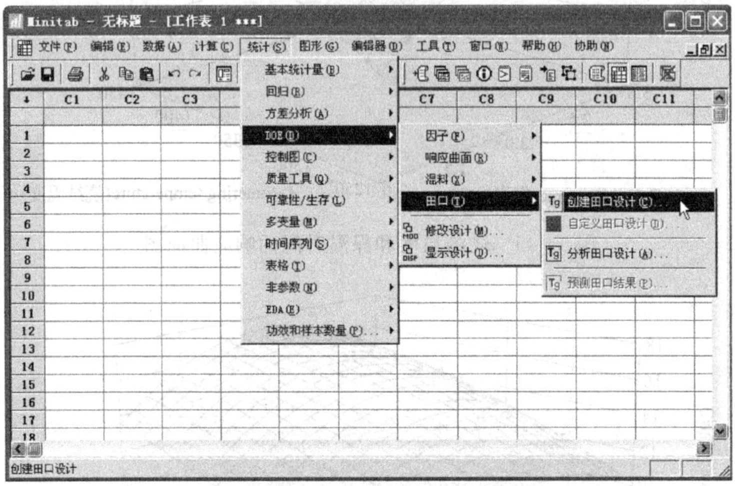

图 14-47　创建田口设计

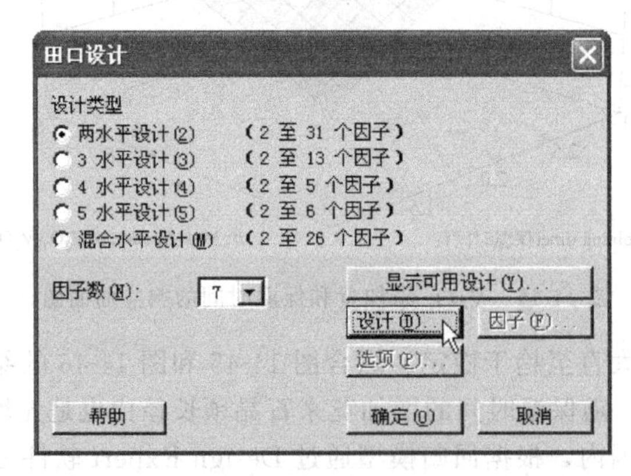

图 14-48　设定田口设计的因子数 7，水平数 2 并修改设计选项

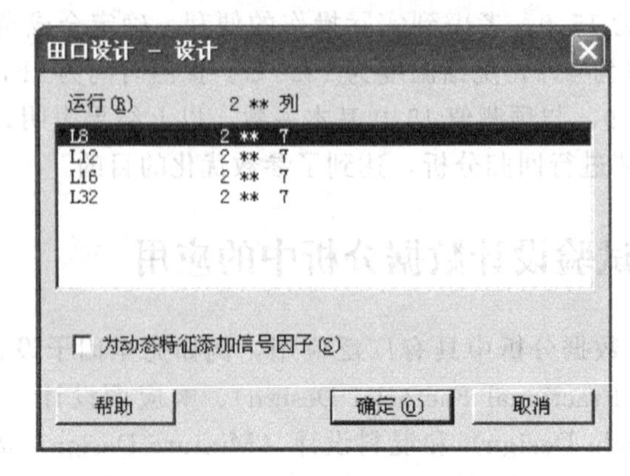

图 14-49　选择 L_8 正交表

↓	C1	C2	C3	C4	C5	C6	C7	C8	C9	C10	C11
	A	B	A*B	C	A*C	B*C	Y				
1	1	1	1	1	1	1	0				
2	1	1	1	2	2	2	5				
3	1	2	2	1	1	2	-10				
4	1	2	2	2	2	1	0				
5	2	1	2	1	2	1	-15				
6	2	1	2	2	1	2	20				
7	2	2	1	1	2	2	-15				
8	2	2	1	2	1	1	10				

图 14-50　得到正交表安排并录入试验数据后改名称为 Y

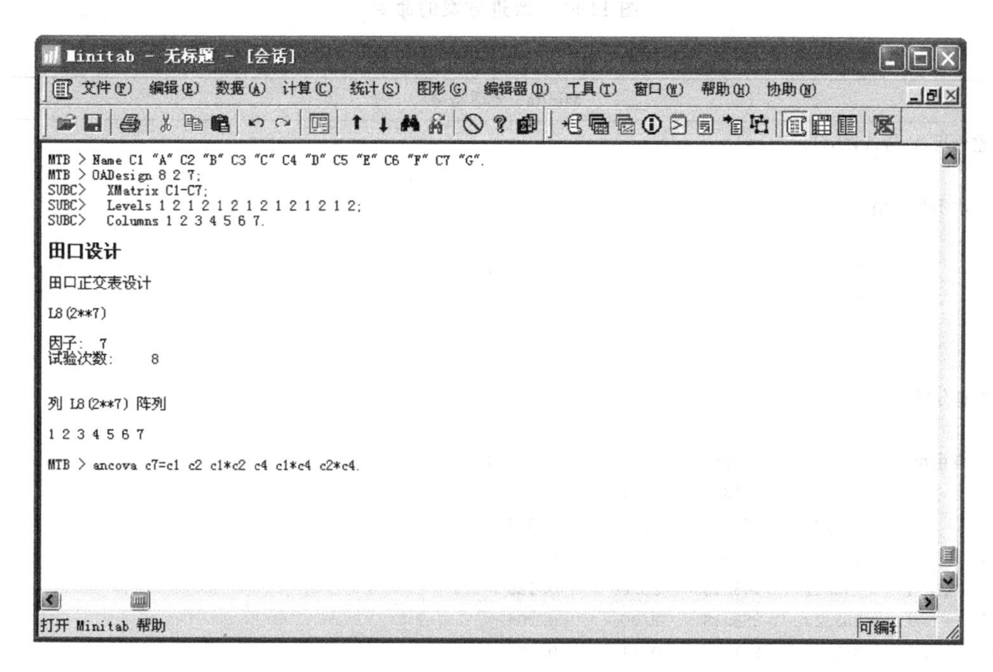

图 14-51　在会话文件夹输入命令“ancova c7＝c1 c2 c1 * c2 c4 c1 * c4 c2 * c4.”

图 14-51 中在会话文件夹输入命令“ancova c7＝c1 c2 c1 * c2 c4 c1 * c4 c2 * c4.”，不写 C_3，C_5，C_6 的原因主要是以此表明是交互作用，由此得到的 Minitab 会话结果如表 14-7 所示，可以看到显著性或因素主次为 $C>A\times C>B>A=A\times B=B\times C$，此时 P 值均大于 0.1，$F<1$ 表示该因子的影响力比试验误差更小，严重无统计意义，因此可以去掉这些因子，将它们造成的微小差异归到试验误差中，则可突显其他因子的影响。

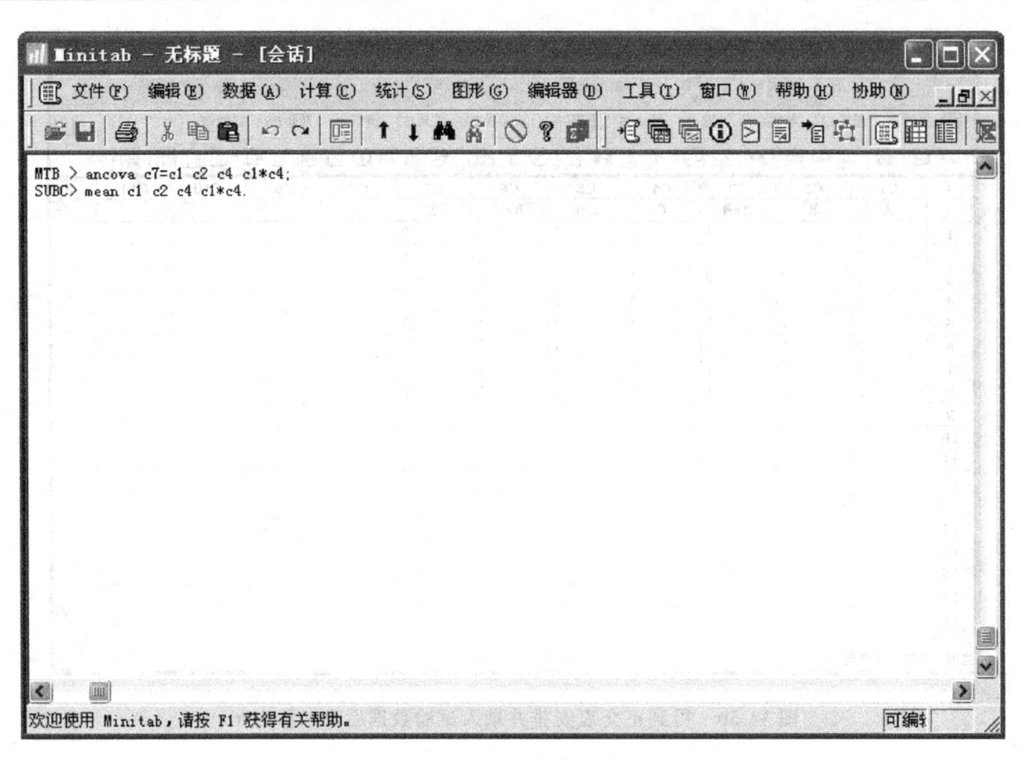

图 14-52　改进方案的命令

表 14-7　Minitab 会话结果

Minitab 会话结果

协方差分析:Y 与 A,B,C

因子	水平数	值
A	2	1,2
B	2	1,2
C	2	1,2

Y 的方差分析

来源	自由度	SS	MS	F	P
A	1	3.13	3.13	0.11	0.795
B	1	78.13	78.13	2.78	0.344
$A*B$	1	3.13	3.13	0.11	0.795
C	1	703.13	703.13	25.00	0.126
$A*C$	1	253.13	253.13	9.00	0.205
$B*C$	1	3.13	3.13	0.11	0.795
误差	1	28.13	28.13		
合计	7	1071.88			

S=5.30330　$R-Sq$=97.38%　$R-Sq$(调整)=81.63%

我们剔除 B 和 $B\times C$ 来进行改进方案，本来应该再剔除 A，但是 $A\times C$ 影响显著，无法单独剔除 A。剔除时我们采用命令“ancova c7＝c1 c2 c4 c1 * c4;”和命令“mean c1 c2 c4 c1 * c4.”，命令如图 14-52 所示，可以得到结果如表 14-8 所示。

表 14-8　Minitab 会话结果

Minitab 会话结果

协方差分析：Y 与 A,B,C

因子	水平数	值
A	2	1,2
B	2	1,2
C	2	1,2

Y 的方差分析

来源	自由度	SS	MS	F	P
A	1	3.13	3.13	0.27	0.638
B	1	78.13	78.13	6.82	0.080
C	1	703.13	703.13	61.36	0.004
$A*C$	1	253.13	253.13	22.09	0.018
误差	3	34.38	11.46		
合计	7	1071.88			

$S=3.38502$　$R-Sq=96.79\%$　$R-Sq$(调整)$=92.52\%$

均值

A	N	Y
1	4	−1.2500
2	4	0.0000

B	N	Y
1	4	2.5000
2	4	−3.7500

C	N	Y
1	4	−10.000
2	4	8.750

A	C	N	Y
1	1	2	−5.000
1	2	2	2.500
2	1	2	−15.000
2	2	2	15.000

从表 14-8 的会话结果可以看到，因素的显著性概率 P 值已经变化，因素 C 高度显著，交互作用 $A\times C$ 显著，因素 B 有一定影响。从会话结果的均值可以进行因素的选择：要求指标越小越好，C 影响高度显著，应首先考虑，此处取 C_1；$A\times C$ 影响显著，第二位考虑，此处取 A_2C_1，这与因素 C 的选择不冲突；B 有一定影响，取 B_2。因此可以得到【例 2-2】最优试验方案为 $A_2B_2C_1$。

14.5.2　均匀设计法的多元非线性回归分析

使用 Minitab 应用在均匀设计法选择石墨炉原子吸收法测定钯的工作条件的多元非线性回归分析中。在用石墨原子吸收法测定钯时，已知影响钯吸光度的主要因素有灰化温度（x_1）、灰化时间（x_2）、原子化温度（x_3）和原子化时间（x_4），在实际测定含钯试样时，我们首先要选择这四个因素的最佳条件，使吸光度最大。由原子化机理可知，灰化温度和原子化温度对吸光度的影响可拟合为二次函数，即回归方程中应有 x_1^2 和 x_3^2 两项。两因素发生在不同时间，因此不存在交互作用，x_1x_3 项可不列入回归方程；灰化时间和原子化时间的影响比较复杂，但也用二次多项式逼近，忽略其交互作用，方程中有 x_2^2 和 x_4^2 项，因此回归方程：

$$y=b_0+b_1x_1+b_2x_2+b_3x_3+b_4x_4+b_5x_1^2+b_6x_2^2+b_7x_3^2+b_8x_4^2 \tag{14-5}$$

令

$$x_5=x_1^2,\ x_6=x_2^2,\ x_7=x_3^2,\ x_8=x_4^2 \tag{14-6}$$

$$\hat{y}=b_0+\sum_{i=1}^{8}b_ix_i \tag{14-7}$$

加上一次项，回归方程系数个数为 9，至少应安排 9 次试验才能求得各系数。为了减少试验误差，选用试验次数较多的表安排试验。我们选用 $U_{13}(13^{12})$ 表，划去最后一行进行 12 次试验。查使用表可知四因素时，应选用 1、6、8、10 列。表 14-9 为因素水平表。

表 14-9 因素及水平表

水平代号	灰化温度(x_1)/℃	灰化时间(x_2)/s	原子化温度(x_3)/℃	原子化时间(x_4)/s
1	200	10	2500	4
2	350	18	2600	5
3	500	26	2700	6
4	650	34	2800	7
5	800	42	2900	8
6	950	50	3000	9
7	1100			
8	1250			
9	1400			
10	1550			
11	1700			
12	1900			

用混合水平的均匀设计表安排试验，试验方案和结果见表 14-10。

表 14-10 试验方案和结果

试验序号	灰化温度(x_1)/℃	灰化时间(x_2)/s	原子化温度(x_3)/℃	原子化时间(x_4)/s	吸光度(y)
1	1(200)	3(26)	4(2800)	5(8)	0.151
2	2(350)	6(50)	2(2600)	4(7)	0.113
3	3(500)	3(26)	6(3000)	2(5)	0.199
4	4(650)	6(50)	3(2700)	1(4)	0.116
5	5(800)	2(18)	1(2500)	6(9)	0.091
6	6(950)	5(42)	5(2900)	4(7)	0.142
7	7(1100)	2(18)	2(2600)	3(6)	0.099
8	8(1250)	5(42)	6(3000)	1(4)	0.135
9	9(1400)	1(10)	4(2800)	6(9)	0.128
10	10(1550)	4(34)	1(2500)	5(8)	0.029
11	11(1700)	1(10)	5(2900)	3(6)	0.116
12	12(1900)	4(34)	3(2700)	2(5)	0.016

操作方法和分析结果见图 14-53～图 14-56。

进行回归分析后可以得到 Minitab 会话结果如表 14-11 所示，其中获得了回归方程，回归系数的详细值，回归方程的方差分析结果的 F 值和 P 值均表明回归方程有意义。

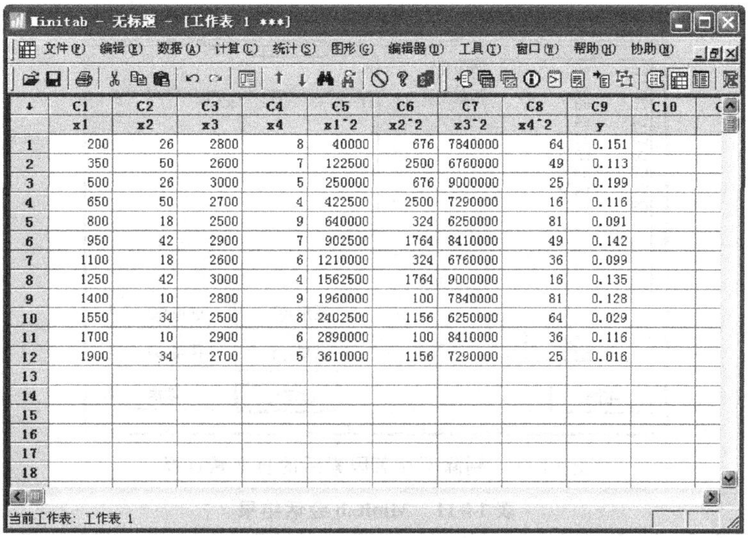

Minitab - 无标题 - [工作表 1 ***]
文件(F) 编辑(E) 数据(A) 计算(C) 统计(S) 图形(G) 编辑器(D) 工具(T) 窗口(W) 帮助(H) 协助(N)
C1 C2 C3 C4 C5 C6 C7 C8 C9 C10
x1 x2 x3 x4 x1^2 x2^2 x3^2 x4^2 y
1 200 26 2800 8 40000 676 7840000 64 0.151
2 350 50 2600 7 122500 2500 6760000 49 0.113
3 500 26 3000 5 250000 676 9000000 25 0.199
4 650 50 2700 4 422500 2500 7290000 16 0.116
5 800 18 2500 9 640000 324 6250000 81 0.091
6 950 42 2900 7 902500 1764 8410000 49 0.142
7 1100 18 2600 6 1210000 324 6760000 36 0.099
8 1250 42 3000 4 1562500 1764 9000000 16 0.135
9 1400 10 2800 9 1960000 100 7840000 81 0.128
10 1550 34 2500 8 2402500 1156 6250000 64 0.029
11 1700 10 2900 6 2890000 100 8410000 36 0.116
12 1900 34 2700 5 3610000 1156 7290000 25 0.016
当前工作表: 工作表 1

图 14-53　Minitab 内录入数据

Minitab - 无标题 - [工作表 1 ***]
文件(F) 编辑(E) 数据(A) 计算(C) 统计(S) 图形(G) 编辑器(D) 工具(T) 窗口(W) 帮助(H) 协助(N)
基本统计量(B)
回归(R)
方差分析(A)
DOE(D)
控制图(C)
质量工具(Q)
可靠性/生存(L)
多变量(M)
时间序列(S)
表格(T)
非参数(N)
EDA(E)
功效和样本数量(P)...
回归(R)...
广义回归(G)...
逐步(S)...
最佳子集(B)...
拟合线图(F)...
非线性回归...(I)
正交回归(T)...
偏最小二乘(P)...
二进制 Logistic 回归(L)...
顺序 Logistic 回归(O)...
名义 Logistic 回归(N)...
使用最小平方估计执行回归

图 14-54　选择回归命令

回归
C1 x1
C2 x2
C3 x3
C4 x4
C5 x1^2
C6 x2^2
C7 x3^2
C8 x4^2
C9 y
响应(E): y
预测变量(I): x1 x2 x3 x4 'x1^2' 'x2^2' 'x3^2' 'x4^2'
选择
帮助
图形(G)...
选项(N)...
结果(R)...
存储(S)...
确定(O)
取消

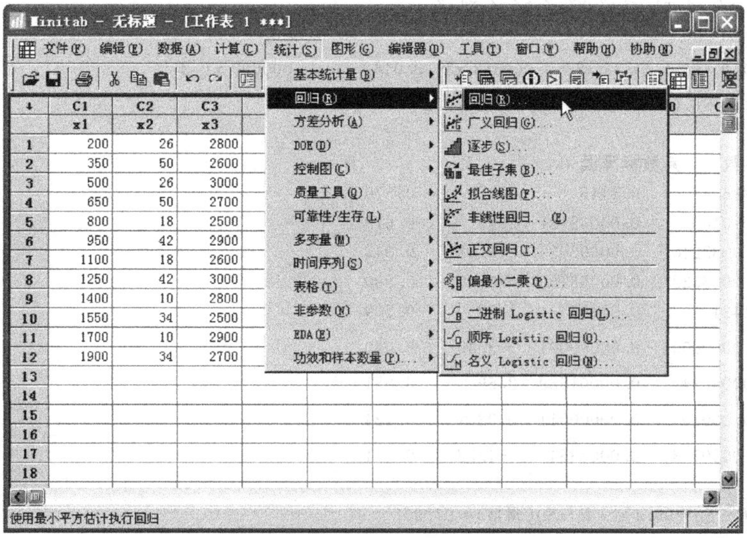

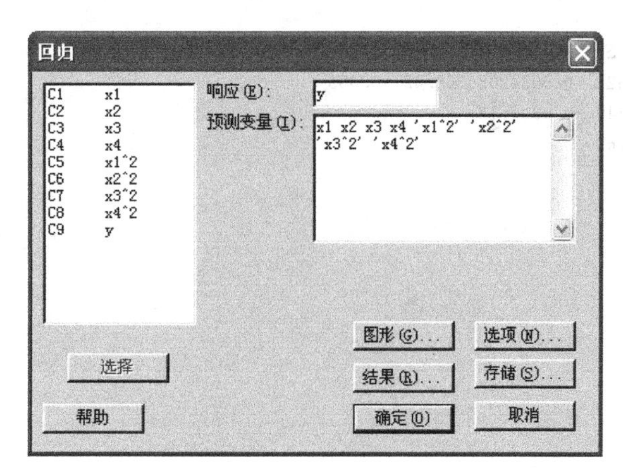

图 14-55　响应为 y，自变量为一次项和二次项

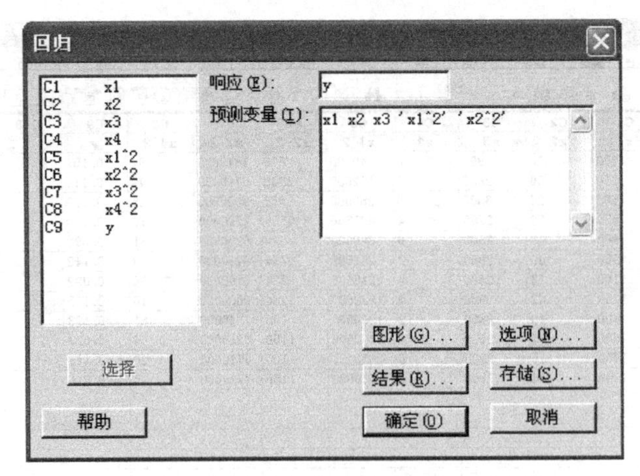

图 14-56 剔除不显著因素后的自变量选择

表 14-11 Minitab 会话结果

Minitab 会话结果

回归分析：y 与 x1,x2,x3,x4,x1^2,x2^2,x3^2,x4^2

回归方程为

y=0.384+0.000010 x1−0.00332 x2−0.000353 x3+0.0142 x4−0.000000 x1^2 +0.000040 x2^2+0.000000 x3^2−0.00108 x4^2

自变量	系数	系数标准误	T	P
常量	0.3836	0.8145	0.47	0.670
x1	0.00001001	0.00002181	0.46	0.678
x2	−0.0033240	0.0009562	−3.48	0.040
x3	−0.0003529	0.0005875	−0.60	0.590
x4	0.01421	0.01163	1.22	0.309
x1^2	−0.00000004	0.00000001	−3.49	0.040
x2^2	0.00004034	0.00001559	2.59	0.081
x3^2	0.00000010	0.00000011	0.92	0.424
x4^2	−0.0010763	0.0008854	−1.22	0.311

S=0.00716519 R−Sq=99.4% R−Sq(调整)=97.9%

方差分析

来源	自由度	SS	MS	F	P
回归	8	0.0273622	0.0034203	66.62	0.003
残差误差	3	0.0001540	0.0000513		
合计	11	0.0275163			

来源	自由度	Seq SS
x1	1	0.0111850
x2	1	0.0021303
x3	1	0.0123740
x4	1	0.0000013
x1^2	1	0.0012671
x2^2	1	0.0002916
x3^2	1	0.0000371
x4^2	1	0.0000759

对其进行单因素方差分析，如表 14-12 所示，可以看到 X_4、X_3^2、X_4^2 项不显著，回归分析时可以进行剔除（图 14-56）。

表 14-12 单因素方差分析表

来　源	自由度	Seq SS①	F	$F_比$	显著性
x_1	1	0.0111850	218.03	$F_{0.01}(1,3)=34.1$	* *
x_2	1	0.0021303	41.53	$F_{0.05}(1,3)=10.1$	* *
x_3	1	0.0123740	241.21	$F_{0.10}(1,3)=5.5$	* *
x_4	1	0.0000013	0.03		
x_1^2	1	0.0012671	24.70		*
x_2^2	1	0.0002916	5.68		⊙
x_3^2	1	0.0000371	0.72		
x_4^2	1	0.0000759	1.48		

① 表示该因素项的偏回归平方和。

剔除不显著项后再次回归后，通过表 14-13 可以发现 F 检验值提高，P 值减小，这说明方程更加有效。

表 14-13 Minitab 会话结果

Minitab 会话结果

回归分析：y 与 $x1,x2,x3,x1^{2,}x2$^2

回归方程为

$y=-0.319+0.000013\ x1-0.00281\ x2+0.000188\ x3-0.000000\ x1$^2 $+0.000031\ x2$^2

自变量	系数	系数标准误	T	P
常量	−0.31871	0.03420	−9.32	0.000
$x1$	0.00001283	0.00001682	0.76	0.475
$x2$	−0.0028053	0.0007535	−3.72	0.010
$x3$	0.00018783	0.00001130	16.62	0.000
$x1$^2	−0.00000004	0.00000001	−4.75	0.003
$x2$^2	0.00003145	0.00001230	2.56	0.043

$S=0.00667964$　$R-Sq=99.0\%$　$R-Sq$(调整)$=98.2\%$

方差分析

来源	自由度	SS	MS	F	P
回归	5	0.0272485	0.0054497	122.14	0.000
残差误差	6	0.0002677	0.0000446		
合计	11	0.0275163			

来源	自由度	$Seq\ SS$
$x1$	1	0.0111850
$x2$	1	0.0021303
$x3$	1	0.0123740
$x1$^2	1	0.0012678
$x2$^2	1	0.0002915

习　题

1. 某厂生产某种化工产品存在效率低、成本高等问题，为提高效率，选取下面的因素及水平表（表 14-14）。

表 14-14　因素水平表

水平	因素			
	A 微元	B 玉米粉	C 白糖	D 时间
1	0.6	13	3	20
2	0.35	17	4	25

试验需考虑交互作用 $A\times B$，$A\times C$，$B\times C$，如果试验把 A、B、C、D 安排在 $L_8(2^7)$ 的 1,2,4,7 列，所得结果依次为 20.5，22.4，11.0，15.0，13.5，12.6，20.0，18.0，试用正交设计助手、DPS 和 Minitab 软件分别应用极差分析法和方差分析法分析试验结果。

2. 优化原子荧光光谱法测定水萝卜和菠菜中砷的条件。对砷荧光强度（Y）影响比较大的因素主要有六个：光电倍增管负高压（X_1）、空心阴极灯电流（X_2）、载气流量（X_3）、还原剂硼氢化钾浓度（X_4）、盐酸介质浓度（X_5）和进液量（X_6）。采用均匀设计 $U_{10}^*(10^8)$ 安排试验并得到试验结果。见表 14-15。

表 14-15　均匀设计试验及结果

No	负高压/V	灯电流/mA	载气流量 /(mL/min)	KBH_4 浓度 /(g/L)	盐酸浓度 /(mol/L)	进样量/mL	荧光强度
1	260	15	450	25.0	1.4	3.0	27.3
2	270	25	650	50.0	0.5	2.6	30.8
3	280	35	800	20.0	2.2	2.3	48.9
4	290	50	300	45.0	1.2	3.2	48.2
5	300	60	500	15.0	0.2	1.7	83.5
6	310	10	700	40.0	1.9	1.5	27.9
7	320	20	900	10.0	0.95	1.3	37.1
8	330	30	400	35.0	0.06	1.0	58.2
9	340	40	600	5.0	1.7	0.8	108.1
10	350	55	750	30.0	0.7	0.5	179.1

试借助 SPSS 或 Minitab 软件，建立数学模型并进行回归分析，得出优化的实验条件。

3. 利用酵母细胞生物催化合成 2-苯乙醇试验。采用响应面分析法考察 2-苯乙醇合成浓度与培养基主要成分间的关系，试验采用 Box-Behnken 设计，以对 2-苯乙醇合成有显著影响的蔗糖（X_1）、酵母浸出粉（X_2）和 L-苯丙氨酸（X_3）3 个因素为自变量，以 2-苯乙醇浓度为响应值，设计 3 因素 3 水平响应面分析试验，试验的因素与水平选取见表 14-16。

表 14-16　因素水平表

水平	X_1/(g/L)	X_2/(g/L)	X_3/(g/L)
−1	80	2.5	6
0	120	5.0	10
1	160	7.5	14

15 个试验点得出的试验结果见表 14-17。

表 14-17　试验结果

No	X_1	X_2	X_3	2-PE/(g/L)
1	−1	−1	0	4.247
2	−1	1	0	3.957
3	1	−1	0	4.563
4	1	1	0	4.373
5	0	−1	−1	3.972
6	0	−1	1	4.631
7	0	1	−1	3.748
8	0	1	1	4.746
9	−1	0	−1	3.509
10	1	0	−1	3.764
11	−1	0	1	4.359
12	1	0	1	4.795
13	0	0	0	4.624
14	0	0	0	4.629
15	0	0	0	4.679

试采用 Design-Expert 获得该试验设计，建立它们之间的二次多元回归方程模型，并对模型进行分析，确定最佳培养基组成。

4. 试采用 Minitab 软件辅助完成第 5 章习题 7。

5. 试采用 Minitab 或 Design-Expert 软件辅助完成第 11 章习题 4。

附　　录

附录1　常用正交表

(一)　二水平表

(1) $L_4(2^3)$

试验号 \ 列号	1	2	3
1	1	1	1
2	1	2	2
3	2	1	2
4	2	2	1

注:任意两列交互为第三列。

(2) $L_8(2^7)$

试验号 \ 列号	1	2	3	4	5	6	7
1	1	1	1	1	1	1	1
2	1	1	1	2	2	2	2
3	1	2	2	1	1	2	2
4	1	2	2	2	2	1	1
5	2	1	2	1	2	1	2
6	2	1	2	2	1	2	1
7	2	2	1	1	2	2	1
8	2	2	1	2	1	1	2

(3) $L_8(2^7)$ 表头设计

因子数	列　号						
	1	2	3	4	5	6	7
3	A	B	$A\times B$	C	$A\times C$	$B\times C$	
4	A	B	$A\times B$ $C\times D$	C	$A\times C$ $B\times D$	$B\times C$ $A\times D$	D
4	A	B $C\times D$	$A\times B$	C $B\times D$	$A\times C$	D $B\times C$	D
5	A $D\times E$	B $C\times D$	$A\times B$ $C\times E$	C $B\times D$	$A\times C$ $B\times E$	D $A\times E$	E $A\times D$
6	A $C\times D$ $E\times F$	B $C\times E$ $D\times F$	$A\times B$ $C\times F$ $D\times F$	C $A\times C$ $B\times F$	D $A\times C$ $B\times F$	E $E\times C$ $A\times F$	F $A\times E$ $B\times D$

续表

因子数	列号						
	1	2	3	4	5	6	7
7	A $B\times D$ $C\times E$ $F\times G$	B $A\times D$ $C\times F$ $E\times G$	D $A\times B$ $C\times G$ $E\times F$	C $A\times E$ $B\times F$ $D\times G$	E $A\times C$ $B\times G$ $D\times F$	F $B\times C$ $A\times G$ $D\times E$	G $C\times D$ $B\times E$ $A\times F$

(4) $L_8(2^7)$ 两列间交互列

1	2	3	4	5	6	7	列号
(1)	3	2	5	4	7	6	1
	(2)	1	6	7	4	5	2
		(3)	7	6	5	4	3
			(4)	1	2	3	4
				(5)	3	2	5
					(6)	1	6
						(7)	7

(5) $L_{12}(2^{11})$

试验号＼列号	1	2	3	4	5	6	7	8	9	10	11
1	1	1	1	1	1	1	1	1	1	1	1
2	1	1	1	1	1	2	2	2	2	2	2
3	1	1	2	2	2	1	1	1	2	2	2
4	1	2	1	2	2	1	2	2	1	1	2
5	1	2	2	1	2	2	1	2	1	2	1
6	1	2	2	2	1	2	2	1	2	1	1
7	2	1	2	2	1	1	2	2	1	2	1
8	2	1	2	1	2	2	2	1	1	1	2
9	2	1	1	2	2	2	1	2	2	1	1
10	2	2	2	1	1	1	1	2	2	1	2
11	2	2	1	2	1	2	1	1	1	2	2
12	2	2	1	1	2	1	2	1	2	2	1

(6) $L_{16}(2^{15})$

试验号＼列号	1	2	3	4	5	6	7	8	9	10	11	12	13	14	15
1	1	1	1	1	1	1	1	1	1	1	1	1	1	1	1
2	1	1	1	1	1	1	1	2	2	2	2	2	2	2	2
3	1	1	1	2	2	2	2	1	1	1	1	2	2	2	2
4	1	1	1	2	2	2	2	2	2	2	2	1	1	1	1
5	1	2	2	1	1	2	2	1	1	2	2	1	1	2	2
6	1	2	2	1	1	2	2	2	2	1	1	2	2	1	1
7	1	2	2	2	2	1	1	1	2	2	2	2	2	1	1
8	1	2	2	2	2	1	1	2	2	1	1	1	1	2	2

续表

试验号 \ 列号	1	2	3	4	5	6	7	8	9	10	11	12	13	14	15
9	2	1	2	1	2	1	2	1	2	1	2	1	2	1	2
10	2	1	2	1	2	1	2	2	1	2	1	2	1	2	1
11	2	1	2	2	1	2	1	1	2	1	2	2	1	2	1
12	2	1	2	2	1	2	1	2	1	2	1	1	2	1	2
13	2	2	1	1	2	2	1	1	2	2	1	1	2	2	1
14	2	2	1	1	2	2	1	2	1	1	2	2	1	1	2
15	2	2	1	2	1	1	2	1	2	2	1	2	1	1	2
16	2	2	1	2	1	1	2	2	1	1	2	1	2	2	1

(7) $L_{16}(2^{15})$ 两列间交互列

1	2	3	4	5	6	7	8	9	10	11	12	13	14	15	列号
(1)	3	2	5	4	7	6	9	8	11	10	13	12	15	14	1
	(2)	1	6	7	4	5	10	11	8	9	14	15	12	13	2
		(3)	7	6	5	4	11	10	9	8	15	14	13	12	3
			(4)	1	2	3	12	13	14	15	8	9	10	11	4
				(5)	3	2	13	12	15	14	9	8	11	10	5
					(6)	1	14	15	12	13	10	11	8	9	6
						(7)	15	14	13	12	11	10	9	8	7
							(8)	1	2	3	4	5	6	7	8
								(9)	3	2	5	4	7	6	9
									(10)	1	6	7	4	5	10
										(11)	7	6	5	4	11
											(12)	1	2	3	12
												(13)	3	2	13
													(14)	1	14
														(15)	15

(8) $L_{16}(2^{15})$ 表头设计

因子数	列号														
	1	2	3	4	5	6	7	8	9	10	11	12	13	14	15
4	A	B	$A\times B$	C	$A\times C$	$B\times C$		D	$A\times D$	$B\times D$		$C\times D$			
5	A	B	$A\times B$	C	$A\times C$	$B\times C$	$D\times E$	D	$A\times D$	$B\times D$	$C\times E$	$C\times D$	$B\times E$	$A\times E$	E
6	A	B	$A\times B$ $D\times E$	C	$A\times C$ $D\times F$	$B\times C$ $D\times F$		D	$A\times D$ $B\times E$ $C\times F$	$B\times D$ $A\times E$	E	$C\times D$ $A\times F$	F		$C\times E$ $B\times F$
7	A	B	$A\times B$ $D\times E$ $F\times G$	C	$A\times C$ $D\times E$ $E\times G$	$B\times C$ $E\times F$ $D\times G$		D	$A\times D$ $B\times E$ $C\times F$	$B\times D$ $A\times E$ $C\times G$	E	$C\times D$ $A\times F$ $B\times G$	F	G	$C\times E$ $B\times F$ $A\times G$
8	A	B	$A\times B$ $D\times E$ $F\times G$ $G\times H$	C	$A\times C$ $D\times F$ $E\times G$ $C\times H$	$B\times C$ $E\times F$ $D\times G$ $A\times B$	H	D	$A\times D$ $B\times E$ $G\times F$ $G\times H$	$E\times D$ $A\times E$ $C\times G$ $C\times H$	E	$C\times D$ $A\times F$ $B\times G$ $E\times H$	F	G	$C\times E$ $B\times F$ $A\times G$ $D\times H$

(9) $L_{20}(2^{19})$

试验号＼列号	1	2	3	4	5	6	7	8	9	10	11	12	13	14	15	16	17	18	19
1	1	1	1	1	1	1	1	1	1	1	1	1	1	1	1	1	1	1	1
2	2	2	1	1	2	2	2	2	1	2	1	2	1	1	1	1	2	2	1
3	2	1	1	2	2	2	2	1	2	1	2	1	1	1	1	2	2	1	2
4	1	1	2	2	2	2	1	2	1	2	1	1	1	1	2	2	1	2	2
5	1	2	2	2	2	1	2	1	2	1	1	1	1	2	2	1	2	2	1
6	2	2	2	2	1	2	1	2	1	1	1	1	2	2	1	2	2	1	1
7	2	2	2	1	2	1	2	1	1	1	1	2	2	1	2	2	1	1	2
8	2	2	1	2	1	2	1	1	1	1	2	2	1	2	2	1	1	2	2
9	2	1	2	1	2	1	1	1	1	2	2	1	2	2	1	1	2	2	2
10	1	2	1	2	1	1	1	1	2	2	1	2	1	1	1	2	2	2	2
11	2	1	2	1	1	1	1	2	2	1	2	2	1	1	2	2	2	2	1
12	1	2	1	1	1	1	2	2	1	2	2	1	1	2	2	2	2	1	2
13	2	1	1	1	1	2	2	1	2	2	1	1	2	2	2	2	1	2	1
14	1	1	1	1	2	2	1	2	2	1	1	2	2	2	2	1	2	1	2
15	1	1	1	2	2	1	2	2	1	1	2	2	2	2	1	2	1	2	1
16	1	1	2	2	1	2	2	1	1	2	2	2	2	1	2	1	2	1	1
17	1	2	2	1	2	2	1	1	2	2	2	2	1	2	1	2	1	1	1
18	2	2	1	2	2	1	1	2	2	2	2	1	2	1	2	1	1	1	1
19	2	1	2	2	1	1	2	2	2	2	1	2	1	2	1	1	1	1	2
20	1	2	2	1	1	2	2	2	2	1	2	1	2	1	1	1	1	2	2

(10) $L_{24}(2^{23})$

试验号＼列号	1	2	3	4	5	6	7	8	9	10	11	12	13	14	15	16	17	18	19	20	21	22	23
1	1	1	1	1	1	1	1	1	1	1	1	1	1	1	1	1	1	1	1	1	1	1	1
2	1	1	1	1	1	1	1	1	1	1	1	2	2	2	2	2	2	2	2	2	2	2	2
3	1	1	1	1	1	2	2	2	2	2	2	1	1	1	1	1	1	2	2	2	2	2	2
4	1	1	1	2	2	1	1	2	2	2	2	1	1	2	2	2	2	1	1	1	1	2	2
5	1	1	1	2	2	2	2	1	1	2	2	2	2	1	1	2	2	1	1	2	2	1	1
6	1	1	1	2	2	2	2	2	2	1	1	2	2	2	2	1	1	2	2	1	1	1	1
7	1	2	2	1	1	2	2	2	2	1	1	1	1	2	2	2	2	1	1	2	2	1	1
8	1	2	2	1	1	2	2	1	1	2	2	2	2	2	1	1	1	1	1	1	1	2	2
9	1	2	2	1	1	1	1	2	2	2	2	2	2	1	1	2	2	2	2	1	1	1	1
10	1	2	2	2	2	2	2	1	1	1	1	1	1	1	1	2	2	2	2	1	1	2	2
11	1	2	2	2	2	1	1	2	2	1	1	2	2	1	1	1	1	1	1	2	2	2	2
12	1	2	2	2	2	1	1	1	1	2	2	1	1	2	2	1	1	2	2	2	2	1	1
13	2	1	2	1	2	1	2	1	2	1	2	1	2	1	2	1	2	1	2	1	2	1	2
14	2	1	2	1	2	1	2	1	2	1	2	2	1	2	1	2	1	2	1	2	1	2	1
15	2	1	2	1	2	2	1	2	1	2	1	1	2	1	2	1	2	2	1	2	1	2	1
16	2	1	2	2	1	1	2	2	1	2	1	1	2	2	1	2	1	1	2	1	2	2	1
17	2	1	2	2	1	2	1	1	2	2	1	2	1	1	2	2	1	1	2	2	1	1	2
18	2	1	2	2	1	2	1	2	1	1	2	2	1	2	1	1	2	2	1	1	2	1	2
19	2	2	1	1	2	2	1	2	1	1	2	1	2	2	2	1	2	1	1	2	2	1	2
20	2	2	1	1	2	2	1	1	2	2	1	2	1	2	1	1	2	1	2	1	2	2	1

续表

列号 试验号	1	2	3	4	5	6	7	8	9	10	11	12	13	14	15	16	17	18	19	20	21	22	23
21	2	2	1	1	2	1	2	2	1	2	1	2	1	1	2	2	1	2	1	1	2	1	2
22	2	2	1	2	1	2	1	1	2	1	2	1	2	1	2	2	1	2	1	1	2	2	1
23	2	2	1	2	1	1	2	2	1	1	2	2	1	1	2	1	2	1	2	2	1	2	1
24	2	2	1	2	1	1	2	1	2	2	1	1	2	2	1	1	2	2	1	2	1	1	2

（二）三水平表

（1）$L_9(3^4)$

列号 试验号	1	2	3	4
1	1	1	1	1
2	1	2	2	2
3	1	3	3	3
4	2	1	2	3
5	2	2	3	1
6	2	3	1	2
7	3	1	3	2
8	3	2	1	3
9	3	3	2	1

（2）$L_{27}(3^{13})$

列号 试验号	1	2	3	4	5	6	7	8	9	10	11	12	13
1	1	1	1	1	1	1	1	1	1	1	1	1	1
2	1	1	1	1	2	2	2	2	2	2	2	2	2
3	1	1	1	1	3	3	3	3	3	3	3	3	3
4	1	2	2	2	1	1	1	2	2	2	3	3	3
5	1	2	2	2	2	2	2	3	3	3	1	1	1
6	1	2	2	2	3	3	3	1	1	1	2	2	2
7	1	3	3	3	1	1	1	3	3	3	2	2	2
8	1	3	3	3	2	2	2	1	1	1	3	3	3
9	1	3	3	3	3	3	3	2	2	2	1	1	1
10	2	1	2	3	1	2	3	1	2	3	1	2	3
11	2	1	2	3	2	3	1	2	3	1	2	3	1
12	2	1	2	3	3	1	2	3	1	2	3	1	2
13	2	2	3	1	1	2	3	2	3	1	3	1	2
14	2	2	3	1	2	3	1	3	1	2	1	2	3
15	2	2	3	1	3	1	2	1	2	3	2	3	1
16	2	3	1	2	1	2	3	3	1	2	2	3	1
17	2	3	1	2	3	3	1	1	2	3	3	1	2
18	2	3	1	2	3	1	2	2	3	1	1	2	3
19	3	1	3	2	1	3	2	1	3	2	1	3	2
20	3	1	3	2	2	1	3	2	1	3	2	1	3
21	3	1	3	2	3	2	1	3	2	1	3	2	1
22	3	2	1	3	1	3	2	2	1	3	3	2	1
23	3	2	1	3	2	1	3	3	2	1	1	3	2
24	3	2	1	3	3	2	1	1	3	2	2	1	1

续表

试验号＼列号	1	2	3	4	5	6	7	8	9	10	11	12	13
25	3	3	2	1	1	3	2	3	2	1	2	1	3
26	3	3	2	1	2	1	3	1	3	2	3	2	1
27	3	3	2	1	3	2	1	2	1	3	1	3	2

(3) $L_{27}(3^{13})$ 两列间的交互列

1	2	3	4	5	6	7	8	9	10	11	12	13	列号
(1)	3 4	2 4	2 3	6 7	5 7	5 6	9 10	8 10	8 9	12 13	11 13	11 12	1
	(2)	1 4	1 3	8 11	9 12	10 13	5 11	6 12	7 13	5 8	6 9	7 10	2
		(3)	1 2	9 13	10 11	8 12	7 12	5 13	6 11	6 10	7 8	5 9	3
			(4)	10 12	8 13	9 11	6 13	7 11	5 12	7 9	5 10	6 8	4
				(5)	1 7	1 6	2 11	3 13	4 12	2 8	4 10	3 9	5
					(6)	1 5	4 13	2 12	3 11	3 10	2 9	4 8	6
						(7)	3 12	4 11	2 13	4 9	3 8	2 10	7
							(8)	1 10	1 9	2 5	3 7	4 6	8
								(9)	1 8	4 7	2 6	3 5	9
									(10)	3 6	4 5	2 7	10
										(11)	1 13	1 12	11
											(12)	1 13	12
												(13)	13

(三)　四水平表

(1) $L_{16}(4^5)$

试验号＼列号	1	2	3	4	5
1	1	1	1	1	1
2	1	2	2	2	2
3	1	3	3	3	3
4	1	4	4	4	4
5	2	1	2	3	4
6	2	2	1	4	3
7	2	3	4	1	2
8	2	4	3	2	1
9	3	1	3	4	2

续表

试验号＼列号	1	2	3	4	5
10	3	2	4	3	1
11	3	3	1	2	4
12	3	4	2	1	3
13	4	1	4	2	3
14	4	2	3	1	4
15	4	3	2	4	1
16	4	4	1	3	2

(2) $L_{64}(4^{21})$

试验号＼列号	1	2	3	4	5	6	7	8	9	10	11	12	13	14	15	16	17	18	19	20	21
1	1	1	1	1	1	1	1	1	1	1	1	1	1	1	1	1	1	1	1	1	1
2	1	1	1	1	1	2	2	2	2	2	2	2	2	2	2	2	2	2	2	2	2
3	1	1	1	1	1	3	3	3	3	3	3	3	3	3	3	3	3	3	3	3	3
4	1	1	1	1	1	4	4	4	4	4	4	4	4	4	4	4	4	4	4	4	4
5	1	2	2	2	2	1	1	1	1	2	2	2	2	3	3	3	3	4	4	4	4
6	1	2	2	2	2	2	2	2	2	1	1	1	1	4	4	4	4	3	3	3	3
7	1	2	2	2	2	3	3	3	3	4	4	4	4	1	1	1	1	2	2	2	2
8	1	2	2	2	2	4	4	4	4	3	3	3	3	2	2	2	2	1	1	1	1
9	1	3	3	3	3	1	1	1	1	3	3	3	3	4	4	4	4	2	2	2	2
10	1	3	3	3	3	2	2	2	2	2	4	4	4	3	3	3	3	1	1	1	1
11	1	3	3	3	3	3	3	3	3	1	1	1	1	2	2	2	2	4	4	4	4
12	1	3	3	3	3	4	4	4	4	2	2	2	2	1	1	1	1	3	3	3	3
13	1	4	4	4	4	1	1	1	1	4	4	4	4	2	2	2	2	3	3	3	3
14	1	4	4	4	4	2	2	2	2	3	3	3	3	1	1	1	1	4	4	4	4
15	1	4	4	4	4	3	3	3	3	2	2	2	2	4	4	4	4	1	1	1	1
16	1	4	4	4	4	4	4	4	4	2	2	2	2	3	3	3	3	2	2	2	2
17	2	1	2	3	4	1	2	3	4	1	2	3	4	1	2	3	4	1	2	3	4
18	2	1	2	3	4	2	1	4	3	2	1	4	3	2	1	4	3	2	1	4	3
19	2	1	2	3	4	4	3	2	1	4	3	2	1	4	3	2	1	4	3	2	2
20	2	1	2	3	4	4	3	2	1	4	3	2	1	4	3	2	1	4	3	2	1
21	2	2	1	4	3	1	2	3	4	2	1	4	3	3	4	1	3	4	3	2	1
22	2	2	1	4	3	2	1	4	3	1	2	3	4	4	3	2	1	3	4	1	2
23	2	2	1	4	3	3	4	1	2	4	3	2	1	1	2	3	4	2	1	4	3
24	2	2	1	4	3	4	3	2	1	3	4	1	2	2	1	4	3	1	2	3	4
25	2	3	4	1	2	1	2	3	4	3	4	1	2	4	3	1	2	2	1	4	3
26	2	3	4	1	2	2	1	4	3	4	3	2	1	3	4	1	2	1	2	3	4
27	2	3	4	1	2	3	4	1	2	1	2	3	4	2	1	4	3	4	3	2	1
28	2	3	4	1	2	4	3	2	1	2	1	4	3	1	2	3	4	3	4	1	2
29	2	4	3	2	1	1	2	3	4	4	3	2	1	2	1	4	3	3	4	1	2
30	2	4	3	2	1	3	1	4	3	3	4	1	2	1	2	3	4	4	3	2	1
31	2	4	3	2	1	3	4	1	2	2	1	4	3	4	3	2	1	1	2	3	4
32	2	4	3	2	1	4	3	2	1	1	2	3	4	3	4	4	2	2	1	4	3

续表

试验号＼列号	1	2	3	4	5	6	7	8	9	10	11	12	13	14	15	16	17	18	19	20	21
33	3	1	3	4	2	1	3	4	2	1	3	4	2	1	3	4	2	1	3	4	2
34	3	1	3	4	2	1	3	4	2	1	3	4	2	1	3	4	2	1	3	4	2
35	3	1	3	4	2	3	1	2	4	3	1	2	4	3	1	2	4	3	1	2	4
36	3	1	3	4	2	4	2	1	3	4	2	1	3	4	2	1	3	4	2	1	3
37	3	2	4	3	1	1	3	4	2	2	4	3	1	3	1	2	4	4	2	1	3
38	3	2	4	3	1	2	4	3	1	1	3	4	2	4	2	1	3	3	1	2	4
39	3	2	4	2	1	3	1	2	4	4	2	1	3	1	3	4	2	2	4	3	1
40	3	2	4	3	1	4	2	1	3	3	1	2	4	2	4	3	1	1	3	4	2
41	3	3	1	2	4	1	3	4	2	3	1	2	4	4	2	1	3	2	4	3	1
42	3	3	1	2	4	2	4	3	1	4	2	1	3	3	1	2	4	1	3	4	2
43	3	3	1	2	4	3	1	2	4	1	3	4	2	2	4	3	1	4	3	1	3
44	3	3	1	2	4	4	2	1	3	2	4	3	1	1	3	4	2	3	1	3	4
45	3	4	2	1	3	1	3	4	2	4	2	1	3	2	3	4	1	3	1	2	4
46	3	4	2	1	3	2	4	3	1	3	1	2	4	1	3	4	2	4	2	1	3
47	3	4	2	1	3	3	1	2	4	2	4	3	1	4	3	1	3	1	3	4	2
48	3	4	2	1	3	4	2	1	3	1	3	4	2	3	1	2	4	2	4	3	1
49	4	1	4	2	3	1	4	3	3	1	4	2	3	1	4	2	3	1	4	2	3
50	4	1	4	2	3	2	3	1	4	2	3	1	4	2	3	1	4	2	3	1	4
51	4	1	4	2	3	3	2	4	1	3	2	4	1	3	2	4	1	3	2	4	1
52	4	1	4	2	3	4	1	3	2	4	1	3	2	4	1	3	2	4	1	3	2
53	4	3	3	1	4	1	3	2	3	2	3	1	4	3	2	4	1	4	1	3	2
54	4	2	3	1	4	2	3	1	4	1	4	2	3	4	1	3	2	3	2	4	1
55	4	2	3	1	4	4	1	3	2	3	2	4	1	2	3	1	4	1	4	2	3
56	4	2	3	1	4	4	1	3	2	3	2	4	1	2	3	1	4	1	4	2	3
57	4	3	2	4	1	1	4	2	3	3	2	4	1	4	2	3	1	1	3	1	4
58	4	3	2	4	1	2	3	1	4	4	1	3	2	3	2	4	1	1	4	2	3
59	4	3	2	4	1	3	2	4	1	1	4	2	3	2	3	1	4	4	1	3	2
60	4	3	2	4	1	4	1	3	2	2	3	1	4	1	3	2	3	3	2	4	1
61	4	4	1	3	2	1	4	3	3	4	1	3	2	2	3	1	4	3	2	4	1
62	4	4	1	3	2	2	3	1	4	3	2	4	1	1	4	2	3	4	1	3	2
63	4	4	1	3	2	2	2	1	2	2	3	1	4	4	1	3	2	1	4	2	3
64	4	4	1	3	2	4	1	3	2	1	4	2	3	3	2	4	1	3	3	1	4

（3）$L_{64}(4^{21})$ 两列间的交互列表

1	2	3	4	5	6	7	8	9	10	11	12	13	14	15	16	17	18	19	20	21	列号
	3	2	2	2	7	6	6	6	11	10	10	10	15	14	14	14	19	18	18	18	
(1)	4	4	3	3	8	8	7	7	12	12	11	11	16	16	15	15	20	20	19	19	1
	5	5	5	4	9	9	9	8	13	13	13	12	17	17	17	16	21	21	21	20	
		1	1	1	10	11	12	13	6	7	8	9	6	7	8	9	6	7	8	9	
	(2)	4	3	3	14	15	16	17	14	15	16	17	10	11	12	13	10	11	12	13	2
		5	5	4	18	19	20	21	18	19	20	21	14	15	16	17	14	15	16	17	
			1	1	11	10	13	12	7	6	9	8	8	9	6	7	9	8	7	6	
		(3)	2	2	16	17	14	15	17	16	15	14	13	12	11	10	12	13	10	11	3
			5	4	21	20	19	18	20	21	18	19	19	18	21	12	15	14	17	16	

续表

1	2	3	4	5	6	7	8	9	10	11	12	13	14	15	16	17	18	19	20	21	列号
				1	12	13	10	11	8	9	6	7	9	8	7	6	7	6	9	8	
			(4)	2	17	16	15	14	15	14	17	16	11	10	13	12	13	12	11	10	4
				3	19	18	21	20	21	20	19	18	20	21	18	19	16	17	14	15	
					13	12	11	10	9	8	7	6	7	6	9	8	8	9	6	7	
				(5)	15	14	17	16	16	17	14	15	12	13	10	11	11	10	13	12	5
					20	21	18	19	19	18	21	20	21	20	19	18	17	16	15	14	
						1	1	1	2	3	4	5	2	5	3	4	2	4	5	3	
					(6)	8	7	7	14	18	17	15	10	13	11	12	10	12	13	11	6
						9	9	8	18	21	19	20	18	20	21	19	14	17	15	16	
							1	1	3	2	5	4	5	2	4	3	4	2	3	5	
						(7)	6	6	17	15	14	16	12	11	13	10	13	11	10	12	7
							9	8	20	19	21	18	21	19	18	20	16	15	17	14	
								1	4	5	2	3	3	4	2	5	5	3	2	4	
							(8)	6	15	17	16	14	13	10	12	11	11	13	12	10	8
								7	21	18	20	19	19	21	20	18	17	14	16	15	
									5	4	3	2	4	3	5	2	3	5	4	2	
								(9)	16	14	15	17	11	12	10	13	12	10	11	13	9
									19	20	18	21	20	18	19	21	15	16	14	17	
										1	1	1	2	4	5	3	2	5	3	4	
									(10)	12	11	11	6	8	9	7	6	9	7	8	10
										13	13	12	18	21	19	20	14	16	17	15	
											1	1	4	2	3	5	5	2	4	3	
										(11)	10	10	9	7	6	8	8	7	9	6	11
											13	12	20	19	21	18	17	15	14	16	
												1	5	3	2	4	3	4	2	5	
											(12)	10	7	9	8	6	9	6	8	7	12
												11	21	18	21	19	15	17	16	14	
													3	5	4	2	4	3	5	2	
												(13)	8	6	7	9	7	8	6	9	13
													19	20	18	21	16	14	15	17	
														1	1	1	2	3	4	5	
													(14)	16	15	15	6	8	9	7	14
														17	17	16	10	13	11	12	
															1	1	3	2	5	4	
														(15)	14	14	9	7	6	8	15
															17	16	12	11	13	10	
																1	4	5	2	3	
															(16)	14	7	9	8	6	16
																15	13	10	12	11	
																	5	4	3	2	
																(17)	8	6	7	9	17
																	11	12	10	13	
																		1	1	1	
																	(18)	20	19	19	18
																		21	21	20	
																			1	1	
																		(19)	18	18	19
																			21	20	
																				1	
																			(20)	18	20
																				19	
																				(21)	21

(四)　五水平表

$L_{25}(5^6)$

试验号＼列号	1	2	3	4	5	6
1	1	1	1	1	1	1
2	1	2	2	2	2	2
3	1	3	3	3	3	3
4	1	4	4	4	4	4
5	1	5	5	5	5	5
6	2	1	2	3	4	5
7	2	2	3	4	5	1
8	2	3	4	5	1	2
9	2	4	5	1	2	3
10	2	5	1	2	3	4
11	3	1	3	5	2	4
12	3	2	4	1	3	5
13	3	3	5	2	4	1
14	3	4	1	3	5	2
15	3	5	2	4	1	3
16	4	1	4	2	5	3
17	4	2	5	3	1	4
18	4	2	1	4	2	5
19	4	4	2	5	3	1
20	4	5	3	1	4	2
21	5	1	5	4	3	2
22	5	2	1	5	4	3
23	5	3	2	1	5	4
24	5	4	3	2	1	5
25	5	5	4	3	2	1

(五)　混合水平表

(1) $L_8(4\times2^4)$

试验号＼列号	1	2	3	4	5
1	1	1	1	1	1
2	1	2	2	2	2
3	2	1	1	2	2
4	2	2	2	1	1
5	3	1	2	1	2
6	3	2	1	2	1
7	4	1	2	2	1
8	4	2	1	1	2

(2) $L_8(4\times2^4)$ 表头设计

试验号＼列号	列　号				
	1	2	3	4	5
2	A	B	$(A\times B)_1$	$(A\times B)_2$	$(A\times B)_3$
3	A	B	C		
4	A	B	C	D	
5	A	B	C	D	E

(3) $L_{12}(3\times2^4)$ 表头设计

试验号＼列号	1	2	3	4	5
1	1	1	1	1	1
2	1	1	1	2	2
3	1	2	2	1	2
4	1	2	2	2	1
5	2	1	2	1	1
6	2	1	2	2	2
7	2	2	1	2	1
8	2	2	1	2	2
9	3	1	2	1	2
10	3	1	1	2	1
11	3	2	1	1	2
12	3	2	2	2	1

(4) $L_{12}(6\times2^2)$

试验号＼列号	1	2	3
1	2	1	1
2	5	1	2
3	5	2	1
4	2	2	2
5	4	1	1
6	1	1	2
7	1	2	1
8	4	2	2
9	3	1	1
10	6	1	2
11	6	2	1
12	3	2	2

(5) $L_{16}(4\times2^{12})$

试验号＼列号	1	2	3	4	5	6	7	8	9	10	11	12	13
1	1	1	1	1	1	1	1	1	1	1	1	1	1
2	1	1	1	1	1	2	2	2	2	2	2	2	2
3	1	2	2	2	2	1	1	1	1	2	2	2	2
4	1	2	2	2	2	2	2	2	2	1	1	1	1
5	2	1	1	2	2	1	1	2	2	1	1	2	2
6	2	1	1	2	2	2	2	1	1	2	2	1	1
7	2	2	2	1	1	1	1	2	2	2	2	1	1
8	2	2	2	1	1	2	2	1	1	1	1	2	2
9	3	1	2	1	2	1	2	1	2	1	2	1	2
10	3	1	2	1	2	2	1	2	1	2	1	2	1
11	3	2	1	2	1	1	2	1	2	2	1	2	1
12	3	2	1	2	1	2	1	2	1	2	2	1	2

续表

试验号＼列号	1	2	3	4	5	6	7	8	9	10	11	12	13
13	4	1	2	2	1	1	2	2	1	1	2	2	1
14	4	1	2	2	1	2	1	1	2	1	1	1	2
15	4	2	1	1	2	1	2	2	1	2	1	1	2
16	4	2	1	1	2	2	1	1	2	1	2	2	1

(6) $L_{16}(4\times 2^{9})$

试验号＼列号	1	2	3	4	5	6	7	8	9	10	11
1	1	1	1	1	1	1	1	1	1	1	1
2	1	2	1	1	1	2	2	2	2	2	2
3	1	3	2	2	2	1	1	1	2	2	2
4	1	4	2	2	2	2	2	2	1	1	1
5	2	1	1	2	2	1	2	2	1	2	2
6	2	2	1	2	2	2	1	1	2	1	1
7	2	3	2	1	1	1	2	2	2	1	1
8	2	4	2	1	1	2	1	1	1	2	2
9	3	1	2	1	2	2	1	2	2	1	2
10	3	2	2	1	2	1	2	1	1	2	1
11	3	3	1	2	1	2	1	2	1	2	1
12	3	4	1	2	1	1	2	1	2	1	2
13	4	1	2	2	1	2	2	1	2	2	1
14	4	2	2	2	1	1	1	2	1	1	2
15	4	3	1	1	2	2	2	1	1	1	2
16	4	4	1	1	2	1	1	2	2	2	1

(7) $L_{16}(4^{3}\times 2^{6})$

试验号＼列号	1	2	3	4	5	6	7	8	9
1	1	1	1	1	1	1	1	1	1
2	1	2	2	1	1	2	2	2	2
3	1	3	3	2	2	1	1	2	2
4	1	4	4	2	2	2	2	1	1
5	2	1	2	2	2	1	2	1	2
6	2	2	1	2	2	2	1	2	1
7	2	3	4	1	1	1	2	2	1
8	2	4	3	1	1	2	1	1	2
9	3	1	3	1	2	2	2	2	1
10	3	2	4	1	2	1	1	1	2
11	3	3	1	2	1	2	2	1	2
12	3	4	2	2	1	1	1	2	1
13	4	1	4	2	1	2	1	2	2
14	4	2	3	2	1	1	2	1	1
15	4	3	2	1	2	2	1	1	1
16	4	4	1	1	2	1	2	2	2

(8) $L_{16}(4^4\times2^3)$

试验号 \ 列号	1	2	3	4	5	6	7
1	1	1	1	1	1	1	1
2	1	2	2	2	1	2	2
3	1	3	3	3	2	1	2
4	1	4	4	4	2	2	1
5	2	1	2	3	2	2	1
6	2	2	1	4	2	1	2
7	2	3	4	1	1	2	2
8	2	4	3	2	1	1	1
9	3	1	3	4	1	2	2
10	3	2	4	3	1	1	1
11	3	3	1	2	2	2	1
12	3	4	2	1	2	1	2
13	4	1	4	2	2	1	2
14	4	2	3	1	2	2	1
15	4	3	2	4	1	1	1
16	4	4	1	3	1	2	2

(9) $L_{16}(8\times2^8)$

试验号 \ 列号	1	2	3	4	5	6	7	8	9
1	1	1	1	1	1	1	1	1	1
2	1	2	2	2	2	2	2	2	2
3	2	1	1	1	1	2	2	2	2
4	2	2	2	2	2	1	1	1	1
5	3	1	1	2	2	1	1	2	2
6	3	2	2	1	1	2	2	1	1
7	4	1	1	2	2	2	2	1	1
8	4	2	2	1	1	1	1	2	2
9	5	1	2	1	2	1	2	1	2
10	5	2	1	2	1	2	1	2	1
11	6	1	2	1	2	2	1	2	1
12	6	2	1	2	1	1	2	1	2
13	7	1	2	2	1	1	2	2	1
14	7	2	1	1	2	2	1	1	2
15	8	1	2	2	1	2	1	1	2
16	8	2	1	1	2	1	2	2	1

(10) $L_{18}(2\times3^7)$

试验号 \ 列号	1	2	3	4	5	6	7	8
1	1	1	1	1	1	1	1	1
2	1	1	2	2	2	2	2	2
3	1	1	3	3	3	3	3	3
4	1	2	1	1	2	2	3	3
5	1	2	2	2	3	3	1	1
6	1	2	3	3	1	1	2	2

续表

试验号＼列号	1	2	3	4	5	6	7	8
7	1	3	1	2	1	3	2	3
8	1	3	2	3	2	1	3	1
9	1	3	3	1	3	2	1	2
10	2	1	1	3	3	2	2	1
11	2	1	2	1	1	3	3	2
12	2	1	3	2	2	1	1	3
13	2	2	1	2	3	1	3	2
14	2	2	2	3	1	2	1	3
15	2	2	3	1	2	3	2	1
16	2	3	1	3	2	3	1	2
17	2	3	2	1	3	1	2	3
18	2	3	3	2	1	2	3	1

(11) $L_{18}(4\times3^6)$

试验号＼列号	1	2	3	4	5	6	7
1	1	1	1	1	1	1	1
2	1	1	2	2	1	2	2
3	1	3	3	3	3	3	3
4	2	1	1	2	2	3	3
5	2	2	2	3	3	1	1
6	2	3	3	1	1	2	2
7	3	1	2	1	3	2	3
8	3	2	3	2	1	3	1
9	3	3	1	3	2	1	2
10	4	1	3	3	2	2	1
11	4	2	1	1	3	3	2
12	4	3	2	2	1	1	3
13	5	1	2	3	1	3	2
14	5	2	3	1	2	1	3
15	5	3	1	2	3	2	1
16	6	1	3	2	3	1	2
17	6	2	1	3	1	2	3
18	6	3	2	1	2	3	1

(12) $L_{20}(10\times2^2)$

试验号＼列号	1	2	3	试验号＼列号	1	2	3
1	1	1	1	11	6	1	2
2	1	2	2	12	6	2	1
3	2	1	2	13	7	1	1
4	2	2	1	14	7	2	2
5	3	1	1	15	8	1	2
6	3	2	2	16	8	2	1
7	4	1	2	17	9	1	1
8	4	2	1	18	9	2	2
9	5	1	1	19	10	1	2
10	5	2	2	20	10	2	1

(13) $L_{24}(3\times4\times2^4)$

试验号 \ 列号	1	2	3	4	5	6
1	1	1	1	1	1	1
2	1	2	1	1	2	2
3	1	3	1	2	2	1
4	1	4	1	2	1	2
5	1	1	2	2	2	2
6	1	2	2	2	1	1
7	1	3	2	1	1	2
8	1	4	2	1	2	1
9	2	1	1	1	1	2
10	2	2	1	1	2	1
11	2	3	1	2	2	2
12	2	4	1	2	1	1
13	2	1	2	2	2	1
14	2	2	2	2	1	2
15	2	3	2	1	1	1
16	2	4	2	1	2	2
17	3	1	1	1	1	2
18	3	2	1	1	2	1
19	3	3	1	2	2	2
20	3	4	1	2	1	1
21	3	1	2	2	2	1
22	3	2	2	2	1	2
23	3	3	2	1	1	1
24	3	4	2	1	2	2

(14) $L_{24}(6\times4\times2^3)$

试验号 \ 列号	1	2	3	4	5	试验号 \ 列号	1	2	3	4	5
1	1	1	1	1	1	13	4	1	2	2	2
2	1	2	1	2	1	14	4	2	2	1	1
3	1	3	2	2	2	15	4	3	1	1	2
4	1	4	2	1	1	16	4	4	1	2	1
5	2	1	2	2	1	17	5	1	1	1	1
6	2	2	2	1	2	18	5	2	1	2	2
7	2	3	1	1	1	19	5	3	2	2	1
8	2	4	1	2	2	20	5	4	2	1	2
9	3	1	1	1	1	21	6	1	2	2	2
10	3	2	1	2	2	22	6	2	2	1	1
11	3	3	2	2	1	23	6	3	1	1	2
12	3	4	2	1	2	24	6	4	1	2	1

(15) $L_{24}(12\times2^{12})$

试验号 \ 列号	1	2	3	4	5	6	7	8	9	10	11	12	13
1	1	1	1	1	1	1	1	1	1	1	1	1	1
2	2	1	1	1	1	1	1	2	2	2	2	2	2
3	3	1	1	1	2	2	2	1	1	1	2	2	2

续表

试验号＼列号	1	2	3	4	5	6	7	8	9	10	11	12	13
4	4	1	1	2	1	2	2	1	2	2	1	1	2
5	5	1	1	2	2	1	2	2	1	2	1	2	1
6	6	1	1	2	2	2	1	2	2	1	2	1	1
7	7	1	2	1	2	2	1	1	2	2	1	2	1
8	8	1	2	1	2	1	2	2	2	1	1	1	2
9	9	1	2	1	1	2	2	2	1	2	2	1	1
10	10	1	2	2	2	1	1	1	1	2	2	1	2
11	11	1	2	2	1	2	1	2	1	1	1	2	2
12	12	1	2	2	1	1	2	1	2	1	2	2	1
13	1	2	2	2	2	2	2	2	2	2	2	2	2
14	2	2	2	2	2	2	2	1	1	1	1	1	1
15	3	2	2	2	1	1	1	2	2	2	1	1	1
16	4	2	2	1	2	1	1	2	1	1	2	2	1
17	5	2	2	1	1	2	1	1	2	1	2	1	2
18	6	2	2	1	1	1	2	1	1	2	1	2	2
19	7	2	1	2	1	1	2	2	1	1	2	1	2
20	8	2	1	2	1	2	1	1	1	2	2	2	1
21	9	2	1	2	2	1	1	1	2	1	1	2	2
22	10	2	1	1	1	2	2	2	2	1	1	2	1
23	11	2	1	1	2	1	2	1	2	2	2	1	1
24	12	2	1	1	2	2	1	2	1	2	1	1	2

(16) $L_{27}(9\times3^9)$

试验号＼列号	1	2	3	4	5	6	7	8	9	10
1	1	1	1	1	1	1	1	1	1	1
2	1	2	2	2	2	2	2	2	2	2
3	1	3	3	3	3	3	3	3	3	3
4	2	1	1	1	2	2	2	3	3	3
5	2	2	2	2	3	3	3	1	1	1
6	2	3	3	3	1	1	1	2	2	2
7	3	1	1	1	3	3	3	2	2	2
8	3	2	2	2	1	1	1	3	3	3
9	3	3	3	3	2	2	2	1	1	1
10	4	1	2	3	1	2	3	1	2	3
11	4	2	3	1	2	3	1	2	3	1
12	4	3	1	2	3	1	2	3	1	2
13	5	1	2	3	2	3	1	3	1	2
14	5	2	3	1	3	1	2	1	2	3
15	5	3	1	2	1	2	3	2	3	1
16	6	1	2	3	3	1	2	2	3	1
17	6	2	3	1	1	2	3	3	1	2
18	6	3	1	2	2	3	1	1	2	3
19	7	1	3	2	1	3	2	1	3	2
20	7	2	1	3	2	1	3	2	1	3

续表

试验号＼列号	1	2	3	4	5	6	7	8	9	10
21	7	3	2	1	3	2	1	3	2	1
22	8	1	3	2	2	1	3	3	2	1
23	8	2	1	3	3	2	1	1	3	2
24	8	3	2	1	1	3	2	2	1	3
25	9	1	3	2	3	2	1	2	1	3
26	9	2	1	3	1	3	2	3	3	1
27	9	3	2	1	2	1	3	1	3	2

(17) $L_{32}(8\times4^8)$

试验号＼列号	1	2	3	4	5	6	7	8	9
1	1	1	1	1	1	1	1	1	1
2	1	2	2	2	2	2	2	2	2
3	1	3	3	3	3	3	3	3	3
4	1	4	4	4	4	4	4	4	4
5	2	1	1	2	2	3	3	4	4
6	2	2	2	1	1	4	4	3	3
7	2	3	3	4	4	1	1	2	2
8	2	4	4	3	3	2	2	1	1
9	3	1	2	3	4	1	2	3	4
10	3	2	1	4	3	2	1	4	3
11	3	3	4	1	2	3	4	1	2
12	3	4	3	2	1	4	3	2	1
13	4	1	2	4	3	3	4	2	1
14	4	3	1	3	4	4	3	1	2
15	4	3	4	2	1	1	2	4	3
16	4	4	3	1	2	2	1	3	4
17	5	1	4	1	4	2	3	2	3
18	5	2	3	2	3	1	4	1	4
19	5	3	2	3	2	4	1	4	1
20	5	4	1	4	1	3	2	3	2
21	6	1	4	2	3	4	1	3	2
22	6	2	3	1	4	3	2	4	1
23	6	3	2	4	1	2	3	1	4
24	6	4	1	3	2	1	4	2	3
25	7	1	3	3	1	2	4	4	2
26	7	2	4	4	2	1	3	3	1
27	7	3	1	1	3	4	2	2	4
28	7	4	2	2	4	3	1	1	3
29	8	1	3	4	2	4	2	1	3
30	8	2	4	3	1	3	1	2	4
31	8	3	1	1	4	2	4	3	1
32	8	1	2	2	3	1	3	4	2

(18) $L_{32}(4^9 \times 2^4)$

试验号 \ 列号	1	2	3	4	5	6	7	8	9	10	11	12	13
1	1	2	3	2	3	3	2	1	3	2	1	2	1
2	3	4	1	2	2	1	2	3	4	1	1	1	1
3	2	4	3	3	4	1	1	4	3	1	1	2	2
4	4	2	1	3	1	3	1	2	4	2	1	1	3
5	1	3	1	4	4	4	1	3	2	2	1	2	1
6	3	1	3	4	1	2	1	1	1	1	1	1	1
7	2	1	1	1	3	2	2	2	2	1	1	2	2
8	4	3	3	1	2	4	2	4	1	2	1	1	2
9	1	1	4	3	2	1	4	2	1	2	1	2	1
10	3	3	2	3	3	3	4	4	2	1	1	1	1
11	2	3	4	2	1	3	3	3	1	1	1	2	2
12	4	1	2	2	4	1	3	1	2	2	1	1	2
13	1	4	2	1	1	2	3	4	4	2	1	2	1
14	3	2	4	1	4	4	3	2	3	1	1	1	1
15	2	2	2	4	2	4	4	1	4	1	1	2	2
16	4	4	4	4	3	2	4	3	3	2	1	1	2
17	1	2	1	4	3	1	3	4	1	1	2	1	2
18	3	4	3	4	2	3	3	2	2	2	2	2	2
19	2	4	1	1	4	3	4	1	1	2	2	1	1
20	4	2	3	1	1	1	4	3	2	1	2	2	1
21	1	3	3	2	4	2	4	2	4	1	2	1	2
22	3	1	1	2	1	4	4	4	3	2	2	2	2
23	2	1	3	3	3	4	3	3	4	2	2	1	1
24	4	3	1	3	2	2	3	1	3	1	2	2	1
25	1	1	2	1	2	3	1	3	3	1	2	1	2
26	3	3	4	1	3	1	1	1	4	2	2	2	2
27	2	3	2	4	1	1	2	2	3	2	2	1	1
28	4	1	4	4	4	3	2	4	4	1	2	2	1
29	1	4	4	3	1	4	2	1	2	1	2	1	2
30	3	2	2	3	4	2	2	3	1	2	2	2	2
31	2	2	4	2	2	2	1	4	2	2	2	1	1
32	4	4	2	2	3	4	1	2	1	1	2	2	1

(19) $L_{36}(6 \times 3^{12})$

试验号 \ 列号	1	2	3	4	5	6	7	8	9	10	11	12	13
1	1	1	1	1	1	1	1	1	1	1	1	1	1
2	1	2	2	2	2	2	2	2	2	2	2	2	2
3	1	3	3	3	3	3	3	3	3	3	3	3	3
4	1	1	1	1	1	2	2	2	2	3	3	3	3
5	1	2	2	2	2	3	3	3	3	1	1	1	1
6	1	3	3	3	3	1	1	1	1	2	2	2	2
7	2	1	1	2	3	1	2	3	3	1	2	2	3
8	2	2	2	3	1	2	3	1	1	2	3	3	1

续表

试验号 \ 列号	1	2	3	4	5	6	7	8	9	10	11	12	13
9	2	3	3	1	2	3	1	2	2	3	1	1	2
10	2	1	1	2	2	1	3	2	3	2	1	3	2
11	2	2	2	3	3	2	1	3	1	3	2	1	3
12	2	3	3	1	1	3	2	1	2	1	3	2	1
13	3	1	2	3	1	3	2	1	3	3	3	1	2
14	3	2	3	1	2	1	3	2	1	1	1	2	3
15	3	3	1	2	3	2	1	3	2	2	2	3	1
16	3	1	2	3	2	1	1	3	2	3	3	2	1
17	3	2	3	1	3	2	2	1	3	1	1	3	2
18	3	3	1	2	1	3	3	2	1	2	2	1	3
19	4	1	2	1	3	3	3	1	2	2	1	2	3
20	4	2	3	2	1	1	1	2	3	3	2	3	1
21	4	3	1	3	2	2	2	3	1	1	3	1	2
22	4	1	2	1	3	3	1	2	1	1	3	3	2
23	4	2	3	3	1	1	2	3	2	2	1	1	3
24	4	3	1	1	2	2	3	1	3	3	2	2	1
25	5	1	3	2	1	2	3	3	1	3	1	2	2
26	5	2	1	3	2	3	1	1	2	1	2	3	3
27	5	3	2	1	3	1	2	2	3	2	3	1	1
28	5	1	3	2	2	2	1	1	3	2	3	1	3
29	5	2	1	3	3	3	2	2	1	3	1	2	1
30	5	3	2	1	1	1	3	3	2	1	2	3	2
31	6	1	3	3	3	2	3	2	2	1	2	1	1
32	6	2	1	1	1	3	1	3	3	2	3	2	2
33	6	3	2	2	2	1	2	1	1	3	1	3	3
34	6	1	3	1	2	3	2	3	1	2	2	3	1
35	6	2	1	2	3	1	3	1	2	3	3	1	2
36	6	3	2	3	1	2	1	2	3	1	1	2	3

附录 2　标准正态分布表

$$\Phi(x)=\int_{-\infty}^{x}\frac{1}{\sqrt{2\pi}}\mathrm{e}^{-\frac{t^2}{2}}\mathrm{d}t=P(X\leqslant x)$$

x	0.00	0.01	0.02	0.03	0.04	0.05	0.06	0.07	0.08	0.09
0.0	0.500 0	0.504 0	0.508 0	0.512 0	0.516 0	0.519 9	0.523 9	0.527 9	0.531 9	0.535 9
0.1	0.539 8	0.543 8	0.547 8	0.551 7	0.555 7	0.559 6	0.563 6	0.567 5	0.571 4	0.575 3
0.2	0.579 3	0.583 2	0.587 1	0.591 0	0.594 8	0.598 7	0.602 6	0.606 4	0.610 3	0.614 1
0.3	0.617 9	0.621 7	0.625 5	0.629 3	0.633 1	0.636 8	0.640 4	0.644 3	0.648 0	0.651 7
0.4	0.655 4	0.659 1	0.662 8	0.666 4	0.670 0	0.673 6	0.677 2	0.680 8	0.684 4	0.687 9
0.5	0.691 5	0.695 0	0.698 5	0.701 9	0.705 4	0.708 8	0.712 3	0.715 7	0.719 0	0.722 4
0.6	0.725 7	0.729 1	0.732 4	0.735 7	0.738 9	0.742 2	0.745 4	0.748 6	0.751 7	0.754 9
0.7	0.758 0	0.761 1	0.764 2	0.767 3	0.770 3	0.773 4	0.776 4	0.779 4	0.782 3	0.785 2
0.8	0.788 1	0.791 0	0.793 9	0.796 7	0.799 5	0.802 3	0.805 1	0.807 8	0.810 6	0.813 3
0.9	0.815 9	0.818 6	0.821 2	0.823 8	0.826 4	0.828 9	0.835 5	0.834 0	0.836 5	0.838 9
1.0	0.841 3	0.843 8	0.846 1	0.848 5	0.850 8	0.853 1	0.855 4	0.857 7	0.859 9	0.862 1
1.1	0.864 3	0.866 5	0.868 6	0.870 8	0.872 9	0.874 9	0.877 0	0.879 0	0.881 0	0.883 0
1.2	0.884 9	0.886 9	0.888 8	0.890 7	0.892 5	0.894 4	0.896 2	0.898 0	0.899 7	0.901 5
1.3	0.903 2	0.904 9	0.906 6	0.908 2	0.909 9	0.911 5	0.913 1	0.914 7	0.916 2	0.917 7
1.4	0.919 2	0.920 7	0.922 2	0.923 6	0.925 1	0.926 5	0.927 9	0.929 2	0.930 6	0.931 9
1.5	0.933 2	0.934 5	0.935 7	0.937 0	0.938 2	0.939 4	0.940 6	0.941 8	0.943 0	0.944 1
1.6	0.945 2	0.946 3	0.947 4	0.948 4	0.949 5	0.950 5	0.951 5	0.952 5	0.953 5	0.953 5
1.7	0.955 4	0.956 4	0.957 3	0.958 2	0.959 1	0.959 9	0.960 8	0.961 6	0.962 5	0.963 3
1.8	0.964 1	0.964 8	0.965 6	0.966 4	0.967 2	0.967 8	0.968 6	0.969 3	0.970 0	0.970 6
1.9	0.971 3	0.971 9	0.972 6	0.973 2	0.973 8	0.974 4	0.975 0	0.975 6	0.976 2	0.976 7

续表

x	0.00	0.01	0.02	0.03	0.04	0.05	0.06	0.07	0.08	0.09
2.0	0.977 2	0.977 8	0.978 3	0.978 8	0.979 3	0.979 8	0.980 3	0.980 8	0.981 2	0.981 7
2.1	0.982 1	0.982 6	0.983 0	0.983 4	0.983 8	0.984 2	0.984 6	0.985 0	0.985 4	0.985 7
2.2	0.986 1	0.986 4	0.986 8	0.987 1	0.987 4	0.987 8	0.988 1	0.988 4	0.988 7	0.989 0
2.3	0.989 3	0.989 6	0.989 8	0.990 1	0.990 4	0.990 6	0.990 9	0.991 1	0.991 3	0.991 6
2.4	0.991 8	0.992 0	0.992 2	0.992 5	0.992 7	0.992 9	0.993 1	0.993 2	0.993 4	0.993 6
2.5	0.993 8	0.994 0	0.994 1	0.994 3	0.994 5	0.994 6	0.994 8	0.994 9	0.995 1	0.995 2
2.6	0.995 3	0.995 5	0.995 6	0.995 7	0.995 9	0.996 0	0.996 1	0.996 2	0.996 3	0.996 4
2.7	0.996 5	0.996 6	0.996 7	0.996 8	0.996 9	0.997 0	0.997 1	0.997 2	0.997 3	0.997 4
2.8	0.997 4	0.997 5	0.997 6	0.997 7	0.997 7	0.997 8	0.997 9	0.997 9	0.998 0	0.998 1
2.9	0.998 1	0.998 2	0.998 2	0.998 3	0.998 4	0.998 4	0.998 5	0.998 5	0.998 6	0.998 6
3.0	0.998 7	0.999 0	0.999 3	0.999 5	0.999 7	0.999 8	0.999 8	0.999 9	0.999 9	1.000 0

附录3　F分布表

$$P(F(n_1,n_2)>F_\alpha(n_1,n_2))=\alpha$$

（1）F分布$\alpha=0.01$

φ_2 \ φ_1	1	2	3	4	5	6	8	12	24	∞
1	4052	4999	5403	5625	5764	5859	5981	6106	6234	6366
2	98.49	99.01	99.17	99.25	99.30	99.33	99.36	99.42	99.46	99.50
3	34.12	30.81	29.46	28.71	28.24	27.91	27.49	27.05	26.60	26.12
4	21.20	18.00	16.69	15.98	15.52	15.21	14.80	14.37	13.93	13.46
5	16.26	13.27	12.06	11.39	10.97	10.67	10.29	9.89	9.47	9.02
6	13.74	10.92	9.78	9.15	8.75	8.47	8.10	7.72	7.31	6.88
7	12.25	9.55	8.45	7.85	7.46	7.19	6.84	6.47	6.07	5.65
8	11.26	8.65	7.59	7.01	6.63	6.37	6.03	5.67	5.28	4.86
9	10.56	8.02	6.99	6.42	6.06	5.80	5.47	5.11	4.73	4.31
10	10.04	7.56	6.55	5.99	5.64	5.39	5.06	4.71	4.33	3.91
11	9.65	7.20	6.22	5.67	5.32	5.07	4.74	4.40	4.02	3.60
12	9.33	6.93	5.95	5.41	5.06	4.82	4.50	4.16	3.78	3.36
13	9.07	6.70	5.74	5.20	4.86	4.62	4.30	3.96	3.59	3.16
14	8.86	6.51	5.56	5.03	4.69	4.46	4.14	3.80	3.43	3.00
15	8.68	6.36	5.42	4.89	4.56	4.32	4.00	3.67	3.29	2.87
16	8.53	6.23	5.29	4.77	4.44	4.20	3.89	3.55	3.18	2.75
17	8.40	6.11	5.18	4.67	4.34	4.10	3.79	3.45	3.08	2.65
18	8.28	6.01	5.09	4.58	4.25	4.01	3.71	3.37	3.00	2.57
19	8.18	5.93	5.01	4.50	4.17	3.94	3.63	3.30	2.92	2.49
20	8.10	5.85	4.94	4.43	4.10	3.87	3.56	3.23	2.86	2.42
21	8.02	5.78	4.87	4.37	4.04	3.81	3.51	3.17	2.80	2.36
22	7.94	5.72	4.82	4.31	3.99	3.76	3.45	3.12	2.75	2.31
23	7.88	5.66	4.76	4.26	3.94	3.71	3.41	3.07	2.70	2.26
24	7.82	5.61	4.72	4.22	3.90	3.67	3.36	3.03	2.66	2.21
25	7.77	5.57	4.68	4.18	3.86	3.63	3.32	2.99	2.62	2.17
26	7.72	5.53	4.64	4.14	3.82	3.59	3.29	2.96	2.58	2.13
27	7.68	5.49	4.60	4.11	3.78	3.56	3.26	2.93	2.55	2.10
28	7.64	5.45	4.57	4.07	3.75	3.53	3.23	2.90	2.52	2.06
29	7.60	5.42	4.54	4.04	3.73	3.50	3.20	2.87	2.49	2.03
30	7.56	5.39	4.51	4.02	3.70	3.47	3.17	2.84	2.47	2.01
40	7.31	5.18	4.31	3.83	3.51	3.29	2.99	2.66	2.29	1.80
60	7.08	4.98	4.13	3.65	3.34	3.12	2.82	2.50	2.12	1.60
120	6.85	4.79	3.95	3.48	3.17	2.96	2.66	2.34	1.95	1.38
∞	6.64	4.60	3.78	3.32	3.02	2.80	2.51	2.18	1.79	1.00

（2）F 分布 $\alpha=0.05$

φ_2 \ φ_1	1	2	3	4	5	6	8	12	24	∞
1	161.4	199.5	215.7	224.6	230.2	234	238.9	243.9	249	254.3
2	18.51	19	19.16	19.25	19.3	19.33	19.37	19.41	19.45	19.5
3	10.13	9.55	9.28	9.12	9.01	8.94	8.84	8.74	8.64	8.53
4	7.71	6.94	6.59	6.39	6.26	6.16	6.04	5.91	5.77	5.63
5	6.61	5.79	5.41	5.19	5.05	4.95	4.82	4.68	4.53	4.36
6	5.99	5.14	4.76	4.53	4.39	4.28	4.15	4	3.84	3.67
7	5.59	4.74	4.35	4.12	3.97	3.87	3.73	3.57	3.41	3.23
8	5.32	4.46	4.07	3.84	3.69	3.58	3.44	3.28	3.12	2.93
9	5.12	4.26	3.86	3.63	3.48	3.37	3.23	3.07	2.9	2.71
10	4.96	4.1	3.71	3.48	3.33	3.22	3.07	2.91	2.74	2.54
11	4.84	3.98	3.59	3.36	3.2	3.09	2.95	2.79	2.61	2.4
12	4.75	3.88	3.49	3.26	3.11	3	2.85	2.69	2.5	2.3
13	4.67	3.8	3.41	3.18	3.02	2.92	2.77	2.6	2.42	2.21
14	4.6	3.74	3.34	3.11	2.96	2.85	2.7	2.53	2.35	2.13
15	4.54	3.68	3.29	3.06	2.9	2.79	2.64	2.48	2.29	2.07
16	4.49	3.63	3.24	3.01	2.85	2.74	2.59	2.42	2.24	2.01
17	4.45	3.59	3.2	2.96	2.81	2.7	2.55	2.38	2.19	1.96
18	4.41	3.55	3.16	2.93	2.77	2.66	2.51	2.34	2.15	1.92
19	4.38	3.52	3.13	2.9	2.74	2.63	2.48	2.31	2.11	1.88
20	4.35	3.49	3.1	2.87	2.71	2.6	2.45	2.28	2.08	1.84
21	4.32	3.47	3.07	2.84	2.68	2.57	2.42	2.25	2.05	1.81
22	4.3	3.44	3.05	2.82	2.66	2.55	2.4	2.23	2.03	1.78
23	4.28	3.42	3.03	2.8	2.64	2.53	2.38	2.2	2	1.76
24	4.26	3.4	3.01	2.78	2.62	2.51	2.36	2.18	1.98	1.73
25	4.24	3.38	2.99	2.76	2.6	2.49	2.34	2.16	1.96	1.71
26	4.22	3.37	2.98	2.74	2.59	2.47	2.32	2.15	1.95	1.69
27	4.21	3.35	2.96	2.73	2.57	2.46	2.3	2.13	1.93	1.67
28	4.2	3.34	2.95	2.71	2.56	2.44	2.29	2.12	1.91	1.65
29	4.18	3.33	2.93	2.7	2.54	2.43	2.28	2.1	1.9	1.64
30	4.17	3.32	2.92	2.69	2.53	2.42	2.27	2.09	1.89	1.62
40	4.08	3.23	2.84	2.61	2.45	2.34	2.18	2	1.79	1.51
60	4	3.15	2.76	2.52	2.37	2.25	2.1	1.92	1.7	1.39
120	3.92	3.07	2.68	2.45	2.29	2.17	2.02	1.83	1.61	1.25
∞	3.84	2.99	2.6	2.37	2.21	2.09	1.94	1.75	1.52	1

（3）F 分布 $\alpha=0.10$

φ_2 \ φ_1	1	2	3	4	5	6	8	12	24	∞
1	39.86	49.5	53.59	55.83	57.24	58.2	59.44	60.71	62	63.33
2	8.53	9	9.16	9.24	9.29	9.33	9.37	9.41	9.45	9.49
3	5.54	5.46	5.36	5.32	5.31	5.28	5.25	5.22	5.18	5.13
4	4.54	4.32	4.19	4.11	4.05	4.01	3.95	3.9	3.83	3.76
5	4.06	3.78	3.62	3.52	3.45	3.4	3.34	3.27	3.19	3.1
6	3.78	3.46	3.29	3.18	3.11	3.05	2.98	2.9	2.82	2.72
7	3.59	3.26	3.07	2.96	2.88	2.83	2.75	2.67	2.58	2.47
8	3.46	3.11	2.92	2.81	2.73	2.67	2.59	2.5	2.4	2.29
9	3.36	3.01	2.81	2.69	2.61	2.55	2.47	2.38	2.28	2.16
10	3.29	2.92	2.73	2.61	2.52	2.46	2.38	2.28	2.18	2.06

续表

φ_2 \ φ_1	1	2	3	4	5	6	8	12	24	∞
11	3.23	2.86	2.66	2.54	2.45	2.39	2.3	2.21	2.1	1.97
12	3.18	2.81	2.61	2.48	2.39	2.33	2.24	2.15	2.04	1.9
13	3.14	2.76	2.56	2.43	2.35	2.28	2.2	2.1	1.98	1.85
14	3.1	2.73	2.52	2.39	2.31	2.24	2.15	2.05	1.94	1.8
15	3.07	2.7	2.49	2.36	2.27	2.21	2.12	2.02	1.9	1.76
16	3.05	2.67	2.46	2.33	2.24	2.18	2.09	1.99	1.87	1.72
17	3.03	2.64	2.44	2.31	2.22	2.15	2.06	1.96	1.84	1.69
18	3.01	2.62	2.42	2.29	2.2	2.13	2.04	1.93	1.81	1.66
19	2.99	2.61	2.4	2.27	2.18	2.11	2.02	1.91	1.79	1.63
20	2.97	2.59	2.38	2.25	2.16	2.09	2	1.89	1.77	1.61
21	2.96	2.57	2.36	2.23	2.14	2.08	1.98	1.87	1.75	1.59
22	2.95	2.56	2.35	2.22	2.13	2.06	1.97	1.86	1.73	1.57
23	2.94	2.55	2.34	2.21	2.11	2.05	1.95	1.84	1.72	1.55
24	2.93	2.54	2.33	2.19	2.1	2.04	1.94	1.83	1.7	1.53
25	2.92	2.53	2.32	2.18	2.09	2.02	1.93	1.82	1.69	1.52
26	2.91	2.52	2.31	2.17	2.08	2.01	1.92	1.81	1.68	1.5
27	2.9	2.51	2.3	2.17	2.07	2	1.91	1.8	1.67	1.49
28	2.89	2.5	2.29	2.16	2.06	2	1.9	1.79	1.66	1.48
29	2.89	2.5	2.28	2.15	2.06	1.99	1.89	1.78	1.65	1.47
30	2.88	2.49	2.28	2.14	2.05	1.98	1.88	1.77	1.64	1.46
40	2.84	2.44	2.23	2.09	2	1.93	1.83	1.71	1.57	1.38
60	2.79	2.39	2.18	2.04	1.95	1.87	1.77	1.66	1.51	1.29
120	2.75	2.35	2.13	1.99	1.9	1.82	1.72	1.6	1.45	1.19
∞	2.71	2.3	2.08	1.94	1.85	1.17	1.67	1.55	1.38	1

(4) F 分布 $\alpha=0.20$

φ_2 \ φ_1	1	2	3	4	5	6	12	24	∞
1	9.5	12.0	13.1	13.7	14.0	14.3	14.9	15.2	51.6
2	3.6	4.0	4.2	4.2	4.3	4.3	4.4	4.4	4.5
3	2.7	2.9	2.9	3.0	3.0	3.0	3.0	3.0	3.0
4	2.4	2.5	2.5	2.5	2.5	2.5	2.5	2.4	2.4
5	2.2	2.3	2.3	2.2	2.2	2.2	2.2	2.2	2.1
6	2.1	2.1	2.1	2.1	2.1	2.1	2.0	2.0	2.0
7	2.0	2.0	2.0	2.0	2.0	2.0	1.9	1.9	1.8
8	2.0	2.0	2.0	1.9	1.9	1.9	1.8	1.8	1.7
9	1.9	1.9	1.9	1.9	1.9	1.8	1.7	1.7	1.7
10	1.9	1.9	1.9	1.8	1.8	1.8	1.7	1.7	1.6
11	1.9	1.9	1.8	1.8	1.8	1.8	1.7	1.6	1.6
12	1.8	1.8	1.8	1.8	1.7	1.7	1.7	1.6	1.5
13	1.8	1.8	1.8	1.8	1.7	1.7	1.6	1.6	1.5
14	1.8	1.8	1.8	1.7	1.7	1.7	1.6	1.6	1.5
15	1.8	1.8	1.8	1.7	1.7	1.7	1.6	1.5	1.5
16	1.8	1.8	1.7	1.7	1.7	1.6	1.6	1.5	1.4
17	1.8	1.8	1.7	1.7	1.7	1.6	1.6	1.5	1.4
18	1.8	1.8	1.7	1.7	1.6	1.6	1.5	1.5	1.4
19	1.8	1.8	1.7	1.7	1.6	1.6	1.5	1.5	1.4
20	1.8	1.8	1.7	1.7	1.6	1.6	1.5	1.5	1.4

续表

φ_2 \ φ_1	1	2	3	4	5	6	12	24	∞
22	1.8	1.7	1.7	1.6	1.6	1.6	1.5	1.4	1.4
24	1.7	1.7	1.7	1.6	1.6	1.6	1.5	1.4	1.3
26	1.7	1.7	1.7	1.6	1.6	1.6	1.5	1.4	1.3
28	1.7	1.7	1.7	1.6	1.6	1.6	1.5	1.5	1.3
30	1.7	1.7	1.6	1.6	1.6	1.6	1.5	1.4	1.3
40	1.7	1.7	1.6	1.6	1.5	1.5	1.4	1.4	1.2
60	1.7	1.7	1.6	1.6	1.5	1.5	1.4	1.3	1.2
120	1.7	1.6	1.6	1.5	1.5	1.5	1.4	1.3	1.1
∞	1.6	1.6	1.6	1.5	1.5	1.4	1.3	1.2	1.0

附录 4　*t* 分布表

$$P(|T|>\lambda)=\alpha$$

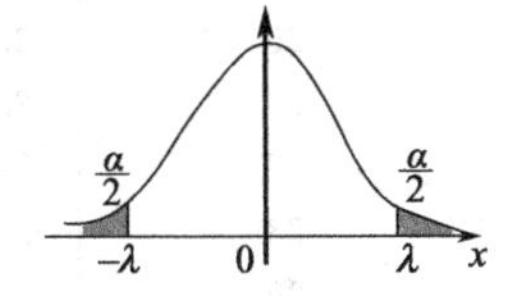

f \ α	0.2	0.1	0.05	0.02	0.01	0.001
1	3.07768	6.31375	12.70620	31.82052	63.65674	636.61925
2	1.88562	2.91999	4.30265	6.96456	9.92484	31.59905
3	1.63774	2.35336	3.18245	4.54070	5.84091	12.92398
4	1.53321	2.13185	2.77645	3.74695	4.60409	8.61030
5	1.47588	2.01505	2.57058	3.36493	4.03214	6.86883
6	1.43976	1.94318	2.44691	3.14267	3.70743	5.95882
7	1.41492	1.89458	2.36462	2.99795	3.49948	5.40788
8	1.39682	1.85955	2.30600	2.89646	3.35539	5.04131
9	1.38303	1.83311	2.26216	2.82144	3.24984	4.78091
10	1.37218	1.81246	2.22814	2.76377	3.16927	4.58689
11	1.36343	1.79588	2.20099	2.71808	3.10581	4.43698
12	1.35622	1.78229	2.17881	2.68100	3.05454	4.31779
13	1.35017	1.77093	2.16037	2.65031	3.01228	4.22083
14	1.34503	1.76131	2.14479	2.62449	2.97684	4.14045
15	1.34061	1.75305	2.13145	2.60248	2.94671	4.07277
16	1.33676	1.74588	2.11991	2.58349	2.92078	4.01500
17	1.33338	1.73961	2.10982	2.56693	2.89823	3.96513
18	1.33039	1.73406	2.10092	2.55238	2.87844	3.92165
19	1.32773	1.72913	2.09302	2.53948	2.86093	3.88341
20	1.32534	1.72472	2.08596	2.52798	2.84534	3.84952
21	1.32319	1.72074	2.07961	2.51765	2.83136	3.81928
22	1.32124	1.71714	2.07387	2.50832	2.81876	3.79213
23	1.31946	1.71387	2.06866	2.49987	2.80734	3.76763
24	1.31784	1.71088	2.06390	2.49216	2.79694	3.74540
25	1.31635	1.70814	2.05954	2.48511	2.78744	3.72514
26	1.31497	1.70562	2.05553	2.47863	2.77871	3.70661
27	1.31370	1.70329	2.05183	2.47266	2.77068	3.68959
28	1.31253	1.70113	2.04841	2.46714	2.76326	3.67391

续表

α f	0.2	0.1	0.05	0.02	0.01	0.001
29	1.31143	1.69913	2.04523	2.46202	2.75639	3.65941
30	1.31042	1.69726	2.04227	2.45726	2.75000	3.64596
40	1.30308	1.68385	2.02108	2.42326	2.70446	3.55097
50	1.29871	1.67591	2.00856	2.40327	2.67779	3.49601
60	1.29582	1.67065	2.00030	2.39012	2.66028	3.46020
70	1.29376	1.66691	1.99444	2.38081	2.64790	3.43501
80	1.29222	1.66412	1.99006	2.37387	2.63869	3.41634
90	1.29103	1.66196	1.98667	2.36850	2.63157	3.40194
100	1.29007	1.66023	1.98397	2.36422	2.62589	3.39049
120	1.28865	1.65765	1.97993	2.35782	2.61742	3.37345
∞	1.28155	1.64485	1.95996	2.32635	2.57583	3.29053

附录5　均匀设计表

(1) U_5 (5^4)

列号 试验号	1	2	3	4
1	1	2	3	4
2	2	4	1	3
3	3	1	4	2
4	4	3	2	1
5	5	5	5	5

U_5 (5^4) 的使用

因素数	列号			
	1	2	3	4
2	1	2		
3	1	2	4	
4	1	2	3	4

(2) U_7 (7^6)

列号 试验号	1	2	3	4	5	6
1	1	2	3	4	5	6
2	2	4	6	1	3	5
3	3	6	2	5	1	4
4	4	1	5	2	6	3
5	5	3	1	6	4	2
6	6	5	4	3	2	1
7	7	7	7	7	7	7

U_7（7^6）表的使用

因素数	列号					
	1	2	3	4	5	6
2	1	3				
3	1	2	3			
4	1	2	3	6		
5	1	2	3	4	6	
6	1	2	3	4	5	6

（3）U_9（9^6）

试验号＼列号	1	2	3	4	5	6
1	1	2	4	5	7	8
2	2	4	8	1	5	7
3	3	6	3	6	3	6
4	4	8	7	2	1	5
5	5	1	2	7	8	4
6	6	3	6	3	6	3
7	7	5	1	8	4	2
8	8	7	5	4	2	1
9	9	9	9	9	9	9

U_9（9^6）表的使用

因素数	列号					
	1	2	3	4	5	6
2	1	3				
3	1	3	5			
4	1	2	3	5		
5	1	2	3	4	5	
6	1	2	3	4	5	6

（4）U_{11}（11^{10}）

试验号＼列号	1	2	3	4	5	6	7	8	9	10
1	1	2	3	4	5	6	7	8	9	10
2	2	4	6	8	10	1	3	5	7	9
3	3	6	9	1	4	7	10	2	5	8
4	4	8	1	5	9	2	6	10	3	7
5	5	10	4	9	3	8	2	7	1	6
6	6	1	7	2	8	3	9	4	10	5
7	7	3	10	6	2	9	5	1	8	4
8	8	5	2	10	7	4	1	9	6	3
9	9	7	5	3	1	10	8	6	4	2
10	10	9	8	7	6	5	4	3	2	1
11	11	11	11	11	11	11	11	11	11	11

U_{11}（11^{10}）表的使用

因素数	列号									
	1	2	3	4	5	6	7	8	9	10
2	1	7								
3	1	5	7							
4	1	2	5	7						
5	1	2	3	5	7					
6	1	2	3	5	7	10				
7	1	2	3	4	5	7	10			
8	1	2	3	4	5	6	7	10		
9	1	2	3	4	5	6	7	9	10	
10	1	2	3	4	5	6	7	8	9	10

（5）U_{13}（13^{12}）

试验号＼列号	1	2	3	4	5	6	7	8	9	10	11	12
1	1	2	3	4	5	6	7	8	9	10	11	12
2	2	4	6	8	10	12	1	3	5	7	9	11
3	3	6	9	12	2	5	8	11	1	4	7	10
4	4	8	12	3	7	11	2	6	10	1	5	9
5	5	10	2	7	12	4	9	1	6	11	3	8
6	6	12	5	11	4	10	3	9	2	8	1	7
7	7	1	8	2	9	3	10	4	11	5	12	6
8	8	3	11	6	1	9	4	12	7	2	10	5
9	9	5	1	10	6	2	11	7	3	12	8	4
10	10	7	4	1	11	8	5	2	12	9	6	3
11	11	9	7	5	3	1	12	10	8	6	4	2
12	12	11	10	9	8	7	6	5	4	3	2	1
13	13	13	13	13	13	13	13	13	13	13	13	13

U_{13}（13^{12}）表的使用

因素数	列号											
	1	2	3	4	5	6	7	8	9	10	11	12
2	1	5										
3	1	3	4									
4	1	6	8	10								
5	1	6	8	9	10							
6	1	2	6	8	9	10						
7	1	2	6	8	9	10	12					
8	1	2	6	7	8	9	10	12				
9	1	2	3	6	7	8	9	10	12			
10	1	2	3	5	6	7	8	9	10	12		
11	1	2	3	4	5	6	7	8	9	10	12	
12	1	2	3	4	5	6	7	8	9	10	11	12

（6）U_{15}（15^{8}）

试验号＼列号	1	2	3	4	5	6	7	8
1	1	2	4	7	8	11	13	14
2	2	4	8	14	1	7	11	13
3	3	6	12	6	9	3	9	12

续表

试验号＼列号	1	2	3	4	5	6	7	8
4	4	8	1	13	2	14	7	11
5	5	10	5	5	10	10	5	10
6	6	12	9	12	3	6	3	9
7	7	14	13	4	11	2	1	8
8	8	1	2	11	4	13	14	7
9	9	3	6	3	12	9	12	6
10	10	5	10	10	5	5	10	5
11	11	7	14	2	13	1	8	4
12	12	9	3	9	6	12	6	3
13	13	11	7	1	14	8	4	2
14	14	13	11	8	7	4	2	1
15	15	15	15	15	15	15	15	15

U_{15}（15^8）的使用

因素数	列号							
	1	2	3	4	5	6	7	8
2	1	6						
3	1	3	4					
4	1	3	4	7				
5	1	2	3	4	7			
6	1	2	3	4	6	8		
7	1	2	3	4	6	7	8	
8	1	2	3	4	5	6	7	8

附录 6 正交多项式表

n	2	3		4			5				6				
	Φ_1	Φ_1	Φ_2	Φ_1	Φ_2	Φ_3	Φ_1	Φ_2	Φ_3	Φ_4	Φ_1	Φ_2	Φ_3	Φ_4	Φ_5
1	−1	−1	1	−3	1	−1	−2	2	−1	−1	−5	+5	−5	1	−1
2	1	0	−2	−1	−1	3	−1	−1	2	−4	−3	−1	7	−3	5
3		1	−1	1	−1	−3	0	−2	0	6	−1	−4	4	2	−10
4				3	1	1	1	−1	−2	−4	1	−4	−4	2	10
5							2	2	1	1	3	−1	−7	−3	−5
6											5	5	5	1	1
S_i	2	2	6	20	4	20	10	14	10	70	70	84	180	28	252
λ_i	2	1	3	2	1	$\frac{10}{3}$	1	1	$\frac{5}{6}$	$\frac{35}{12}$	2	$\frac{3}{2}$	$\frac{5}{3}$	$\frac{7}{12}$	$\frac{21}{10}$

n	7					8					9				
	Φ_1	Φ_2	Φ_3	Φ_4	Φ_5	Φ_1	Φ_2	Φ_3	Φ_4	Φ_5	Φ_1	Φ_2	Φ_3	Φ_4	Φ_5
1	−3	5	−1	3	−1	−7	7	−7	7	−7	−4	28	−14	14	−4
2	−2	0	1	−7	4	−5	1	5	−13	23	−3	7	7	−21	11
3	−1	−3	1	1	−5	−3	−3	7	−13	−17	−2	−8	13	−11	−4
4	0	−4	0	6	0	−1	−5	3	9	−15	−1	−17	9	9	−9
5	1	−3	−1	1	5	1	−5	−3	9	15	0	−20	0	18	0
6	2	0	−1	−7	−4	3	−3	−7	−3	17	1	−17	−9	9	9

续表

n	7					8					9				
	Φ_1	Φ_2	Φ_3	Φ_4	Φ_5	Φ_1	Φ_2	Φ_3	Φ_4	Φ_5	Φ_1	Φ_2	Φ_3	Φ_4	Φ_5
7	3	5	1	3	1	5	1	−5	−13	−23	2	−8	−13	−11	4
8						7	7	7	7	7	3	7	−7	−21	−11
9											4	28	14	14	4
S_i	28	34	6	154	84	168	168	264	616	2184	60	2772	990	2002	468
λ_i	1	1	$\frac{1}{6}$	$\frac{7}{12}$	$\frac{7}{20}$	2	1	$\frac{2}{3}$	$\frac{7}{12}$	$\frac{7}{10}$	1	3	$\frac{5}{6}$	$\frac{7}{12}$	$\frac{3}{20}$

n	10					11				
	Φ_1	Φ_2	Φ_3	Φ_4	Φ_5	Φ_1	Φ_2	Φ_3	Φ_4	Φ_5
1	−9	6	−42	18	−6	−5	15	−30	6	−3
2	−7	2	14	−22	14	−4	6	6	−6	6
3	−5	−1	35	−17	−1	−3	−1	22	−6	1
4	−3	−3	31	3	−11	−2	−6	23	−1	−4
5	−1	−4	12	18	−6	−1	−9	14	4	−4
6	1	−4	−12	18	6	0	−10	0	6	0
7	3	−3	−31	3	11	1	−9	−14	4	4
8	5	−1	−35	−17	1	2	−6	−23	−1	4
9	7	2	−14	−22	−14	3	−1	−22	−6	−1
10	9	6	42	18	6	4	6	−6	−6	−6
11						5	15	30	6	3
S_i	330	132	8580	2860	780	110	858	4290	286	156
λ_i	2	$\frac{1}{2}$	$\frac{5}{3}$	$\frac{5}{12}$	$\frac{1}{10}$	1	1	$\frac{5}{6}$	$\frac{1}{12}$	$\frac{1}{40}$

n	12					13				
	Φ_1	Φ_2	Φ_3	Φ_4	Φ_5	Φ_1	Φ_2	Φ_3	Φ_4	Φ_5
1	−11	55	−33	33	−33	−6	22	−11	99	−22
2	−9	25	3	−27	57	−5	11	0	−66	33
3	−7	1	21	−33	21	−4	2	6	−96	18
4	−5	−17	25	−13	−29	−3	−5	8	−54	−11
5	−3	−29	19	12	−44	−2	−10	7	11	−26
6	−1	−35	7	28	−20	−1	−13	4	64	−20
7	1	−35	−7	28	20	0	−14	0	84	0
8	3	−29	−19	12	44	1	−13	−4	64	20
9	5	−17	−25	−13	29	2	−10	−7	11	26
10	7	1	−21	−33	−21	3	−5	−8	−54	11
11	9	25	−3	−27	−57	4	2	−6	−96	−18
12	11	55	33	33	33	5	11	0	−66	−33
13						6	22	11	99	22
S_i	572	12012	5148	8008	15912	182	2002	572	68068	6188
λ_i	2	3	$\frac{2}{3}$	$\frac{7}{24}$	$\frac{3}{20}$	1	1	$\frac{1}{6}$	$\frac{7}{12}$	$\frac{7}{120}$

n	14					15				
	Φ_1	Φ_2	Φ_3	Φ_4	Φ_5	Φ_1	Φ_2	Φ_3	Φ_4	Φ_5
1	−13	13	−143	143	−143	−7	91	−91	1001	−1001
2	−11	7	−11	−77	187	−6	52	−13	−429	1144
3	−9	2	66	−132	132	−5	19	35	−869	979

续表

n	14					15				
	Φ_1	Φ_2	Φ_3	Φ_4	Φ_5	Φ_1	Φ_2	Φ_3	Φ_4	Φ_5
4	−7	−2	98	−92	−28	−4	−8	58	−704	44
5	−5	−5	95	−13	−139	−3	−29	61	−249	−751
6	−3	−7	67	63	−145	−2	−44	49	251	−1000
7	−1	−8	24	108	−60	−1	−53	27	621	−675
8	1	−8	24	108	60	0	−56	0	756	0
9	3	−7	−67	63	145	1	−53	−27	621	675
10	5	−5	−95	−13	139	2	−44	−49	251	1000
11	7	−2	−98	−92	28	3	−29	−61	−249	751
12	9	3	−66	−132	−132	4	−8	−58	−704	−44
13	11	7	11	−77	−187	5	19	−35	−869	−979
14	13	13	143	143	143	6	52	13	−429	−1144
15						7	91	91	1001	1001
S_i	572	12012	5148	8008	15912	182	2002	572	68068	6188
λ_i	2	$\frac{1}{2}$	$\frac{5}{3}$	$\frac{7}{12}$	$\frac{7}{30}$	1	3	$\frac{5}{6}$	$\frac{35}{12}$	$\frac{21}{20}$

n	16					17				
	Φ_1	Φ_2	Φ_3	Φ_4	Φ_5	Φ_1	Φ_2	Φ_3	Φ_4	Φ_5
1	−15	35	−455	273	−143	−8	40	−28	52	−104
2	−13	21	−91	−91	143	−7	25	−7	−13	91
3	−11	9	143	−221	143	−6	12	7	−39	104
4	−9	−1	267	−201	33	−5	1	15	−39	39
5	−7	−9	301	−101	−77	−4	−8	18	−24	−36
6	−5	−15	265	23	−131	−3	−15	17	−3	−83
7	−3	−19	179	129	−115	−2	−20	13	17	−88
8	−1	−21	63	189	−45	−1	−23	7	31	−55
9						0	−24	0	36	0
S_i	1360	5712	1007760	470288	101552	408	7752	3876	16796	100776
λ_i	2	1	$\frac{10}{3}$	$\frac{7}{12}$	$\frac{3}{10}$	1	1	$\frac{1}{6}$	$\frac{1}{12}$	$\frac{1}{20}$

n	18					19				
	Φ_1	Φ_2	Φ_3	Φ_4	Φ_5	Φ_1	Φ_2	Φ_3	Φ_4	Φ_5
1	−17	68	−68	68	−884	−9	51	−204	612	−102
2	−15	44	−20	−12	676	−8	34	−68	−68	68
3	−13	23	13	−47	871	−7	19	28	−388	98
4	−11	5	33	−51	429	−6	6	89	−453	58
5	−9	−10	42	−36	−156	−5	−5	120	−354	−3
6	−7	−22	42	−12	−588	−4	−14	126	−168	−54
7	−5	−31	35	13	−733	−3	−21	112	42	−79
8	−3	−37	23	33	−583	−2	−26	83	227	−74
9	−1	−40	8	44	−220	−1	−29	44	352	−44
10						0	−30	0	396	0
S_i	1938	23256	23256	28424	6953544	570	13566	213180	2288132	89148
λ_i	2	$\frac{3}{2}$	$\frac{1}{3}$	$\frac{1}{12}$	$\frac{3}{10}$	1	1	$\frac{5}{6}$	$\frac{7}{12}$	$\frac{1}{40}$

续表

n	20					21				
	Φ_1	Φ_2	Φ_3	Φ_4	Φ_5	Φ_1	Φ_2	Φ_3	Φ_4	Φ_5
1	−19	57	−969	1938	−1938	−10	190	−285	969	−3876
2	−17	39	−357	−102	1122	−9	133	−114	0	1938
3	−15	23	85	−1122	1802	−8	82	12	−510	3468
4	−13	9	377	−1402	1222	−7	37	98	−680	2618
5	−11	−3	539	−1187	187	−6	−2	149	−615	788
6	−9	−13	591	−687	−771	−5	−35	170	−406	−1063
7	−7	−21	553	−77	−1351	−4	−62	166	−130	−2354
8	−5	−27	445	503	−1441	−3	−83	142	150	−2819
9	−3	−31	287	948	−1076	−2	−98	103	385	−2444
10	−1	−33	99	1188	−396	−1	−107	54	540	−1404
11						0	−110	0	594	0
S_i	2660	17556	4903140	22881320	31201800	770	201894	432630	5720330	121687020
λ_i	2	1	$\frac{10}{3}$	$\frac{35}{24}$	$\frac{7}{20}$	1	3	$\frac{5}{6}$	$\frac{7}{12}$	$\frac{21}{40}$

n	22					23				
	Φ_1	Φ_2	Φ_3	Φ_4	Φ_5	Φ_1	Φ_2	Φ_3	Φ_4	Φ_5
1	−21	35	−133	1197	−2261	−11	77	−77	1463	−209
2	−19	25	−57	57	969	−10	56	−35	133	76
3	−17	16	0	−570	1938	−9	37	−3	−627	171
4	−15	8	40	−810	1598	−8	20	20	−950	152
5	−13	1	65	−775	663	−7	5	35	−955	77
6	−11	−5	77	−563	−363	−6	−8	43	−747	−12
7	−9	−10	78	−258	−1158	−5	−19	45	−417	−87
8	−7	−14	70	70	−1554	−4	−28	42	−42	−132
9	−5	−17	55	365	−1079	−3	−35	35	315	−141
10	−3	−19	35	585	−1079	−2	−40	25	605	−116
11	−1	−20	12	702	−390	−1	−44	0	858	0
12						0	−44	0	858	0
S_i	3542	7084	96140	8748740	40562340	1012	35420	32890	13123110	340860
λ_i	2	$\frac{1}{2}$	$\frac{1}{3}$	$\frac{7}{12}$	$\frac{7}{30}$	1	1	$\frac{1}{6}$	$\frac{7}{12}$	$\frac{1}{60}$

n	24					25				
	Φ_1	Φ_2	Φ_3	Φ_4	Φ_5	Φ_1	Φ_2	Φ_3	Φ_4	Φ_5
1	−23	253	−1771	253	−4807	−12	92	−506	1518	−1012
2	−21	187	−847	33	1463	−11	69	−253	253	253
3	−19	127	−133	−97	3743	−10	48	−55	−517	748
4	−17	73	391	−157	3553	−9	29	93	−897	753
5	−15	25	745	−165	2071	−8	12	196	−982	488
6	−13	−17	949	−137	169	−7	−3	259	−857	119
7	−11	−53	1023	−87	−1551	−6	−16	287	−597	−236
8	−9	−83	987	−27	−2721	−5	−27	285	−267	−501
9	−7	−107	861	33	−3171	−4	−36	258	78	−636
10	−5	−125	665	85	−2893	−3	−43	211	393	−631
11	−3	−137	419	123	−2005	−2	−48	149	643	−500
12	−1	−143	143	143	−715	−1	−51	77	803	−275
13						0	−52	0	858	0
S_i	4600	394680	17760600	394680	177928920	1300	53820	148005	14307150	7803900
λ_i	2	3	$\frac{10}{3}$	$\frac{1}{12}$	$\frac{3}{10}$	1	1	$\frac{5}{6}$	$\frac{5}{12}$	$\frac{1}{20}$

续表

n	26					27				
	Φ_1	Φ_2	Φ_3	Φ_4	Φ_5	Φ_1	Φ_2	Φ_3	Φ_4	Φ_5
1	-25	50	-1150	2530	-2530	-13	325	-130	2990	-16445
2	-23	38	-598	506	506	-12	250	-70	690	2530
3	-21	27	-161	-759	1771	-11	181	-22	-782	10879
4	-19	17	171	-1419	1881	-10	118	15	-1587	12144
5	-17	8	408	-1614	1326	-9	61	42	-1872	9174
6	-15	0	560	-1470	482	-8	10	60	-1770	4188
7	-13	-7	637	-1099	-377	-7	-35	70	-1400	-1162
8	-11	-13	649	-599	-1067	-6	-74	73	-867	-5728
9	-9	-18	606	-54	-1482	-5	-107	70	-262	-8803
10	-7	-22	518	466	-1582	-4	-134	62	338	-10058
11	-5	-25	395	905	-1381	-3	-155	50	870	-9479
12	-3	-27	247	1221	-935	-2	-170	35	1285	-7304
13	-1	-28	84	1386	330	-1	-179	18	1548	-3960
14						0	-182	0	1638	0
S_i	5850	16380	7803900	40060020	48384180	1638	712530	101790	56448210	2032135560
λ_i	2	$\frac{1}{2}$	$\frac{5}{3}$	$\frac{7}{12}$	$\frac{1}{10}$	1	3	$\frac{1}{6}$	$\frac{7}{12}$	$\frac{21}{40}$

n	28					29				
	Φ_1	Φ_2	Φ_3	Φ_4	Φ_5	Φ_1	Φ_2	Φ_3	Φ_4	Φ_5
1	-27	117	-585	1755	-13455	-14	126	-819	4095	-8190
2	-25	91	-325	455	1495	-13	99	-468	1170	585
3	-23	67	-115	-395	8395	-12	74	-182	-780	4810
4	-21	45	49	-879	9821	-11	51	44	-1930	5885
5	-19	25	171	-1074	7866	-10	30	215	-2441	4958
6	-17	7	255	-1050	4182	-9	11	336	-2460	2946
7	-15	-9	305	-870	22	-8	-6	412	-2120	556
8	-13	-23	325	-590	-3718	-7	-21	448	-1540	-1694
9	-11	-35	319	-259	-6457	-6	-34	449	-825	-3454
10	-9	-45	291	81	-7887	-5	-45	420	-66	-4521
11	-7	-53	245	395	-7931	-4	-54	366	660	-4818
12	-5	-59	185	655	-6701	-3	-61	292	1290	-4373
13	-3	-63	115	840	-4456	-2	-66	203	1775	-3298
14	-1	-65	39	936	-1560	-1	-69	104	2080	-1768
15						0	-70	0	2184	0
S_i	7308	95004	2103660	19634757040	1354757040	2030	113274	4207320	107987880	500671080
λ_i	2	1	$\frac{2}{3}$	$\frac{7}{24}$	$\frac{7}{20}$	1	1	$\frac{5}{6}$	$\frac{7}{12}$	$\frac{7}{40}$

续表

n	30				
	Φ_1	Φ_2	Φ_3	Φ_4	Φ_5
1	−29	203	−1827	23751	−16965
2	−27	161	−1071	7371	585
3	−25	122	−450	−3744	9360
4	−23	86	46	−10504	11960
5	−21	53	427	−13749	10535
6	−19	23	703	−14249	6821
7	−17	−4	884	−12704	2176
8	−15	−28	980	−9744	−2384
9	−13	−49	1001	−5929	−6149
10	−11	−67	957	−1749	−8679
11	−9	−82	858	2376	−9768
12	−7	−94	714	6096	−8408
13	−5	−103	535	9131	−7753
14	−3	−109	331	11271	−5083
15	−1	−112	112	12376	−1768
S_i	8990	302064	21360240	3671587920	214573320
λ_i	2	$\frac{3}{2}$	$\frac{5}{3}$	$\frac{35}{12}$	$\frac{3}{10}$

参 考 文 献

[1] 何为．优化试验设计法及其在化学中的应用 [M]. 第2版．成都：电子科技大学出版社，2004.
[2] 马希文．正交设计的数学理论 [M]. 北京：人民教育出版社，1981.
[3] 扬子胥．正交表的构造 [M]. 济南：山东人民出版社，1978.
[4] 本书编写组．正交试验法 [M]. 北京：国防工业出版社，1976.
[5] 北京大学数学力学系数学专业概率统计组．正交设计 [M]. 北京：人民教育出版社，1976.
[6] 中科院数学所数理统计组．正交试验法 [M]. 北京：人民教育出版社，1975.
[7] 中科院数学所统计组．方差分析 [M]. 北京：科学出版社，1977.
[8] 关颖男，施大德．数学实践与认识．[M] 北京：冶金工业出版社，1976.
[9] 北京大学数学力学系应用数学组．试验设计 [J]. 数学的实践与认识，1972 (3)：3-27.
[10] 北京大学数学力学系概率统计教研室．试验设计讲座 [M]. 北京：石油化工出版社，1973.
[11] 方开泰，怎样使用统计分析纸（一）[J]. 数学实践与认识，1976 (3)：51-61
[12] 中科院数学所概率统计室．常用数理统计表 [M]. 北京：科学出版社，1974.
[13] 中科院数学所统计组．常用数理统计方法 [M]. 北京：科学出版社，1979.
[14] 俭济斌．多因素试验正交优选法 [M]. 北京：科学出版社，1976.
[15] 秦建侯，邓勃，王小芹．少量分析数据的取舍和评价 [J]. 分析试验室，1985，4 (9)：51-52.
[16] Schefft H. The Analysis of variance [M]. New York：John Wily&Son Inc.，1959.
[17] Marggo Lin R H. Orthogonal Main-effect Plans Perimitting Estimation of All Two-factor Interactions for the 2^n 3^m series of Designs [J]. Technometrics，1969，11 (4)：747-762.
[18] Steve R Webb. Small Incomplete Factorial Experiment Designs for Two and Three Level Factors [J]. Technometrics，1971，13 (2)：243-256
[19] Massurt D L，et al. Evalution and Optimization of Laboratory Methods and Analytical Procedures，Chapter 15 [M]. New York：Elsevier Scientific Pub. Co.，1978.
[20] Lilen C Rica. Satistical Theory and Methodology of Trace Analysis，Chapter 9 [M]. New York：John & Wiley Inc.，1980.
[21] 范鸣玉，张莹．最优化技术基础 [M]. 北京：清华大学出版社，1982.
[22] 王小芹，邓勃，秦建侯．利用正交多项式回归设计研究石墨炉原子吸收法测定铂的条件初探 [J]. 分析试验室，1986，5 (4)：11-14.
[23] 李波，安建欣，徐利梅．喷涂工艺薄膜厚度模型的构建与应用 [J]. 电子科技大学学报，2010，39 (3)：461-465.
[24] 刘永鹤，彭金辉，孟彬，郭胜惠，曹威扬，姚现召．莫来石晶须长径比影响因素的响应曲面法优化 [J]. 硅酸盐学报，2011，39 (3)：403-408.
[25] 资建民，邓海龙等．超薄沥青混凝土面层配合比设计混合正交分析 [J]. 公路，2007 (1)：8-12.
[26] 李辉．缸体缸盖型砂性能正交试验研究 [J]. 铸造，2008，57 (12)：1290-1293.
[27] 华罗庚．优选学 [M]. 北京：科学出版社，1981.
[28] 中科院数学研究所运筹室．全国优选法成果汇编 [M]. 北京：科学文献出版社，1977.
[29] 广东省广州市优选法推广办公室．优选法实例 [M]. 广州：广东人民出版社，1972.
[30] 四川省科学技术委员会．优选法应用实例选编：第一辑 [M]. 成都：四川人民出版社，1974.
[31] 王小芹，邓勃，秦建侯．最优化技术在分析测试中的应用 [J]. 分析试验室，1986，5 (3)：47-53.
[32] 方开泰．均匀设计——数论方法在试验设计的应用 [J]. 应用数学学报．1980，3 (4)：363-372.
[33] 中科院数学研究所数理统计组．正交试验法（Ⅰ）[J]. 数学的实验与认识，1975 (1)：55-67.
[34] 中科院数学研究所数理统计组．正交试验法（Ⅱ）[J]. 数学的实验与认识，1975 (2)：42-50.
[35] 中科院数学研究所数理统计组．正交试验法（Ⅲ）[J]. 数学的实验与认识，1975 (3)：56-63.
[36] 中科院数学研究所数理统计组．正交试验法（Ⅳ）[J]. 数学的实验与认识，1975 (4)：42-55.
[37] 王小芹，邓勃，秦建侯．分析测试中的试验设计和优化方法：三．均匀设计法 [J]. 分析试验室，1985，4 (12)：42-55.
[38] Spendley W，Hext G R，Himsworth F R. Sequential Application of Simplex Design in Optimization and Evolutionary Operations [J]. Technometrics，1962 (4)：441-459.
[39] 顾发基．介绍一种多因素优选方法——单纯形调优方法 [J]. 数学的实践与认识，1973 (1)：41-51.
[40] 中科院数学所数理统计组．回归分析法 [M]. 北京：科学出版社，1974.

[41] 席少霖，赵治．最优化计算方法 [M]. 上海：上海科学出版社，1983.
[42] 梁洞泉，王文质．单纯形最优化方法及其在分析化学 中的应用 [J]. 化学通报，1984 (2)：30-34.
[43] 徐民良．分析化学中的单纯形最优化方法 [J]. 分析化学，1984，12 (2)：151-157.
[44] 陈丽芳等．用单纯形最优化方法研究原子吸收光谱测定铂、钯、金的条件 [J]. 分析化学，1984，12 (2)：124-127.
[45] Nelder J A，Mead R. A Simplex Method for Function Minimization [J]. Comput J T，1965，7 (4)：308-313.
[46] Routh M W，Swartz P A，Denton M B. Performance of the Super Modified Simplex [J]. Anal Chem，1977，49 (9)：1422-1428..
[47] 陈际达．人发中微量元素铜、锌、铅、钙、镁测定的优化设计及方法研究 [D]：[硕士论文]. 重庆：重庆大学，1987.
[48] 傅英定，成孝予，唐应辉．最优化理论与方法 [M]. 北京：国防工业出版社，2008.
[49] 陈宝林．最优化理论与算法 [M]. 北京：清华大学出版社，1983.
[50] Rao S S. Optimization Theory and Application [M]. New York：John Wily&Son Inc.，1983.
[51] [日] 田口玄一．实验设计法（上）[M]. 魏锡禄，王世芳译．北京：机械工业出版社，1987.
[52] 邓正龙．化工中的优化方法 [M]. 北京：化学工业出版社，1992.
[53] 田胜龙，萧日嵘．实验设计与数据处理 [M]. 北京：中国建筑工业出版社，1988.
[54] 白新桂．数据分析与试验优化设计 [M]. 北京：清华大学出版社，1986.
[55] 项可风，吴启光．试验设计与数据分析 [M]. 上海：上海科技出版社，1989.
[56] 牛长山，徐通模．试验设计与数据处理 [M]. 西安：西安交大出版社，1988.
[57] 秦建侯，邓勃，王小芹．分析测试数据统计处理中的计算机应用 [M]. 北京：化学工业出版社，1989.
[58] 周纪芗．实用回归分析方法 [M]. 上海：上海科技出版社，1990.
[59] 郑筱梅 李自林．均匀设计在全光亮化学镀镍研究中的应用 [J]. 表面技术，2002，32 (3)：47-49
[60] 际魁．试验设计与分析 [M]. 北京：清华大学出版，1996.
[61] 中国现场统计研究会三次设计组．正交法和三次设计 [M]. 北京：科学出版社，1987.
[62] 韩之俊．三次设计 [M]. 北京：机械工业出版社，1992.
[63] 中国现场统计研究会三次设计组．可计算性项目的三次设计 [M]. 北京：科学出版社，1985.
[64] 罗国勋．质量管理与可靠性 [M]. 北京：高等教育出版社，2005.
[65] 赵选民．试验设计方法 [M]. 北京：科学出版社，2010.
[66] 杨德．试验设计与分析 [M]. 北京：中国农业出版社，2002.
[67] 陈魁．试验设计与分析 [M]. 北京：清华大学出版社，2005.
[68] 薛福连．浅谈复杂产品的质量评价 [J]. 化工质量，2007 (4)：19-20.
[69] 洪生伟．质量工程学 [M]. 北京：机械工业出版社，2007.
[70] Douglas C Montgomery. 实验设计与分析 [M]，傅珏生等译．第 6 版．北京：人民邮电出版社，2009.
[71] 徐向宏，何明珠．试验设计与 Design-Expert、SPSS 应用 [M]. 北京：科学出版社，2010.
[72] George E P. Box. 试验应用统计：设计、创新和发现 [M]. 张润楚等译．北京：机械工业出版社，2010.
[73] 张成军．实验设计与数据处理 [M]. 北京：化学工业出版社，2009.
[74] 李云雁，胡传荣．试验设计与数据处理 [M]. 北京：化学工业出版社，2008.
[75] 马逢时，吴诚鸥，蔡霞．基于 MINITAB 的现代实用统计 [M]. 北京：中国人民大学出版社，2009.
[76] 薛薇．统计分析与 SPSS 的应用 [M]. 第 3 版．北京：中国人民大学出版社，2011.
[77] 唐启义．DPS 数据处理系统：实验设计，统计分析及数据挖掘 [M]. 第 2 版．北京：科学出版社，2011.
[78] 闵亚能．实验设计（DOE）应用指南 [M]. 北京：机械工业出版社，2011.
[79] Wolpole. Probability and Statistics for Engineers and Scientists [M]. 北京：清华大学出版社，2004.
[80] Barnes J Wesley. Statistical Analysis for Engineers and Scientists：A Computer-Based Approach [M]. 北京：清华大学出版社，2002.
[81] 白厚义．回归设计及多元统计分析 [M]. 广西：广西科学技术出版社，2003.
[82] 王颉．试验设计与 SPSS 应用 [M]. 北京：化学工业出版社，2007.
[83] 何为，吴婧，夏建飞，张敏，王守绪．优化试验设计在次亚磷酸钠化学镀铜工艺研究中的应用 [J]. 实验科学与技术，2010，8 (2)：39-42.
[84] Long Faming，He Wei，Chen Yuanming，et al. Application of Ultraviolet Laser in High Density Interconection Micro Blind Via [C]//2010 5th International Microsystems Packaging Assembly and Circuits Technology Conference (IMPACT)．Taipei：TPCA，2010：AS007-1.
[85] 余小飞，何为，王守绪，陆彦辉，周国云，胡可，何波，莫芸绮．UV 激光加工盲孔的工艺研究 [C]//CPCA 2011 春季国际 PCB 技术/信息论坛．上海：2011.

[86] 何雪梅，何为，陈苑明，毛继美，刘炜华，周华，莫芸绮．Roll to Roll 丝网印刷 RFID 天线的工艺优化研究 [J]. 印制电路信息，2011 (4)：117-120

[87] He W，Hu K，Xu J H，Tang X Z，Zhang X D，He B. Non Linear Regression Analysis of Technological Parameters of the Plasma Desmear Process for Rigid-Flex PCB [J]. Journal of Applied Surface Finishing，2007，2 (3).

[88] Zhou Guoyun，He Wei，Wang Shouxu，Mo Yunqi，Hu Ke，He Bo. A Novel Nitric Acid Etchant and Its Application in Manufacturing Fine Lines for PCB [J]. IEEE Transactions on Electronics Packing Manufacturing，2010，33 (1).

[89] 何为，李浪涛．用正交试验法优化挠性多层板层压工艺参数 [J]. 印制电路信息，2005 (6)：53-55.

[90] 霍彩红，何为，汪洋，何波．PI 调整液除去挠性多层板钻污的工艺参数优化 [J]. 印制电路资讯，2005 (4)：63-66.

[91] 王慧秀，何为．微孔沉镀铜前处理研究 [J]. 印制电路信息，2006 (12)：30-33.

[92] 龙海荣，何为．挠性印制板化学镀镍工艺条件的优化 [J]. 印制电路资讯，2005 (2)：75-77.

[93] 周国云，何为，王守绪．含丙烯酸胶膜刚挠结合板钻通孔试验及其机理研究 [J]. 印制电路信息，2009 (6)：38-42.

[94] 周国云，何为，王守绪，何波，王淞，莫芸绮．六层刚挠结合板通孔等离子清洗研究 [J]. 印制电路信息（增刊，中日印制电路秋季大会），2009.

[95] 薛卫东，何为，王守绪，陈兆霞，张敏，陈浪，何波，万永东．均匀设计法在等离子体去钻污工艺优化中的应用 [J]. 实验科学与技术，2010，8 (2)：35-38.

[96] 唐 斌，何为，张树人等．均匀设计法在陶瓷材料研究中的应用 [J]. 实验科学与技术，2011，9 (2)：1-4.

[97] 陈苑明，何为，龙发明等．纸基 RFID 标签天线印刷工艺参数的优化试验 [C]. //CPCA 电子电路秋季大会暨秋季国际 PCB 技术/信息论坛．深圳：2010.

[98] 吴婧，王守绪，何为．亚铁氰化钾添加于次亚磷酸钠还原化学镀铜的实验优化 [J]. 印制电路信息，2011 (5)：26-30.

[99] 何为，吴志强，乔三龙．Reason and Solution of Deformation of Material in Multi-layer Flexible Circuits [C]//International PCB Technology Meeting. 上海：2005.

[100] 何为，袁正希，崔浩，关健，刘松伦，张宣东，徐景浩，何波．刚挠结合板孔金属化化学沉铜工艺优化 [C]//2007 春季国际 PCB 技术/信息论坛．上海：2007.

[101] 何为，何波，袁正希，徐景浩，扬长生，张宣东．运用《试验设计方法》提高实践教学质量的研究与实践 [J]. 中国教育导刊，2007 (18)：36-37.

[102] 汪洋，何为，莫云绮，林均秀，徐玉珊．贴片电容失效分析 [J]. 电子元器件与材料．2008，27 (11)：74-77.

[103] 莫芸绮，何为，林均秀，徐玉珊，万永东，吴向好，何波．Production of Fine Line by Roll to Roll [C]//2008 中日电子电路秋季大会——秋季国际 PCB 技术．深圳：2008.

[104] 龙发明，周国云，何为，林均秀，徐玉珊，万永东，张宣东，何波．The Development of a New Etchant Applied to PCB Industry [C]//2008 中日电子电路秋季大会——秋季国际 PCB 技术．深圳：2008.

[105] 刘尊奇，张胜涛，何为等．片式减成法 30μm/25μm（线宽/间距）COF 精细线路的制作 [J]. 印制电路信息，2009 (8)：36-40.

[106] 金铁，何为，周国云，王守绪，莫芸绮，陈浪，王淞，何波．等离子蚀刻挠性 PI 基材制作悬空引线及其参数优化 [J]. 印制电路信息，2009 (8)：32-35.

[107] 刘尊奇，张胜涛，何为，莫芸绮，周国云，倪乾峰，金铁，何波，陈浪，王淞，林均秀．RTR (Roll to Roll) 方式制作 25μm/25μm COF 精细线路的参数优化 [J]. 印制电路信息，2009 (9)：41-45.

[108] 袁正希，倪乾峰，袁世通，何为．Study of PCB Bonding Finger Surface Discoloration [J]. 电子科技大学学报，2009，38 (5)：721-724.

[109] Zhou Guoyun，He Wei，Wang Shouxu，Hu Ke，He Bo，Mo Yunqi. Systematical Research of Plasma Desmear Based on Analysis of Uniform Design for Rigid-flex Board [C] //IEEE Meeting，IMPACT. Taiwan：2009.

[110] 倪乾峰，袁正希，莫芸绮，何为，何波，陈浪，王淞．等离子体凹蚀因素交互作用分析 [J]. 印制电路信息，2009 (11)：41-44.

[111] 周国云，何为，王守绪，莫芸绮，毛继美，陈浪，何波．等离子对刚挠结合印制板用材料蚀刻的均匀性及其机理研究 [C]//2010 中日电子电路春季国际 PCB 技术/信息论坛．深圳：2010.

[112] 陈苑明，何为，龙发明等．纸基 RFID 标签天线印刷工艺参数的优化试验 [C] //CPCA 电子电路秋季大会暨秋季国际 PCB 技术/信息论坛．上海：印制电路信息杂志社，2010.

[113] Chen Yuanming，He Wei，Zhou Guoyun，He Xuemei，He Bo，Mo Yunqi，Zhou Hua. Compaction Uniformity and Environmental Adaptability for RFID Antenna [C]//International Conference on Anti-counterfeiting，Security，and Identification.

[114] 徐玉珊，毛继美，陈苑明，何为.FPC数控钻通孔的工艺研究[J].印制电路信息，2010（10）：28-30.
[115] 徐玉珊，王淞，王艳艳.Roll to Roll生产工艺在天线FPC中的应用[C]//全国第四届全国青年印制电路学术年会.成都：2010.
[116] 白亚旭，袁正希，何为，莫芸绮，何波.PCB基材上化学镀Ni-P合金层用于埋置电阻的工艺方法研究[J].印制电路信息，2011（1）：57-60.
[117] 白亚旭，袁正希，何为，莫芸绮，何波.丝网印刷导电碳浆法制备埋置电阻——电阻层厚度控制的研究[J].印制电路信息，2011（6）：49-51.
[118] 方开泰.均匀设计与均匀设计表[M].北京：科学出版社，1994.